U0144922

結構分析

Structural Analysis

◎ 適用大專院校結構學及結構分析課程
◎ 隨書附贈以MicroSoft Excel為平台的結構分析軟體
◎ 隨書附贈全書習題詳解文字檔與試算表檔
◎ 備有教學投影片供教師索取使用

合著｜趙英宏・趙元和

作者序

　　人類自古以建造堤防或水壩設施來調節乾旱與避免洪氾；建造橋樑、舟車、輪船、飛機以克服山川的距離障礙而達人貨暢通的目的；建造各式各樣的房屋建築以營造寬敞舒適的生活空間。安全性與服務性是上述工程結構物之必備要件：安全性係指結構物將使用載重及各種環境載量或活動載重的衝擊力傳遞於大地或其他結構物承受之能力；服務性係指結構物具備安全性後亦不能有不妥的傾斜、龜裂等造成使用上不安心的現象。結構分析在工程結構物的建造過程中提供承受載重後，結構物外支承力與結構物內各結構元素的內應力等的分析作為結構物設計的依據；因此結構分析遂成為土木、水利及建築等科系必修課程之一。

　　在結構分析技術的歷史長河裡，電腦的使用是一個重要的分水嶺。在電腦使用前的傳統結構分析上，主要以靜力平衡方程式、條件方程式及結構建材的性質以微分、積分及解聯立方程式的技術以求得結構物的支承反力及各結構元素內力。以手工法解二元以上的聯立方程式已顯複雜且容易出錯，因此簡化或避免解聯立方程式是歷年來學者專家研發的重要目標。彎矩分配法雖可避免解聯立方程式，但對有斜桿的複雜結構仍無法完全避免。實務上，發展出許多簡化的近似解法，其誤差值因有結構設計的安全因素加以平衡，故仍可建造出各種美輪美奐的偉大結構物。電腦技術導入後，柔度法或勁度法乃是善用矩陣代數及電腦即可解任意多元聯立方程式特性所發展出的結構分析技術。柔度法或勁度法仍以傳統結構分析理論為基礎，且不必簡化或忽略過去簡化解法的次要力素，而能獲得更準確且快速的分析結果。

　　柔度法或勁度法並非新的結構分析理論，因此本書仍以論述傳統的結構分析理論與方法為開端，最後才能推演與理解柔度法或勁度法。以手工推演傳統結構分析法相當繁雜且易錯，而推演利用電腦的柔度法或勁度法更是困難。有鑒於此，本書隨附「結構分析軟體」一套，以紓解部分傳統分析法及平面桁架、連續樑及剛架勁度分析法的冗長與繁複演算過程。結構分析軟體雖可快速分析平面桁架、連續樑及剛架等結構物，本書仍鼓勵初學者體驗各種傳統分析法的手工演算並與軟體分析結果驗證之，以強化其分析技術與原理的理解，進一步洞悉善用電腦的分析技術。

　　結構分析軟體以目前國內使用最為普遍的微軟公司試算表軟體為開發平臺。任何微軟公司 Microsoft Excel 2000 或以上的試算表軟體版本均可適用。使用結構分析軟體無需深入精研試算表的使用技巧，只要具備視窗環境功能表使用技巧便可順利使用結構分析軟體。

　　本書內容適合一學期的教學課程。所附贈光碟內容包括結構分析軟體、352 題習題詳解的文字檔及試算表檔以供參考。另備有微軟公司 PowerPoint 教學投影片檔可供教學參考。本書之編寫與軟體的撰寫與測試已力求完整，惟作者才疏學淺，疏漏之處在所難免，尚祈專家不吝賜教，以期再版時修改。任何賜教請逕送 yhchao.vba@msa.hinet.net 電子信箱。

趙英宏、趙元和 謹識
於台北 VBA 工作室

目　錄

4　剪力圖與彎矩圖　　　　109

6 靜定結構撓角與變位 223

CHAPTER 1

結構分析與電腦軟體

1-1 工程結構物

　　萬物皆因地心引力而具有重量，這些物體的運動更帶來衝擊力，這些重量或衝擊力終由大地承擔之。人類為避免洪水、颱風、地震等天然災害帶來生命的危險，並營造舒適安全的生活環境，而有各種工程結構物的出現。例如，為防範洪水的氾濫而有堤防的設施；為調節乾旱與洪汛的水壩工程；為達人貨暢通的橋樑、舟車、輪船、飛機；為擴大生活空間及舒適生活環境而有各式各樣的房屋建築物等。這些工程結構物承受各種重量與衝擊力，再傳遞於大地或其他結構物承受之而完成該工程結構物所賦予的使命與任務。

1-2 工程結構設計模式

　　工程結構設計是一種能夠符合經濟、安全條件來達成工程結構原先賦予任務的設計科學與藝術。任何工程結構均應經過如圖 1-2-1 的規劃階段、初步結構設計、載重估計、結構分析、安全與適用性檢查與結構設計修正等六個階段的設計模式。各階段的工作內容簡述如下：

1. 規劃階段

　　規劃階段應釐清工程結構物的任務功能，規劃結構物的布置與尺寸，考慮各種可行的結構形式（剛架或桁架）及使用建築材料（鋼結構、木結構或鋼筋混凝土結構）等。本階段也應考量結構物的美觀、環境衝擊等非結構因素。規劃階段的結果應該是能夠滿足原先規劃的功能且符合經濟原則的理想設計。規劃階段屬整個設計模式中最重要的一步，需要富有工程實務經驗與結構行為理論基礎的工程師才能適任。

2. 初步結構設計

　　本階段乃根據規劃階段的結構形式與建築用材結論，以近似解法，過去經驗及建築規範初估整個工程結構物中各桿件形式與大小，以供次一階段的載重估計。

3. 載重估計

　　結構分析以前必須根據前一階段的桿件形式與用料估計桿件自重，也須根據使用目的及結構物所處環境估計外加載重及環境載重，以獲得整個工程結構物所必須承受與傳遞的總荷重或外力。

4.結構分析

結構分析乃是根據力學原理，分析工程結構物承受預期外力及荷重後，所需維持平衡的反作用力及各桿件的內部應力以為基礎設計及鋼結構或鋼筋混凝土結構設計的依據。為工程施工的需要或建築物服務性的檢查，也須能估算結構物的變形（Deformation）。

5.安全性與服務性檢查

即使工程結構物在力學觀點或鋼結構或鋼筋混凝土設計規範的規定均屬安全無虞，但如果樓板不夠水平、樑柱撓度過大，以致影響門窗的正常開關或設備家具的不能平置甚或自行移動，或牆壁龜裂等現象均影響使用者的心理不安，也形成不適用的批判。各種設計規範均有這些安全性與服務性（或適用性）的規範。

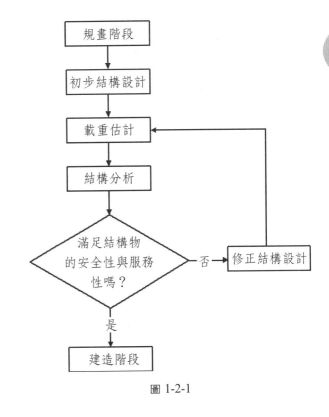

圖 1-2-1

6.修正結構設計

如果無法滿足安全性與服務性的規範，則須修改桿件大小、或建築用料甚或結構形式等結構設計修正的工作。結構設計修正後應再回到第 3 步的載重估計，如此重複執行到安全性與服務性均已滿足，此時就可繪製工程詳述圖以為估價及施工的依據。

1-3　設計規範

工程結構設計工程師雖有豐富的經驗也無法歷經所有工程狀況，因此有法人機構或政府機構自古累積各種工程成功或失敗經驗，輔以不同學理而釐訂出各種設計規範以供參考。設計規範多以建築用料為基礎，來釐訂設計規範與注意事項，如鋼筋混凝土設計規範或鋼結構設計規範等。這些設計規範本無法律上的約束力，但如經國家或地方政府修改或列為其建築技術法規，則有其強制性。

建築技術法規乃是根據過去經驗而釐訂的最低參考規範，符合建築技術法規的規

定是結構設計工程師的義務；結構工程師應對整個工程負完全成敗責任，即使其設計完全符合技術法規之規定。

1-3-1 載重的估計

結構分析完全以力學原理推算整個結構物的反作用力及結構內部各桿件應力以作為桿件設計的依據。結構物所承受載重，可依初步設計所擬採用的建築材料（鋼結構或鋼筋混凝土結構），分別按鋼結構設計規範或鋼筋混凝土設計規範有關載重估計的規定估計之。建築物承受的載重大約可分為靜載重（Dead Load）、活載重（Live Load）及環境載重（Environment Load）等三種。

1-3-2 靜載重

凡建築物本身各部分之重量及固定於建築物構造上各物之重量，如牆壁、隔牆、樑柱、樓版及屋頂等均屬靜載重。例如，我國建築技術法規規定材料重量如下表：

材料名稱	重量（kg/m³）	材料名稱	重量（kg/m³）	材料名稱	重量（kg/m³）
普通黏土	1,600	鋼筋混凝土	2,400	飽和黏土	1,800
水泥混凝土	2,300	乾沙	1,700	煤屑混凝土	1,450
飽和溼沙	2,000	石灰三合土	1,750	乾碎石	1,700
針葉樹木材	500	飽和溼碎石	2,100	闊葉樹木材	650
溼沙及碎石	2,300	硬木	800	飛灰火山灰	650
鋁	2,700	礦物溶渣	1,400	銅	8,900
浮石	900	黃銅紫銅	8,600	砂石	2,000
生鐵	7,200	花崗石	2,500	孰鐵	7,650
大理石	2,700	鋼	7,850	磚	1,900
鉛	11,400	泡沫混凝土	1,000	鋅	8,900

其餘尚有屋面重量，天花板重量，地面板重量，牆壁重量等表可查。

1-3-3 活載重

垂直載重中不屬於靜載重者均屬活載重。活載重包括建築物室內人員、家具、設備、貯藏物品、活動隔間等均屬之。工廠建築應包括機器設備及堆置材料等。倉庫建築應包括貯藏物品、搬運車輛及吊裝設備等。我國建築技術法規對於構造物之活載重，因樓地板之用途不同，列舉其最低活載重如下表，但不在表列之樓地板用途或使用情形與表列不同者，應按實計算。

樓地板用途類別	載重（kg/m³）
一、住宅、旅館客房、病房	200
二、教室	250
三、辦公室、商店、餐廳、圖書閱覽室、醫院手術室及固定座位之集會堂、電影院、戲院、歌廳與演藝場等	300
四、博物館、健身房、保齡球館、太平間、市場及無固定座位之集會堂、電影院、戲院、歌廳與演藝場等	400
五、百貨商場、拍賣商場、舞廳、夜總會、運動場及看臺、操練場、工作場、車庫、臨街看臺、太平樓梯與公共走廊	500
六、倉庫、書庫	600
七、走廊、樓梯之活載重應與室載重相同，但供公眾使用人數眾多者如教室、集會堂等之公共走廊、樓梯每平方公尺不得少於 400 公斤	
八、屋頂露臺之活載重得較室載重每平方公尺少 50 公斤，但供公眾使用人數眾多者，每平方公尺不得少於 300 公斤	

1-3-4 環境載重

環境載重係指自然環境所加諸結構物的載重，主要有風力、地震力、雪重及地面下的土壓側力或水面下的水壓側力等。這些環境載重因地域而異，詳載於當地的建築法規。

建築物須能抵禦來自任何方向之風壓力、風升力與地震力。地震力假設橫向作用於基面以上各層樓板及屋頂。雪重則加諸屋頂的垂直載重，實務上可根據當地的建築技術規範規定計算之。

1-3-5 設計載重

環境載重並非經常性的載重,因此認定結構物承受的載重並非所有靜載重、活載重與環境載重的總和,而是按各種情況採用各種載重因子加權計算而得。應依各種設計規範的規定推算之。

1-4 結構分析模式

結構分析模式是一種為便於結構分析而將實際結構物簡化的表示方式。結構分析模式應儘可能正確表述結構物的重要特性而略去次要部分,以便結構內、外力的正確分析。結構分析模式的建立是結構分析最重要的一步,它需要對結構物正常運作的行為有充分理解且具設計經驗與實務的專業,始可正確建立。本書論述重點是結構分析模式的支承力與內力的分析,而非結構分析模式的建立。結構分析模式的建立大約包括結構物線圖、桿件聯結及結構物支承等,分述如下:

1-4-1 結構物線圖

除堤防或水壩等實體結構物外,結構物均由許多桿件聯結,以支撐符合使用目的的載重並傳遞於大地或其他結構物。所有桿件均將其軸心線以直線表示之,至於桿件的斷面形狀與面積則以桿件性質表述之。如圖 1-4-1(a)表示一個平面桁架,不論其桿件為木材、鋁材或鋼材,亦不論其斷面的形狀或面積均以直線表示之。

1-4-2 桿件聯結

桿件的聯結基本上有鉸接(Hinged Connection)與剛接(Rigid Connection)兩種。鉸接僅傳遞桿件之間的作用力;剛接則可傳遞桿件間的作用力與彎矩。在線圖上,直線交點(除非另外註記)代表桿件聯結之處,因為鉸接無法傳遞彎矩,故以小圓圈表示之,如圖 1-4-1(a)。結構線圖上並不需要表示桿件聯結的實際構造,圖 1-4-1(b)為鉸接實際構造的一種。結構線圖上桿件交點無小圓圈者表示桿件係以剛接聯結之,如圖 1-4-2。

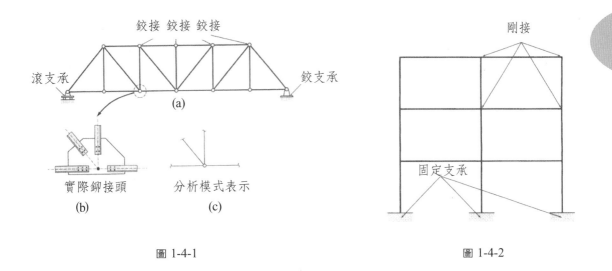

圖 1-4-1

圖 1-4-2

1-4-3　結構物支承

任意結構物承受使用目的的載重，最終必傳遞於大地或其他結構物。這些傳遞載重的構造有鉸支承（Hinged Support）、滾支承（Roller Support）與固定支承（Fixed End Support）三種，其在結構分析模式中則以圖 1-4-3 的各項圖示表示之。鉸支承可以支承任意方向的作用力；滾支承僅可承受與滾支承面垂直方向的作用力；固定支承則可承受任意方向的作用力與彎矩。

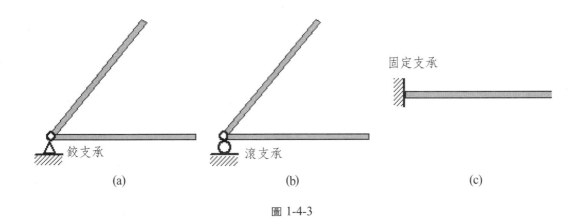

圖 1-4-3

1-5 結構分析內容

　　本書共分十四章論述結構分析方法及相關軟體之使用。第一章主要說明五南結構分析軟體的安裝與使用；第二章論述力系平衡方程式與反力；第三章論述靜定平面桁架的簡單桁架節點法與斷面法，複合桁架及複雜桁架的解法，另附平面桁架通解程式可以求解任何靜定穩定的簡單、複合或複雜桁架；第四章論述剪力圖與彎矩圖繪製原理；第五章論述靜定結構感應線的繪製原理；第六章論述靜定結構撓角與變位計算的各種方法，另附虛功法靜定桁架變形分析程式；第七章綜述超靜定結構分析方法；第八章論述超靜定結構的諧和變形分析法及靜定單跨樑變形計算程式使用說明；第九章論述超靜定結構最小功分析法；第十章論述超靜定連續樑的三彎矩方程式解法，也附有三彎矩方程式使用說明；第十一章論述超靜定結構感應線繪製原理與方法；第十二章論述超靜定結構的撓角變位法及連續樑撓角變位法程式、撓角變位法輔助程式使用說明；第十三章論述超靜定結構的彎矩分配法及連續樑彎矩分配法程式、多層多間剛架分配法程式使用說明；第十四章論述勁度分析法可以矩陣法分析靜定與超靜定結構。所附結構勁度分析程式可以分析靜定或超靜定連續樑、平面桁架及平面剛架且亦考量剛架桿件的伸縮量；亦可模仿傳統彎矩分配法。

1-6 結構分析軟體安裝

　　結構分析所附的結構分析軟體為適用於微軟公司 Microsoft Excel 2000 版本以上的試算表軟體，其安裝步驟如下：

　　1. 將本書所附「結構分析軟體」光碟片置入與主機連線的光碟機（假設光碟機設置在 H 槽）。

　　2. 執行結構分析軟體的自我解壓縮程式「五南結構分析軟體.exe」。

　　由視窗左下方工作列上，選擇☞開始＼執行（R）❑並輸入 H：＼五南結構分析軟體.exe 如圖 1-6-1，以執行光碟上的「五南結構分析軟體.exe」執行檔。執行後出現圖 1-6-2 畫面。另外亦可進入檔案總管，找尋「五南結構分析軟體」光碟上唯一的執行檔「五南結構分析軟體.exe」，以滑鼠雙擊（Double-Click）「五南結構分析軟體.exe」執行檔，出現圖 1-6-2 畫面。

圖 1-6-1　　　　　　　　　　　　　　　　圖 1-6-2

3.選擇「結構分析軟體」存放位置。

如圖 1-6-2 結構分析軟體存放的預設資料夾為「C：＼五南結構分析」，可以不修改或直接修改軟體所欲存放的資料夾或單擊「瀏覽（W）……」鈕以選擇軟體所欲存放的資料夾。資料夾選定後，單擊「安裝」鈕以將軟體解壓縮並存放於指定的資料夾。

1-7　結構分析軟體使用

結構分析軟體的使用步驟說明如下：

1-7-1　軟體使用環境的設定

微軟公司任何一個試算表檔案（如 Structural Analysis.xls）於檔案開啟時，均可自動執行某些巨集指令，因此形成一些程式病毒的寄所溫床。微軟公司的試算表軟體對於含有巨集指令的試算表檔案處理方式有三種。

高層級安全性：只有來自被信任來源的簽名巨集允許被執行，未簽名的巨集都會被自動關閉。

中層級安全性：你可以選擇是否要執行具有潛在危險性的巨集。

低層級安全性：對任何試算表檔案均不設防。

這三種安全性設定程序如下：

1.開啟微軟公司 Microsoft Excel 2000 版本以上試算表軟體

2.從功能表選單中選擇☞工具（T）＼巨集（M）＼安全性（S）☜如圖 1-7-1，出

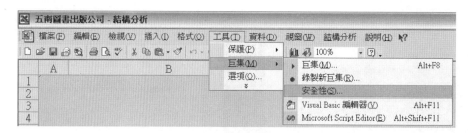

圖 1-7-1

現圖 1-7-2 的安全性對話方塊。點選「安全性
層級（S）」標籤的畫面以選用高、中或低的
安全性層級。如果點選高安全性層級，則須
再點選「信任的來源（T）」標籤之畫面以設
定可以信任的來源。

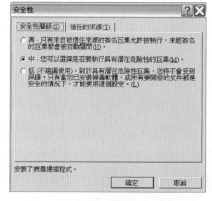

圖 1-7-2

結構分析軟體完全運用試算表的巨集指令所設
計完成的，且未採用數位簽證，因此如果選用「高」
層級安全性，則無法執行本程式。執行本程式應先
將試算表軟體的安全性層級設定為中或低層級安全
性。

1-7-2 軟體程式的啟動

1. 開啟微軟公司 Microsoft Excel 2000 版本以上的試算表軟體。
2. 從功能表選單中選擇☞檔案（F）＼開啟舊檔（O）☜或單擊一般工具列上的開
   啟舊檔按鈕 📂 後出現如圖 1-7-3 的開啟檔案對話方塊。如果顯示的畫面非如
   圖 1-7-3 所示，應挑選置放本軟體的資料夾（如安裝步驟 2 所選定的）後，點
   選結構分析軟體的試算表檔案 StructuralAnalysis.XLS 如圖 1-7-3。
3. 單擊開啟檔案對話方塊中的「開啟」按鈕，以載入 StructuralAnalysis.XLS 試算
   表，並出現如圖 1-7-4 的畫面。在圖 1-7-4 的畫面上方如游標所指之處，功能表
   上多了一個功能選項「結構分析」，表示結構分析軟體已經順利載入，並即可
   執行。如果在前述「軟體使用環境的設定」中，設定「高」層級安全性，則雖
   然仍可出現如圖 1-7-4 的畫面，但在圖 1-7-4 的畫面上方功能表上並未出現功能
   選項「結構分析」，表示結構分析軟體未能順利載入而無法執行。

圖 1-7-3　　　　　　　　　　　　　　　　圖 1-7-4

4. 如果在前述「軟體使用環境的設定」中，設定「中」層級安全性，則會出現如圖 1-7-5 的畫面，供使用者選擇是否開啟巨集。如果單擊「關閉巨集（D）」按鈕，則因為巨集未被開啟，功能表上未能出現功能選項「結構分析」。如果單擊「開啟巨集（E）」按鈕，則因巨集的開啟，使功能表上出現功能選項「結構分析」，表示結構分析軟體已順利載入而即可執行。

5. 如果在前述「軟體使用環境的設定」中，設定「低」層級安全性，則圖 1-7-5 的詢問畫面不出現，而允許巨集指令的直接執行。

6. 點選功能表上的項目「結構分析」，出現圖 1-7-6 的功能項目；功能項目中右側有一向右三角形者表示尚有副功能表項目，如點選「勁度法分析」功能項目，則右側出現其相當的副功能表，如圖 1-7-7。

圖 1-7-5　　　　　　　　　　　　　　　　圖 1-7-6

7. 應在結構分析軟體試算表以外的試算表點選☞結構分析／彎矩分配法／連續樑彎矩分配法／建立連續樑彎矩分配法試算表✍則出現如圖 1-7-8 的畫面，輸入連續樑跨間數、材料彈性係數、樑斷面慣性矩、跨間最多集中載重個數，當所

有分配彎矩絕對值均小於（正值）及小數位數等資料後，單擊「建立連續樑彎矩分配法試算表」鈕，即可產生連續樑彎矩分配法試算表。如果不在結構分析軟體試算表以外試算表點選☞結構分析／彎矩分配法／連續樑彎矩分配法／建立連續樑彎矩分配法試算表☞或其他功能，則出現如圖 1-7-9 的畫面。

圖 1-7-7   圖 1-7-8

圖 1-7-9

1-7-3 軟體環境設定的建議

　　結構分析軟體因使用巨集指令，且未經數位簽證而無法在安全性層級設定為「高」的環境下執行，只能在「中」或「低」層級安全性環境下工作；如果設定為「中」層級安全性環境，則每次啟定結構分析軟體均需回答圖 1-7-5 的詢問畫面。因為結構分析軟體已經密碼保護，尚難由使用者再加修改，屬可信任為無病毒的程式，因此每次都可回答「開啟巨集（E）」。如果設定為「低」層級安全性環境，則不會出現圖 1-7-5 的詢問畫面。因此微軟試算表軟體使用者如果常用他人提供的試算表檔案，則可設定為「中」層級安全性；如果僅使用自己撰寫的試算表及本書程式，則可設定為「低」層級安全性，以免每次都需回答圖 1-7-5 的畫面。

1-7-4　軟體程式的結束

結構分析軟體程式的結束有下列三種方式：

1. 由主功能表選擇☞檔案（F）／關閉檔案（C）☜。
2. 由主功能表選擇☞結構分析／結束作業☜。
3. 單擊視窗右上方的試算表關閉鈕。

1-7-5　關於結構分析軟體

在結構分析軟體畫面的功能表上，選擇☞結構分析／關於結構分析軟體☜後，或程式開啟時偶而隨機（四分之一的機會）出現如圖 1-7-10 的畫面，簡述本軟體的主要功能及版權事項。

1-7-6　軟體使用統計資訊

在結構分析軟體畫面的功能表上，選擇☞結構分析／軟體使用統計☜後出現如圖 1-7-11 的畫面，提供本軟體使用次數，首次使用日期，首次使用時間，上次使用日期，上次使用時間及軟體安裝編號等資訊。

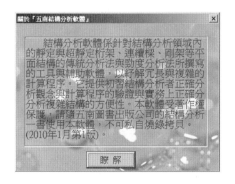

圖 1-7-10

圖 1-7-11

CHAPTER 2

力系平衡方程式與反力

2-1　緒言

　　絕大多數的工程結構物均設計為完全或部分束制（restrained），使不能完全自由移動或轉動，以滿足結構物的建造目的。這些束制作用則有賴於支承（Support）將結構物固著於穩定物體或大地。

　　圖 2-1-1(a)為一根桿件的簡單結構，承受任何載重必使該桿件在空間自由移動與轉動。若於桿件 A 端置一可以抵抗 X（水平）、Y（垂直）方向力量的裝置，則該桿件的移動性受到束制，但仍有繞 A 端自由旋轉的可能性如圖 2-1-1(b)。若再於 B 端置一可以抵抗 Y 方向力量的裝置，則該桿件將被完全束制不動如圖 2-1-1(c)。束制結構物移動或轉動的方法不止一種，圖 2-1-1(d)則為另一種束制方式。

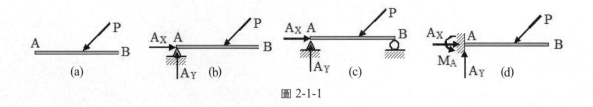

圖 2-1-1

　　這種防止結構物移動或轉動的裝置稱為支承（Support）；支承對結構物的作用力稱為反力（Reactions），故在結構分析過程中，這些支承可以反力替代之。

　　本章首先複習工程力學中的靜力平衡方程式，再說明各種結構物的支承裝置，結構物的靜定性與穩定性，最後說明反力的計算方法與例舉以為往後各章奠定一定的基本知識。

2-2　靜力平衡方程式

　　在工程力學中將力系（Force System）分為平面力系與空間力系。所有力均在同一平面上者稱為平面力系，在平面力系又依諸力的平行或交會而有平面交會力系、平面平行力系與平面非交會非平行力系等三種。空間力系中各力均處於不同平面上，也依諸力的平行或交會而有空間交會力系、空間平行力系與空間非交會非平行力系等三種；其平衡方程式討論如下：

2-2-1　平面交會力系

　　圖 2-2-1 為所有各力均在同一平面上且交會於一點的平面交會力系，諸力的交會點 O 僅有移動而無轉動的可能，因此其在相互垂直的 X、Y 座標軸上的分力總合必須為零，始可維持靜止不動，故得平衡方程式為

$$\Sigma F_X = 0 \qquad\qquad (2\text{-}2\text{-}1)$$

$$\Sigma F_Y = 0 \qquad\qquad (2\text{-}2\text{-}2)$$

　　公式（2-2-1）與公式（2-2-2）表示作用於共同交會點的諸力，其在 X 軸向的分力總合與在 Y 軸向的分力總合均必須為零，始可維持該交會點的平衡，否則該交會點將隨諸力的合力方向移動。平面共點力系中，僅有二個未知力時，可由上述兩個平衡方程式的聯立方程式當可解得，則此力系稱為靜定力系；如果共點力系中超過兩個未知力，則無法由兩個平衡方程式的聯立方程式求得，則此力系稱為超靜定力系。

　　如將圖 2-2-1 的諸力交會點視同對平面上任意一點亦無轉動現象，則公式（2-2-1）與公式（2-2-2）亦可寫成

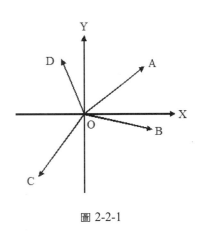

圖 2-2-1

$$\Sigma F = 0 \qquad\qquad (2\text{-}2\text{-}3)$$

$$\Sigma M = 0 \qquad\qquad (2\text{-}2\text{-}4)$$

　　換言之，交會諸力在任意軸上的分力必須為 0，且對平面上任意一點的力矩和也必須為 0。

　　圖 2-2-2 為一簡單桁架承受外力 P_1、P_2、P_3 的作用而有 R_A、R_H 的反作用力，如果將彙集於各節點的各桿件內力與已知的作用力與反作用力視為共點力系，則由節點 A、B、C、D、E、F、G、H 順序觀察，各節點僅有二個未知之力，故可利用公式（2-2-1）與公式（2-2-2）解得各桿件之內力。

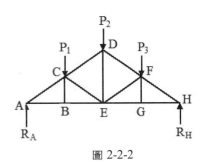

圖 2-2-2

2-2-2　平面平行力系

圖 2-2-3 為所有各力均在同一平面上,且相互平行作用於樑上的平面平行力系,為使該樑平衡不動,則平行力的總合力,與對平面上任意一點的力矩和均必須為 0,故得平衡方程式為

$$\Sigma F_Y = 0 \qquad\qquad (2\text{-}2\text{-}5)$$

$$\Sigma M = 0 \qquad\qquad (2\text{-}2\text{-}6)$$

圖 2-2-3 平行力系中僅有 R_1、R_2 為未知之數,故可利用公式(2-2-5)與公式(2-2-6)聯立解得,屬靜定力系;如果未知力超過兩個,則屬超靜定平行力系。

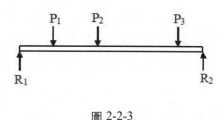

圖 2-2-3

2-2-3　平面非交會非平行力系

圖 2-2-4 為在同一平面上作用於樑上的平面非交會非平行力系,為使該樑平衡不動,則諸力在相互垂直的兩個軸向分力的總合力,與對平面上任意一點的力矩和均必須為 0,故得平衡方程式為

$$\Sigma F_X = 0 \qquad\qquad (2\text{-}2\text{-}7)$$

$$\Sigma F_Y = 0 \qquad\qquad (2\text{-}2\text{-}8)$$

$$\Sigma M = 0 \qquad\qquad (2\text{-}2\text{-}9)$$

因為平衡方程式有三個,故承受平面非交會非平行力系的結構物最多可解得三個未知力,則此力系稱為靜定力系;如果未知力超過三個,則稱為超靜定力系,如圖 2-2-4。

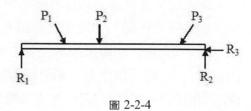

圖 2-2-4

2-2-4　空間交會力系

圖 2-2-5 為所有各力不在同一平面上而交會於一點的空間交會力系,諸力的交會點 O 僅有移動而無轉動的可能,因此其在相互垂直的 X、Y、Z 座標軸上的分力總合

必須為零，始可維持靜止不動，得平衡方程式為

$$\Sigma F_X = 0 \tag{2-2-10}$$

$$\Sigma F_Y = 0 \tag{2-2-11}$$

$$\Sigma F_Z = 0 \tag{2-2-12}$$

公式（2-2-10）、公式（2-2-11）與公式（2-2-12）表示作用於共同交會點的諸力，其在 X、Y、Z 軸向的分力總合均必須為零，始可維持該交會點的平衡，否則該交會點將隨諸力的合力方向移動。空間共點力系中，僅有三個未知力時，則由上述三個平衡方程式的聯立方程式當可解得，則此力系稱為靜定力系；如果共點力系中超過三個未知力，無法由三個平衡方程式的聯立方程式求得，則此力系稱為超靜定力系。

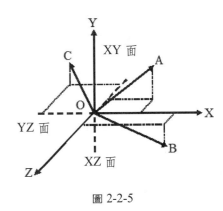

圖 2-2-5

2-2-5　空間平行力系

所有平行於 Y 軸但不在同一平面上的空間平行力系，為使承受該力系的物體平衡不動，則平行於 Y 軸諸力的總合力與對其餘兩軸的的各力矩和均必須為 0，故得平衡方程式為

$$\Sigma F_Y = 0 \tag{2-2-13}$$

$$\Sigma M_X = 0 \tag{2-2-14}$$

$$\Sigma M_Z = 0 \tag{2-2-15}$$

可知作用於一物體的空間平行力系，最多可解得三個未知力。

2-2-6　空間非交會非平行力系

作用於某一物體的諸力不在同一平面，且不交會於一點或相互平行，則諸力在相互垂直的 X、Y、Z 三軸上的分力總合必須為 0；且諸力對 X、Y、Z 三軸上的力矩總合亦必須為 0，始可維持該物體的不移動與不轉動的平衡，故得平衡方程式為

$$\Sigma F_X = 0 \qquad\qquad (2\text{-}2\text{-}16)$$

$$\Sigma F_Y = 0 \qquad\qquad (2\text{-}2\text{-}17)$$

$$\Sigma F_Z = 0 \qquad\qquad (2\text{-}2\text{-}18)$$

$$\Sigma M_X = 0 \qquad\qquad (2\text{-}2\text{-}19)$$

$$\Sigma M_Y = 0 \qquad\qquad (2\text{-}2\text{-}20)$$

$$\Sigma M_Z = 0 \qquad\qquad (2\text{-}2\text{-}21)$$

2-3　結構物之平衡

2-3-1　結構物的內力與外力

　　結構物所承受的力系可分為外力（External Force）與內力（Internal Force）兩種。為便於結構分析，可將外力區分為載重（Loads）與反力（Reactions）兩種。載重乃為滿足結構目的所承受的外力，載重通常為已知量且有移動或轉動結構物的趨勢；反力則有防止結構物移動或轉動趨勢的一種外力，其值通常未知待解，反力來自結構物的支撐，其大小是基礎設計的依據。載重與外力達成平衡狀態，則結構物可維持平衡不動。

　　內力乃指結構物中的桿件或一部分由結構物的另一部分所施加的桿力或彎矩。桿件內力通常為未知量，也是結構分析所欲求解的量，其值可為桿件設計的依據。根據牛頓第三定理，桿件內力成對反向存在，亦即甲部分作用於乙部分的內力與乙部分作用於甲部分的內力，恆大小相等，方向相反。內力不會出現於整個結構物的靜力平衡方程式中。

2-3-2　結構物的支撐

　　結構物的重要功能為將結構物所承受的載重與外力安全地傳遞於基礎，終由大地完全承受。結構物的支撐（Supports）是將結構物固著於大地或其他結構物的一種裝

置，以防止結構物承受載重後的移動或轉動。結構物的支撐是對結構物施加一種反作用力或簡稱為反力（Reactions）以平衡結構物承受的載重與外力而達到固著與維持不動的結果。

　　結構物的支撐若僅能防止結構物在某一方向移動，則在該方向施加一反作用力；若結構物僅能對某一軸向轉動，則在該軸向施加一反作用力偶；若能同時防止結構物的移動與轉動，則必須施加反作用力與反作用力偶以平衡之。

　　結構物的支撐以其能提供一個、二個或三個反力，而有滾支承（Roller Support）、鉸支承（Hinge Support）與固定支承（Fixed Support）三種；其圖示符號及反力方向示如下表。

反力數	支撐名稱	圖示	反力圖示	反力方向
1	滾支承			反力方向垂直於支承面，反力可指向或背離滾軸
2	鉸支承		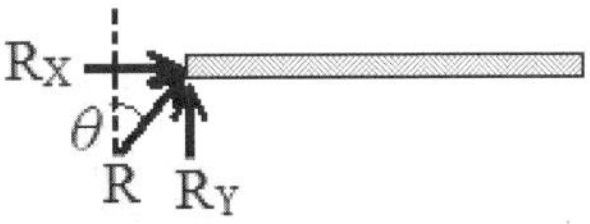	反力方向為任意，通常以相互垂直的兩方向分力 R_X、R_Y 表示之
3	固定支承		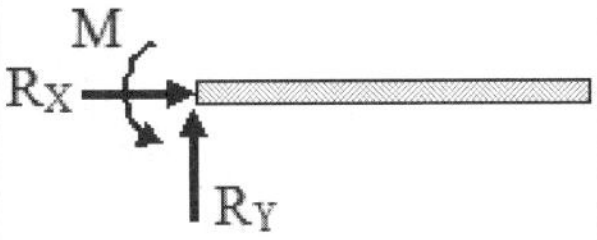	反力包括兩個相互垂直的分力與一個力偶

2-3-3　結構物的內在靜定與穩定

　　凡結構物的內力能夠由靜力平衡方程式求解而得者，稱該結構物為內在靜定（Internally Determinate），否則稱為內在超靜定（Internally InDeterminate）。若將結構物的外力（載重與反力）去除後，該結構物仍可維持原來形狀者，稱該結構物為內在穩定（Internally Stable），如圖 2-3-1 中各例，否則稱為內在不穩定（Internally UnStable）如圖 2-3-2 中各例。結構物靜定與穩定的研判將詳於各種結構物專論中。

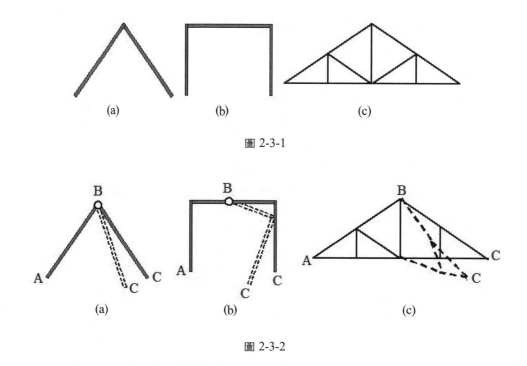

圖 2-3-1

圖 2-3-2

2-3-4 結構物的外在靜定與穩定

凡結構物的反力能由承受的載重，以靜力平衡方程式直接求得者，稱該結構物為外在靜定（Externally Determinate）如圖 2-3-3 中各例，否則稱為外在超靜定（Externally InDeterminate）如圖 2-3-4 中各例。結構物的支撐情形能夠滿足不同方向的載重，而維持結構物不移動、不轉動者，稱該結構物為外在穩定（Externally Stable）；反之，僅能承受某些特定方向的載重始能維持平衡者，稱為外在不穩定（Externally UnStable）。

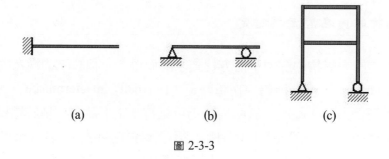

圖 2-3-3

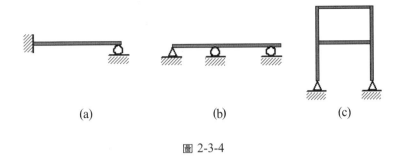

圖 2-3-4

　　結構物承受的載重不限平行力或交會力，故有三個平衡方程式可以求得三個反力分量，因此當結構物有三個非平行非交會反力分量時，該結構物必屬外在靜定結構；如果有三個以上反力分量，則必屬外在超靜定結構；若反力分量數少於三個，則除非是某一特定方向的平行力或交會力，否則無法維持結構物的平衡，而形成外在不穩定結構，如圖 2-3-5(a)。反力分量數少於 3 為結構物不穩定的充分與必要條件，但反力分量數大於或等於 3 僅為結構物穩定的必要條件而非充分條件，如圖 2-3-5(b)雖有三個反力分量，但仍屬不穩定結構。

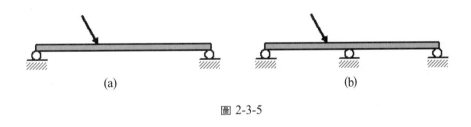

圖 2-3-5

2-3-5　條件方程式

　　圖 2-3-6(a)是由桿件 AB 與桿件 BC 於 B 端以鉸連接所構成的不穩定結構，該結構於 A 端以滾支承，於 C 端以鉸支承提供三個非交會力系支撐之。這樣的支撐條件本可穩定支撐一個穩定結構，但因圖 2-3-6(a)的結構本身不穩定，A端滾支承仍有水平移動的可能，故仍屬外在不穩定結構。如將 A 端改以鉸支承如圖 2-3-6(b)，則可獲得外在穩定結構，但此時的反力分量總數為 4。

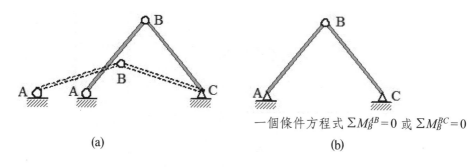

$$\text{一個條件方程式 } \Sigma M_B^{AB}=0 \text{ 或 } \Sigma M_B^{BC}=0$$

(a)　　　　　　　　　　　　　(b)

圖 2-3-6

　　很明顯地，三個靜力平衡方程式無法求得四個反力分量，但節點 B 卻可提供額外的一個平衡方程式，配合三個靜力平衡方程式剛好可以求得四個反力分量。因為鉸接點 B 不能傳遞彎矩，故鉸接點 B 兩側的結構所承受之載重與反力，對鉸接點 B 的彎矩總合均應為 0；亦即 $\Sigma M_B^{AB}=0$ 或 $\Sigma M_B^{BC}=0$。這種額外增加的平衡方程式稱為條件方程式（Equations of Conditions）。表面上，針對鉸接點 B 有兩個平衡方程式，但實質上僅能算一個平衡方程式，因為當 $\Sigma M_B^{AB}=0$ 及整體結構的平衡方程式 $\Sigma M=0$ 均滿足時，另一個平衡方程式 $\Sigma M_B^{BC}=0$ 會自動滿足。

　　圖 2-3-7 是由 AB 樑與 BC 樑於 B 端以滾連接，並於 A 端固定支承與 C 端鉸支所構成的穩定結構，此時結構的反力分量總數為 5（A 端固定支承有 3 個，C 端鉸支承有 2 個）。因為滾接點 B 既不能傳遞彎矩，且無法抵抗水平方向分力，故可增加二個條件方程式（亦即平衡方程式），再配合三個靜力平衡方程式，恰可求解五個反力分量。

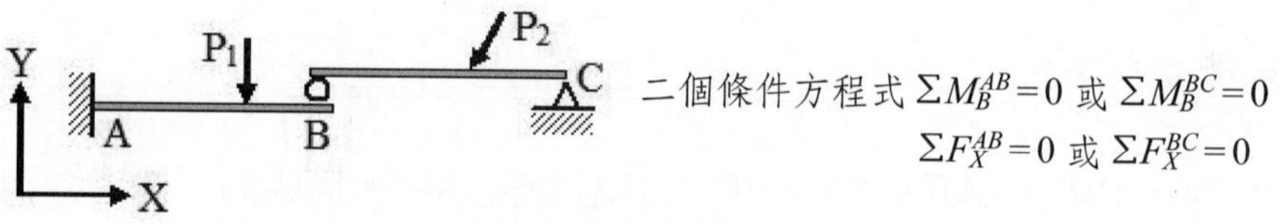

$$\text{二個條件方程式 } \Sigma M_B^{AB}=0 \text{ 或 } \Sigma M_B^{BC}=0$$
$$\Sigma F_X^{AB}=0 \text{ 或 } \Sigma F_X^{BC}=0$$

圖 2-3-7

2-3-6　不穩定結構物的靜定性

　　兩個穩定結構物以鉸（hinge）或滾（roller）連接而變成不穩定結構，若增加反力分量數，則可使該不穩定結構變成外在靜定結構。超過三個反力分量的結構物，因為

每一個鉸連接可提供一個條件方程式，每一個滾連接可提供二個條件方程式，配合三個靜力平衡方程式就可解得各反力分量。設 r 為結構物的反力分量總數，e_c 代表結構內鉸接點及滾接點所提供條件方程式的總數，則不穩定結構物的靜定性可按下式判定之：

$$r < 3 + e_c \quad 結構物為外在不穩定$$

$$r = 3 + e_c \quad 結構物為外在穩定 \qquad (2\text{-}3\text{-}1)$$

$$r > 3 + e_c \quad 結構物為外在超穩定$$

外在超靜定結構的超靜定數 i_e 為

$$i_e = r - (3 + e_c) \qquad (2\text{-}3\text{-}2)$$

公式（2-3-1）的另一種研判方式為：

$$r + f_i < 3n_r \quad 結構物為外在不穩定$$

$$r + f_i = 3n_r \quad 結構物為外在穩定 \qquad (2\text{-}3\text{-}3)$$

$$r + f_i > 3n_r \quad 結構物為外在超穩定$$

外在超靜定結構的超靜定數 i_e 為

$$i_e = r + f_i - 3n_r \qquad (2\text{-}3\text{-}4)$$

其中 n_r 為結構中的桿件數；f_i 代表鉸（滾）連接所能傳遞的分力數；一個鉸連接可以傳遞 2 個分力，故 $f_i = 2$；一個滾連接僅能傳遞一個分力，故 $f_i = 1$。圖 2-3-6(b)結構中，$r = 4$（四個反力），$f_i = 2$（鉸連接），$n_r = 2$（兩根桿件），故 $3n_r = r + f_i = 6$，屬外在靜定結構；又圖 2-3-7 結構中，$r = 5$（五個反力），$f_i = 1$（滾連接），$n_r = 2$（兩根桿件），故 $3n_r = r + f_i = 6$，屬外在靜定結構。

公式（2-3-1）與公式（2-3-3）仍然無法研判幾何不穩定（Geometric instability）現象。圖 2-3-8 整個結構由四根樑以三個內鉸連接之，且於左右端點以固定支承支撐之。以公式（2-3-1）的觀點，$r = 6$（兩個固定支承 A、E），$e_c = 3$（每一個鉸連接提供 1 個條件方程式），因為 $r = 3 + e_c$，故圖 2-3-8 結構應屬靜定結構。又以公式

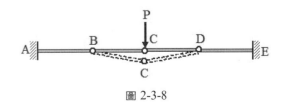

圖 2-3-8

（2-3-3）的觀點，$r=6$，$f_i=6$（每一個鉸連接有 2 個未知分力），桿件數 $n_r=4$，得 $r+f_i=6+6=12$，$3n_r=3 \times 4=12$，故圖 2-3-8 結構亦應屬靜定結構。實際上，因為結構內鉸同處於一直線上，故樑 BC 與樑 DC 必須有限度的旋轉才能抵禦載重 P，形成不穩定結構。增加反力數才能將之轉換為穩定結構。

例題 2-3-1

試研判下列各結構的穩定性、靜定性及超靜定性；如屬超靜定，則計算其超靜定數？

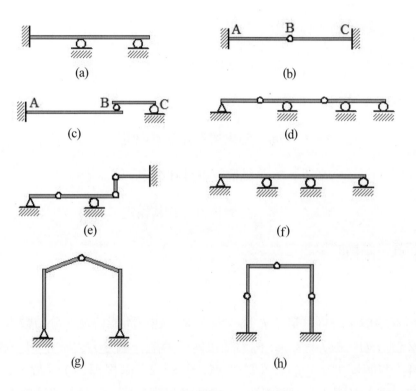

圖 2-3-9

解答：

(a)樑本身為內在穩定，反力分量總數 $r=3+1+1=5$，因為並無內在鉸連接或滾連接，故條件方程式數 $e_c=0$，依公式（2-3-1）得 $r(=5)>3+e_c$，屬外在超靜定，依公式（2-3-2）得超靜定數 $i_e=r-3=2$。另依公式（2-3-3），$f_i=0$（無內在鉸接或滾接），$n_r=1$（僅有一根樑）得 $r+f_i>3n_r$，屬外在超靜定，依公式（2-3-4）亦得超靜定數 $i_e=r+f_i-3n_r=5+0-3 \times 1=2$。

(b)結構物由桿件 AB 與桿件 BC 以鉸連接，故屬內在不穩定結構，由圖知 $r=6$，$e_c=1$（一個條件方程式），$f_i=2$（鉸連接可傳遞 2 個分力），$n_r=2$（2 根桿件），依公式（2-3-1）得 $r(=6)>3+e_c=3+1$，屬外在超靜定，依公式（2-3-2）得超靜定數 $i_e=r-(3+e_c)=6-(3+1)=2$。另依公式（2-3-3），得 $6+2>3\times2$，屬外在超靜定，依公式（2-3-4）得超靜定數 $i_e=(r+f_i)-3n_r=6+2-3\times2=2$。

(c)本結構中 $r=3+1=4$，$e_c=2$，$f_i=1$，$n_r=2$，依公式（2-3-1）得 $r(=4)<3+2=5$，屬不穩定結構。觀察圖中桿件 BC 僅能承受垂直載重，否則將造成桿件 BC 的水平移動。另依公式（2-3-3），得 $4+1<3\times2$，亦屬不穩定結構。

(d)本結構由三根樑以兩個內鉸連接之，屬不穩定結構，其中 $r=2+1+1+1=5$，$e_c=2$，$f_i=2\times2=4$，$n_r=3$，依公式（2-3-1）得 $r(5)=3+e_c=3+2$，屬外在靜定結構。另依公式（2-3-3），得 $r+f_i=5+4=3\times3$，亦屬外在靜定結構。

(e)本結構由四根桿件以三個內鉸連接而成的內在不穩定結構，觀察得 $n_r=4$，$r=3+2+1=6$，$e_c=3$，$f_i=2\times3=6$，依公式（2-3-1）得 $r(6)=3+e_c=3+3$，屬外在靜定結構。另依公式（2-3-3），得 $r+f_i=6+6=3\times4$，亦屬外在靜定結構。

(f)樑本身為內在穩定，反力分量總數 $r=2+1+1+1=5$，因為並無內在鉸連接或滾連接，故條件方程式數 $e_c=0$，$f_i=0$，$n_r=1$。依公式（2-3-1）得 $r(=5)>3+0$，屬外在超靜定，依公式（2-3-2）得超靜定數 $i_e=r-3=2$。另依公式（2-3-3），得 $r+f_i(5+0)>3n_r(3\times1)$，屬外在超靜定，依公式（2-3-4）亦得超靜定數 $i_e=(r+f_i)-3n_r=2$。

(g)本結構由二根桿件以一個內鉸連接而成的內在不穩定結構，觀察得 $n_r=2$，$r=2+2=4$，$e_c=1$，$f_i=2\times1=2$，依公式（2-3-1）得 $r(4)=3+e_c=3+1$，屬外在靜定結構。另依公式（2-3-3），得 $r+f_i=4+2=3\times2$，亦屬外在靜定結構。

(h)本結構由四根桿件以三個內鉸連接而成的內在不穩定結構，觀察得 $n_r=4$，$r=3+3=6$，$e_c=3$，$f_i=2\times3=6$，依公式（2-3-1）得 $r(6)=3+e_c=3+3$，屬外在靜定結構。另依公式（2-3-3），得 $r+f_i=6+6=3\times4$，亦屬外在靜定結構。

2-4   靜定結構物的反力計算

2-4-1   自由體圖

結構物承受載重並受支承點的反力達到平衡的狀態,前述這些反力可由靜力平衡方程式及條件方程式所形成的聯立方程式求解之。自由體圖(Free Body Diagram)則是一種寫出這些方程式的重要工具。繪製自由體圖時,應先選定所要繪製的對象,如全結構、部分結構、桿件或節點等,然後將繪製自由體圖對象周遭的載重、反力及內力標示其作用方向及大小,未知的反力或內力則先假設其作用方向繪製之,然後再套用靜力平衡方程式或條件方程式列出聯立方程式。

繪製自由體圖時,也需要先設定 X,Y 直角座標體系,以方便分力的推算,X,Y 座標軸通常以選擇與多數作用力平行或垂直為原則。

繪製全結構的自由體圖時,首先將結構物的支承及外部接觸物去掉,然後將所有已知大小與方向的載重繪上,對於支承及外物則以該支承或外物所施加於全結構的反力表示之。這些未知作用力方向與大小的反力,可先假設其作用方向繪製之。圖 2-4-1(a)為一穩定靜定簡單桁架,於節點 D 承受已知大小與方向的載重,節點 A 有鉸支承,節點 C 有滾支承。圖 2-4-1(b)則為全結構的自由體圖,首先將支承體代之以未知的反力;節點 A 的反力大小與方向均為未知,如以平行於 X,Y 軸的反力分量 A_X,A_Y 替代,仍屬兩個未知量;滾接的節點 C 反力假設為垂直向上,但其大小未知,故以 C_Y 表示之。

根據靜力平衡方程式

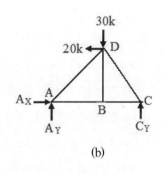

圖 2-4-1

$$\Sigma F_X = 0 \text{ 得 } A_X - 20 = 0$$

$$\Sigma F_Y = 0 \text{ 得 } A_Y + C_Y - 30 = 0$$

$$\Sigma M_A = 0 \text{ 得 } C_Y \times 35 + 20 \times 20 - 30 \times 20 = 0$$

　　解以上聯立方程式當可求得 $A_X = 20t$，$A_Y = 24.29t$，$C_Y = 5.71t$；解得正號的答案表示各反力的分力方向與自由體圖的假設方向相同；若為負號，則反力分量的作用方向與自由體圖上的假設方向相反。

　　如欲推求桿件 AD 與桿件 AB 的桿力（張力或壓力），則須將桿件 AD 與 AB 切斷。被切斷的桿件內力尚屬未知，該內力的方向必與桿件軸心線一致，故僅其大小及作用方向（張力或壓力）未知；假設各桿件均為張力，則可繪得節點 A 的自由體圖如圖 2-4-2。節點 A 屬平面交會力系，故有二個靜力平衡方程式，可以求得兩桿件的內力。

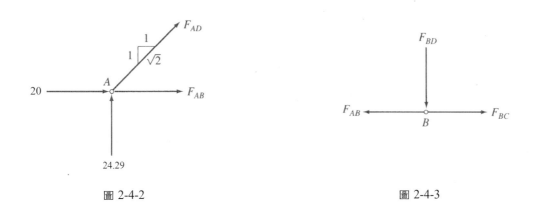

圖 2-4-2　　　　　　　　　　　　　　　　　圖 2-4-3

　　桿件的內力方向，一經假設則所有與該桿件有關的自由體圖均必須採用相同的假設。例如，圖 2-4-3 為節點 B 的自由體圖，該圖與桿件 AB 有關，既然在節點 A 的自由體圖中已經假設桿件 AB 為張力，則在節點 B 的自由體圖中，桿件 AB 的內力也必須假設為張力。圖 2-4-4 為各桿件、各節點的自由體圖，請詳細觀察各作用力的假設與在不同自由體圖的方向。圖 2-4-4 中除載重 20t、30t 及反力 A_X、A_Y、C_X、C_Y 為外力（External Force）外，其餘均為內力（Internal Force）。

2-4-2　反力計算程序

反力計算是計算結構內力的首要步驟，其計算步驟彙列如下：

1. 根據 2-3 節結構物之平衡，確定結構物屬靜定結構，如屬靜力不穩定或幾何不穩定或超靜定結構，則按以後超靜定結構分析專章分析之。
2. 根據 2-4-1 節自由體圖相關規則，繪製靜定結構的自由體圖。

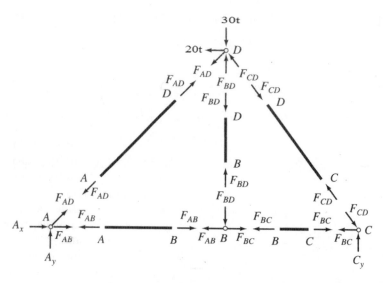

圖 2-4-4

3. 使用靜力平衡方程式（及）條件方程式寫出未知反力分量的聯立方程式，並求解各反力分量。內在穩定結構通常可寫出僅含一個未知量的靜力平衡方程式，直接求解某一反力分量；內在不穩定結構則需要解二元一次聯立方程式或將鉸連接或滾連接的部分結構取自由體圖，並將鉸連接或滾連接所傳遞的未知分量視同外力，亦可寫出僅含一個未知量的靜力平衡方程式以直接求解。

4. 利用尚未使用的靜力平衡方程式以核算計算的正確性。

2-4-3　正負號規定與斜向力表示法

　　套用靜力方程式於各種自由體圖時，各載重、反力及彎矩均須使用一致的正負號，以下各例採用沿 X、Y 座標軸正向的作用力為正，逆鐘向彎矩為正，反之為負。

　　一個斜向作用力含有大小與方向兩個已（未）知量，為便於套用靜力平衡方程式，通常依圖 2-4-5 的方式將之解析成 X、Y 向兩個分量。

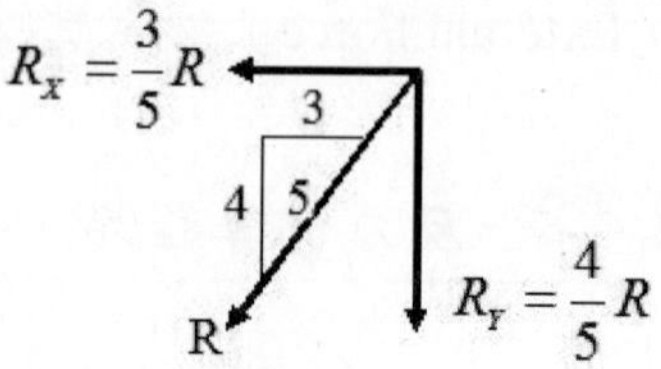

$$R_x = \frac{3}{5}R$$

$$R_y = \frac{4}{5}R$$

圖 2-4-5

例題 2-4-1

試求解圖 2-4-6(a)外伸樑各支承的反力？

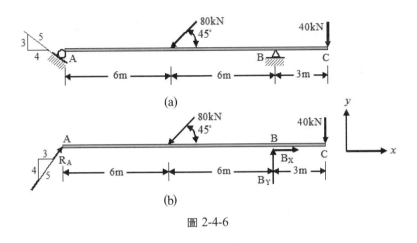

圖 2-4-6

解答：

結構靜定性：$r=2+1=3$，$e_c=0$（樑內並無鉸連接或滾連接），依公式（2-3-1）得 $r=3+e_c$，故屬靜定穩定結構。

自由體圖：繪製全結構自由體圖如圖 2-4-6(b)

反力計算：取靜力平衡方程式

$\Sigma M_A = 0$ 得 $B_y \times 12 - 80 \times \sin45°(6) - 40 \times 15 = 0$，解得 $B_Y = 78.284$kN ↑

$\Sigma F_Y = 0$ 得 $(4/5)R_A + 78.284 - 40 - 80\sin45° = 0$，解得 $R_A = 22.856$kN ↗

$\Sigma F_X = 0$ 得 $(3/5)(22.856) + B_x - 80\cos45° = 0$，解得 $B_x = 42.855$kN →

因為計得的反力均為正值，故其方向與圖 2-4-6(b)自由體圖假設的方向相符。

反力核算：可任取尚未使用的靜力平衡方程式 $\Sigma M_B = 0$ 或 $\Sigma M_C = 0$ 核算之

$$\Sigma M_B = 80\sin45°(6) - 22.856 \times \frac{4}{5} \times 12 - 40 \times 3$$

$$= 339.4113 - 219.4176 - 120 = -0.0063 \approx 0$$

例題 2-4-2

試求解圖 2-4-7(a)懸臂樑各支承的反力？

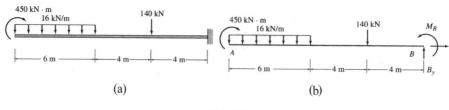

圖 2-4-7

解答：

結構靜定性： $r=3$，$e_c=0$（樑內並無鉸連接或滾連接），依公式（2-3-1）得 $r=3+e_c$，故屬靜定穩定結構。

自由體圖： 繪製全結構自由體圖如圖 2-4-7(b)

反力計算： 取靜力平衡方程式

$$\Sigma M_B = 0 \text{ 得 } M_B - 450 + 16(6)(4+4+3) + 140(4) = 0 \text{，解得}$$

$$M_B = -1166 \text{kN-m（順鐘向）}$$

$$\Sigma F_Y = 0 \text{ 得} -16(6) - 140 + B_Y = 0 \text{，解得 } B_Y = 236 \text{kN} \uparrow$$

$$\Sigma F_X = 0 \text{ 得 } B_X = 0$$

因為計得的彎矩 M_B 為負值，故其方向與圖 2-4-7(b)自由體圖假設的方向相反（順鐘向）；反力 B_Y 為正，故其方向與圖 2-4-7(b)自由體圖假設的方向相符。

反力核算： 可取尚未使用的靜力平衡方程式 $\Sigma M_A = 0$ 核算之

$$\Sigma M_A = 236\,(6+4+4) - 450 - 1166 - 16(6)(3) - 140(6+4) = 0$$

例題 2-4-3

試求解圖 2-4-8 外伸樑各支承的反力？

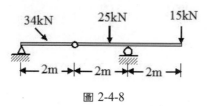

圖 2-4-8

解答：

結構靜定性：$r=2+1=3$，$e_c=1$（樑內有鉸連接），依公式（2-3-1）得 $r<3+e$，故屬不穩定結構，無法推算其反力。

例題 2-4-4

試求解圖 2-4-9(a)剛架固定支承的反力？

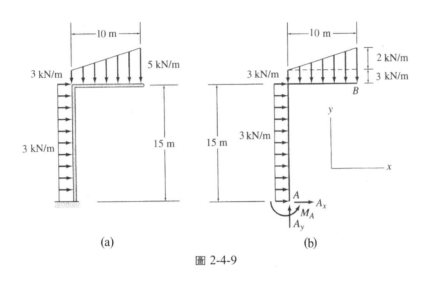

圖 2-4-9

解答：

結構靜定性：$r=3$，$e_c=0$（剛架內並無鉸連接或滾連接），依公式（2-3-1）得 $r=3+e_c$，故屬靜定穩定結構。

自由體圖：繪製全結構自由體圖如圖 2-4-9(b)

反力計算：取靜力平衡方程式

$\Sigma F_X=0$ 得 $A_X+15 \times 3=0$，解得 $A_X=-45$kN $\leftarrow$

$\Sigma F_Y=0$ 得 $A_Y-3(10)-\dfrac{1}{2}(2)(10)=0$，解得 $A_Y=40$kN $\uparrow$

$\Sigma M_A=0$ 得 $M_A-3(15)(7.5)-3(10)(5)-0.5(2)(10)(2 \times 10/3)=0$，解得

$$M_A=554.167\text{kN-m}（逆鐘向）$$

反力核算：取尚未使用的靜力平衡方程式 $\Sigma M_B=0$ 核算之

$$\Sigma M_B=554.167+3(15)(7.5)+3(10)(5)+$$
$$0.5(2)(10)(10/3)-45(15)-40(10)=0$$

例題 2-4-5

試求解圖 2-4-10 兩端固定樑各固定端支承的反力？

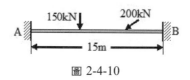

圖 2-4-10

解答：

　　結構靜定性：$r=3+3=6$，$e_c=0$（樑內並無鉸連接或滾連接），依公式（2-3-1）得 $r＞3+e_c$，故屬超靜定穩定結構，無法僅以靜力平衡方程式求解反力值，可使用超靜定結構分析法（如彎矩分配法）求解之。

例題 2-4-6

試求解圖 2-4-11(a)剛架各支承的反力？

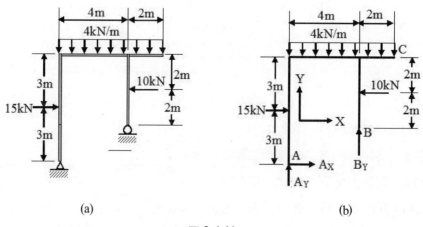

(a)　　　　　　　　　　　　(b)

圖 2-4-11

解答：

　　結構靜定性：$r=2+1=3$，$e_c=0$（剛架內並無鉸連接或滾連接），依公式（2-3-1）得 $r=3+e_c$，故屬靜定穩定結構。

　　自由體圖：繪製全結構自由體圖如圖 2-4-11(b)

　　反力計算：取靜力平衡方程式

$$\Sigma F_X = 0 \ 得 \ A_X + 15 - 10 = 0，解得 A_X = -5\text{kN} \leftarrow$$

$$\Sigma M_A = 0 \ 得 \ B_Y(4) + 10(2+2) - 4(4+2)(6/2) - 15(3) = 0，$$

$$解得 B_Y = 19.25\text{kN} \uparrow$$

$$\Sigma F_Y = 0 \ 得 \ A_Y - 4(4+2) + 19.25 = 0，解得 A_Y = 4.75\text{kN} \uparrow$$

反力核算：任取尚未使用的靜力平衡方程式 $\Sigma M_B = 0$ 或 $\Sigma M_C = 0$ 核算之

$$\Sigma M_C = 15(3) + 4(2+4)(3) - 10(2) - 5(6) - 4.75(6) - 19.25(2) = 0$$

例題 2-4-7

試求解圖 2-4-12(a)剛架各支承的反力？

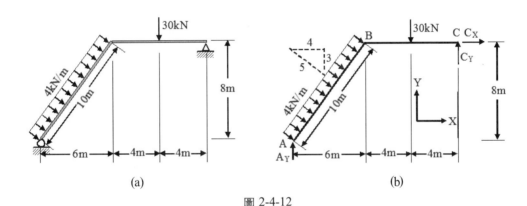

圖 2-4-12

解答：

　結構靜定性：$r = 2 + 1 = 3$，$e_c = 0$（剛架內並無鉸連接或滾連接），依公式（2-3-1）得 $r = 3 + e_c$，故屬靜定穩定結構。

　自由體圖：繪製全結構自由體圖如圖 2-4-12(b)

　反力計算：取靜力平衡方程式

$$\Sigma F_X = 0 \ 得 \ C_X + 4(10)(4/5) = 0，解得 C_X = -32\text{kN} \leftarrow$$

$$\Sigma M_A = 0 \ 得 \ C_Y(6+4+4) + 32(8) - 30(6+4) - 4(10)(5) = 0，解得$$

$$C_Y = 17.429\text{kN} \uparrow$$

$$\Sigma F_Y = 0 \ 得 \ A_Y + 17.429 - 30 - 4(10)(3/5) = 0，解得 A_Y = 36.571\text{kN} \uparrow$$

　反力核算：任取尚未使用的靜力平衡方程式 $\Sigma M_B = 0$ 或 $\Sigma M_C = 0$ 核算之。因為計算均佈載重對節點 C 的彎矩較為複雜，故取 $\Sigma M_B = 0$ 核算之。

$$\Sigma M_B = 17.429(4+4) + 4(10)(5) - 36.571(6) - 30(4) = 0.006 \approx 0$$

例題 2-4-8

試求解圖 2-4-13(a)連續樑各支承的反力？

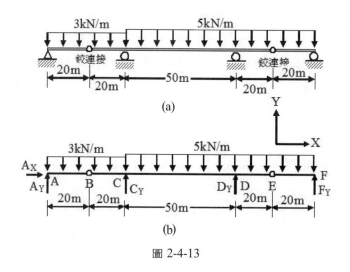

圖 2-4-13

解答：

　　結構靜定性：$r=2+1+1+1=5$，$e_c=2$（樑內有 2 個鉸連接），依公式（2-3-1）得 $r=3+e_c$。故本結構原屬內在不穩定，經增加支承而變成靜定穩定結構。

　　自由體圖：繪製全結構自由體圖如圖 2-4-13(b)

　　反力計算：取靜力平衡方程式 $\Sigma F_X=0$ 得 $A_X+0=0$，解得 $A_X=0$kN

　　條件方程式 $\Sigma M_B^{AB}=0$ 得 $-A_Y(20)+3(20)(10)=0$，解得 $A_Y=30$kN ↑

　　條件方程式 $\Sigma M_E^{EF}=0$ 得 $F_Y(20)-5(20)(10)=0$，解得 $F_Y=50$kN ↑

　　$\Sigma M_D=0$ 得

$$3(40)(20+50)+5(90)(50-90/2)+50(40)-30(90)-C_Y(50)=0，$$

　　　　　　解得 $C_Y=199$kN ↑

　　　　$\Sigma F_Y=0$ 得 $D_Y+30+50+199-3(40)-5(90)=0$，解得 $D_Y=291$kN ↑

　　反力核算：取尚未使用的靜力平衡方程式 $\Sigma M_F=0$ 核算之

$$\Sigma M_F=3(40)(20+90)+5(90)(45)-30(130)-199(90)-291(40)=0$$

例題 2-4-9

試求解圖 2-4-14(a)連續樑各支承的反力？

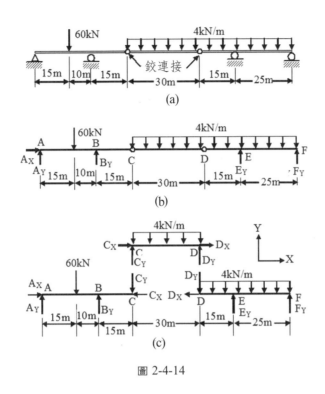

圖 2-4-14

解答：

方法一

結構靜定性： $r = 2 + 1 + 1 + 1 = 5$，$e_c = 2$（樑內有 2 個鉸連接），依公式（2-3-1）得 $r = 3 + e_c$，故屬靜定穩定結構。

自由體圖： 繪製全結構自由體圖如圖 2-4-14(b)

反力計算： 取靜力平衡方程式

$$\Sigma F_X = 0 \text{ 得 } A_X + 0 = 0 \text{，解得 } A_X = 0 \text{kN}$$

條件方程式 $\Sigma M_C^{AC} = 0$ 得 $60(10 + 15) - A_Y(15 + 10 + 15) - B_Y(15) = 0$ 或

$$8A_Y + 3B_Y = 300 \tag{1}$$

為取得另一個含有 A_Y 與 B_Y 兩個未知量的方程式，取條件方程式 $\Sigma M_D^{AD} = 0$ 得

$$60(10 + 15 + 30) + 4(30)(15) - A_Y(70) - B_Y(45) = 0 \text{，或}$$

$$14A_Y + 9B_Y = 1020 \tag{2}$$

$$解聯立方程式 \begin{cases} 8A_Y + 3B_Y = 300 \\ 14A_Y + 9B_Y = 1020 \end{cases} 得 \begin{cases} A_Y = -12kN\downarrow \\ B_Y = 132kN\uparrow \end{cases}$$

$\Sigma M_F = 0$ 得

$$12(110) + 4(70)(35) + 60(95) - 132(70 + 15) - E_Y(25) = 0$$

解得 $E_Y = 224kN\uparrow$

$\Sigma F_Y = 0$ 得

$$F_Y + 224 + 132 - 12 - 4(70) - 60 = 0，解得 F_Y = -4kN\downarrow$$

方法二

另一種求解反力的方式是繪出桿件 AC、CD、DF 的自由體圖如圖 2-4-14(c)，再對每一桿件套用靜力平衡方程式。桿件自由體圖中，除了載重與反力外，尚包括鉸連接對桿件的作用力。因為鉸連接的作用力大小與方向尚屬未知，當然可以任意假設之，惟應注意鉸（滾）連接作用於連接的桿件作用力大小相等但方向相反；例如，鉸接點 C 作用於桿件 AC 與作用於桿件 CD 的作用力大小相同，方向相反；同理，鉸接點 D 亦同，如圖 2-4-14(c)。

結構靜定性：$r = 2 + 1 + 1 + 1 = 5$，$f_i = 2 \times 2 = 4$（樑內有 2 個鉸連接，每個鉸連接可以傳遞 2 個分力），桿件數 $n_r = 3$ 依公式（2-3-3）得 $r + f_i = 5 + 4 = 3n_r$，故屬靜定穩定結構。

自由體圖：繪製全結構自由體圖如圖 2-4-14(c)

反力計算：

先考量桿件 CD 自由體圖，取靜力平衡方程式

$$\Sigma M_D^{CD} = 0 \text{ 得 } 4(30)(15) - C_Y(30) = 0，解得 C_Y = 60kN\uparrow$$

$$\Sigma M_C^{CD} = 0 \text{ 得 } D_Y(30) - 4(30)(15) = 0，解得 D_Y = 60kN\uparrow$$

$$\Sigma F_X^{CD} = 0 \text{ 得 } C_X + D_X = 0 \tag{3}$$

再考量桿件 DF 自由體圖，取靜力平衡方程式

$$\Sigma F_X^{DF} = 0 \text{ 得 } -D_X = 0；將 D_X = 0 帶入(3)式得 C_X = 0$$

$$\Sigma M_F^{DF} = 0 \text{ 得 } 60(40) + 4(40)(20) - E_Y(25) = 0，解得 E_Y = 224kN\uparrow$$

$$\Sigma F_Y^{DF} = 0 \text{ 得 } F_Y + 224 - 60 - 4(40) = 0，解得 F_Y = -4kN\downarrow$$

再考量桿件 AC 自由體圖，取靜力平衡方程式

$$\Sigma F_X^{AC} = 0 \text{ 得 } A_X + D_X = 0，因為 D_X = 0 得 A_X = 0$$

$$\Sigma M_A^{AC} = 0 \text{ 得 } B_Y(25) - 60(15) - 60(40) = 0，解得 B_Y = 132kN\uparrow$$

$$\Sigma F_Y^{AC}=0 \text{ 得 } A_Y+132-60-60=0,解得 A_Y=-12kN\downarrow$$

反力核算：使用方法一與方法二所計得反力分量均相。

例題 2-4-10

試求解圖 2-4-15(a)剛架各支承的反力？

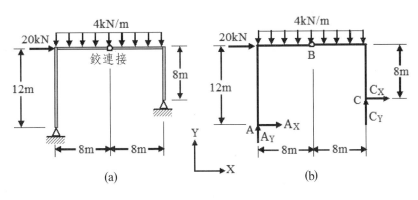

圖 2-4-15

解答：

　結構靜定性：$r=2+2=4$，$e_c=1$（剛架內有 1 個鉸連接），依公式（2-3-1）得 $r=3+e_c$，故屬靜定穩定結構。

　自由體圖：繪製全結構自由體圖如圖 2-4-15(b)

　反力計算：取靜力平衡方程式

　$\Sigma M_C=0$ 得

$$A_X(12-8)+4(8+8)(8)-A_Y(16)-20(8)=0,或$$

$$A_X-4A_Y=-88 \tag{1}$$

　條件方程式 $\Sigma M_B^{AB}=0$ 得 $A_X(12)+4(8)(4)-A_Y(8)=0$ 或

$$3A_X-2A_Y=-32 \tag{2}$$

　解聯立方程式 $\begin{cases} A_X-4A_Y=-88 \\ 3A_X-2A_Y=-32 \end{cases}$，解得 $\begin{cases} A_X=4.8kN\rightarrow \\ A_Y=23.2kN\uparrow \end{cases}$

$$\Sigma F_Y=0 \text{ 得 } C_Y+23.2-4(16)=0,解得 C_Y=40.8kN \uparrow$$

$$\Sigma F_X=0 \text{ 得 } C_X+20+4.8=0,解得 C_X=-24.8kN\leftarrow$$

　反力核算：取尚未使用的靜力平衡方程式 $\Sigma M_B=0$ 核算之

$$\Sigma M_B=4.8(12)+40.8(8)-23.2(8)-24.8(8)=0$$

本例剛架的支承點如果同處於一個水平面上，則無須解聯立方程式。

2-4-4　重疊原理

　　重疊原理敘述一個線性彈性結構同時承受多個載重的總效果為該結構承受各個個別載重所產生效果的代數和。圖 2-4-16 中承受載重 P_A、P_B 的簡支樑滾支承的反力 R 等於單獨承受載重 P_A 的滾支承反力 R_A 與單獨承受載重 P_B 的滾支承反力 R_B 的代數和。

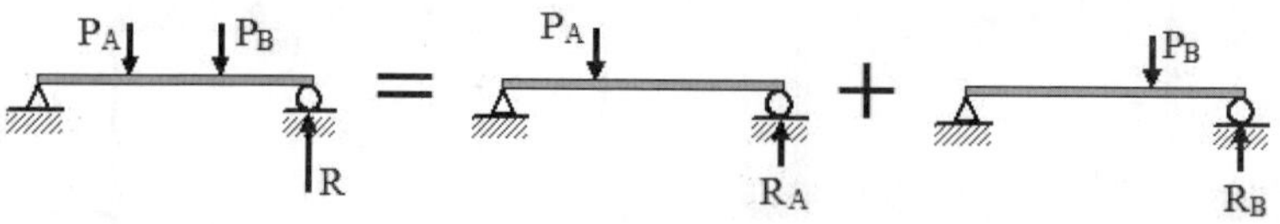

圖 2-4-16

　　重疊原理的適用條件有二，其一是結構承受載重後的變形甚小，以致可以使用未變形前的結構幾何尺寸來套用靜力方程式；其二是結構材料承受載重後，其應變（Strain）與應力（Stress）仍然遵循虎克定律。因為各種設計規範均規定各桿件須於各材料的彈性範圍以內，故本書所介紹的各種結構分析方法均可適用。

2-4-5　比例法反力計算

　　圖 2-4-17 為一承受垂直載重的簡支樑（Simply Supported Beam）。套用靜力平衡方程式 $\Sigma M_A = 0$ 及 $\Sigma M_B = 0$ 可以求得支承點 A、B 的反力分量 A_y、B_y 為

取 $\Sigma M_B = 0$ 得 $P \times b - A_y \times S = 0$，解得 $A_y = P\left(\dfrac{b}{S}\right)$

取 $\Sigma M_A = 0$ 得 $B_y \times S - P \times a = 0$，解得 $B_y = P\left(\dfrac{a}{S}\right)$

　　歸納之可得，承受垂直載重 P 的簡支結構，其支承點 A 的垂直反力 A_y 為垂直載重 P 乘以載重 P 距支承點 B 的距離 b 與支承點 A、B 間的距離 S 之比例；支承點 B 的垂直反力 B_y 為垂直載重 P 乘以載重 P 距支承點 A 的距離 a 與支承點 A、B 間的距離 S 之比例。S 值恆正，但是計算反力 A_y 時，如果載重 P 與支承點 A 均在支承點 B 同側，則 b 值為正；如在異側，則 b 值為負，如圖 2-4-18。計算反力 B_y 時的 a 值亦可以相同的方式研判其為正或負。

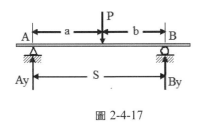

圖 2-4-17

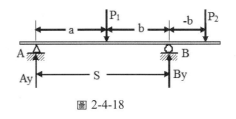

圖 2-4-18

　　依據此一結論與重疊原理，一個承受許多垂直載重的簡支結構可以不必套用靜力平衡方程式而迅速求得支承點的反力，詳如下例。

例題 2-4-11

試求解圖 2-4-19 簡支桁架各支承的反力？

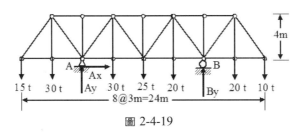

圖 2-4-19

解答：

因為整個桁架僅承受垂直載重，故可用比例法計算垂直反力如下：

$$A_y = 15\left(\frac{18}{12}\right) + 30\left(\frac{15}{12} + \frac{9}{12}\right) + 25\left(\frac{6}{12}\right) + 20\left(\frac{3}{12} - \frac{3}{12}\right) + 10\left(\frac{-6}{12}\right) = 90t \uparrow$$

計算 A_y 時，10t 載重因與反力 A_y 處於支承點 B 的異側，故其 b 值為負；右側第 2 個載重（20t）的 b 值亦為負值，但右側第 3 個載重（20t）因與反力 A_y 處於支承點 B 的同側，故得正的 b 值。同理，可推得垂直反力 B_y 為

$$B_y = 15\left(\frac{-6}{12}\right) + 30\left(\frac{-3}{12} + \frac{3}{12}\right) + 25\left(\frac{6}{12}\right) + 20\left(\frac{9}{12} + \frac{15}{12}\right) + 10\left(\frac{18}{12}\right) = 60t \uparrow$$

因為整個結構未承受水平載重，故依靜力平衡方程式 $\Sigma F_X = 0$ 可得 $A_X = 0t$。

習 題

★★★習題詳解請參閱 ST02 習題詳解.doc 電子檔★★★

1.試利用靜力平衡方程式（及）條件方程式求解簡支樑支承的反力？（圖一）

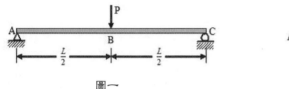

圖一

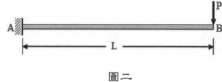

圖二

2.試利用靜力平衡方程式（及）條件方程式求解懸臂樑支承的反力？（圖二）

3.試利用靜力平衡方程式（及）條件方程式求解懸臂樑支承的反力？（圖三）

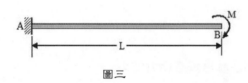

圖三

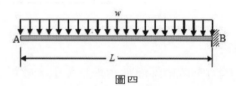

圖四

4.試利用靜力平衡方程式（及）條件方程式求解懸臂樑支承的反力？（圖四）

5.試利用靜力平衡方程式（及）條件方程式求解簡支樑支承的反力？（圖五）

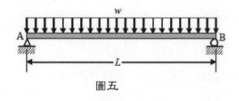

圖五

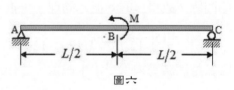

圖六

6.試利用靜力平衡方程式（及）條件方程式求解簡支樑支承的反力？（圖六）

7.試利用靜力平衡方程式（及）條件方程式求解懸臂樑支承的反力？（圖七）

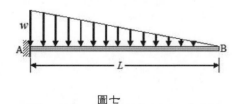

圖七

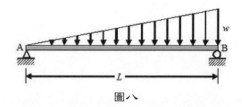

圖八

8.試利用靜力平衡方程式（及）條件方程式求解簡支樑支承的反力？（圖八）

9.試利用靜力平衡方程式（及）條件方程式求解懸臂樑支承的反力？（圖九）

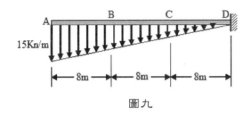

圖九

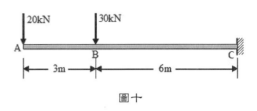

圖十

10.試利用靜力平衡方程式（及）條件方程式求解懸臂樑支承的反力？（圖十）

11.試利用靜力平衡方程式（及）條件方程式求解簡支樑支承的反力？（圖十一）

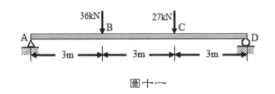

圖十一

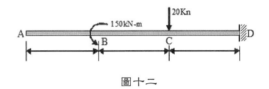

圖十二

12.試利用靜力平衡方程式（及）條件方程式求解懸臂樑支承的反力？（圖十二）

13.試利用靜力平衡方程式（及）條件方程式求解簡支外伸樑支承的反力？（圖十三）

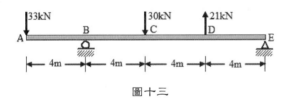

圖十三

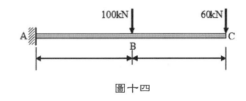

圖十四

14.試利用靜力平衡方程式（及）條件方程式求解懸臂樑支承的反力？（圖十四）

15.試利用靜力平衡方程式（及）條件方程式求解懸臂樑支承的反力？（圖十五）

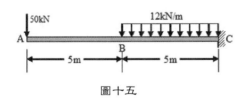

圖十五

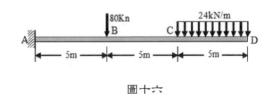

圖十六

16.試利用靜力平衡方程式（及）條件方程式求解懸臂樑支承的反力？（圖十六）

17.試利用靜力平衡方程式（及）條件方程式求解懸臂樑支承的反力？（圖十七）

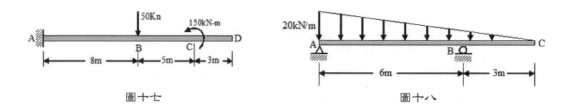

圖十七　　　　　　　　　　　　　圖十八

18.試利用靜力平衡方程式（及）條件方程式求解簡支外伸樑支承的反力？（圖十八）

19.試利用靜力平衡方程式（及）條件方程式求解簡支外伸樑支承的反力？（圖十九）

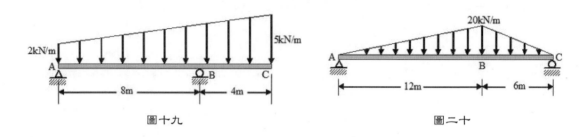

圖十九　　　　　　　　　　　　　圖二十

20.試利用靜力平衡方程式（及）條件方程式求解簡支樑支承的反力？（圖二十）

21.試利用靜力平衡方程式（及）條件方程式求解簡支樑支承的反力？（圖二十一）

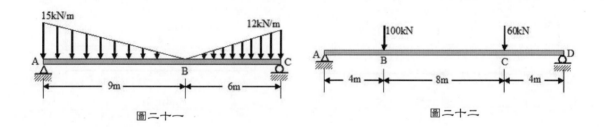

圖二十一　　　　　　　　　　　　圖二十二

22.試利用靜力平衡方程式（及）條件方程式求解簡支樑支承的反力？（圖二十二）

23.試利用靜力平衡方程式（及）條件方程式求解簡支樑支承的反力？（圖二十三）

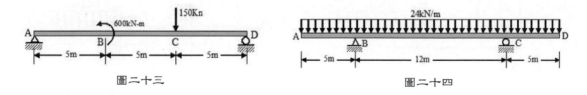

圖二十三　　　　　　　　　　　　圖二十四

24.試利用靜力平衡方程式（及）條件方程式求解簡支外伸樑支承的反力？（圖二十四）

25.試利用靜力平衡方程式（及）條件方程式求解簡支樑支承的反力？（圖二十五）

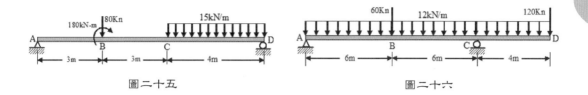

圖二十五　　　　　　　　　　　　圖二十六

26.試利用靜力平衡方程式（及）條件方程式求解簡支外伸樑支承的反力？（圖二十六）

27.試利用靜力平衡方程式（及）條件方程式求解簡支外伸樑支承的反力？（圖二十七）

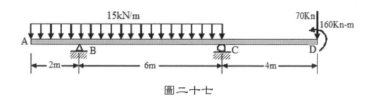

圖二十七

28.試利用靜力平衡方程式（及）條件方程式求解簡支外伸樑支承的反力？（圖二十八）

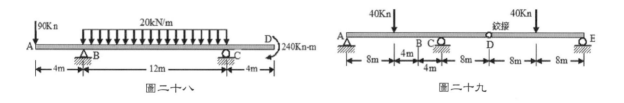

圖二十八　　　　　　　　　　　　圖二十九

29.試利用靜力平衡方程式（及）條件方程式求解連續樑支承的反力？（圖二十九）

30.試利用靜力平衡方程式（及）條件方程式求解連續樑支承的反力？（圖三十）

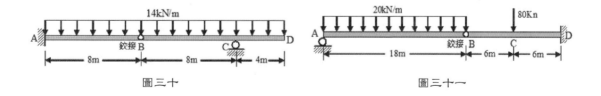

圖三十　　　　　　　　　　　　　圖三十一

31.試利用靜力平衡方程式（及）條件方程式求解樑支承的反力？（圖三十一）

32.試利用靜力平衡方程式（及）條件方程式求解連續樑支承的反力？（圖三十二）

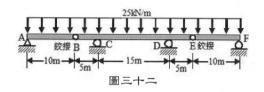
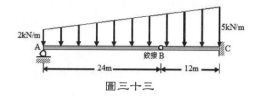

圖三十二　　　　　　　　　　　圖三十三

33.試利用靜力平衡方程式（及）條件方程式求解樑支承的反力？（圖三十三）

34.試利用靜力平衡方程式（及）條件方程式求解連續樑支承的反力？（圖三十四）

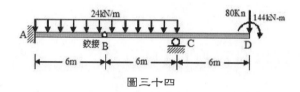

圖三十四

35.試利用靜力平衡方程式（及）條件方程式求解連續樑支承的反力？（圖三十五）

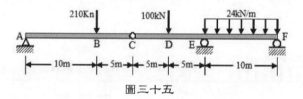

圖三十五

36.試利用靜力平衡方程式（及）條件方程式求解連續樑支承的反力？（圖三十六）

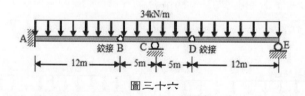

圖三十六

37.試利用靜力平衡方程式（及）條件方程式求解連續樑支承的反力？（圖三十七）

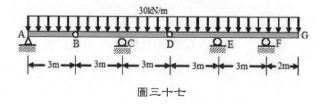

圖三十七

38.試利用靜力平衡方程式（及）條件方程式求解簡支樑支承的反力？（圖三十八）

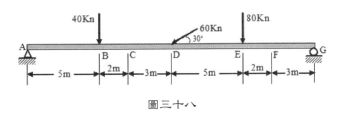

圖三十八

39.試利用靜力平衡方程式（及）條件方程式求解懸臂樑支承的反力？（圖三十九）

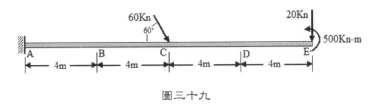

圖三十九

40.試利用靜力平衡方程式（及）條件方程式求解連續樑支承的反力？（圖四十）

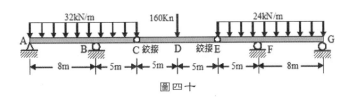

圖四十

41.試利用靜力平衡方程式（及）條件方程式求解剛架支承的反力？（圖四十一）

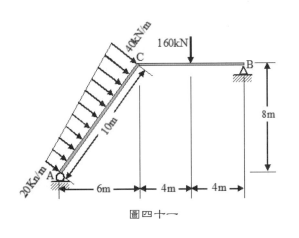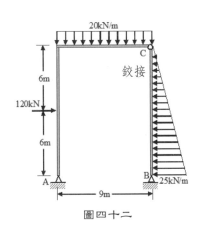

圖四十一　　　　　圖四十二

42.試利用靜力平衡方程式（及）條件方程式求解剛架支承的反力？（圖四十二）

43.試利用靜力平衡方程式（及）條件方程式求解剛架支承的反力？（圖四十三）

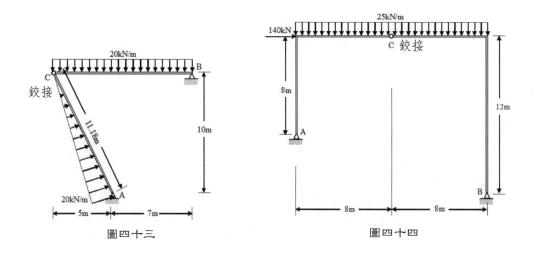

圖四十三   圖四十四

44.試利用靜力平衡方程式（及）條件方程式求解剛架支承的反力？（圖四十四）

45.試利用靜力平衡方程式（及）條件方程式求解剛架支承的反力？（圖四十五）

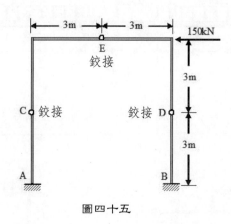

圖四十五

CHAPTER

靜定桁架

3

3-1 理想桁架與實際桁架

　　桁架（Truss）是橋樑與屋頂工程常用的一種輕重量、高強度的承載結構物。現代桁架工程大多採用結構鋼材或鋁材，桿件桿端與其他桿件之桿端以鉸接（pin connection）、鉚接（bolted connection）或焊接（welded connection）之。假若桁架中所有桿件均僅於桿端以無摩擦的鉸（pin）連接之，桿件桿端連線與桿件的軸心線一致，且不考量桿件重量，而所有載重及反力均僅施加於節點的平面力系，則這種桁架稱為理想桁架（Ideal Truss）。

　　理想桁架中桿件係以無摩擦鉸連接之假設，若桿端受力情形如圖 3-1-1(a)，則桿端兩力 F_A 與 F_B 的合力與合力偶必須為 0，才能維持桿件的平衡。基於靜力平衡方程式 $\Sigma F_X = 0$、$\Sigma F_Y = 0$，則兩力 F_A 與 F_B 必須大小相等，方向相反；且該兩力必須共線（collinear）才能滿足 $\Sigma M = 0$ 之平衡條件。基於桿件兩端連線與桿件軸心線吻合的假設，該桿端大小相等，方向相反的兩力必對桿件形成張力或壓力，如圖 3-1-1(b)及圖 3-1-1(c)。這種僅於桿端受力，且其大小必須相等，方向必相反且共線的桿件，稱為二力桿（two force member）。故得理想桁架中的桿件僅有張力或壓力，而不存在剪力或彎矩的結論。

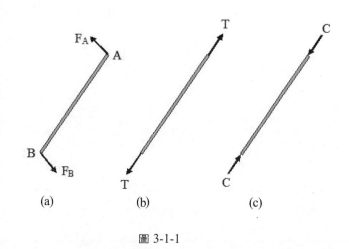

(a)　　　　　(b)　　　　　(c)

圖 3-1-1

　　實際桁架因為桿端為鉚接或焊接，且實際上的桿件重量，致桿件必然有剪力與彎矩的存在。由於桿件承受的剪力或彎矩與軸向張力或壓力相對較小，再加上桿件設計的安全因素，故一般均以理想桁架結構分析的結果用來進行結構設計。因此本章就桁架組成要素與分類，桁架靜定性與穩定性的研判、桿件應力分析方法及相關程式使用等順序說明之。

3-2 桁架之組成與分類

3-2-1 基本三角形

　　三根桿件於桿端以鉸連接如圖 3-2-1 所構成的桁架，在適當的支撐下，可以承受與桁架同一平面內任意方向桿件所能承受的載重，故稱該三角形為基本三角形（Basic Truss Element）。

圖 3-2-1

3-2-2 簡單桁架

　　簡單桁架（Simple Truss）係以基本三角形為基礎，按照每增加一個節點，須增加兩個桿件的原則擴增所形成的桁架。此增加的兩根桿件可接於基本三角形或已擴充的桁架中任意兩個節點，如圖 3-2-2。

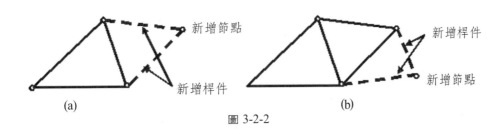

(a)　　　　　　　　　　　　　　　　　(b)

圖 3-2-2

　　若 b、j 分別代表桁架中的桿件總數與節點總數，則依據桁架組成原則可得桿件總數與節點總數的關係為

$$b = 2j + 3 \qquad\qquad (3\text{-}2\text{-}1)$$

　　基本三角形為一穩定的桁架，依據前述桿件擴增原則，構成穩定桁架的必要條件為

$$b < 2j - 3 \quad 不穩定桁架$$

$$b \geq 2j - 3 \quad 穩定桁架$$

（3-2-2）

　　公式（3-2-2）僅為桁架穩定的必要條件而非充分條件，整個桁架必須完全依照桁架擴增原則建構才是穩定桁架，否則就構成不穩定桁架。圖 3-2-3 中的各桁架均按桿件擴增原理架構而成的穩定桁架，基本三角形為 abc，其餘節點則按字母順序架構之，而圖 3-2-4 桁架的桿件數與節點數雖然滿足公式（3-2-2）的穩定桁架必要條件，但因整個桁架未完全按桿件擴增原則構築，故屬不穩定桁架。

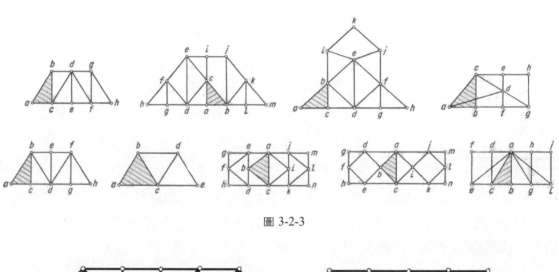

圖 3-2-3

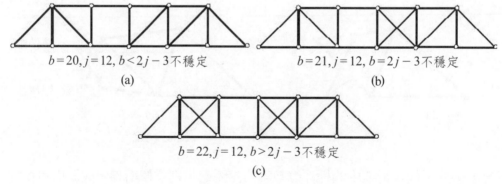

$b = 20, j = 12, b < 2j - 3$ 不穩定

(a)

$b = 21, j = 12, b = 2j - 3$ 不穩定

(b)

$b = 22, j = 12, b > 2j - 3$ 不穩定

(c)

圖 3-2-4

3-2-3　複合桁架

複合桁架（Compound Truss）係由兩個簡單桁架以三根不平行且不相交於一點的桿件連接而成，以增加整個桁架的跨度。圖 3-2-5 各複合桁架均係由兩個簡單桁架以 1、2、3 三根桿件連接而成。

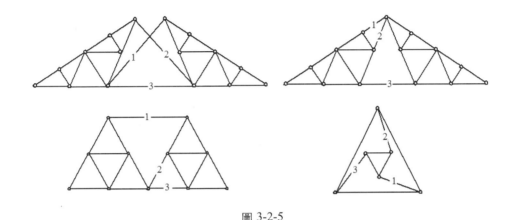

圖 3-2-5

因為複合桁架係由兩個簡單桁架以三根不平行且不相交於一點的桿件連接而成，其桿件數增加 3 根，但節點數則未增加，故公式（3-2-2）可修改為

$$b < 2j \quad 不穩定桁架$$

$$\hspace{8cm}（3\text{-}2\text{-}4）$$

$$b \geq 2j \quad 穩定桁架$$

3-2-4　複雜桁架

凡不能歸類為簡單桁架或複合桁架的均屬複雜桁架（Complex Truss），如圖 3-2-6 各例。因為複雜桁架的靜定性與穩定性研判及應力分析方法均較簡單或複合桁架複雜，故另立專節詳述於後。

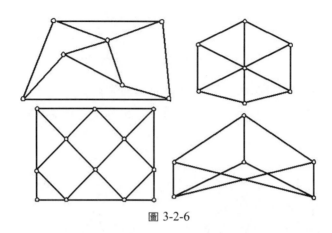

圖 3-2-6

3-3　桁架之穩定性與靜定性

　　桁架結構的穩定性分為內在穩定與外在穩定；內在穩定係指去掉支承後的桁架穩定性，外在穩定指包括桁架支承後仍屬穩定的結構。只要桁架結構本身穩定，則三個不平行不交於一點的反力分量必能形成外在穩定結構。

　　簡單桁架的桿件數與節點數必須符合公式（3-2-1）的關係，且按桁架桿件擴增原則構建者，均屬內在穩定桁架；如果組成複合桁架的簡單桁架為內在穩定，且連接穩定簡單桁架的三根支桿（或三個桿力）不平行且不相交於一點，則該複合桁架必屬內在穩定桁架。

　　凡整個桁架結構的未知桿力與反力分量總數等於可用靜力平衡方程式數者，稱為靜定桁架結構；大於可用靜力平衡方程式數者稱為超靜定桁架結構。設桁架的桿件總數為 b，反力分量總數為 r，節點總數為 j，則整體桁架結構的穩定性與靜定性可依下列規則研判之。

$$b+r<2j \text{ 不穩定桁架結構}$$

$$b+r=2j \text{ 靜定穩定桁架結構} \qquad (3\text{-}3\text{-}1)$$

$$b+r>2j \text{ 超靜定穩定結構}$$

　　公式（3-3-1）僅屬穩定的必要條件而非充分條件，簡單桁架必依桿件擴增原則架構建構的才是穩定桁架；複合桁架也可能桁架本身屬內在不穩定，但可由增加反力分量數使桁架變成穩定結構。圖 3-3-1(a)為內在穩定的複合桁架，在三個反力分量下獲

得外在穩定結構；圖 3-3-1(b)為內在不穩定的複合桁架，但在四個反力分量下也可獲得外在穩定結構。

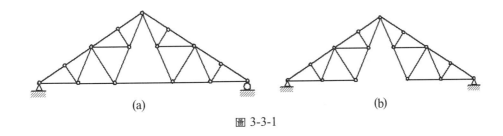

圖 3-3-1

3-4 節點法應力分析

3-4-1 節點法

　　靜定桁架結構在載重及支承反力作用下，達到平衡狀態，故桁架中所有節點均必須維持平衡。因為桁架桿件僅承受軸向張力或壓力，故每一個節點僅承受外加載重、支承反力及桿件內力的平面共點力系。平面共點力系的靜力平衡方程式僅有 $\Sigma F_X = 0$、$\Sigma F_Y = 0$ 兩個，故每一節點最多僅能有兩個未知桿力始可求解。

　　圖 3-4-1(a)為一簡單桁架，桿件數 b 為 5，節點數 j 為 4，反力分量數 r 為 3，依據公式（3-3-1）得 $b + r = 2j$，故屬靜定結構；又因屬簡單桁架，故亦屬穩定結構。節點 D 承受兩個載重，節點 A 的鉸支承提供 A_X、A_Y 兩個反力分量，節點 C 的滾支承提供一個 C_Y 反力分量。就整個結構而言，3 個反力分量可由 3 個靜力平衡方程式求解之，而得 $A_Y = 27\text{kN}$（向上），$A_X = 21\text{kN}$（向右），$C_Y = 8\text{kN}$（向上）的結果。

　　圖 3-4-1(b)為各桿件及各節點的自由體圖。因為各桿件的內力為一未知之數，可先假設桿件 AB、AD、BC 承受張力（使桿件拉長），桿件 CD、BD 承受壓力（桿件縮短）。桿件 AD 自由體圖的張力 F_{AD}，對於節點 A、D 自由體圖的反作用力 F_{AD} 方向是指離節點 A、D 的；桿件 CD 自由體圖的壓力 F_{CD}，對於節點 C、D 自由體圖的反作用力 F_{CD} 方向是指向節點 C、D 的。

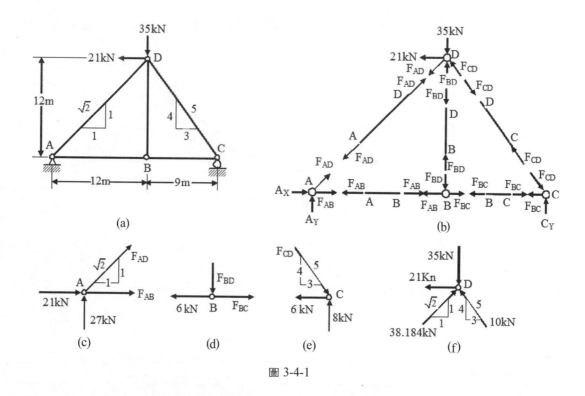

圖 3-4-1

檢視圖 3-4-1(b)節點 B 的自由體圖，有 F_{AB}、F_{BC}、F_{BD} 等 3 個未知量；節點 D 也有 F_{AD}、F_{BD}、F_{CD} 等 3 個未知量；但反力 A_X、A_Y、C_Y 求得後，節點 A 自由體圖中僅有 F_{AD}、F_{AB} 兩個未知量；節點 C 自由體圖亦僅有 F_{BC}、F_{CD} 兩個未知量；因此從節點 A 或節點 C 套用每一個節點的 2 個靜力平衡方程式，均可求得未知桿力。

若從節點 A 開始，依圖 3-4-1(c)節點 A 的自由體圖，取靜力平衡方程式

$$+\uparrow \Sigma F_Y = 0 \text{ 得 } 27 + \frac{1}{\sqrt{2}} F_{AD} = 0 \text{，解得 } F_{AD} = -38.184 \text{ kN （壓力）}$$

$$+\to \Sigma F_X = 0 \text{ 得 } F_{AB} + \frac{1}{\sqrt{2}}(-38.184) + 21 = 0 \text{，解得 } F_{AB} = 6 \text{ kN （張力）}$$

因為桿件 AD、AB 均假設承受張力，解得的 F_{AD} 為負值，表示與假設方向相反，故桿件 AD 實際承受壓力；F_{AB} 為正值，表示與原假設方向一致，故桿件 AB 實際承受張力。

桿件 F_{AB} 求得 6kN 張力後，檢視圖 3-4-1(d)節點 B 的自由體圖，僅剩桿件 BC、BD 兩個未知內力，取節點 B 的靜力平衡方程式

$$+\to \Sigma F_X = 0 \text{ 得 } F_{BC} - 6 = 0 \text{，解得 } F_{BC} = 6\text{kN （張力）}$$

$$+\uparrow\Sigma F_Y=0 \text{ 得} - F_{BD}=0，解得 F_{BD}=0\text{kN}$$

檢視圖 3-4-1(e)節點 C 的自由體圖，僅剩桿件 CD 一個未知內力，取節點 C 的靜力平衡方程式

$$+\rightarrow\Sigma F_X=0 \text{ 得} \frac{3}{5}F_{CD}-6=0，解得 F_{CD}=10\text{kN（壓力）}$$

F_{CD} 為正值，表示與原假設壓力一致，故屬壓力。

此時已經解得各桿件內力為 $F_{AB}=6$kN（張力），$F_{AD}=38.184$kN（壓力），$F_{BC}=6$kN（張力），$F_{BD}=0$kN，$F_{CD}=10$kN（壓力），但是節點 C 的 Y 方向及節點 D 的 X、Y 方向的靜力平衡方程式均尚未套用。如果所解得的各內力均屬正確，則亦應滿足上述尚未套用的靜力平衡方程式，因此可利用這些尚未套用的靜力平衡方程式來核算其正確性。

節點 C 的 Y 方向 $+\uparrow\Sigma F_Y=8-\frac{4}{5}(10)=8-8=0$

檢視圖 3-4-1(f)節點 D 的自由體圖得

節點 D 的 X 方向 $+\rightarrow\Sigma F_X=\frac{1}{\sqrt{2}}(38.184)8-\frac{3}{5}(10)-21=27-6-21=0$

節點 D 的 Y 方向 $+\uparrow\Sigma F_Y=\frac{1}{\sqrt{2}}(38.184)+\frac{4}{5}(10)-35=27+8-35=0$

因為節點 C 的 Y 方向及節點 D 的 X、Y 方向諸力均能平衡，故可驗證，利用各節點靜力平衡方程式所求得的桿件內力均屬正確。

這種由每一節點的靜力平衡方程式來求解簡單桁架各桿件內力的方法稱為節點法（Method of Joints）；這種方法不但可以求得各桿件內力，也可利用尚未套用的靜力平衡方程式來自我驗算其正確性。

3-4-2　零桿力之識別

靜定桁架結構中為防止壓力桿的挫屈或張力桿的震動，常常加上一些不承擔載重加固桿件，其桿件內力可能為 0。如果能夠在以節點法求解各桿件內力之前，先識別出這些零力桿件（Zero Force Member），則可達到事半功倍之效果。有下列兩種情形者，其桿件內力必為 0。

兩根不成直線的桿件連接於一個節點，節點未承受載重且無支承反力，則該兩桿件的內力必為 0，如圖 3-4-2(a)。

三根桿件連接於一個節點，其中兩根桿件成直線，若該節點未承受載重且無支承反力，則排成直線的兩桿件內力必相等，但另一根的內力必為 0，如圖 3-4-2(b)。

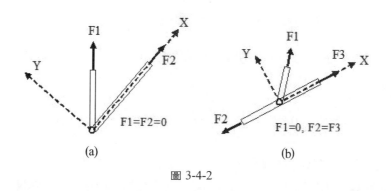

圖 3-4-2

　　圖 3-4-2(a)節點上僅桿力 F1 有 Y 方向分力，故 F1 必等於 0，才能平衡；同理，圖 3-4-2(b)節點上僅有桿力 F1 有 Y 方向分力，故 F1 必等於 0，而 X 方向的 F2 與 F3 必須相等才能維持節點的平衡。

3-4-3 節點法正負號規則

　　在前述的節點法解說實例中，對於未知之桿力可做張力或壓力的任意假設，如果解節點靜力平衡方程式所得的桿力為負值，則與原假設的張力或壓力相反，亦即，若假設為張力，實際上是壓力；若假設為壓力，則實際上為張力。例如，桿件 AD 假設為張力，計算所得為 − 38.184kN，故實際上桿件 AD 為壓力；桿件 CD 假設為壓力，計算所得為 10kN，故實際上也是壓力。這種桿件壓力與張力的任意假設，使計算結果必須再有研判其為張力或壓力的手續。

　　以節點法求解桁架桿力時，如果將所有桿件均假設為張力，則計算所得為正桿力，該桿件必為張力；如為負桿力，則必屬壓力，因此可省去與桿件原假設的比較手續。事實上，圖 3-4-1(b)桁架各桿件、各節點自由體圖的假設具有如下的兩項解說目的：1.說明計算結果的正值，肯定原假設；負值否定原假設；2.張力桿件對節點的作用力為指離（Point away）節點，如圖 3-4-1(c)因為假設桿件 AD 為張力，故桿件 AD 對節點 A 的作用力 F_{AD} 為指離節點 A；壓力桿件對節點的作用力為指向（Point to）節點，如圖 3-4-1(e)因為桿件 CD 假設為壓力，故桿件 CD 對節點 C 的作用力 F_{CD} 為指向節點 C。

　　解說節點法實例中，繪製每一個節點的自由體圖 3-4-1(c)至圖 3-4-1(f)。如果作用於每一節點的桿力、載重及反力方向明確，當可輕易寫出靜力平衡方程式而省去繪製自由體圖的麻煩。經過反力計算後，作用於每一節點的載重及反力方向均已明確；如果所有桿件均假設為張力，則其對節點的作用力方向必指離節點，所有作用力方向明確後，當可輕易寫出節點靜力平衡方程式。解得正桿力必為張力，負桿力必為壓力，

若將該桿力註記於桁架上，則該桿力對於其餘節點的作用力方向當為明確，如此便可省去各節點的自由體圖，而直接寫出各節點靜力平衡方程式，求得各桿件的桿力。

3-4-4　節點法演算程序

歸納前述節點法演算實例，可得如下的節點法演算步驟：

1. 檢查桁架結構的靜定性與穩定性；如非屬靜定穩定桁架結構，則無法使用節點法求解各桿力。
2. 觀察桁架結構及載重、反力作用情形，找出桿力為 0 的桿件並註記於桁架圖上。
3. 計算各斜桿件的幾何水平、垂直分量以方便分力的計算。
4. 繪製全結構的自由體圖（或略去），套用靜力平衡方程式求解各反力分量。
5. 尋覓桁架結構中僅有兩個未知桿力的節點，寫出並求解靜力平衡方程式即可求得該兩個未知桿力，並註記於桿件上。
6. 繼續尋覓僅有兩個未知桿力的節點，求解桿力，註記於桁架上，直到所有桿件桿力均已求得。
7. 以尚未套用的節點靜力平衡方程式核算桿力的正確性。

以下列舉節點法演算實例以供參考。

例題 3-4-1

試以節點法求解圖 3-4-3(a)簡單桁架各桿件桿力？

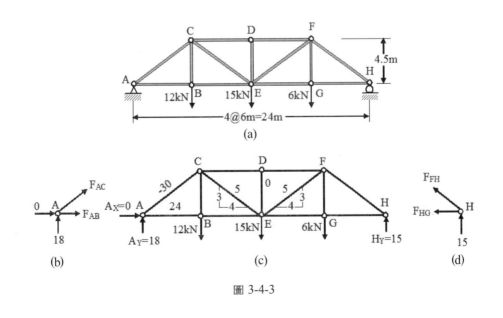

圖 3-4-3

解答：

桁架結構共有桿件數 $b=13$，反力分量數 $r=3$，節點數 $j=8$，因為符合 $b+r=2j$，故屬靜定穩定結構。

觀察節點 D，因無載重及反力且桿件 CD 與 DF 排成直線，故桿件 DE 的桿力為 0，註記於圖 3-4-3(c)。結構中斜桿僅有兩種斜度，註記如圖 3-4-3(c)，桿件 AC、EF 的斜度相同；桿件 CE、FH 的斜度相同。

全結構的自由體圖如圖 3-4-3(c)，套用靜力平衡方程式

$\Sigma M_A=0$ 得 $H_Y(24)-12(6)-15(12)-6(18)=0$，解得 $H_Y=15$kN（向上）

$+\uparrow\Sigma F_Y=0$ 得 $A_Y+15-12-15-6=0$，解得 $A_Y=18$kN（向上）

$+\rightarrow\Sigma F_X=0$ 得 $A_X=0$kN

反力求得之後，觀察節點 A 的自由體圖如圖 3-4-3(b)僅有兩個未知桿力 F_{AC}、F_{AB}；節點 H 亦僅有兩個未知桿力 F_{FH}、F_{GH}，故可從節點 A 或節點 H 開始求解桿力。選擇從節點 A 開始，則節點 A 的靜力平衡方程式為

$+\uparrow\Sigma F_Y=0$ 得 $18+\frac{3}{5}F_{AC}=0$，解得 $F_{AC}=-30$kN（壓力）

$+\rightarrow\Sigma F_X=0$ 得 $F_{AB}+-\frac{4}{5}(30)=0$，解得 $F_{AB}=24$kN（張力）

將計得的桿力標示於整個結構的自由體圖如圖 3-4-3(c)；此時節點 B 有 F_{CB} 與 F_{BE} 兩個未知量，節點 C 有 F_{CB}、F_{CE}、F_{CD} 等三個未知量，故取節點 B 的靜力平衡方程式

$+\uparrow\Sigma F_Y=0$ 得 $F_{CB}-12=0$，解得 $F_{CB}=12$kN（張力）

$+\rightarrow\Sigma F_X=0$ 得 $F_{BE}-24=0$，解得 $F_{BE}=24$kN（張力）

再將桿力 F_{CB} 及 F_{BE} 標示於整個結構的自由體圖，此時僅節點 C 有 F_{CD}、F_{CE} 兩個未知量，故取節點 C 的靜力平衡方程式

$+\uparrow\Sigma F_Y=0$ 得 $-\frac{3}{5}F_{CE}-12+\frac{3}{5}(30)=0$，解得 $F_{CE}=10$kN（張力）

$+\rightarrow\Sigma F_X=0$ 得 $F_{CD}+\frac{4}{5}(10)+\frac{4}{5}(30)=0$，解得 $F_{CD}=-32$kN（壓力）

再將桿力 F_{CE} 及 F_{CD} 標示於整個結構的自由體圖，因為桿件 F_{DE} 已經判定為零力桿件，亦即 $F_{DE}=0$，故節點 D 僅須套用靜力平衡方程式

$+\rightarrow\Sigma F_X=0$ 得 $F_{DF}+32=0$，解得 $F_{DF}=-32$kN（壓力）

再將桿力 F_{DF} 標示於整個結構的自由體圖，此時僅節點 E 有 F_{EF}、F_{EG} 兩個未知量，故取節點 E 的靜力平衡方程式

$+\uparrow\Sigma F_Y=0$ 得 $\dfrac{3}{5}F_{EF}+\dfrac{3}{5}(10)-15=0$ ，解得 $F_{EF}=15\text{kN}$（張力）

$+\rightarrow\Sigma F_X=0$ 得 $F_{EG}+\dfrac{4}{5}(15)-\dfrac{4}{5}(10)-24=0$，解得 $F_{EG}=20\text{kN}$（張力）

再將桿力 F_{EF} 及 F_{EG} 標示於整個結構的自由體圖，此時節點 G 有 F_{GF}、F_{GH} 兩個未知量，節點 F 有 F_{GF}、F_{FH} 兩個未知量，任取節點 F 的靜力平衡方程式

$+\rightarrow\Sigma F_X=0$ 得 $\dfrac{4}{5}F_{FH}+32-\dfrac{4}{5}(15)=0$，解得 $F_{FH}=-25\text{kN}$（壓力）

$+\uparrow\Sigma F_Y=0$ 得 $-F_{FG}+\dfrac{3}{5}(25)-\dfrac{3}{5}(15)=0$，解得 $F_{FG}=6\text{kN}$（張力）

再將桿力 F_{FH} 及 F_{FG} 標示於整個結構的自由體圖，此時節點 G 僅有 F_{GH} 為未知量，取節點 G 的靜力平衡方程式

$+\rightarrow\Sigma F_X=0$ 得 $F_{GH}-20=0$，解得 $F_{GH}=20\text{kN}$（張力）

此時全部桿力已經計得，如果桿力正確，則亦應滿足節點 G 與節點 H 節點平衡，就節點 G 核算如下：

$$+\uparrow\Sigma F_Y=6-6=0，滿足$$

就節點 H 核算如下：

$$+\rightarrow\Sigma F_X=\dfrac{4}{5}(25)-20=0，滿足$$

$$+\uparrow\Sigma F_Y=15-\dfrac{3}{5}(25)=0，滿足$$

將載重、反力及各桿桿力彙整如圖 3-4-4。

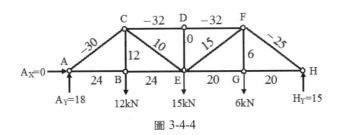

圖 3-4-4

例題 3-4-2

試以節點法求解圖 3-4-5(a)簡單桁架各桿件桿力？

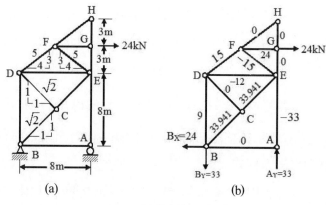

圖 3-4-5

解答：

桁架結構共有桿件數 $b=13$，反力分量數 $r=3$，節點數 $j=8$，因為符合 $b+r=2j$ 故屬靜定穩定結構。

觀察節點 H，因無載重及反力，且桿件 FH 與 GH 不排成直線，故桿件 FH 與 GH 的桿力為 0；節點 C，因無載重及反力且桿件 BC 與 CE 排成直線，故桿件 CD 的桿力為 0；節點 A 的反力 A_Y 與桿件 AE 共線，故桿件 AB 的桿力為 0；作用於節點 G 上四力相互垂直，因桿件 GH 的桿力為 0，故桿件 GE 的桿力為亦為 0；註記如圖 3-4-5(b)。結構中斜桿僅有兩種斜度，註記如圖 3-4-5(a)。

全結構的自由體圖如圖 3-4-5(b)，套用靜力平衡方程式

$$\Sigma M_B=0 \text{ 得 } A_Y(8)-24(8+3)=0\text{，解得 }A_Y=33\text{kN（向上）}$$

$$+\uparrow\Sigma F_Y=0 \text{ 得 } B_Y+33=0\text{，解得 }B_Y=-33\text{kN（向下）}$$

$$+\rightarrow\Sigma F_X=0 \text{ 得 } A_X+27=0\text{，解得 }A_X=-24\text{kN（向左）}$$

反力求得之後，節點 A 僅有一個未知桿力 F_{AE}，依節點 A 靜力平衡方程式

$$+\uparrow\Sigma F_Y=0 \text{ 得 } F_{AE}+33=0\text{，解得 }F_{AE}=-33\text{kN（壓力）}$$

節點 B 的靜力平衡方程式為

$$+\rightarrow\Sigma F_X=0 \text{ 得 } \frac{1}{\sqrt{2}}F_{BC}-24=0\text{，解得 }F_{BC}=33.941\text{kN（張力）}$$

$$+\uparrow\Sigma F_Y=0 \text{ 得 } \frac{1}{\sqrt{2}}(33.941)+F_{BD}-33=0\text{，解得 }F_{BD}=9\text{kN（張力）}$$

節點 C 的桿件 CD 桿力為 0，且桿件 BC 與桿件 CD 排成一直線，故其桿力必須大小相等，方向相反，得 $F_{CE}=F_{BC}=33.941$kN（張力）。

節點 D 的靜力平衡方程式為

$$+\uparrow\Sigma F_Y=0 \text{ 得 } \frac{3}{5}F_{DF}-9=0，解得 F_{DF}=15\text{kN（張力）}$$

$$+\rightarrow\Sigma F_X=0 \text{ 得 } \frac{4}{5}(15)+F_{DE}=0，解得 F_{DE}=-12\text{kN（壓力）}$$

節點 E 的桿件 EG 已知桿力為 0，其靜力平衡方程式為

$$+\uparrow\Sigma F_Y=0 \text{ 得 } \frac{3}{5}F_{EF}+33-\frac{1}{\sqrt{2}}(33.941)=0，解得 F_{EF}=-15\text{kN（壓力）}$$

以 $+\rightarrow\Sigma F_X=0$ 核算如下：

$$+\rightarrow\Sigma F_X=12-\frac{1}{\sqrt{2}}(33.941)+\frac{4}{5}(15)=12-24+12=0，滿足$$

節點 F 的桿件 FH 已知桿力為 0，其靜力平衡方程式為

$$+\rightarrow\Sigma F_X=0 \text{ 得 } F_{FG}-\frac{4}{5}(15)-\frac{4}{5}(15)=0，解得 F_{FG}=24\text{kN（張力）}$$

載重、反力及各桿桿力彙整如圖 3-4-5(b)。

例題 3-4-3

試以節點法求解圖 3-4-6(a)簡單桁架各桿件桿力？

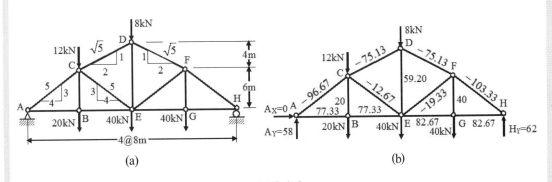

(a)　　　　　　　　　　　　　　　(b)

圖 3-4-6

解答：

桁架結構共有桿件數 $b=13$，反力分量數 $r=3$，節點數 $j=8$，因為符合 $b+r=2j$，故屬靜定穩定結構。

全結構的自由體圖如圖 3-4-6(b)，套用靜力平衡方程式

$\Sigma M_A = 0$ 得 $H_Y(32) - (12+20)(8) - (8+40)(16) - 40(24) = 0$，解得

$\quad H_Y = 62\text{kN}$（向上）

$+\uparrow \Sigma F_Y = 0$ 得 $A_Y + 62 - 12 - 8 - 20 - 40 - 40 = 0$，解得 $A_Y = 58\text{kN}$（向上）

$+\rightarrow \Sigma F_X = 0$ 得 $A_X = 0$

因為載重及反力均為垂直平行力系，亦可依第二章 2-4-5 節的「比例法反力計算」計算各反力如下：

$$A_Y = (12+20)\left(\frac{3}{4}\right) + (8+40)\left(\frac{2}{4}\right) + 40\left(\frac{1}{4}\right) = 58\text{kN}（向上）$$

$$H_Y = (12+20)\left(\frac{1}{4}\right) + (8+40)\left(\frac{2}{4}\right) + 40\left(\frac{3}{4}\right) = 62\text{kN}（向上）$$

反力求得之後，節點 A 與節點 H 均僅有二個未知桿力，選擇節點 A 的靜力平衡方程式為

$+\uparrow \Sigma F_Y = 0$ 得 $\frac{3}{5}F_{AC} + 58 = 0$，解得 $F_{AC} = -96.67\text{kN}$（壓力）

$+\rightarrow \Sigma F_X = 0$ 得 $F_{AB} - \frac{4}{5}(96.67) = 0$，解得 $F_{AB} = 77.33\text{kN}$（張力）

節點 B 的靜力平衡方程式為

$+\rightarrow \Sigma F_X = 0$ 得 $F_{BE} - 77.33 = 0$，解得 $F_{BE} = 77.33\text{kN}$（張力）

$+\uparrow \Sigma F_Y = 0$ 得 $F_{BC} - 20 = 0$，解得 $F_{BC} = 20\text{kN}$（張力）

節點 C 的靜力平衡方程式為

$+\uparrow \Sigma F_Y = 0$ 得 $\frac{1}{\sqrt{5}}F_{CD} - \frac{3}{5}F_{CE} + \frac{3}{5}(96.67) - 20 - 12 = -26.002$ 或

$\qquad \frac{1}{\sqrt{5}}F_{CD} - \frac{3}{5}F_{CE} = -26.002$

$+\rightarrow \Sigma F_X = 0$ 得 $\frac{2}{\sqrt{5}}F_{CD} + \frac{4}{5}F_{CE} + \frac{4}{5}(96.67) = 0$ 或 $\frac{2}{\sqrt{5}}F_{CD} + \frac{4}{5}F_{CE} = -77.336$

解 $\begin{cases} \dfrac{1}{\sqrt{5}}F_{CD} - \dfrac{3}{5}F_{CE} = -26.002 \\ \dfrac{2}{\sqrt{5}}F_{CD} + \dfrac{4}{5}F_{CE} = -77.336 \end{cases}$ 得 $\begin{cases} F_{CD} = -75.13\text{kN}（壓力） \\ F_{CE} = -12.67\text{kN}（壓力） \end{cases}$

節點 D 的靜力平衡方程式為

$+\rightarrow \Sigma F_X = 0$ 得 $\frac{2}{\sqrt{5}}(75.13) + \frac{2}{\sqrt{5}}F_{DF} = 0$，解得 $F_{DF} = -75.13\text{kN}$（壓力）

$+\uparrow \Sigma F_Y = 0$ 得 $\frac{1}{\sqrt{5}}(75.13) + \frac{1}{\sqrt{5}}(75.13) - F_{DE} - 8 = 0$，

$\qquad$ 解得 $F_{DE} = 59.20\text{kN}$（張力）

節點 E 的靜力平衡方程式為

$+\uparrow\Sigma F_Y=0$ 得 $\dfrac{3}{5}F_{EF}+59.20-40-\dfrac{3}{5}(12.67)=0$，解得 $F_{EF}=-19.33\text{kN}$（壓力）

$+\rightarrow\Sigma F_X=0$ 得 $F_{EG}+\dfrac{4}{5}(12.67)-\dfrac{4}{5}(19.33)-77.33=0$，

$$\text{解得 } F_{EG}=82.67\text{kN（張力）}$$

節點 F 的靜力平衡方程式為

$$+\rightarrow\Sigma F_X=0 \text{ 得 } \dfrac{4}{5}F_{FH}+\dfrac{4}{5}(19.33)+\dfrac{2}{\sqrt{5}}(75.13)=0，$$

$$\text{解得 } F_{FH}=-103.33\text{kN（壓力）}$$

$$+\uparrow\Sigma F_Y=0 \text{ 得 } \dfrac{3}{5}(19.33+103.33)-\dfrac{1}{\sqrt{5}}(75.13)-F_{FG}=0，$$

$$\text{解得 } F_{FG}=40\text{kN（張力）}$$

節點 G 的靜力平衡方程式為

$$+\rightarrow\Sigma F_X=0 \text{ 得 } F_{GH}-82.67=0，\text{解得 } F_{GH}=82.67\text{kN（張力）}$$

Y 方向桿件 FG 的 40kN 張力剛好與節點 G 外加載重 40kN 平衡

以節點 H 核算桿力的正確性如下：

$$+\rightarrow\Sigma F_X=\dfrac{4}{5}(103.33)-82.67=0，\text{滿足}$$

$$+\uparrow\Sigma F_Y=62-\dfrac{3}{5}(103.33)=0，\text{滿足}$$

載重、反力及各桿桿力彙整如圖 3-4-6(b)。

3-4-5　節點法程式使用說明

　　節點法程式僅適用於一個鉸支承與一個滾支承的簡單桁架。使結構分析軟體試算表以外的空白試算表處於作用中（Active）。選擇☞結構分析／桁架分析（Truss Analysis）／簡支靜定桁架（節點法）／建立簡支靜定桁架（節點法）試算表☜出現圖 3-4-7 輸入畫面。以例題 3-4-1 為例，圖 3-4-3(a)桁架中有 8 個節點，且於節點B、E、G均有載重，故輸入靜定桁架節點數(8)、承載外力節點數(3)及小數位數(3)後，單擊「建立節點法試算表」鈕，即可產生圖 3-4-8 的簡支靜定桁架（節點法）試算表。圖 3-4-8 中第三列的標題及淡黃色區域均可修改或輸入資料。

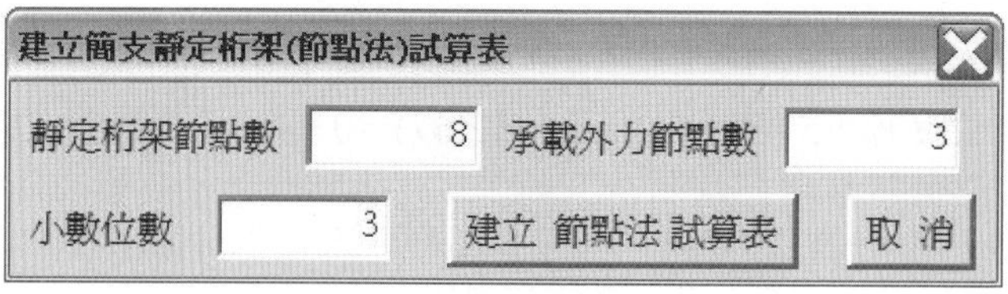

圖 3-4-7

　　使用節點法分析程式時應將每一節點依序賦予 1、2、3、4 等等的編號，每一桿件亦應依序賦予 1、2、3、4 等等的編號。節點編號的順序與進行節點法節點平衡的順序相同，亦即，桁架結構反力計得之後，檢視並選擇節點未知桿力的桿件數為 1 或 2 者開始從 1 開始編號；如有兩個或以上的節點，其未知桿力均為 1 或 2，則任選一個節點開始編號。桿件編號除了必須從 1 開始編號外，並無任何限制。

　　桁架結構的支承點必在節點，圖 3-4-3 桁架的鉸支承在節點 A（編號 1），滾支承在節點 H（編號 8），故應於圖 3-4-8 的儲存格 B5 與 D5 分別輸入 1 及 8。滾支承面如非水平，則其與水平面的夾角（絕對值小於 90 度）可於儲存格 D6 指定之，假設值為0（支承面為水平）。

　　另外應建立一個 X、Y 座標軸，使各節點的座標值均為非負，如於圖 3-4-3 選擇節點 A 為座標原點，則各節點座標輸入如圖 3-4-8 儲存格 B8～C15；儲存格 D8～D15 的英文字母乃為配合桁架節點以英文字母編號的對照之用。8 個節點的靜定桁架應有 13 根桿件，將桁架中各桿件從 1 開始賦予編號，然後於圖 3-4-9 中輸入每根桿件的起始節點與終止節點（桿端任意節點均可指定為起始或終止節點）。

	A	B	C	D
3	簡支靜定桁架(節點法)試算表			
4	桁架總節點數	8	承載外力節點數	3
5	鉸支承在節點	1	滾支承在節點	8
6	滾支承面與水平面夾角(順正逆負)度數(<90度)			0.000
7	節點(I)	X(I)座標值	Y(I)座標值	
8	1	0.000	0.000	A
9	2	6.000	0.000	B
10	3	6.000	4.500	C
11	4	12.000	4.500	D
12	5	12.000	0.000	E
13	6	18.000	4.500	F
14	7	18.000	0.000	G
15	8	24.000	0.000	H
16	桿件編號	起節點號	止節點號	
17	1	1	2	
18	2		3	

圖 3-4-8

　　桁架結構的幾何特性輸入後，應輸入桁架所承受的載重。本桁架分別於節點 B、E、F 承受向下（取負號）之 12kN、15kN、6kN 載重，輸入如圖 3-4-9 的儲存格 A31～C33。

　　資料輸入後，選擇☞結構分析／桁架分析（Truss Analysis）／簡支靜定桁架（節點法）／進行簡支靜定桁架節點法分析☜出現圖 3-4-10 的詢問畫面。

	A	B	C	D
16	桿件編號	起節點號	止節點號	
17	1	1	2	
18	2	1	3	
19	3	2	3	
20	4	2	5	
21	5	3	4	
22	6	3	5	
23	7	4	5	
24	8	4	6	
25	9	5	6	
26	10	5	7	
27	11	6	7	
28	12	6	8	
29	13	7	8	
30	承載外力節點	X分量(右正)	Y分量(上正)	
31	2	0.000	-12.000	
32	5	0.000	-15.000	
33	7	0.000	-6.000	

圖 3-4-9

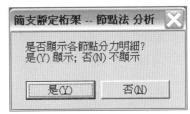

圖 3-4-10

　　本程式可在節點法的演算過程中，將每一個節點上的各已知桿力分量及該節點的未平衡分量，再據以推算未知桿力的桿力。如果單擊「否（N）」鈕即得圖 3-4-11 畫面的演算結果；如果單擊「是（Y）」鈕則一併將各節點的桿件分力顯示出。

　　圖 3-4-11 的第 37、38 列顯示各支承點的支承反力及其 X、Y 分量；第 41～53 列則顯示各桿件內力，內力 X、Y 分量及桿件的正弦值與餘弦值。

	A	B	C	D	E	F
35	支承反力計算結果					
36	支承節點	X向反力-RX	Y向反力-RY	反力-R		
37	1	0.000	18.000	18.000		
38	8	0.000	15.000	15.000		
39	桿件反力計算結果					
40	桿件/(起-止點)	桿件力-X分量	桿件力-Y分量	桿件力	正弦(Sin)值	餘弦(Cos)值
41	1 (1 - 2)	24.000	0.000	24.000	0.0000000	1.0000000
42	2 (1 - 3)	-24.000	-18.000	-30.000	0.6000000	0.8000000
43	3 (2 - 3)	0.000	12.000	12.000	1.0000000	0.0000000
44	4 (2 - 5)	24.000	0.000	24.000	0.0000000	1.0000000
45	5 (3 - 4)	-32.000	0.000	-32.000	0.0000000	1.0000000
46	6 (3 - 5)	8.000	-6.000	10.000	-0.6000000	0.8000000
47	7 (4 - 5)	0.000	0.000	0.000	-1.0000000	0.0000000
48	8 (4 - 6)	-32.000	0.000	-32.000	0.0000000	1.0000000
49	9 (5 - 6)	12.000	9.000	15.000	0.6000000	0.8000000
50	10 (5 - 7)	20.000	0.000	20.000	0.0000000	1.0000000
51	11 (6 - 7)	0.000	-6.000	6.000	-1.0000000	0.0000000
52	12 (6 - 8)	-20.000	15.000	-25.000	-0.6000000	0.8000000
53	13 (7 - 8)	20.000	0.000	20.000	0.0000000	1.0000000

圖 3-4-11

各節點分力明細表中的每一個節點分力明細均以粗黑線隔開。圖 3-4-12 為每一個節點分力明細的基本格式，每一個節點的第一行顯示該節點所承受的外力分量，第二行起顯示匯集該節點的各桿件分力，桿件編號右側有？號者表示該桿件的桿力為未知，最後一行則為該節點的已知桿力與外力的分量總合；未知桿力的分力與合力即據此以推算之。圖 3-4-12 中第 46 列為節點 2 的外力 X、Y 分量；該節點有三支桿件 1、3、4 匯集，其中桿件 1 的桿力為已知，其 X、Y 分量為-24、0；桿件 3、4 的桿力均為未知，第 50 列為節點 2 的已知桿力與外力分力和，程式據此分量推算桿件 3 的 X、Y 分量為 0、12，桿力為 12；推算桿件 4 的 X、Y 分量為 24、0，桿力為 24；此結果與圖 3-4-11 中第 43、44 列的結果相符。

	A	B	C	D	E	F
46	節點2 外力	0.000	-12.000			
47	1 (1 - 2)	-24.000	0.000	24.000	0.0000000	1.0000000
48	3 (2 - 3)?	0.000	12.000	12.000	1.0000000	0.0000000
49	4 (2 - 5)?	24.000	0.000	24.000	0.0000000	1.0000000
50	節點2 合計	-24.000	-12.000			

圖 3-4-12

再選擇☞結構分析／桁架分析（Truss Analysis）／簡支靜定桁架（節點法）／列印簡支靜定桁架節點法分析結果☜即可將演算結果印出。

3-5 斷面法應力分析

3-5-1 斷面法

如果欲推算桁架所有桿件的內力，則前述節點法不愧為一簡單有效的方法，如果僅欲推求桁架某一個桿件的內力，則可能需要先依序計算其他桿件內力，而顯得效率較差。斷面法正可彌補節點法的此項缺失。

斷面法（Method of Section）係以一個切斷面將桁架切為兩部分，同時切斷面也將部分桿件切為兩部分，被切斷的桿件應包括所欲推求桿件內力者，然後考量兩部分桁架的任一部分的靜力平衡，即可推得桿件內力。

3-5-2　斷面法演算程序

依據斷面法原理，可得其演算步驟為：

1. 選擇一個斷面將整個桁架結構切成兩部分；該斷面盡可能切斷待求解桿力的桿件，但切斷的未知桿力之桿件數不得大於 3（有例外，如例題 3-5-4）。

2. 如果切斷的兩個部分結構之一，不含支承且可有效推算未知桿力，則可免去反力的計算，否則應先計算整個結構的反力。

3. 選擇任何一個部分結構，並繪製自由體圖。自由體圖包含載重、反力及被切斷桿件的內力（該內力對自由體而言，已變成外力）。假設所有被切斷的未知桿力為張力，亦即指離節點。

4. 寫出自由體圖的靜力平衡方程式；儘可能先找出僅有一個未知量的平衡方程式並求解之；如果無法找出含有單一未知量的方程式，則需要求解聯立方程式。

5. 以尚未套用的節點靜力平衡方程式核算桿力的正確性。

茲以實例體會斷面切法的經驗。

例題 3-5-1

試以斷面法推算圖 3-5-1 簡單桁架中，桿件 4、5、6 等桿件內力？

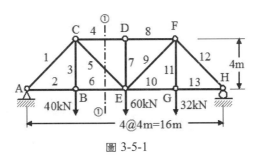

圖 3-5-1

解答：

整個結構的自由體圖如圖 3-5-2。先以靜力平衡方程式推求各反力分量如下：

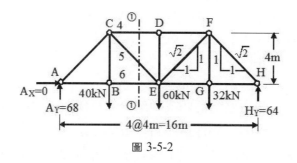

圖 3-5-2

$\Sigma M_A = 0$ 得 $H_Y(16) - 40(4) - 60(8) - 32(12) = 0$，解得 $H_Y = 64\text{kN}$（向上）

$+\uparrow \Sigma F_Y = 0$ 得 $A_Y + 64 - 40 - 60 - 32 = 0$，解得 $A_Y = 68\text{kN}$（向上）

$+\rightarrow \Sigma F_X = 0$ 得 $A_X = 0$

因為載重及反力均為垂直平行力系，故亦可依第二章 2-4-5 節的「比例法反力計算」計算各反力如下：

$$H_Y = 40\left(\frac{1}{4}\right) + 60\left(\frac{2}{4}\right) + 32\left(\frac{3}{4}\right) = 64\text{kN （向上）}$$

$$A_Y = 40\left(\frac{3}{4}\right) + 60\left(\frac{2}{4}\right) + 32\left(\frac{1}{4}\right) = 68\text{kN （向上）}$$

圖 3-5-3 為圖 3-5-1 桁架中切斷面①-①左側的部分結構自由體圖。套用靜力平衡方程式如下：

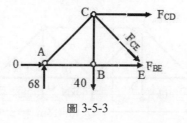

圖 3-5-3

$\Sigma M_C = 0$ 得 $F_{BE}(4) - 68(4) = 0$，解得 $F_{BE} = 68\text{kN}$（張力）

$\Sigma M_E = 0$ 得 $40(4) - 68(8) - F_{CD}(4) = 0$，解得 $F_{CD} = -96\text{kN}$（壓力）

$+\rightarrow \Sigma F_X = 0$ 得 $\frac{1}{\sqrt{2}}F_{CE} + 68 - 96 = 0$，解得 $F_{CE} = 39.598\text{kN}$（張力）

整理得桿件 4(CD)、5(CE)、6(BE)的桿力分別為 -96kN（壓力）、39.598kN（張力）、68kN（張力）。

例題 3-5-2

試以斷面法推算圖 3-5-4 簡單桁架中，桿件 4、5、6 等桿件內力？

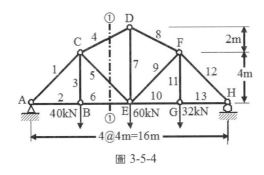

圖 3-5-4

解答：

整個結構的自由體圖及各斜桿件的斜度如圖 3-5-5。先以靜力平衡方程式推求各反力分量如下：

$$\Sigma M_A = 0 \text{ 得 } H_Y(16) - 40(4) - 60(8) - 32(12) = 0，解得 } H_Y = 64\text{kN（向上）}$$

$$+\uparrow \Sigma F_Y = 0 \text{ 得 } A_Y + 64 - 40 - 60 - 32 = 0，解得 } A_Y = 68\text{kN（向上）}$$

$$+\rightarrow \Sigma F_X = 0 \text{ 得 } A_X = 0$$

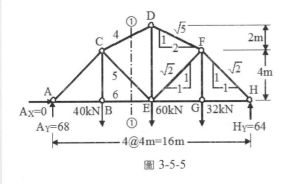

圖 3-5-5

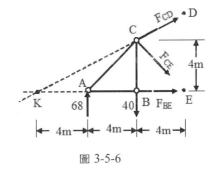

圖 3-5-6

圖 3-5-6 為圖 3-5-4 簡單桁架中，切斷面①-①左側的部分結構自由體圖。套用靜力平衡方程式如下：

$$\Sigma M_C = 0 \text{ 得 } F_{BE}(4) + 68(4) = 0，解得 } F_{BE} = 68\text{kN（張力）}$$

$$+\rightarrow \Sigma F_X = 0 \text{ 得 } \frac{2}{\sqrt{5}}F_{CD} + \frac{1}{\sqrt{2}}F_{CE} + 68 = 0 \text{ 或 } \frac{2}{\sqrt{5}}F_{CD} + \frac{1}{\sqrt{2}}F_{CE} = -68$$

$$+\uparrow \Sigma F_Y = 0 \text{ 得 } \frac{1}{\sqrt{5}}F_{CD} + 68 - \frac{1}{\sqrt{2}}F_{CE} - 40 = 0 \text{ 或 } \frac{1}{\sqrt{5}}F_{CD} - \frac{1}{\sqrt{2}}F_{CE} = -28$$

$$\text{解}\begin{cases}\dfrac{2}{\sqrt{5}}F_{CD}+\dfrac{1}{\sqrt{2}}F_{CE}=-68\\[2mm]\dfrac{1}{\sqrt{5}}F_{CD}-\dfrac{1}{\sqrt{2}}F_{CE}=-28\end{cases}\text{得}\begin{cases}F_{CD}=-71.554\text{kN}\\[2mm]F_{CE}=-5.657\text{kN}\end{cases}$$

整理得桿件 4(CD)、5(CE)、6(BE)的桿力分別為－71.554kN（壓力）、5.657kN（壓力）、68kN（張力）。

如為避免解聯立方程式，也可將圖 3-5-4 簡單桁架中，切斷面①-①左側的部分結構自由體圖繪成圖 3-5-7。假設桿件 CD 的桿力 F_{CD} 在節點 D，分解成 X_{CD} 與 Y_{CD} 兩分量如圖，則套用靜力平衡方程式如下：

$$\Sigma M_C=0 \text{ 得 } F_{BE}(4)+68(4)=0 \text{，解得 } F_{BE}=68\text{kN（張力）}$$

因為節點 D 的 Y_{CD} 分量經過節點 E，故取

$$\Sigma M_E=0 \text{ 得 } 40(4)-68(8)-X_{CD}(6)=0 \text{，解得 } X_{CD}=-64\text{kN（壓力）}$$

又因 $X_{CD}=\dfrac{2}{\sqrt{5}}F_{CD}$，故得 $F_{CD}=\dfrac{\sqrt{5}X_{CD}}{2}=-71.554\text{kN（壓力）}$

再取圖 3-5-7 的如下靜力平衡方程式

$$+\rightarrow\Sigma F_X=0 \text{ 得 } \dfrac{1}{\sqrt{2}}F_{CE}-64+68=0 \text{，解得 } F_{CE}=-5.657\text{kN（壓力）}$$

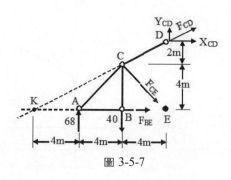

圖 3-5-7

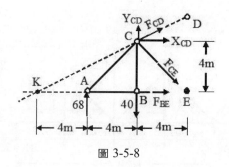

圖 3-5-8

如以圖 3-5-8 中，桿件 CD 與桿件 BE 的交點 K 為力矩中心，也可避免解聯立方程式的困擾。套用靜力平衡方程式如下：

$$\Sigma M_C=0 \text{ 得 } F_{BE}(4)+68(4)=0 \text{，解得 } F_{BE}=68\text{kN（張力）}$$

$$\Sigma M_K=0 \text{ 得 } 68(4)-\dfrac{1}{\sqrt{2}}F_{CE}(8)-\dfrac{1}{\sqrt{2}}F_{CE}(4)-40(8)=0 \text{，}$$

解得 $F_{CE}=-5.657\text{kN（壓力）}$

$$+\rightarrow\Sigma F_X=0 \text{ 得 } \dfrac{2}{\sqrt{5}}F_{CD}-\dfrac{1}{\sqrt{2}}F_{CE}+68=0 \text{，解得 } F_{CD}=-71.554\text{kN（壓力）}$$

所得結果均相同，故同一個斷面可有各種不同求解桿力的方式。

例題 3-5-3

試以斷面法推算圖 3-5-9 簡單桁架中，桿件 7、8、9、10、14 等桿件內力？

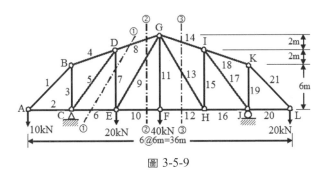

圖 3-5-9

解答：

整個結構的自由體圖及各斜桿的斜度如圖 3-5-10。先以靜力平衡方程式推求各反力分量如下：

$\Sigma M_C = 0$ 得 $J_Y(24) + 10(6) - 20(6) - 40(12) - 20(30) = 0$，解得 $J_Y = 47.5$kN（向上）

$+\uparrow \Sigma F_Y = 0$ 得 $C_Y + 47.5 - 10 - 20 - 40 - 20 = 0$，解得 $C_Y = 42.5$kN（向上）

$+\rightarrow \Sigma F_X = 0$ 得 $C_X = 0$

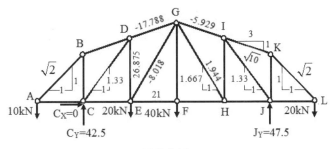

圖 3-5-10

因為載重及反力為垂直平行力系，故亦可依第二章 2-4-5 節的「比例法反力計算」計算各反力如下：

$$J_Y = 20\left(\frac{5}{4}\right) + 40\left(\frac{2}{4}\right) + 20\left(\frac{1}{4}\right) - 10\left(\frac{1}{4}\right) = 47.5\text{kN （向上）}$$

$$C_Y = 10\left(\frac{5}{4}\right) + 20\left(\frac{3}{4}\right) + 40\left(\frac{2}{4}\right) - 20\left(\frac{1}{4}\right) = 42.5\text{kN （向上）}$$

圖 3-5-11 為圖 3-5-9 桁架中切斷面①-①左側的部分結構自由體圖。套用靜力平衡方程式如下：

$\Sigma M_M = 0$ 得 $42.5(18) - 10(12) - F_{DE}(6 \times 4) = 0$，解得 $F_{DE} = 26.875$kN（張力）

$\Sigma M_D = 0$ 得 $F_{CE}(6+2) + 10(12) - 42.5(6) = 0$，解得 $F_{CE} = 16.875$kN（張力）

$+\to \Sigma F_X = 0$ 得 $\dfrac{3}{\sqrt{10}} F_{DG} + 16.875 = 0$，解得 $F_{DG} = -17.788$kN（壓力）

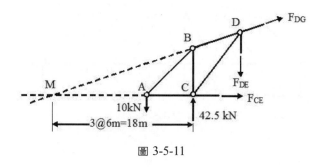

圖 3-5-11

圖 3-5-12 為圖 3-5-9 桁架中，切斷面②-②左側的部分結構自由體圖。套用靜力平衡方程式如下：

$\Sigma M_M = 0$ 得 $42.5(18) - 10(12) - 20(24) + \dfrac{1.667}{1.944} F_{EG}(24) = 0$，解得

$F_{EG} = -8.018$kN（壓力）

$\Sigma M_G = 0$ 得 $F_{EF}(6+4) + 10(18) + 20(6) - 42.5(12) = 0$，解得

$F_{EF} = 21$kN（張力）

$+\to \Sigma F_X = 0$ 得 $\dfrac{3}{\sqrt{10}} F_{DG} + 21 - 8.018 \times \dfrac{1}{1.944} = 0$，解得

$F_{DG} = -17.788$kN（壓力）

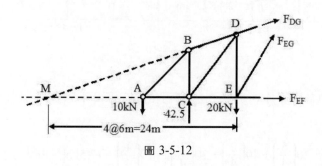

圖 3-5-12

圖 3-5-13 為圖 3-5-9 桁架中，切斷面③-③右側部分結構自由體圖。套用靜力平衡方程式如下：

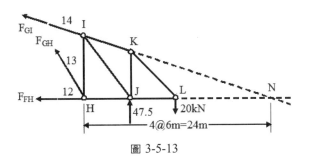

圖 3-5-13

$\sum M_H = 0$ 得 $47.5(6) - 20(12) + \dfrac{3}{\sqrt{10}} F_{GI}(6+2) = 0$，解得 $F_{GI} = -5.929\text{kN}$（壓力）

整理得桿件 7(DE)、8(DG)、9(EG)、10(EF)、14(GI)的桿力分別為 26.875kN（張力）、−17.788kN（壓力）、−8.018kN（壓力）、21kN（張力）、−5.929kN（壓力）。

例題 3-5-4

試以斷面法推算圖 3-5-14 桁架中，桿件 9、10、13、17 等桿件內力？

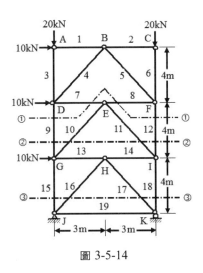

圖 3-5-14

解答：

整個結構的自由體圖及各斜桿斜度如圖 3-5-15。先以靜力平衡方程式推求各反力分量如下：

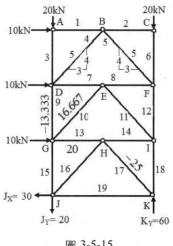

圖 3-5-15

$\sum M_J = 0$ 得 $K_Y(6) - 10(12+8+4) - 20(6) = 0$，解得 $K_Y = 60\text{kN}$（向上）

$+\uparrow \sum F_Y = 0$ 得 $J_Y + 60 - 20 - 20 = 0$，解得 $J_Y = -20\text{kN}$（向下）

$+\rightarrow \sum F_X = 0$ 得 $J_X + 10 + 10 + 10 = 0$，解得 $J_X = -30\text{kN}$（向左）

圖 3-5-16 為圖 3-5-14 桁架中切斷面①-①以上的部分結構自由體圖。本斷面雖然切斷 4 根未知桿力的桿件，但因為桿件 DE 與桿件 EF 排成一直線，故可相互抵消。套用靜力平衡方程式如下：

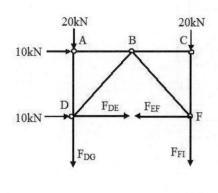

圖 3-5-16

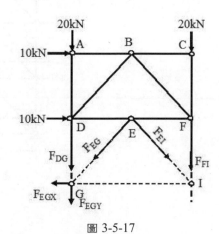

圖 3-5-17

$\sum M_F = 0$ 得 $F_{DG}(6) + 20(6) - 10(4) = 0$，解得 $F_{DG} = -13.333\text{kN}$（壓力）

圖 3-5-17 為圖 3-5-14 桁架中，切斷面②-②以上的部分結構自由體圖。套用靜力平

衡方程式如下：

$$\Sigma M_I = 0 \text{ 得 } F_{EGY}(6) + 20(6) - 13.333(6) - 10(4) - 10(8) = 0，解得$$

$$F_{EGY} = 13.333\text{kN}（F_{EG} \text{ 的 Y 向分力}）$$

由 Y 分量推算合力 $\dfrac{4}{5}F_{EG} = 13.333$，得 $F_{EG} = 16.667\text{kN}$（張力）

圖 3-5-18(a)為圖 3-5-14 桁架中節點 H 的自由體圖，從 Y 方向平衡的觀點來看，桿件 GH 及桿件 HI 無法貢獻 Y 方向分力，故桿件 HJ 與桿件 HK 在 Y 方向分力 A 必須大小相等，方向相反。又由兩桿件的斜度可知，其 X 方向分力為 Y 方向分力的 $\dfrac{3}{4}$，因此雖有兩個未知桿力，實際上可視同為一個。

圖 3-5-18(b)為圖 3-5-14 桁架中切斷面③-③以上的部分結構自由體圖。套用靜力平衡方程式如下：

$$+ \rightarrow \Sigma F_X = 0 \text{ 得 } 10 + 10 + 10 - \frac{3}{4}A - \frac{3}{4}A = 0，解得 A = 20\text{kN}（壓力）$$

桿件 HJ 的 Y 向分量 $F_{HJY} = 20\text{kN}$，X 向分量 $F_{HJX} = 15\text{kN}$，得桿件 HJ 的桿力為 $F_{HJ} = \sqrt{15^2 + 20^2} = 25\text{kN}$（張力）；桿件 HK 的 Y 向分量 $F_{HKY} = 20\text{kN}$，X 向分量 $F_{HKX} = 15\text{kN}$，得桿件 HK 的桿力為 $F_{HK} = \sqrt{(-15)^2 + 20^2} = 25\text{kN}$（壓力）。

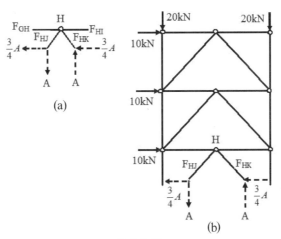

圖 3-5-18

得桿件 9(DG)、10(EG)、13(GH)、17(HK)等桿件內力分別為 -13.333kN，16.667kN，20kN 及 -25kN，並標示於圖 3-5-15。

3-6 複合桁架應力分析

3-6-1 應力分析法

圖 3-6-1 為一個由簡單桁架 ACJ 與簡
單桁架 DFJ 所構成的複合桁架;在反力推
求後,如果從節點 A 開始套用節點法,可
以順利分析節點 A、G、B,但到節點 C 或
H 均有三個未知桿力的桿件而無以為繼;
如果從節點 F 開始套用節點法,可以順利
分析節點 F、M、E,節點 D 或 L 亦有三

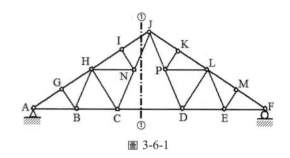

圖 3-6-1

個未知桿力的桿件而無以為繼;因此複合桁架無法完全以節點法推求桿件桿力。但如
以斷面①-①將桿件 IJ、JN、CD 切斷,再以節點 J 為力矩中心當可求得桿件 CD 的桿
力,則不論從節點 A 或節點 F 進行節點法分析均可求得各桿件桿力。因此可推得,靜
定穩定簡單桁架可僅以節點法求得所有桿件的桿力;靜定穩定複合桁架則必須以節點
法與斷面法相互配合,才能求得所有桿件的桿力。

3-6-2 複合桁架條件方程式

前已定義複合桁架(Compound Truss)係由兩個簡單桁架以三根不平行且不相交
於一點的桿件連接而成,或以三個不平行且不相交於一點的分力所支撐。如果連接簡
單桁架的分力數少於 3 個,則必須增加支承點以維持複合桁架的穩定性。增加支承點
後使反力分量數大於 3,因此反力推算時,必須以條件方程式輔助靜力平衡方程式。

圖 3-6-2 簡單桁架 AGHBFE(簡稱為 AB)與簡單桁架 BIJKDLC(簡稱為 BD)於
節點 B 鉸接之。一個鉸接僅提供二個分力,故於節點 C(或節點 B、L 均可)加一個
滾支承以補足三個連接分力。反力分量 A_Y、A_X、C_Y、D_Y 等四個未知量可就三個靜力
平衡方程式補以 $\Sigma M_B^{AB} = 0$ 或 $\Sigma M_B^{BD} = 0$ 的條件方程式推求之。

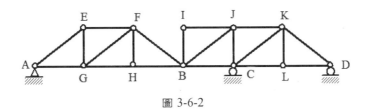

圖 3-6-2

　　圖 3-6-3 簡單桁架 AB 與簡單桁架 CD 以桿件 EF 及桿件 BC 連接之，僅提供二個平行分力，故於節點 C 加一個滾支承以補足三個連接分力。反力分量 A_Y、A_X、B_Y、C_Y 等四個未知量可就三個靜力平衡方程式補以 $\Sigma F_Y^{AB}=0$ 或 $\Sigma F_Y^{CD}=0$ 的條件方程式推求之。

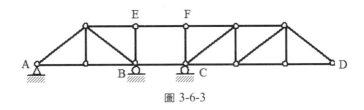

圖 3-6-3

　　圖 3-6-4 中，將簡單桁架 AC 與簡單桁架 DE 以桿件 BD 連接之，僅提供一個分力，故於節點 C 加一個滾支承，於節點 E 改以一個鉸支承以補足三個連接分力。反力分量 A_Y、A_X、C_Y、E_X、E_Y 等五個未知量可就三個靜力平衡方程式補以 $\Sigma F_X^{AB}=0$ 或 $\Sigma F_X^{DE}=0$ 及 $\Sigma M_B^{AB}=0$ 兩個條件方程式推求之。

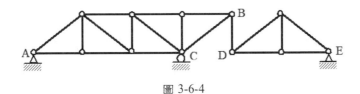

圖 3-6-4

例題 3-6-1

試分析圖 3-6-5(a)複合桁架各桿件的桿力？

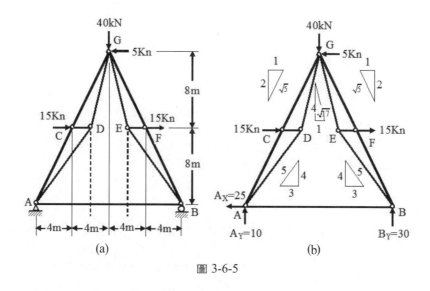

圖 3-6-5

解答：

桁架結構共有桿件數 $b=11$，反力分量數 $r=3$，節點數 $j=7$，因為符合 $b+r=2j$，故屬靜定穩定結構。

圖 3-6-5(b)為全結構的自由體圖及各斜桿的斜度；本結構將兩個簡單桁架 ADGC 與 BEGF，以支撐桿 AB 及節點 G 鉸連接之。因此必須先求得桿件 AB 的桿力後，才能於各節點適用節點平衡方程式。

全結構的自由體圖套用靜力平衡方程式，

$\Sigma M_A=0$ 得 $B_Y(16)+5(16)-15(8)-40(8)=0$，解得 $B_Y=30$kN（向上）

$+\uparrow\Sigma F_Y=0$ 得 $A_Y+30-40=0$，解得 $A_Y=10$kN（向上）

$+\rightarrow\Sigma F_X=0$ 得 $A_X+15+15-5=0$，解得 $A_X=-25$kN（向左）

反力求得之後，取節點 G 左側自由體如圖 3-6-6，考量節點 G 的靜力平衡方程式

$\Sigma M_G=0$ 得 $F_{AB}(16)+15(8)-25(16)-10(8)=0$，解得 $F_{AB}=22.5$kN（張力）

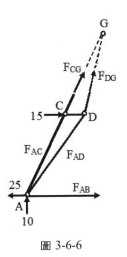

圖 3-6-6

桿件 AB 桿力求得之後，即可於各節點求解各桿件桿力。考量節點 A 的靜力平衡方程式

$$+\rightarrow \Sigma F_X=0 \text{ 得 } \frac{3}{5}F_{AD}+\frac{1}{\sqrt{5}}F_{AC}+22.5-25=0 \text{ 或 } \frac{3}{5}F_{AD}+\frac{1}{\sqrt{5}}F_{AC}=2.5$$

$$+\uparrow \Sigma F_Y=0 \text{ 得 } \frac{4}{5}F_{AD}+10=0 \text{ 或 } \frac{4}{5}F_{AD}+\frac{2}{\sqrt{5}}F_{AC}=-10$$

解聯立方程式 $\begin{cases} \dfrac{3}{5}F_{AD}+\dfrac{1}{\sqrt{5}}F_{AC}=2.5 \\ \dfrac{4}{5}F_{AD}+\dfrac{2}{\sqrt{5}}F_{AC}=-10 \end{cases}$ 得 $\begin{cases} F_{AC}=-44.72\text{kN（壓力）} \\ F_{AD}=37.50\text{kN（壓力）} \end{cases}$

節點 C 有兩個已知量與兩個未知量，因為載重 15kN 與桿件 CD 共點共線，故 $F_{CD}=-15\text{kN}$（壓力）；桿件 AC 桿力與桿件 CG 桿力共點共線，故 $F_{CG}=F_{AC}=-44.72\text{kN}$（壓力）。

考量節點 B 的靜力平衡方程式

$$+\rightarrow \Sigma F_X=0 \text{ 得 } -\frac{3}{5}F_{BE}-\frac{1}{\sqrt{5}}F_{BF}-22.5=0 \text{ 或 } \frac{3}{5}F_{BE}+\frac{1}{\sqrt{5}}F_{BF}=-22.5$$

$$+\uparrow \Sigma F_Y=0 \text{ 得 } \frac{4}{5}F_{BE}+\frac{2}{\sqrt{5}}F_{BF}+30=0 \text{ 或 } \frac{4}{5}F_{BE}+\frac{2}{\sqrt{5}}F_{BF}=-30$$

解聯立方程式 $\begin{cases} \dfrac{3}{5}F_{BE}+\dfrac{1}{\sqrt{5}}F_{BF}=-22.5 \\ \dfrac{4}{5}F_{BE}+\dfrac{2}{\sqrt{5}}F_{BF}=-30 \end{cases}$ 得 $\begin{cases} F_{BE}=-37.50\text{kN（壓力）} \\ F_{BF}=0\text{kN} \end{cases}$

節點 F 有兩個已知量與兩個未知量，因為載重 15kN 與桿件 EF 共點共線，故 F_{EF}

＝15kN（張力）；桿件 GF 桿力與桿件 BF 桿力共點共線，故 $F_{GF}=F_{BF}=0$kN。

最後節點 G 的 $F_{CG}=-44.72$kN，$F_{GF}=0$kN，僅桿力 F_{GD} 與 F_{GE} 未知，套用節點 G 靜力平衡方程式，

$$+\rightarrow \Sigma F_X=0 得 \frac{1}{\sqrt{17}}F_{GE}-\frac{1}{\sqrt{17}}F_{GD}+\frac{1}{\sqrt{5}}(44.72)-5=0 或 F_{GE}-F_{GD}=-16.844$$

$$+\uparrow \Sigma F_Y=0 得 -\frac{4}{\sqrt{17}}F_{GE}-\frac{4}{\sqrt{17}}F_{GD}+\frac{2}{\sqrt{5}}(44.72)-5=0 或 F_{GE}+F_{GD}=0$$

解聯立方程式 $\begin{cases} F_{GE}-F_{GD}=-61.844 \\ F_{GE}+F_{GD}=0 \end{cases}$ 得 $\begin{cases} F_{GE}=-30.92\text{kN（壓力）} \\ F_{GD}=30.92\text{kN（張力）} \end{cases}$。

各支承點反力及各桿桿力如圖 3-6-7。

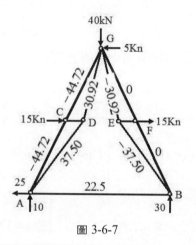

圖 3-6-7

例題 3-6-2

試分析圖 3-6-8 複合桁架各桿件的桿力？

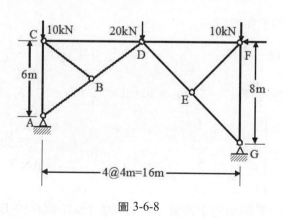

圖 3-6-8

解答：

桁架結構共有桿件數 $b=10$，反力分量數 $r=4$，節點數 $j=7$，因為符合 $b+r=2j$，故屬靜定穩定結構。

圖 3-6-9 為全結構的自由體圖及各斜桿的斜度；觀察節點 B，因無載重及反力且桿件 AB 與 BD 排成直線，故桿件 BC 的桿力為 0；節點 C 的載重 10kN 與桿件 AC 共線，故桿件 CD 的桿力為 0；節點 E 也因無載重及反力且桿件 DE 與 EG 排成直線，故桿件 EF 的桿力為 0；這些零桿力桿件均註記如圖 3-6-9。

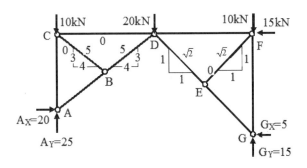

圖 3-6-9

全結構的自由體圖套用靜力平衡方程式

$$\Sigma M_A = 0 \text{ 得 } G_Y(16) + G_X(2) + 15(6) - 20(8) - 10(16) = 0 \text{ 或 } G_X + 8G_Y = 115$$

$$\Sigma M_G = 0 \text{ 得 } 10(16) + 20(8) + 15(8) - 2A_X - 16A_Y = 0 \text{ 或 } A_X + 8A_Y = 220$$

$$+\rightarrow \Sigma F_X = 0 \text{ 得 } A_X + G_X - 15 = 0 \text{ 或 } A_X + G_X = 15$$

另加條件方程式 $\Sigma M_D^{AD} = 0$ 得 $A_X(6) + 10(8) - A_Y(8) = 0$ 或 $6A_X - 8A_X = -80$

$$\text{解聯立方程式} \begin{cases} G_X + 8G_Y = 115 \\ A_X + 8A_Y = 220 \\ A_X + G_X = 15 \\ 6A_X - 8A_Y = -80 \end{cases}, \text{得} \begin{array}{l} A_X = 20\text{kN（向右）} \\ A_Y = 25\text{kN（向上）} \\ G_X = -5\text{kN（向左）} \\ G_Y = 15\text{kN（向上）} \end{array}$$

反力求得之後，考量節點 A 的靜力平衡方程式

$$+\rightarrow \Sigma F_X = 0 \text{ 得 } \frac{4}{5}F_{AB} + 20 = 0 \text{，解得 } F_{AB} = -25\text{kN（壓力）}$$

因為桿件 BD 與桿件 AB 排成直線，故 $F_{BD} = F_{AB} = -25\text{kN（壓力）}$

再考量節點 G 的靜力平衡方程式為

$$+\rightarrow \Sigma F_X = 0 \text{ 得 } -\frac{1}{\sqrt{2}}F_{EG} - 5 = 0 \text{，解得 } F_{EG} = -7.07\text{kN（壓力）}$$

$+\uparrow \Sigma F_Y=0$ 得 $F_{GF}-\dfrac{1}{\sqrt{2}}(7.07)+(15)=0$，解得 $F_{GF}=-10\text{kN}$（壓力）

因為桿件 EG 與桿件 DE 排成直線，故 $F_{DE}=F_{EG}=-7.07\text{kN}$（壓力）

此時節點 D 僅桿件 DF 的桿力未知，套用靜力平衡方程式

$+\rightarrow \Sigma F_X=0$ 得 $F_{DE}+\dfrac{4}{5}(25)-\dfrac{1}{\sqrt{2}}(7.07)=0$，解得 $F_{DE}=-15\text{kN}$（壓力）

以節點 D 的 Y 向合力應等於 0 核算之

$$+\uparrow \Sigma F_Y=\dfrac{3}{5}(25)+\dfrac{1}{\sqrt{2}}(7.07)-20=0$$

各支承點反力及各桿桿力如圖 3-6-10。

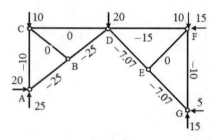

圖 3-6-10

3-7 複雜桁架應力分析

3-7-1 複雜桁架特性

　　凡不能歸類為簡單桁架或複合桁架的均屬複雜桁架（Complex Truss）。靜定簡單桁架可以節點法完全分析各桿件之桿力；靜定複合桁架也可交互利用節點法與斷面法，完全分析各桿件之桿力；換言之，當反力分量計得之後，所有節點均僅有不超過二個未知之桿件內力，故可以二個節點靜力平衡方程式求得其解。因此，複雜桁架的特性為，在分析的過程中必有一個或一個以上的節點，其具有二個以上未知桿力的桿件存在，否則便被歸類為簡單桁架或複合桁架了。

　　觀察圖 3-7-1 各桁架，在反力分量計得之後，所有節點均有三個未知桿力之桿件，因尚難以節點法或斷面法直接或交互完全求解，故歸類為複雜桁架。

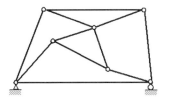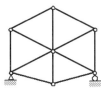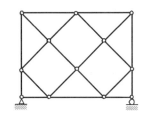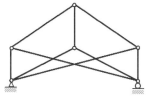

圖 3-7-1

　　為利用現有的節點法與斷面法來分析複雜桁架，只能將其變為簡單或複合桁架才能進行其應力分析，因此有桿件替代分析法（Member Substitute Method）應運而生。

3-7-2　桿件替代法

　　桿件替代法基本原理為，將複雜桁架增加一個或多個虛桿，同時去掉與虛桿數相同的實桿，使複雜桁架變成簡單桁架，以便以節點法或斷面法求解簡單桁架，再做一些桿力調整的工作，以推求各實桿的桿力。

　　圖 3-7-2(a)為一個複雜桁架，如果將實桿 AB 移除，而加入虛桿 DE 得圖 3-7-2(b)及圖 3-7-2(c)的簡單桁架。該兩個簡單桁架在反力分量求得後，可以按節點 A、B、C、D、E、F 的順序進行節點法分析，而得到並驗算各桿之桿力。圖 3-7-2(b)的簡單桁架承受圖 3-7-2(a)的載重後，得到各桿件之桿力 S_0、S_1、S_2 至 S_8 如圖 3-7-2(b)，其中虛桿 DE 的桿力為 S_0，但實桿 AB 則仍屬未知。圖 3-7-2(c)的簡單桁架乃假設實桿 AB 的張力為 X，則將實桿 AB 的張力加諸於桿端節點而移除原來載重的示意圖。圖 3-7-2(c)的簡單桁架也可以節點法求得各桿件之桿力 X_0、X_1、X_2 至 X_8 如圖 3-7-2(c)，其中虛桿 DE 的桿力為 X_0，而實桿 AB 的桿力為 X。

　　事實上，實桿 AB 的張力 X 乃一假設未知且可調整之值，如果能夠調整實桿 AB 的張力 X，使得虛桿的桿力 X_0 與圖 3-7-2(b)依原載重所求得的虛桿桿力 S_0 大小相等、方向相反（或 $S_0 + X_0 = 0$），則因在圖 3-7-2(b)與圖 3-7-2(c)兩種載重作用下，虛桿的桿力為 0，可得虛桿 DE 不存在的事實。調整實桿 AB 張力至 X 值，使虛桿 DE 張力為 0，則可視 X 為實桿的實際桿力。如果 X_0 與 S_0 為同號，則實桿的假設不正確，為壓力；反之，如屬異號，則實桿的原假設為正確。如令 $\alpha = S_0 / X_0$，則其他桿件的桿力為 $U_1 = S_1 - \alpha X_1$ $i = 1, 2, 3, \cdots, 8$。

例題 3-7-1

試求解圖 3-7-2(a)複雜桁架各桿件桿力？

解答：

以 3-4-5 節點法程式求解圖 3-7-2(b)簡單桁架得各桿件桿力如圖 3-7-3。

圖 3-7-2(c)中移除的實桿張力原可設定為任意值，但考量節點法分析時，需要計算各桿力的 X、Y 向分量，故可依實桿的斜度來設定。圖 3-7-4(a)為實桿的斜度，如張力假設為 17.0881 的任意倍數，則其 X 方向桿力分量為 16 的同倍數，Y 方向桿力分量為 6 的同倍數。本例假設實桿 AB 的張力為 17.0881，經過節點法演算可得各桿件桿力如圖 3-7-5。

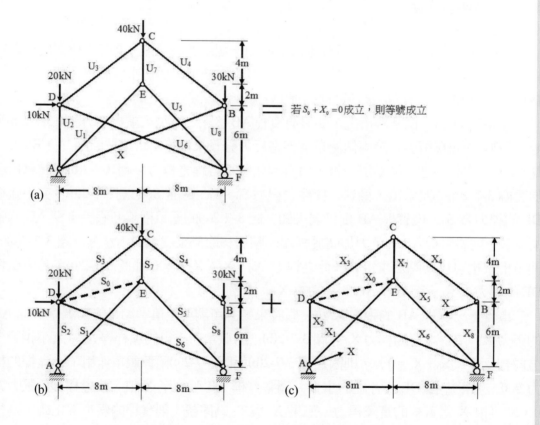

圖 3-7-2

	A	B	C	D	E
1			支承反力計算結果		
2	支承節點		X向反力-RX	Y向反力-RY	反力-R
3	1		-10.000	36.250	37.604
4	6		0.000	53.750	53.750
5			桿件反力計算結果		
6	桿件/(起-止點)	Si	桿件力-X分量	桿件力-Y分量	桿件力
7	DE	S0	-48.000	-12.000	-49.477
8	AE	S1	10.000	10.000	14.142
9	AD	S2	0.000	-46.250	-46.250
10	CD	S3	0.000	0.000	0.000
11	BC	S4	0.000	0.000	0.000
12	EF	S5	-38.000	38.000	-53.740
13	DF	S6	38.000	-14.250	40.584
14	CE	S7	0.000	40.000	-40.000
15	BF	S8	0.000	30.000	-30.000

圖 3-7-3

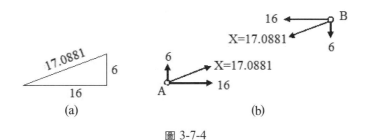

圖 3-7-4

	A	B	C	D	E
17	支承節點	X向反力-RX	Y向反力-RY	反力-R	
18	1	0.000	0.000	0.000	
19	6	0.000	0.000	0.000	
20			桿件反力計算結果		
21	桿件/(起-止點)	Xi	桿件力-X分量	桿件力-Y分量	桿件力
22	DE	X0	44.800	11.200	46.179
23	AE	X1	-16.000	-16.000	-22.627
24	AD	X2	0.000	10.000	10.000
25	CD	X3	16.000	12.000	-20.000
26	BC	X4	16.000	-12.000	-20.000
27	EF	X5	28.800	-28.800	40.729
28	DF	X6	-28.800	10.800	-30.758
29	CE	X7	0.000	-24.000	24.000
30	BF	X8	0.000	18.000	-18.000

圖 3-7-5

由圖 3-7-3 知 $S_0 = -49.477$，又由圖 3-7-5 知 $X_0 = 46.179$，兩者互為異號則原假設實桿 AB 的張力為正確，但張力值稍有差異。假設的張力值 X 以能使 S_0 與 X_0 大小相等、方向相反最為理想，但依據重疊原理，假設的實桿 AB 張力值 X 可依據 S_0 與

X_0 值比例調整之；亦即假設 X=17.0881 時，X_0 為 46.179，則欲使 X_0 變為 S_0 之 49.477 值時，張力值 X 應調整為 $X = 17.0881 \times \dfrac{49.477}{46.179} = -18.039\text{kN}$。其他桿件桿力整理如圖 3-7-6。

	G	H	I	J
1	桿件/(起-止點)	桿件力Xi	桿件力Si	比例及U值
2	DE(0)	46.179	-49.477	-1.071429
3	AE(1)	-22.627	14.142	-10.102
4	AD(2)	10.000	-46.250	-35.536
5	CD(3)	-20.000	0.000	-21.429
6	BC(4)	-20.000	0.000	-21.429
7	EF(5)	40.729	-53.740	-10.102
8	DF(6)	-30.758	40.584	7.629
9	CE(7)	24.000	-40.000	-14.286
10	BF(8)	-18.000	-30.000	-49.286

圖 3-7-6

圖 3-7-6 儲存格 J2 為 S_0/X_0 的比值；桿件 AE、AD 的 U_1、U_2 按公式計得

$$U_1 = S_1 - X_1(S_0/X_0) = 14.142 - (-1.071429) \times (-22.627) = -10.102\text{kN}$$

$$U_2 = S_2 - X_2(S_0/X_0) = -46.250 - (-1.071429) \times 10 = -35.536\text{kN}$$

其餘桿力可類推之，如圖 3-7-6 及圖 3-7-7。

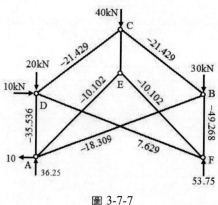

圖 3-7-7

3-7-3　實桿與虛桿的選擇

桿件替代法必須將複雜桁架轉變成簡單桁架，因此其桿件數 b、節點數 j 與反力分量數 r 必須滿足 $b+r=2j$ 的關係，且 r 必須等於 3。

　　圖 3-7-8(a)的複雜桁架，加一虛桿 DE 構成基本三角形 ADE，增加桿件 DC 與 EC 可以增加節點 C；增加桿件 DF 與 EF 可以增加節點 F；增加桿件 CB 與 FB 可以增加 節點 B；至此，原複雜桁架中除桿件 AB 外，所有節點與桿件均已納入簡單桁架，因 此可以節點法分析之。

　　同理，圖 3-7-8(b)的複雜桁架，加一虛桿 BE 構成基本三角形 CBE，增加桿件 BF 與 EF 可以增加節點 F；增加桿件 CD 與 FD 可以增加節點 D；增加桿件 AD 與 EA 可 以增加節點 A；至此，原複雜桁架中除桿件 AB 外，所有節點與桿件均已納入簡單桁 架，因此可以節點法分析之。

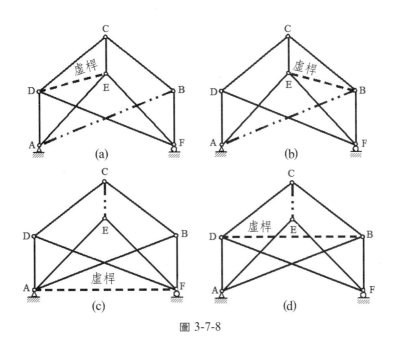

圖 3-7-8

　　同理，圖 3-7-8(c)的複雜桁架，加一虛桿 AF 構成基本三角形 AFE，增加桿件 AD 與 DF 可以增加節點 D；增加桿件 AB 與 BF 可以增加節點 B；增加桿件 CD 與 BC 可 以增加節點 C；至此，原複雜桁架中除桿件 CE 外，所有節點與桿件均已納入簡單桁 架，因此可以節點法分析之。圖 3-7-8(d)類推之。

　　如果需要增加二根虛桿才能將複雜桁架轉變成簡單桁架，則必移除二根實桿；因 此必須假設二根實桿的張力 X、Y，再與原載重的桿件桿力合併調整之。

3-8　平面靜定桁架一般解

3-8-1　解平面桁架的基本原理

　　不穩定的平面桁架當然無須也無法求解其桿件內力；穩定桁架結構中，如果桿件數 b 與反力分量總數 r 的和大於節點數 j 的 2 倍（$b+r>2j$），屬超靜定桁架，將於勁度法專章中論述之；本節以前則專論 $b+r=2j$ 的平面靜定桁架各種解法。在研判桁架靜定性的 $b+r$ 代表整個桁架的未知桿力與反力分量總數，依據靜力平衡原理，每個節點可寫出 2 個靜力平衡方程式，j 個節點當然可以寫出 $2j$ 個靜力平衡方程式，因為未知數的總數與方程式的總數相同，從聯立線性方程式的簡單數學原理，必可求得所有未知量，故以 $b+r=2j$ 判定平面桁架為靜定。

　　解多元一次聯立方程式求解所有未知量為一簡單的數學原理，但是因為當未知量（亦即桿件數與反力分量總數的合數）甚多時，求解聯立方程式是一項原理簡單，計算冗長、易錯的繁瑣工作。整個結構分析為避免解聯立方程式而發展出節點法及斷面法（甚或圖解法）來求解所有未知量。為便於說明，又將桁架結構分類為簡單桁架、複合桁架及複雜桁架等。簡單桁架（Simple Truss）可依節點法完全求解；複合桁架（Compound Truss）則需要節點法與斷面法交互運用始得求解；複雜桁架（Complex Truss）則無法以節點法及（或）斷面法求解桿件內力，而有桿件替代法或其他方法才能求得其解。即使桿件替代法也僅能求解 $b+r=2j$ 且 $r=3$ 的複雜桁架，因為當 $r<3$ 時應屬不穩定桁架，當 $r>3$ 時，表示內在不穩定桁架需要較多的支承，以維持整個結構的平衡，此時可能無法找到桁架的條件方程式，以輔助靜力平衡方程式求得反力分量，更嚴重的問題是，桁架本身無法透過增加虛桿與移去實桿的方法，獲得一個簡單結構來分析並調整之。

3-8-2　平面桁架的通解法

　　電腦解聯立方程式並非是一項甚難的工作，因此回歸到靜定桁架最原始的原理與解法應屬可行。因為該項解法可以不需要再研判桁架結構為簡單、複合或複雜，均可一體適用，故名為通解法。通解法為以 $b+r=2j$ 個未知量當作變數，將每個節點上的未知桿力與反力寫出 2 個線性方程式，最後解此含有 $2j$ 個未知量的 $2j$ 個線性方程式

3

之聯立方程式。通解法也無須先推算所有反力分量，再套用節點平衡方程式的順序求解之。茲以實例展現建立聯立方程式的過程，最後再陳述通解法程式使用說明。

例題 3-8-1

試寫出圖 3-8-1 靜定桁架的通解法聯立方程式？

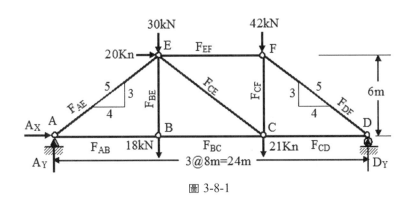

圖 3-8-1

解答：

圖 3-8-1 為簡單桁架的幾何性質、載重及斜桿的斜度。

節點 A 的 X、Y 方向反力分量以 A_X、A_Y 表示之；節點 D 的 Y 方向反力分量以 D_Y 表示之；桿件 AB 的桿力以 F_{AB} 表示之；其餘各桿類推之，標示如圖 3-8-1。

X、Y 方向分力以向上為正，向右為正，且假設所有分力分量均為正，所有桿件桿力均為張力。

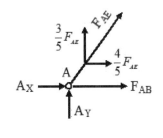

圖 3-8-2

圖 3-8-2 為節點 A 的自由體圖，未知的反力分量及桿力

以變數名稱 A_X、A_Y、F_{AB}、F_{AE} 表示之，並將斜桿桿力按桿件斜度分解為 X、Y 方向分量；則依節點 A 的靜力平衡方程式寫出

$$+\rightarrow \Sigma F_X = 0 \ 得 \ A_X + F_{AB} + \frac{4}{5}F_{AE} = 0 \ 或 \ A_X + F_{AB} + 0.8F_{AE} = 0 \tag{1}$$

$$+\uparrow \Sigma F_Y = 0 \ 得 \ A_Y + \frac{3}{5}F_{AE} = 0 \ 或 \ A_Y + 0.6F_{AE} = 0 \tag{2}$$

以同樣方式寫出節點 B 的靜力平衡方程式為

$$+\rightarrow \Sigma F_X = 0 \ 得 \ F_{BC} - F_{AB} = 0 \tag{3}$$

$$+\uparrow \Sigma F_Y = 0 \ 得 \ F_{BE} - 18 = 0 \ 或 \ F_{BE} = 18 \tag{4}$$

寫出節點 C 的靜力平衡方程式為

$$+\rightarrow\Sigma F_X=0 \text{ 得 } F_{CD}-F_{BC}-\frac{4}{5}F_{CE}=0 \text{ 或 } F_{CD}-F_{BC}-0.8F_{CE}=0 \qquad (5)$$

$$+\uparrow\Sigma F_Y=0 \text{ 得 } F_{CF}+\frac{3}{5}F_{CE}-21=0 \text{ 或 } F_{CF}+0.6F_{CE}=21 \qquad (6)$$

寫出節點 D 的靜力平衡方程式為

$$+\rightarrow\Sigma F_X=0 \text{ 得 } -\frac{4}{5}F_{DF}-F_{CD}=0 \text{ 或 } 0.8F_{DF}+F_{CD}=0 \qquad (7)$$

$$+\uparrow\Sigma F_Y=0 \text{ 得 } \frac{3}{5}F_{DF}-D_Y=0 \text{ 或 } 0.6F_{DF}-D_Y=0 \qquad (8)$$

寫出節點 E 的靜力平衡方程式為

$$+\rightarrow\Sigma F_X=0 \text{ 得 } \frac{4}{5}F_{CE}-\frac{4}{4}F_{AE}+F_{EF}+20=0 \text{ 或 } 0.8F_{CE}-0.8F_{AE}+F_{EF}=-20 \qquad (9)$$

$$+\uparrow\Sigma F_Y=0 \text{ 得 } -\frac{3}{5}F_{AE}-\frac{3}{5}F_{CE}-F_{BE}-30=0 \text{ 或 } 0.6F_{AE}+0.6F_{CE}+F_{BE}=-30 \qquad (10)$$

寫出節點 F 的靜力平衡方程式為

$$+\rightarrow\Sigma F_X=0 \text{ 得 } \frac{4}{5}F_{DF}-F_{EF}=0 \text{ 或 } 0.8F_{DF}-F_{EF}=0 \qquad (11)$$

$$+\uparrow\Sigma F_Y=0 \text{ 得 } -\frac{3}{5}F_{DF}-F_{CF}-42=0 \text{ 或 } 0.6F_{CE}+F_{CF}=-42 \qquad (12)$$

	A	B	C	D	E	F	G	H	I	J	K	L	M	N	O	P
1							各節點聯立方程式									
2	節點	F_{AB}	F_{AE}	F_{BC}	F_{BE}	F_{CD}	F_{CE}	F_{CF}	F_{DF}	F_{EF}	A_X	A_Y	D_Y		RHS	方程式
3	A-X	1.0	0.8	0.0	0.0	0.0	0.0	0.0	0.0	0.0	1.0	0.0	0.0	=	0.0	(1)
4	A-Y	0.0	0.6	0.0	0.0	0.0	0.0	0.0	0.0	0.0	0.0	1.0	0.0	=	0.0	(2)
5	B-X	-1.0	0.0	1.0	0.0	0.0	0.0	0.0	0.0	0.0	0.0	0.0	0.0	=	0.0	(3)
6	B-Y	0.0	0.0	0.0	1.0	0.0	0.0	0.0	0.0	0.0	0.0	0.0	0.0	=	18.0	(4)
7	C-X	0.0	0.0	-1.0	0.0	1.0	-0.8	0.0	0.0	0.0	0.0	0.0	0.0	=	0.0	(5)
8	C-Y	0.0	0.0	0.0	0.0	0.0	0.6	1.0	0.0	0.0	0.0	0.0	0.0	=	21.0	(6)
9	D-X	0.0	0.0	0.0	0.0	1.0	0.0	0.0	0.8	0.0	0.0	0.0	0.0	=	0.0	(7)
10	D-Y	0.0	0.0	0.0	0.0	0.0	0.0	0.0	0.6	0.0	0.0	0.0	-1.0	=	0.0	(8)
11	E-X	0.0	-0.8	0.0	0.0	0.0	0.8	0.0	0.0	1.0	0.0	0.0	0.0	=	-20.0	(9)
12	E-Y	0.0	0.6	0.0	1.0	0.0	0.6	0.0	0.0	0.0	0.0	0.0	0.0	=	-30.0	(10)
13	F-X	0.0	0.0	0.0	0.0	0.0	0.0	0.0	0.8	-1.0	0.0	0.0	0.0	=	0.0	(11)
14	F-Y	0.0	0.0	0.0	0.0	0.0	0.0	1.0	0.6	0.0	0.0	0.0	0.0	=	-42.0	(12)
15	桿力	84.00	-80.00	84.00	18.00	84.00	0.00	21.00	-105.00	-84.00	-20.00	48.00	-63.00			

圖 3-8-3

圖 3-8-3 為將前述靜力平衡方程式(1)～(12)寫成聯立方程式，並彙整表列，經求解得各桿桿力如最後一列。例如，儲存格 B15 的 84 表示為該儲存格上方第 2 列（儲存格 B2）的桿力 F_{AB} 的解（單位為 kN），正值表示桿件 AB 為張力桿件；同理，可讀得桿件 AE 為壓力 80kN；桿件 BE 為張力 18kN 等。

3-8-3　聯立方程式解法

聯立方程式的解法有許多，本章僅介紹克來模（Cramer's rule）法一種。假設二元一次聯立方程式為

$$\begin{cases} a_1 x + b_1 y = c_1 \\ a_2 x + b_2 y = c_2 \end{cases}, \text{則其解為}$$

$$x = \begin{vmatrix} c_1 & b_1 \\ c_2 & b_2 \end{vmatrix} \bigg/ \begin{vmatrix} a_1 & b_1 \\ a_2 & b_2 \end{vmatrix} = \frac{D_x}{D} \ , \ D = \begin{vmatrix} a_1 & b_1 \\ a_2 & b_2 \end{vmatrix} , \ D_x = \begin{vmatrix} c_1 & b_1 \\ c_2 & b_2 \end{vmatrix}$$

$$y = \begin{vmatrix} a_1 & c_1 \\ a_2 & c_2 \end{vmatrix} \bigg/ \begin{vmatrix} a_1 & b_1 \\ a_2 & b_2 \end{vmatrix} = \frac{D_y}{D} \ , \ D_y = \begin{vmatrix} a_1 & c_1 \\ a_2 & c_2 \end{vmatrix}$$

其中 D 為聯立方程式中所有變數的係數所組成的行列式值；其中變數 x 的所有係數列於第 1 垂直行，變數 y 的所有係數列於第 2 垂直行。D_x 為以聯立方程式等號右側的常數取代行列式 D 的變數 x，所屬垂直行（本例為第 1 垂直行）的行列式值；D_y 為將聯立方程式等號右側常數取代行列式 D 的變數 y 所屬垂直行（本例為第 2 垂直行）的行列式值。聯立方程式中每一個變數均為兩個行列式值的商數。

各行列式值的計算如下：

$$D = \begin{vmatrix} a_1 & b_1 \\ a_2 & b_2 \end{vmatrix} = a_1 b_2 - a_2 b_1 \ , \ D_x = \begin{vmatrix} c_1 & b_1 \\ c_2 & b_2 \end{vmatrix} = c_1 b_2 - c_2 b_1 \ , \ D_y = \begin{vmatrix} a_1 & c_1 \\ a_2 & c_2 \end{vmatrix} = a_1 c_2 - a_2 c_1$$

解多元聯立方程式請參閱第十二章撓角變位法 12-9 節「撓角變位法輔助程式使用說明」。

例題 3-8-2

試解下列聯立方程式？

$$\begin{cases} 5x - 2y = 7 \\ -3x + 7 = 4.5 \end{cases}$$

解答：

根據聯立方程式的係數及等號右端常數，可得

$$D = \begin{vmatrix} 5 & -2 \\ -3 & 7 \end{vmatrix} = 5 \times 7 - (-2)(-3) = 35 - 6 = 29$$

$$D_x = \begin{vmatrix} 7 & -2 \\ 4.5 & 7 \end{vmatrix} = 7 \times 7 - (-2)(4.5) = 49 + 9 = 58$$

$$D_y = \begin{vmatrix} 5 & 7 \\ -3 & 4.5 \end{vmatrix} = 5 \times 4.5 - (7)(-3) = 22.5 + 21 = 43.5$$

故解得 $x = \dfrac{D_x}{D} = \dfrac{58}{29} = 2$，$y = \dfrac{D_y}{D} = \dfrac{43.5}{29} = 1.5$

3-8-4 行列式值計算

克來模法解聯立方程式的關鍵在於行列式值的計算，前述解說與舉例的行列式值均僅限於 2 個變數，超過兩個變數的行列式值計算說明如下：

如有 4 個變數的聯立方程式，則其行列式為 $D = \begin{vmatrix} a_1 & b_1 & c_1 & d_1 \\ a_2 & b_2 & c_2 & d_2 \\ a_3 & b_3 & c_3 & d_3 \\ a_4 & b_4 & c_4 & d_4 \end{vmatrix}$

將行列式最後垂直行以外，各行於整個行列式右側重複一次如下：

$$D = \left| \begin{array}{cccc} a_1 & b_1 & c_1 & d_1 \\ a_2 & b_2 & c_2 & d_2 \\ a_3 & b_3 & c_3 & d_3 \\ a_4 & b_4 & c_4 & d_4 \end{array} \right| \begin{array}{ccc} a_1 & b_1 & c_1 \\ a_2 & b_2 & c_2 \\ a_3 & b_3 & c_3 \\ a_4 & b_4 & c_4 \end{array}$$

則將所有由左上方到右下方斜線上的四個數值相乘（如 $a_1 b_2 c_3 d_4$ 或 $c_1 d_2 a_3 b_4$）的總和減所有由右上方到左下方斜線上的四個數值相乘（如 $d_1 c_2 b_3 a_4$ 或 $a_1 b_2 c_3 d_4$）的總和，即得其行列式值。斜線上數值未滿四個者，不必計算乘積也不累加於總和。如為五個變數的聯立方程式，則斜線上取五個數值相乘，類推之。

例題 3-8-3

試計算下列行列式的行列式值？

$$\begin{vmatrix} 3 & 5 & 4 \\ 3 & 6 & -2 \\ -1 & 7 & 4 \end{vmatrix}$$

解答：

將行列式 $\begin{vmatrix} 3 & 5 & 4 \\ 3 & 6 & -2 \\ -1 & 7 & 4 \end{vmatrix}$ 右側擴充為 $\left| \begin{array}{ccc} 3 & 5 & 4 \\ 3 & 6 & -2 \\ -1 & 7 & 4 \end{array} \right| \begin{array}{cc} 3 & 5 \\ 3 & 6 \\ -1 & 7 \end{array}$

則所有由左上至右下，含有 3 個數值的斜線上之數值乘積總和 S1 為

$$S1 = 3 \times 6 \times 4 + 5 (-2)(-1) + 4 \times 3 \times 7 = 166$$

所有由右上至左下，含有 3 個數值的斜線上之數值乘積總和 S2 為

$$S2 = (-1) \times 6 \times 4 + 5 \times 3 \times 4 + (-2) \times 3 \times 7 = -6$$

則行列式值為 $S1 - S2 = 166 - (-6) = 172$

3-8-5　結構穩定性的研判

　　任何桁架結構均可獲得，節點數兩倍個未知量變數（桿件桿力及支承反力分量）的聯立方程式，聯立方程式中，各線性方程式等號右側常數代表某節點所承受載重的一個分量。各未知量變數值則為 $x_n = D_{x_n} / D$，D 為聯立方程式所有變數係數所構成的行列式值；如果 $D \neq 0$，則當結構不承受任何載重時，因為 D_{x_n} 均必為 0，故各未知數（桿件桿力及支承反力分量）亦必為 0；當結構物承受載重時，則 D_{x_n} 未必等於 0，故各未知數有一定值 D_{x_n} / D；這種無載重即無桿力與反力，而有載重即有桿力與反力的現象，即為穩定結構的現象。

　　如果 $D = 0$，則當結構不承受任何載重時，因為 D_{x_n} 均必為 0，故各未知數（桿件桿力及支承反力分量）為一不定之數；當結構物承受載重時，則 D_{x_n} 未必等於 0，故各未知數為無限大值；這種無載重時也有不確定的桿力與反力，有載重卻有無限大的桿力與反力的現象，即為不穩定結構的現象。因此，由各節點所寫出的聯立方程式之係數行列式值 D 為 0 時，表示該結構物不穩定；不為 0 時，表示該結構物為穩定結構。

3-8-6　平面靜定桁架通解程式使用說明

　　使結構分析軟體試算表以外的空白試算表處於作用中（Active）。選擇☞結構分析/桁架分析（Truss Analysis）／平面靜定桁架通解／建立平面靜定桁架通解試算表☜出現圖 3-8-4 輸入畫面。以例題 3-8-1 為例，經輸入靜定桁架節點數(6)、靜定桁架桿件數(9)、承載外力節點數(4)及小數位數(3)後，單擊「建立平面靜定桁架通解試算表」鈕，即可產生圖 3-8-5 的平面靜定桁架通解試算表。

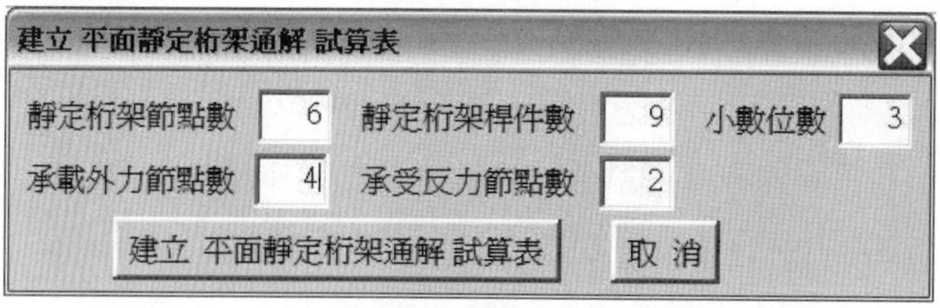

圖 3-8-4

　　圖 3-8-5 中可以修改第 3 列的標題，及在淡黃色區域內輸入桁架各節點的座標值、各桿件的起始與終止節點數、節點載重及支承點支承能力。使用本程式前，應先設定一座標系，使各節點的座標值均為非負值，節點及桿件編號均各自從 1 開始編號，節點的編號不必如節點法程式，需要按解節點的順序編號，桿件兩端節點均可擇一當起始點，另一為終止點。節點載重以座標軸的正向為正（向上、向右為正）；各支承點在某一方向有支承能力者以 1 表之，無支承能力以 0 表之。

　　資料輸入後，選擇☞結構分析／桁架分析（Truss Analysis）／平面靜定桁架通解／進行平面靜定桁架通解分析☜即得圖 3-8-6 的分析結果（縮小）。分析結果有兩部分，前半部為聯立方程式，後半部則為各桿件桿力及分力分量的解。

	A	B	C	D	E	F
3			平面靜定桁架通解試算表			
4	桁架總節點數	6	桁架桿件數m	9	反力數r	3
5	承載外力節點數	4	承受反力節點數	2	m+r=	12
6	節點(I)	X(I)座標值	Y(I)座標值		節點數的2倍	12
7	1	0.000	0.000	A		靜定
8	2	8.000	0.000	B		穩定
9	3	16.000	0.000	C		
10	4	24.000	0.000	D		
11	5	8.000	6.000	E		
12	6	16.000	6.000	F		
13	桿件編號	起節點號	止節點號	△X	△Y	桿件長度
14	1	1	2	-8.000	0.000	8.000
15	2	1	5	-8.000	-6.000	10.000
16	3	2	3	-8.000	0.000	8.000
17	4	2	5	0.000	-6.000	6.000
18	5	3	4	-8.000	0.000	8.000
19	6	3	5	8.000	-6.000	10.000
20	7	3	6	0.000	-6.000	6.000
21	8	4	6	8.000	-6.000	10.000
22	9	5	6	-8.000	0.000	8.000
23	承載外力節點	X分量(右正)	Y分量(上正)			
24	5	20.000	-30.000			
25	6	0.000	-42.000			
26	2	0.000	-18.000			
27	3	0.000	-21.000			
28	承受反力節點	可受X反力0/1	可受Y反力0/1			
29	1	1	1			
30	4	0	1			

圖 3-8-5

	A	B	C	D	E	F	G	H	I	J	K	L	M
1	通解聯立方程式矩陣												
2	M1(1-2)	M2(1-5)	M3(2-3)	M4(2-5)	M5(3-4)	M6(3-5)	M7(3-6)	M8(4-6)	M9(5-6)	H1	V1	V4	RHS
3	1.0	0.8	0.0	0.0	0.0	0.0	0.0	0.0	0.0	1.0	0.0	0.0	0.0
4	0.0	0.6	0.0	0.0	0.0	0.0	0.0	0.0	0.0	0.0	1.0	0.0	0.0
5	-1.0	0.0	1.0	0.0	0.0	0.0	0.0	0.0	0.0	0.0	0.0	0.0	0.0
6	0.0	0.0	0.0	1.0	0.0	0.0	0.0	0.0	0.0	0.0	0.0	0.0	18.0
7	0.0	0.0	-1.0	0.0	1.0	-0.8	0.0	0.0	0.0	0.0	0.0	0.0	0.0
8	0.0	0.0	0.0	0.0	0.0	0.6	1.0	0.0	0.0	0.0	0.0	0.0	21.0
9	0.0	0.0	0.0	0.0	-1.0	0.0	0.0	-0.8	0.0	0.0	0.0	0.0	0.0
10	0.0	0.0	0.0	0.0	0.0	0.0	0.0	0.6	0.0	0.0	0.0	1.0	0.0
11	0.0	-0.8	0.0	0.0	0.0	0.8	0.0	0.0	1.0	0.0	0.0	0.0	-20.0
12	0.0	-0.6	0.0	-1.0	0.0	-0.6	0.0	0.0	0.0	0.0	0.0	0.0	30.0
13	0.0	0.0	0.0	0.0	0.0	0.0	0.0	0.8	-1.0	0.0	0.0	0.0	42.0
14	0.0	0.0	0.0	0.0	0.0	0.0	-1.0	-0.6	0.0	0.0	0.0	0.0	42.0
15	各桿軸向力(張正壓負), 各支承節點反力及其X,Y軸向分力												
16	軸力/桿件支承	M1(1-2)	M2(1-5)	M3(2-3)	M4(2-5)	M5(3-4)	M6(3-5)	M7(3-6)	M8(4-6)	M9(5-6)	R1	R4	
17	合 力	84.0	-80.0	84.0	18.0	84.0	0.0	21.0	-105.0	-84.0	52.0	63.0	
18	X向分力	84.0	64.0	84.0		84.0	0.0	0.0	84.0	84.0	-20.0		
19	Y向分力	0.0	48.0	0.0	18.0	0.0		21.0	63.0	0.0	48.0	63.0	

圖 3-8-6

再選擇☞結構分析／桁架分析（Truss Analysis）／平面靜定桁架通解／列印平面靜定桁架通解分析結果☜即可將分析結果印出。

如果將圖 3-8-1 節點 A 的支承由鉸接改為滾接，則試算表第 29 列應如圖 3-8-7 修改之，當通解程式執行分析時，出現圖 3-8-8 的不穩定結構訊息；又如將圖 3-8-1 節點 D 的支承由滾接改為鉸接，則試算表第 30 列應如圖 3-8-9 修改之，當通解程式執行分析時，出現圖 3-8-10 的超靜定結構訊息。

	A	B	C
28	承受反力節點	可受X反力0/1	可受Y反力0/1
29	1	1	1
30	4	0	1

鉸支承 A 改爲滾支承→

	A	B	C
28	承受反力節點	可受X反力0/1	可受Y反力0/1
29	1	0	1
30	4	0	1

圖 3-8-7

平面靜定桁架通解 分析

桿件數=9, 節點數=6, 反力數=2
不穩定桁架,無法求解

確定

圖 3-8-8

	A	B	C
28	承受反力節點	可受X反力0/1	可受Y反力0/1
29	1	1	1
30	4	0	1

滾支承 B 改爲鉸支承

	A	B	C
28	承受反力節點	可受X反力0/1	可受Y反力0/1
29	1	1	1
30	4	1	1

圖 3-8-9

圖 3-8-10

　　圖 3-8-11 為例題 3-6-1 複合桁架結構（如圖 3-6-5a）的平面靜定桁架通解試算表，其聯立方程式及各桿件桿力與反力分量如圖 3-8-12，與例題 3-6-1 的結果相符。

	A	B	C	D	E	F
3	平面靜定桁架通解試算表					
4	桁架總節點數	7	桁架桿件數m	11	反力數r	3
5	承載外力節點數	3	承受反力節點數	2	m+r=	14
6	節點(I)	X(I)座標值	Y(I)座標值		節點數的2倍	14
7	1	0.000	0.000	A		靜定
8	2	16.000	0.000	B		穩定
9	3	4.000	8.000	C		
10	4	6.000	8.000	D		
11	5	10.000	8.000	E		
12	6	12.000	8.000	F		
13	7	8.000	16.000	G		
14	桿件編號	起節點號	止節點號	△X	△Y	桿件長度
15	1	1	2	-16.000	0.000	16.000
16	2	1	3	-4.000	-8.000	8.944
17	3	1	4	-6.000	-8.000	10.000
18	4	2	5	6.000	-8.000	10.000
19	5	2	6	4.000	-8.000	8.944
20	6	3	4	-2.000	0.000	2.000
21	7	3	7	-4.000	-8.000	8.944
22	8	4	7	-2.000	-8.000	8.246
23	9	5	7	2.000	-8.000	8.246
24	10	5	6	-2.000	0.000	2.000
25	11	6	7	4.000	-8.000	8.944
26	承載外力節點	X分量(右正)	Y分量(上正)			
27	3	15.000	0.000			
28	6	15.000	0.000			
29	7	-5.000	-40.000			
30	承受反力節點	可受X反力0/1	可受Y反力0/1			
31	1	1	1			
32	2	0	1			

圖 3-8-11

	M1(1-2)	M2(1-3)	M3(1-4)	M4(2-5)	M5(2-6)	M6(3-4)	M7(3-7)	M8(4-7)	M9(5-7)	M10(5-6)	M11(6-7)	H1	V1	V2	RHS
	A	B	C	D	E	F	G	H	I	J	K	L	M	N	O
1	通解聯立方程式矩陣														
3	1.00	0.45	0.60	0.00	0.00	0.00	0.00	0.00	0.00	0.00	0.00	1.00	0.00	0.00	0.00
4	0.00	0.89	0.80	0.00	0.00	0.00	0.00	0.00	0.00	0.00	0.00	0.00	1.00	0.00	0.00
5	-1.00	0.00	0.00	-0.60	-0.45	0.00	0.00	0.00	0.00	0.00	0.00	0.00	0.00	0.00	0.00
6	0.00	0.00	0.00	0.80	0.89	0.00	0.00	0.00	0.00	0.00	0.00	0.00	0.00	1.00	0.00
7	0.00	-0.45	0.00	0.00	0.00	1.00	0.45	0.00	0.00	0.00	0.00	0.00	0.00	0.00	-15.00
8	0.00	-0.89	0.00	0.00	0.00	0.00	0.89	0.00	0.00	0.00	0.00	0.00	0.00	0.00	0.00
9	0.00	0.00	-0.60	0.00	0.00	-1.00	0.00	0.24	0.00	0.00	0.00	0.00	0.00	0.00	0.00
10	0.00	0.00	-0.80	0.00	0.00	0.00	0.00	0.97	0.00	0.00	0.00	0.00	0.00	0.00	0.00
11	0.00	0.00	0.00	0.60	0.00	0.00	0.00	0.00	-0.24	1.00	0.00	0.00	0.00	0.00	0.00
12	0.00	0.00	0.00	-0.80	0.00	0.00	0.00	0.00	0.97	0.00	0.00	0.00	0.00	0.00	0.00
13	0.00	0.00	0.00	0.00	0.45	0.00	0.00	0.00	0.00	-1.00	-0.45	0.00	0.00	0.00	-15.00
14	0.00	0.00	0.00	0.00	-0.89	0.00	0.00	0.00	0.00	0.00	0.89	0.00	0.00	0.00	0.00
15	0.00	0.00	0.00	0.00	0.00	0.00	-0.45	-0.24	0.24	0.00	0.45	0.00	0.00	0.00	5.00
16	0.00	0.00	0.00	0.00	0.00	0.00	-0.89	-0.97	-0.97	0.00	-0.89	0.00	0.00	0.00	40.00
17	各桿軸向力(張正壓負), 各支承節點反力及其X,Y軸向分力														
18 力/桿件支	M1(1-2)	M2(1-3)	M3(1-4)	M4(2-5)	M5(2-6)	M6(3-4)	M7(3-7)	M8(4-7)	M9(5-7)	M10(5-6)	M11(6-7)	R1	R2		
19 合力	22.50	-44.72	37.50	-37.50	0.00	-15.00	-44.72	30.92	-30.92	15.00	15.00	26.93	30.00		
20 X向分力	22.50	20.00	22.50	22.50	0.00	15.00	20.00	7.50	7.50	15.00	0.00	-25.00	0.00		
21 Y向分力	0.00	40.00	30.00	30.00	0.00	0.00	40.00	30.00	30.00	0.00	0.00	10.00	30.00		

圖 3-8-12

　　例題 3-7-1 以桿件替代法解圖 3-7-2(a)的複雜結構，如改用平面靜定桁架通解程式求解，則其試算表如圖 3-8-13，解得聯立方程式及各桿件桿力、各支承反力分量如圖 3-8-14，與桿件替代法所得結果相符。

	A	B	C	D	E	F
3	平面靜定桁架通解試算表 [例題3-7-1 複雜桁架]					
4	桁架總節點數	6	桁架桿件數m	9	反力數r	3
5	承載外力節點數	3	承受反力節點數	2	m+r=	12
6	節點(I)	X(I)座標值	Y(I)座標值		節點數的2倍	12
7	1	0.000	0.000	A		靜定
8	2	16.000	6.000	B		穩定
9	3	8.000	12.000	C		
10	4	0.000	6.000	D		
11	5	8.000	8.000	E		
12	6	16.000	0.000	F		
13	桿件編號	起節點號	止節點號	△X	△Y	桿件長度
14	1	1	5	-8.000	-8.000	11.314
15	2	1	4	0.000	-6.000	6.000
16	3	2	3	8.000	-6.000	10.000
17	4	2	6	0.000	6.000	6.000
18	5	3	4	8.000	6.000	10.000
19	6	3	5	0.000	4.000	4.000
20	7	1	2	-16.000	-6.000	17.088
21	8	4	6	-16.000	6.000	17.088
22	9	5	6	-8.000	8.000	11.314
23	承載外力節點	X分量(右正)	Y分量(上正)			
24	4	10.000	-20.000			
25	3	0.000	-40.000			
26	2	0.000	-30.000			
27	承受反力節點	可受X反力0/1	可受Y反力0/1			
28	1	1	1			
29	6	0	1			

圖 3-8-13

	M1(1-5)	M2(1-4)	M3(2-3)	M4(2-6)	M5(3-4)	M6(3-5)	M7(1-2)	M8(4-6)	M9(5-6)	H1	V1	V6	RHS
	A	B	C	D	E	F	G	H	I	J	K	L	M
1	通解聯立方程式矩陣[例題3-7-1複雜桁架]												
3	0.707	0.000	0.000	0.000	0.000	0.000	0.936	0.000	0.000	1.000	0.000	0.000	0.000
4	0.707	1.000	0.000	0.000	0.000	0.000	0.351	0.000	0.000	0.000	1.000	0.000	0.000
5	0.000	0.000	-0.800	0.000	0.000	0.000	-0.936	0.000	0.000	0.000	0.000	0.000	0.000
6	0.000	0.000	0.600	-1.000	0.000	0.000	-0.351	0.000	0.000	0.000	0.000	0.000	30.000
7	0.000	0.000	0.800	0.000	-0.800	0.000	0.000	0.000	0.000	0.000	0.000	0.000	0.000
8	0.000	0.000	-0.600	0.000	-0.600	-1.000	0.000	0.000	0.000	0.000	0.000	0.000	40.000
9	0.000	0.000	0.000	0.000	0.800	0.000	0.000	0.936	0.000	0.000	0.000	0.000	-10.000
10	0.000	-1.000	0.000	0.000	0.600	0.000	0.000	-0.351	0.000	0.000	0.000	0.000	20.000
11	-0.707	0.000	0.000	0.000	0.000	0.000	0.000	0.000	0.707	0.000	0.000	0.000	0.000
12	-0.707	0.000	0.000	0.000	1.000	0.000	0.000	0.000	-0.707	0.000	0.000	0.000	0.000
13	0.000	0.000	0.000	0.000	0.000	0.000	0.000	-0.936	-0.707	0.000	0.000	0.000	0.000
14	0.000	0.000	0.000	1.000	0.000	0.000	0.000	0.351	0.707	0.000	0.000	1.000	0.000
15	各桿軸向力(張正壓負),各支承節點反力及其X,Y軸向分力												
16 力/桿件支承	M1(1-5)	M2(1-4)	M3(2-3)	M4(2-6)	M5(3-4)	M6(3-5)	M7(1-2)	M8(4-6)	M9(5-6)	R1	R6		
17 合力	-10.102	-35.536	-21.429	-49.286	-21.429	-14.286	18.309	7.629	-10.102	37.604	53.750		
18 X向分力	7.143	0.000	17.143	0.000	17.143	0.000	17.143	7.143	7.143	-10.000	0.000		
19 Y向分力	7.143	35.536	12.857	49.286	12.857	14.286	6.429	2.679	7.143	36.250	53.750		

圖 3-8-14

　　圖 3-8-15 為一個複雜桁架，因為其桿件結構較為特殊，而無法找到虛桿與實桿，使複雜桁架轉變成一個簡單結構，故桿件替代法亦無法求解其桿件桿力與反力分量，但是使用平面靜定桁架通解程式仍可求得其解。圖 3-8-16 為其平面靜定桁架通解試算表，圖 3-8-17 為解得的各桿件桿力、各支承反力分量。

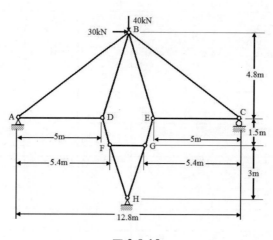

圖 3-8-15

	A	B	C	D	E	F
3	平面靜定桁架通解試算表					
4	桁架總節點數	8	桁架桿件數m	11	反力數r	5
5	承載外力節點數	1	承受反力節點數	3	m+r=	16
6	節點(I)	X(I)座標值	Y(I)座標值		節點數的2倍	16
7	1	0.000	4.500	A		靜定
8	2	6.400	9.300	B		穩定
9	3	12.800	4.500	C		
10	4	5.000	4.500	D		
11	5	7.800	4.500	E		
12	6	5.400	3.000	F		
13	7	7.400	3.000	G		
14	8	6.400	0.000	H		
15	桿件編號	起節點號	止節點號	△X	△Y	桿件長度
16	1	1	2	-6.400	-4.800	8.000
17	2	1	4	-5.000	0.000	5.000
18	3	2	3	-6.400	4.800	8.000
19	4	2	4	1.400	4.800	5.000
20	5	2	5	-1.400	4.800	5.000
21	6	3	5	5.000	0.000	5.000
22	7	4	6	-0.400	1.500	1.552
23	8	5	7	0.400	1.500	1.552
24	9	6	7	-2.000	0.000	2.000
25	10	6	8	-1.000	3.000	3.162
26	11	7	8	1.000	3.000	3.162
27	承載外力節點	X分量(右正)	Y分量(上正)			
28	2	30.000	-40.000			
29	承受反力節點	可受X反力0/1	可受Y反力0/1			
30	1	1	1			
31	8	1	1			
32	3	0	1			

圖 3-8-16

為驗證分析結果的正確性，可檢驗節點H的平衡；圖3-8-17儲存格N23的107.527為支承H的Y向反力（向上），桿件FH、GH相當圖3-8-17的桿件10、11。儲存格K21、L21分別為桿件FH、GH桿力（均為56.672壓力），其Y向分量均為53.763（向下），剛好與節點H的向上Y向反力平衡。

	A	B	C	D	E	F	G	H	I	J	K	L	M	N	O
19	各桿軸向力(張正壓負),各支承節點反力及其X,Y軸向分力														
20	力/桿件,支	M1(1-2)	M2(1-4)	M3(2-3)	M4(2-4)	M5(2-5)	M6(3-5)	M7(4-6)	M8(5-7)	M9(6-7)	M10(6-8)	M11(7-8)	R1	R8	R3
21	合力	75.022	-30.018	37.522	-56.004	-56.004	-30.018	-55.642	-55.642	3.584	-56.672	-56.672	54.094	107.527	22.513
22	X向分力	60.018	30.018	30.018	15.681	15.681	30.018	14.337	14.337	3.584	17.921	17.921	-30.000	0.000	0.000
23	Y向分力	45.013	0.000	22.513	53.763	53.763	0.000	53.763	53.763	0.000	53.763	53.763	-45.013	107.527	-22.513

圖 3-8-17

習　題

★★★習題詳解請參閱 ST03 習題詳解.doc 與 ST03 習題詳解.xls 電子檔★★★

1. 試研判下列各平面桁架屬不穩定、靜定或超靜定桁架，若屬超靜定桁架則計算其超靜定數。（圖一）

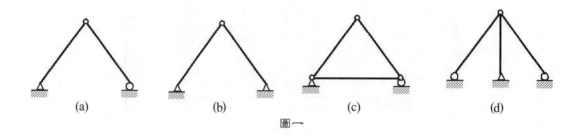

(a)　　　(b)　　　(c)　　　(d)

圖一

2. 試研判下列各平面桁架屬不穩定、靜定或超靜定桁架，若屬超靜定桁架則計算其超靜定數。（圖二）

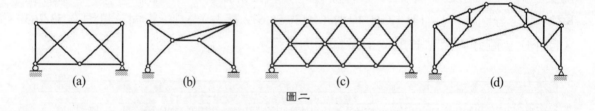

(a)　　　(b)　　　(c)　　　(d)

圖二

3. 試研判下列各平面桁架的穩定性？（圖三）

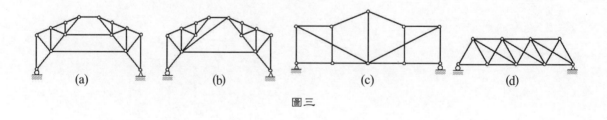

(a)　　　(b)　　　(c)　　　(d)

圖三

4.試以節點法求解靜定桁架各桿桿力及反力？並以節點法程式及平面靜定桁架通解程式核對之。（圖四）

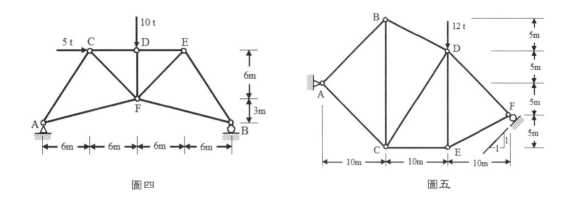

圖四　　　　　　　　　　　　圖五

5.試以節點法求解靜定桁架各桿桿力及反力？並以節點法程式核對之。（圖五）

6.試以節點法程式及平面靜定桁架通解程式求解靜定桁架各桿桿力及反力？（圖六）

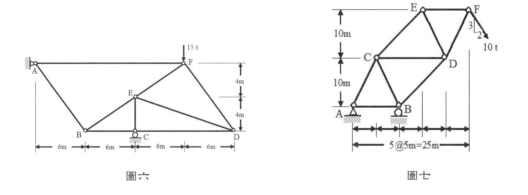

圖六　　　　　　　　　　　　圖七

7.試以節點法程式及平面靜定桁架通解程式求解靜定桁架各桿桿力及反力？（圖七）

8.試以節點法程式及平面靜定桁架通解程式求解靜定桁架各桿桿力及反力？（圖八）

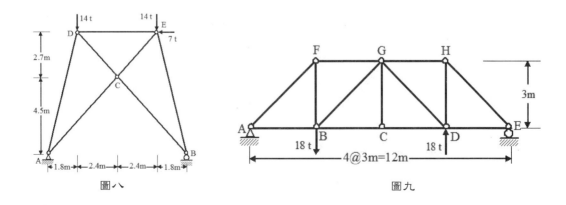

圖八　　　　　　　　　　　　圖九

9. 試以節點法程式及平面靜定桁架通解程式求解靜定桁架各桿桿力及反力？（圖九）

10. 試以平面靜定桁架通解程式求解靜定桁架各桿桿力及反力？（圖十）

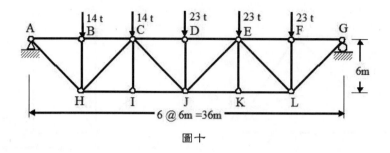

圖十

11. 試以平面靜定桁架通解程式求解靜定桁架各桿桿力及反力？（圖十一）

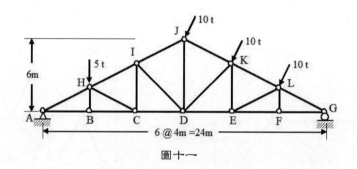

圖十一

12. 試以平面靜定桁架通解程式求解靜定桁架各桿桿力及反力？（圖十二）

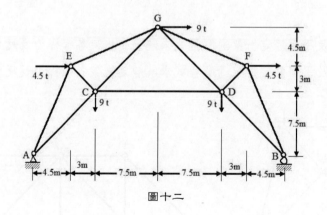

圖十二

13. 試以平面靜定桁架通解程式求解靜定桁架各桿桿力及反力？（圖十三）

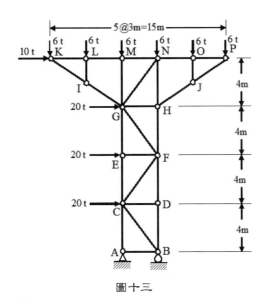

圖十三

14.試以平面靜定桁架通解程式求解靜定桁架各桿桿力及反力？（圖十四）

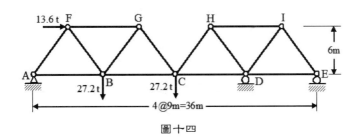

圖十四

15.試以平面靜定桁架通解程式求解靜定桁架各桿桿力及反力？（圖十五）

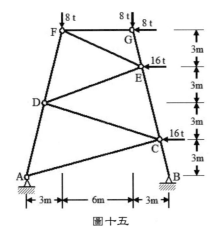

圖十五

16.試以平面靜定桁架通解程式求解靜定桁架各桿桿力及反力？（圖十六）

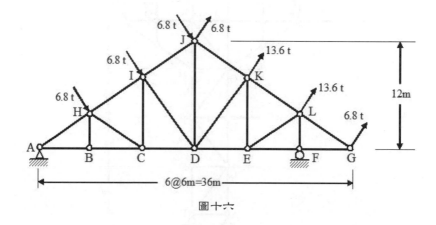

圖十六

17.試以平面靜定桁架通解程式求解靜定桁架各桿桿力及反力？（圖十七）

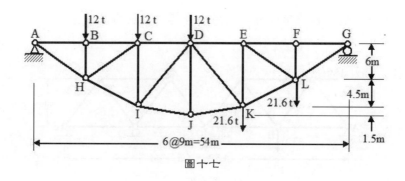

圖十七

18.試以平面靜定桁架通解程式求解靜定桁架各桿桿力及反力？（圖十八）

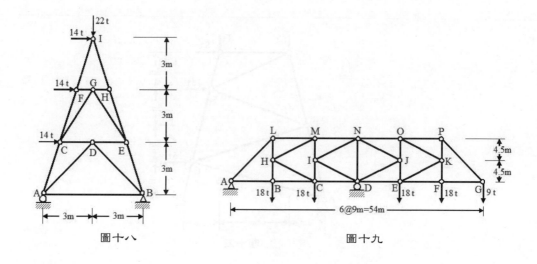

圖十八   圖十九

19.試以平面靜定桁架通解程式求解靜定桁架各桿桿力及反力？（圖十九）

20.試以平面靜定桁架通解程式求解靜定桁架各桿桿力及反力？（圖二十）

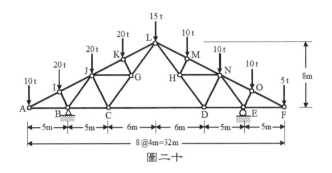

圖二十

21.試以平面靜定桁架通解程式求解靜定桁架各桿桿力及反力？（圖二十一）

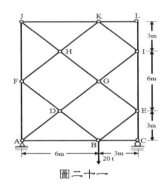

圖二十一

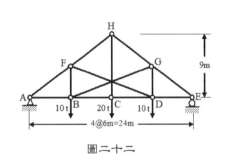

圖二十二

22.試以平面靜定桁架通解程式求解靜定桁架各桿桿力及反力？（圖二十二）

23.試以平面靜定桁架通解程式求解靜定桁架各桿桿力及反力？（圖二十三）

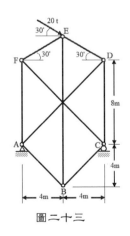

圖二十三

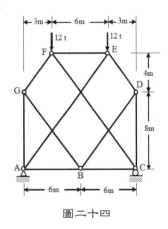

圖二十四

24.試以平面靜定桁架通解程式求解靜定桁架各桿桿力及反力？（圖二十四）

CHAPTER 4

剪力圖與彎矩圖

4-1 桿件內力

　　第三章介紹的桁架結構（Truss），在桿件於桿端以無摩擦的鉸接與外加載重，僅施加於節點處的兩項假設下，桿件僅承受張力或壓力的桿件內力，且全桿內力均等，故該項內力即可作為桿件設計的依據。樑（Beam）是一種不限於桿端承受載重，且載重方向未必與樑軸心線平行的直線桿件。另外，剛節構架的桿件（Member of Frame）也因桿端的剛接，使彎矩在桿件間相互傳遞以達平衡狀態，因此剛節構架的桿件也如同樑，承受軸向力（Axial Force）、剪力（Shear）與彎矩（Moment）等桿件內力。

　　本章討論樑及剛節構架桿件內力的計算方法，因桿件內力軸向力（Axial Force）、剪力（Shear）與彎矩（Moment）並非全桿等值，因此再討論描述剪力與彎矩沿桿的變化情形之剪力圖（Shear Diagram）與彎矩圖（Moment Diagram），並找出全桿最大剪力處，與最大彎矩處的剪力值與彎矩值，以做為結構設計的依據。

4-1-1 桿件內力計算

　　圖 4-1-1(a)為一承受載重的簡單支承樑（Simply Supported Beam），其支承反力可由圖 4-1-1(b)的全樑自由體，以靜力平衡方程式推求之，如果欲計算樑內某處的內力，則需於該處以一斷面將之一切為二；如欲推求圖 4-1-1(b)中 C 處的樑內力，則以斷面 cc 將樑切為左側的 AC 部分與右側的 CB 部分。圖 4-1-1(c)為樑 AC 部分的自由體圖，如果 C 處斷面內無軸向力 N、剪力 V 與彎矩 M 等內力，則 AC 部分將不平衡；這些軸向力 N、剪力 V 及彎矩 M，乃由斷面右側的 CB 部分所施加於 AC 部分的內力。依據圖 4-1-1(c)的自由體及靜力平衡三方程式，即可求得 N、V、M 等三個內力值。基於 $\Sigma F_X = 0$，軸向力 N 必等於作用於圖 4-1-1(c)自由體，所有外加載重與支承反力在 X 方向合力，但方向相反；同理，基於 $\Sigma F_Y = 0$，剪力 V 必等於作用於圖 4-1-1(c)自由體，所有外加載重與支承反力在 Y 方向合力，但方向相反；再基於 $\Sigma M = 0$，彎矩 M 必等於作用於圖 4-1-1(c)自由體，所有外加載重與支承反力對 C 的彎矩總合，但方向相反。基於牛頓反作用力原理，斷面右側 CB 所施加於 AC 部分的內力，AC 部分必以大小相等方向相反地施加於 CB 部分，如圖 4-1-1(d)。

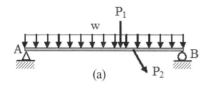

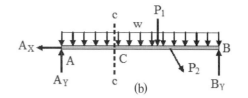

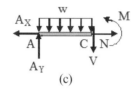

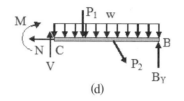

圖 4-1-1

4-1-2　桿件內力正負號規定

斷面將桿件切成左右兩部，如圖 4-1-2 所示，斷面上的桿件內力方向均為正；換言之，使桿件拉長的軸向力 N 為正；使左半部相對向下移動，右半部相對向上提升的剪力 V 為正；使桿件凹面向上的彎矩 M，或使桿件中性軸上面部分縮短，中性軸以下部分伸長的彎距 M 均為正。

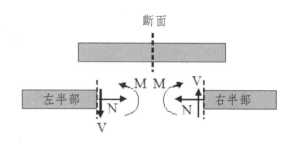

圖 4-1-2

4-1-3　桿件內力計算程序

樑或剛節構架桿件的內力計算，可依下列程序為之：

1. 依據靜力平衡方程式推求整個結構的支承反力及其分量；
2. 在欲求桿件內力處，以一垂直於桿件軸心線的斷面，將桿件一切為二；
3. 於斷面處以正向標示桿件軸向力 N、剪力 V 及彎矩 M 等內力；
4. 以切面左側或右側的桿件自由體，套用靜力平衡方程式求算各桿件內力。選擇左側或右側，以其承受外力最少為原則，減少計算工作；
5. 如果計算所得內力的為負號，表示其作用方向與原假設正向相反。

4-1-4　數值例題

例題 4-1-1

試計算圖 4-1-3 簡支樑上點 C、D、E、F 四處的桿件內力？其中點 D 緊靠於集中載重 30kN 的左側，點 E 則緊靠於集中載重 30kN 的右側，而點 F 則緊靠於集中載重 25kN 的右側。

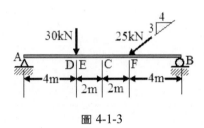

圖 4-1-3

解答：

支承反力計算：圖 4-1-4(a)為整樑的自由體圖，套用靜力平衡方程式

$$+ \to \Sigma F_X = 0 \ 得 \ A_X - \left(\frac{4}{5}\right)(25) = 0，解得 \ A_X = 20\text{kN} \to$$

$$\Sigma M_B = 0 \ 得 \ 30(8) + \left(\frac{3}{5}\right)(25)(4) - A_Y(12) = 0，解得 \ A_Y = 25\text{kN} \uparrow$$

$$+ \uparrow \Sigma F_Y = 0 \ 得 \ 25 - 30 - \left(\frac{3}{5}\right)(25) + B_Y = 0，解得 \ B_Y = 20\text{kN} \uparrow$$

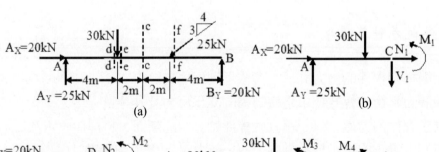

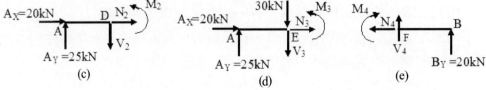

圖 4-1-4

推求 C 點的內力：圖 4-1-4(b)為斷面 cc 左側樑的自由體圖，斷面處的軸向力 N_1、剪力 V_1 及彎矩 M_1 均標示為正向，則套用靜力平衡方程式

$$+ \rightarrow \Sigma F_X = 0 \ 得 \ 20 + N_1 = 0，解得 \ N_1 = -20\text{kN} \leftarrow$$

$$+ \uparrow \Sigma F_Y = 0 \ 得 \ 25 - 30 - V_1 = 0，解得 \ V_1 = -5\text{kN} \uparrow$$

$$\Sigma M_C = 0 \ 得 \ 30(2) - (25)(6) + M_1 = 0，解得 \ M_1 = 90\text{kN-m（逆鐘向）}$$

推求 D 點的內力：圖 4-1-4(c)為斷面 dd 左側樑的自由體圖，因為點 D 緊靠集中載重 30kN 的左側，故自由體圖不含 30kN 的集中載重，斷面處的軸向力 N_2、剪力 V_2 及彎矩 M_2 均標示為正向，則套用靜力平衡方程式

$$+ \rightarrow \Sigma F_X = 0 \ 得 \ 20 + N_2 = 0，解得 \ N_2 = -20\text{kN} \leftarrow$$

$$+ \uparrow \Sigma F_Y = 0 \ 得 \ 25 - V_2 = 0，解得 \ V_2 = 25\text{kN} \downarrow$$

$$\Sigma M_D = 0 \ 得 \ -(25)(4) + M_2 = 0，解得 \ M_2 = 100\text{kN-m（逆鐘向）}$$

推求 E 點的內力：圖 4-1-4(d)為斷面 ee 左側樑的自由體圖，因為點 E 緊靠集中載重 30kN 的右側，故自由體圖含 30kN 的集中載重，斷面處的軸向力 N_3、剪力 V_3 及彎矩 M_3 均標示為正向，則套用靜力平衡方程式

$$+ \rightarrow \Sigma F_X = 0 \ 得 \ 20 + N_3 = 0，解得 \ N_3 = -20\text{kN} \leftarrow$$

$$+ \uparrow \Sigma F_Y = 0 \ 得 \ 25 - 30 - V_3 = 0，解得 \ V_3 = -5\text{kN} \downarrow$$

$$\Sigma M_E = 0 \ 得 \ -(25)(4) + 30(2) + M_3 = 0，解得 \ M_3 = 100\text{kN-m（逆鐘向）}$$

觀察點 D 與點 E 的剪力，發現在集中載重處兩側剪力的變化量等於集中載重量；兩側彎矩則未變化。

推求 F 點的內力：圖 4-1-4(e)為斷面 ff 右側樑的自由體圖，因為點 F 緊靠集中載重 25kN 的右側，故自由體圖未含 25kN 的集中載重，斷面處的軸向力 N_4、剪力 V_4 及彎矩 M_4 均標示為正向，則套用靜力平衡方程式

$$+ \rightarrow \Sigma F_X = 0 \ 得 \ 0 - N_4 = 0，解得 \ N_4 = 0\text{kN}$$

$$+ \uparrow \Sigma F_Y = 0 \ 得 \ 20 + V_4 = 0，解得 \ V_4 = -20\text{kN} \downarrow$$

$$\Sigma M_F = 0 \ 得 \ 20(4) - M_4 = 0，解得 \ M_4 = 80\text{kN-m（順鐘向）}$$

點 F 的軸向力 N_4，因為點 F 左側有一外加載重的水平分量，而有異於左側桿內軸向力的變化。

例題 4-1-2

試計算圖 4-1-5 簡支樑上點 C、D 二處的桿件內力？其中點 C 為距左支承 4m 處的一點，而點 D 為均佈載重 3kN/m 的起點處。

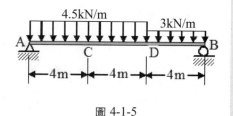

圖 4-1-5

解答：

支承反力計算：圖 4-1-6(a)為整樑的自由體圖，其中 36kN 為 4.5kN/m 均佈載重的等值載重，作用點為均佈載重跨度的中央；12kN 為 3kN/m 均佈載重的等值載重，作用點為均佈載重跨度的中央；套用靜力平衡方程式

$$+\rightarrow \Sigma F_X = 0 \text{ 得 } 0 - A_X = 0，解得 A_X = 0\text{kN}$$

$$\Sigma M_A = 0 \text{ 得 } B_Y(12) - 36(4) - 12(10) = 0，解得 B_Y = 22\text{kN} \uparrow$$

$$+\uparrow \Sigma F_Y = 0 \text{ 得 } 22 - 36 - 12 + A_Y = 0，解得 A_Y = 26\text{kN} \uparrow$$

推求 C 點的內力：圖 4-1-6(b)為 C 處斷面左側樑的自由體圖，斷面處的軸向力 N_1、剪力 V_1 及彎矩 M_1 均標示為正向，則套用靜力平衡方程式

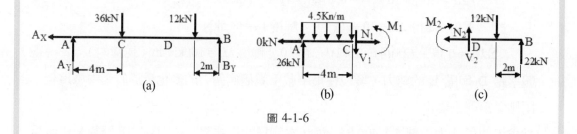

圖 4-1-6

$$+\rightarrow \Sigma F_X = 0 \text{ 得 } N_1 - 0 = 0，解得 N_1 = 0\text{kN}$$

$$+\uparrow \Sigma F_Y = 0 \text{ 得 } 26 - 4.5(4) - V_1 = 0，解得 V_1 = 8\text{kN} \downarrow$$

$$\Sigma M_C = 0 \text{ 得 } 4.5(4)(2) - 26(4) + M_1 = 0，解得 M_1 = 68\text{kN-m （逆鐘向）}$$

推求 D 點的內力：圖 4-1-6(c)為 D 處斷面右側樑的自由體圖，因為點 D 為均佈載重 3kN/m 的起點處，故均佈載重仍可以等值載重 12kN 替代之，斷面處的軸向力 N_2、剪力 V_2 及彎矩 M_2 均標示為正向，則套用靜力平衡方程式

$$+\rightarrow \Sigma F_X = 0 \text{ 得 } 0 - N_2 = 0，解得 N_2 = 0\text{kN}$$

$$+\uparrow \Sigma F_Y = 0 \text{ 得 } 22 + V_2 - 12 = 0，解得 V_2 = -10\text{kN} \downarrow$$

$$\Sigma M_D = 0 \text{ 得 } 22(4) - 12(2) - M_2 = 0，解得 M_2 = 64\text{kN-m （逆鐘向）}$$

計算剪力或彎矩時，不一定必須以斷面左側或右側整個結構的自由體受力情形來推算，也可以斷面至左側，或右側鄰近之已知桿件內力的斷面間之部分結構自由體推算之。圖 4-1-6(b)與圖 4-1-6(c)分別以 C 處左側整個結構（AC），或 D 處右側整個結構（DB）的自由體推算軸向力、剪力與彎矩，但是當 C 處的桿件內力已知時，則 D 處的桿件內力也可以 CD 部分結構的自由體推算之，如圖 4-1-7。

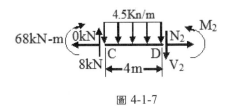

圖 4-1-7

推求 **D** 點的內力：圖 4-1-7 為樑的 CD 部分結構自由體圖，因為點 C 的桿件內力及 CD 部分的載重均為已知，斷面 D 處的軸向力 N_2、剪力 V_2 及彎矩 M_2 均標示為正向，則套用靜力平衡方程式。

$+\rightarrow \Sigma F_X = 0$ 得 $0 - N_2 = 0$，解得 $N_2 = 0$kN

$+\uparrow \Sigma F_Y = 0$ 得 $8 - 4.5(4) - V_2 = 0$，解得 $V_2 = -10$kN ↓

$\Sigma M_D = 0$ 得 $-68 - 8(4) + 4.5(4)(2) + M_2 = 0$，解得 $M_2 = 64$kN-m（逆鐘向）

同理，如果先推得 D 處的桿件內力，亦可由 D 處的桿件內力及 CD 部分承受的載重，推得 C 處的桿件內力。

4-2　剪力圖與彎矩圖

由前述兩個計算桿件內力的例題可知，因為樑身承受載重而致桿件內力沿樑身不同位置而異。桿件的設計當然需要掌握整個樑，各處桿件內力的變化情形，以尋覓最大彎矩及最大剪力做為設計的依據。

結構學上以剪力圖（Shear Diagram）來描述承受載重後，整個樑的剪力變化情形；以彎矩圖（Moment Diagram）來描述承受載重後，整個樑的彎矩變化情形。除非承受軸向載重，一般均不考量軸向力的變化情形，因為(1)絕大部分的樑僅承受垂直於軸心線的載重，故僅產生剪力與彎矩而無軸向力；(2)樑抵抗剪力與彎矩的重要性比抵抗軸向力更為重要。

4-2-1　剪力函數與彎矩函數

如果以樑身為 X 座標軸，以某一樑端或樑身的某一點為原點，則沿樑身變化的剪力或彎矩可以寫成不同位置的函數，即得剪力函數或彎矩函數。剪力函數或彎矩函數

的推導仍可於距原點處取一斷面，再取斷面左側或斷面右側的自由體圖寫出 $\Sigma F_Y = 0$，或 $\Sigma M = 0$ 靜力平衡方程式即得。

　　一般而言，剪力、彎矩函數直線或曲線在(1)均佈載重大小與形狀變化處，(2)集中載重或力偶施加處均有不連續（或斜率變化）的現象。圖 4-2-1 簡支樑上 AB 間的剪力，或彎矩函數與 BC 間的剪力或彎矩函數不連續，因為在 B 點由左側的均佈載重變成右側的零均佈載重；BC 間的剪力或彎矩函數與 CD 間的剪力或彎矩函數不連續，因為在 C 點有集中載重，因此剪力函數或彎矩函數必須分 AB、BC、CD 三段分別推導之。

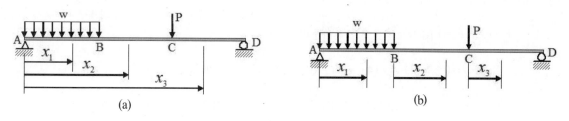

圖 4-2-1

　　因為需要分三段推導剪力或彎矩函數，故要有三個區間的自變數 x_1、x_2、x_3。圖 4-2-1(a)的三個 x 均以樑左端為原點，但 x_1 僅適用於 AB 區間，x_2 僅適用於 BC 區間，x_3 僅適用於 CD 區間；圖 4-2-1(b)的三個 x 均以適用區間的左端點為原點，雖然仍有適用區間的限制，惟據以推導的相關函數較為簡單。座標原點均未必選擇區間的左端點，選擇右端點亦無不可。

4-2-2　剪力與彎矩函數推導

剪力函數或彎矩函數的推導程序可歸納如下：

1. 根據全樑自由體圖計算支承反力及反力沿樑軸心線方向與垂直於軸心線方向的反力分量。
2. 確定全樑連續函數的區間，凡集中載重、力偶施加處或均佈載重大小與形式變化處均造成函數的不連續。在函數連續區間內選擇一個座標原點及座標 x。
3. 於座標 x 處置入一個斷面，以斷面左側或右側區間內的樑段繪製自由體圖，並於斷面處置入正向的桿件內力。
4. 以靜力平衡方程式 $\Sigma F_Y = 0$ 寫出剪力函數；以對斷面的靜力平衡方程式 $\Sigma M = 0$ 寫出彎矩函數。

5.以 $dV/dx = -w$（載重向下為正）及 $dM/dx = V$ 的關係式檢核剪力函數及彎矩函數的正確性。

推得每一區間的連續函數後，當可據以繪製其剪力圖及彎矩圖如以下例題。

例題 4-2-1

試寫出圖 4-2-2 承受均佈載重懸臂樑以 x_1 及 x_2 的剪力函數與彎矩函數？

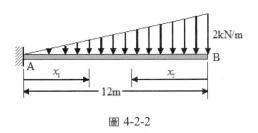

圖 4-2-2

解答：

支承反力計算：圖 4-2-3(a)為整個懸臂樑的自由體圖，其中 12kN 為 2kN/m 均佈載重的等值載重，作用點為距左端點 8m 的位置；套用靜力平衡方程式

　　　　$\Sigma M_A = 0$ 得 $M_A - 12(8) = 0$，解得 $M_A = 96$kN-m（逆鐘向）

　　　　$+\uparrow \Sigma F_Y = 0$ 得 $-12 + A_Y = 0$，解得 $A_Y = 12$kN $\uparrow$

以懸臂樑左端固定支承為原點，樑上各點的座標為 x_1。如圖 4-2-3(b)為距原點 x_1 處斷面左側樑的自由體圖，斷面處的剪力 V_1 及彎矩 M_1 均標示為正向，則套用靜力平衡方程式

　　$+\uparrow \Sigma F_Y = 0$ 得 $12 - \dfrac{1}{2}\left(\dfrac{x_1}{6}\right)(x_1) - V_1 = 0$，解得 $V_1 = 12 - \dfrac{x_1^2}{12}$

　　$\Sigma M_C = 0$ 得 $96 + \dfrac{x_1^2}{12}\left(\dfrac{x_1}{3}\right) - 12x_1 + M_1 = 0$，解得 $M_1 = -96 + 12x_1 - \dfrac{x_1^3}{36}$

　　檢核：$\dfrac{dV_1}{dx_1} = -\dfrac{x_1}{6} = -w$，$\dfrac{dM_1}{dx_1} = 12 - \dfrac{x_1^2}{12} = V_1$

以懸臂樑右側自由端為原點，樑上各點的座標為 x_2。如圖 4-2-3(c)為距原點 x_2 處斷面右側樑的自由體圖，斷面處的剪力 V_2 及彎矩 M_2 均標示為正向，則套用靜力平衡方程式

　　$+\uparrow \Sigma F_Y = 0$ 得 $-\dfrac{1}{2}\left(\dfrac{x_2}{6}\right)(x_2) - \dfrac{x_2(12-x_2)}{6} + V_2 = 0$，解得 $V_2 = \dfrac{-x_2^2 + 24x_2}{12}$

　　$\Sigma M_D = 0$ 得 $-\dfrac{x_2(12-x_2)}{6}\left(\dfrac{x_2}{2}\right) - \dfrac{x_2^2}{12}\left(\dfrac{2x_2}{3}\right) - M_2 = 0$，

　　解得 $M_2 = \dfrac{x_2^3 - 36x_2^2}{36}$

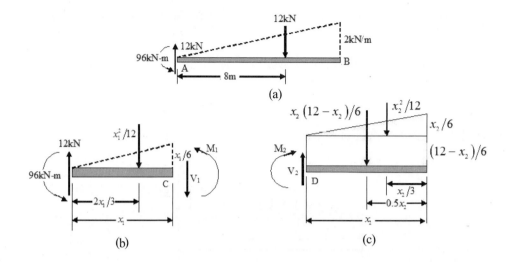

圖 4-2-3

檢核：$\dfrac{dV_2}{dx_2} = \dfrac{-x_2 + 12}{6} = w$，$\dfrac{dM_2}{dx_2} = \dfrac{x_2^2 - 24x_2}{12} = -V_2$（因為 x_2 的原點在右端）

整體驗算：當 $x_1 = 4\text{m}$ 時，$x_2 = 12 - x_1 = 8\text{m}$

以 $x_1 = 4\text{m}$ 求得 $V_1 = 12 - \dfrac{x_1^2}{12} = 12 - \dfrac{4^2}{12} = 10.6667\text{kN}$（向下）；

以 $x_2 = 8\text{m}$ 求得 $V_2 = \dfrac{-x_2^2 + 24x_2}{12} = \dfrac{-8^2 + 24 \times 8}{12} = 10.6667\text{kN}$（向上），

以 $x_1 = 4\text{m}$ 求得 $M_1 = -96 + 12 \times 4 - \dfrac{4^3}{36} = -49.7778\text{kN-m}$（逆鐘向）；

以 $x_2 = 8\text{m}$ 求得 $M_2 = \dfrac{x_2^3 - 36x_2^2}{36} = \dfrac{8^3 - 36 \times 8^2}{36} = -49.7778\text{kN-m}$（順鐘向），

以上分析彙整如下表：

區段	原點	變數	變數範圍	剪力函數 V(X)	彎矩函數 M(X)
AB	A	x_1	0～12	$V_1 = 12 - \dfrac{x_1^2}{12}$	$M_1 = -96 + 12x_1 - \dfrac{x_1^3}{36}$
AB	B	x_2	0～12	$V_2 = \dfrac{-x_2^2 + 24x_2}{12}$	$M_2 = \dfrac{x_2^3 - 36x_2^2}{36}$

例題 4-2-2

試寫出圖 4-2-4 簡支樑以 x_1、x_2、x_3、x_4 及 x_5 的剪力函數與彎矩函數？

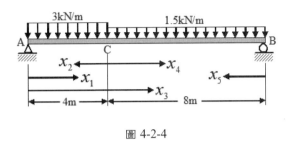

圖 4-2-4

解答：

支承反力計算： 圖 4-2-5(a)為整個簡支樑的自由體圖，因為無平行於樑軸心線的載重，故不考量水平反力及桿內的軸向力。套用靜力平衡方程式

$\sum M_A = 0$ 得 $B_Y(12) - 3(4)(2) - 1.5(8)(4+4) = 0$，解得 $B_Y = 10\text{kN} \uparrow$

$+\uparrow \sum F_Y = 0$ 得 $A_Y + 10 - 3(4) - 1.5(8) = 0$，解得 $A_Y = 14\text{kN} \uparrow$

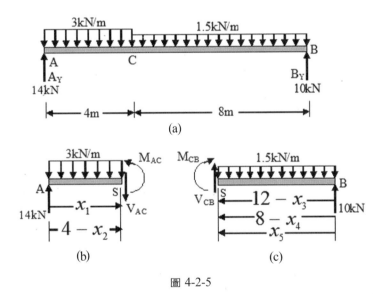

圖 4-2-5

圖 4-2-5(b)為簡支樑 AC 區段內某一斷面 S 左側的自由體圖。V_{AC}、M_{AC} 分別代表該斷面處的剪力與彎矩。如以 A 端為座標原點，則該斷面的位置為 x_1；如以 C 點為座標原點，則該斷面的位置為 $4 - x_2$。斷面處的剪力 V_{AC} 及彎矩 M_{AC} 均標示為正向，則套用靜力平衡方程式

$+\uparrow \Sigma F_Y = 0$ 得 $14 - 3x_1 - V_{AC} = 0$，解得 $V_{AC} = 14 - 3x_1$

$+\uparrow \Sigma F_Y = 0$ 得 $14 - 3(4 - x_2) - V_{AC} = 0$，解得 $V_{AC} = 2 + 3x_2$

$\Sigma M_S = 0$ 得 $M_{AC} - 14x_1 + 3\,(x_1)\left(\dfrac{x_1}{2}\right) = 0$，解得 $M_{AC} = 14x_1 - 15x_1^2$

$\Sigma M_S = 0$ 得 $M_{AC} - 14(4 - x_2) + 3(4 - x_2)\left(\dfrac{4 - x_2}{2}\right) = 0$，解得

$M_{AC} = 32 - 2x_2 - 1.5x_2^2$

驗算：當 $x_1 = 1$m 時，$x_2 = 3$m；推得 $V_{AC} = 14 - 3x_1 = 14 - 3(1) = 11$kN $\downarrow$ 或 $V_{AC} = 2 + 3$

$\quad x_2 = 2 + 3(3) = 11$kN $\downarrow$ 。

$\qquad M_{AC} = 14x_1 - 1.5x_1^2 = 14(1) - 1.5(1^2) = 12.5$kN-m （逆鐘向）

$\qquad M_{AC} = 32 - 2x_2 - 1.5x_2^2 = 32 - 2(3^2) - 1.5(3^2) = 12.5$kN-m （逆鐘向）

圖 4-2-5(c)為簡支樑 CB 區段內某一斷面 S 右側的自由體圖。V_{CB}、M_{CB} 分別代表該斷面處的剪力與彎矩。如以 A 端為座標原點，則該斷面的位置為 $12 - x_3$；如以 B 端為座標原點，則該斷面的位置為 x_5；如以 C 點為座標原點，則該斷面的位置為 $8 - x_4$。斷面處的剪力 V_{CB} 及彎矩 M_{CB} 均標示為正向，則套用靜力平衡方程式

$+\uparrow \Sigma F_Y = 0$ 得 $V_{CB} - 1.5\,(x_5) + 10 = 0$，解得 $V_{CB} = -10 + 1.5x_5$

$+\uparrow \Sigma F_Y = 0$ 得 $V_{CB} - 1.5(8 - x_4) + 10 = 0$，解得 $V_{CB} = 2 - 1.5x_4$

$+\uparrow \Sigma F_Y = 0$ 得 $V_{CB} - 1.5(12 - x_3) + 10 = 0$，解得 $V_{CB} = 8 - 1.5x_3$

$\Sigma M_S = 0$ 得 $-M_{CB} - 1.5\,(x_5)\left(\dfrac{x_5}{2}\right) + 10\,(x_5) = 0$，解得 $M_{CB} = -0.75x_5^2 + 10x_5$

$\Sigma M_S = 0$ 得 $-M_{CB} - 1.5(8 - x_4)\left(\dfrac{8 - x_4}{2}\right) + 10(8 - x_4) = 0$，解得

$M_{CB} = 32 + 2x_4 - 0.75x_4^2$

$\Sigma M_S = 0$ 得 $-M_{CB} - 1.5(12 - x_3)\left(\dfrac{12 - x_3}{2}\right) + 10(12 - x_3) = 0$，解得

$M_{CB} = 12 + 8x_3 - 0.75x_3^2$

驗算：當 $x_5 = 3$m 時，$x_4 = 5$m，$x_3 = 9$m；推得

$\quad V_{CB} = -10 + 1.5x_5 = -10 + 1.5(3) = -5.5$kN $\downarrow$ ，

$\quad V_{CB} = 2 - 1.5x_4 = 2 - 1.5(2) = -5.5$kN $\downarrow$ ，

$\quad V_{CB} = 8 - 1.5x_5 = 8 - 1.5(9) = -5.5$kN $\downarrow$ 。

$\quad M_{CB} = -0.75x_5^2 + 10x_5 = -0.75(3^2) + 10(3) = 23.25$kn-m （逆鐘向）

$\quad M_{CB} = 32 + 2x_4 - 0.75x_4^2 = 32 + 2(5) - 0.75(5^2) = 23.25$kn-m （逆鐘向）

$\quad M_{CB} = 12 + 8x_3 - 0.75x_3^2 = 12 + 8(9) - 0.75(9^2) = 23.25$kn-m （逆鐘向）

以上分析彙整如下表：

區段	原點	變數	變數範圍	剪力函數 V(X)	彎矩函數 M(X)
AC	A	x_1	0～4	$V_{AC} = 14 - 3x_1$	$M_{AC} = 14x_1 - 1.5x_1^2$
AC	C	x_2	0～4	$V_{AC} = 2 + 3x_2$	$M_{AC} = 32 - 2x_2 - 1.5x_2^2$
CB	A	x_3	4～12	$V_{CB} = 8 - 1.5x_3$	$M_{CB} = 12 + 8x_3 - 0.75x_3^2$
CB	C	x_4	0～8	$V_{CB} = 2 - 1.5x_4$	$M_{CB} = 32 + 2x_4 - 0.75x_4^2$
CB	B	x_5	0～8	$V_{CB} = -10 + 1.5x_5$	$M_{CB} = 10x_5 - 0.75x_5^2$

4-2-3　剪力圖與彎矩圖之繪製

　　剪力圖或彎矩圖的繪製均先以一條與樑軸心線平行的直線為基線或X座標軸，其長度與樑的長度一致，與基線垂直方向為Y軸。基線上各點相當於樑上各點，則各點的正剪力或正彎矩以某一比例繪於該點的Y軸正向；負剪力或負彎矩則按同一比例繪於該點的 Y 軸負向，連接各繪點即得剪力圖或彎矩圖。

　　繪製剪力圖或彎矩圖可於剪力函數或彎矩函數適用區間，以剪力函數或彎矩函數在該區間繪製之。例題 4-2-1 僅有一個剪力函數與彎矩函數的適用區間，故以剪力函數 $V_1 = 12 - \dfrac{x_1^2}{12}$ 與彎矩函數 $M_1 = -96 + 12x_1 - \dfrac{x_1^3}{36}$ 繪如圖 4-2-6 與圖 4-2-7。

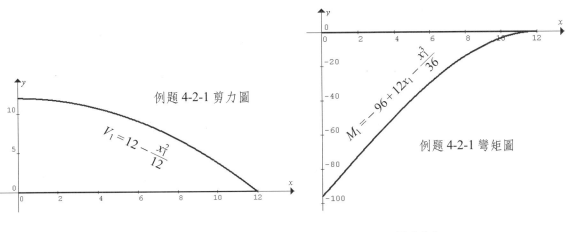

圖 4-2-6　　　　　　　　　　　　　圖 4-2-7

例題 4-2-2 有二個剪力函數與彎矩函數的適用區間，故分別以剪力函數 $V_{AC} = 14 - 3x_1$、$V_{CB} = 8 - 1.5x_3$ 與彎矩函數 $M_{AC} = 14x_1 - 1.5x_1^2$、$M_{CB} = 12 + 8x_3 - 0.75x_3^2$ 繪如圖 4-2-8 與圖 4-2-9。

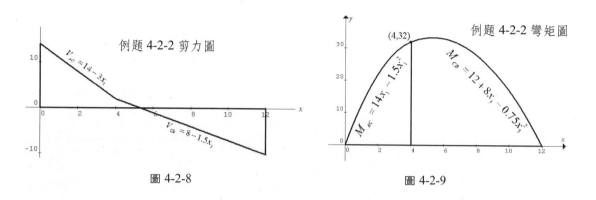

圖 4-2-8

圖 4-2-9

例題 4-2-3

試寫出圖 4-2-10 簡支外伸樑的剪力圖與彎矩圖？

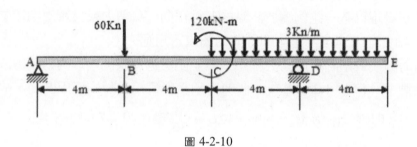

圖 4-2-10

解答：

支承反力計算：圖 4-2-11 為整個簡支外伸樑的自由體圖，因為無平行於樑軸心線的載重，故不考量水平反力及桿內的軸向力。套用靜力平衡方程式

　　$\Sigma M_D = 0$ 得 $A_Y(12) + 120 + 60(8) + 3(4)(2) - 3(4)(2) = 0$，解得 $A_Y = 50\text{kN} \uparrow$

　　$+\uparrow \Sigma F_Y = 0$ 得 $D_Y + 50 - 60 - 3(8) = 0$，解得 $D_Y = 34\text{kN} \uparrow$

因為 B 點有一集中載重，C 點有一力偶及均佈載重，D 點有一支承反力，故整樑有四個區段必須適用不同的剪力函數與彎矩函數。

推求區段 AB 的剪力與彎矩函數：以端點 A 為原點，在區段 AB 間置一斷面 S，距原點的距離為 x_1，設區間內剪力與彎矩為 V_1、M_1，則

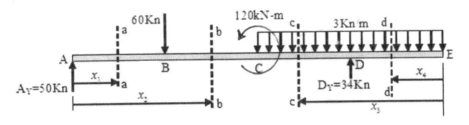

圖 4-2-11

$+\uparrow \Sigma F_Y = 0$ 得 $50 - V_1 = 0$，解得 $V_1 = 50\text{kN}\downarrow$，適用於 $0 \le x_1 \le 4\text{m}$；剪力圖如圖 4-2-12(a)中的 AB 區段，剪力由 A 點的 0 突然增至 50kN，然後持續維持 50kN 直到 B 點。

$\Sigma M_S = 0$ 得 $M_1 - 50x_1 = 0$，解得 $M_1 = 50x_1$ kN-m，適用於 $0 \le x_1 \le 4\text{m}$；彎矩圖如圖 4-2-12(b)中的 AB 區段，彎矩由 A 點的 0 逐漸增至 B 點的 200kN-m。

推求區段 BC 的剪力與彎矩函數：以端點 A 為原點，在區段 BC 間置一斷面 S，距原點的距離為 x_2，設區間內剪力與彎矩為 V_2、M_2，則

$+\uparrow \Sigma F_Y = 0$ 得 $50 - 60 - V_2 = 0$，解得 $V_2 = -10\text{kN}\uparrow$，適用於 $4\text{m} \le x_2 \le 8\text{m}$；剪力圖如圖 4-2-12(a)中的 BC 區段，剪力由 B 點的 50kN 突然減少 60kN 為 -10kN，然後持續維持 -10kN 直到 C 點。

$\Sigma M_S = 0$ 得 $M_2 - 50x_2 + 60(x_2 - 4) = 0$，解得 $M_2 = -10x_2 + 240$kN-m，適用於 $4\text{m} \le x_2 \le 8\text{m}$；彎矩圖如圖 4-2-12(b)中的 BC 區段，彎矩由 B 點的 200kN-m 逐漸減至 C 點的 160kN-m。

推求區段 CD 的剪力與彎矩函數：以端點 E 為原點，在區段 CD 間置一斷面 S，距原點的距離為 x_3，設區間內剪力與彎矩為 V_3、M_3，則

$+\uparrow \Sigma F_Y = 0$ 得 $34 - 3x_3 + V_3 = 0$，解得 $V_3 = 3x_3 - 34$，適用於 $4\text{m} \le x_3 \le 8\text{m}$；剪力圖如圖 4-2-12(a)中的 CD 區段，剪力由 C 點的 -10kN 逐漸減少至 D 點的 -22kN。

$$\Sigma M_S = 0 \text{ 得 } -M_3 - 3x_3\left(\frac{x_3}{2}\right) + 34(x_3 - 4) = 0 \text{，解得}$$

$M_3 = -1.5x_3^2 + 34x_3 - 136$kN-m，適用於 $4\text{m} \le x_3 \le 8\text{m}$；彎矩圖如圖 4-2-12(b)的 CD 區段，屬 2 次拋物線而非直線。當 $x_3 = 8\text{m}$ 時，計得 $M_3 = -1.5x_3^2 + 34x_3 - 136 = -1.5 \times 64 + 34 \times 8 - 136 = 40$kN-m，與 C 點的彎矩 160kN-m 相差 120kN-m，此乃因 C 點處有一 120kN-m 的力偶所致。當 $x_3 = 4$ 時，計得 $M_3 = -1.5x_3^2 + 34x_3 - 136 = -1.5 \times 16 + 34 \times 4 - 136 = -24$kN-m，即為 D 點的彎矩。

推求區段 DE 的剪力與彎矩函數：以端點 E 為原點，在區段 DE 間置一斷面 S，距原點的距離為 x_4，設區間內剪力與彎矩為 V_4、M_4，則

$+\uparrow \Sigma F_Y = 0$ 得 $-3x_4 + V_4 = 0$，解得 $V_4 = 3x_4$，適用於 $0 \leq x_4 \leq 4m$；剪力圖如圖 4-2-12(a)中的 DE 區段，剪力由 D 點的 $-22kN$ 突然增至 D 點的 12kN，其原因為 D 點有一個 34kN 的支承反力所致。以 $x_4 = 4$ 帶入剪力函數得 $V_4 = 12kN$，以 $x_4 = 0$ 帶入剪力函數得 $V_4 = 0kN$，即為 E 點的剪力。

$\Sigma M_S = 0$ 得 $-M_4 - 3x_4\left(\dfrac{x_4}{2}\right) = 0$，解得 $M_4 = -1.5x_4^2 kN\text{-}m$，適用於 $0 \leq x_4 \leq 4m$；彎矩圖如圖 4-2-12(b)中的 DE 區段。當 $x_4 = 4m$ 時，計得 $M_4 = -1.5x_4^2 = -24kN\text{-}m$；當 $x_4 = 0$ 時，計得 $M_4 = -1.5x_4^2 = 0kN\text{-}m$，即為 E 點的彎矩。

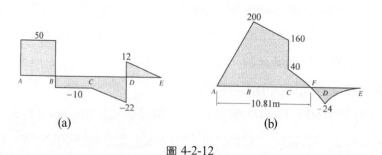

(a)   (b)

圖 4-2-12

4-2-4 載重、剪力與彎矩之關係

如果樑載重較為複雜而導致適用剪力函數或彎矩函數的區間增多，則以剪力或彎矩函數繪製剪力圖或彎矩圖顯得較為複雜。樑承受的載重與剪力、彎矩間存在某些關係，掌握這些關係有助於剪力圖與彎矩圖的繪製。

圖 4-2-13(a)為一靜定樑承受均佈載重、集中載重與力偶的作用，假設向下載重為正，則以樑的左端點為原點，距離原點 x 處取一斷面，另在正向 x 極短的距離 Δx 處另取一個斷面；則該極短樑段承受載重、剪力與彎矩如圖 4-2-13(b)。因為樑段極短，故視 x 處的載重強度為該極短樑段的均等均佈載重，套用靜力平衡方程式於圖 4-2-13(b)得

$$+\uparrow \Sigma F_Y = 0 \text{ 得 } V - w(x)\Delta x - (V + \Delta V) = 0\text{，解得}$$

$$\Delta V = -w(x)\Delta x \tag{1}$$

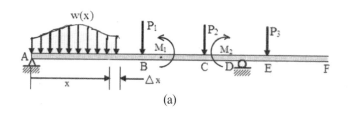

(a)

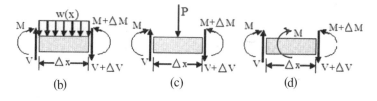

(b)　　　　　(c)　　　　　(d)

圖 4-2-13

$$\Sigma M = 0 \ \text{得} \ w(x)\Delta x\left(\frac{\Delta x}{2}\right) + M + \Delta M - V(\Delta x) - M = 0 \ \text{，解得}$$

$$\Delta M = V(\Delta x) - 0.5w(x)(\Delta x)^2 \tag{2}$$

若將式(1)兩端同除以 Δx 並使 Δx 趨近於 0，則得

$$\frac{dV}{dx} = -w(x) \tag{4-2-1}$$

若將式(2)兩端同除以 Δx 並使 Δx 趨近於 0 且略去 Δx 的平方項，則得

$$\frac{dM}{dx} = V \tag{4-2-2}$$

　　公式（4-2-1）可以敘述如下：樑的剪力圖上，某一個位置的剪力曲線或直線的斜率為該位置所承受均佈載重值的負值。正的斜率表示剪力值 V 隨 x 值的增加而增加；負的斜率表其剪力值 V 隨 x 值的增加而減少。如果向下的均佈載重為正，則依公式（4-2-1）得負的剪力曲線斜率，亦即剪力隨 x 值增加而減少，如圖 4-2-12(a)中的樑段 CD 與 DE。如果取向上均佈載重為正值，則公式（4-2-1）的負號應該改為正號以符實際。

　　如果在極短樑段 Δx 間並無載重，則依公式（4-2-1）知，剪力曲線的斜率為 0，表示水平的剪力直線，如圖 4-2-12(a)中的樑段 AB 與 BC。

　　如果在極短樑段 Δx 間有等值的均佈載重，則依公式（4-2-1）可知，剪力曲線的斜率為一定值，表示傾斜的剪力直線；正的斜率，剪力直線走向為往右上；負的斜

率，剪力直線走向為往右下；如圖 4-2-12(a)中的樑段 CD 與 DE。

　　如果在極短樑段Δx間有不等值的均佈載重，則依公式（4-2-1）知，剪力曲線的斜率為一變化值，表示剪力線為曲線，正的斜率，剪力曲線走向為往右上，負的斜率，剪力曲線走向為往右下；如圖 4-2-6。

　　如果在極短樑段Δx間有集中載重如圖 4-2-13(c)，若將集中載重視同載重面積極小的均佈載重，則集中載重可視為無限大的均佈載重。依公式（4-2-1）知，剪力直線的斜率為無限大，表示垂直的剪力直線；如圖 4-2-12(a)中的 B 點，D 點的剪力線均為垂直直線。垂直線的長度即為集中載量量；如圖 4-2-12(a)中的 B 點承受正的集中載重 60kN，則 B 點剪力由左側的 50kN 減少 60kN，變成 B 點右側的－10kN；D 點承受負的垂直反力 34kN，則 D 點剪力由左側的－22kN 增加 34kN，變成 D 點右側的 12kN。

　　公式（4-2-2）可以敘述如下：樑的彎矩圖上某一個位置的彎矩曲線或直線的斜率為該位置所承受剪力值；正的剪力值使彎矩曲線或直線，隨x值的增加走向右上方，如圖 4-2-12(b)中的樑段 AB 與 DE 的彎矩曲線，因圖 4-2-12(a)中的樑段 AB 與 DE 的正剪力而走向右上方；負的剪力值為使彎矩曲線或直線隨值的增加而走向右下方，如圖 4-2-12(b)中的樑段 BC 與 CD 的彎矩曲線，因圖 4-2-12(a)中的樑段 BC 與 CD 的負剪力而走向右下方。

　　如果樑上某區段的剪力值為不變的定值，則該區段相當的彎矩圖為直線；反之，如果某區段的剪力值隨x值而有變化，則該區段相當的彎矩圖為曲線。

　　零值剪力使彎矩曲線或直線轉向，如圖 4-2-12(a)中的B點剪力為 0，使圖 4-2-12(b)中的彎矩直線在 B 點由左側的右上方走向轉為右側的右下方走向；D 點剪力亦為 0，使圖 4-2-12(b)中的彎矩曲線在 D 點，由左側的右下方走向轉為右側的右上方走向。

　　如果將公式（4-2-1）與公式（4-2-2）在樑的某區段內（x 值由 a 到 b）積分可得

$$\Delta V = -\int_a^b w(x)\,dx \qquad\qquad (4\text{-}2\text{-}3)$$

$$\Delta M = \int_a^b V(x)\,dx \qquad\qquad (4\text{-}2\text{-}4)$$

　　公式（4-2-3）可以敘述為樑上任意兩點間的剪力值相差量，為該兩點間承受載重面積值（載重總量）的負值；公式（4-2-4）則敘述樑上任意兩點間的彎矩值相差量，為該兩點間承受剪力圖面積值。因此樑上某點的剪力或彎矩可由鄰近另一點的剪力值或彎矩值，與該兩點間的載重圖面積或剪力圖面積直接推算之。

　　根據前面的論述，可歸納剪力圖與彎矩圖的繪製規則如下表：

載重情形	剪力圖 $\dfrac{dV}{dx}=-w$	彎矩圖 $\dfrac{dM}{dx}=V$
1	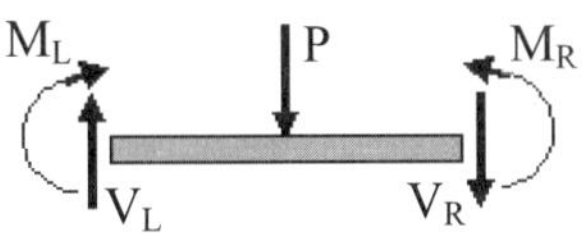 M_L　P　M_R　V_L　V_R	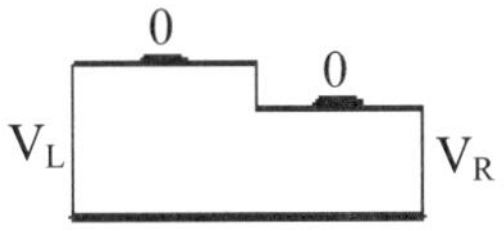 0　0　V_L　V_R	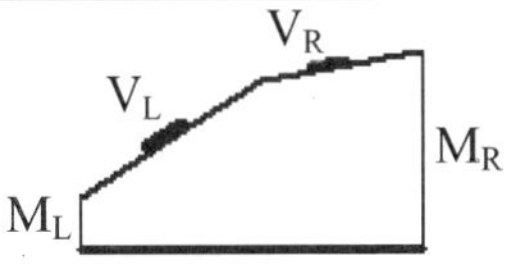 V_R　V_L　M_L　M_R
2	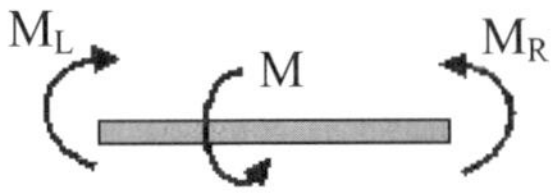 M_L　M　M_R	 0	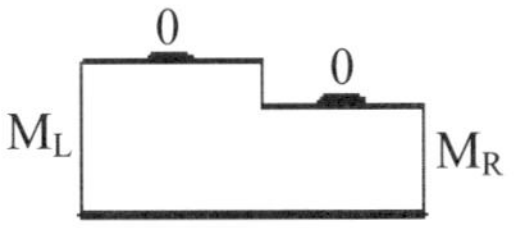 0　0　M_L　M_R
3	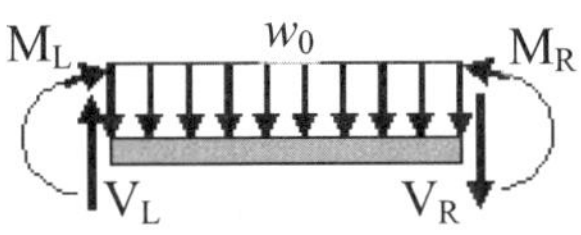 M_L　w_0　M_R　V_L　V_R	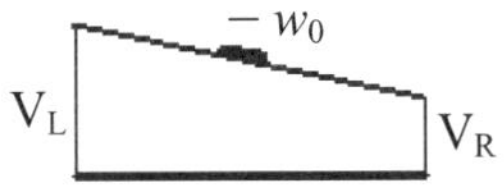 $-w_0$　V_L　V_R	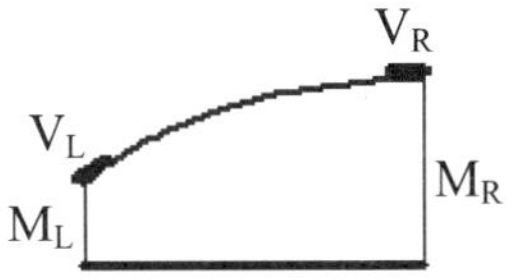 V_R　V_L　M_L　M_R
4	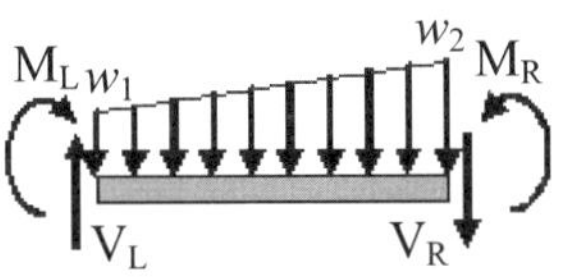 M_L w_1　w_2 M_R　V_L　V_R	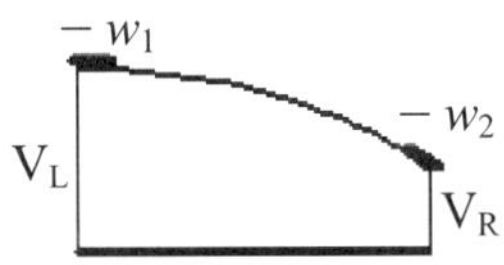 $-w_1$　$-w_2$　V_L　V_R	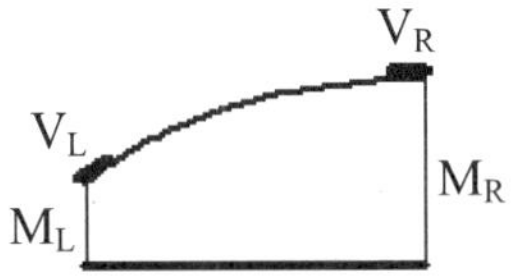 V_R　V_L　M_L　M_R
5	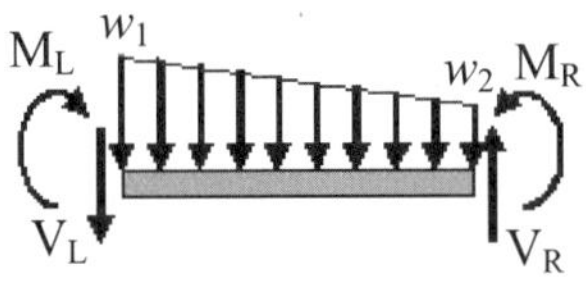 M_L w_1　w_2 M_R　V_L　V_R	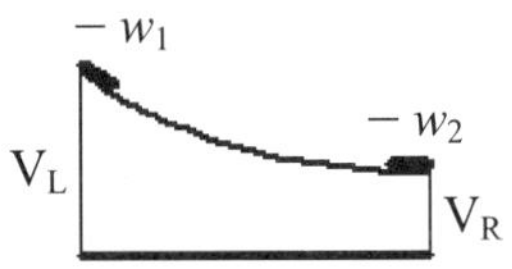 $-w_1$　$-w_2$　V_L　V_R	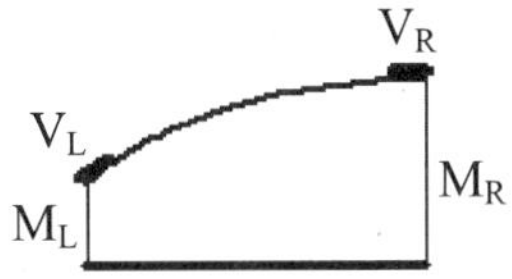 V_R　V_L　M_L　M_R

或歸納得文字規則如下：

1. 剪力曲線某點的斜率等於該點均佈載重的負量
2. 集中載重處必發生剪力曲線或直線的突然上升或下降
3. 彎矩曲線某點的斜率等於該點剪力值
4. 集中載重處因為剪力的突然變化，也使彎矩曲線的斜率產生劇變
5. 兩點間的剪力變化量等於該兩點間載重圖的面積值的負數
6. 兩點間的彎矩變化量等於該兩點間剪力圖的面積值
7. 在集中載重處、均佈載重大小與形狀變化處計算其剪力與彎矩後，配合前述原則即可繪得相關的剪力圖與彎矩圖。

上表中剪力圖或彎矩圖上的短粗線表示該處的斜率。沿途定值的斜率所相當的剪力線或彎矩線均為直線；斜率值沿途變化者，其剪力線或彎矩線必呈曲線形狀。斜率值沿途逐漸增加者，其曲線往右上方走，斜率值沿途逐漸減少者，其曲線往右下方走。

不論往右上方或右下方走向的曲線，均有兩種走向的方式，亦即，曲線凹面向上與凹面向下兩種。因為斜率值為 0 表示水平線，無限大的斜率值表示垂直線，故逐漸

變小的正斜率，則為凹面向下、右上走向的曲線才能滿足曲線逐步走向水平線，如上表中第 3、4、5 載重情形的彎矩圖；逐漸變大的負斜率（絕對值趨小），則為凹面向上、右下走向的曲線才能滿足曲線逐步走向水平線，如上表中第 5 載重情形的剪力圖；逐漸變小的負斜率（絕對值趨大），則為凹面向下、右下走向的曲線，才能滿足曲線逐步走向垂直線，如上表中第 4 載重情形的剪力圖。

4-2-5 剪力、彎矩極值與位置

桿件承載後發生的最大剪力與彎矩及其位置是結構設計的重要資訊。由微積分基本原理及公式（4-1-1）、公式（4-1-2），可知剪力與彎矩極值必發生無均佈載重處或剪力為零之處。其位置可由設定某區段的剪力函數或彎矩函數，對自變數的一階導數值為 0 的方程式而解得。

4-2-6 數值例題

例題 4-2-4

試利用載重、剪力與彎矩之關係繪製圖 4-2-14 簡支樑的剪力圖與彎矩圖？

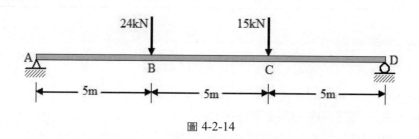

圖 4-2-14

解答：

圖 4-2-15(a)為圖 4-2-14 的自由體圖及載重圖，首先套用靜力平衡方程式推求支承點反力如下：

因僅承受垂直載重，故無支承水平反力。

$$\Sigma M_A = 0 \ \text{得} \ B_Y(15) - 24(5) - 15(10) = 0，解得 \ B_Y = 18\text{kN} \uparrow$$

$$+\uparrow \Sigma F_Y = 0 \ \text{得} -A_Y - 18 + 24 + 15 = 0，解得 \ A_Y = 21\text{kN} \uparrow$$

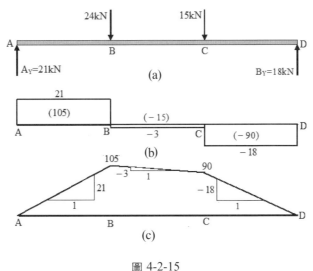

圖 4-2-15

繪製剪力圖：從樑的左端點 A 開始，逐步右推至右端點止。因為樑上有集中載重，故將集中載重的作用點區分為點之左側及點之右側，例如，點 B 的左右側分別以 BL、BR 註記之。

點 A：點 A 有一個垂直向上的反力 21kN，故點 A 的剪力由 0 突增至 21kN 如圖 4-2-15(b)。

點 B：從點 A 往右推直到點 B 才有集中載重。因為點 A 至點 BL 間並無任何載重，由公式（4-2-1）知，其間剪力線的斜率為 0，亦即水平線；另從點 A 至點 BL 間的載重圖面積為 0，故點 BL 的剪力值與點 A 的剪力值差異數為 0，或點 BL 的剪力值與點 A 相同為 21kN。由點 BL 至點 BR 的剪力因有 24kN 的向下載重，使點 B 的剪力由左側的 21kN 突降 24kN，而成為 − 3kN 如圖 4-2-15(b)。

點 C：從點 BR 往右推直到點 C 才有集中載重。因為點 BR 至點 CL 間並無任何載重，由公式（4-2-1）知，其間剪力線的斜率為 0，亦即水平線；另從點 BR 至點 CL 間的載重圖面積為 0，故點 CL 的剪力值與點 BR 的剪力值差異數為 0，或點 CL 的剪力值與點 BR 相同為 − 3kN。由點 CL 至點 CR 的剪力因有 15kN 的向下載重，使點 C 的剪力由左側的 − 3kN 突降 15kN 而成為 -18kN 如圖 4-2-15(b)。

點 D：從點 CR 往右推直到點 D 才有集中支承反力。因為點 CR 至點 DL 間並無任何載重，由公式（4-2-1）知，其間剪力線的斜率為 0，亦即水平線；另從點 CR 至點 DL 間的載重圖面積為 0，故點 DL 的剪力值與點 CR 的剪力值差異數為 0，或點

DL 的剪力值與點 CR 相同為 − 18kN。由點 DL 至點 DR 的剪力因有 18kN 的向上反力，使點 D 的剪力由左側的 − 18kN 突增 18kN 而成為 0kN 如圖 4-2-15(b)。

繪製彎矩圖：從樑的左端點 A 開始，逐步右推至右端點止。

點 A：點 A 並沒有力偶，故點 A 的彎矩為 0kN-m 如圖 4-2-15(c)。

點 B：從點 A 往右推直到點 B 才有剪力的變化，其間的剪力值均為 21kN，故彎矩直線的斜率為 21：1；點 B 的彎矩值與點 A 的彎矩值差異數，等於其間剪力圖的面積值。面積值為 21 × 5＝105kN-m 如圖 4-2-15(b)，故點 B 的彎矩值為 0＋105 ＝105kN-m 如圖 4-2-15(c)。

點 C：從點 B 往右推直到點 C 才有剪力的變化，其間的剪力值均為 − 3kN，故彎矩直線的斜率為 − 3：1；點 C 的彎矩值與點 B 的彎矩值差異數，等於其間剪力圖的面積值。面積值為 − 3 × 5＝− 15kN-m 如圖 4-2-15(b)，故點 C 的彎矩值為 − 15＋105 ＝90kN-m 如圖 4-2-15(c)。

點 D：從點 C 往右推直到點 D 才有剪力的變化，其間的剪力值均為 − 18kN，故彎矩直線的斜率為 − 18：1；點 D 的彎矩值與點 C 的彎矩值差異數，等於其間剪力圖的面積值。面積值為 − 18 × 5＝− 90kN-m 如圖 4-2-15(b)，故點 D 的彎矩值為 − 90 ＋90＝0kN-m 如圖 4-2-15(c)。

例題 4-2-5

試利用載重、剪力與彎矩之關係繪製圖 4-2-16 懸臂樑的剪力圖與彎矩圖？

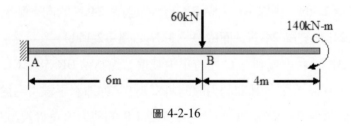

圖 4-2-16

解答：

圖 4-2-17(a)為圖 4-2-16 的自由體圖及載重圖，首先套用靜力平衡方程式推求支承點反力如下：

因僅承受垂直載重，故無支承水平反力。

$\Sigma M_A = 0$ 得 $M_A - 60(6) - 140 = 0$，解得 $M_A = 500$kN-m（逆鐘向）

$+\uparrow \Sigma F_Y=0$ 得 $A_Y-60=0$，解得 $A_Y=60\text{kN}\uparrow$

繪製剪力圖：從懸臂樑的左端固定點 A 開始，逐步右推至右端點止。

點 A：點 A 為固定端，有一個垂直向上的反力 60kN，故點 A 的剪力由 0 突增至 60kN 如圖 4-2-17(b)。

點 B：從點 A 往右推直到點 B 才有集中載重。因為點 A 至點 BL 間並無任何載重，由公式（4-2-1）知，其間剪力線的斜率為 0，亦即水平線；另從點 A 至點 BL 間的載重圖面積為 0，故點 BL 的剪力值與點 A 的剪力值差異數為 0，或點 BL 的剪力值與點 A 相同為 60kN。由點 BL 至點 BR 的剪力因有 60kN 的向下載重，使點 B 的剪力由左側的 60kN 突降 60kN 而成為 0kN 如圖 4-2-17(b)。

點 C：從點 BR 往右推直到右端點 C。因為點 BR 至點 CL 間並無任何載重，由公式（4-2-1）知，其間剪力線的斜率為 0，亦即水平線；另從點 BR 至點 CL 間的載重圖面積為 0，故點 CL 的剪力值與點 BR 的剪力值差異數為 0，或點 CL 的剪力值與點 BR 相同為 0kN 如圖 4-2-17(b)。右端點 C 雖有力偶作用，但不影響剪力。

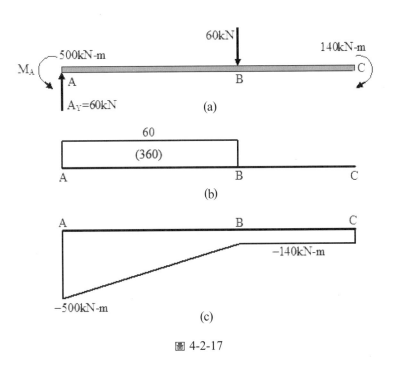

圖 4-2-17

繪製彎矩圖：從懸臂樑的左端點 A 開始，逐步右推至右端點止。

點 A：點 A 有彎矩反力為 500kN-m，故點 A 的彎矩由 0 值突減 500kN-m 而成為 -500kN-m 如圖 4-2-17(c)。

點 B：從點 A 往右推直到點 B 才有剪力的變化，其間的剪力值均為 60kN，故彎矩直線的斜率為 60：1；點 B 的彎矩值與點 A 的彎矩值差異數等於其間剪力圖的面積值。面積值為 $60 \times 6 = 360$kN-m 如圖 4-2-17(b)，故點 B 的彎矩值為 $-500 + 360 = -140$kN-m 如圖 4-2-17(c)。

點 C：從點 B 往右推直到右端點，其間的剪力值均為 0kN，故彎矩直線的斜率為 0（水平線）；點 C 的彎矩值與點 B 的彎矩值差異數等於其間剪力圖的面積值。面積值為 $0 \times 4 = 0$kN-m 如圖 4-2-17(b)，故點 C 的彎矩值為 $-140 + 0 = -141$kN-m 如圖 4-2-17(c)。

例題 4-2-6

試利用載重、剪力與彎矩之關係繪製圖 4-2-18 靜定樑的剪力圖與彎矩圖？

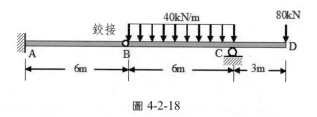

圖 4-2-18

解答：

圖 4-2-19 為圖 4-2-18 的自由體圖及載重圖，首先套用靜力平衡方程式推求支承點反力如下：

因僅承受垂直載重，故無支承水平反力。因為節點 B 為鉸接，取 BD 桿對節點 B 的條件方程式得

$$\Sigma M_B^{BD} = 0 \text{ 得 } C_Y(6) - 40(6)(3) - 80(6+3) = 0 \text{，解得 } C_Y = 240\text{kN} \uparrow$$

$$+\uparrow \Sigma F_Y = 0 \text{ 得 } A_Y + 240 - 80 - 40(6) = 0 \text{，解得 } A_Y = 80\text{kN} \uparrow$$

$$\Sigma M_A = 0 \text{ 得 } M_A - 40(6)(9) - 80(6+6+3) + 240(6+6) = 0 \text{，解得}$$

$$M_A = 480\text{kN-m （逆鐘向）}$$

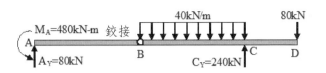

圖 4-2-19

繪製剪力圖：從懸臂樑的左端固定點 A 開始，逐步右推至右端點止。

點 A：點 A 為固定端，有一個垂直向上的反力 80kN，故點 A 的剪力由 0 突增至 80kN 如圖 4-2-20(a)。

點 B：從點 A 往右推直到鉸接點 B。因為點 A 至點 BL 間並無任何載重，由公式（4-2-1）知，其間剪力線的斜率為 0，亦即水平線；另從點 A 至點 BL 間的載重圖面積為 0，故點 BL 的剪力值與點 A 的剪力值差異數為 0，或點 BL 的剪力值與點 A 相同為 80kN 如圖 4-2-20(a)。

點 C：從點 BR 往右推直到點 C 均佈載重歸零處。因為點 BR 至點 CL 間均佈載重為 40kN/m，由公式（4-2-1）知，其間剪力線的斜率為 − 40，亦即向右下傾斜的直線；另從點 BR 至點 CL 間的載重圖面積為 40 × 6＝240kN，故點 CL 的剪力值與點 BR 的剪力值差異數為 240，或點 CL 的剪力值為 80 − 240＝− 160kN 如圖 4-2-20(a)。因為點 C 有一個向上的支承反力 240kN，故點 C 的剪力由 CL 的 − 160kN 又突增 240 而變成 CR 的 80kN。

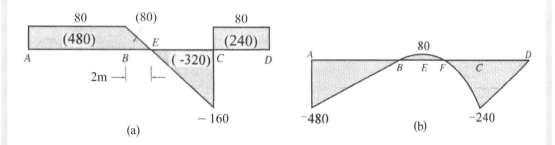

圖 4-2-20

點 D：從點 CR 往右推直到右端點 D 並無載重。由公式（4-2-1）知，其間剪力線的斜率為 0，亦即水平直線；另從點 CR 至點 DL 間的載重圖面積為 0，故點 DL 的剪力值與點 CR 的剪力值差異數為 0，或點 DL 的剪力值為 80kN，但點 D 有一外加向下 80kN 載重，故剪力又突減 80kN 而變成 0kN 如圖 4-2-20(a)。

繪製彎矩圖：從樑的左端點 A 開始，逐步右推至右端點止。

點 A：點 A 有彎矩反力為 480kN-m（逆鐘向），故點 A 的彎矩由 0 值突減 480kN-m 而成為 − 480kN-m 如圖 4-2-20(b)。

點 B：從點 A 往右推直到點 B 才有剪力的變化，其間的剪力值均為 80kN，故彎矩直線的斜率為 80：1；點 B 的彎矩值與點 A 的彎矩值差異數等於其間剪力圖的面積值。面積值為 $80 \times 6 = 480$kN-m 如圖 4-2-20(a)，故點 B 的彎矩值為 − 480 + 480 = 0kN-m 如圖 4-2-20(b)。

點 E：從點 B 往右推到點 C 時，因為點 E 左側的剪力為正，而點 E 右側的剪力為負值，故點 B 到點 C 間的彎矩曲線走向為由右上方改為右下方，改變點為剪力值由負值變為正值之處，即點 E。依據圖 4-2-20(a)點 E 兩側相似三角形，可推得 BE 的長度為 2 公尺。因為剪力圖上點 E 左側三角形面積為 80，故點 E 的彎矩值與點 B 彎矩值的差異數為 80，或點 E 的彎矩為 0 + 80 = 80。

點 C：點 E 的彎矩已經推得 80kN-m。依據圖 4-2-20(a)剪力圖點 E 右側三角形面積為 − 320，故點 C 的彎矩值與點 E 彎矩值的差異數為 − 320，或點 C 的彎矩為 80 + (− 320) = − 240。

點 D：從點 C 往右推直到右端點 D，其間的剪力值均為 80kN，故彎矩直線的為向右上方的傾斜直線；點 D 的彎矩值與點 C 的彎矩值差異數等於其間剪力圖的面積值。面積值為 $80 \times 3 = 240$kN-m 如圖 4-2-20(a)，故點 D 的彎矩值為 − 240 + 240 = 0kN-m 如圖 4-2-20(b)。

例題 4-2-7

試利用載重、剪力與彎矩之關係繪製圖 4-2-21 靜定樑的剪力圖與彎矩圖？

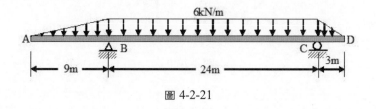

圖 4-2-21

解答：

圖 4-2-22 為圖 4-2-21 的自由體圖及載重圖，首先套用靜力平衡方程式推求支承點反力如下：

因僅承受垂直載重，故無支承水平反力。

$$\Sigma M_B = 0 \ 得 \ C_Y(24) + \frac{1}{2}(6)(9)\left(\frac{9}{3}\right) - 6(24)(12) - \frac{1}{2}(6)(3)\left(24 + \frac{3}{3}\right) = 0 \, ,$$

解得 $C_Y = 78\text{kN} \uparrow$

$$+\uparrow \Sigma F_Y = 0 \ 得 \ B_Y + 78 - 6(24) - \frac{1}{2}6(9) - \frac{1}{2}6(3) = 0 \, , \ 解得 \ B_Y = 102\text{kN} \uparrow$$

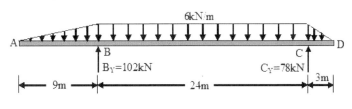

圖 4-2-22

繪製剪力圖：從樑的左端點 A 開始，逐步右推至右端點止。

點 A：點 A 為自由端，故點 A 的剪力為 0 如圖 4-2-23(a)。

點 B：從點 A 往右推直到點 B。因為點 A 至點 BL 間為變化的均佈載重，由公式（4-2-1）知，其間剪力曲線的斜率為變化而成拋物線形狀；從點 A 至點 BL 間的載重圖面積為$(9 \times 6)/2 = 27$，故點 BL 的剪力值與點 A 的剪力值差異數為 27，或點 BL 的剪力值為 -27kN。因為點 B 有向上的 102kN 支承反力，故由點 B 左側的 -27kN 突然增加 102kN 而變為點 B 右側的 $+75\text{kN}$ 剪力如圖 4-2-23(a)。

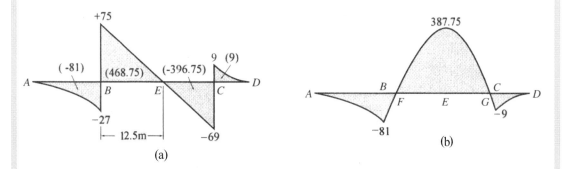

圖 4-2-23

點 C：從點 BR 往右推直到點 C 有支承反力處。因為點 BR 至點 CL 間均佈載重為 6kN/m，由公式（4-2-1）知，其間剪力線的斜率為 -6，亦即向右下傾斜的直線；另從點 BR 至點 CL 間的載重圖面積為 $6 \times 24 = 144$，故點 CL 的剪力值與點 BR 的

剪力值差異數為 144，或點 CL 的剪力值為 75－144＝－69kN。因為點 C 有一個向上的支承反力 78kN，故點 C 的剪力由 CL 的-69kN 又突增 78，而變成 CR 的 9kN 如圖 4-2-23(a)。

點 D：從點 CR 往右推直到右端點 D 也有變化的均佈載重。由公式（4-2-1）知，其間剪力曲線的斜率亦為變化的，即拋物線；從點 CR 至點 DL 間的載重圖面積為(6 × 3)/2＝9，故點 DL 的剪力值與點 CR 的剪力值差異數為 9，或點 DL 的剪力值為 0kN 如圖 4-2-23(a)。

繪製彎矩圖：從樑的左端點 A 開始，逐步右推至右端點止。

點 A：點 A 為自由端，故點 A 的彎矩值為 0kN-m。

點 B：從點 A 往右推直到點 B 有支承反力處，其間剪力值（斜率）為變化的，故彎矩曲線的變化呈二次拋物線；點 B 的彎矩值與點 A 的彎矩值差異數等於其間剪力圖的面積值。二次拋物形面積值為 $bh/3$＝(9 × 27)/3＝81kN-m，故點 B 的彎矩值為 0－81＝－81kN-m 如圖 4-2-23(b)。

點 E：從點 B 往右推到點 C 有支承反力時，因為點 E 左側的剪力為正，而點 E 右側的剪力為負值，故點 B 到點 C 間的彎矩曲線走向為由右上方改為右下方，改變點為剪力值由負值變為正值之處，即點 E。依據圖 4-2-23(a)點 E 兩側相似三角形，可推得 BE 的長度為 12.5 公尺。因為剪力圖上點 E 左側三角形面積為 468.75，故點 E 的彎矩值與點 B 彎矩值的差異數為 468.75，或點 E 的彎矩為 －81＋468.75 ＝387.75kN-m。

點 C：點 E 的彎矩已經推得 387.75kN-m。依據圖 4-2-23(a)剪力圖點 E 右側三角形面積為 －396.75，故點 C 的彎矩值與點 E 彎矩值的差異數為 396.75，或點 C 的彎矩為 387.75－396.75＝－9kN-m。

點 D：從點 C 往右推直到右端點 D，其間的剪力值呈拋物線變化的正值，故彎矩三次曲線為向右上方的漸增；點 D 的彎矩值與點 C 的彎矩值差異數等於其間剪力圖的面積值。面積值為 $bh/3$＝(3 × 9)/3＝9kN-m 如圖 4-2-23(a)，故點 D 的彎矩值為 －9 ＋9＝0kN-m 如圖 4-2-23(b)。

例題 4-2-8

試利用載重、剪力與彎矩之關係繪製圖 4-2-24 靜定樑的剪力圖與彎矩圖？

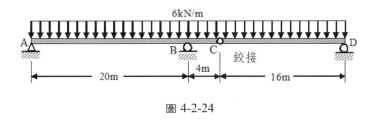

圖 4-2-24

解答：

圖 4-2-25 為圖 4-2-24 的自由體圖及載重圖，因僅承受垂直載重，故無支承水平反力。節點 C 為鉸接，取 CD 桿對節點 C 的條件方程式得

$$\sum M_C^{CD} \text{ 得 } D_Y(16) - 6(16)(8) = 0 \text{，解得 } D_Y = 48\text{kN} \uparrow$$

$$\sum M_A = 0 \text{ 得 } B_Y(20) + 48(40) - 6(40)(20) = 0 \text{，解得 } B_Y = 144\text{kN} \uparrow$$

$$+\uparrow \sum F_Y = 0 \text{ 得 } A_Y + 144 + 48 - 6(40) = 0 \text{，解得 } A_Y = 48\text{kN} \uparrow$$

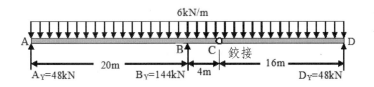

圖 4-2-25

繪製剪力圖： 從樑的左端點 A 開始，逐步右推至右端點止。

點 A：點 A 為鉸支承，有一個垂直向上的反力 48kN，故點 A 的剪力由 0 突增至 48kN 如圖 4-2-26(a)。

點 B：從點 A 往右推直到滾接點 B。因為點 A 至點 BL 間為等值均佈載重，由公式（4-2-1）知，其間剪力線的斜率為 −6：1，亦即向右下傾斜的直線；從點 A 至點 B 間的載重圖面積為 6 × 20 = 120，故點 B 的剪力值與點 A 的剪力值差異數為 120，或點 BL 的剪力值為 48 − 120 = −72kN 如圖 4-2-26(a)。因為點 B 有一向上的支承反力 144kN，故點 BR 的剪力為 −72 + 144=72kN 如圖 4-2-26(a)。

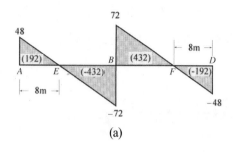

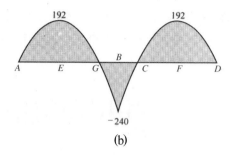

圖 4-2-26

點 D：從點 BR 往右推直到右端點 D 為等值均佈載重。因為點 BR 至點 DL 間均佈載重為 6kN/m，由公式（4-2-1）知，其間剪力線的斜率為 − 6：1，亦即向右下傾斜的直線；另從點 BR 至點 DL 間的載重圖面積為 6 × 20 = 120kN，故點 DL 的剪力值與點 BR 的剪力值差異數為 120，或點 DL 的剪力值為 72 − 120 = − 48kN 如圖 4-2-26(a)。因為點 D 有一個向上的支承反力 48kN，故點 D 的剪力由 DL 的 − 48kN 又突增 48kN，而變成 0kN 如圖 4-2-26(a)。

繪製彎矩圖： 從樑的左端點 A 開始，逐步右推至右端點止。

點 A：點 A 為鉸支承，故點 A 的彎矩為 0kN-m 如圖 4-2-26(b)。

點 E：從點 A 往右推直到點 B 支承點，其間點 E 的剪力值由正值轉為負值，故彎矩曲線在點 E 由右上方走向改為右下方走向；點 E 彎矩值與點 A 的彎矩值差異數等於其間剪力圖的面積值。面積值為(48 × 8)/2 = 192kN-m，故點 E 的彎矩值為 − 192kN-m 如圖 4-2-26(b)。

點 B：點 B 彎矩值與點 E 的彎矩值差異數等於其間剪力圖的面積值。面積值為(72 × 12)/2 = 432kN-m，故點 B 的彎矩值為 192 − 432 = − 240kN-m 如圖 4-2-26(b)。

點 F：從點 B 往右推直到端點 D，其間點 F 的剪力值亦由正值轉為負值，故彎矩曲線在點 F 由右上方走向改為右下方走向；點 F 彎矩值與點 B 的彎矩值差異數等於其間剪力圖的面積值。面積值為(72 × 12)/2 = 432kN-m，故點 F 的彎矩值為 − 72 + 432 = 192kN-m 如圖 4-2-26(b)。

點 D：點 D 彎矩值與點 F 的彎矩值差異數等於其間剪力圖的面積值。面積值為(78 × 8)/2 = 192kN-m，故點 D 的彎矩值為 192 − 192 = 0kN-m 如圖 4-2-26(b)。

4

例題 4-2-9

試利用載重、剪力與彎矩之關係繪製圖 4-2-27 靜定剛架的剪力圖與彎矩圖？

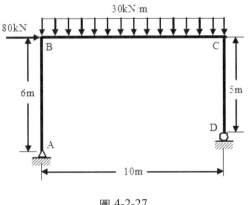

圖 4-2-27

解答：

　　圖 4-2-28(a)為圖 4-2-27 的整體自由體圖及載重圖，套用靜定平衡方程式

$$+ \rightarrow \Sigma F_X = 0 \text{ 得 } A_X + 80 = 0 \text{，解得 } A_X = -80\text{kN} \leftarrow$$

$$\Sigma M_A = 0 \text{ 得 } D_Y(10) - 80(6) - 30(10)\left(\frac{10}{2}\right) = 0 \text{，解得 } D_Y = 198\text{kN} \uparrow$$

$$+ \uparrow \Sigma F_Y = 0 \text{ 得 } -A_Y + 102 = 0 \text{，解得 } A_Y = 102\text{kN} \uparrow$$

桿件及節點內力計算： 整體反力計得之後，因為節點 A 與節點 D 的未知數均少於 3，故可從節點 A 或節點 D 開始套用靜力平衡方程式。圖 4-2-28(b)為圖 4-2-27 的各桿件及節點的自由體圖及載重圖；各桿件及節點內力計算如下：

節點 A 內力計算： 套用靜定平衡方程式

$$+ \rightarrow \Sigma F_X = 0 \text{ 得 } -A_X^{AB} - 80 = 0 \text{，解得 } A_X^{AB} = -80\text{kN} \rightarrow$$

$$+ \uparrow \Sigma F_Y = 0 \text{ 得 } -A_Y^{AB} + 102 = 0 \text{，解得 } A_Y^{AB} = 102\text{kN} \downarrow$$

桿件 AB 內力計算： 套用靜定平衡方程式

$$+ \rightarrow \Sigma F_X = 0 \text{ 得 } B_X^{AB} - 80 = 0 \text{，解得 } B_X^{AB} = 80\text{kN} \rightarrow$$

$$+ \uparrow \Sigma F_Y = 0 \text{ 得 } B_Y^{AB} + 102 = 0 \text{，解得 } B_Y^{AB} = -102\text{kN} \downarrow$$

$$\Sigma M_A = 0 \text{ 得 } M_B^{AB} - 80(6) = \text{，解得 } M_B^{AB} = 480\text{kN-m （逆鐘向）}$$

節點 B 內力計算： 套用靜定平衡方程式

$$+ \rightarrow \Sigma F_X = 0 \text{ 得 } -B_X^{BC} + 80 - 80 = 0 \text{，解得 } B_X^{BC} = 0\text{kN}$$

$$+ \uparrow \Sigma F_Y = 0 \text{ 得 } 102 - B_Y^{BC} = 0 \text{，解得 } B_Y^{BC} = 102\text{kN} \downarrow$$

$\Sigma M_B =$ 得 $- M_B^{BC} - 480 = 0$ ，解得 $M_B^{BC} = -480$ kN-m（順鐘向）

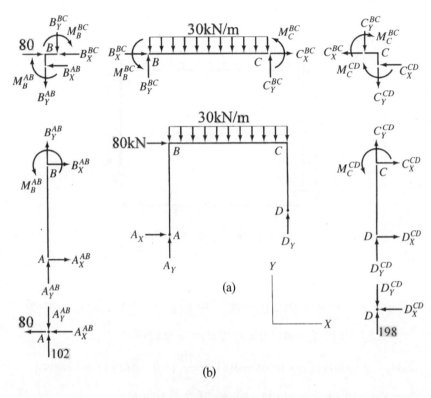

(a)

(b)

圖 4-2-28

桿件 BC 內力計算：套用靜定平衡方程式

$+ \rightarrow \Sigma F_X = 0$ 得 $C_X^{BC} + 0 = 0$ ，解得 $C_X^{BC} = 0$ kN

$+ \uparrow \Sigma F_Y = 0$ 得 $102 + C_Y^{BC} - 30(10) = 0$ ，解得 $C_Y^{BC} = 198$ kN ↑

$\Sigma M_B = 0$ 得 $M_C^{BC} - 480 + 30(10)\left(\dfrac{10}{2}\right) - 102(10) = 0$ ，解得 $M_C^{BC} = 0$ kN-m

節點 C 內力計算：套用靜定平衡方程式

$+ \rightarrow \Sigma F_X = 0$ 得 $- C_X^{CD} - 0 = 0$ ，解得 $C_X^{CD} = 0$ kN

$+ \uparrow \Sigma F_Y = 0$ 得 $- C_Y^{CD} - 198 = 0$ ，解得 $C_Y^{CD} = -198$ kN ↑

$\Sigma M_C = 0$ 得 $M_C^{CD} - 0 = 0$ ，解得 $M_C^{CD} = 0$ kN-m

桿件 CD 內力計算：套用靜定平衡方程式

$+ \rightarrow \Sigma F_X = 0$ 得 $D_X^{CD} - 0 = 0$ ，解得 $D_X^{CD} = 0$ kN

$+ \uparrow \Sigma F_Y = 0$ 得 $D_Y^{CD} - 198 = 0$ ，解得 $D_Y^{CD} = 198$ kN ↑

$$\Sigma M_C = 0 \text{ 得 } M_D^{CD} - 0 = 0 \text{，解得 } M_D^{CD} = 0\text{kN-m}$$

節點 D 內力計算：套用靜定平衡方程式核算

$$+\uparrow \Sigma F_Y = 0 \text{ 得 } -108 + 198 = 0 \text{，正確}$$

$$+\to \Sigma F_X = 0 \text{ 得 } 0 - 0 = 0 \text{，正確}$$

$$\Sigma M_D = 0 \text{ 得 } 0 = 0 \text{，正確}$$

桿件內力：各桿座標軸及桿件內力整理如圖 4-2-29。

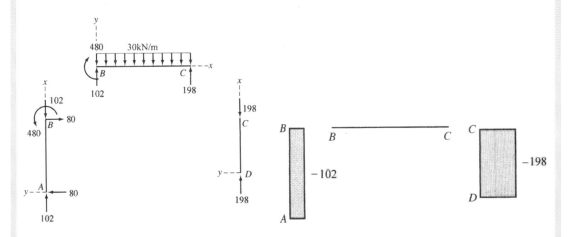

圖 4-2-29　　　　　　　　　　　　　　　　圖 4-2-30

桿件軸向力圖：各桿軸向力圖（Axial Force Diagram）繪如圖 4-2-30。

桿件剪力圖：各桿剪力圖（Shear Diagram）繪如圖 4-2-31。

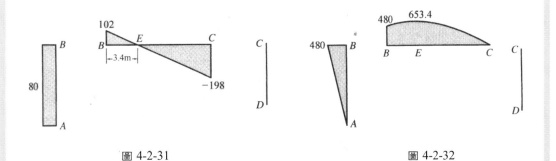

圖 4-2-31　　　　　　　　　　　　　　　　圖 4-2-32

桿件彎矩圖：各桿彎矩圖（Moment Diagram）繪如圖 4-2-32。

例題 4-2-10

試利用載重、剪力與彎矩之關係繪製圖 4-2-33 靜定剛架的剪力圖與彎矩圖？

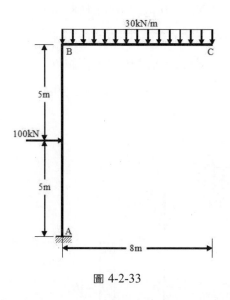

圖 4-2-33

解答：

圖 4-2-34(a)為圖 4-2-33 的整體自由體圖及載重圖，套用靜定平衡方程式

$$+\rightarrow \Sigma F_X=0 \text{ 得} -A_X+100=0 \text{，解得} A_X=100\text{kN}\leftarrow$$

$$\Sigma M_A=0 \text{ 得} M_A-100(5)-30(8)\left(\frac{8}{2}\right)=0 \text{，解得} M_A=1460\text{kN-m（逆鐘向）}$$

$$+\uparrow \Sigma F_Y=0 \text{ 得} A_Y-30(8)=0 \text{，解得} A_Y=240\text{kN}\uparrow$$

桿件及節點內力計算：整體反力計得之後，各桿件及節點的自由體圖及載重圖，如圖 4-2-34(b)；各桿件及節點內力計算如下：

節點 A 內力計算：套用靜定平衡方程式

$$+\rightarrow \Sigma F_X=0 \text{ 得} -A_X^{AB}-100=0 \text{，解得} A_X^{AB}=-100\text{kN}\rightarrow$$

$$+\uparrow \Sigma F_Y=0 \text{ 得} -A_Y^{AB}+240=0 \text{，解得} A_Y^{AB}=240\text{kN}\downarrow$$

$$\Sigma M_A=0 \text{ 得} M_A^{AB}+1460=0 \text{，解得} M_A^{AB}=-1460\text{kN-m（順鐘向）}$$

桿件 AB 內力計算：套用靜定平衡方程式

$$+\rightarrow \Sigma F_X=0 \text{ 得} B_X^{AB}+100-100=0 \text{，解得} B_X^{AB}=0\text{kN}$$

$$+\uparrow \Sigma F_Y=0 \text{ 得} B_Y^{AB}+240=0 \text{，解得} B_Y^{AB}=-240\text{kN}\downarrow$$

$$\Sigma M_A=0 \text{ 得} M_B^{AB}+1460-100(5)=0 \text{，解得} M_B^{AB}=-960\text{kN-m（順鐘向）}$$

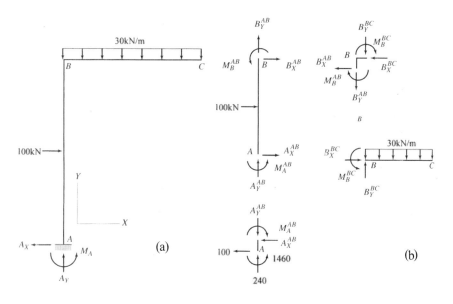

圖 4-2-34

節點 B 內力計算：套用靜定平衡方程式

$$+\rightarrow \Sigma F_X = 0 \text{ 得 } -B_X^{BC} + 100 - 100 = 0，解得 B_X^{BC} = 0\text{kN}$$

$$+\uparrow \Sigma F_Y = 0 \text{ 得 } 240 - B_Y^{BC} = 0，解得 B_Y^{BC} = 240\text{kN} \downarrow$$

$$\Sigma M_B = 0 \text{ 得 } -M_B^{BC} + 960 = 0，解得 M_B^{BC} = 960\text{kN-m}（逆鐘向）$$

桿件 BC 內力計算：套用靜定平衡方程式核算

$$+\rightarrow \Sigma F_X = 0 \text{ 得 } 0 + 0 = 0，正確$$

$$+\uparrow \Sigma F_Y = 0 \text{ 得 } 240 - 30(8) = 0，正確$$

$$\Sigma M_B = 0 \text{ 得 } 960 - 30(8)\left(\frac{8}{2}\right) = 0，正確$$

桿件內力：各桿座標軸及桿件內力整理如圖 4-2-35。

桿件軸向力圖：各桿軸向力圖（Axial Force Diagram）繪如圖 4-2-36。

桿件剪力圖：各桿剪力圖（Shear Diagram）繪如圖 4-2-37。

桿件彎矩圖：各桿彎矩圖（Moment Diagram）繪如圖 4-2-38。

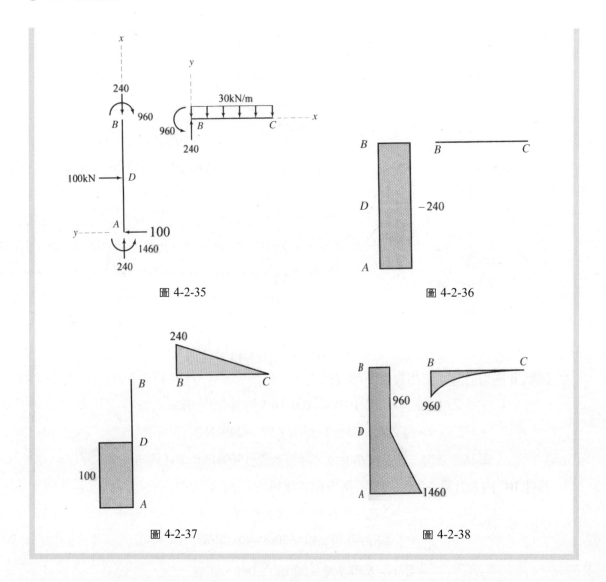

圖 4-2-35

圖 4-2-36

圖 4-2-37

圖 4-2-38

習　題

★★★習題詳解請參閱 ST04 習題詳解.doc 電子檔★★★

1. 試計算簡支樑上點 C、F 處的軸向力、剪力、彎矩？（圖一）

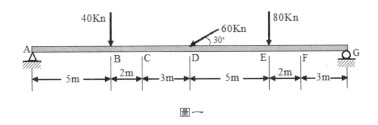

圖一

2. 試計算簡支樑上點 B、D 處的軸向力、剪力、彎矩？（圖二）

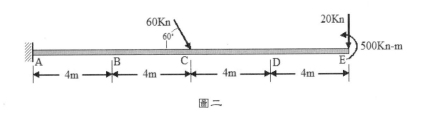

圖二

3. 試計算簡支樑上點 C、F 處的軸向力、剪力、彎矩？（圖三）

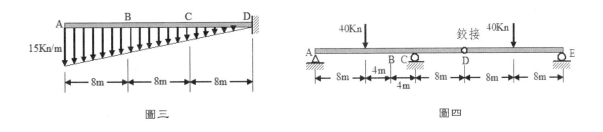

圖三　　　　　　　　　　　　　　　　　　圖四

4. 試計算簡支樑上點 B、D 處的軸向力、剪力、彎矩？（圖四）

5. 試寫出懸臂樑的剪力函數與彎矩函數並繪製剪力圖與彎矩圖？（圖五）

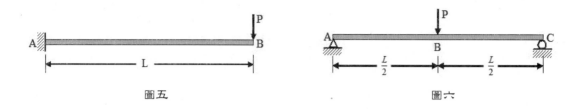

圖五　　　　　　　　　　　圖六

6.試寫出懸臂樑的剪力函數與彎矩函數並繪製剪力圖與彎矩圖？（圖六）

7.試寫出懸臂樑的剪力函數與彎矩函數並繪製剪力圖與彎矩圖？（圖七）

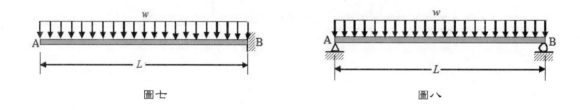

圖七　　　　　　　　　　　圖八

8.試寫出均佈載重簡支樑的剪力函數與彎矩函數並繪製剪力圖與彎矩圖？（圖八）

9.試寫出懸臂樑的剪力函數與彎矩函數並繪製剪力圖與彎矩圖？（圖九）

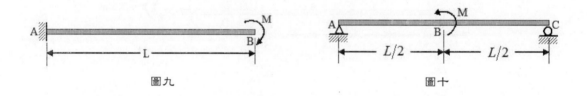

圖九　　　　　　　　　　　圖十

10.試寫出簡支樑的剪力函數與彎矩函數並繪製剪力圖與彎矩圖？（圖十）

11.試寫出懸臂樑的剪力函數與彎矩函數並繪製剪力圖與彎矩圖？（圖十一）

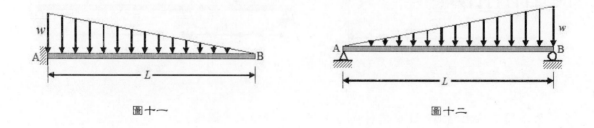

圖十一　　　　　　　　　　圖十二

12.試寫出簡支樑的剪力函數與彎矩函數並繪製剪力圖與彎矩圖？（圖十二）

13.試寫出懸臂樑的剪力函數與彎矩函數並繪製剪力圖與彎矩圖？（圖十三）

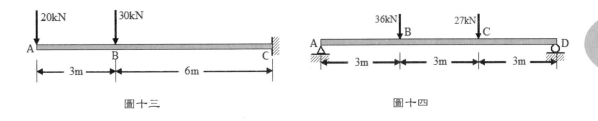

圖十三　　　　　　　　　　　　　圖十四

14.試寫出簡支樑的剪力函數與彎矩函數並繪製剪力圖與彎矩圖？（圖十四）

15.試寫出懸臂樑的剪力函數與彎矩函數並繪製剪力圖與彎矩圖？（圖十五）

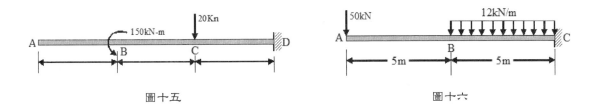

圖十五　　　　　　　　　　　　　圖十六

16.試寫出懸臂樑的剪力函數與彎矩函數並繪製剪力圖與彎矩圖？（圖十六）

17.試寫出外伸簡支樑的剪力函數與彎矩函數並繪製剪力圖與彎矩圖？（圖十七）

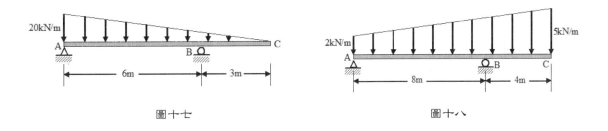

圖十七　　　　　　　　　　　　　圖十八

18.試寫出外伸簡支樑的剪力函數與彎矩函數並繪製剪力圖與彎矩圖？（圖十八）

19.試寫出懸臂樑的剪力函數與彎矩函數並繪製剪力圖與彎矩圖？（圖十九）

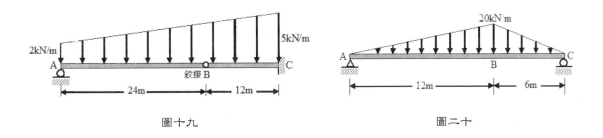

圖十九　　　　　　　　　　　　　圖二十

20. 試寫出懸臂樑的剪力函數與彎矩函數並繪製剪力圖與彎矩圖？（圖二十）

21. 試寫出簡支樑的剪力函數與彎矩函數並繪製剪力圖與彎矩圖？（圖二十一）

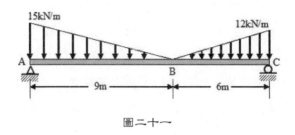

圖二十一

22. 試以載重、剪力、彎矩關係繪製簡支樑的剪力圖與彎矩圖？（圖二十二）

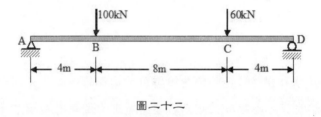

圖二十二

23. 試以載重、剪力、彎矩關係繪製懸臂樑的剪力圖與彎矩圖？（圖二十三）

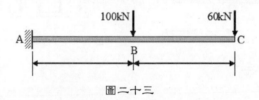

圖二十三

24. 試以載重、剪力、彎矩關係繪製外伸簡支樑的剪力圖與彎矩圖？（圖二十四）

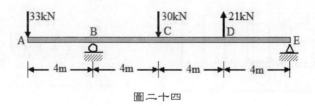

圖二十四

25. 試以載重、剪力、彎矩關係繪製懸臂樑的剪力圖與彎矩圖？（圖二十五）

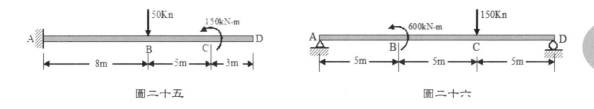

圖二十五　　　　　　　　　　　　圖二十六

26.試以載重、剪力、彎矩關係繪製簡支樑的剪力圖與彎矩圖？（圖二十六）

27.試以載重、剪力、彎矩關係繪製懸臂樑的剪力圖與彎矩圖？（圖二十七）

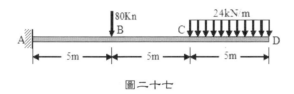

圖二十七

28.試以載重、剪力、彎矩關係繪製外伸簡支樑的剪力圖與彎矩圖？（圖二十八）

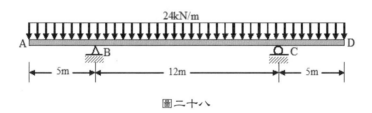

圖二十八

29.試以載重、剪力、彎矩關係繪製簡支樑的剪力圖與彎矩圖？（圖二十九）

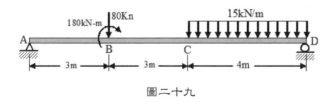

圖二十九

30.試以載重、剪力、彎矩關係繪製外伸簡支樑的剪力圖與彎矩圖？（圖三十）

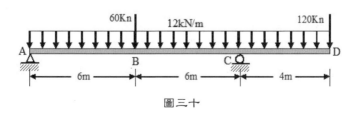

圖三十

31.試以載重、剪力、彎矩關係繪製外伸簡支樑的剪力圖與彎矩圖？（圖三十一）

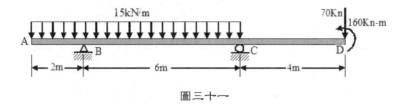

圖三十一

32.試以載重、剪力、彎矩關係繪製外伸簡支樑的剪力圖與彎矩圖？（圖三十二）

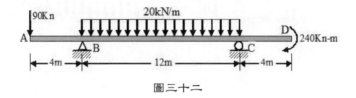

圖三十二

33.試以載重、剪力、彎矩關係繪製懸臂樑的剪力圖與彎矩圖？（圖三十三）

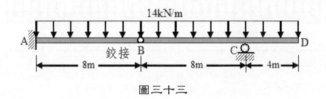

圖三十三

34.試以載重、剪力、彎矩關係繪製懸臂樑的剪力圖與彎矩圖？（圖三十四）

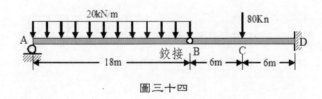

圖三十四

35.試以載重、剪力、彎矩關係繪製靜定連續樑的剪力圖與彎矩圖？（圖三十五）

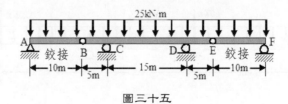

圖三十五

36.試以載重、剪力、彎矩關係繪製外伸懸臂樑的剪力圖與彎矩圖？（圖三十六）

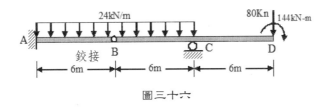

圖三十六

37.試以載重、剪力、彎矩關係繪製靜定連續樑的剪力圖與彎矩圖？（圖三十七）

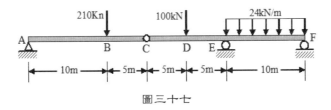

圖三十七

38.試以載重、剪力、彎矩關係繪製外伸懸臂樑的剪力圖與彎矩圖？（圖三十八）

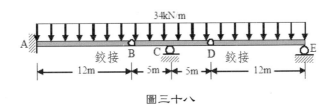

圖三十八

39.試以載重、剪力、彎矩關係繪製靜定連續樑的剪力圖與彎矩圖？（圖三十九）

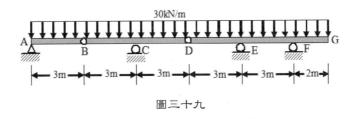

圖三十九

40.試以載重、剪力、彎矩關係繪製靜定連續樑的剪力圖與彎矩圖？（圖四十）

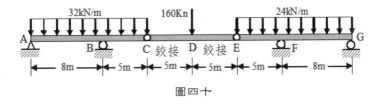

圖四十

CHAPTER 5

靜定結構感應線

5-1　感應線

第二、三、四章分別論述承受靜載重後靜定結構的反力、靜定桁架桿力及樑或剛架桿件斷面剪力與彎矩等的計算。某一靜定載重量必產生某一定值的反力、桿力、剪力或彎矩；承受另一靜定載重量當然可以計得另一套定值的反力、桿力、剪力或彎矩；實務上，依據政府或公益法人團體所釐訂的載重規範，即可設定符合結構物使用目的的設計載重，以推算各項應力並設計桿件。靜載重以外如風力、地震力、雪重或土壓力、水壓力等環境載重，或如住宅、旅館、運動場、戲院、集會所等因使用建築物所帶來的活載重，也可根據規範推算對結構物最為不利的載重組合，以形成加權靜載重，作為分析與設計的依據。另一種重要的活載重就是移動載重（Moving Load），如公路橋樑上行使的各種車輛、鐵路橋樑的機關車頭及拖動的列車或工廠軌道吊車等均屬之。這種載重為鐵公路橋樑、軌道吊車的主要載重且其載重量甚大，因此無法以靜載重來設計結構物。

任何結構物承受相同位置的不同靜載重，或不同位置的等量靜載重，必產生不同的結構物反力與結構物內力，故承受移重載重的結構物，其反力或結構物內部構件的應力或斷面剪力、彎矩必隨時變化，如何分析其最大應力作為設計的依據是結構分析的另一個重要課題。圖 5-1-1 為一汽車經過一桁架橋樑的示意圖，汽車載重以兩個圓圈代表其前後輪的載重，兩圓圈之間以直線連接，表示該兩個載重的間距恆定；同理，六輪大卡車或拖車則可用三個以直線連接的圓圈表示其載重，火車則更可以直線連接多個圓圈表示之。橋樑支撐桁架中，每根桿件的應力隨汽車在橋面上不同位置而變化；例如，使桿件 AB 產生最大應力的汽車位置，與桿件 CH 產生最大應力的汽車位置並不相同。

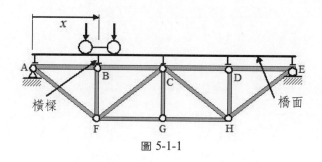

圖 5-1-1

因此分析承受移動載重的桁架必須針對每一根桿件：(1)決定當汽車在哪個位置會

使該桿件產生最大應力，(2)計算其最大應力。感應線（Influence Lines）是一種用來分析承受移動載重結構應力的技術。本章將就感應線的概念、靜定樑與剛架感應線、靜定桁架桿件感應線、橋面系統感應線的繪製，Müller-Breslau's 的原理及桿件或斷面最大應力與整個結構最大應力的推算方法詳加說明。

5-1-1　反應函數

任何結構承受載重均可產生支撐反力、桿件桿力、剪力及彎矩等，這些物理量承受靜載重時，得一個定值；但是當承受移動載重時，則因載重位置的不同而異，因此構成載重位置的函數，此函數稱為反應函數（Response Function）。這些函數的自變數就是載重的位置。感應線為依據反應函數所繪得的一條或多條直線或曲線的連線圖，以表示單位載重在不同位置的函數（反力、桿件張力、壓力、剪力及彎矩等）值；因此，這些連線圖的橫座標表示單位載重的位置，縱座標則表示不同的函數值。表示反力的感應線稱為反力感應線；表示桿力（張力、壓力）的感應線稱為桿力感應線；因此也有剪力感應線或彎矩感應線等。

5-1-2　感應線圖

感應線圖一如剪力圖或彎矩圖均以桿件的軸心線當作橫座標，以垂直於軸心線的方向當作縱座標，正函數值標示於橫座標軸之上方，負函數值則標示於橫座標之下方。感應線圖與剪力圖或彎矩圖在形式上是有雷同之處，但在實質意義上則有重要的差異，圖 5-1-2(a)為承受集中載重 P 的簡單支撐樑，圖 5-1-2(b)為載重 P 的彎矩圖。載重 P 的大小與位置固定，橫座標代表不同位置的斷面，縱座標則為該位置斷面的彎矩。最大彎矩發生於集中載重P的作用點處。彎矩圖可以讀到得固定載重下，各不同位置斷面的彎矩。

圖 5-1-3(a)為承受集中載重 1 的簡單支撐樑，圖 5-1-3(b)為斷面 D 的彎矩感應線圖。載重 1 的大小固定，但位置變動，橫座標代表單位載重的不同作用點，縱座標則為固定斷面 D 的彎矩。最大彎矩發生於單位載重作用於斷面 D 處。彎矩感應線僅能觀察單位載重在不同位置，某一固定斷面的彎矩量。

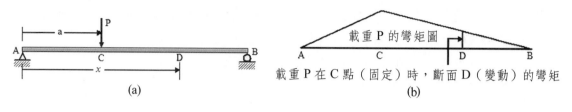

(a)

載重 P 在 C 點（固定）時，斷面 D（變動）的彎矩
(b)

圖 5-1-2

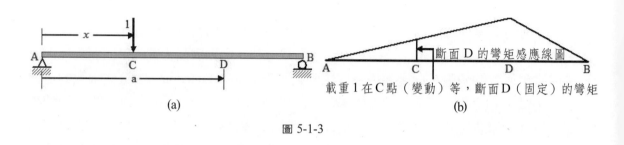

(a)

載重 1 在 C 點（變動）等，斷面 D（固定）的彎矩
(b)

圖 5-1-3

　　承受靜載重的結構反力為一定值，故無須繪製反力圖；但承受移動載重的結構反力則隨移動載重的不同位置而異，故有反力感應線的繪製必要。歸納前述說明，比較剪力圖、彎矩圖與感應線圖如下表：

圖　別	固定部分	變動部分
剪力圖、彎矩圖	靜載重位置	斷面位置
各反應函數感應線圖	斷面位置	單位載重位置

5-2　簡支樑與剛架感應線圖

　　簡支樑或靜定剛架承受移動載重後的反應函數，包括反力、剪力與彎矩。這些反應函數均可利用靜力平衡方程式推得，然後再據以繪製感應線圖。茲以圖 5-2-1 的簡支樑來說明支承點反力、斷面C的剪力與彎矩等反應函數的建立與感應線圖的繪製。

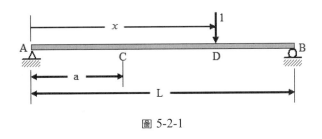

圖 5-2-1

5-2-1　反力反應函數

圖 5-2-2(a)為圖 5-2-1 的自由體圖；套用靜力平衡方程式

$$\Sigma M_B = 0 \ 得 -A_Y(L)+1(L-x)=\ ，解得 A_Y=1-\frac{x}{L} \tag{1}$$

$$+\uparrow \Sigma F_Y=0 \ 得 \left(1-\frac{X}{L}\right)+B_Y-1=0，解得 B_Y=\frac{x}{L} \tag{2}$$

$$+\rightarrow \Sigma F_X=0 \ 得 A_X=0$$

　　式(1)與式(2)分別為簡支樑支承點 A 與 B 的反力反應函數，且均為單位載重位置 x 的一次函數，故其反力感應線應屬直線。由式(1)，當 $x=0$ 得 $A_Y=1$，當 $x=L$ 得 $A_Y=0$，如以簡支樑軸心線為橫（x）座標，以支承點 A 為原點，經過原點且垂直於軸心線的直線為縱（y）座標，橫座標以上的縱座標為正，以下為負，則可在座標軸系上標示 $(0,1)$、$(L,0)$ 兩點，並以直線連接，即得支承點 A 的反力感應線如圖 5-2-2(b)。

　　觀察圖 5-2-2(b)支承點 A 的反力感應線可得，當單位載重在支承點 A（$x=0$）時，A 點的反力為 1；當單位載重在支承點 B（$x=L$）時，A 點的反力為 0；當單位載重由 A 點逐漸向 B 點移動時，A 點的反力則由 1 逐漸減為 0；當單位載重在 $x=0.2L$ 處時，A 點的反力為 0.8；當單位載重在 C 點（$x=a$）時，可得 A 點的反力為 $1-a/L$；當單位載重在 $x=0.5L$ 時，A 點的反力為 0.5。

　　由式(2)，當 $x=0$ 得 $B_Y=0$，當 $x=L$ 得 $B_Y=1$，如以簡支樑軸心線為橫（x）座標，以支承點 A 為原點，經過原點且垂直於軸心線的直線為縱（y）座標，橫座標以上的縱座標為正，以下為負，則可在座標軸系上標示 $(0,0)$、$(L,1)$ 兩點並以直線連接，即得支承點 B 的反力感應線如圖 5-2-2(c)。當單位載重由支承點 A 逐漸移向支承點 B 時，支承點 B 的反力感應線則由在 A 點時的 0，逐漸增加到在 B 點時的 1；當單位載重在 $x=0.2L$、$x=0.5L$、$x=a$ 處時，B 點的反力分別為 0.2、a/L、0.8。

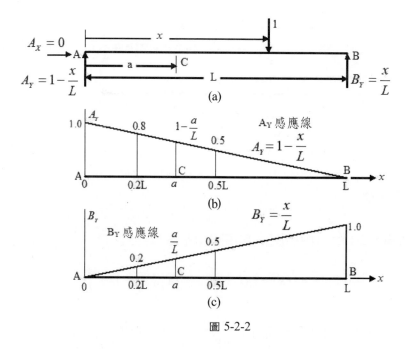

圖 5-2-2

5-2-2　剪力與彎矩反應函數

圖 5-2-3(a)為當單位載重在 C 點左側移動（$0 \leq x < a$）時的自由體圖，為求得斷面 C 的剪力與彎矩反應函數，取斷面 C 右側的樑段為自由體，如圖 5-2-3(b)，則剪力 S_C 與彎矩 M_C 反應函數為

$$S_C = -B_Y = -x/L \text{ 適用於 } \quad 0 \leq x \leq a$$

$$M_C = B_Y(L-a) = \frac{(L-a)x}{L} \text{ 適用於 } \quad 0 \leq x \leq a$$

圖 5-2-3(c)為當單位載重在 C 點右側移動（$a < x \leq L$）時的自由體圖，為求得斷面 C 的剪力與彎矩反應函數，取斷面 C 左側的樑段為自由體，如圖 5-2-3(d)，則剪力 S_C 與彎矩 M_C 反應函數為

$$S_C = A_Y = 1 - x/L \text{ 適用於 } \quad a \leq x \leq L$$

$$M_C = A_Y(a) = a\left(1 - \frac{x}{L}\right) \text{ 適用於 } \quad a \leq x \leq L$$

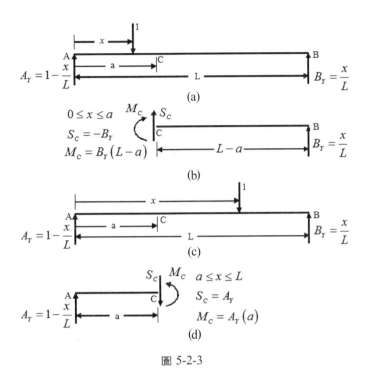

圖 5-2-3

因此斷面 C 的剪力反應函數可以寫成

$$S_C = \begin{cases} -B_Y = -x/L & 0 \le x \le a \\ A_Y = 1 - x/L & a \le x \le L \end{cases} \tag{3}$$

因此斷面 C 的彎矩反應函數可以寫成

$$M_C = \begin{cases} B_Y(L-a) = x/(L-a)/L & 0 \le x \le a \\ A_Y(a) = (1 - x/L)a & a \le x \le L \end{cases} \tag{4}$$

　　由式(3)，當 $x=0$ 得 $S_C=0$，當 $x=a$ 得 $S_C=-a/L$ 及 $S_C=1-a/L$，當 $x=L$ 得 $S_C=0$；以簡支樑軸心線為橫（x）座標，以支承點 A 為原點，經過原點且垂直於軸心線的直線為縱（y）座標，橫座標以上的縱座標為正，以下為負，則可在座標軸系上標示(0, 0)，(a, − a/L) 兩點，並以直線連接，即得單位載重在 AC 樑段移動時，斷面 C 的剪力感應線；標示(a, 1 − a/L)，(L, 0)兩點，並以直線連接，即得單位載重在 CB 樑段移動時，斷面 C 的剪力感應線如圖 5-2-4。剪力感應線固可由剪力反應函數繪得，但觀察式(3)單位載重在 AC 樑段移動時，剪力感應線恰為 B 支承點反力感應線的反向（正負互換），單位載重在 CB 樑段移動時，剪力感應線恰為 A 支承點反力感應線。

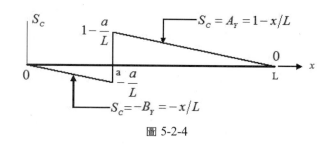

圖 5-2-4

　　由式(4)當 $x=0$ 得 $M_C=0$，當 $x=a$ 得 $M_C=a(1-a/L)$，當 $x=L$ 得 $M_C=0$；以簡支樑軸心線為橫（x）座標，以支承點 A 為原點，經過原點且垂直於軸心線的直線為縱（y）座標，橫座標以上的縱座標為正，以下為負，則可在座標軸系上標示(0, 0)，(a, a(1 − a/L))兩點，並以直線連接，即得單位載重在 AC 樑段移動時，斷面 C 的彎矩感應線；標示 (a, a(1 − a/L))，(L, 0)兩點，並以直線連接，即得單位載重在 CB 樑段移動時，斷面 C 的彎矩感應線如圖 5-2-5。彎矩感應線也可將 AC 樑段的 B 支承點反力感應線乘以(L − a)倍，CB 樑段的 A 支承點反力感應線乘以 a 倍即得。

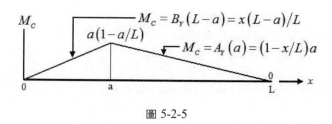

圖 5-2-5

5-2-3　簡支樑與剛架感應線圖繪製步驟

簡支樑與剛架感應線圖的繪製步驟可歸納如下：

1. 選擇一個座標原點以量測單位載重的位置。通常均假設移動的單位載重在結構上由左移動到右，故座標原點通常取結構的最左端點。以桿件軸心線為橫座標，在原點處垂直於橫座標的直線代表縱座標（上正下負）為座標系統。

2. 將單位載重置於距離原點 x 處，利用靜力平衡方程式或條件方程式計算結構支承反力而得到反力的反應函數。因為靜定結構感應線均為直線，故任取兩個單位載重位置（通常取起終點），並計算其反應函數值，連接標示於座標系統的兩點所得直線即為反力感應線。

3. 推求某斷面的剪力或彎矩感應線時，先使單位載重在該斷面左側移動，取斷面

右側自由體以推得剪力或彎矩反應函數；再使單位載重在該斷面右側移動，取斷面左側自由體以推得剪力或彎矩反應函數。依此函數即可繪得斷面左側及右側的剪力或彎矩感應線。

4. 因為大多數的剪力或彎矩均為反力的某些倍數，故繪製剪力或彎矩感應線時，可先繪製反力感應線，然後再取用反力感應線的某些部分的倍數組合成剪力或彎矩感應線。

5-2-4　數值例題

茲再舉數例以熟悉感應線繪製步驟。

例題 5-2-1

試繪製圖 5-2-6 簡支樑的反力感應線圖及斷面 C 的剪力與彎矩感應線圖？

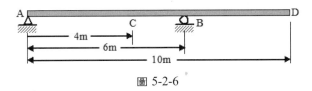

圖 5-2-6

解答：

支承反力計算：圖 5-2-7(a)為整個外伸簡支樑承受單位載重的自由體圖，選擇點 A 為座標原點，則單位載重的位置為 x，套用靜力平衡方程式

$$\Sigma M_A = 0 \text{ 得 } B_Y(6) - 1\,(x) = 0 \text{，解得 } B_Y = x/6$$

$$+\uparrow \Sigma F_Y = 0 \text{ 得 } x/6 + A_Y - 1 = 0 \text{，解得 } A_Y = 1 - x/6$$

支承點反力反應函數：反力計得之後，各支承點的反力反應函數分別為

$$R_A = 1 - x/6 \quad 0 \le x \le 10\text{m} \tag{1}$$

$$R_B = x/6 \quad 0 \le x \le 10\text{m} \tag{2}$$

由式(1)，當 $x = 0$ 得 $R_A = 1$，$x = 6$ 得 $R_A = 0$，$x = 10$ 得 $R_A = -2/3$，以支承點 A 為座標原點，以簡支樑軸心線為橫座標軸，標示點$(0, 1)$與$(6, 0)$兩點，連以直線並延伸到 $x = 10$m 處，即得支承點 A 的反力感應線如圖 5-2-7(b)。$x = 10$m 的反力感應線縱座標值亦可由相似三角形推得 $-2/3$。

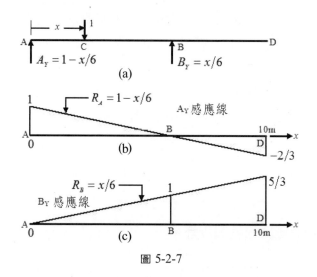

圖 5-2-7

由式(2)，當 $x=0$ 得 $R_B=0$，$x=6$ 得 $R_B=1$，$x=10$ 得 $R_B=5/3$，以支承點 A 為座標原點，簡支樑軸心線為橫座標軸，標示點(0, 0)與(6, 1)兩點，連以直線並延伸到 $x=10$ 處，即得支承點 B 的反力感應線如圖 5-2-7(c)。$x=10m$ 的反力感應線縱座標值亦可由相似三角形推得為 5/3。

斷面 C 的剪力與彎矩反應函數：反力計得後，圖 5-2-8(a)為當單位載重在 C 點左側移動（$0 \leq x < 4m$）時的自由體圖，取斷面 C 右側的樑段為自由體如圖 5-2-8(b)，則斷面 C 的剪力 S_C 與彎矩 M_C 反應函數為

$$S_C = -B_Y = -x/6 \quad 適用於 \ 0 \leq x \leq 4m$$

$$M_C = B_Y(6-4) = 2B_Y = x/3 \quad 適用於 \ 0 \leq x \leq 4m$$

圖 5-2-8(c)為當單位載重在 C 點右側移動（$4m \leq x \leq 10m$）時的自由體圖，取斷面 C 左側的樑段為自由體如圖 5-2-8(d)，則斷面 C 的剪力 S_C 與彎矩 M_C 反應函數為

$$S_C = A_Y = (1-x/6) \quad 適用於 \ 4m \leq x \leq 10m$$

$$M_C = 4A_Y = 4(1-x/6) \quad 適用於 \ 4m \leq x \leq 10m$$

整理可得斷面 C 的剪力反應函數為

$$S_C = \begin{cases} -B_Y = -x/6 & 0 \leq x \leq 4m \\ A_Y = (1-x/6) & 4m \leq x \leq 10m \end{cases} \tag{3}$$

斷面 C 的彎矩反應函數則為

$$M_C = \begin{cases} 2B_Y = x/3 & 0 \leq x \leq 4m \\ 4A_Y = 4(1-x/6) & 4m \leq x \leq 10m \end{cases} \tag{4}$$

根據式(3)與式(4)繪得斷面 C 的剪力感應線如圖 5-2-9 與彎矩感應線如圖 5-2-10。

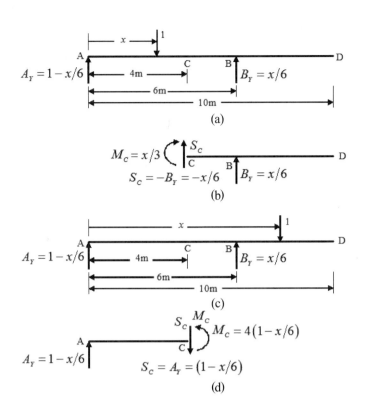

圖 5-2-8

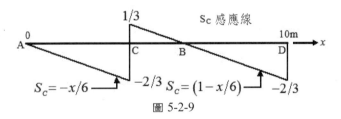

圖 5-2-9

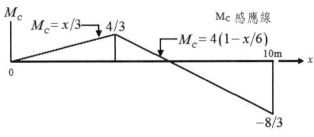

圖 5-2-10

例題 5-2-2

試繪製圖 5-2-11 懸臂樑的固定端 A 反力與彎矩感應線圖及斷面 B 的剪力與彎矩感應線圖？

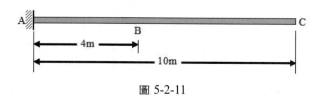

圖 5-2-11

解答：

支承 A 反應函數：圖 5-2-12(a)為整個懸臂樑承受單位載重的自由體圖，選擇點 A 為座標原點，則單位載重的位置為 x，套用靜力平衡方程式

$$\Sigma M_A = 0 \text{ 得 } M_A - 1\,(x) = 0 \text{，解得 } M_A = -x$$

$$+\uparrow \Sigma F_Y = 0 \text{ 得 } A_Y - 1 = 0 \text{，解得 } A_Y = 1$$

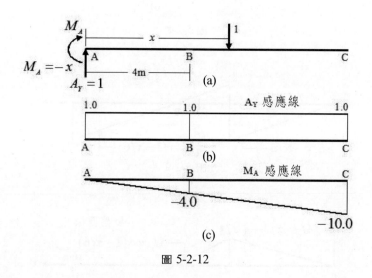

圖 5-2-12

反力與彎矩反應函數分別為

$$R_A = 1 \quad 0 \le x \le 10\text{m} \tag{1}$$

$$M_A = -x \quad 0 \le x \le 10\text{m} \tag{2}$$

根據式(1)、式(2)可繪得反力感應線如圖 5-2-12(b)，與彎矩感應線如圖 5-2-12(c)。

斷面 B 剪力與彎矩反應函數：圖 5-2-13(a)為整樑自由體圖。反力計得後，當單位載

重在 B 點左側的 AB 樑段移動（$0 \leq x \leq 4$）時，載重均由固定端支承，斷面 B 不承受任何剪力或彎矩；圖 5-2-13(b)為當單位載重在樑段 BC 移動時，樑段 BC 的自由體圖，則剪力與彎矩反應函數為

$$S_B = 1 \quad \text{適用於 } 4\text{m} \leq x \leq 10\text{m} \tag{3}$$

$$M_B = -(x-4) = 4-x \quad \text{適用於 } 4\text{m} \leq x \leq 10\text{m} \tag{4}$$

根據式(3)、式(4)可繪得斷面 B 的剪力感應線如圖 5-2-13(c)、與彎矩感應線如圖 5-2-13(d)。

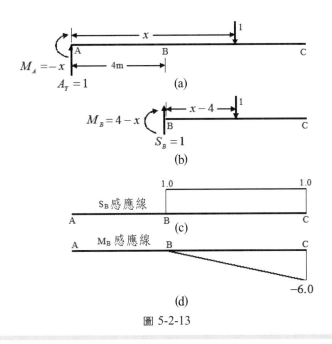

圖 5-2-13

例題 5-2-3

試繪製圖 5-2-14 靜定連續樑支承點 A、C、E 的反力感應線，支承點 C 右側斷面及斷面 B 的剪力與彎矩感應線圖？

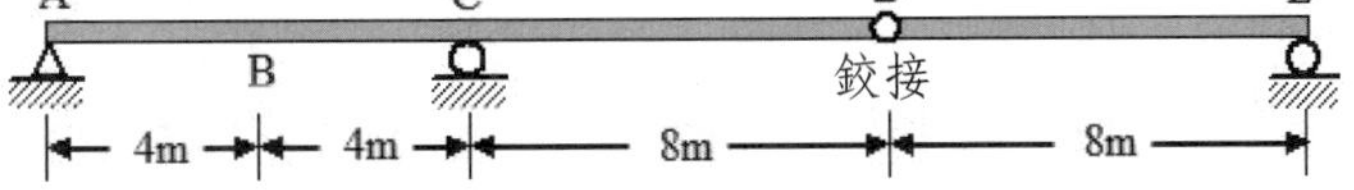

圖 5-2-14

解答：

A_Y 反力反應函數：圖 5-2-15(a)為整個靜定連續樑承受單位載重的自由體圖，選擇點

A 為座標原點，則單位載重的位置為 x，當單位載重在樑段 AD 間移動時，反力 E_Y 為 0，樑段 AD 套用靜力平衡方程式

$$\Sigma M_C^{AD} = 0 \text{ 得} - A_Y(8) - 1\,(x-8) = 0 \text{，解得 } A_Y = (8-x)/8$$

當單位載重在樑段 DE 間移動時，取樑段 DE 的條件方程式

$$\Sigma M_E^{DE} = 0 \text{ 得 } D_Y(8) - 1(24-x) = 0 \text{，解得 } D_Y = (24-x)/8$$

再取樑段 AD 的條件方程式

$$\Sigma M_C^{AD} = 0 \text{ 得} - A_Y(8) - \left(\frac{24-x}{8}\right)(8) = 0 \text{，解得 } A_Y = (x-24)/8$$

整理得支承點 A 的反力反應函數為

$$A_Y = \begin{cases} (8-x)/8 & 0 \le x \le 16\text{m} \\ (x-24)/8 & 16\text{m} \le x \le 24\text{m} \end{cases} \tag{1}$$

依據式(1)可繪得圖 5-2-15(b)的 A_Y 感應線

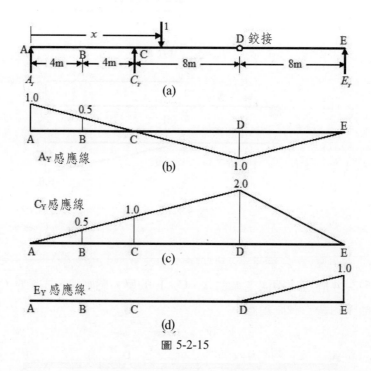

圖 5-2-15

C_Y **反力反應函數**：當單位載重在樑段 AD 間移動時，樑段 AD 套用靜力平衡方程式

$$\Sigma M_A^{AD} = 0 \text{ 得 } C_Y(8) - 1\,(x) = 0 \text{，解得 } C_Y = x/8$$

當單位載重在樑段 DE 間移動時，得 $D_Y = (24-x)/8$

取樑段 AD 的條件方程式

$$\Sigma M_A^{AD} = 0 \text{ 得 } C_Y(8) - \left(\frac{24-x}{8}\right)(16) = 0 \text{，解得 } C_Y = (24-x)/4 = 6 - x/4$$

整理得支承點 C 的反力反應函數為

$$C_Y = \begin{cases} x/8 & 0 \le x \le 16\text{m} \\ 6 - x/4 & 16\text{m} \le x \le 24 \end{cases} \tag{2}$$

依據式(2)可繪得圖 5-2-15(c)的 C_Y 感應線

E_Y 反力反應函數：

當單位載重在樑段 AD 間移動時，反力 E_Y 為 0

當單位載重在樑段 DE 間移動時，得 $E_Y = (x-16)/8$

整理得支承點 E 的反力反應函數為

$$E_Y = \begin{cases} 0 & 0 \le x \le 16\text{m} \\ (x-16)/8 & 16\text{m} \le x \le 24 \end{cases} \tag{3}$$

依據式(3)可繪得圖 5-2-15(d)的 E_Y 感應線。

支承點 C 右側斷面的剪力與彎矩感反應函數：

圖 5-2-15(a)為整個靜定連續樑承受單位載重的自由體圖，當單位載重在樑段 AC 間移動（$0 \le x < 8$）時，單位載重完全有支承點 A 與支承點 C 承受，故緊鄰支承點 C 右側的斷面剪力與彎矩均為 0

當單位載重在樑段 CD 間移動（$8 \le x \le 16$）時，支承點 E 的反力 $E_Y = 0$，故緊鄰支承點 C 右側的斷面剪力反應函數為 $S_{CR} = 1$，彎矩反應函數為 $M_{CR} = -(x-8)$

當單位載重在樑段 DE 間移動（$16 \le x \le 24$）時，$D_Y = (24-x)/8$，故緊鄰支承點 C 右側的斷面剪力反應函數為 $S_{CR} = D_Y = 3 - x/8$，彎矩反應函數為 $M_{CR} = -D_Y(8) = x - 24$

整理得緊鄰支承點 C 右側的斷面剪力反應函數

$$S_{CR} = \begin{cases} 0 & 0 \le x \le 8\text{m} \\ 1 & 8\text{m} \le x \le 16\text{m} \\ 3 - x/8 & 16\text{m} \le x \le 24\text{m} \end{cases} \tag{4}$$

整理得緊鄰支承點 C 右側的斷面彎矩反應函數

$$M_{CR} = \begin{cases} 0 & 0 \le x \le 8\text{m} \\ -(x-8) & 8\text{m} \le x \le 16\text{m} \\ x - 24 & 16\text{m} \le x \le 24\text{m} \end{cases} \tag{5}$$

依據式(4)可繪得圖 5-2-16(a)的 S_{CR} 感應線圖；式(5)可繪得圖 5-2-16(b)的 M_{CR} 感應線圖。

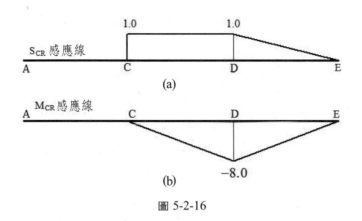

圖 5-2-16

斷面 B 的剪力與彎矩感反應函數：

圖 5-2-15(a)為整個靜定連續樑承受單位載重的自由體圖，當單位載重在樑段 AB 間移動（$0 \leq x \leq 4$m）時，

斷面 B 剪力反應函數為 $S_B = -x/8$

斷面 B 彎矩反應函數為 $M_B = \dfrac{x}{8}(4) = x/2$

當單位載重在樑段 BD 間移動（4m $\leq x \leq 16$m）時，

斷面 B 剪力反應函數為 $S_B = 1 - x/8$

斷面 B 彎矩反應函數為 $M_B = \left(1 - \dfrac{x}{8}\right)(4) = 4 - x/2$

當單位載重在樑段 DE 間移動（16m $\leq x \leq 24$m）時，由式(1)知 $A_Y = (x-24)/8$，取樑段 AB 得 $S_B = (x-24)/8 = x/8 - 3$

斷面 B 剪力反應函數為 $M_B = \left(\dfrac{x-24}{8}\right)(4) = x/2 - 12$

斷面 B 彎矩反應函數為

整理得斷面 B 剪力反應函數

$$S_B = \begin{cases} -x/8 & 0 \leq x \leq 4\text{m} \\ 1 - x/8 & 4\text{m} \leq x \leq 16\text{m} \\ x/8 - 3 & 16\text{m} \leq x \leq 24\text{m} \end{cases} \tag{6}$$

整理得斷面 B 彎矩反應函數

$$M_B = \begin{cases} x/2 & 0 \leq x \leq 4\text{m} \\ 4 - x/2 & 4\text{m} \leq x \leq 16\text{m} \\ x/2 - 12 & 16\text{m} \leq x \leq 24\text{m} \end{cases} \tag{7}$$

依據式(6)可繪得圖 5-2-17(a)的 S_B 感應線圖；式(7)可繪得圖 5-2-17(b)的 M_B 感應線圖。

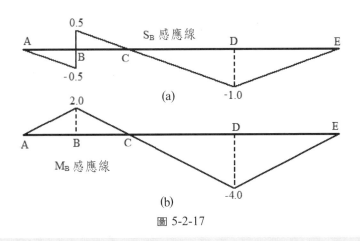

圖 5-2-17

例題 5-2-4

試繪製圖 5-2-18 靜定剛架固定支承點 D 的反力與彎矩感應線？

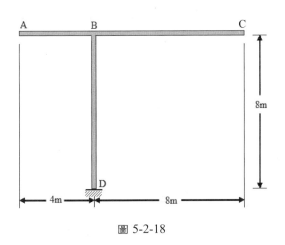

圖 5-2-18

解答：

支承點 D 反力反應函數：圖 5-2-19(a)為整個靜定剛架承受單位載重的自由體圖，選擇點 A 為座標原點，則單位載重的位置為 x，

當單位載重在樑段 AC 間移動（$0 \leq x \leq 12\text{m}$）時，套用靜力平衡方程式

$$+\uparrow \Sigma F_Y = 0 \text{ 得 } D_Y - 1 = 0，解得 D_Y = 1$$

得支承點 D 的 D_Y 反力反應函數為

$$D_Y = 1 \quad 0 \leq x \leq 12\text{m} \tag{1}$$

當單位載重在樑段 AC 間移動時，套用靜力平衡方程式

$$\Sigma M_D = 0 \text{ 得 } M_D - 1\,(x-4) = 0，解得 M_D = x-4$$

得支承點 D 的彎矩 M_D 反應函數為

$$M_D = x-4 \quad 0 \le x \le 12\text{m} \tag{2}$$

依據式(1)、式(2)可繪得 D_Y 感應線如圖 5-2-19(b)；M_D 感應線如圖 5-2-19(c)。

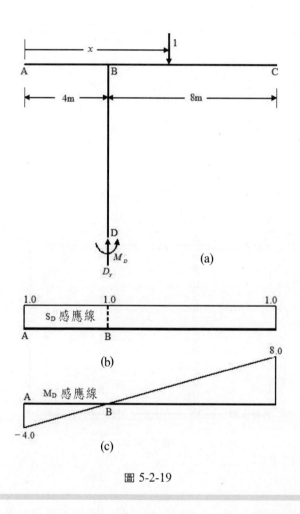

圖 5-2-19

例題 5-2-5

試繪製圖 5-2-20 靜定剛架支承點 F、G 的垂直與水平反力感應線，鉸接點 C 的剪力感應線？

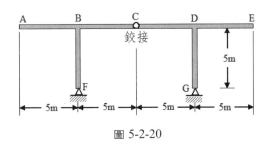

圖 5-2-20

解答：

支承點 F、G 垂直反力反應函數：圖 5-2-21(a)為整個靜定剛架承受單位載重及支承反力的自由體圖，選擇點 A 為座標原點，則單位載重的位置為 x，

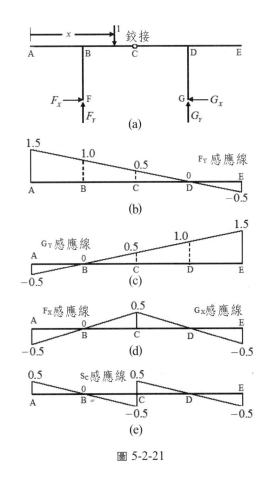

圖 5-2-21

當單位載重在樑段 AE 間移動（$0 \leq x \leq 20\text{m}$）時，套用靜力平衡方程式

$$\Sigma M_G = 0 \text{ 得} -F_Y(10) + 1(15 - x) = 0，解得 F_Y = 1.5 - 0.1x$$

得支承點 F 的垂直反力反應函數為

$$F_Y = 1.5 - 0.1x \quad 0 \leq x \leq 20\text{m}，感應線如圖 5-2-21(b)$$

$$+\uparrow \Sigma F_Y = 0 \text{ 得 } G_Y + (1.5 - 0.1x) - 1 = 0，解得 G_Y = 0.1x - 0.5$$

得支承點 G 的垂直反力反應函數為

$$G_Y = 0.1x - 0.5 \quad 0 \leq x \leq 20\text{m}，感應線如圖 5-2-21(c)$$

支承點 F、G 水平反力反應函數：依圖 5-2-21(a)，當單位載重在樑段 AC 間移動（0 ≤ x ≤ 10m）時，由剛架 ABCF 套用條件方程式

$$\Sigma M_C^{AC} = 0 \text{ 得 } F_X(5) - F_Y(5) + 1(10 - x) = 0，解得 F_X = 0.1x - 0.5$$

當單位載重在樑段 CE 間移動（10m ≤ x ≤ 20m）時，由剛架 ABCF 條件方程式

$$\Sigma M_C^{AC} = 0 \text{ 得 } F_X(5) - F_Y(5) = 0，解得 F_X = 1.5 - 0.1x$$

得支承點 F 的水平反力反應函數為

$$F_X = \begin{cases} 0.1x - 0.5 & 0 \leq x \leq 10\text{m} \\ 1.5 - 0.1x & 10\text{m} \leq x \leq 20\text{m} \end{cases}，感應線如圖 5-2-21(d)$$

就整個剛架結構取靜力平衡方程式

$$+\rightarrow \Sigma F_X = 0 \text{ 得 } -G_X + F_X = 0，解得 G_X = F_X$$

因為支承點 F、G 的水平反力相等，故其反應函數與感應線均相同。

鉸接點 C 剪力反應函數：當單位載重在樑段 AC 間移動（0 ≤ x ≤ 10m）時，鉸接點 C 的剪力等於負的支承點 G 垂直反力；當單位載重在樑段 CE 間移動（10m ≤ x ≤ 20m）時，鉸接點 C 的剪力等於支承點 F 垂直反力；故得鉸接點 C 的剪力反應函數為

$$S_C = \begin{cases} -G_Y = 0.5 - 0.1x & 0 \leq x \leq 10\text{m} \\ F_Y = 1.5 - 0.1x & 10\text{m} \leq x \leq 20\text{m} \end{cases}，感應線如圖 5-2-21(e)$$

5-3 Műller-Breslau's 原理

　　Műller-Breslau's 原理是一種可以快速繪得結構物反力、剪力或彎矩感應線雛形的方法，該原理敘述如下：

　　一個結構物的某一反力、剪力或彎矩之感應線，為將反力、剪力或彎矩的束制去除後，使在反力、剪力或彎矩的正向產生一個單位的變形量後，結構物的變形線即為

該反力、剪力或彎矩的感應線。

5-3-1　Müller-Breslau's 原理驗證

　　茲以例題 5-2-3（結構複製如圖 5-3-1）說明 Müller-Breslau's 原理的使用方法及其正確性。使用 Müller-Breslau's 原理來繪得感應線的雛形必須有兩個步驟：(1)將感應線的力素（反力、剪力或彎矩）束制去除，(2)依該力素正向移動或轉動一個單位變形量，使結構物變形，則變形後的結構物形狀即為感應線。

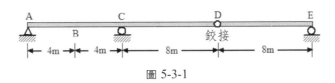

圖 5-3-1

　　如欲求支承點 A 垂直反力的感應線，則將阻止支承點 A 垂直移動的束制去除（其他束制保持原狀，如支承點 C、E 不能垂直移動但可轉動；鉸接 D 可以移動與轉動），並沿垂直反力的正向（向上）位移一個單位量，變形成圖 5-3-2 的形狀，與圖 5-2-15(b) 的形狀相符。

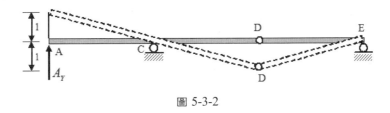

圖 5-3-2

　　如欲求支承點 E 垂直反力的感應線，則將阻止支承點 E 垂直移動的束制去除，並沿垂直反力的正向（向上）位移一個單位量，變形成圖 5-3-3 的形狀，與圖 5-2-15(d) 的形狀相符。

圖 5-3-3

　　如欲求斷面 B 的剪力感應線，則將斷面切開以去除斷面 B 兩側不能相對移動或轉動的束制（其他束制保持原狀，如支承點 A、C、E 不能垂直移動但可轉動；鉸接 D 可以移動與轉動），並使斷面兩側沿剪力的正向（斷面左側向下，斷面右側向上）相對移動一個單位量，變形成圖 5-3-4 的形狀，與圖 5-2-17(a)的形狀相符。

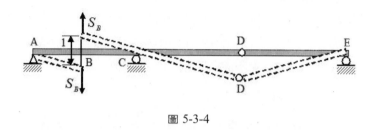

圖 5-3-4

　　如欲求斷面 B 的彎矩感應線，將斷面置入鉸接以去除斷面兩側不能轉動的束制，但仍維持不能相對移動的限制，並使斷面兩側依彎矩的正向（斷面左側逆鐘向，斷面右側順鐘向）相對轉動一個單位量，則變形成圖 5-3-5 的形狀，與圖 5-2-17(b)的形狀相符。

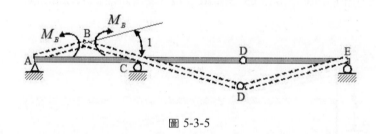

圖 5-3-5

　　靜定結構去除一個束制後，形成一個不穩定結構，因其桿件的形狀可以維持原來直線形狀，故其感應線必為直線，此可由前面數例均為直線的反力、剪力或彎矩感應線得證。反之，超靜定結構去除一個束制後仍屬穩定結構，故其感應線可能為曲線。

5-3-2　Müller-Breslau's 原理繪製感應線

　　5-2 節已經論述以靜力平衡方程式繪製感應線圖的方法與實例；如果結合靜力平衡方程式與 Müller-Breslau's 原理將可快速繪得感應線圖。其步驟略述如下：

1. 利用 Müller-Breslau's 原理繪製感應線雛形

　　(1)將結構中感應線力素（反力、剪力、彎矩）的束制去除，使能產生相對移動或轉動。

(2)在去除束制處沿力素的正向，使產生單位量的移動或轉動，而得到變形的結構物，其形狀即為感應線的雛形。特別注意，未去除的束制仍然維持其束制功能。

2.利用感應線的幾何關係與靜力平衡方程式計算感應線重要點的縱標標值

(1)在感應線斜率變化處可置一單位載重，利用靜力平衡方程式或條件方程式計算該點的反應函數值，即得該點的感應線縱座標值。剪力計算時，應於斷面兩側各置一次單位載重以計算反應函數值。

(2)其他各點的縱座標值，可利用相似三角形的幾何關係推算之。

5-3-3　Müller-Breslau's 原理數值例題

例題 5-3-1

試以 Müller-Breslau's 原理繪製圖 5-3-6 外伸簡支樑支承點 B、D 的垂直反力感應線及斷面 C 的剪力與彎矩感應線？

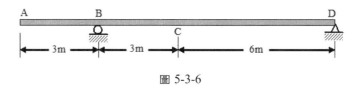

圖 5-3-6

解答：

B_Y **反力感應線**：將支承點 B 垂直反力的束制去除（使能上下移動），但支承點 D 仍維持不能上下移動的束制功能，使支承點 B 沿反力正向（向上）移動一個微量Δ，而得結構的變形線如圖 5-3-7(a)。此變形線與支承點 B 垂直反力 B_Y 的感應線形狀相似。

因為感應線為直線，故只要有線上兩個點的位置確定，則直線即告確定。圖 5-3-7(a)的支承點 D 為不能移動的點，故感應線在 D 點的位置為確定的；若能再確定直線上另一個點的位置，則整條直線的位置可以確定。如在圖 5-3-7(c)樑上 B 點加一單位載重，則可得支承點 B 的垂直反力為 $B_Y=1$，亦即Δ量為 1，故支承點 B 的反力感應線如圖 5-3-7(b)。感應線上其他點的縱座標可按相似三角形的幾何關係推算之；如點 A、C 的縱座標分別為 4/3、2/3 等。

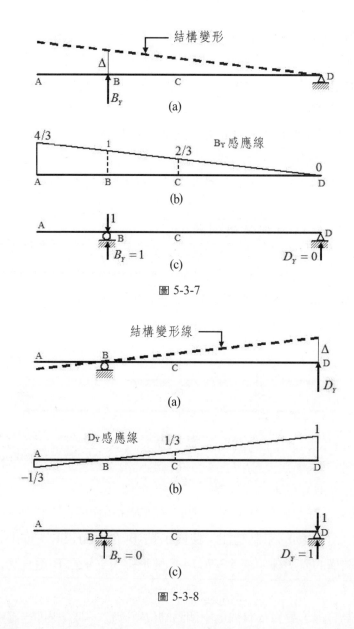

圖 5-3-7

圖 5-3-8

D_Y反力感應線：支承點 D 垂直反力的束制去除後，使支承點 D 沿反力正向（向上）移動一個微量Δ，而得結構的變形線如圖 5-3-8(a)。此變形線與支承點 D 垂直反力D_Y的感應線形狀相似。利用圖 5-3-8(c)確定感應線上點 D 的縱座標，再以三角形幾何關係推求感應線上其他各點的縱座標。

斷面 C 剪力感應線：將斷面 C 切開，使斷面兩側可以依左、右側正向剪力的方向（左側向下、右側向上）移動微量Δ_1、Δ_2，而形成斷面 C 剪力感應線的雛形如圖 5-3-9(a)。微量Δ_1、Δ_2的推算方式有二：(1)於緊鄰斷面 C 左側置一單位載重，推得

支承點反力為 B_Y = 2/3，D_Y = 1/3 如圖 5-3-9(c)，故 Δ_1 = −1/3；再於緊鄰斷面 C 右側置一單位載重得到相同支承反力，故 Δ_2 = 2/3；(2)當單位載重在斷面C左側移動時，其剪力為 D_Y 的負值；故取 D_Y 感應線樑段 AC 部分的負值；當單位載重在斷面 C 右側移動時，其剪力為 B_Y 的正值；故取 B_Y 感應線樑段 CD 部分即得整樑的斷面 C 感應線如圖 5-3-9(b)。

斷面 C 彎矩感應線：將斷面 C 切開置入一個鉸接，使斷面 C 兩側的桿件可依斷面兩側的正彎矩方向轉動，但左、右側不會有相對移動而形成斷面C彎矩感應線的雛形如圖 5-3-10(a)。將單位載重置於點 C，再依任一反力均可計得斷面 C 的彎矩為 2，如圖 5-3-10(c)，故得彎矩感應線如圖 5-3-10(b)。端點 A 的縱座標值可依相似三角形推得 −2。

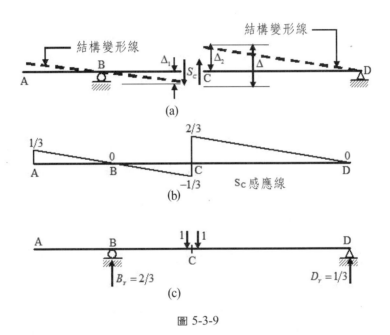

圖 5-3-9

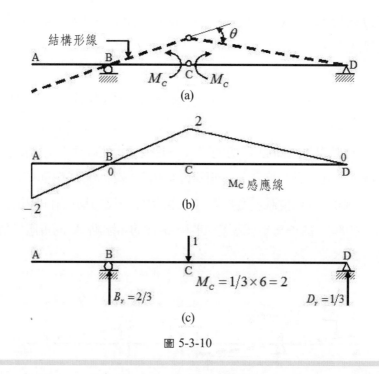

圖 5-3-10

例題 5-3-2

試以 Müller-Breslau's 原理繪製圖 5-3-11 外伸懸臂樑支承點 A、E 的垂直反力感應線、固定端 A、點 D 的彎矩感應線及斷面 B 的剪力感應線？

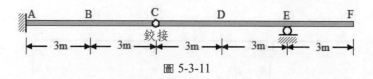

圖 5-3-11

解答：

A_Y反力感應線：將固定端 A 的束制改為可以支承水平力的滾接，使能沿垂直反力方向上下移動。使支承點A沿反力正向（向上）移動一個微量Δ，而得結構的變形線如圖 5-3-12(a)。此變形線與支承點 A 垂直反力A_Y的感應線形狀相似。

當單位載重在樑段 AC 間移動時，A_Y均為 1，故得反力感應線在 A、C 點間的縱座標值為 1，點 E 的縱座標值為 0，端點 F 的縱座標值為 − 0.5 如圖 5-3-12(b)。

E_Y反力感應線：支承點E垂直反力的束制去除後，使支承點E沿反力正向（向上）移動一個微量Δ，而得結構的變形線或E_Y反力感應線的雛形如圖 5-3-12(c)。單位載

重在點 E 時，E_Y 反力為 1，故得 E_Y 反力感應線縱座標值為 1，鉸接點 C 的感應線縱座標值為 0，也可推得端點 F 的縱座標值為 1.5，如圖 5-3-12(d)。

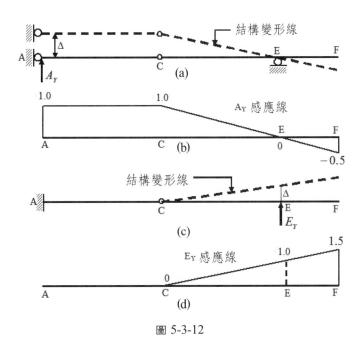

圖 5-3-12

固定端 A 彎矩感應線：將固定端 A 的束制改為鉸接，使樑段可以轉動而不能上下相對移動。於端點 A 施加正彎矩（逆鐘向）得結構變形線，或 A 端彎矩感應線雛形如圖 5-3-13(a)。將單位載重置於緊鄰鉸接點 C 左側如圖 5-3-13(c)，可以計得 M_A = 6，故得彎矩感應線縱座標值為 6；置單位載重於支承 E 得 M_A = 0，故可繪得固定端 A 的彎矩感應線如圖 5-3-13(b)。

斷面 B 剪力感應線：將斷面 B 切開使斷面兩側可以依左、右側正向剪力的方向（左側為固定端不能、右側向上）移動，而形成斷面 B 剪力感應線的雛形如圖 5-3-14(a)。當單位載重在樑段 AB 時，載重完全由固定端支撐，故斷面 B 的剪力為 0；當單位載重在樑段 BC 時，載重完全由固定端支撐且取樑段 BC 自由體，故斷面 B 的剪力為 1；當單位載重在支承點 E 時，載重完全由支承點 E 支撐，故斷面 B 的剪力為 0 如圖 5-3-14(c)；故得斷面 B 剪力感應線如圖 5-3-14(b)。

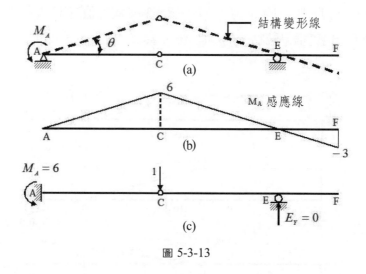

結構變形線

M_A

θ

M_A 感應線

圖 5-3-13

結構變形線

Δ

S_B 感應線

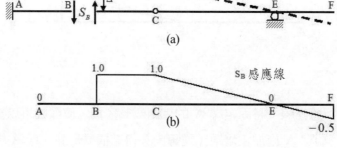

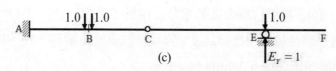

圖 5-3-14

斷面 D 彎矩感應線：將斷面 D 改為絞接，使斷面兩側樑段可以轉動但不能上下相對移動。於絞接點 D 兩側施加正彎矩（左側逆鐘向，右側順鐘向），得結構變形線或斷面 D 彎矩感應線雛形如圖 5-3-15(a)。將單位載重置於樑段 AC，載重完全由固定端 A 支承，故 $M_D = 0$；將單位載重置於點 D 如圖 5-3-15(c)可計得 $M_D = 1.5$，故繪得斷面 D 的彎矩感應線如圖 5-3-15(b)。當然端點 F 的彎矩感應線縱座標值也可推得 -1.5。

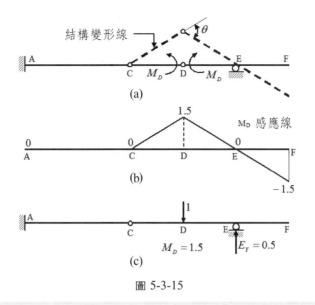

圖 5-3-15

例題 5-3-3

試以 Műller-Breslau's 原理繪製圖 5-3-16 靜定連續樑支承點 A、C 的垂直反力感應線？

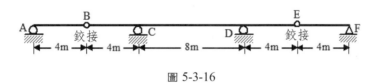

圖 5-3-16

解答：

A_Y **反力感應線：**將支承點 A 的束制移除，使能沿垂直反力方向上下移動。使支承點 A 沿反力正向（向上）移動一個微量Δ，而得結構的變形線或A_Y反力感應線雛形如圖 5-3-17(a)。當單位載重在支承點A時，A_Y為 1；當單位載重在支承點B右側任何位置時，A_Y為 0；故得A_Y反力感應線如圖 5-3-17(b)。

C_Y **反力感應線：**將支承點 C 的束制移除，使能沿垂直反力方向上下移動。使支承點 C 沿反力正向（向上）移動一個微量Δ，而得結構的變形線或C_Y反力感應線雛形如圖 5-3-18(a)。當單位載重在支承點 C 時，C_Y為 1；點 D 的感應線縱座標值為 0，依相似三角形幾何關係可推得點 B 的縱座標值為 1.5，點 E 的縱座標值為-0.5而繪得支承點 C 反力感應線如圖 5-3-18(b)。

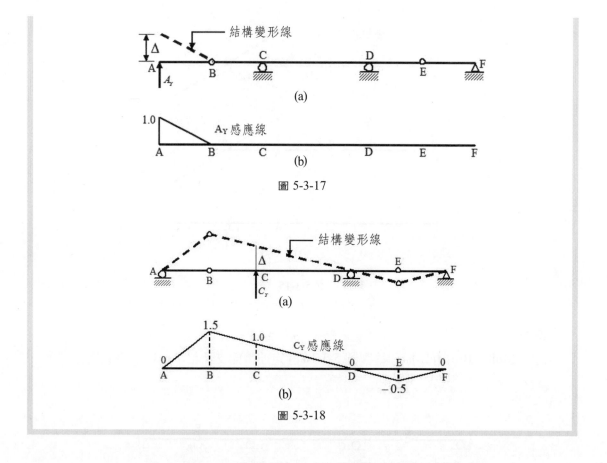

圖 5-3-17

圖 5-3-18

5-4　間接載重感應線

　　前面論述各例題的載重均直接施加於承受結構元素上，但是橋面系統為增大其跨度，其載重系統有如圖 5-4-1 的安排。圖中的橋面為承載經過橋樑各種車輛的集中或均佈載重的結構元素；這些載重透過縱樑（平行於橋的方向）、橫樑（垂直於橋的方向）等系統傳遞於最後承載元素的桁架或主樑（平行於橋的方向）。桁架或主樑的承受是經過縱樑、橫樑間接傳遞而達到的橋面載重，故屬間接載重。縱樑以簡支樑方式將載重傳遞於橫樑，橫樑再以簡支樑方式傳遞於主樑，這種設計可方便施工與結構分析。圖 5-4-2、圖 5-4-3 為圖 5-4-1 的 AA 斷面與 BB 斷面。

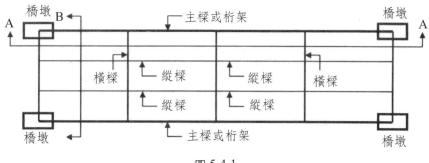

圖 5-4-1

這種載重傳遞的安排使橋面上承受的均佈載重或集中載重，最後均以集中載重傳遞於桁架上的節點或主樑上橫樑與主樑的接觸點。

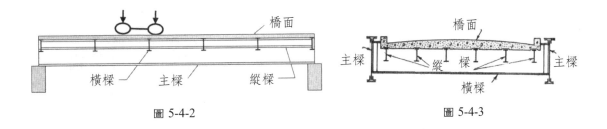

圖 5-4-2　　　　　　　　　　　　圖 5-4-3

5-4-1　間接載重主樑的感應線

主樑間接載重的特性是僅在樑上某些點承受集中載重，且不可能承受均佈載重。本節討論這種載重特性對相關感應線的影響。茲以圖 5-4-4(a)的間接載重樑為例研討之。

反力感應線：因為不論橋面承受何種載重，最後均透過載重傳遞系統傳達於主樑兩側的支承點上，故支承點的反力可以視同橋面載重直接施加於主樑所產生的反力。於橋面上距左支承點 x 處置單位載重，並套用靜力平衡方程式

$$\Sigma M_F = 0 \text{ 得} - A_Y(L) + 1(L-x) = 0，解得 A_Y = 1 - x/L$$

$$+\uparrow \Sigma F_Y = 0 \text{ 得} F_Y + (1-x/L) - 1 = 0，解得 F_Y = x/L$$

故得支承點 A 及 F 的反力感應線如圖 5-4-4(b)及圖 5-4-4(c)。

間接載重樑剪力特性：間接載重樑僅承受集中載重，故集中載重間樑斷面的剪力值均相同，如圖 5-4-4(a)的點 G 與點 H 為節點 B、C 間的兩個點，其剪力值均相等；因此間接載重樑的剪力係指節間（Panel）剪力，其感應線稱為節間感應線。

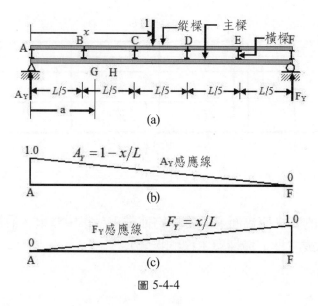

圖 5-4-4

節間 BC 剪力感應線：當單位載重在圖 5-4-4(a)節點 B 左側移動時，節間 BC 間的任何一個斷面之剪力均等於支承點 F 反力的負值，即

$$S_{BC} = -F_Y = -x/L \quad 0 \le x \le L/5$$

當單位載重在節點 C 右側移動時，節間 BC 間的任何一個斷面之剪力均等於支承點 A 反力的正值，即

$$S_{BC} = A_Y = 1 - x/L \quad 2L/5 \le x \le L$$

當單位載重在節間 BC 間移動時，橫樑 B、C 的反力變成載重施加於主樑點 B、C 如圖 5-4-5(a)，則節間 BC 的任何一個斷面之剪力為

$$S_{BC} = A_Y - F_B = (1 - x/L) - (2 - 5x/L) = -1 + 4x/L \quad L/5 \le x \le 2L/5$$

整理可得節間 BC 的剪力反應函數為

$$S_{BC} = \begin{cases} -x/L & 0 \le x \le L/5 \\ -1 + 4x/L & L/5 \le x \le 2L/5 \\ 1 - x/L & 2L/5 \le x \le L \end{cases}$$

節間 BC 的剪力感應線如圖 5-4-5(b)。

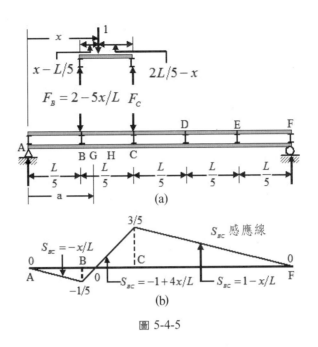

圖 5-4-5

節間剪力感應線亦屬直線，繪製時可以略去節間剪力反應函數的推導，而以直線連接節間兩側剪力感應線即得。閱讀間接載重主樑剪力感應線應特別注意，橫座標代表的是單位載重在橋面上的位置，而其所相當的縱座標值當然是該位置所對應主樑上斷面的剪力，也是該斷面所屬節間內所有斷面的均等剪力。

斷面 G 彎矩感應線：斷面 G 屬節間 BC 間的斷面，當單位載重在圖 5-4-4(a)節點 B 左側移動時，斷面 G 的彎矩為

$$M_G = F_Y (L-a) = x (L-a)/L \quad 0 \le x \le L/5$$

當單位載重在節點 C 右側移動時，斷面 G 的彎矩為

$$M_G = A_Y (a) = (1 - x/L)a \quad 2L/5 \le x \le L$$

當單位載重在節間 BC 間移動時，橫樑 B、C 的反力變成載重施加於主樑點 B、C 如圖 5-4-5(a)，則斷面 G 的彎矩為

$$M_G = A_Y (a) - F_B (a - L/5) = 2L/5 - a - (1 - 4a/L) \quad L/5 \le x \le 2L/5$$

整理可得，斷面 G 的彎矩反應函數為

$$M_G = \begin{cases} x(L-a)/L & 0 \leq x \leq L/5 \\ 2L/5 - a - (1-4a/L) & L/5 \leq x \leq 2L/5 \\ (1-x/L)a & 2L/5 \leq x \leq L \end{cases}$$

斷面 G 的彎矩感應線如圖 5-4-6(a)。

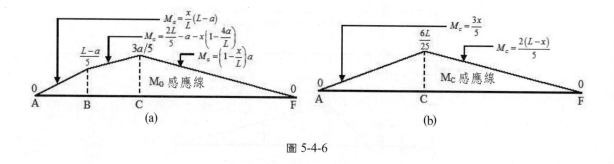

圖 5-4-6

斷面 G 的彎矩反應函數中含有單位載重位置 x 與斷面 G 位置 a 等兩個變數,故節間內各斷面彎矩均異,而節間內剪力反應函數中僅含單位載重位置 x,故節間內斷面剪力與斷面位置無關。

斷面 C 彎矩感應線:斷面 C 為橫樑與主樑接觸點,當單位載重在圖 5-4-4(a)節點 C 左側移動時,斷面 C 的彎矩為

$$M_C = F_Y\left(\frac{3L}{5}\right) = \frac{3x}{5} \quad 0 \leq x \leq 2L/5$$

當單位載重在節點 C 右側移動時,斷面 C 的彎矩為

$$M_C = A_Y\left(\frac{2L}{5}\right) = \frac{2}{5}(L-x) \quad 2L/5 \leq x \leq L$$

整理可得斷面 C 的彎矩反應函數為

$$M_C = \begin{cases} 3x/5 & 0 \leq x \leq 2L/5 \\ 0.4(L-x) & 2L/5 \leq x \leq L \end{cases}$$

斷面 C 的彎矩感應線如圖 5-4-6(b)
節點的彎矩感應線與載重直接施加於主樑的彎矩感應線相同。

5-4-2　間接載重數值例題

例題 5-4-1

試繪製圖 5-4-7 間接載重主樑節間 BC 的剪力感應線與節點 B 的彎矩感應線？

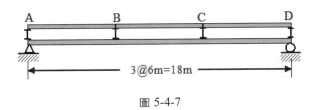

圖 5-4-7

解答：

S_{BC} 節間剪力感應線：將單位載重置於節點 A、B、C、D 如圖 5-4-8(a)計算支承點反力及節間 BC 剪力如下表：

單位載重在節點	支承點反力	節間 BC 剪力
A	$D_Y=0$	$S_{BC}=0$
B	$D_Y=1/3$	$S_{BC}=-1/3$
C	$A_Y=1/3$	$S_{BC}=1/3$
D	$A_Y=0$	$S_{BC}=0$

依據上表可繪得樑段 AB 與樑段 CD 的感應線，節間 BC 的感應線可直接連接節點 B、C 的感應線而得如圖 5-4-8(b)。

斷面 B 彎矩感應線：節點 B（斷面 B）為橫樑與主樑接觸點，當單位載重在圖 5-4-8(a)節點 B 左側移動時，斷面 B 的彎矩反應函數為

$$M_B = \frac{x}{18}(12) = 2x/3 \quad 0 \le x \le 6$$

當單位載重在節點 B 右側移動時，斷面 B 的彎矩反應函數為

$$M_B = \frac{18-x}{18}(6) = 6 - x/3 \quad 6 \le x \le 18$$

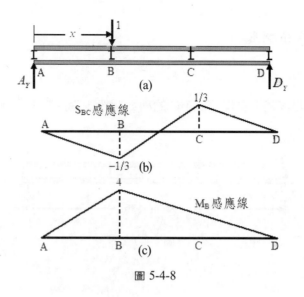

圖 5-4-8

整理可得斷面 B 的彎矩反應函數為

$$M_B = \begin{cases} 2x/3 & 0 \le x \le 6 \\ 6 - x/3 & 6 \le x \le 18 \end{cases}$$

斷面 B 的彎矩感應線如圖 5-4-8(c)。

例題 5-4-2

試繪製圖 5-4-9 間接載重主樑節間 CD 的剪力感應線與節點 D 的彎矩感應線?

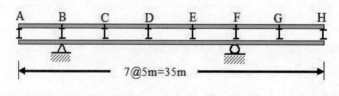

圖 5-4-9

解答:

S_{CD} 節間剪力感應線:將單位載重置於節點 B、C、D、F 等重要節點如圖 5-4-10(a),計算支承點反力及節間 CD 剪力如下表:

單位載重在節點	支承點反力	節間 CD 剪力
B	$F_Y = 0$	$S_{CD} = 0$
C	$F_Y = 1/4$	$S_{CD} = -1/4$
D	$B_Y = 1/2$	$S_{CD} = 1/2$
F	$B_Y = 0$	$S_{CD} = 0$

依據上表可繪得樑段 BC 的感應線並延長至點 A；繪得樑段 DF 的感應線並延長至點 H；節間 CD 的感應線可直接連接節點 C、D 的感應線而得如圖 5-4-10(b)。

斷面 D 彎矩感應線：節點 D（斷面 D）為橫樑與主樑接觸點，當單位載重在圖 5-4-10(a)節點 D 左側移動時，斷面 D 的彎矩反應函數為

$$M_D = \frac{x-5}{20}(10) = 0.5x - 2.5 \quad 0 \le x \le 15$$

當單位載重在節點 D 右側移動時，斷面 D 的彎矩反應函數為

$$M_D = \frac{25-x}{20}(10) = 12.5 - 0.5x \quad 15 \le x \le 35$$

整理可得斷面 D 的彎矩反應函數為

$$M_D = \begin{cases} 0.5x - 2.5 & 0 \le x \le 15 \\ 12.5 - 0.5x & 15 \le x \le 35 \end{cases}$$

斷面 D 的彎矩感應線如圖 5-4-10(c)。

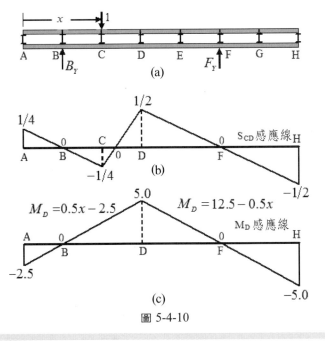

圖 5-4-10

例題 5-4-3

試繪製圖 5-4-11 間接載重主樑支承點 A 的反力感應線、節間 CD 的剪力感應線與節點 D 的彎矩感應線？

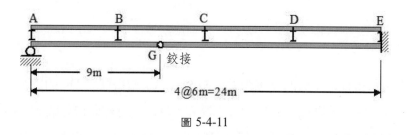

圖 5-4-11

解答：

A_Y反力感應線：將單位載重置於節點 A、B、C 等重要節點如圖 5-4-12(a)，計算支承點反力如下表：

單位載重在節點	支承點 A 反力
A	$A_Y = 1$
B	$A_Y = 1/3$
C	$A_Y = 0$

依據上表可繪得支承點 A 的反力感應線而得如圖 5-4-12(b)。

S_{CD}節間剪力感應線：將單位載重依據置於節點 A、B、C、D、E 等重要節點如圖 5-4-10(a)，計算支承點反力及節間 CD 剪力如下表：

單位載重在節點	支承點反力	節間 CD 剪力
A	$A_Y = 1$	$S_{CD} = 0$
B	$A_Y = 1/3$	$S_{CD} = 1 - 1/3 = -2/3$
C	$A_Y = 0$	$S_{CD} = -1$
D	$A_Y = 0$	$S_{CD} = 0$
E	$A_Y = 0$	$S_{CD} = 0$

依據上表可繪得節間 CD 的剪力感應線如圖 5-4-12(b)。

節點 D 彎矩感應線：將單位載重依據置於節點 A、B、C、D、E 等重要節點，計算節點 D 彎矩如下表：

單位載重在節點	支承點反力	節點 D 彎矩
A	$A_Y = 1$	$M_D = 0$
B	$A_Y = 1/3$	$M_D = (1/3)(18) - 1(12) = -6$
C	$A_Y = 0$	$M_D = -1(6) = -6$
D	$A_Y = 0$	$M_D = 0$
E	$A_Y = 0$	$M_D = 0$

以直線連接上表各點即得節點 D 彎矩感應線如圖 5-4-12(d)。

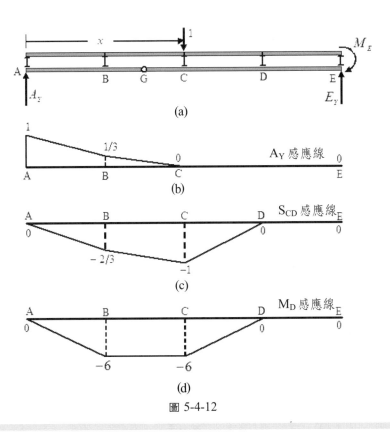

圖 5-4-12

5-5　桁架感應線

　　圖 5-4-1 的橋面系統將橋面載重透過縱樑、橫樑，而將載重以集中載重傳達於主樑上某些點或桁架上的節點。桁架如以其上弦節點承受間接載重者稱為上承桁架如圖 5-5-1(a)；如以其下弦節點承受間接載重者稱為下承桁架如圖 5-5-1(b)。

　　靜定桁架可以節點法、斷面法或兩者組合使用而獲得完全分析。如能以斷面法分析某一桿件的應力，則該應力的感應線將為其支承點反力感應線的某些倍數。茲先以一些數值例題說明感應線推算方法，再歸納其繪製程序。

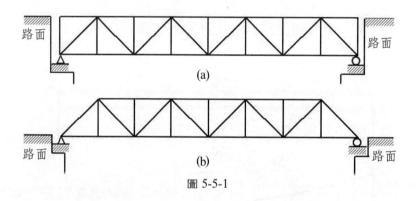

圖 5-5-1

5-5-2　桁架感應線數值例題

例題 5-5-1

試繪製圖 5-5-2 下承 Pratt 桁架中支承點 A、E 的反力感應線及 CI、CD、DI、IJ、FL 等桿件的應力感應線？

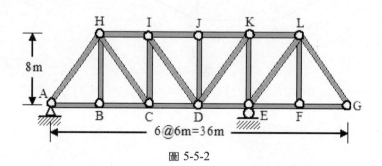

圖 5-5-2

解答：

支承反力感應線：圖 5-5-3(a)為整個下承 Pratt 桁架的自由體圖，其支承反力 A_Y 與 E_Y 可套用靜力平衡方程式推求之.

$$\Sigma M_A = 0 \text{ 得 } E_Y(24) - 1\,(x) = 0，解得 E_Y = x/24 \quad 0 \le x \le 36\text{m}$$

$$\Sigma M_E = 0 \text{ 得 } 1(24 - x) - A_Y(24) = 0，解得 A_Y = 1 - x/24 \quad 0 \le x \le 36\text{m}$$

繪得 A_Y 與 E_Y 感應線如圖 5-5-4(a)與圖 5-5-4(b)。

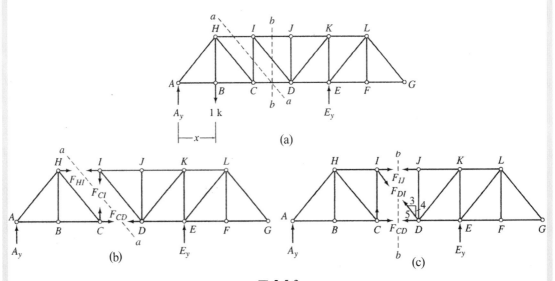

圖 5-5-3

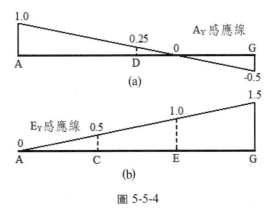

圖 5-5-4

垂直桿件 CI 應力感應線：圖 5-5-3(a)的斷面 aa 切斷桿件 HI、CI、DC，其兩側桁架自由體圖如圖 5-5-3(b)。當單位載重在節點 C 左側移動時，取右側自由體並套用靜

力平衡方程式

$$+\uparrow \Sigma F_Y=0 \text{ 得 } E_Y-F_{CI}=0,\text{解得 } F_{CI}=E_Y \quad 0\le x\le 12m$$

亦即 AC 部分的 F_{CI} 感應線即為 AC 部分的 E_Y 感應線。

當單位載重在節點 D 右側移動時,取左側自由體並套用靜力平衡方程式

$$+\uparrow \Sigma F_Y=0 \text{ 得 } A_Y+F_{CI}=0,\text{解得 } F_{CI}=-A_Y \quad 18m\le x\le 36m$$

亦即 DG 部分的 F_{CI} 感應線即為 DG 部分的 A_Y 感應線的負值。

當單位載重在節間 CD 間移動時,橫樑 C、D 的反力變成載重施加於主樑點 C、D 如圖 5-4-5(a),橫樑 C 施加於主樑節點 C 的載重為$(18-x)/6$,則

$$+\uparrow \Sigma F_Y=0 \text{ 得 } A_Y-(18-x)/6+F_{CI}=0,\text{解得 } F_{CI}=3-A_Y-x/6$$

適用於 $12m\le x\le 18m$ 節間

整理可得桿件 CI 的應力反應函數為

$$F_{CI}=\begin{cases} E_Y & 0\le x\le 12m \\ 3-A_Y-x/6 & 12m\le x\le 18m \\ -A_Y & 18m\le x\le 36m \end{cases}$$

桿件 CI 的應力感應線如圖 5-5-5(a)。節間 CD 的桿件 CI 應力感應線也可先繪節間左側及右側感應線,再以直線連接左側與右側感應線即得。因為桿件均假設為張力,故正的感應線縱座標值表示張力,負的感應線縱座標值表示壓力。

下弦桿件 CD 應力感應線:下弦桿 CD 可依斷面 aa 兩側桁架自由體圖;或依取切斷桿件 IJ、DI、CD 的斷面 bb 兩側桁架自由體圖如圖 5-5-3(c)推求之。茲以斷面 bb 為例推演之。當單位載重在節點 C 左側移動時,取右側自由體並套用靜力平衡方程式

$$\Sigma M_I=0 \text{ 得 } E_Y(12)-F_{CD}(8)=0,\text{解得 } F_{CD}=1.5E_Y \quad 0\le x\le 12m$$

亦即 AC 部分的 F_{CD} 感應線即為 AC 部分的 E_Y 感應線之縱座標值乘以 1.5 倍。

當單位載重在節點 C 右側移動時,取左側自由體並套用靜力平衡方程式

$$\Sigma M_I=0 \text{ 得 } A_Y(12)+F_{CD}(8)=0,\text{解得 } F_{CD}=-1.5A_Y \quad 12m\le x\le 36m$$

亦即 CG 部分的 F_{CD} 感應線即為 CG 部分的 A_Y 感應線之縱座標值乘以 1.5 倍的負值。

整理可得桿件 CD 的應力反應函數為

$$F_{CD}=\begin{cases} 1.5E_Y & 0\le x\le 12m \\ -1.5A_Y & 12m\le x\le 36m \end{cases}$$

桿件 CD 的應力感應線如圖 5-5-5(b)。

上弦桿件 IJ 應力感應線:上弦桿 IJ 可依圖 5-5-3(c)斷面 bb 兩側桁架自由體圖推求

之。當單位載重在節點 D 左側移動時，取右側自由體套用靜力平衡方程式

$$\Sigma M_D = 0 \text{ 得 } E_Y(6) + F_{IJ}(8) = 0 \text{，解得 } F_{IJ} = -0.75E_Y \quad 0 \le x \le 18\text{m}$$

亦即 AD 部分的 F_{IJ} 感應線即為 AD 部分的 E_Y 感應線縱座標值乘以 -0.75 倍。

當單位載重在節點 D 右側移動時，取左側自由體並套用靜力平衡方程式

$$\Sigma M_D = 0 \text{ 得 } -A_Y(18) - F_{IJ}(8) = 0 \text{，解得 } F_{IJ} = -2.25A_Y \quad 18\text{m} \le x \le 36\text{m}$$

亦即 DG 部分的 F_{IJ} 感應線即為 DG 部分的 A_Y 感應線縱座標值乘以 -2.25 倍。

整理可得，桿件 IJ 的應力反應函數為

$$F_{IJ} = \begin{cases} -0.75E_Y & 0 \le x \le 18\text{m} \\ -2.25A_Y & 18\text{m} \le x \le 36\text{m} \end{cases}$$

桿件 IJ 的應力感應線如圖 5-5-5(c)。

斜桿件 DI 應力感應線：斜桿 DI 可依圖 5-5-3(c)斷面 bb 兩側桁架自由體圖推求之。

當單位載重在節點 C 左側移動時，取右側自由體套用靜力平衡方程式

$$+\uparrow \Sigma F_Y = 0 \text{ 得 } E_Y + 4F_{DI}/5 = 0 \text{，解得 } F_{DI} = -1.25E_Y \quad 0 \le x \le 12\text{m}$$

亦即 AC 部分的 F_{DI} 感應線即為 AC 部分的 E_Y 感應線縱座標值乘以 -1.25 倍。

當單位載重在節點 D 右側移動時，取左側自由體並套用靜力平衡方程式

$$+\uparrow \Sigma F_Y = 0 \text{ 得 } A_Y - 4F_{DI}/5 = 0 \text{，解得 } F_{DI} = 1.25A_Y \quad 18\text{m} \le x \le 36\text{m}$$

亦即 DG 部分的 F_{DI} 感應線即為 DG 部分的 A_Y 感應線縱座標值乘以 1.25 倍。

整理可得，桿件 DI 在 AC 與 DG 部分的應力反應函數為

$$F_{DI} = \begin{cases} -1.25E_Y & 0\text{m} \le x \le 12\text{m} \\ 1.25A_Y & 18\text{m} \le x \le 36\text{m} \end{cases}$$

節間 CD 的桿件 DI 應力感應線可連接 C 點與 D 點感應線而成如圖 5-5-5(d)。

垂直桿件 FL 應力感應線：圖 5-5-6(a)為節點 F 的自由體圖，當單位載重在節點 A 至 E 或節點 G 時，桿件 FL 應力均為 0；當單位載重在點 F 時，桿件 FL 應力為 1；故其感應線如圖 5-5-6(b)。

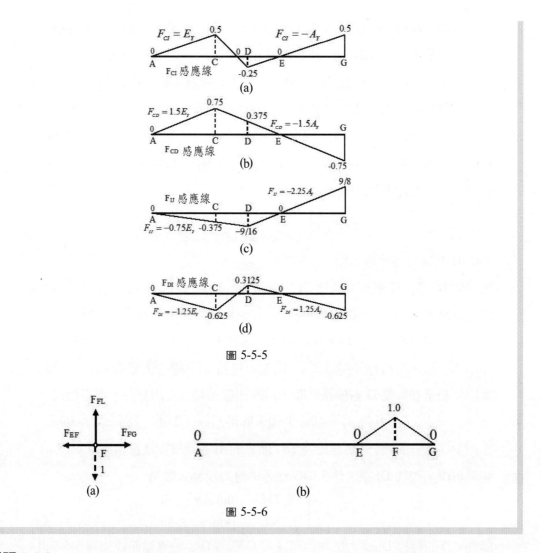

圖 5-5-5

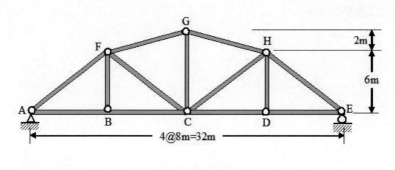

圖 5-5-6

例題 5-5-2

試繪製圖 5-5-7 下承 Parker 桁架中 AF、CF、CG 等桿件的應力感應線？

圖 5-5-7

解答：

支承反力感應線：因為許多桿件應力均為支承點反力感應線的某些倍數，故先推求反力感應線。圖 5-5-8(a)為整個下承 Parker 桁架的自由體圖，其支承反力 A_Y 與 E_Y 可套用靜力平衡方程式推求之

$$\Sigma M_A = 0 \text{ 得 } E_Y(32) - 1\,(x) = 0 \text{，解得 } E_Y = x/32 \quad 0 \leq x \leq 32\text{m}$$

$$\Sigma M_E = 0 \text{ 得 } 1(32 - x) - A_Y(32) = 0 \text{，解得 } A_Y = 1 - x/32 \quad 0 \leq x \leq 32\text{m}$$

繪得 A_Y 與 E_Y 感應線如圖 5-4-9(a)與圖 5-4-9(b)。

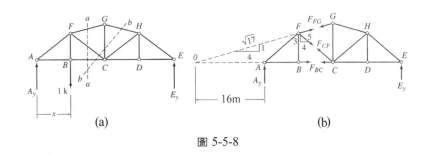

圖 5-5-8

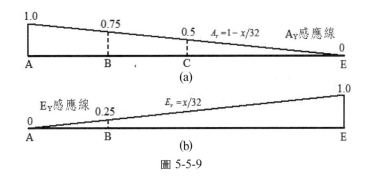

圖 5-5-9

斜桿件 AF 應力感應線：斜桿 AF 可依圖 5-5-10(a)節點 A 自由體圖推求之。當單位載重在節點 A 時，套用靜力平衡方程式

$$+\uparrow \Sigma F_Y = 0 \text{ 得 } A_Y - 1 + 3F_{AF}/5 = 0 \text{，因 } A_Y = 1 \text{ 故 } F_{AF} = 0 \quad x = 0\text{m}$$

當單位載重在節點 B 右側移動時，取左側自由體並套用靜力平衡方程式

$$+\uparrow \Sigma F_Y = 0 \text{ 得 } A_Y + 3F_{AF}/5 = 0 \text{，解得 } F_{AF} = -5A_Y/3 \quad 8\text{m} \leq x \leq 32\text{m}$$

亦即 BE 部分的 F_{AF} 感應線即為 BE 部分的 A_Y 感應線縱座標值乘以 $-5/3$ 倍。

整理可得桿件 AF 在點 A 與 BE 部分的應力反應函數為

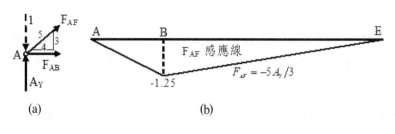

(a)   (b)

圖 5-5-10

$$F_{AF} = \begin{cases} 0 & x = 0\text{m} \\ -5A_Y/3 & 8\text{m} \le x \le 24\text{m} \end{cases}$$

節間 AB 的桿件 AF 應力感應線可連接感應線 A 點與 B 點而成如圖 5-5-10(b)。

斜桿件 CF 應力感應線：斜桿 CF 可取圖 5-5-8(a)切斷桿件 FG、CF、BC 的斷面 aa，及其兩側桁架自由體圖如圖 5-5-8(b)。桿力 F_{FG} 與 F_{BC} 相交於點 O。當單位載重在節點 B 左側移動時，取右側 CE 自由體並套用靜力平衡方程式

$$\Sigma M_O = 0 \text{ 得 } E_Y(32+16) + \frac{3}{5}F_{CF}(16+8+8) = 0 \text{，解得 } F_{CF} = -2.5E_Y$$

適用於 $0 \le x \le 8\text{m}$

當單位載重在節點 C 右側移動時，取左側自由體並套用靜力平衡方程式

$$\Sigma M_O = 0 \text{ 得 } A_Y(16) - \frac{4}{5}F_{CF}(6) - \frac{3}{5}F_{CF}(16+8) = 0 \text{，解得 } F_{CF} = \frac{5A_Y}{6}$$

適用於 $16\text{m} \le x \le 32\text{m}$

整理可得桿件 CF 在 AB 與 CE 部分的應力反應函數為

$$F_{CF} = \begin{cases} -2.5A_Y & 0\text{m} \le x \le 8\text{m} \\ 5A_Y/6 & 16\text{m} \le x \le 32\text{m} \end{cases}$$

節間 BC 的桿件 CF 的應力感應線可連接 B 點與 C 點而成如圖 5-5-11。

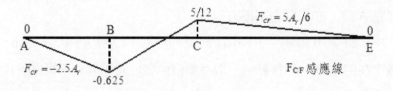

圖 5-5-11

垂直桿件 CG 應力感應線：圖 5-5-12(a)為節點 G 的自由體圖，有 F_{FG}、F_{CG}、F_{GH} 等三個未知桿力。套用靜力平衡方程式

$$+\uparrow \Sigma F_Y = 0 \ 得 - F_{CG} - \left(\frac{1}{\sqrt{17}}\right) F_{FG} - \left(\frac{1}{\sqrt{17}}\right) F_{GH} = 0 \ ,\ 簡化得$$

$$F_{CG} = \left(\frac{1}{\sqrt{17}}\right)(F_{FG} + F_{GH}) = 0 \tag{1}$$

$$+\rightarrow \Sigma F_X = 0 \ 得 - \left(\frac{1}{\sqrt{17}}\right) F_{FG} - \left(\frac{1}{\sqrt{17}}\right) F_{GH} = 0 \ ,\ 簡化得$$

$$F_{FG} = F_{GH} \tag{2}$$

解式(1)與式(2)得

$$F_{CG} = \frac{-2F_{FG}}{\sqrt{17}} \tag{3}$$

式(3)適用於全跨，亦即桿件 CG 的應力為桿件 FG 應力的 $-2\sqrt{17}$ 倍，因此只要求得桿件 FG 的感應線，當可推得桿件 CG 的感應線。

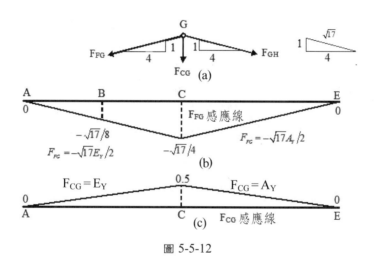

圖 5-5-12

由圖 5-5-8(b)知，當單位載重在節點 C 左側移動時，取右側自由體並套用靜力平衡方程式

$$\Sigma M_C = 0 \ 得 \left(\frac{4}{\sqrt{17}}\right) F_{FG}(8) + E_Y(16) = 0 \ ,\ 解得 \ F_{FG} = \frac{-\sqrt{17}E_Y}{2} \quad 0 \le x \le 16m$$

當單位載重在節點 C 右側移動時，取左側自由體並套用靜力平衡方程式

$$\Sigma M_C = 0 \ 得 - \left(\frac{1}{\sqrt{17}}\right) F_{FG}(8) - \left(\frac{4}{\sqrt{17}}\right) F_{FG}(6) - A_Y(16) = 0 \ ,\ 解得$$

$$F_{FG} = \frac{-\sqrt{17}A_Y}{2} \quad 16m \le x \le 32m$$

整理得桿件 FG 的應力反應函數為

$$F_{FG} = \begin{cases} -\sqrt{17}E_Y/2 & 0 \le x \le 16m \\ -\sqrt{17}A_Y/2 & 16m \le x \le 32m \end{cases}, \text{ 將式(3)帶入}$$

桿件 FG 的應力感應線如圖 5-5-12(b)。

由式(3)可得桿件 CG 的應力反應函數為

$$F_{CG} = \begin{cases} E_Y & 0 \le x \le 16m \\ A_Y & 16m \le x \le 32m \end{cases}$$

桿件 CG 的應力感應線在 AC 部分取 AC 部分的 E_Y 感應線；在 CE 部分取 CE 部分的 A_Y 感應線如圖 5-5-12(c)。

例題 5-5-3

試繪製圖 5-5-13 下承桁架中 HL 桿件的應力感應線？

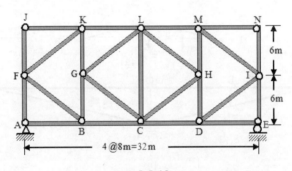

圖 5-5-13

解答：

支承反力感應線： 圖 5-5-14(a)為整個下承 K 桁架的自由體圖，其支承反力 A_Y 與 E_Y 可套用靜力平衡方程式推求之

$\Sigma M_A = 0$ 得 $E_Y(25.6) - 1 (x) = 0$，解得 $E_Y = x/25.6$　$0 \le x \le 25.6m$

$+\uparrow \Sigma F_Y = 0$ 得 $A_Y + x/25.6 - 1 = 0$，解得 $A_Y = 1 - x/25.6$　$0 \le x \le 25.6m$

繪得 A_Y 與 E_Y 感應線如圖 5-4-15(a)與圖 5-4-15(b)。

斜桿件 HL 應力感應線：

圖 5-5-14(a)中斷面 aa 切斷桿件 LM、HL、HC、CD 等四桿件，因為含有四個未知桿力，尚無法以靜力平衡方程式求解其應力。另一斷面 bb 及其兩側自由體如圖 5-5-14(b)，雖仍有四個未知桿力，但是其中三個桿力均通過節點 D，故可先推求桿力 LM，然後再據以推求桿力 HL。

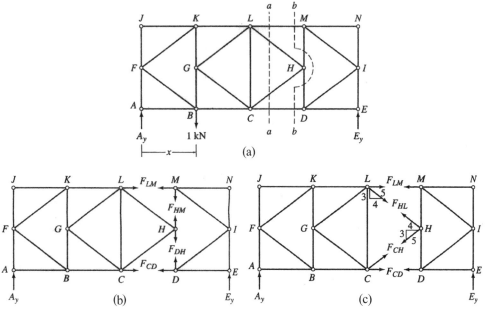

圖 5-5-14

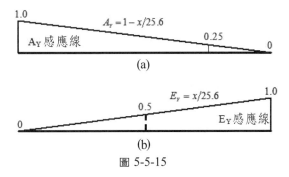

圖 5-5-15

就圖 5-5-14(b)，當單位載重在節點 D 左側移動並套用靜力平衡方程式

$$\Sigma M_D = 0 \ 得 \ F_{LM}(12) + E_Y(8) = 0，解得 \ F_{LM} = -2E_Y/3 \quad 0 \le x \le 24\text{m}$$

當單位載重在節點 D 右側移動並套用靜力平衡方程

$$\Sigma M_D = 0 \ 得 \ -F_{LM}(12) - A_Y(24) = 0，解得 \ F_{LM} = -2A_Y \quad 24\text{m} \le x \le 32\text{m}$$

整理可得桿件 LM 的應力反應函數為

$$F_{LM} = \begin{cases} -2E_Y/3 & 0 \le x \le 24\text{m} \\ -2A_Y & 24\text{m} \le x \le 32\text{m} \end{cases}$$

桿件 LM 的應力感應線如圖 5-5-16(a)。

桿力 F_{LM} 求得之後，可再依圖 5-5-14(c)斷面 aa 及其兩側自由體圖，推求桿力 F_{HL}。

當單位載重在節點 C 左側移動時，取右側自由體並套用靜力平衡方程式

$$\Sigma M_C = 0 \text{ 得 } F_{LM}(12) + \frac{4}{5}F_{HL}(6) + \frac{3}{5}F_{HL}(8) + E_Y(16) = 0 \text{，}$$

解得 $F_{HL} = -5E_Y/6$ 適用於 $0 \leq x \leq 16m$

當單位載重在節點 D 右側移動時，取左側自由體並套用靜力平衡方程式

$$\Sigma M_C = 0 \text{ 得 } -A_Y(16) - F_{LM}(12) - \frac{4}{5}F_{HL}(12) = 0 \text{，解得 } F_{HL} = -5A_Y/6$$

適用於 $24m \leq x \leq 32m$

整理可得桿件 HL 在 AC 與 DE 部分的應力反應函數為

$$F_{HL} = \begin{cases} -5E_Y/6 & 0m \leq x \leq 16m \\ 5A_Y/6 & 24m \leq x \leq 32m \end{cases}$$

節間 CD 的桿件 HL 的應力感應線可連接感應線 C 點與 D 點而成如圖 5-5-16(b)。

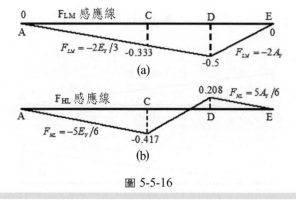

圖 5-5-16

5-5-3　桁架感應線繪製程序

綜合前述三個例題可歸納桁架感應線繪製程序如下：

1. 繪製整個桁架的支承反力感應線

2. 利用節點或斷面平衡法尋覓可以求解桿件應力的平衡方程式。如果平衡方程式中僅含一個未知桿力，即可推得桿件應力反應函數。如果平衡方程式中含一個以上未知桿力，則應先推求其他桿力的感應線，再推求本桿應力反應函數。例如，例題 5-5-3 中推求桿力 CG 的感應線，則因平衡方程式中含有未知桿力 FG，故需先求桿力 FG 的感應線，再推桿力 CG 的感應線。

3. 如果使用斷面平衡法求解反應函數，則應將單位載重施加於斷面節間左側移動，取節間右側自由體推其反應函數；再將單位載重施加於斷面節間右側移動，取節間左側自由體推其反應函數；節間的感應線以直線連接左右感應線即可。

4. 如果使用節點平衡法求解反應函數，若節點並非載重節點，則以平衡方程式推求應力反應函數，如例題 5-5-2 推求桿力 CG 的應力反應函數。若節點為載重節點，則先以單位載重施加於該節點推求桿件應力反應函數；再將單位載重施加於該節點緊鄰節間以外的節間推求其反應函數，如例題 5-5-2 推求桿件 AF 的應力感應線。

5. 如果桿力原始假設為張力，則感應線正縱座標值表示張力，負縱座標值表示壓力，反之可以類推。

5-6　感應線之應用

一個結構物承受移動的單位載重，對結構物的反力、某斷面的剪力或彎矩、或某桿件的應力等反應函數值（Response Function）已可由感應線充分表達之。結構設計是結構分析的目的所在，應用感應線可以獲得以下兩個重要的設計資訊：

1. 結構物上某點（某處或某桿件）承受移動載重的最大反應函數（Maximum Response Function）值。例如，求結構物承受某一移動載重時，某一個斷面的最大正彎矩或最大負彎矩等。

2. 結構物上所可能發生絕對最大反應函數（Absolute Maximum Response Function）的位置與函數值。例如，求結構物承受某一移動載重時，某一個斷面產生的絕對最大正彎矩或絕對最大負彎矩等。

5-6-1　單移動載重最大反應函數值

反應函數感應線的橫座標表示單位載重的位置，其相當的縱座標表示單位載重在該位置時的反應函數（反力、剪力或彎矩）值，因此可以獲得如下的敘述：

1. 單移動載重量乘以某一反應函數感應線上某處的縱座標值等於該移動載重行經該處時的反應函數（反力、剪力或彎矩）值。

2. 單移動載重行經感應線上最大正縱座標值處，則單位移動載重量乘以該最大縱座標值，即得最大反應函數值的發生處及函數值。

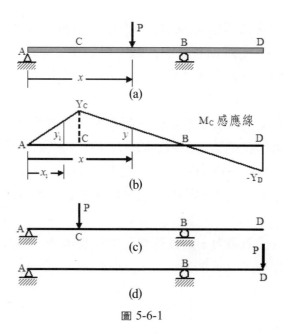

圖 5-6-1

例如，圖 5-6-1(a)為承受單移動載重 P 的簡支樑；圖 5-6-1(b)為樑上斷面 C 的彎矩感應線。如果單位載重 P 在距支承點 A 的距離為 x 時，則因感應線上 x 處的縱座標為正的 y，故斷面 C 的彎矩為正的 Py；同理，單位載重 P 在距支承點 A 的距離為 x_1 時，斷面 C 的彎矩為正的 Py_1。

如欲尋覓單移動載重在哪一個位置時可使斷面 C 的正彎矩最大，則可在感應線上尋覓最大正縱座標值處，再以該縱座標值 Y_C 乘以單移動載重 P 即得，亦即單移動載重在斷面 C 處可產生最大正彎矩 PY_C；同理，當單移動載重 P 移到端點 D 時將使斷面 C 產生最大負彎矩 $-PY_D$。

例題 5-6-1

圖 5-6-2 為一承受 50kN 移動載重的靜定連續樑，試決定移動載重在哪一個位置時，可得支承點 C 的最大向上及向下反力？

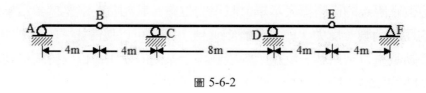

圖 5-6-2

解答：

支承反力感應線：由例題 5-3-3 知支承點 C 的反力感應線如圖 5-6-3(a)。

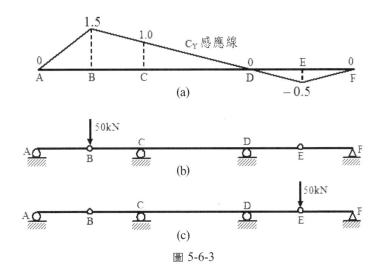

圖 5-6-3

支承點 C 的反力感應線中，最大正縱座標值發生於鉸接點 B，故當 50kN 移動載重如圖 5-6-3(b)在鉸接點 B 時，支承點 C 的最大正向反力為 $50 \times 1.5 = 75\text{kN} \uparrow$；最大負縱座標值發生於鉸接點 E，故當 50kN 移動載重如圖 5-6-3(c)在鉸接點 E 時，支承點 C 的最大負向反力為 $50 \times 0.5 = 25\text{kN} \downarrow$。

5-6-2　均佈載重最大反應函數值

圖 5-6-4(a)為一承受均佈載重 w 的簡支外伸樑及斷面 C 的彎矩感應線，則因均佈載重所產生的斷面 C 彎矩可推演如下：

假設均佈載重中某一點距支承點 A 的距離為 x，在該處的感應線縱座標為 y。在微小寬度 dx 內的集中載重為 $dP = wdx$，則該集中載重所產生的斷面 C 彎矩為 $dM_C = dPy = wydx$。當均佈載重的左端點與右端點距支承點 A 的距離為 a 與 b 時，則均佈載重在斷面 C 所產生的總彎矩為

$$M_C = \int_a^b wydx = w\int_a^b ydx$$

上式中的定積分值 $\int_a^b ydx$ 代表均佈載重的位置與寬度在感應線上所相當的面積（如圖中右斜線部分面積）。因此，全程等值的均佈載重所產生的反應函數值（如彎

矩值），等於該均佈載重在感應線上所涵蓋面積乘以均佈載重值；全程不等值的均佈載重則需於定積分式中加入均佈載重變化的函數。

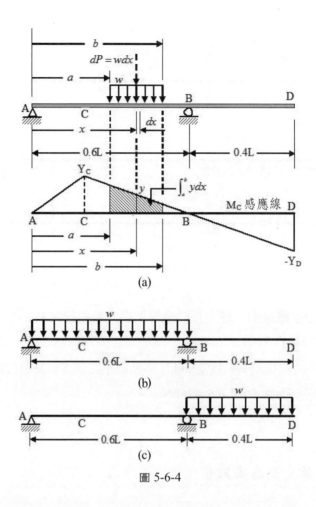

圖 5-6-4

　　如將均佈載重置於感應線上所有正縱座標值的區域（如圖 5-6-4(b)樑段 AB），則可推得斷面 C 的最大正彎矩為

$$M_C = w(1/2)(0.6L)(Y_C) = 0.3wLY_C$$

同理，均佈載重布置於圖 5-6-4(c)樑段 BD，則可得斷面 C 的最大負彎矩為

$$M_C = w(1/2)(0.4L)(Y_D) = 0.3wLY_D$$

由以上說明，可獲得如下的敘述（僅適用於全程等值的均佈載重）：

1. 均佈載重在結構上所產生的某一反應函數值（如反力、剪力或彎矩）為該均佈

載重的位置與寬度在感應線上淨面積（Net Area）乘以均佈載重量。

2. 均佈載重布置於感應線上所有正縱座標值的區間可得最大正反應函數值；同理，若布置於感應線上所有負縱座標值的區間可得最大負反應函數值。

例題 5-6-2

例題 5-6-1 的靜定連續樑承受 20kN/m 的均佈載重，試決定均佈載重的布置方式，可得支承點 C 的最大向上及向下反力？

解答：

支承反力感應線：由例題 5-3-3 知支承點 C 的反力感應線如圖 5-6-5(a)。

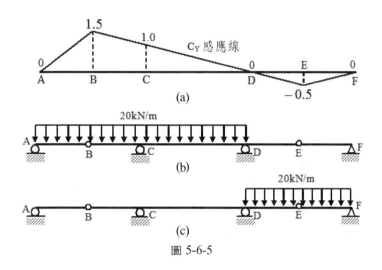

圖 5-6-5

支承點 C 的反力感應線在節間 AD 間的縱座標值均為正，故當移動均佈載重布滿節間 AD 時，可產生最大正向反力為 $20[1/2(1.5)(4+4+8)]=240kN\uparrow$；同理，均佈載重布滿節間 DF，可產生最大負向反力為 $20[1/2(0.5)(4+4)]=40kN\downarrow$。

例題 5-6-3

圖 5-6-6 為一外伸簡支樑，假設樑材的重量 15kN/m，若該樑承受一個 90kN 的移動集中載重及一個 30kN/m 的均佈載重，試決定斷面 C 的最大正彎矩與最大負彎矩，最大正剪力與最大負剪力的載重布置情形？

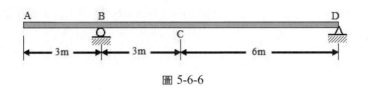

圖 5-6-6

解答：

最大剪力：圖 5-6-7(a)為斷面 C 的剪力感應線，為使斷面 C 的正剪力最大，則 90kN 的集中載重應置於感應線上正縱座標值最大之處，即點 C 稍右之處；樑材重量無法控制，跨布全樑；活均佈載重則需布置於感應線上所有正縱座標值處，即樑段 AB 與樑段 CD 如圖 5-6-7(b)。可得最大正剪力值為

$$S_{C1} = 90(2/3) = 60\text{kN}（集中載重貢獻）$$

$$S_{C2} = (15 + 30)(1/2)(3)(1/3) = 22.5\text{kN}（樑段 AB 均佈載重貢獻）$$

$$S_{C3} = (15)(1/2)(3)(-1/3) = -7.5\text{kN}（樑段 BC 均佈載重貢獻）$$

$$S_{C4} = (15 + 30)(1/2)(6)(2/3) = 90\text{kN}（樑段 CD 均佈載重貢獻）$$

$$S_C = 60 + 22.5 - 7.5 + 90 = 165\text{kN}$$

樑段 BC 的感應線縱座標均為負值，故應將集中載重置於點 C 稍左之處，將活均佈載重布置於樑段 BC 處如圖 5-6-7(c)，故最大負剪力值為

$$S_{C1} = 90 (-1/3) = -30\text{kN}（集中載重貢獻）$$

$$S_{C2} = (15)(1/2)(1/3)(3) = 7.5\text{kN}（樑段 AB 均佈載重貢獻）$$

$$S_{C3} = (15 + 30)(1/2)(-1/3)(3) = -22.5\text{kN}（樑段 BC 均佈載重貢獻）$$

$$S_{C4} = (15)(1/2)(2/3)(3) = 15\text{kN}（樑段 CD 均佈載重貢獻）$$

$$S_C = -30 + 7.5 - 22.5 + 15 = -30\text{kN}$$

最大彎矩：圖 5-6-8(a)為斷面 C 的彎矩感應線，為使斷面 C 的正彎矩最大，則 90kN 的集中載重應置於感應線上正縱座標值最大之處，即點 C 之處；樑材重量無法控制，跨布全樑；活均佈載重則需布置於感應線上所有正縱座標值處，即樑段 BD 如圖 5-6-8(b)。可得最大正彎矩值為

$$M_{C1} = 90(2) = 180\text{kN-m}（集中載重貢獻）$$

$$M_{C2} = (15)(1/2)(3)(-2) = -45\text{kN-m}（樑段 AB 均佈載重貢獻）$$

$$M_{C3} = (15 + 30)(1/2)(2)(3 + 6) = 405\text{kN-m}（樑段 BD 均佈載重貢獻）$$

$$M_C = 180 - 45 + 405 = 540\text{kN-m}$$

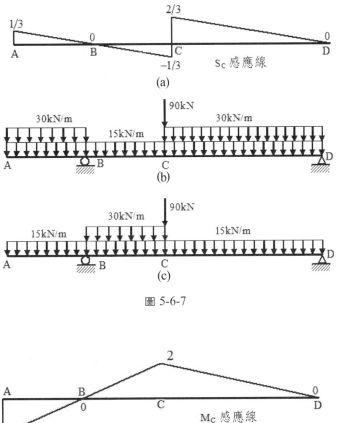

圖 5-6-7

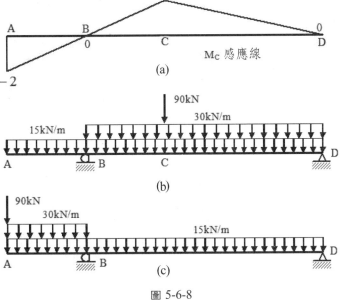

圖 5-6-8

點 A 的感應線負縱座標值最大，故將集中載重置於點 A；樑段 AB 的感應線縱座標值均為負值，故將均佈載重布置於樑段 AB 如圖 5-6-8(c)；即可得斷面 C 最大負彎矩值為

$$M_{C1} = 90\,(-2) = -180\text{kN-m}（集中載重貢獻）$$

$$M_{C2} = (15+30)(1/2)(3)(-2) = -135\text{kN-m}（樑段 AB 均佈載重貢獻）$$

$$M_{C3} = (15)(1/2)(2)(3+6) = 135\text{kN-m}（樑段 BD 均佈載重貢獻）$$

$$M_C = -180-135+135 = -180\text{kN-m}$$

5-6-3　系列移動載重最大反應函數值

　　橋樑上汽車或火車的載重是以載重間距固定的一系列集中載重（Series of Concentrated Load）表示之；如何利用感應線圖來計算某一位置的系列載重反應函數值及最大反應函數值是本節討論重點。圖 5-6-9 為 8k（千磅）、10k、15k、5k 等四個載重間距為 4、3、5 英尺的系列載重，由右而左通過一 30 英尺的橋樑。

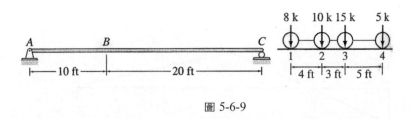

圖 5-6-9

　　圖 5-6-10 實線部分為斷面 B 的剪力感應線。圖中 x_1 為由支承點 C 向左起算的橫座標值，其所相當的縱座標值 y_1 為 $x_1/30$；x_2 為由支承點 A 向右起算的橫座標值，其所相當的縱座標值 y_2 為 $-x_2/30$。

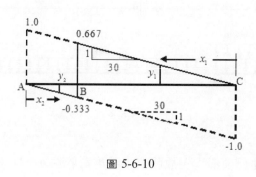

圖 5-6-10

　　因為反應函數為斷面 B 的剪力，故當一系列載重的第一個載重到達斷面 B 時，稱為載重位置 1（Loading Position 1），第二個載重到達斷面 B 時稱為載重位置 2 等。圖

5-6-11(a)為載重位置 1 的情形，此時斷面 B 的剪力值為各個載重量乘以其所相當的感應線縱座標值的總合，即

$$S_{B1} = 8(20)(1/30) + 10(16)(1/30) + 15(13)(1/30) + 5(8)(1/30) = 18.5\text{k}$$

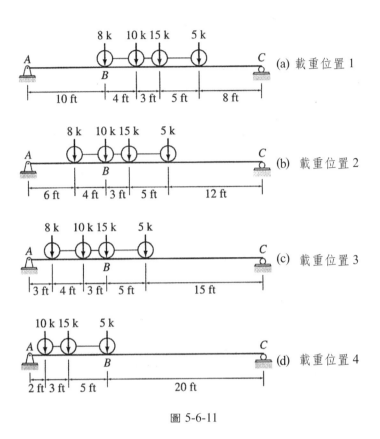

圖 5-6-11

圖 5-6-11(b)為載重位置 2 的情形，此時斷面 B 的剪力值為

$$S_{B2} = 8(6)(-1/30) + 10(20)(1/30) + 15(17)(1/30) + 5(12)(1/30) = 15.567\text{k}$$

圖 5-6-11(c)為載重位置 3 的情形，此時斷面 B 的剪力值為

$$S_{B3} = 8(3)(-1/30) + 10(7)(-1/30) + 15(20)(1/30) + 5(15)(1/30) = 9.367\text{k}$$

圖 5-6-11(d)為載重位置 4 的情形，此時第一個載重已經移出橋面，斷面 B 的剪力值為

$$S_{B4} = 10(2)(-1/30) + 15(5)(-1/30) + 5(20)(1/30) = 0.367\text{k}$$

由以上的剪力計算可知，系列載重中的任何一個載重到達斷面 B 的剪力，均比尚未到達前的剪力為大，至於哪一個載重到達斷面 B 可以產生最大剪力則尚無可行的解析法，只能如上述的試誤法（Try and Error）比較推得。由上述計算可得載重位置 1 的剪力最大。其他各種反應函數值及其最大值的推算方法可類推之。

5-6-4　絕對最大反應函數值

前面論述最大反應函數值係指某一支承反力、某一斷面剪力或彎矩或某一桿件應力在哪一個移動載重位置時反應函數值最大；絕對最大反應函數值則指移動載重經過時，哪一個支承點或斷面及在哪一個載重位置所發生的最大反應函數值；亦即多了一個斷面位置的未知數。

決定這個發生絕對最大反應函數值的斷面位置尚無明確有效的解析方法可資使用，實務上，橋樑設計可依據各種車輛的載重規範及相關表格以協助定位。本章僅就簡支樑的情形加以說明。

承受單移動載重 P 的簡支樑（樑跨長度 L），其絕對最大剪力 P 發生於支承點內側，絕對最大彎矩值 $PL/4$ 發生於樑跨之中點 $L/2$ 處。

承受均度載重 w 的簡支樑（樑跨長度 L），其絕對最大剪力 $wL/2$ 發生於支承點內側，絕對最大彎矩值 $wL^2/8$ 發生於樑跨之中點 $L/2$ 處。

承受系列移動集中載重的簡支樑（樑跨長度 L），其絕對最大剪力發生於支承點內側，絕對最大彎矩則發生於某一集中載重下的斷面。設該系列移動載重的合力載重 P_R，最靠近 P_R 的兩個輪重為 P_3 與 P_4，其與 P_R 的距離為 a 與 b 如圖 5-6-12；若 $P_3 > P_4$，將系列載重布置於使 P_3 與 P_R 中點恰在樑跨中點，則 P_3 輪下距左支承點 $(L-a)/2$ 處發生最大彎矩或載重合力 P_R 距左支承點 $(L+a)/2$ 處；若 $P_3 > P_4$，將系列載重布置於使 P_4 與 P_R 中點恰在樑跨中點，則 P_4 輪下距左支承點 $(L+b)/2$ 處發生最大彎矩或載重合力 P_R 距左支承點 $(L-b)/2$ 處；$P_3 = P_4$ 時，若 $a \leq b$，則按 $P_3 > P_4$ 方式處理，否則按 $P_3 < P_4$ 方式處理。

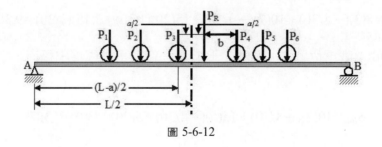

圖 5-6-12

例題 5-6-4

圖 5-6-13 簡支樑承受所示系列移動集中載重，試求絕對最大彎矩處及最大彎矩值？

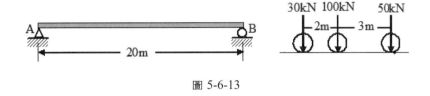

圖 5-6-13

解答：

系列移動集中載重的載重合力為 $30 + 100 + 50 = 180$kN，合力距 30kN 輪重的距離為

$$\bar{x} = \frac{100(2) + 50(2+3)}{30 + 100 + 50} = 2.5\text{m}$$

與載重合力 180kN 最靠近的兩個輪重為 100kN 與
50kN；100kN 與合力的距離為 $a = 2.5\text{m} - 2.0\text{m} = 0.5\text{m}$
如圖 5-6-14。

因為 100kN > 50kN，故絕對最大彎矩發生於 100kN 輪
下，

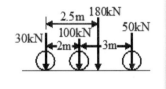

圖 5-6-14

100kN 輪重距支承點 A 的距離為 $(20 - 0.5)/2 = 9.75$m，

載重合力距支承點 A 的距離為 $(20 + 0.5)/2 = 10.25$m，

支承點 A 的反力 $A_Y = 180(20 - 10.25)/20 = 87.75$kN

絕對最大彎矩值為 $M_{\max} = 87.75(9.75) - 30(2) = 975.5625$kN-m

5-6-5　桁架感應表與桿力計算

圖 5-6-15 為例題 5-5-2 下承 Parker 桁架的節點與桿件另行編號的桁架圖。若將單位載重置於節點①時，可以計算所有桿件桿力與支承點反力；再依序將單位載重置於節點②、③、④、⑤，並計算所有桿件桿力與支承點反力，可得圖 5-6-16 的感應表。

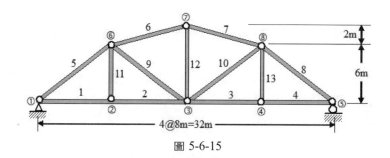

圖 5-6-15

	A	B	C	D	E	F
32	靜定平面桁架感應表					
33	桿件	單位載重在下列節點所產生桁架各桿桿力				
34		1	2	3	4	5
35	M1(1-2)	0.00000	1.00000	0.66667	0.33333	0.00000
36	M2(2-3)	0.00000	1.00000	0.66667	0.33333	0.00000
37	M3(3-4)	0.00000	0.33333	0.66667	1.00000	0.00000
38	M4(4-5)	0.00000	0.33333	0.66667	1.00000	0.00000
39	M5(1-6)	0.00000	-1.25000	-0.83333	-0.41667	0.00000
40	M6(6-7)	0.00000	-0.51539	-1.03078	-0.51539	0.00000
41	M7(7-8)	0.00000	-0.51539	-1.03078	-0.51539	0.00000
42	M8(8-5)	0.00000	-0.41667	-0.83333	-1.25000	0.00000
43	M9(6-3)	0.00000	-0.62500	0.41667	0.20833	0.00000
44	M10(3-8)	0.00000	0.20833	0.41667	-0.62500	0.00000
45	M11(2-6)	0.00000	1.00000	0.00000	0.00000	0.00000
46	M12(3-7)	0.00000	0.25000	0.50000	0.25000	0.00000
47	M13(4-8)	0.00000	0.00000	0.00000	1.00000	0.00000
48	H1	0.00000	0.00000	0.00000	0.00000	0.00000
49	V1	1.00000	0.75000	0.50000	0.25000	0.00000
50	V5	0.00000	0.25000	0.50000	0.75000	1.00000

圖 5-6-16

　　圖 5-6-15 中的①、②等表示節點編號，1、2、3 等表示桿件編號；圖 5-6-16 中儲存格 B34 的 1 表示單位載重在節點①時，則儲存格 B35～B50 表示各桿件桿力及支承點之水平與垂直反力。同理，儲存格C35～C50、D35～D50 等分別表示單位載重置於節點②、③等時，各桿件桿力及支承點之水平與垂直反力，比對圖 5-5-7 與圖 5-6-15 知，桿件 AF 相當桿件 5；圖 5-6-16 中儲存格 A39 的 M5（1-6）表示桿件 5 係由節點①連接到節點⑥；儲存格 B39～F39 分別表示單位載重在節點①、②、③、④、⑤時的桿件 5 應力；亦即表示桿件 5 的桿力感應線上節點處的桿力，負值表示壓力。圖 5-6-16 中第 43、40、46 列應分別與圖 5-5-11 的 CF 與圖 5-5-12 的 FG、CG 等桿件感應線相符；第 49、50 列分別相當支承點①、⑤反力感應線。

　　依據感應表可以整理得圖 5-6-17 的彙整表。彙整表乃為桁架承受移動載重時桿力的計算。表中第 54 列儲存格 B54 為桿件 1 感應線上各節點正縱座標值的總合；儲存格C54 為桿件 1 感應線上各節點負縱座標值的總合；儲存格 D54 為桿件 1 感應線上各

節點正負縱座標值的總合。因為透過橋面系統的載重均變成節點上的集中載重，節點
兩側縱樑上的均佈載重量即為節點載重，乘以正縱座標值總合可得桿件 1 的最大張
力；乘以負總座標值總合可得桿件 1 的最大壓力；乘以縱座標值總合可得承受全跨均
佈載重時，桿件 1 的桿力（可能張力或壓力）。

　　彙整表中第 54 列儲存格 E54 為桿件 1 感應線上各節點正縱座標值的最大值，乘
以單移動載重可得，集中載重所產生桿件 1 的最大張力；儲存格 F54 為桿件 1 感應線
上各節點負縱座標值之絕對值的最大值，乘以單移動載重可得，集中載重所產生桿件
1 的最大壓力。彙整表中第 70 列為各桿件感應線的總座標值，極大極小值彙整，可用
以推算絕對最大值。

	A	B	C	D	E	F	G	H
51	感應線摘要表							
52	桿件	每桿縱座標和			每桿最大縱座標值		均佈載重長度	
53		正縱座標	負縱座標	縱座標	正縱座標	負縱座標	張力	壓力
54	M1(1-2)	2.00000	0.00000	2.00000	1.00000	0.00000	32.00000	0.00000
55	M2(2-3)	2.00000	0.00000	2.00000	1.00000	0.00000	32.00000	0.00000
56	M3(3-4)	2.00000	0.00000	2.00000	1.00000	0.00000	32.00000	0.00000
57	M4(4-5)	2.00000	0.00000	2.00000	1.00000	0.00000	32.00000	0.00000
58	M5(1-6)	0.00000	-2.50000	-2.50000	0.00000	-1.25000	0.00000	32.00000
59	M6(6-7)	0.00000	-2.06155	-2.06155	0.00000	-1.03078	0.00000	32.00000
60	M7(7-8)	0.00000	-2.06155	-2.06155	0.00000	-1.03078	0.00000	32.00000
61	M8(8-5)	0.00000	-2.50000	-2.50000	0.00000	-1.25000	0.00000	32.00000
62	M9(6-3)	0.62500	-0.62500	0.00000	0.41667	-0.62500	19.20000	12.80000
63	M10(3-8)	0.62500	-0.62500	0.00000	0.41667	-0.62500	19.20000	12.80000
64	M11(2-6)	1.00000	0.00000	1.00000	1.00000	0.00000	16.00000	0.00000
65	M12(3-7)	1.00000	0.00000	1.00000	0.50000	0.00000	32.00000	0.00000
66	M13(4-8)	1.00000	0.00000	1.00000	1.00000	0.00000	16.00000	0.00000
67	H1	0.00000	0.00000	0.00000	0.00000	0.00000	0.00000	0.00000
68	V1	2.50000	0.00000	2.50000	1.00000	0.00000	32.00000	0.00000
69	V5	2.50000	0.00000	2.50000	1.00000	0.00000	32.00000	0.00000
70	MaxMin	2.50000	-2.50000	0.00000	0.00000	0.00000	0.00000	0.00000

圖 5-6-17

　　如果圖 5-6-15 下弦桿承受的樑材靜均佈載重為 5kN/m，移動均佈載重為 20kN/m，
單移動載重為 30kN。因為節間寬度為 8m，故樑材靜均佈載重相當 5 × 8＝40kN 的節
點集中載重，移動均佈載重為 20kN/m，相當 20 × 8＝160kN的節點集中載重。以桿件
9 為例，正縱座標值總合為 0.625，故因均佈載重產生的最大張力為(40＋160) × 0.625
＝125kN；負縱座標值總合為 － 0.625，故因均佈載重產生的最大壓力為(40＋160) ×
(－ 0.625)＝ － 125kN；縱座標值總合為 0，故全域布置均佈載重的桿力為 0。又因最大
正縱座標值為 0.41667，故單移動載重 30kN 對桿件 9 產生的最大張力為 30 × 0.41667
＝12.5kN；又因最大負縱座標值為 － 0.625，故單移動載重 30kN 對桿件 9 產生的最大
壓力為 30 × (－ 0.625)＝ － 18.75kN。

5-6-6 桁架感應表程式使用說明

使結構分析軟體試算表以外的空白試算表處於作用中（Active）。選擇☞結構分析／感應線／平面靜定桁架感應線／建立平面靜定桁架感應線試算表☞出現圖 5-6-18 輸入畫面。以前節說明例題為例，經輸入靜定桁架節點數（8）、靜定桁架桿件數（13）、單位載重從節點 1 到節點（5）、承受反力節點數（2）及小數位數（5）後，單擊「建立平面靜定桁架感應線試算表」鈕，即可產生圖 5-6-19 的平面靜定桁架感應線試算表。

圖 5-6-18

使用本程式以前應先將桁架節點及桿件賦予編號；圖 5-6-15 為下承 Parker 桁架，故單位載重應置於下弦節點以便計算感應表，本程式將從節點 1 開始逐一置放單位載重，因此下弦節點編號必須從 1 開始，當然也要告知最後一個下弦節點的編號，故圖 5-6-18 輸入畫面中須告知程式承受單位載重的最後節點號碼。桿件編號則除了必須從 1 號開始編碼外尚無需特別規定。

平面靜定桁架感應線試算表中儲存格 B7～C14 輸入各節點的座標值，儲存格 B16～C28 輸入各桿件的起止節點編號。儲存格 A30～C31 則指定支承點的支承能力。

以上資料輸入後，選擇☞結構分析／感應線／平面靜定桁架感應線/進行平面靜定桁架感應線分析☞出現圖 5-6-16、圖 5-6-17 的感應表及彙整表。選擇☞結構分析／感應線／平面靜定桁架感應線/列印平面靜定桁架感應線分析結果☞可將分析結果印出。

	A	B	C	D	E	F
3	平面靜定桁架感應線試算表					
4	桁架總節點數	8	桁架桿件數m	13		
5	承受反力節點數	2	承受單位載重最後節點數		5	
6	節點(I)	X(I)座標值	Y(I)座標值		反力數r	3
7	1	0.00000	0.00000	A	m+r=	16
8	2	8.00000	0.00000	B	節點數的2倍	16
9	3	16.00000	0.00000	C		靜定
10	4	24.00000	0.00000	D		穩定
11	5	32.00000	0.00000	E		
12	6	8.00000	6.00000	F		
13	7	16.00000	8.00000	G		
14	8	24.00000	6.00000	H		
15	桿件編號	起節點號	止節點號	△X	△Y	桿件長度
16	1	1	2	-8.00000	0.00000	8.00000
17	2	2	3	-8.00000	0.00000	8.00000
18	3	3	4	-8.00000	0.00000	8.00000
19	4	4	5	-8.00000	0.00000	8.00000
20	5	1	6	-8.00000	-6.00000	10.00000
21	6	6	7	-8.00000	-2.00000	8.24621
22	7	7	8	-8.00000	2.00000	8.24621
23	8	8	5	-8.00000	6.00000	10.00000
24	9	6	3	-8.00000	6.00000	10.00000
25	10	3	8	-8.00000	-6.00000	10.00000
26	11	2	6	0.00000	-6.00000	6.00000
27	12	3	7	0.00000	-8.00000	8.00000
28	13	4	8	0.00000	-6.00000	6.00000
29	承受反力節點	可受X反力0/1	可受Y反力0/1			
30	1	1	1			
31	5	0	1			

圖 5-6-19

習 題

★★★習題詳解請參閱 ST05 習題詳解.doc 與 ST05 習題詳解.xls 電子檔★★★

1. 試寫出簡支樑支承點 A、B 的垂直反力與斷面 C 的剪力與彎矩反應函數並繪製感應線圖？（圖一）

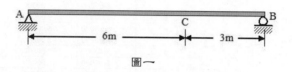

圖一

2. 試寫出懸臂樑支承點 A 的垂直反力與彎矩，支承點 B 的垂直反力與鉸接點 C 的剪力反應函數並繪製感應線圖？（圖二）

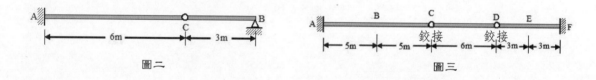

圖二　　　　　　　　　　　　圖三

3. 試寫出連續樑固定端點 A、F 的垂直反力與彎矩反應函數並繪製感應線圖？（圖三）

4. 試寫出剛架支承點 A、B、C 的垂直反力與鉸接點 E 的剪力反應函數並繪製感應線圖？（圖四）

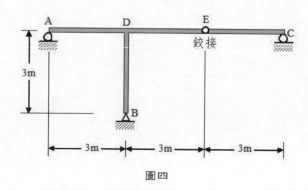

圖四

5.試寫出剛架支承點 A、B、C 的垂直反力與鉸接點 E 的剪力與彎矩反應函數並繪製感應
　線圖？（圖五）

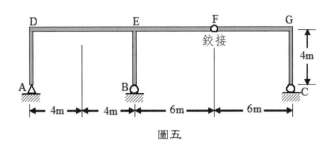

圖五

6.試依 Műller-Breslau's 原理繪製靜定連續樑支承點 A、C 的垂直反力感應線及斷面 D 的剪
　力與彎矩感應線？（圖六）

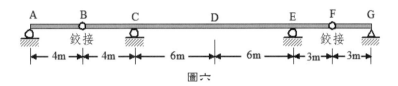

圖六

7.試依 Műller-Breslau's 原理繪製靜定連續樑支承點 A、E 的垂直反力感應線及鉸接點 C 的
　剪力感應線？（圖七）

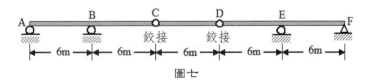

圖七

8.試繪製間接載重樑的節間 BC 的剪力與節點 B 的彎矩感應線？（圖八）

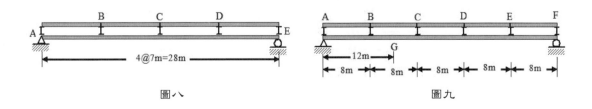

圖八　　　　　　　　　　　　　　圖九

9.試繪製間接載重樑的節間 CD 的剪力與斷面 G 的彎矩感應線？（圖九）

10.試繪製桁架中標示★桿件的桿力感應線？（圖十）

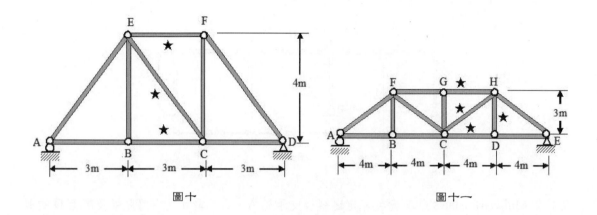

圖十

圖十一

11.試繪製桁架中標示★桿件的桿力感應線？（圖十一）

12.試繪製桁架中標示★桿件的桿力感應線？（圖十二）

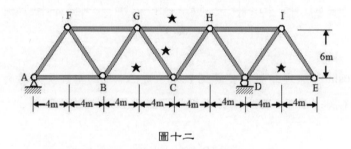

圖十二

13.試繪製桁架中標示★桿件的桿力感應線？（圖十三）

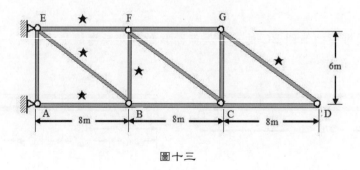

圖十三

14.試繪製桁架中標示★桿件的桿力感應線？（圖十四）

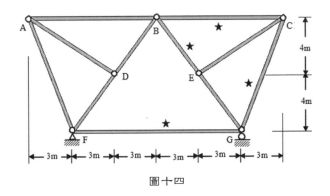

圖十四

15.試以桁架感應表程式產生桿力感應表，並據以繪製桁架中標示★桿件的桿力感應線？桁架承受各種移動載重時，試指出恆為張力、恆為壓力與時而張力、時而壓力的桿件？（圖十五）

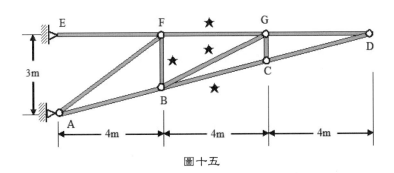

圖十五

16.試以桁架感應表程式產生桿力感應表，並據以繪製桁架中標示★桿件的桿力感應線？桁架承受各種移動載重時，試指出恆為張力、恆為壓力與時而張力、時而壓力的桿件？（圖十六）

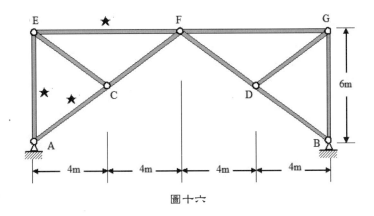

圖十六

17.試以桁架感應表程式產生桿力感應表，並據以繪製桁架中標示★桿件的桿力感應線？桁架承受各種移動載重時，試指出恆為張力、恆為壓力與時而張力、時而壓力的桿件？（圖十七）

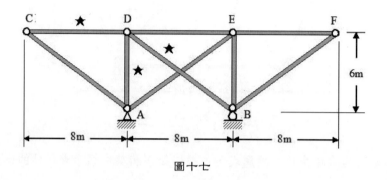

圖十七

CHAPTER

6

靜定結構撓角與變位

6-1 結構物的彈性變形

　　任何結構物承受載重、溫度變化、桿件伸縮或基礎沉陷等非載重因素均可能使整個結構物發生變形（Deformation）；變形結構物中某一點也可能因為變形而產生撓角（Slope）與變位（Deflection）。撓角係指結構物中桿件上某一點的桿件切線與變形前的夾角；變位係指變形結構物中某一點的移位量，水平方向的移位量稱為水平變位（Horizontal Deflection），垂直方向的移位量稱為垂直變位（Vertical Deflection）。撓角與變位乃因結構物承受載重或非載重因素使桿件內部產生軸向力、彎矩、剪力或扭力所致；若結構物承受各種內力且未超過結構材料的彈性強度範圍，則這些結構物的變形將因載重或非載重因素的減輕或消除，而部分或全部恢復原形，這種可以恢復結構物原形的結構物變形稱為彈性變形（Elastic Deformation）；相當的撓角或變位亦稱為彈性撓角或彈性變位。現代結構物的設計，不論鋼筋混凝土結構物或鋼結構物，雖然設計理念有工作強度設計或極限強度設計之分，然最終均使結構物的材料在其彈性限度內工作，以保證結構物的彈性變形。

6-1-1 計算彈性變形的目的

　　計算結構物的彈性變形有三個目的：

1. 結構分析的需要

　　靜定結構的分析可以靜力平衡方程式及結構物的條件方程式獲得完全分析，但超靜定結構則需再輔以諧和變形條件方程式，始可完整分析之；以超靜定結構物中某些桿件交點的變形一致性所形成的方程式，稱為諧和變形條件方程式，將詳述於第七章超靜定結構分析。

2. 結構設計的規範

　　安全性與服務性為結構設計的兩大原則，安全性當然係指安全滿足原結構設計目的；當結構物承受強風或地震的洗禮，而產生大幅搖晃，雖然結構物安全無虞，但對使用者已經產生心理上或外表上的不安全感；結構物的過度變形以致牆壁龜裂、窗門無法關閉、樓面不平已造成心理上或實際上的無法使用。各種結構設計規範均有極限變形的限制規定。

3. 工程施工的需要

　　高速橋樑的建築均採懸臂施工法，由橋墩逐段鋪架橋面，則橋墩間橋面上各點的

變位必須精密計算，以保證橋面的密合。

6-1-2　彈性變形曲線草圖

梁或剛架中的桿件因受內彎矩的影響而產生彎曲的現象。彈性變形曲線為桿件彎曲後，其斷面軸心線所形成的曲線，繪製彈性變形曲線草圖有助於檢視或檢核撓角與變位計算的正確性。繪製梁或剛架中各桿件的彈性變形曲線草圖有以下的二個步驟：

1. 繪製支承點及桿件接點的撓角與變位

鉸支承或滾支承均僅能有撓角而不可能產生變位（除非是基礎沉陷），如圖 6-1-1(a)、圖 6-1-1(b)；固定端支承則不能有撓角與變位如圖 6-1-1(c)；剛接桿件的接點可能有變位，但連接於剛接點所有桿件的撓角均相等如圖 6-1-1(d)；鉸接桿件的接點可能有變位，但連接於鉸接點各桿件的撓角未必均相等如圖 6-1-1(e)。

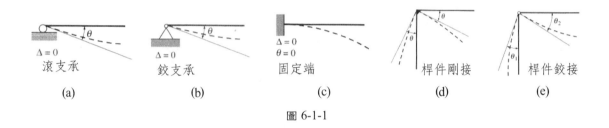

滾支承	鉸支承	固定端	桿件剛接	桿件鉸接
(a)	(b)	(c)	(d)	(e)

圖 6-1-1

2. 繪製桿件的凹曲方向

支承點或桿件接點如有撓角的可能，則有順鐘向或逆鐘向旋轉的區別，此時應檢視兩節點間桿件所承受的彎矩；如桿件承受正彎矩，則桿件軸心線有上凹（Concave Upward）的現象，故該桿件左端有順鐘向的撓角，右端則有逆鐘向的撓角如圖 6-1-2；如桿件承受負彎矩，則桿件軸心線有下凹（Concave Downward）的現象，故該桿件左端有逆鐘向的撓角，右端則有順鐘向的撓角如圖 6-1-2。

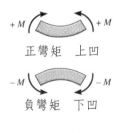

圖 6-1-2

圖 6-1-3(a)為承受兩個集中載重的懸臂梁，自由端 A 可以有撓角與變位，固定端 B 則無任何撓角或變位如圖 6-1-3(c)。假設自由端向下變位一個任意量，則變位後的 A、B 端點位置應可確定；但端點 A 的撓角方向則視梁所承受的彎矩而定。懸臂梁承受圖 6-1-3(b)的彎矩，因為 A、C 兩點間的彎矩為正值，故 A、C 兩點間的彈性變形曲線為上凹的形狀，換言之，端點 A 的撓角為逆鐘向，點 C 的撓角為順鐘向。

B、C 兩點間的彎矩為負值，故 B、C 兩點間的彈性變形曲線為下凹的形狀；因為

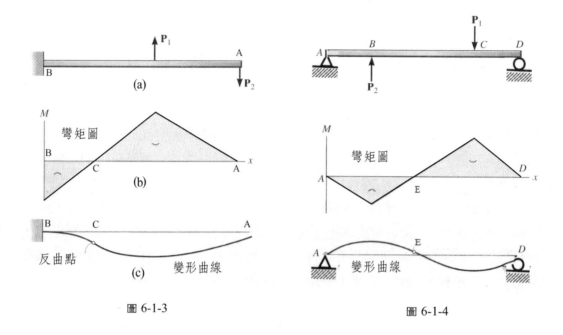

圖 6-1-3   圖 6-1-4

固定端點 B 並無撓角，故變形曲線由 B 點水平方向下凹到達 C 點；點 C 的彎矩為 0，左側為負彎矩而右側為正彎矩，故變形曲線由 C 點左側的下凹變為 C 點右側的上凹，稱為反曲點（Inflection Point）。

圖 6-1-4(a)為承受兩個集中載重的簡支樑，鉸接端 A 與滾接端 D 可有撓角，但均無垂直方向的移位如圖 6-1-4(c)。簡支樑承受圖 6-1-4(b)的彎矩，因為 E、D 兩點間的彎矩為正值，故 E、D 兩點間的彈性變形曲線為上凹的形狀；換言之，端點 D 的撓角為逆鐘向，點 E 的撓角為順鐘向。A、E 兩點間的彎矩為負值，故 A、E 兩點間的彈性變形曲線為下凹的形狀；因為點 E 的彎矩為 0，左側為負彎矩而右側為正彎矩，故變形曲線由 E 點左側的下凹變為 E 點右側的上凹，屬反曲點（Inflection Point）。

6-1-3　彈性變形的計算方法

結構物因承受彎矩、軸心力、剪力或扭矩而產生變形，但軸心力對桁架或彎矩對樑、剛架的影響遠超過其他因素為大，因此實務上均忽略其他影響因素。變形計算有幾何法與能量法之分；兩者均植基於變形曲線微分方程式；幾何法有直接積分法、彎矩面積法或共軛樑法等，以積分微分方程式或計算彎矩圖面積及面積彎矩，再配以結構的幾何條件而推算某點的撓角或變位。能量法則依據載重因變形所做的外功（External Work）等於結構物內儲的應變能（Strain Energy）相等的能量不滅定律，來計算撓角或變位；能量法均以卡氏（Castigliano's）第二定理為基礎，再衍生出單位荷重法或虛

功法等稍微簡單的方法。

　　桁架節點變位計算需要完整分析，承受實際載重後各桿件內力一次，每計算一個節點的變位又需再完整分析承受單位載重後各桿內力一次；樑或剛架則需積分彎矩方程式或計算彎矩圖的面積或面積彎矩，可謂均屬複雜的演算過程。經過複雜演算過程可以獲得彎矩與變位的重要關係式，也是發展超靜定結構分析的重要工具。超靜定結構分析只是應用這些關係式而無須再做積分或面積計算，以提高其可行性與容易性。

6^{-2}　直接積分法

　　6-1-3 節說明樑與剛架彈性變形曲線草圖的繪製方法，草圖僅能描述變形的輪廓，而難獲取撓角量或變位值。直接積分法（Direct Integration Method）則是由變形曲線微分方程式，以積分的數學方法推導變形曲線的方程式，因此可以求得桿件上任意一點的變位值與撓角量。

6-2-1　變形曲線微分方程式

　　圖 6-2-1(a)為一簡支樑，取樑的軸心線為 x 軸，在 $x-y$ 平面上承受任意載重，直樑下方的曲線即為彈性變形曲線。承受載重後，樑因各斷面承受彎矩與剪力而彎曲變形。如果樑長與樑深相對很大（約 15 倍以上），則因彎矩產生的彎曲量約占整個彎曲量的 98%，故目前僅考量彎矩的因素。

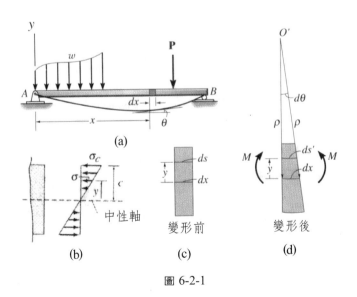

圖 6-2-1

今取長度為 dx 的一小段樑,在承受載重以前,該小段樑兩側斷面為相互平行如圖 6-2-1(c);承受載重後則因斷面中性軸以上承受壓力而縮短,中性軸以下承受張力而伸長,使兩側斷面相交於點 O'而有 $d\theta$ 的夾角如圖 6-2-1(d)。兩斷面間的軸心線(長度 dx)也由直線變為曲線,則 O'點為 dx 弧線的曲率中心(Center of Curvature),由 O'點到弧線 dx 的距離 ρ 稱為曲率半徑(Radius of Curvature)。由材料力學可知,樑斷面上中性軸以外部均有不同的應變(Strain)量;斷面上距中性軸上方 y 處的長度由 ds 減為 ds',故其應變量 ε 為

$$\varepsilon = \frac{ds - ds'}{ds} \tag{1}$$

其中 $ds = dx = \rho d\theta$,$ds' = (\rho - y)d\theta$,代入上式得

$$\varepsilon = \frac{\rho d\theta - (\rho - y)d\theta}{\rho d\theta} = \frac{y}{\rho}\text{或}$$

$$\frac{1}{\rho} = \frac{\varepsilon}{y} \tag{2}$$

因為結構物設計均在材料的彈性限度內,故斷面上距中性軸 y 處的應力(Stress) σ 為 $\sigma = \dfrac{My}{I}$,又由材料的彈性係數 E 得 $\varepsilon = \sigma/E = My/EI$,代入式(2)得

$$\frac{1}{\rho} = \frac{M}{EI} \tag{3}$$

式中

M = 變形曲線上曲率半徑 ρ 處的彎矩

E = 樑材的彈性係數

I = 樑斷面的慣性矩

ρ = 彈性變形曲線上某點的曲率半徑

其中 EI 為恆正之數,稱為樑的柔度(Flexural Rigidity)

因為 $dx = \rho d\theta$,故式(3)可寫成

$$\frac{d\theta}{dx} = \frac{M}{EI} \tag{6-2-1}$$

今以 $\dfrac{dy}{dx} = \tan\theta$,再微分得 $\dfrac{d^2y}{dx^2} = \sec^2\theta \dfrac{d\theta}{dx} = (1 + \tan^2\theta)\dfrac{d\theta}{dx} = \left(1 + \left(\dfrac{dy}{dx}\right)^2\right)\dfrac{M}{EI}$

因為彈性變形曲線的撓角均為甚小,若令 $\dfrac{dy}{dx} = 0$,可得

$$\frac{d^2y}{dx^2} = \frac{M}{EI} \tag{6-2-2}$$

6-2-2　變形曲線方程式

　　公式（6-2-1）與公式（6-2-2）為僅考量彎矩因素的變形曲線撓角、變位與彎矩的關係式。如果承受的彎矩能以軸心線的 x 座標函數表示之，則積分公式（6-2-1）可得撓角方程式，積分公式（6-2-2）可得變位方程式。

　　積分區間的彎矩函數必須是連續函數，否則必須將整個樑分成多段積分之。集中載重處、均佈載重變化處或樑身柔度（EI）變化處均可能形成 M/EI 的不連續。圖 6-2-2 樑承受集中載重 P 及均佈載重 w，則全樑必須分三段建立彎矩函數，再分段積分之。

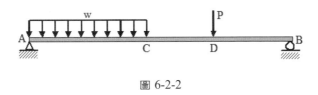

圖 6-2-2

　　積分所帶來的積分常數，可由樑上某些撓角量固定或變位值已知的條件推定之；這些已知條件稱為邊界及連續條件。如圖 6-1-1，滾支承或鉸支承的變位值必為 0，固定支承的撓角及變位均必須為 0。如果因為載重或樑材柔度而必須分段積分時，必然增加積分常數的個數；這些增加的積分常數可由，連續函數分界點的撓角及變位必須相同的連續條件推算之。

　　圖 6-2-3 為一個在 C 點承受集中載重 P 的簡支樑，因為必須分兩段積分之，每一段積分有兩個積分常數，因為支承點 A 與 B 均不可有變位，故得兩個邊界條件，另外點 C 為兩側連續函數的分界點，其由兩側計得的撓角及變位均必須相等，又得兩個連續條件，故必可解得四個積分常數，獲得 AC 段的變位方程式與 BC 段的變位方程式。

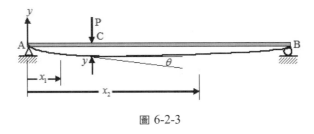

圖 6-2-3

6-2-3 直接積分法的符號規則

使用直接積分法時，各段彎矩函數應按圖 6-2-4 的正彎矩方向建立之，則積分所得的變位方程式便可用以計算該段內任意位置的變位量，如果依據變位方程式計得正的變位量，則屬向上變位，負的變位量屬向下變位；以積分所得的撓角方程式計算段內各點的撓角時，正的撓角值表示該點在變形曲線上的切線逆鐘向旋轉，負的撓角量則其切線順鐘向旋轉。

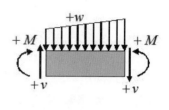

圖 6-2-4

6-2-4 直接積分法演算步驟

直接積分法僅限用於材料均在彈性限度內的變形，且公式（6-2-1）與公式（6-2-2）亦僅考量彎矩因素的變形，因為剪力因素的變形量相較甚小，故先不考慮。其演算步驟說明如下：

1. 繪製變形曲線草圖

(1)依據支承點的條件及支承點間彎矩的正負，繪製變形曲線的草圖，以為邊界條件或連續條件的設定與計算結果的檢核。

(2)以承受載重前的桿件軸心線為 x 座標，向右為正；以垂直於軸心線的直線為 y 座標且向上為正。

(3)若有不連續載重，則必須分段建立彎矩函數，各段的 x 座標原點未必相同，但 y 座標均必須以向上為正。

2. 建立彎矩函數

(1)建立以每一樑段的 x 座標為自變數的彎矩函數。

(2)恆依圖 6-2-4 假設斷面的正向彎矩。

3. 變形曲線

(1)每一樑段的彎矩函數依公式（6-2-2）積分一次即得撓角方程式；再次積分即得變位方程式。每一樑段積分均有兩個積分常數。依據邊界條件及連續條件可解得積分常數。

(2)積分常數解得之後，代入即得各樑段的撓角和變位方程式。樑上任意一點的撓角或變位可以該點在所屬樑段的 x 座標值代入方程式即得其撓角或變位。

(3)正的變位值表示向上移位，負值則向下移位；正的撓角表示該點切線逆鐘向旋

轉，負的撓角表示切線順鐘向旋轉。

例題 6-2-1

圖 6-2-5 為承受 2t-m 彎矩的懸臂樑，設彈性係數為 2000t/cm²，斷面慣性矩為 680 cm⁴，試推演該樑的全樑撓角方程式與變位方程式並求點B、C、D的撓角與變位？

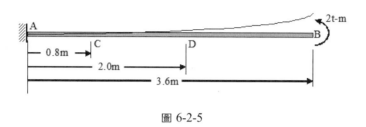

圖 6-2-5

解答：

支承反力計算：圖 6-2-6(a)為整個懸臂樑的自由體圖，套用靜力平衡方程式

$\Sigma M_A = 0$ 得 $2 - M_A = 0$，解得 $M_A = 2\text{t-m}$（順鐘向）

$+\uparrow \Sigma F_Y = 0$ 得 $A_Y = 0$

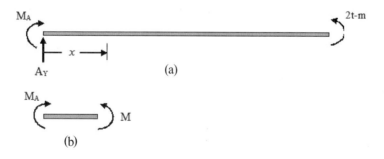

圖 6-2-6

彎矩函數：取固定端 A 為 x 座標的原點，圖 6-2-6(b)為距原點 x 處的斷面自由體圖，則彎矩為

$$M - 2 = 0，解得 M = 2\text{t-m} = 200\text{t-cm}$$

推演變形曲線方程式：

將彎矩函數代入公式（6-2-2）得 $\dfrac{d^2y}{dx^2} = \dfrac{M}{EI} = \dfrac{200}{EI}$

積分得

$$\frac{dy}{dx}=\frac{200x}{EI}+c_1 \tag{1}$$

再積分得

$$y=\frac{100x^2}{EI}+c_1x+c_2 \tag{2}$$

邊界條件為固定端 A（$x=0$）的撓角 $\frac{dy}{dx}=0$ 及變位 $y=0$

將 $x=0$，$\frac{dy}{dx}=0$ 代入式(1)得 $c_1=0$，

再將 $x=0$，$y=0$，$c_1=0$ 代入式(2)得 $c_2=0$；，故得撓角方程式為

$$\theta=\frac{dy}{dx}=\frac{200x}{EI} \tag{3}$$

變位方程式為

$$y=\frac{100x^2}{EI} \tag{4}$$

以 $x=3.6$m 代入式(3)與式(4)可得點 B 的撓角與變位

$$\theta=\frac{dy}{dx}=\frac{200x}{EI}=\frac{200\times3.6\times100}{2000\times680}=0.0529（徑度，逆鐘向）$$

$$y=\frac{100x^2}{EI}=\frac{100\times(3.6\times100)^2}{2000\times680}=9.529\text{cm}（向上變位）$$

以 $x=0.8$m$=80$cm 代入式(3)與式(4)可得點 C 的撓角與變位

$$\theta=\frac{dy}{dx}=\frac{200x}{EI}=\frac{200\times80}{2000\times680}=0.01177（徑度，逆鐘向）$$

$$y=\frac{100x^2}{EI}=\frac{100\times80^2}{2000\times680}=0.471\text{cm}（向上變位）$$

以 $x=2.0$m$=200$cm 代入式(3)與式(4)可得點 D 的撓角與變位

$$\theta=\frac{dy}{dx}=\frac{200x}{EI}=\frac{200\times200}{2000\times680}=0.02941（徑度，逆鐘向）$$

$$y=\frac{100x^2}{EI}=\frac{100\times200^2}{2000\times680}=2.9412\text{cm}（向上變位）$$

例題 6-2-2

試推演圖 6-2-7 懸臂樑的撓角與變位方程式？

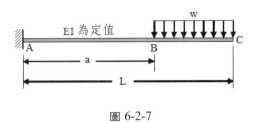

圖 6-2-7

解答：

支承反力計算：圖 6-2-8 為整個懸臂樑的自由體圖，套用靜力平衡方程式

$$\Sigma M_A = 0 \text{ 得 } M_A - w(L-a)\left(L - \frac{L-a}{2}\right) = 0 \text{，解得 } M_A = \frac{w(L^2 - a^2)}{2}$$

$$+\uparrow \Sigma F_Y = 0 \text{ 得 } A_Y - w(L-a) = 0 \text{，解得 } A_Y = w(L-a)\uparrow$$

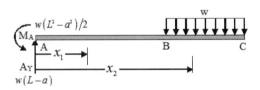

圖 6-2-8

彎矩函數：承受與不承受均佈載重樑段的彎矩函數不同，故需要分兩段積分之。取點 A 為 x_1、x_2 座標的原點，則各段的彎矩函數如下：

AB 樑段的斷面彎矩函數 M_{x1}，由靜力平衡方程式得

$$M_{x1} + w(L^2 - a^2)/2 - w(L-a)x_1 = 0 \text{，解得 } M_{x1} = w(L-a)x_1 - w(L^2 - a^2)/2$$

BC 樑段的斷面彎矩函數 M_{x2} 為 $M_{x2} = -w(L - x_2)^2/2$

推演 AB 樑段變形曲線方程式：

將彎矩函數 M_{x1} 代入公式（6-2-2）得 $EI\dfrac{d^2y}{dx^2} = M_{x1} = w(L-a)x_1 - w(L^2 - a^2)/2$

積分得

$$EI\frac{dy}{dx_1} = EI\theta = \frac{w(L-a)}{2}x_1^2 - \frac{w(L^2 - a^2)}{2}x_1 + c_1 \qquad (1)$$

再積分得

$$EIy = \frac{w(L-a)}{6}x_1^3 - \frac{w(L^2-a^2)}{4}x_1^2 + c_1 x_1 + c_2 \tag{2}$$

邊界條件為固定端 A 的撓角與變位量均為 0；亦即 $x_1=0$ 處的變位值 $y=0$，$\theta=0$，代入式(1)得 $c_1=0$；代入式(2)得 $c_2=0$。

得 AB 樑段撓角與變位方程式為

$$\theta = \frac{wx}{2EI}[a^2 - L^2 + (L-a)x] \quad 0 \leq x \leq a \tag{3}$$

$$y = \frac{wx^2}{2EI}\left[\frac{a^2 - L^2}{2} + \frac{(L-a)x}{3}\right] \quad 0 \leq x \leq a \tag{4}$$

推演 BC 樑段變形曲線方程式：

將彎矩函數 M_{x2} 代入公式（6-2-2）得 $EI\dfrac{d^2y}{dx_2^2} = M_{x2} = -w(L-x_2)^2/2$

積分得

$$EI\frac{dy}{dx_2} = EI\theta = \frac{w}{6}(L-x_2)^3 + c_3 \tag{5}$$

再積分得

$$EIy = -\frac{w}{24}(L-x_2)^4 + c_3 x_2 + c_4 \tag{6}$$

樑段BC並無邊界條件但有點B撓角與變位連續的條件；亦即當 $x=a$ 時，由式(3)與式(5)計得的撓角應該相等；由式(4)與式(6)計得的變位應該相等。

以 $x=a$ 代入式(3)與式(5)，且讓計得的撓角相等得

$$\frac{1}{EI}\left(\frac{w}{6}(L-a)^3 + c_3\right) = \frac{wa}{2EI}[a^2 - L^2 + (L-a)a]$$

解得 $c_3 = \dfrac{w}{6EI}(a^3 - L^3)$

以 $x=a$，c_3 值代入式(4)與式(6)，且讓計得的變位相等得

$$-\frac{w}{24EI}(L-a)^4 + \frac{wa}{6EI}(a^3 - L^3) + c_4 = \frac{wa^2}{2EI}\left[\frac{a^2 - L^2}{2} + \frac{(L-a)a}{3}\right]$$

解得 $c_4 = \dfrac{w}{24EI}(L^4 - a^4)$

以 $c_3 = \dfrac{w}{6EI}(a^3 - L^3)$、$c_4 = \dfrac{w}{24EI}(L^4 - a^4)$ 代入式(5)與式(6)得BC樑段撓角與變位方程式為

$$\theta = \frac{w}{6EI}(L-x)^3 + c_3 = \frac{w}{6EI}(L-x)^3 + \frac{w}{6EI}(a^3 - L^3) \text{ 得}$$

$$\theta = \frac{w}{2EI}\left[-\frac{x^3}{3} + Lx^2 - L^2x + \frac{a^3}{3}\right] \quad a \leq x \leq L \tag{7}$$

$$y = -\frac{w}{24EI}(L-x)^4 + \frac{w}{6EI}(a^3 - L^3)x + \frac{w}{24EI}(L^4 - a^4) \text{ 得}$$

$$y = \frac{w}{2EI}\left(\frac{-x^4}{12} + \frac{Lx^3}{3} - \frac{L^2x^2}{2} + \frac{a^3x}{3} - \frac{a^4}{12}\right) \quad a \leq x \leq L \tag{8}$$

6-3　彎矩面積法

彎矩面積法（Moment-Area Method）乃是依據直接積分法的積分幾何解釋推演出來，因此也需要樑或桿件的彎矩 M 除以柔度 EI 的彎矩圖。直接積分法推得變形方程式後，樑或剛架桿件上的任意一點撓角或變位均可據以推算之；有時僅需計算某一點的撓角或變位則顯得複雜，尤其當載重情形較為複雜而需分段積分時更顯繁雜。彎矩面積法則可僅計算某點的撓角或變位。

6-3-1　彎矩面積法定理

圖 6-3-1(c)為圖 6-3-1(a)簡支樑承受任意載重的彎矩除以 EI 柔度（Flexural Rigidity）的 M/EI 圖。

觀察樑上任意一個長度為 dx 的小樑段，依據公式（6-2-1）可得，小樑段兩端點切線的夾角 $d\theta$ 如圖 6-3-1(b)為

$$d\theta = \frac{M}{EI}dx \tag{1}$$

上式相當於圖 6-3-1(c)上的影線部分面積，因此如果要推算變形曲線上 A、B 兩點切線的夾角 θ_{BA}，則需將式(1)在 AB 區間內積分即得，亦即

$$\theta_{BA} = \theta_B - \theta_A = \int_A^B \frac{M}{EI}dx \tag{2}$$

其中 θ_A 為點 A 切線與變形前軸心線的夾角，θ_B 為點 B 切線與變形前軸心線的夾角，θ_{BA} 為點 A 與點 B 切線間的夾角，而 $\int_A^B \frac{M}{EI}dx$ 則代表 $\frac{M}{EI}$ 彎矩圖在點 A 與點 B 間的面積，故推得

彎矩面積法第一定理：彈性變形曲線上任意二點 A、B 所作切線之夾角 θ_{BA} 等於 *M/EI* 圖上 A，B 兩點間的面積。

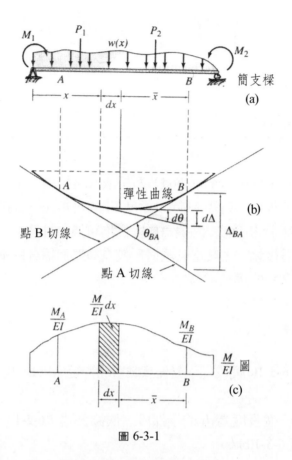

圖 6-3-1

θ_{BA} 的準確定義為幾何上左端點 A 切線旋轉到右端點 B 切線的角度,這個角度有順鐘向與逆鐘向之別。如以使產生上凹彈性曲線的彎矩為正,則正的 M/EI 面積代表逆鐘向旋轉,負的 M/EI 面積代表順鐘向旋轉。

另觀察圖 6-3-1(b)上 $d\Delta$ 為 dx 長度小樑段切線與點 B 垂直(於變形前軸心線)線交點的間距,則

$$d\Delta = \bar{x}d\theta \tag{3}$$

其中 $\bar{x}$ 為 dx 長度小樑段到點 B 的距離。將式(1)代入上式得

$$d\Delta = \left(\frac{M}{EI}\right)\bar{x}dx \tag{4}$$

式(4)等號右端為長度 dx 小樑段的 M/EI 面積對點 B 的彎矩。將式(4)在任意兩點 A、B 間積分得

$$\Delta_{BA} = \int_A^B d\Delta = \int_A^B \frac{M}{EI}\bar{x}dx \tag{5}$$

故推得

彎矩面積法第二定理：彈性變形曲線上任意二點 A、B 所作切線，與點 B 的垂直線之截距為，該 *M/EI* 圖上 A、B 兩點間的面積對點 B 的彎矩。本定理也可擴大為彈性變形曲線上任意二點 A、B 所作切線，與點 C 的垂直線之截距為該 *M/EI* 圖上 A、B 兩點間的面積對點 C 的彎矩。

Δ_{BA} 為點 A、B 切線與點 B 垂直（於變形前軸心線）線的截距。Δ_{BA} 下標的兩個點號有其特定意義，第一個附標為所要推算截距的點及 *M/EI* 面積的彎矩中心，第二個附標為變形曲線上另一點，其切線為截距所偏離的切線。Δ_{AB} 代表點 A 與點 B 切線在點 A 垂直線的截距，取點 A 與點 B 間 *M/EI* 面積對點 A 的彎矩。Δ_{BA} 與 Δ_{AB} 是否相等，端視點 A 與點 B 間 *M/EI* 圖形是否對稱而定。根據式(5)的積分結果可能有正有負，正的 Δ_{AB} 表示點 A 位於點 B 切線的上方（正 y）；負的 Δ_{AB} 表示點 A 位於點 B 切線的下方（負 y）。正的 Δ_{BA} 表示點 B 位於點 A 切線的上方（正 y）。

式(2)所計得的 θ_{AB} 為彈性變形曲線上任意二點 A、B 所作切線的旋轉角度，而非點 A 或點 B 的撓角（切線與變形前軸心線的夾角）；式(5)所計得的 Δ_{AB} 為彈性變形曲線上任意二點 A、B 所作切線，在點 B 垂直線的截距而非點 B 的變位（點 B 與變形前軸心線的垂直移位），因此彎矩面積法推算撓角或變位時均需再配合幾何關係推算。

為使樑或剛架桿件上凹的彎矩為正，則 θ_{AB} 與 Δ_{AB} 的正負意義彙整如下表：

正 θ_{AB}	幾何上左端點切線逆鐘向旋轉 θ_{AB} 到達右端點切線
負 θ_{AB}	幾何上左端點切線順鐘向旋轉 $|\theta_{AB}|$ 到達右端點切線
正 Δ_{AB}	點 A 位於點 B 切線的正 Y 上方
負 Δ_{AB}	點 A 位於點 B 切線的負 Y 下方

6-3-2 彎矩面積法演算步驟

彎矩面積法演算步驟說明如下：

1. **繪製 M/EI 圖**

　(1)計算結構反力後繪製彎矩圖，並將彎矩圖縱軸值除以桿件斷面的柔度 EI（Flexural Rigidity），即得 M/EI 圖。

(2)集中載重的 M/EI 圖為三角形，彎矩載重的 M/EI 圖為矩形，故其面積及面積彎矩尚容易計算，但均佈載重可能形成二次方拋物線或更高次數曲線的 M/EI 圖，則其面積及面積彎矩則可參考如下各種幾何圖形面積與形心位置的表列公式計算之。承受多種載重所形成 M/EI 圖的面積或面積彎矩計算更屬困難，通常不將所有載重的 M/EI 圖合而為一，而是個別計算其面積與面積彎矩。

圖名	圖形	面積	形心位置
直角三角形		$A=\dfrac{bh}{2}$	$\bar{x}=\dfrac{2b}{3}$
普通三角形		$A=\dfrac{bh}{2}$	$\bar{x}=\dfrac{a+b}{3}$
梯形		$A=\dfrac{b(h_1+h_2)}{2}$	$\bar{x}=\dfrac{b(h_1+2h_2)}{3(h_1+h_2)}$
拋物線		$A=\dfrac{2bh}{3}$	$\bar{x}=\dfrac{3b}{8}$
拋物線		$A=\dfrac{bh}{3}$	$\bar{x}=\dfrac{3b}{4}$
三次曲線		$A=\dfrac{3bh}{4}$	$\bar{x}=\dfrac{2b}{5}$
三次曲線		$A=\dfrac{bh}{4}$	$\bar{x}=\dfrac{4b}{5}$
n 次曲線		$A=\dfrac{bh}{n+1}$	$\bar{x}=\dfrac{(n+1)b}{n+2}$

2. 選擇參考切線

(1)彎矩面積法所計得的角度或截距量分別屬桿件上兩點切線間的旋轉角，或該兩切線在某一垂直線的截距，而非某點的切線撓角或變位。使用彎矩面積法應先選擇一個已知撓角，或可推得的切線當作參考切線（Reference Tangent），才可根據彎矩面積法計得切線間旋轉角或截距間接推算某一點的撓角或變位。

(2)懸臂樑的固定端撓角與變位均為已知，故可選定為參考切線；簡支樑僅知支承點的變位為 0，但其撓角則屬未知之數，一般可先計算兩支承點的切線截距，再推算某一支承點的撓角以便推算其他點的撓角與變位。

(3)彎矩面積法尚無完整的符號規則可以研判撓角與變位方向，若能繪製彈性變形曲線草圖將有助於撓角與變位數值與方向的計算與研判。

3. 應用彎矩面積法計算旋轉角與截距

應用彎矩面積法第一定理計算彈性曲線上兩點切線間的旋轉角，彎矩面積法第二定理計算兩點切線在某一垂直線的截距。

6-3-3 數值例題

例題 6-3-1

圖 6-3-2 為承受 10t 集中載重的懸臂樑，設彈性係數為 $2000t/cm^2$，樑段 AB 的斷面慣性矩為 $250,000cm^4$、樑段 BC 的斷面慣性矩為 $125,000cm^4$，試以彎矩面積法推算點 B 與點 C 的的撓角與變位？

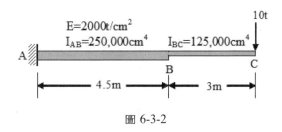

圖 6-3-2

解答：

彎矩 M/EI 圖：圖 6-3-3(a)為懸臂樑的彎矩圖，因為樑段 AB 的斷面慣性矩為樑段 BC 斷面慣性矩的 2 倍，取 $I=125,000cm^4$，則 $I_{AB}=2I$，$I_{BC}=I$，得 M/EI 圖如圖 6-3-3(b)。

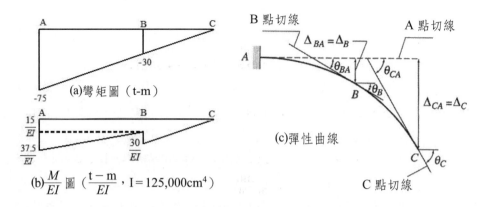

圖 6-3-3

彈性曲線與參考切線：圖 6-3-3(c)為懸臂樑承受載重後的彈性曲線，因受負彎矩的作用使彈性曲線呈下凹的形狀。又因固定端 A 的撓角為 0，故採用點 A 的切線為參考切線。

B 點撓角：因為參考切線（點 A 的切線）為水平線，故點 B 的撓角相當於 A、B 兩點切線的夾角如圖 6-3-3(c)，依據彎矩面積法，點 A、B 的夾角等於點 A、B 間 M/EI 圖的面積，故得

$$\theta_B = \theta_{BA} = \frac{1}{EI}\left[-15(4.5) + \frac{1}{2}(-37.5 - (-15))(4.5)\right] = \frac{-118.125\text{t}-\text{m}^2}{EI}$$

以 $E = 2000\text{t/cm}^2$，$I = 125,000\text{cm}^4$ 代入上式可得

$$\theta_B = \frac{-118.125\text{t}-\text{m}^2}{EI} = \frac{-118.125 \times 100^2}{2000 \times 125000} = -0.004725 \text{ 徑度（順鐘向）}$$

B 點變位：因為參考切線（點 A 的切線）為水平線，故點 B 的變位相當於 A、B 兩點切線在 B 點垂直線的截距如圖 6-3-3(c)，依據彎矩面積法，點 A、B 切線在點 B 垂直線的截距等於點 A、B 間 M/EI 圖的面積對點 B 的彎矩，故得

$$\Delta_B = \Delta_{BA} = \frac{1}{EI}\left[-15(4.5)\left(\frac{4.5}{2}\right) - \frac{1}{2}(-37.5 - (-15))(4.5)\frac{2(4.5)}{3}\right] = \frac{-303.75\text{t}-\text{m}^3}{EI}$$

以 $E = 2000\text{t/cm}^2$，$I = 125,000\text{cm}^4$ 代入上式可得

$$\Delta_B = \frac{-303.75\text{t}-\text{m}^3}{EI} = \frac{-303.75 \times 100^3}{2000 \times 125000} = -1.215\text{cm} \downarrow$$

C 點撓角：因為參考切線（點 A 的切線）為水平線，故點 C 的撓角相當於 A、C 兩點切線的夾角如圖 6-3-3(c)，依據彎矩面積法，點 A、C 的夾角等於點 A、C 間 M/EI 圖的面積，故得

$$\theta_C = \theta_{CA} = \frac{1}{EI}\left[-15(4.5) + \frac{1}{2}(-37.5 - (-15))(4.5) + \frac{1}{2}(-30)(3)\right] = \frac{-163.125\text{t}-\text{m}^2}{EI}$$

以 E = 2000t/cm²，I = 125,000cm⁴ 代入上式可得

$$\theta_C = \frac{-163.125\text{t}-\text{m}^2}{EI} = \frac{-163.125 \times 100^2}{2000 \times 125000} = -0.006525 \text{ 徑度（順鐘向）}$$

C 點變位：因為參考切線（點 A 的切線）為水平線，故點 C 的變位相當於 A、C 兩點切線在 C 點垂直線的截距如圖 6-3-3(c)，依據彎矩面積法，點 A、C 切線在點 C 垂直線的截距等於點 A、C 間 M/EI 圖的面積對點 C 的彎矩，故得

$$\Delta_C = \Delta_{CA} = \frac{1}{EI}\left[-67.5\left(\frac{4.5}{2}+3\right) - 50.625(3+3) + \frac{1}{2}(-30)(3)(2)\right] = \frac{-748.125\text{t}-\text{m}^3}{EI}$$

以 E = 2000t/cm²，I = 125,000cm⁴ 代入上式可得

$$\Delta_C = \frac{-748.125\text{t}-\text{m}^3}{EI} = \frac{-748.125 \times 100^3}{2000 \times 125000} = -2.9925\text{cm} \downarrow$$

例題 6-3-2

圖 6-3-4 為承受 27t 與 18t 集中載重的簡支樑，設彈性係數為 126t/cm²，全樑斷面慣性矩為 1,900,000cm⁴，試以彎矩面積法推算點 A 與點 D 的撓角及點 B 與點 C 的變位？

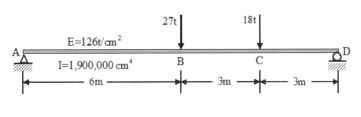

圖 6-3-4

解答：

彎矩 M/EI 圖：圖 6-3-5(a)為簡支樑的 M/EI 圖，圖 6-3-5(b)為彈性曲線圖。

參考切線：全樑沒有已知撓角的點，但已知點 A 與點 D 的變位均為 0，據此條件推求點 A 的撓角，因此選擇點 A 的切線為參考切線。

A 點撓角：因為變形曲線的撓角 θ 甚小，而可取 $\theta = \tan\theta$ 徑度的近似值為撓角，由圖 6-3-5(b)可知點 A 的撓角為

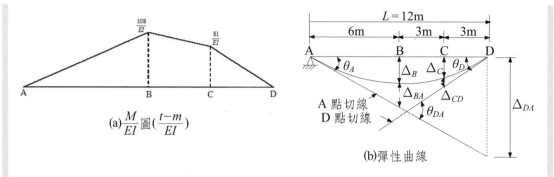

(a) $\dfrac{M}{EI}$ 圖 ($\dfrac{t-m}{EI}$)

(b)彈性曲線

圖 6-3-5

$$\theta_A = \tan\theta_A = \frac{\Delta_{DA}}{L}$$

依據彎矩面積法第二定理，截距 Δ_{DA} 為點 A 與點 D 間 M/EI 圖面積對於點 D 的面積彎矩，故得

$$\Delta_{DA} = \frac{1}{EI}\left(\begin{array}{l}\frac{1}{2}(108)(6)\left(\frac{6}{3}+6\right)+\frac{1}{2}(108-81)(3)(2+3)\\+81(3)\left(\frac{3}{2}+3\right)+\frac{1}{2}(81)(3)(2)\end{array}\right) = \frac{4131t\text{-}m^3}{EI}$$

正的 Δ_{DA} 表示點 D 位於點 A 切線的正上方，因此點 A 的撓角為

$$\theta_A = \frac{\Delta_{DA}}{L} = \frac{4131t\text{-}m^3}{EI(12)} = \frac{344.25t\text{-}m^2}{EI} = \frac{344.25\times100^2}{126\times1900000} = 0.01438 \text{ 徑度（順鐘向）}$$

D 點撓角：觀察圖 6-3-5(b)可知點 D 的撓角為

$$\theta_D = \theta_{DA} - \theta_A$$

依據彎矩面積法第一定理，夾角 θ_{DA} 為點 A 與點 D 間 M/EI 圖面積，故得

$$\theta_{DA} = \frac{1}{EI}\left(\frac{1}{2}(108)(6)+\frac{1}{2}(108-81)(3)+81(3)+\frac{1}{2}(81)(3)\right) = \frac{729t\text{-}m^2}{EI}$$

$$\theta_D = \theta_{DA} - \theta_A = \frac{(729-344.25)}{EI} = \frac{384.75t\text{-}m^2}{EI}$$

得點 D 的撓角為

$$\theta_D = \theta_{DA} - \theta_A = \frac{384.5t\text{-}m^2}{EI} = \frac{384.75\times100^2}{126\times1900000} = 0.01607 \text{ 徑度（逆鐘向）}$$

B 點變位：由圖 6-3-5(b)彈性曲線中的樑段 AB 可知

$$\theta_A = \frac{\Delta_B + \Delta_{BA}}{6}，\text{整理可得 } \Delta_B = 6\theta_A - \Delta_{BA}$$

其中 Δ_{BA} 為點 A 與點 B 間 M/EI 圖的面積對點 B 的彎矩，故得

$$\Delta_{BA} = \frac{1}{EI}\left(\frac{1}{2}(108)(6)(2)\right) = \frac{648t\text{-}m^3}{EI}，\text{得}$$

$$\Delta_B = 6\theta_A - \Delta_{BA} = \frac{6 \times 344.25}{EI} - \frac{648}{EI} = \frac{1417.5 \text{t-m}^3}{EI} = \frac{1417.5 \times 100^3}{126 \times 1900000} = 5.9211 \text{cm} \downarrow$$

C 點變位：由圖 6-3-5(b)彈性曲線中的樑段 CD 可知

$$\theta_D = \frac{\Delta_C + \Delta_{CD}}{3} \text{，整理可得 } \Delta_C = 3\theta_D - \Delta_{CD}$$

其中 Δ_{CD} 為點 C 與點 D 間 M/EI 圖的面積對點 C 的彎矩，故得

$$\Delta_{CD} = \frac{1}{EI}\left(\frac{1}{2}(81)(3)(1)\right) = \frac{121.5 \text{t-m}^3}{EI} \text{，得}$$

$$\Delta_C = 3\theta_D - \Delta_{CD} = \frac{3 \times 384.75}{EI} - \frac{121.5}{EI} = \frac{1032.75 \text{t-m}^3}{EI} = \frac{1032.75 \times 100^3}{126 \times 1900000} = 4.314 \text{cm} \downarrow$$

例題 6-3-3

圖 6-3-6 為承受 16t 集中載重的簡支樑，設彈性係數為 2090t/cm²，全樑斷面慣性矩為 70,000cm⁴，試以彎矩面積法推算最大變位量及其位置？

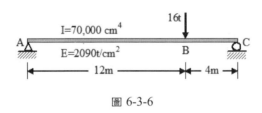

圖 6-3-6

解答：

彎矩 M/EI 圖：圖 6-3-7(a)為簡支樑的自由體圖，圖 6-3-7(b)為其 M/EI 圖，圖 6-3-7(c)為彈性曲線圖。

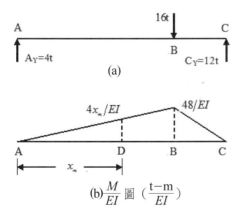

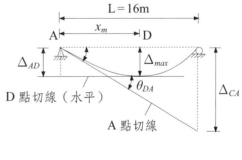

圖 6-3-7

參考切線：全樑沒有已知撓角的點，但已知點 A 與點 C 的變位均為 0，據此條件推求點 A 的撓角，並選擇點 A 的切線為參考切線。

A 點撓角：因為變形曲線的撓角 θ 均為甚小，而可取 $\theta = \tan\theta$ 徑度的近似值為撓角，由圖 6-3-7(c)可知點 A 的撓角為

$$\theta_A = \tan\theta_A = \frac{\Delta_{CA}}{L} = \frac{\Delta_{CA}}{16}$$

依據彎矩面積法第二定理，得

$$\Delta_{CA} = \frac{1}{EI}\left(\frac{1}{2}(48)(12)\left(\frac{12}{3}+4\right) + \frac{1}{2}(48)(4)\left(\frac{2\times4}{3}\right)\right) = \frac{2560t-m^3}{EI}$$

因此得 $\theta_A = \dfrac{\Delta_{CA}}{16} = \dfrac{2560t-m^2}{16EI} = \dfrac{160t-m^2}{EI}$

最大變位的位置：假設彈性曲線上距 A 點 x_m 處，點 D 的變位量最大，則點 D 的切線必須為水平線或其撓角必須為 0，因此

$$\theta_{DA} = \theta_A = \frac{160t-m^2}{EI}$$

依據彎矩面積法第一定理，θ_{DA} 為點 A 與點 D 間 M/EI 圖的面積，亦即

$$\theta_{DA} = \frac{1}{2}\left(\frac{4x_m}{EI}\right)(x_m) = \frac{160t-m^2}{EI}，解\ x_m^2 = 80，得\ x_m = 8.944m$$

D 點變位：由圖 6-3-7(c)彈性曲線知點 D 的變位量為

$\Delta_{max} = \Delta_{AD}$，而 Δ_{AD} 為點 A 與點 D 間 M/EI 圖面積對點 A 的彎矩，即

$$\Delta_{max} = \Delta_{AD} = \frac{1}{2}\left(\frac{4\times8.944}{EI}\right)(8.944)\left(\frac{2\times8.944}{3}\right) = \frac{953.967t-m^3}{EI}$$

將 E = 2090t/cm² 及 I = 70,000cm⁴，代入即得

$$\Delta_{max} = \frac{953.967t-m^3}{EI} = \frac{953.967\times100^3}{2090\times70000} = 6.5206cm\downarrow$$

最大變位量為 6.5206 公分，發生於距 A 點 8.944 公尺處。

例題 6-3-4

圖 6-3-8 為承受 18t 與 6.8t 集中載重的靜定樑，設彈性係數為 2022t/cm²，樑段 AC 斷面慣性矩為 210,000cm⁴，樑段 CF 斷面慣性矩為 105,000cm⁴，試以彎矩面積法推算點 A 與點 D 的撓角與點 C 的變位？

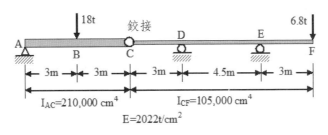

圖 6-3-8

解答：

彎矩 M/EI 圖：圖 6-3-9(a)為靜定樑的自由體圖，由平衡方程式及條件方程式解得各支承反力如圖所示。圖 6-3-9(b)為彎矩圖，因為全樑的斷面慣性矩並非均同，取 I = I_{CF}，則將 AC 樑段的彎矩圖縱座標除以 2，即得全樑的 M/EI 圖如圖 6-3-9(c)。

彈性曲線：全樑沒有已知撓角的點，但已知點 A、點 D 與點 E 的變位均為 0。圖 6-3-9(d)為彈性曲線圖。因為點 C 為鉸接使彈性曲線在點 C 不連續，因此套用彎矩面積法時，必須分開計算。

D 點撓角：為推算點 C 的變位，選擇點 D 的切線為參考切線，則點 D 的撓角 θ_D 為

$$\theta_D = \tan\theta_D = \frac{\Delta_{ED}}{4.5}$$

由彎矩面積法第二定理，Δ_{ED} 為點 D 與點 E 間 M/EI 圖面積對點 E 的彎矩

$$\Delta_{ED} = \frac{1}{EI}\left(20.4(4.5)\left(\frac{4.5}{2}\right) + \frac{1}{2}(27-20.4)(4.5)\left(\frac{2\times4.5}{3}\right)\right) = \frac{251.1\text{t}-\text{m}^3}{EI}$$

因此得點 D 的撓角為 $\theta_D = \dfrac{\Delta_{ED}}{4.5} = \dfrac{55.8\text{t}-\text{m}^2}{EI}$

C 點變位：由圖 6-3-9(d)彈性曲線中知 $\Delta_C = 3\theta_D + \Delta_{CD}$

依據彎矩面積法第二定理，Δ_{CD} 為點 C 與點 D 間 M/EI 圖面積對點 C 的彎矩

$$\Delta_{CD} = \frac{1}{EI}\left(\frac{1}{2}(27)(3)\left(\frac{2\times3}{3}\right)\right) = \frac{81\text{t}-\text{m}^3}{EI} \text{，故得}$$

$$\Delta_C = 3\theta_D + \Delta_{CD} = \frac{1}{EI}(3\times55.8+81) = \frac{248.4\text{t}-\text{m}^3}{EI}$$

將 E = 2022t/cm² 及 I = I_{CF} = 105,000cm⁴，代入即得

$$\Delta_C = \frac{248.4\text{t}-\text{m}^3}{EI} = \frac{248.4\times100^3}{2022\times105000} = 1.17\text{cm}\downarrow$$

A 點撓角：由圖 6-3-9(d)樑段 AC 的彈性曲線知 $\theta_A = \dfrac{\Delta_C + \Delta_{CA}}{6}$，其中

依據彎矩面積法第二定理，Δ_{CA} 為點 A 與點 C 間 M/EI 圖面積對點 C 的彎矩

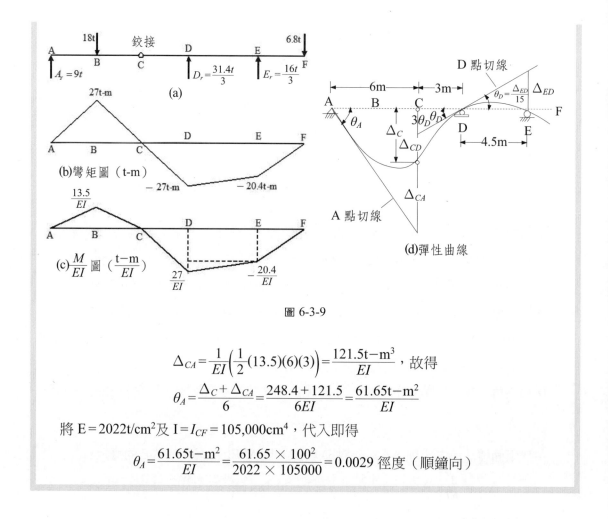

圖 6-3-9

$$\Delta_{CA} = \frac{1}{EI}\left(\frac{1}{2}(13.5)(6)(3)\right) = \frac{121.5\text{t}-\text{m}^3}{EI} \text{,故得}$$

$$\theta_A = \frac{\Delta_C + \Delta_{CA}}{6} = \frac{248.4 + 121.5}{6EI} = \frac{61.65\text{t}-\text{m}^2}{EI}$$

將 E = 2022t/cm² 及 I = I_{CF} = 105,000cm⁴，代入即得

$$\theta_A = \frac{61.65\text{t}-\text{m}^2}{EI} = \frac{61.65 \times 100^2}{2022 \times 105000} = 0.0029 \text{ 徑度（順鐘向）}$$

6-3-4　個別彎矩圖法

　　彎矩面積法雖可避免彎矩函數的積分，但也帶來彎矩面積及彎矩面積對某一點彎矩計算的另一困難點；如果載重情形較為複雜，則基本積分法或彎矩面積法均有分段積分或彎矩面積計算的困難。個別彎矩圖法（Bending Moment By Parts）可紓解 M/EI 圖面積與面積彎矩計算的困難。個別彎矩圖法主要是保留各個載重所產生的彎矩圖，以方便查得各彎矩圖面積與形心位置的公式；如果以各彎矩圖的縱座標值之代數和繪製所受各種載重的單一彎矩圖，則因其形狀的千變萬化而無相當公式可以應用。個別彎矩圖法有兩種處理方式，一為將原結構每一個載重繪製個別的彎矩圖，也可以合併畫在一起，但其縱座標卻不以代數和表示之。例如圖 6-3-10 表示承受集中載重與均佈載重的靜定樑，其變形曲線相當同一結構承受個別載重的和。

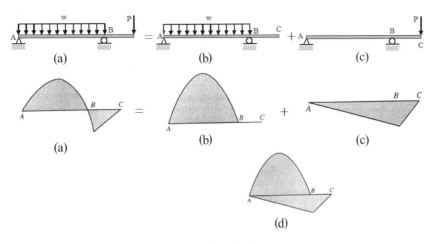

圖 6-3-10

　　圖 6-3-10(a)為承受載重的原始結構與彎矩圖;該結構的變形曲線與圖(b)結構單獨承受均佈載重,和圖(c)結構單獨承受集中載重的綜合變形曲線相符;而圖(b)與圖(c)彎矩圖均屬一種載重所形成,其面積與形心位置均可由彎矩面積法演算步驟中的面積表查得;亦可將圖(b)與圖(c)合併成圖(d)。圖(a)乃由圖(d)沿樑各點彎矩圖縱座標的代數和;圖(d)仍保留各單一載重的彎矩圖形狀,故其面積與形心均甚易查得。

　　另一種個別彎矩圖法的處理方式為,取樑上某一點為固定端,然後將樑承受的所有載重及反力各繪一個彎矩圖;或同繪在樑軸心線上,但不求樑上各點彎矩的代數和,亦有容易查得面積與形心位置公式的優點,如圖 6-3-12(b)。

例題 6-3-5

圖 6-3-11 為承受均佈與集中載重的靜定樑,設彈性係數為 2020t/cm²,全樑斷面慣性矩為 83,000cm⁴,試以彎矩面積法推算點 C 的變位?

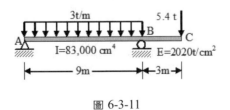

圖 6-3-11

解答:

　彎矩 M/EI 圖:圖 6-3-12(a)為靜定樑的自由體圖。取點 B 為固定端,則集中載重對

固定端 B 的彎矩為 16.2t-m，均佈載重對固定端 B 的彎矩為 121.5t-m，支承點 A 反力對固定端 B 的彎矩為 105.3t-m；除以柔度 EI 得圖 6-3-12(b)的 M/EI 圖。

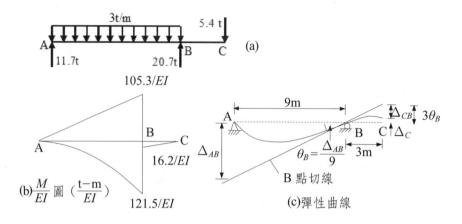

圖 6-3-12

彈性曲線：圖 6-3-12(c)為彈性曲線圖。全樑沒有已知撓角的點，但已知點 A 與點 B 的變位均為 0，可據此條件推求點 A 或點 B 的撓角，今取點 B 的切線為參考切線。

B 點撓角：由圖 6-3-12(c)知點 B 的撓角為 $\theta_B = \tan\theta_B = \dfrac{\Delta_{AB}}{9}$

依據彎矩面積法第二定理，使用圖 6-3-12(b)的個別彎矩圖可得

$$\Delta_{AB} = \frac{1}{EI}\left(\frac{1}{2}(105.3)(9)\left(\frac{2\times 9}{3}\right) + \frac{1}{3}(-121.5)(9)\left(\frac{3\times 9}{4}\right)\right) = \frac{382.725\text{t-m}^3}{EI}$$

因此得 $\theta_B = \dfrac{\Delta_{AB}}{9} = \dfrac{42.525\text{t-m}^2}{EI}$

C 點變位：由圖 6-3-12(c)知彈性曲線中 C 點變位為 $\Delta_C = 3\theta_B - \Delta_{CB}$

依據彎矩面積法第二定理，使用圖 6-3-12(b)的個別彎矩圖可得

$$\Delta_{CB} = \frac{1}{EI}\left(\frac{1}{2}(16.2)(3)\left(\frac{2\times 3}{3}\right)\right) = \frac{48.6\text{t-m}^3}{EI}，故得$$

$$\Delta_C = 3\theta_B - \Delta_{CB} = \frac{1}{EI}(3\times 42.525 - 48.6) = \frac{78.975\text{t-m}^3}{EI}$$

將 $E = 2020\text{t/cm}^2$ 及 $I = 83{,}000\text{cm}^4$，代入即得

$$\Delta_C = \frac{78.975\text{t-m}^3}{EI} = \frac{78.975\times 100^3}{2020\times 83000} = 0.471\text{cm}\uparrow$$

6-4　共軛樑法

　　彎矩面積法可紓解直接積分法的分段積分困擾，但其缺點為僅能根據結構的幾何關係推算撓角或變位的絕對值，至於方向性則有待彈性曲線的輔助研判之。共軛樑法（Conjugate Beam Method）雖與彎矩面積法的計算量類似，但共軛樑法有其符號規則且直接計算撓角或變位，非如彎矩面積法僅計算兩切線間的旋轉角或截距量，因此，共軛樑法為一般工程師所喜愛。

6-4-1　共軛樑法基本原理

　　共軛樑法乃是基於樑的彈性變形微分方程式，撓角、變位、彎矩關係與承受均佈載重樑的剪力、彎矩與均佈載重關係的相似性所推展出來的方法。將第四章剪力圖與彎矩圖的公式（4-2-1）、公式（4-2-2）與本章公式（6-2-1）與公式（6-2-2）彙整如下表：

載重－剪力－彎矩關係式	M/EI－撓角－變位關係式
$\dfrac{dS}{dx}=w$	$\dfrac{d\theta}{dx}=\dfrac{M}{EI}$
$\dfrac{dM}{dx}=S$ 或 $\dfrac{d^2M}{dx^2}=w$	$\dfrac{dy}{dx}=\theta$ 或 $\dfrac{d^2y}{dx^2}=\dfrac{M}{EI}$

　　上表顯示 M/EI、撓角與變位間的關係與載重、剪力與彎矩間的關係有其類似性，因此，根據載重計算樑剪力與彎矩的方法可用來計算，以 M/EI 為載重的剪力與彎矩即得樑的撓角與變位。為達成前述以 M/EI 為載重，計算剪力與彎矩，即得撓角與變位的簡化措施，真實樑必須根據一些物理條件改變為另一種虛擬的樑，此虛擬的樑稱為共軛樑（Conjugate Beam）。因為共軛樑法是以 M/EI 當作載重，以計算共軛樑各點的剪力或彎矩，而獲得真實樑相當點的撓角或變位，故共軛樑法也稱為彈性載重法（Elastic Weight Method）。

　　共軛樑與真實樑的長度相同，但其支承點或桿件接合點需依據下表轉換之。

真實樑		共軛樑	
固定端	$\theta=0$，$y=0$	$V=0$，$M=0$	自由端
自由端	$\theta\neq0$，$y\neq0$	$V\neq0$，$M\neq0$	固定端
簡支端	$\theta\neq0$，$y=0$	$V\neq0$，$M=0$	簡支端
內支承	$\theta\neq0$，$y=0$	$V\neq0$，$M=0$	內接合
內接合	$\theta\neq0$，$y\neq0$	$V\neq0$，$M\neq0$	內支承

　　真實樑的固定端既無撓角亦無變位，如以共軛樑的剪力與彎矩代表之，則其剪力與彎矩均必須為 0，故相當共軛樑端必須是自由端才能滿足此物理條件。真實樑的自由端可以有撓角與變位，故其相當的共軛樑必須是固定端才能有剪力與彎矩。真實樑的滾支承或鉸支承等簡支端可以有撓角但無變位，故相當的共軛樑也是簡支端才能承受剪力而無法承受彎矩。內支承點可以有撓角但無變位，故相當共軛樑應該是鉸接合，以承受剪力；桿件內接合點可以有撓角與變位，故相當的共軛樑必須是內接支承才能承受剪力與彎矩。

　　下表為真實樑轉為共軛樑的實例，請依據上述原則詳細檢視之

情形	真實樑	共軛樑
1		
2		
3		
4		
5		
6		
7		
8		

情形	真實樑	共軛樑
9		
10		

由上表可知，真實靜定樑的共軛樑仍屬靜定樑，超靜樑的共軛樑變成不穩定樑，但是這些不穩定樑仍可由真實樑的 M/EI 載重平衡之；不穩定樑的共軛樑變為超靜定樑。

6-4-2　共軛樑法符號規定

使真實樑上凹的彎矩視為正彎矩，共軛樑承受正的 M/EI 載重，作用方向為向上；反之，負的 M/EI 載重作用方向為向下。共軛樑上某點的正剪力代表真實樑上相當點的逆鐘向撓角；負剪力則為順鐘向撓角。共軛樑上某點的正彎矩代表真實樑上相當點的向上變位；負彎矩則為向下變位。

6-4-3　共軛樑法演算步驟

1. 建立真實樑承受真實載重的 M/EI 圖。如果有各種不同的載重，則可按前述的個別彎矩圖法建立之。
2. 建立與真實樑等長的共軛樑，且依據真實樑的內、外支點及接點修改為共軛樑。
3. 以 M/EI 圖當作共軛樑的載重，正 M/EI 縱座標視同向上之作用力。
4. 套用平衡方程式或條件方程式計算共軛樑的反力。
5. 計算真實樑需要撓角處所相當共軛樑上之點的剪力；計算真實樑需要變位處所相當共軛樑上之點的彎矩；剪力或彎矩的正負與第四章的規定相同。
6. 共軛樑上正剪力相當真實樑上逆鐘向的撓角，負剪力相當真實樑上順鐘向的撓角。
7. 共軛樑上正彎矩相當真實樑上向上的變位，負彎矩相當真實樑上向下的變位。

6-4-4 共軛樑法數值例題

例題 6-4-1

圖 6-4-1 為承受 10t 集中載重的懸臂樑，設彈性係數為 2000t/cm²，樑段 AB 的斷面慣性矩為 250,000cm⁴、樑段 BC 的斷面慣性矩為 125,000cm⁴，試以共軛樑法推算點 B 與點 C 的的撓角與變位？

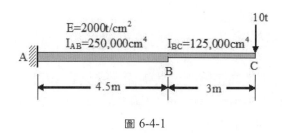

圖 6-4-1

解答：

彎矩 M/EI 圖：因為樑段 AB 的斷面慣性矩為樑段 BC 斷面慣性矩的 2 倍，取 I = 125,000cm⁴，則 $I_{AB} = 2I$，$I_{BC} = I$，得 M/EI 圖如圖 6-4-2(a)。

共軛樑：圖 6-4-2(b)為承受 M/EI 載重的共扼樑。固定端 A、自由端 C 分別變成共軛樑的自由端 A 與固定端 C；因為彎矩使變形曲線下凹，故為負彎矩，M/EI 載重的作用方向為向下。

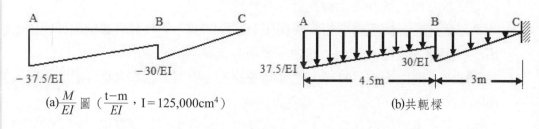

(a)$\frac{M}{EI}$ 圖 （$\frac{t-m}{EI}$，I = 125,000cm⁴ ） (b)共軛樑

圖 6-4-2

B 點撓角：真實樑上點 B 的撓角相當於共軛樑上 B 點的剪力，取共軛樑 B 點左側樑段為自由體，得共軛樑 B 點的剪力為

$$S_B = \frac{1}{EI}\left(-15(4.5) - \frac{1}{2}(37.5 - 15)(4.5)\right) = \frac{-118.125\, t-m^2}{EI}$$

以 E = 2000t/cm²，I = 125,000cm⁴ 代入上式可得

$$\theta_B = S_B = \frac{-118.125\text{t-m}^2}{EI} = \frac{-118.125 \times 100^2}{2000 \times 125000} = -0.004725 \text{ 徑度（順鐘向）}$$

依據共軛樑法符號規定，負的剪力產生順鐘向的撓角

B 點變位：真實樑上點 B 的變位相當於共軛樑上 B 點的彎矩，取共軛樑 B 點左側樑段為自由體，得共軛樑 B 點的彎矩為

$$M_B = \frac{1}{EI}\left(-15(4.5)\left(\frac{4.5}{2}\right) - \frac{1}{2}(37.5-15)(4.5)\left(\frac{2 \times 4.5}{3}\right)\right) = \frac{-303.75\text{t-m}^3}{EI}$$

以 E = 2000t/cm²，I = 125,000cm⁴ 代入上式可得

$$\Delta_B = M_B = \frac{-303.75\text{t-m}^3}{EI} = \frac{-303.75 \times 100^3}{2000 \times 125000} = -1.215\text{cm （向下）}$$

依據共軛樑法符號規定，負的彎矩產生向下的變位

C 點撓角：真實樑上點 C 的撓角相當於共軛樑上固定端 C 點的剪力，取共軛樑 C 點左側樑段為自由體得

$$S_C = \frac{1}{EI}\left(-15(4.5) - \frac{1}{2}(37.5-15)(4.5) - \frac{1}{2}(30)(3)\right) = \frac{-163.125\text{t-m}^2}{EI}$$

以 E = 2000t/cm²，I = 125,000cm⁴ 代入上式可得

$$\theta_C = M_C = \frac{-163.125\text{t-m}^2}{EI} = \frac{-163.125 \times 100^2}{2000 \times 125000} = -0.006525 \text{ 徑度（順鐘向）}$$

依據共軛樑法符號規定，負的剪力產生順鐘向的撓角

C 點變位：真實樑上點 C 的變位相當於共軛樑上 C 點的彎矩，取共軛樑 C 點左側樑段為自由體，得共軛樑 C 點的彎矩為

$$M_C = \frac{1}{EI}\left(\begin{array}{l} -15(4.5)\left(\dfrac{4.5}{2}+3\right) - \dfrac{1}{2}(37.5-15)(4.5)\left(\dfrac{2 \times 4.5}{3}+3\right) \\ -\dfrac{1}{2}(30)(3)\left(\dfrac{2 \times 3}{3}\right) \end{array}\right) = \frac{-748.125\text{t-m}^3}{EI}$$

以 E = 2000t/cm²，I = 125,000cm⁴ 代入上式可得

$$\Delta_C = M_C = \frac{-748.125\text{t-m}^3}{EI} = \frac{-748.125 \times 100^3}{2000 \times 125000} = -2.9925\text{cm} \downarrow \text{（向下）}$$

依據共軛樑法符號規定，負的彎矩產生向下的變位

例題 6-4-2

圖 6-4-3 為承受 27t 與 18t 集中載重的簡支樑，設彈性係數為 126t/cm²，全樑斷面慣性矩為 1,900,000cm⁴，試以共軛樑法推算點 A 與點 D 的撓角及點 B 與點 C 的變位？

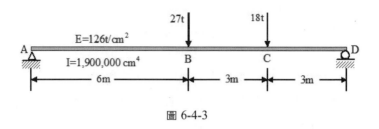

圖 6-4-3

解答：

彎矩 M/EI 圖：圖 6-4-4(a)為簡支樑的 M/EI 圖

共軛樑及反力計算：將真實樑改變成共軛樑且賦予 M/EI 載重（向上），得共軛樑如圖 6-4-4(b)。套用平衡方程式

$\Sigma M_D = 0$ 得

$$A_Y(12) - \frac{81 \times 3}{2}\left(\frac{2 \times 3}{3}\right) - 3(81)\left(3 + \frac{3}{2}\right) - \frac{(108-81)(3)}{2}\left(3 + \frac{2 \times 3}{3}\right) - \frac{108(6)}{2}\left(6 + \frac{6}{3}\right) = 0$$

解得 $A_Y = \dfrac{4131\text{t}-\text{m}^3}{12EI} = \dfrac{344.25\text{t}-\text{m}^2}{EI}$ ↓

$+ \uparrow \Sigma F_Y = 0$ 得

$$\frac{1}{EI}\left(-344.25 - D_Y + \frac{108 \times 6}{2} + 81(3) + \frac{(108-81)(3)}{2} + \frac{81 \times 3}{2}\right) = 0$$

解得 $D_Y = \dfrac{384.75\text{t}-\text{m}^2}{EI}$ ↓

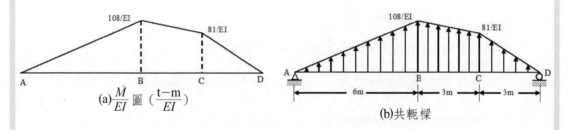

(a)$\dfrac{M}{EI}$ 圖（$\dfrac{\text{t}-\text{m}}{EI}$）

(b)共軛樑

圖 6-4-4

A 點撓角：真實樑 A 點的撓角相當共軛樑上 A 點的剪力，故

$$\theta_A = -A_Y = \frac{-344.25\text{t}-\text{m}^2}{EI} = \frac{-344.25 \times 100^2}{126 \times 1900000} = -0.01438 \text{ 徑度（順鐘向）}$$

D 點撓角：真實樑 D 點的撓角相當共軛樑上 D 點的剪力，故

$$\theta_D = D_Y = \frac{384.75\text{t}-\text{m}^2}{EI} = \frac{384.75 \times 100^2}{126 \times 1900000} = 0.01607 \text{ 徑度（逆鐘向）}$$

B 點變位：真實樑上點 B 的變位相當於共軛樑上 B 點的彎矩，取共軛樑 B 點左側樑段為自由體，得共軛樑 B 點的彎矩為

$$M_B = \frac{1}{EI}\left(-344.25(6) + \frac{108 \times 6}{2}\left(\frac{6}{3}\right)\right) = \frac{-1417.5\text{t-m}^3}{EI}$$，故得

$$\Delta_B = M_B = \frac{-1417.5\text{t-m}^3}{EI} = \frac{-1417.5 \times 100^3}{126 \times 1900000} = 5.9211\text{cm} \downarrow$$

C 點變位：真實樑上點 C 的變位相當於共軛樑上 C 點的彎矩，取共軛樑 C 點右側樑段為自由體，得共軛樑 C 點的彎矩為

$$M_C = \frac{1}{EI}\left(-384.75(3) + \frac{81 \times 3}{2}\left(\frac{3}{3}\right)\right) = \frac{-1032.75\text{t-m}^3}{EI}$$，故得

$$\Delta_C = M_C = \frac{-1032.75\text{t-m}^3}{EI} = \frac{-1032.75 \times 100^3}{126 \times 1900000} = 4.314\text{cm} \downarrow$$

例題 6-4-3

圖 6-4-5 為承受 16t 集中載重的簡支樑，設彈性係數為 2090t/cm²，全樑斷面慣性矩為 70,000cm⁴，試以共軛樑法推算最大變位量及其位置？

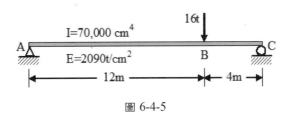

圖 6-4-5

解答：

彎矩 M/EI 圖：圖 6-4-6(a)為簡支樑的 M/EI 圖

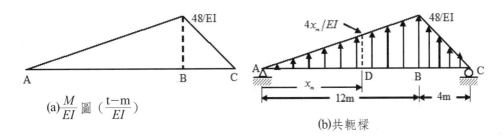

圖 6-4-6

共軛樑及反力計算：將真實樑改變成共軛樑且賦予 M/EI 載重（向上），得共軛樑如圖 6-4-6(b)。套用平衡方程式

$\Sigma M_C = 0$ 得

$$A_Y(16)\frac{48 \times 4}{2}\left(\frac{2 \times 4}{3}\right) - \frac{48(12)}{2}\left(4 + \frac{12}{3}\right) = 0 \text{ 解得 } A_Y = \frac{2560\text{t}-\text{m}^3}{16EI} = \frac{160\text{t}-\text{m}^2}{EI}\downarrow$$

最大變位的位置： 設點 D 為真實樑上最大變位位置，亦即為共軛樑上彎矩最大位置。點 D 與支承點 A 的距離為 x_m，則共軛樑上點 D 的剪力必須為 0，因此

$$S_D = \frac{1}{EI}\left(-160 + \frac{4x_m^2}{2}\right) = 0 \text{ 或 } x_m^2 = 80 \text{，解得 } x_m = 8.944\text{m}$$

D 點變位： 真實樑上點 D 的變位相當於共軛樑上 D 點的彎矩，取共軛樑 D 點左側樑段為自由體，得共軛樑 D 點的彎矩為

$$\Delta_{\max} = \frac{1}{2}\left(\frac{4 \times 8.944}{EI}\right)(8.944)\left(\frac{8.944}{3}\right) - \frac{160 \times 8.944}{EI} = \frac{953.967\text{t}-\text{m}^3}{EI}$$

將 E = 2090t/cm² 及 I = 70,000cm⁴，代入即得

$$\Delta_{\max} = \frac{953.967\text{t}-\text{m}^3}{EI} = \frac{953.967 \times 100^3}{2090 \times 70000} = 6.5206\text{cm}\downarrow$$

最大變位量為 6.5206 公分，發生於距 A 點 8.944 公尺處。

例題 6-4-4

圖 6-4-7 為承受 18t 與 6.8t 集中載重的靜定樑，設彈性係數為 2022t/cm²，樑段 AC 斷面慣性矩為 210,000cm⁴，樑段 CF 斷面慣性矩為 105,000cm⁴，試以共軛樑法推算點 A 的撓角與點 C 的變位？

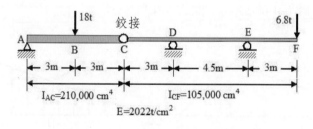

圖 6-4-7

解答：

彎矩 **M/EI** 圖：圖 6-4-8(a)為彎矩圖，因為全樑的斷面慣性矩並非均同，取 I = I_{CF}，則將 AC 樑段的彎矩圖縱座標除以 2，即得全樑的 M/EI 圖如圖 6-4-8(b)。

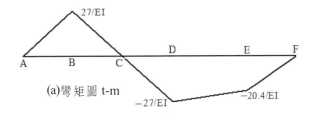

(a)彎矩圖 t-m

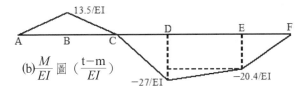

(b)$\dfrac{M}{EI}$ 圖（$\dfrac{\text{t}-\text{m}}{EI}$）

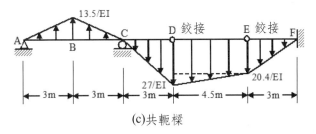

(c)共軛樑

圖 6-4-8

共軛樑及反力計算：將真實樑改變成共軛樑且賦予 M/EI 載重，得共軛樑如圖 6-4-8(c)。套用條件方程式

$$\Sigma M_D^{AD} = 0 \ 得\ A_Y(9) + C_Y(3) + \frac{1}{EI}\left[\frac{27 \times 3}{2}\left(\frac{3}{3}\right) - \frac{13.5(6)}{2}(3+3)\right] = 0$$

或 $3A_Y + C_Y = \dfrac{67.5}{EI}$

$\Sigma M_E^{AE} = 0$ 得

$$A_Y(13.5) + C_Y(7.5) + \frac{1}{EI}\left[\begin{array}{l}\dfrac{27 \times 3}{2}\left(4.5 + \dfrac{3}{3}\right) + \dfrac{(27-20.4) \times 4.5}{2}\left(\dfrac{2 \times 4.5}{3}\right) \\ + 20.4(4.5)\left(\dfrac{4.5}{2}\right) - \dfrac{13.5(6)}{2}(3+7.5)\end{array}\right] = 0$$

或 $13.5A_Y + 7.5C_Y = \dfrac{-48.6}{EI}$

解 $\begin{bmatrix} 3A_Y + C_Y = 67.5/EI \\ 13.5A_Y + 7.5C_Y = -48.6/EI \end{bmatrix}$ 得 $A_Y = \dfrac{61.65\text{t}-\text{m}^2}{EI} \downarrow$，$C_Y = \dfrac{-117.45\text{t}-\text{m}^2}{EI} \uparrow$

A 點撓角：真實樑 A 點的撓角相當共軛樑上 A 點的剪力，故

$$\theta_A = \frac{-61.65\text{t}-\text{m}^2}{EI} = \frac{-61.65 \times 100^2}{2022 \times 105000} = -0.0029 \ 徑度（順鐘向）$$

C 點變位：真實樑上點 C 的變位相當於共軛樑上 C 點的彎矩，取共軛樑 C 點左側樑段為自由體，得共軛樑 C 點的彎矩為

$$M_C = \frac{1}{EI}\left(\frac{13.5(6)}{2}(3) - 61.65(6)\right) = \frac{-248.4t-m^3}{EI}，故得$$

$$\Delta_C = M_C = \frac{-248.4t-m^3}{EI} = \frac{-248.4 \times 100^3}{2022 \times 105000} = -1.17cm \downarrow$$

例題 6-4-5

圖 6-4-9 為承受均佈與集中載重的靜定樑，設彈性係數為 2020t/cm^2，全樑斷面慣性矩為 83,000cm^4，試以共軛樑法推算點 B 的撓角與點 C 的變位？

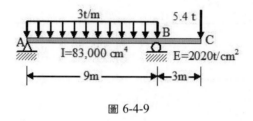

圖 6-4-9

解答：

彎矩 M/EI 圖：取點 B 為固定端，則集中載重對固定端 B 的彎矩為 16.2t-m，均佈載重對固定端 B 的彎矩為 121.5t-m，支承點 A 反力對固定端 B 的彎矩為 105.3t-m；除以柔度 EI 得圖 6-4-10(a)的 M/EI 圖。

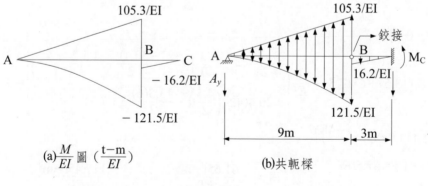

(a)$\frac{M}{EI}$ 圖 $\left(\frac{t-m}{EI}\right)$　　　　(b)共軛樑

圖 6-4-10

共軛樑及反力計算：將真實樑改變成共軛樑且賦予 M/EI 載重，得共軛樑如圖 6-4-10(b)。套用條件方程式

$$\Sigma M_B^{AB} = 0 \ 得 \ A_Y(9) + \frac{1}{EI}\left[-\frac{105.3 \times 9}{2}\left(\frac{9}{3}\right) + \frac{121.5(9)}{3}\left(\frac{9}{4}\right)\right] = 0$$

解得 $A_Y = \dfrac{66.825\text{t}-\text{m}^2}{EI} \downarrow$

B 點撓角：真實樑 B 點的撓角相當共軛樑上 B 點的剪力，故

$$S_B = \frac{1}{EI}\left(\frac{105.3 \times 9}{2} - 66.825 - \frac{121.5 \times 9}{3}\right) = \frac{42.525\text{t}-\text{m}^2}{EI}$$

因此得 $\theta_B = S_B = \dfrac{42.525\text{t}-\text{m}^2}{EI} = \dfrac{42.525 \times 100^2}{2020 \times 83000} = 0.00254$ 徑度（逆鐘向）

C 點變位：真實樑上點 C 的變位相當於共軛樑上 C 點的彎矩，取共軛樑 C 點左側
樑段為自由體，得共軛樑 C 點的彎矩為

$$M_C = \frac{1}{EI}\left[\begin{array}{l} \dfrac{105.3 \times 9}{2}\left(3 + \dfrac{9}{3}\right) - 66.825(12) \\ -\dfrac{121.5 \times 9}{3}\left(3 + \dfrac{9}{4}\right) - \dfrac{16.2(3)}{2}\left(\dfrac{2 \times 3}{3}\right) \end{array} \right] = \frac{78.975\text{t}-\text{m}^3}{EI}, \ 故得$$

$$\Delta_C = M_C = \frac{78.975\text{t}-\text{m}^3}{EI} = \frac{78.975 \times 100^3}{2020 \times 83000} = 0.471\text{cm} \uparrow$$

6-5　能量法

前面介紹的直接積分法、彎矩面積法或共軛樑法適用於載重情形單純或結構簡
單，如樑的撓角或變位計算，對於載重情形較為複雜或如剛架、桁架等複雜結構，則
能量法較為適用。結構物承受外力或彎矩作用而產生變位或撓角的變形，這些外力或
彎矩對結構物做了外功（External Work）；當結構物仍處於彈性範圍內，這些功轉變
為應變能（Strain Energy）。應變能具有當外力去除後，可以回復原狀的能量。能量
法乃是基於能量不滅定律所發展而成的一些撓角或變位計算方法。

6-5-1　作用力的外功與應變能

當一外作用力 F 作用於某一結構物，使沿外力的作用方向產生小變位 dx，則產生
外功 $dW_e = Fdx$。當最終的變位量為 x 時，則全程所作的總外功 W_e 為

$$W_e = \int_0^x Fdx \tag{6-5-1}$$

外作用力 F 的施加方式有兩種。圖 6-5-1(a)的外力 F 由 0 逐漸增加到 P，其變位也

由 0 逐漸增加到 $\triangle$，則以 $F=(P/\triangle)x$ 代入式（6-5-1）得

$$W_e = \int_0^\triangle (P/\triangle)x\,dx = \frac{1}{2}P\triangle \qquad\qquad （6-5-2）$$

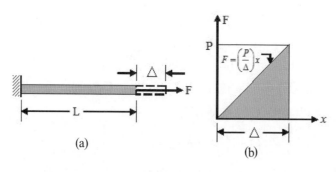

(a)

(b)

圖 6-5-1

逐漸增加的外作用力所作的外功如圖 6-5-1(b)的三角形影線部分的面積。

另一種外作用力施加方式如圖 6-5-2(a)所示，外作用力由 0 漸增到 P 並產生變位 $\triangle$ 時，另再施加由 0 漸增到 P_1 的外作用力而在作用力 P 方向產生 $\triangle_1$ 變位，則第一外作用力 P 在產生 $\triangle_1$ 變位全程所做外功為

$$W_e = P\triangle_1 \qquad\qquad （6-5-3）$$

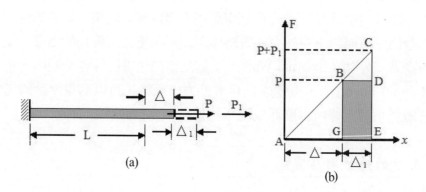

(a)

(b)

圖 6-5-2

圖 6-5-2(b)中 $\triangle$ABG 為外作用力由 0 漸增到 P 時所做的外功（$\frac{1}{2}P\triangle$）；$\triangle$BCD 為外作用力 P 持續存在時，另一外作用力由 0 漸增到 P_1 時 P_1 所做的外功（$\frac{1}{2}P_1\triangle_1$）；

四邊形 BDEG 為另一外作用力，由 0 漸增到 P_1 時作用力 P 所做的外功（$P\Delta_1$）。

摘要言之，作用力由 0 逐漸增加到 P，且最終產生變位量 Δ，則所做外功為 $\frac{1}{2}P\Delta$；若作用力 P 以常值作用於結構物的同時，另一外作用力使沿作用力 P 的方向產生變位量 Δ_1，則作用力 P 所做外功為 $P\Delta_1$。當作用力與變位方向相同時，則作用力做正功，反之，做負功。

假設圖 6-5-1(a)桿件的斷面積為 A，則平均應力（Stress）為 $\sigma=F/A$，作用力 F 使桿件伸長 Δ，故得應變量（Strain）為 $\varepsilon=\Delta/L$；若桿件的變形均在彈性限度內，則依據虎克定律 $\sigma=E\varepsilon$ 可得

$$\Delta=\frac{FL}{AE} \tag{6-5-4}$$

將 P＝F 及公式（6-5-4）代入公式（6-5-2）可得作用力 F，使桿件伸長而儲存於桿件內的應變能為

$$U=\frac{1}{2}F\Delta=\frac{F^2L}{2AE} \tag{6-5-5}$$

桁架載重後，各桿件僅產生軸心力 F，故儲存於各桿件的應變能為

$$U=\Sigma\frac{F^2L}{2AE} \tag{6-5-6}$$

6-5-2　彎矩的外功與應變能

彎矩使桿件產生撓角，彎矩所做的外功定義為彎矩與撓角的乘積。當彎矩與撓角方向相同，則彎矩做正功，否則做負功。圖 6-5-3 為彎矩 M 使桿件產生小撓角 $d\theta$，則產生總撓角 θ 時所做的外功為

$$W_e=\int_0^\theta Md\theta \tag{6-5-7}$$

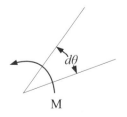

圖 6-5-3

彎矩也如外作用力 F 有兩種施加方式。若彎矩由 0 逐漸增加到 M，且使桿件產生總撓角 θ，則彎矩 M 所做的總外功為

$$W_e = \frac{1}{2}M\theta \qquad (6\text{-}5\text{-}8)$$

另一種方式為施加彎矩 M_1 使沿原彎矩 M 作用方向再增加撓角量 θ_1，則原彎矩增加做功量為

$$W_e = M\theta_1 \qquad (6\text{-}5\text{-}9)$$

圖 6-5-4(a)承受任意載重的簡支樑，其中一個小樑段 dx 承受彎矩 M 作用，使小樑段的兩側斷面產生 $d\theta$ 的夾角如圖 6-5-4(b)，由公式（6-2-1）之 $d\theta = \dfrac{M}{EI}dx$，代入公式（6-5-7）得應變能為

$$U = \int_0^L \frac{M^2}{2EI}dx \qquad (6\text{-}5\text{-}10)$$

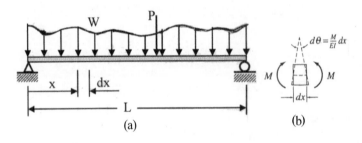

圖 6-5-4

剛架承受載重後，桿件中可能產生軸心力 F 與彎矩 M，則相當的應變能可由公式（6-5-6）與公式（6-5-10）得

$$U = \Sigma \frac{F^2L}{2AE} + \Sigma \int \frac{M^2}{2EI}dx \qquad (6\text{-}5\text{-}11)$$

若略去軸心力的影響，則應變能為

$$U = \Sigma \int \frac{M^2}{2EI}dx \qquad (6\text{-}5\text{-}12)$$

例題 6-5-1

圖 6-5-5(a)懸臂樑樑端 B 承受集中載重 P，試以能量不滅定律，推演樑端 B 的變位？

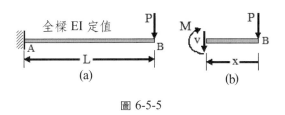

圖 6-5-5

解答：

設點 B 外作用力由 0 逐漸增到 P 時產生向下的變位量 Δ，則其所做外功為

$$W_e = \frac{1}{2}P\Delta$$

取樑端 B 為原點，則樑段長度 x 的自由體圖如圖 6-5-5(b)，其斷面彎矩為 $M = -Px$，

代入公式（6-5-10）得外作用力 P 所產生的應變能為

$$U = \int_0^L \frac{M^2 dx}{2EI} dx = \int_0^L \frac{(-Px)^2 dx}{2EI} = \frac{P^2 L^3}{6EI}$$

由能量不滅定律，令 $W_e = U$ 可得

$$\frac{1}{2}P\Delta = \frac{P^2 L^3}{6EI}，解得 \ \Delta = \frac{PL^3}{3EI}$$

　　雖然以能量不滅定律求解樑的變位尚稱簡潔如例題 6-5-1，但仍有相當的局限性。
當外作用力或彎矩超過一個時，雖然可以計得所有外作用力或彎矩的應變能，但每一
個作用力或彎矩均有其相當的變位或撓角，而有一個以上的未知量，一個外功總量等
於應變能總量的能量不滅定律方程式，尚難求解一個以上的未知量。基於此項局限
性，因此有下面介紹的卡氏第二定理與虛功法等衍生解法。

6-6　卡氏第二定理

　　卡氏（Castigliano's）第二定理（又稱卡氏變位定理）適用於推求結構物（桁架、
樑或剛架）上某一點的撓角或變位量。卡氏第二定理敘述如下：

　　結構物承受材料彈性限度內的應力與應變時，結構物內全部應變能對於某一外作
用力的偏微分，即為該外作用力方向的變位（Deflection）；結構物內全部應變能對於

某一外加彎矩的偏微分，即為該外加彎矩方向的撓角（Slope）。如果偏微分值為正，則變位或撓角方向，與外作用力或外加彎矩方向一致；如果偏微分值為負，則變位或撓角方向，與外作用力或外加彎矩方向相反。

設結構物承受集中載重 P_1, P_2, P_3, $\cdots$, P_n 及彎矩 M_1, M_2, M_3, $\cdots$, M_m 作用後獲得應變能 U，則依卡氏第二定理，沿 P_i 作用方向的變位 Δ_i 或沿彎矩 M_i 作用方向的撓角可以表示為

$$\Delta_i = \frac{\partial U}{\partial P_i} \tag{6-6-1}$$

$$\theta_i = \frac{\partial U}{\partial M_i} \tag{6-6-2}$$

假設圖 6-6-1 簡支樑承受由開始的 0 值漸增到 P_1、P_2、P_3 載重，而各產生 Δ_1、Δ_2、Δ_3 的變位。這些作用力所做的外功 W_e，亦等於儲存的應變能 U，為

$$U = W_e = \frac{1}{2}P_1\Delta_1 + \frac{1}{2}P_2\Delta_2 + \frac{1}{2}P_3\Delta_3 \tag{1}$$

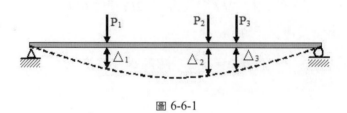

圖 6-6-1

因此，應變能 U 可以寫成作用力 P_1、P_2、P_3 的函數為

$$U = f(P_1, P_2, P_3)$$

假設某一結構物（或任意形狀物體）承受 P_1, P_2, P_3, $\cdots$, P_n 等 n 個作用力，則其儲存於結構物內的總應變能為 $U = f(P_1, P_2, P_3, \cdots, P_n)$。

今如欲推算作用力 P_2 之作用點在沿作用力 P_2 方向的變位 Δ_2。若 P_2 增加一個微量 dP_2，則數學上應變能 U 增加量 dU 可寫為

$$dU = \frac{\partial U}{\partial P_2}dP_2$$

因此所儲純存的總應變能 U_T 為

6

$$U_T = U + dU = U + \frac{\partial U}{\partial P_2} dP_2 \tag{2}$$

因為樑屬彈性結構體，其儲存結構體內的應變能不因載重 P_1、$P_2 + dP_2$、P_3 施加的順序而異。今若先施加 dP_2，再施加 P_1、P_2、P_3 等載重，且假設 $d\Delta_2$ 為在 dP_2 作用點沿 P_2 作用方向的變位量，則樑獲得 $(1/2)(dP_2)(d\Delta_2)$ 的應變能。施加 P_1、P_2、P_3 等載重，使再產生 Δ_1、Δ_2、Δ_3 的變位量，因為樑屬彈性體，故這些變位量及所儲存的應變能並不因已經有其他作用力的存在而異。因此先施加 dP_2，再施加 P_1、P_2、P_3 等載重的總應變能為

$$U_T = \frac{1}{2}(dP_2)(d\Delta_2) + dP_2(\Delta_2) + \frac{1}{2}P_1\Delta_1 + \frac{1}{2}P_2\Delta_2 + \frac{1}{2}P_3\Delta_3$$

微量作用力 dP_2 在產生 Δ_2 變位時已經全程存在，故其所做的外功不需乘以 $1/2$，略去兩個微量的乘積，且將式(1)的應變能帶入，可得近似總應變能為

$$U_T = dP_2(\Delta_2) + U \tag{3}$$

再令式(2)與式(3)兩量相等

$dP_2(\Delta_2) + U = U + \frac{\partial U}{\partial P_2} dP_2$，故得

$$\Delta_2 = \frac{\partial U}{\partial P_2}$$

因此可得證 $\Delta_i = \frac{\partial U}{\partial P_i}$ 或以相同方式推證 $\theta_i = \frac{\partial U}{\partial M_i}$。

6-6-1　卡氏第二定理桁架變位分析

公式（6-5-6）為桁架承受載重後，各桿桿力 F 所儲蓄的應變能；套用公式（6-6-1）可得變位方程式為

$$\Delta = \frac{\partial}{\partial P} \Sigma \frac{F^2 L}{2AE} = \Sigma F\left(\frac{\partial F}{\partial P}\right)\frac{L}{AE} \tag{6-6-3}$$

其中 Δ 為桁架承受載重後所要推求的節點變位；

P 為在 Δ 方向所加的作用力；

F 為承受載重及作用力 P 後的各桿桿力，故為作用力 P 的函數；

L、A、E 分別為桿件長度、斷面積及材料的彈性係數。

演算公式（6-6-3）時，可先累加 $\dfrac{F^2 L}{2AE}$ 項，然後再對 P 偏微分或先將各桿件的桿力函數 F 對 P 偏微分，然後再累加 $F\left(\dfrac{\partial F}{\partial P}\right)\dfrac{L}{AE}$ 項，均可獲得相同的結果，一般以先偏微分再累加較為簡潔。

6-6-2　卡氏第二定理桁架變位分析步驟

1. 決定所要推求變位的節點與方向。
2. 如果在節點變位方向有作用力，則將該力以變數作用力P替代之；如果在節點變位方向並無作用力，則於該節點的方向置入變數作用力P。
3. 進行桁架分析而獲得各桿桿力函數 F(P)。
4. 將各桿桿力函數對變數作用力 P 進行偏微分。
5. 求得桿力函數 F(P)及桿力函數偏微分 $\partial F(P)/\partial P$ 後，如果在節點變位方向原來即無作用力，則令 P=0；否則令變數作用力 P 等於節點變位方向原來的作用力，而計得各桿的桿力 F 及偏微分值 $\partial F/\partial P$。
6. 代入公式（6-6-3）可計得變位量Δ。計得正的變位量表示變位方向與變數作用力相同，否則，變位方向相反。

例題 6-6-1

試以卡氏第二定理演算圖 6-6-2 平面桁架中節點 C 的垂直變位量？已知各桿的斷面積為 6.6cm^2，材料彈性係數為 2022t/cm^2。

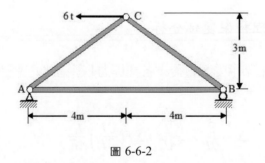

圖 6-6-2

解答：

因為要推求節點 C 的垂直變位，故於節點 C 加上一個變數作用力 P，並推得反力及各桿桿力函數如圖 6-6-3。

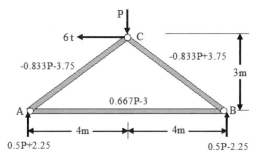

圖 6-6-3

將各桿桿力函數及其對變數作用力 P 的微分式整理如下表，且因節點 C 的垂直方向並無原始作用力，故於表中令 P = 0 代入，求得

$$\Sigma F(\partial F/\partial P)L = 1600.80\text{t-cm}$$

桿件	F	$\partial F/\partial P$	F(P = 0)	L	$F(\partial F/\partial P)L$
AB	$0.667P - 3$	0.667	-3	800	-1600.80
BC	$-0.833P + 3.75$	-0.833	3.75	500	-1561.875
AC	$-0.833P - 3.75$	-0.833	-3.75	500	1561.875
				$\Sigma F(\partial F/\partial P)L$	-1600.80

得節點 C 的垂直變位量為 $\Delta = \Sigma F(\partial F/\partial P)\dfrac{L}{AE} = \dfrac{-1600.80}{6.6 \times 2022} = -0.119953\text{cm} \uparrow$

例題 6-6-2

試以卡氏第二定理演算圖 6-6-4 平面桁架中節點 C 的垂直變位量？已知各桿的斷面積為 6.0cm^2，材料彈性係數為 2022t/cm^2。

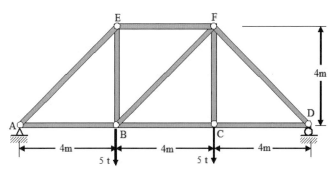

圖 6-6-4

解答：

因為要推求節點 C 的垂直變位，且於節點 C 有垂直作用力 5t，故將該作用力以一個變數作用力 P 替代之，並推得反力及各桿桿力函數如圖 6-6-5。

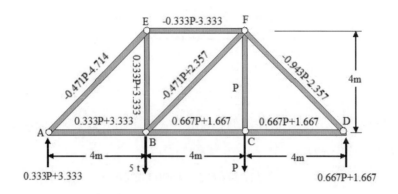

圖 6-6-5

將各桿桿力及其對 P 的微分式整理如下表，且因節點 C 的垂直方向有作用力 5t，故於表中令 P＝5t 代入，求得 $\Sigma F(\partial F/\partial P)L = 12320.34$ t-cm

桿件	F	$\partial F/\partial P$	F(P＝5)	L	$F(\partial F/\partial P)L$
AB	$0.333P + 3.333$	0.333	5	400	666
BC	$0.667P + 1.667$	0.667	5	400	1334
CD	$0.667P + 1.667$	0.667	5	400	1334
AE	$-0.417P - 4.714$	-0.471	-7.069	565.685	1883.45
BE	$0.333P + 3.333$	0.333	5	400	666
BF	$-0.471P + 2.357$	-0.471	0	565.685	0
CF	P	1	5	400	2000
DF	$-0.943P - 2.357$	-0.943	-7.069	565.685	3770.89
EF	$-0.333P - 3.333$	-0.333	-5	400	666
				$\Sigma F(\partial F/\partial P)L$	12320.34

得節點 C 的垂直變位量為 $\Delta = \Sigma F(\partial F/\partial P)\dfrac{L}{AE} = \dfrac{12320.34}{6 \times 2022} = 1.015496$ cm ↓

6-6-3　卡氏第二定理樑與剛架變形分析

公式（6-5-12）為樑或剛架承受載重後，各桿所儲蓄的彎矩應變能；套用公式（6-6-1）與公式（6-6-2）可得變位與撓角方程式為

$$\Delta = \frac{\partial}{\partial P} \int_0^L \frac{M^2 dx}{2EI} = \int_0^L \frac{M}{EI}\left(\frac{\partial M}{\partial P}\right)dx \qquad (6\text{-}6\text{-}4)$$

$$\theta = \frac{\partial}{\partial M_\theta} \int_0^L \frac{M^2 dx}{2EI} = \int_0^L \frac{M}{EI}\left(\frac{\partial M}{\partial M_\theta}\right)dx \qquad (6\text{-}6\text{-}5)$$

其中 Δ 為樑或剛架承受載重後所要推求的某點變位；

θ 為樑或剛架承受載重後所要推求的某點撓角；

P 為在 Δ 方向所加的作用力；

M_θ 為在 θ 方向所加的彎矩；

M 為承受各種載重後的各桿彎矩，故為作用力 P 與彎矩 M_θ 的函數；

I、E 為斷面慣性矩及材料的彈性係數。

演算公式（6-6-4）或公式（6-6-5）時，先偏微分再積分或先積分再偏微分，均可獲得相同的結果，一般以先偏微分再積分（累加）較為簡潔。

6-6-4　卡氏第二定理樑與剛架變形分析步驟

1. 決定結構物上某點的變位，如該變位方向已有作用力，則以變數作用力 P 替代之；否則也在變位方向置入一個變數作用力 P。

2. 決定結構物上某點的撓角，如該點已有作用彎矩，則以變數彎矩 M_θ 替代之；否則也在該點置入一個變數彎矩 M_θ。

3. 依據載重的連續性，研判必須分段積分數，在每段積分區間設定座標原點與 x 座標軸。

4. 建立各分段的彎矩函數 M，其自變數包括變數作用力 P、變數彎矩 M_θ 及 x 座標，亦即 $M = f(P, M_\theta, x)$。

5. 推演各積分區段彎矩函數 M 對變數作用力 P 與變數彎矩 M_θ 的偏微分式。

6. 在步驟 1 中如以變數作用力 P 替代原有作用力，則令 P 等於原作用力；否則令 P 等於 0。

7. 在步驟 2 中如以變數彎矩 M_θ 替代原有彎矩，則令 M_θ 等於原彎矩；否則令 M_θ 等於 0。

8.執行分段積分，所得正的變位量或撓角量，表示變位方向或撓角方向與變數作用力 P 或變數彎矩 M_θ 方向相同，否則，方向相反。

例題 6-6-3

試以卡氏第二定理演算圖 6-6-6 樑上點 C 的垂直變位量？慣性矩及材料彈性係數示如圖上。

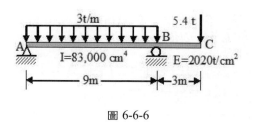

圖 6-6-6

解答：

因為要推求點 C 的垂直變位且該點已有垂直載重，故於點 C 以一個變數作用力 P 替換 5.4t 的集中載重，替換後支承點反力如圖 6-6-7。因為不需推求任何點的撓角，故不需置入變數彎矩 M_θ。

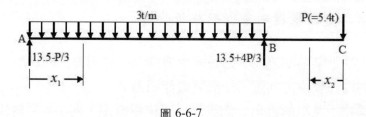

圖 6-6-7

依據載重情形必須分兩段積分，各段座標原點與軸示如圖 6-6-7。各積分區段的彎矩函數 M 及對 P 的偏微分式整理如下表：

積分區段	x 座標		M 函數	$\partial M/\partial P$
	原點	範圍		
AB	A	0～9	$(13.5 - P/3)x_1 - 3x_1^2/2$	$-x_1/3$
CB	C	0～3	$-Px_2$	$-x_2$

將 $P = 5.4t$ 代入彎矩函數及其對 P 的偏微分式，再依公式（6-6-4）積分得

$$\Delta_C = \int_0^L \left(\frac{\partial M}{\partial P} \right) \left(\frac{M}{EI} \right) dx$$

$$\Delta_C = \frac{1}{EI} \left[\int_0^9 (11.7x_1 - 1.5x_1^2)(-x_1/3)dx_1 + \int_0^3 (-5.4x_2)(-x_2)dx_2 \right]$$

$$\Delta_C = \frac{1}{EI} \left[\int_0^9 \frac{-11.7x_1^2 + 1.5x_1^3}{3}dx_1 + \int_0^3 5.4x_2^2 dx_2 \right]$$

$$\Delta_C = \frac{1}{EI} \left[\left(\frac{-11.7x_1^3}{9} + \frac{1.5x_1^4}{12} \right) \bigg|_0^9 + 1.8x_2^3 \big|_0^3 \right] = \frac{-78.975 \text{t-m}^3}{EI} \text{，故得}$$

$$\Delta_C = \frac{-78.975 \text{t-m}^3}{EI} = \frac{-78.975 \times 100^3}{2020 \times 83000} = -0.471 \text{cm} \uparrow$$

例題 6-6-4

試以卡氏第二定理演算圖 6-6-8 剛架上點 C 的撓角？慣性矩及材料彈性係數示如圖上。

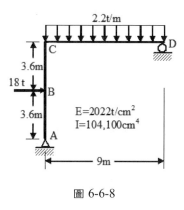

2.2t/m

C　　　　　D

3.6m

18 t
B

3.6m

E=2022t/cm²
I=104,100cm⁴

A

9m

圖 6-6-8

解答：

因為要推求點 C 的撓角且該點並無彎矩，故於點 C 置入一個變數彎矩 M_θ 如圖 6-6-9(a)的剛架自由體圖。

圖 6-6-9(b)為樑段 CD 的自由體圖及分段積分的座標原點；圖 6-6-9(c)為樑段 AB、BC 的自由體圖及分段積分的座標原點。依據載重情形必須分三段積分，各積分區段的彎矩函數 M 及其對 M_θ 的偏微分式整理如下表：

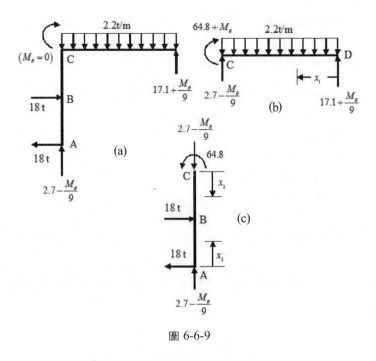

圖 6-6-9

積分區段	x 座標		M 函數	$\partial M/\partial M_\theta$
	原點	範圍		
CD	D	0～9	$(17.1 + M_\theta/9)x_1 - 1.1x_1^2$	$x_1/9$
AB	A	0～3.6	$18x_3$	0
CB	C	0～3.6	64.8	0

將 $M_\theta = 0$ 代入彎矩函數及其對 M_θ 的偏微分式，再依公式（6-6-5）積分得

$$\theta_C = \Sigma \int \frac{M}{EI}\left(\frac{\partial M}{\partial M_\theta}\right)dx$$

$$\theta_C = \frac{1}{EI}\int_0^9 (17.1x_1 - 1.1x_1^2)\left(\frac{x_1}{9}\right)dx = \frac{1}{EI}\left(\frac{17.1x_1^3}{27} - \frac{1.1x_1^4}{36}\right)\Big|_0^9 = \frac{261.225\text{t-m}^2}{EI}$$

$$\theta_C = \frac{261.225\text{t-m}^2}{EI} = \frac{261.225 \times 100^2}{2022 \times 104100} = 0.0124 \text{ 徑度（順鐘向）}$$

積分計得的撓角為正值，故撓角方向與圖 6-6-9(a)的 M_θ 方向（順鐘向）相同。

6-6-5　虛功法

觀察例題 6-6-3 與例題 6-6-4 中的 $\partial M/\partial P$ 與 $\partial M/\partial M_\theta$ 均未出現 P 或 M_θ；事實上，為推求結構上某一點的變位，或撓角所置入或替換的變數作用力 P 或變數彎矩 M_θ，在彎矩函數 M 中均不可能出現一次以上方次，故彎矩函數 M 對 P 或 M_θ 的偏微分式均未出現 P 或 M_θ，換言之，$\partial M/\partial P$ 與 $\partial M/\partial M_\theta$ 均與原載重無關。進一步觀察前述兩個例題，更可發現 $\partial M/\partial P$ 相當於僅承受 P = 1 的彎矩函數；$\partial M/\partial M_\theta$ 相當於僅承受 M_θ = 1 的彎矩函數。如以 m 代表僅承受 P = 1 或 M_θ = 1 的彎矩函數，則公式（6-6-4）與公式（6-6-5）可改寫成

$$\Delta = \int_0^L \frac{Mm}{EI} dx \qquad (6\text{-}6\text{-}6)$$

$$\theta = \int_0^L \frac{Mm}{EI} dx \qquad (6\text{-}6\text{-}7)$$

公式（6-6-6）與公式（6-6-7）中的 M 為真實載重在各斷面的彎矩，m 則是在欲求變位處的方向置入單位作用力 P = 1，或在欲求撓角處置入單位彎矩 M_θ = 1 在各斷面所產生的彎矩。公式（6-6-6）與公式（6-6-7）等號右側已經相同，其主要區別在於以單位作用力求得的 m 彎矩可求得變位；以單位彎矩求得的 m 彎矩可求得撓角。這種以單位作用力（彎矩）推求斷面彎矩以避免彎矩函數偏微分的方法稱為單位載重法或虛單位載重法（Dummy Unit Load Method）。

若再將公式（6-6-6）寫成

$$1 \times \Delta = \int_0^L M \left(\frac{m}{EI} \right) dx$$

其中 1 代表單位虛載重，△ 代表單位虛載重的變位量，M 為真實載重的彎矩，m 為單位虛載重所產生的彎矩。

6-6-6　虛功法樑與剛架變形分析步驟

虛功法分析樑或剛架彈性變形的步驟歸納如下：

建立虛彎矩函數

1. 在欲求變位處沿變位方向置一單位虛載重；或在欲求撓角處置一單位虛彎矩；

2. 觀察真實載重與虛載重研判積分區段，並於各區段選擇座標原點與座標軸；

3.移去真實載重，建立單位虛載重（單位虛彎矩）所產生的虛彎矩函數 m

建立真實彎矩函數

4.以真實載重及建立虛彎矩函數的相同座標系建立真實載重的彎矩函數 M；

建立虛功方程式

5.將真實彎矩函數 M 與虛彎矩函數 m 代入公式（6-6-6）或（6-6-7），求解撓角或變位虛功方程式並積分之；

6.各積分區段定積分值的代數和為正值時，則撓角或變位方向與單位虛載重或單位虛彎矩的方向一致；負的代數和，則撓角或變位方向與單位虛載重或單位虛彎矩的方向相反。

例題 6-6-5

試以虛功法演算圖 6-6-10 外伸樑上點 D 的垂直變位量？材料彈性係數 E ＝ 2022t/cm²、慣性矩 I ＝ 33,300cm⁴。

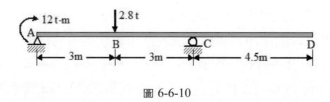

圖 6-6-10

解答：

圖 6-6-11(a)為外伸樑的自由體圖；因為要推求點 D 的垂直變位，故於點 D 施以一個單位虛載重如圖 6-6-11(b)。配合載重情形，將整樑區分為 AB、BC、CD 三個積分區段。

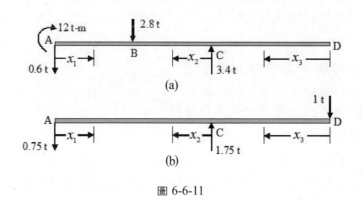

圖 6-6-11

各積分區段的彎矩函數 M 及 m 整理如下表：

積分區段	x 座標		M 函數	m 函數
	原點	範圍		
AB	A	0～3	$12 - 0.6x_1$	$-0.75x_1$
CB	C	0～3	$3.4x_2$	$0.75x_2 - 4.5$
DC	D	0～4.5	0	$-x_3$

依據虛功原理，得

$$1 \times \Delta_D = \int_0^L \frac{Mm}{EI} dx$$

$$1 \times \Delta_D = \int_0^3 \frac{(12 - 0.6x_1)(-0.75x_1)}{EI} dx_1 + \int_0^3 \frac{3.4x_2(0.75x_2 - 4.5)}{EI} dx_2 + \int_0^{4.5} \frac{0(-x_3)}{EI} dx_3$$

$$\Delta_D = \frac{1}{EI}\left[\left(\frac{-9x_1^2}{2} + 0.15x_1^3\right)\Big|_0^3 + \left(\frac{2.55x_2^3}{3} - \frac{15.3x_2^2}{2}\right)\Big|_0^3 + 0\right]$$

$$\Delta_D = \frac{(-36.45 - 45.90)\text{t}-\text{m}^3}{EI} = \frac{-82.35 \times 100^3}{2022 \times 33300} = -1.223\text{cm} \uparrow$$

例題 6-6-6

試以虛功法演算圖 6-6-12 剛架上點C的垂直變位量？材料彈性係數 $E = 2022\text{t/cm}^2$、慣性矩 $I = 83,300\text{cm}^4$。

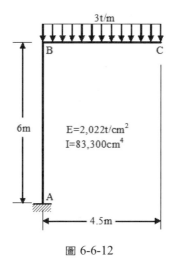

圖 6-6-12

解答：

圖 6-6-13(a)為剛架的自由體圖；因為要推求點 C 的垂直變位，故於點 C 施以一個單位虛載重如圖 6-6-13(b)。配合載重情形，將剛架區分為 AB、BC 二個積分區段。各積分區段的彎矩函數 M 及 m 整理如下表：

積分區段	x 座標		M 函數	m 函數
	原點	範圍		
AB	B	0～6	-30.375	-4.5
CB	C	0～4.5	$-3x_2^2/2$	$-x_2$

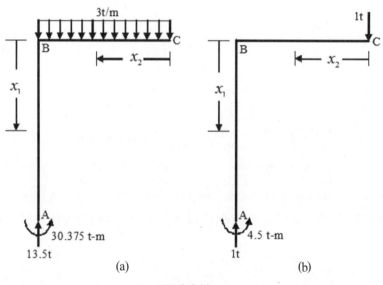

(a)   (b)

圖 6-6-13

依據虛功原理，得

$$1 \times \Delta_C = \int_0^L \frac{Mm}{EI} dx$$

$$\Delta_C = \int_0^6 \frac{(-30.375)(-4.5)}{EI} dx_1 + \int_0^{4.5} \frac{(-3x_2^2/2)(-x_2)}{EI} dx_2$$

$$\Delta_C = \frac{1}{EI}\left[(136.6875 x_1)\big|_0^6 + \left(\frac{3x_2^4}{8}\right)\Big|_0^{4.5} \right]$$

$$\Delta_C = \frac{(820.125 + 153.773)t-m^3}{EI} = \frac{973.898 \times 100^3}{2022 \times 83300} = 5.782cm \downarrow$$

例題 6-6-7

試以虛功法演算圖 6-6-14 剛架上點 C 的撓角？材料彈性係數 E＝2022t/cm²、慣性矩 I＝15,000cm⁴。

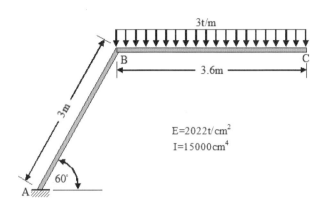

圖 6-6-14

解答：

圖 6-6-15(a)為剛架的真實載重圖；其真實彎矩函數為

CB 桿件真實彎矩函數　$M_1 = -\dfrac{3x_1^2}{2}$

BA 桿件真實彎矩函數　$M_2 = -3(3.6)\left(\dfrac{3.6}{2} + x_2\cos 60°\right) = -19.44 - 5.4x_2$

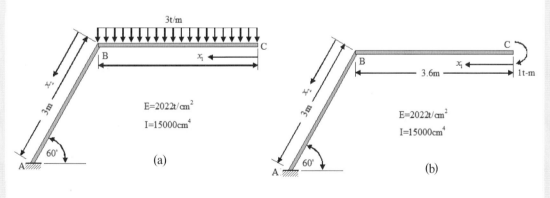

圖 6-6-15

因為要推求點 C 的撓角，故於端點 C 施加一順鐘向單位虛彎矩 1t-m 如圖 6-6-15(b)，可得各桿件虛彎矩函數為

CB 桿件虛彎矩函數　$m_1 = -1$

BA 桿件虛彎矩函數　$m_2 = -1$

各積分區段的彎矩函數 M 及 m 整理如下表：

積分區段	x 座標		M 函數	m 函數
	原點	範圍		
CB	C	0～3.6	$-\dfrac{3x_1^2}{2}$	-1
BA	B	0～3	$-19.44 - 5.4x_2$	-1

依據虛功原理，得

$$1 \times \theta_C = \Sigma \int_0^L \frac{Mm}{EI}dx$$

$$\theta_C = \int_0^{3.6} \frac{(-3x_1^2/2)(-1)}{EI}dx_1 + \int_0^3 \frac{(-19.44 - 5.4x_2)(-1)}{EI}dx_2$$

$$\theta_C = \int_0^{3.6} \frac{3x_1^2}{2EI}dx_1 + \int_0^3 \frac{19.44 + 5.4x_2}{EI}dx_2$$

$$\theta_C = \frac{x_1^3}{2EI}\Big|_0^{3.6} + \left(\frac{19.44x_2 + 2.7x_2^2}{EI}\right)\Big|_0^3 = \frac{23.328}{EI} + \frac{82.62}{EI} = \frac{105.948\,\text{t}-\text{m}^2}{EI}$$

$$\theta_C = \frac{105.948\,\text{t}-\text{m}^2}{EI} = \frac{105.948 \times 100^2}{2022 \times 15000} = 0.03493 \text{ 徑度（順鐘向）}$$

6-6-7 虛功法桁架變形分析步驟

虛功法分析桁架彈性變形的步驟歸納如下：

單位虛載重應力分析

1. 在欲求變位節點沿變位方向置一單位虛載重；
2. 以節點法或斷面法分析桁架所有桿件桿力 n（張力為正，壓力為負）；

真實載重應力分析

3. 以真實載重分析桁架所有桿件桿力 N（張力為正，壓力為負）；

套用虛功方程式

4. 依各桿件桿力 N、n 及桿長 L、桿件斷面積 A、材料彈性係數 E 求算 $\Sigma nNL/AE$ 代數和；
5. 正的 $\Sigma nNL/AE$ 代數和代表節點的變位方向與單位虛載重方向一致，否則方向相反；

6. 因為溫度改變使桿件伸縮而致變位時，則套用 $\Delta = \Sigma n\alpha\Delta TL$ 公式計算節點變位，其中 α 為桁架材料的膨脹係數，ΔT 為各桿件溫度變化量（升溫為正，降溫為負）。正的 $\Sigma n\alpha\Delta TL$ 代表節點的變位方向與單位虛載重方向一致。

7. 當某些桿件長度與原設計長度不同時，也會產生節點變位，可以套用 $\Delta = \Sigma n\Delta L$ 公式計算節點變位，其中正的 ΔL 為桿件的伸長量，負的 ΔL 為桿件縮短量。

例題 6-6-8

試以虛功法演算圖 6-6-16 桁架中節點 C 的垂直變位量？已知各桿的斷面積為 6.6cm²，材料彈性係數為 2022t/cm²。

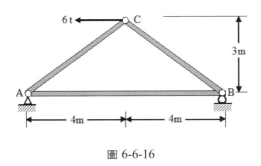

圖 6-6-16

解答：

圖 6-6-17(a)為平面桁架承受真實載重的各桿件之桿力，移除真實載重並於節點 C 置入向下的單位垂直虛載重而分析得各桿件桿力如圖 6-6-17(b)。

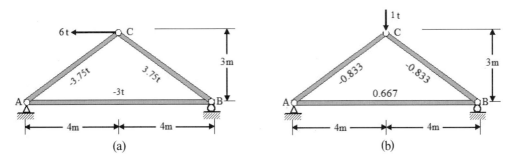

(a)　　　　　　　　　　　(b)

圖 6-6-17

因為各桿的斷面積（6.6cm²）及桿件材料彈性係數均相等，故以表格 ΣnNF 計算如下表

桿件	N(t)	n(t)	L(cm)	nNL(t²-cm)
AB	− 3.00	0.67	800.00	− 1,600.80
BC	3.75	− 0.83	500.00	− 1,561.88
AC	− 3.75	− 0.83	500.00	1,561.88
			合計	−1600.80

則節點 C 的垂直變位為

$$\Delta_C = \frac{\Sigma nNL}{AE} = \frac{-1600.80}{6.6 \times 2022} = -0.119953 \text{cm} \uparrow$$

負的 Δ_C 表示與原假設的單位載重方向（向下）相反方向變位。

例題 6-6-9

試以虛功法演算圖 6-6-18 桁架中節點 C 的垂直變位量？已知各桿的斷面積為 6.0cm^2，材料彈性係數為 2022t/cm^2。

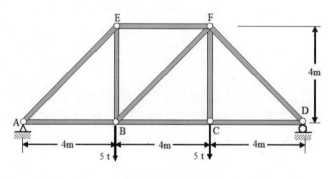

圖 6-6-18

解答：

圖 6-6-19(a)為平面桁架承受真實載重的各桿件之桿力，移除真實載重並於節點 C 置入向下的單位垂直虛載重而分析得各桿件桿力如圖 6-6-19(b)。

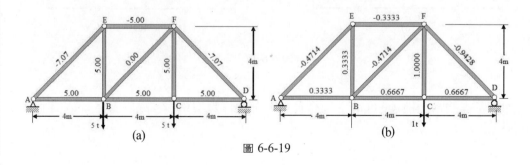

圖 6-6-19

因為各桿的斷面積（6.0cm²）及桿件材料彈性係數均相等，故以表格計算 ΣnNF 如下表

桿件	N(t)	n(t)	L(cm)	nNL(t²-cm)
AB	5.00	0.3333	400.00	666.67
BC	5.00	0.6667	400.00	1,333.33
CD	5.00	0.6667	400.00	1,333.33
AE	− 7.07	− 0.4714	565.69	1,885.62
BE	5.00	0.3333	400.00	666.67
BF	0.00	− 0.4714	565.69	0.00
CF	5.00	1.0000	400.00	2,000.00
DF	− 7.07	− 0.9428	565.69	3,771.24
EF	− 5.00	− 0.3333	400.00	666.67
			合計	12323.52092

則節點 C 的垂直變位為

$$\Delta_C = \frac{\Sigma nNL}{AE} = \frac{12323.52092}{6.0 \times 2022} = 1.015786 \text{cm} \downarrow$$

6-6-8　虛功法桁架變形分析程式使用說明

　　使結構分析軟體試算表以外的空白試算表處於作用中（Active）。選擇☞結構分析／桁架分析（Truss Analysis）／平面靜定桁架虛功法變位／建立平面靜定桁架變位試算表☞出現圖 6-6-20 輸入畫面。以例題 6-6-9 為例，圖 6-6-18 桁架中有 6 個節點，9 根桿件且於節點 B、C 均有載重，故輸入靜定桁架節點數（6）、靜定桁架桿件數（9）、承載反力節點數（2）、承載外力節點數（2）、桿件斷面積（6.0）、桿材彈性係數（2022）及小數位數（3）後，單擊「建立平面靜定桁架變位試算表」鈕，即可產生圖 6-6-22 的平面靜定桁架變位試算表。桁架節點與桿件編號如圖 6-6-21。依圖 6-6-21 填入相關資料得圖 6-6-22。

　　如果桿件斷面積與桿材彈性係數不完全相同，則在圖 6-6-22 儲存格 D15～E23 中修改之。另需指定反力性質及外作用力的方向，於試算表儲存格 B30 指定所欲推求變

位的節點數（本例指定節點 3）。輸入節點座標、各桿件起迄節點編號、桿件斷面積與彈性係數等資料時，應注意其單位的一致性。

　　本程式提供因受外力、溫度變化、桿長變化及支承沉陷等不同原因所產生的變位；本例屬承受外力的變位計算，故點選承受外力選項。

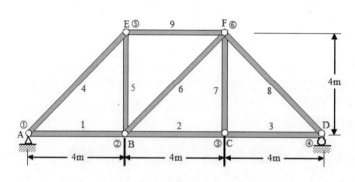

圖 6-6-20

圖 6-6-21

<table>
<tr><td colspan="8">平面靜定桁架變位計算 試算表[例題6-6-9]</td></tr>
<tr><td></td><td>A</td><td>B</td><td>C</td><td>D</td><td>E</td><td>F</td><td>G</td><td>H</td></tr>
<tr><td>4</td><td>桁架總節點數</td><td>6</td><td>桁架桿件數m</td><td>9</td><td>反力數r</td><td></td><td></td><td></td></tr>
<tr><td>5</td><td>承受反力節點數</td><td>2</td><td></td><td></td><td></td><td></td><td></td><td></td></tr>
<tr><td>6</td><td>承載外力節點數</td><td>2</td><td></td><td></td><td>m+r=</td><td></td><td></td><td></td></tr>
<tr><td>7</td><td>節點(I)</td><td>X(I)座標值</td><td>Y(I)座標值</td><td></td><td>節點數的2倍</td><td></td><td></td><td></td></tr>
<tr><td>8</td><td>1</td><td>0.000</td><td>0.000</td><td>A</td><td></td><td></td><td></td><td></td></tr>
<tr><td>9</td><td>2</td><td>400.000</td><td>0.000</td><td>B</td><td></td><td></td><td></td><td></td></tr>
<tr><td>10</td><td>3</td><td>800.000</td><td>0.000</td><td>C</td><td></td><td></td><td></td><td></td></tr>
<tr><td>11</td><td>4</td><td>1,200.000</td><td>0.000</td><td>D</td><td></td><td></td><td></td><td></td></tr>
<tr><td>12</td><td>5</td><td>400.000</td><td>400.000</td><td>E</td><td></td><td></td><td></td><td></td></tr>
<tr><td>13</td><td>6</td><td>800.000</td><td>400.000</td><td>F</td><td></td><td></td><td></td><td></td></tr>
<tr><td>14</td><td>桿件編號</td><td>起節點號</td><td>止節點號</td><td>桿件斷面積</td><td>桿材彈性係數</td><td>△X</td><td>△Y</td><td>桿件長度</td></tr>
<tr><td>15</td><td>1</td><td>1</td><td>2</td><td>6.000</td><td>2,022.000</td><td></td><td></td><td></td></tr>
<tr><td>16</td><td>2</td><td>2</td><td>3</td><td>6.000</td><td>2,022.000</td><td></td><td></td><td></td></tr>
<tr><td>17</td><td>3</td><td>3</td><td>4</td><td>6.000</td><td>2,022.000</td><td></td><td></td><td></td></tr>
<tr><td>18</td><td>4</td><td>1</td><td>5</td><td>6.000</td><td>2,022.000</td><td></td><td></td><td></td></tr>
<tr><td>19</td><td>5</td><td>2</td><td>5</td><td>6.000</td><td>2,022.000</td><td></td><td></td><td></td></tr>
<tr><td>20</td><td>6</td><td>2</td><td>6</td><td>6.000</td><td>2,022.000</td><td></td><td></td><td></td></tr>
<tr><td>21</td><td>7</td><td>3</td><td>6</td><td>6.000</td><td>2,022.000</td><td></td><td></td><td></td></tr>
<tr><td>22</td><td>8</td><td>4</td><td>6</td><td>6.000</td><td>2,022.000</td><td></td><td></td><td></td></tr>
<tr><td>23</td><td>9</td><td>5</td><td>6</td><td>6.000</td><td>2,022.000</td><td></td><td></td><td></td></tr>
<tr><td>24</td><td>承受反力節點</td><td>可受X反力0/1</td><td>可受Y反力0/1</td><td></td><td></td><td></td><td></td><td></td></tr>
<tr><td>25</td><td>1</td><td>1</td><td>1</td><td></td><td></td><td></td><td></td><td></td></tr>
<tr><td>26</td><td>4</td><td>0</td><td>1</td><td></td><td></td><td></td><td></td><td></td></tr>
<tr><td>27</td><td>承載外力節點</td><td>X分量(右正)</td><td>Y分量(上正)</td><td></td><td></td><td></td><td></td><td></td></tr>
<tr><td>28</td><td>2</td><td>0.000</td><td>-5.000</td><td></td><td></td><td></td><td></td><td></td></tr>
<tr><td>29</td><td>3</td><td>0.000</td><td>-5.000</td><td></td><td></td><td></td><td></td><td></td></tr>
<tr><td>30</td><td>計算變位節點</td><td>3</td><td></td><td></td><td></td><td></td><td></td><td></td></tr>
</table>

圖 6-6-22

　　桁架結構的幾何特性及所承受的載重等資料輸入後，選擇☞結構分析／桁架分析（Truss Analysis）／平面靜定桁架虛功法變位／進行平面靜定桁架變位計算☜即於試算表最後出現圖 6-6-23 的計算結果。本程式同時計算指定節點的水平與垂直方向的變位；正的 X 方向變位量表示向右變位，負的 X 方向變位量表示向左變位；正的 Y 方向變位量表示向下變位，負的 Y 方向變位量表示向上變位。

	A	B	C	D	E	F	G	H	I	J
31	靜 定 平 面 桁 架 承 受 載 重 變 位 計 算 [例題6-6-9]									
32	桿件	桿長	桿件斷面積	桿材彈性係數	桿 力	桿件伸縮量	桿力FX(X向UL)	桿力FY(Y向UL)	FX(△)	FY(△)
33	M1(1-2)	400.000	6.000	2,022.000	5.000	0.164853281	1.000	0.333	0.164853281	0.054951094
34	M2(2-3)	400.000	6.000	2,022.000	5.000	0.164853281	1.000	0.667	0.164853281	0.109902187
35	M3(3-4)	400.000	6.000	2,022.000	5.000	0.164853281	0.000	0.667	0.000000000	0.109902187
36	M4(1-5)	565.685	6.000	2,022.000	-7.071	-0.329706561	0.000	-0.471	0.000000000	0.155425163
37	M5(2-5)	400.000	6.000	2,022.000	5.000	0.164853281	0.000	0.333	0.000000000	0.054951094
38	M6(2-6)	565.685	6.000	2,022.000	0.000	0.000000000	0.000	-0.471	0.000000000	0.000000000
39	M7(3-6)	400.000	6.000	2,022.000	5.000	0.164853281	0.000	1.000	0.000000000	0.164853281
40	M8(4-6)	565.685	6.000	2,022.000	-7.071	-0.329706561	0.000	-0.943	0.000000000	0.310850327
41	M9(5-6)	400.000	6.000	2,022.000	-5.000	-0.164853281	0.000	-0.333	0.000000000	0.054951094
42								節點變位量	0.329706561	1.015786426

圖 6-6-23

　　再選擇☞結構分析／桁架分析（Truss Analysis）／平面靜定桁架虛功法變位／列印平面靜定桁架變位計算結果☜即可將演算結果印出。

6-6-9　平面桁架的相對變位與相對旋轉

　　結構承受載重變形後，其節點相對於變形前的變位量稱為絕對變位；結構變形後，某節點對另一個節點的變位量稱為相對變位。桁架桿件因不承受彎矩，故各桿件尚無絕對旋轉，但是桁架變形後則桿件便有相對旋轉。本節論述虛功法推算平面桁架變形後，節點間的相對變位與桿件的相對旋轉的單位虛載重佈置方式。

　　虛功法推求節點 D 的垂直絕對變位時，須於該節點 D 施加垂直單位虛載重，以推算各桿件應力n，再按 $\Sigma nNL/AE$ 推算絕對變位量；如欲推求圖 6-6-24(a)中節點 B 與節點 I 間的相對變位量，則須於節點 B 與節點 I 各沿 BI 連線方向施加兩個平衡的單位虛載重，以推求各桿件的桿力n，再按 $\Sigma nNL/AE$ 推算的變位量即為相對變位量，正的相對變位量表示變位方向與兩個單位虛載重的方向一致，否則方向相反。

　　如欲推求圖 6-6-24(b)中桿件 ID 的相對旋轉量，則須於桿件兩端施加單位虛彎矩以推算各桿件的桿力n，再按 $\Sigma nNL/AE$ 推算旋轉的徑度量，正的徑度量則旋轉方向與單位虛彎矩的方向相符，否則，旋轉方向與單位虛彎矩相反。

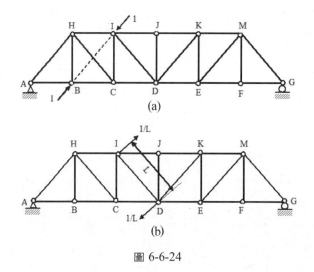

圖 6-6-24

單位虛彎矩除以桿件長度 L 得桿件兩端的相當節點載重,且作用於垂直桿件的方向,如圖 6-6-24(b)所示。

例題 6-6-10

試以虛功法演算圖 6-6-25 桁架中節點 B 與節點 H 的相對變位量?已知各桿的材料彈性係數為 2092t/cm²,各桿斷面積示如圖上括弧內。

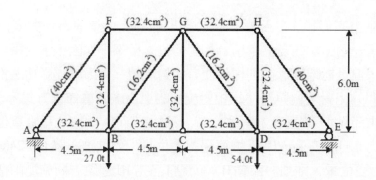

圖 6-6-25

解答:

圖 6-6-26(a)為真實載重各桿件之桿力,於節點 B 與節點 H,沿節點 B、H 連線方向各施加相向的單位虛載重後,分析所得各桿桿力如圖 6-6-26(b)。桁架應變能計算如下表

桿件	長度 L（cm）	斷面積 A（cm²）	N(t)	n(t)	nNL/A
BC	450.00	32.40	30.375	− 0.416	− 175.500
BG	750.00	16.20	− 8.437	− 0.694	270.915
CD	450.00	32.40	30.375	− 0.416	− 175.500
DG	750.00	16.20	8.438	0.694	270.915
DH	600.00	32.40	47.250	− 0.555	− 485.479
GH	450.00	32.40	− 35.438	− 0.832	409.562
				nNL/A 合計	114.912

計得節點 B 與節點 H 相對變位量 $\Delta_{BH} = \dfrac{114.912}{2092} = 0.055\,cm$，因為節點 B 與節點 H 的兩個單位虛載重為相向，正的 $\triangle_{BH}$ 表示兩節點更靠近 0.055cm。

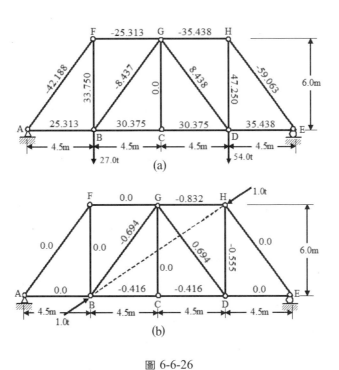

圖 6-6-26

例題 6-6-11

試以虛功法演算圖 6-6-27 桁架中桿件 BC 的相對旋轉量？已知各桿的材料彈性係數為 2092t/cm²，各桿斷面積示如圖上括弧內（cm²）。

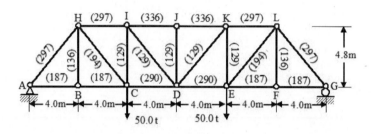

圖 6-6-27

承受載重後各桿件的桿力如下表：

AB	AH	BC	BH	CD	CH	CI
41.667	− 65.085	41.667	0.000	83.333	65.085	0.000
DE	DI	DJ	DK	EF	EK	EL
83.333	0.000	0.000	0.000	41.667	0.000	65.085
FG	FL	GL	HI	IJ	JK	KL
41.667	0.000	− 65.085	− 83.333	− 83.333	− 83.333	− 83.333

解答：

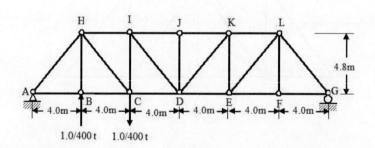

圖 6-6-28

圖 6-6-28 為在桿件 BC 兩端施加順鐘向單位虛力偶，相當在節點 B 施加向上虛載重 $\frac{1}{400}$t，在節點 C 施加向下虛載重 $\frac{1}{400}$t；所得各桿桿力如下：

AB	AH	BC	BH	CD	CH	CI
− 0.000347	0.000542	− 0.000347	− 0.002500	0.001389	0.002712	0.000417
DE	DI	DJ	DK	EF	EK	EL
0.000694	− 0.000542	0.000	0.000542	0.000347	− 0.000417	0.000542
FG	FL	GL	HI	IJ	JK	KL
0.000347	0.000	− 0.000542	− 0.001389	− 0.001042	− 0.001042	− 0.000694

則應變能計算如下表

桿件	長度 L（cm）	斷面積 A（cm²）	N(t)	n(t)	nNL/A
AB	400.000	187.000	41.667	− 0.000347	− 0.031
AH	624.820	297.000	− 65.085	0.000542	− 0.074
BC	400.000	187.000	41.667	− 0.000347	− 0.031
BH	480.000	136.000	0.000	− 0.002500	0.000
CD	400.000	290.000	83.333	0.001389	0.160
CH	624.820	194.000	65.085	0.002712	0.568
CI	480.000	129.000	0.000	0.000417	0.000
DE	400.000	290.000	83.333	0.000694	0.080
DI	624.820	129.000	0.000	− 0.000542	0.000
DJ	480.000	129.000	0.000	0.00000	0.000
DK	624.820	129.000	0.000	0.000542	0.000
EF	400.000	187.000	41.667	0.000347	0.031
EK	480.000	129.000	0.000	− 0.000417	0.000
EL	624.820	194.000	65.085	0.000542	0.114
FG	400.000	187.000	41.667	0.000347	0.031
FL	480.000	136.000	0.000	0.000000	0.000
GL	624.820	297.000	− 65.085	− 0.000542	0.074
HI	400.000	297.000	− 83.333	− 0.001389	0.156
IJ	400.000	336.000	− 83.333	− 0.001042	0.103
JK	400.000	336.000	− 83.333	− 0.001042	0.103
KL	400.000	297.000	− 83.333	− 0.000694	0.078
				nNL/A 合計	1.362

計得桿件 BC 相對旋轉量 $\theta_{BC} = \dfrac{1.362}{2092} = 0.0006511$ 徑度（順鐘向）或相當

$0.0006511 \times 57.29578 = 0.03731° = 2'14.53''$ 順鐘向。

習 題

★★★習題詳解請參閱 ST06 習題詳解.doc 與 ST06 習題詳解.xls 電子檔★★★

1.試以直接積分法推演簡支樑的撓角方程式與變位方程式？（圖一）

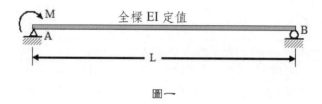

圖一

2.試以直接積分法推演簡支樑的撓角方程式與變位方程式？（圖二）

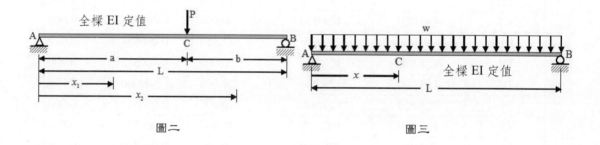

圖二   圖三

3.試以直接積分法推演簡支樑的撓角方程式與變位方程式？（圖三）

4.試以直接積分法推演簡支樑的撓角方程式與變位方程式？（圖四）

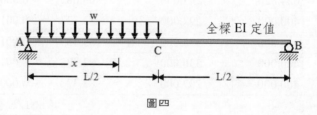

圖四

5.試以直接積分法推演簡支樑的撓角方程式與變位方程式？（圖五）

6

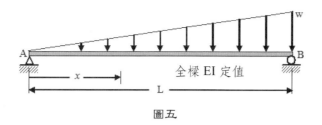

圖五

6. 試以彎矩面積法推演懸臂樑上點 B 的撓角與變位？（圖六）

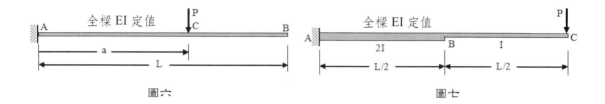

圖六　　　　　　　　　　　　　　圖七

7. 試以彎矩面積法推演懸臂樑上點 B 與點 C 的撓角與變位？（圖七）

8. 試以彎矩面積法推演懸臂樑上點 B 與點 C 的撓角與變位？（圖八）

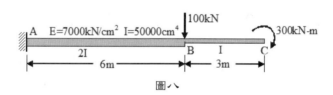

圖八

9. 為符合樑的最大變位應小於樑跨度的 360 分之 1 的規定，試以彎矩面積法推算下列樑的慣性矩最少應為多少？（圖九）

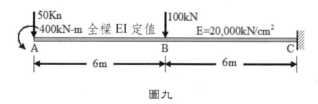

圖九

10. 試以共軛樑法解習題 6？

11. 試以共軛樑法解習題 7？

12. 試以共軛樑法解習題 8？

13. 試以共軛樑法解習題 9？

14. 為符合樑的最大變位應小於樑跨度的 360 分之 1 的規定，試以共軛樑法推算下列樑的慣性矩最少應為多少？（圖十）

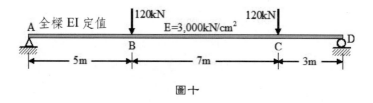

圖十

15. 試以共軛樑法計算簡支外伸樑上端點 D 的撓角與變位？（圖十一）

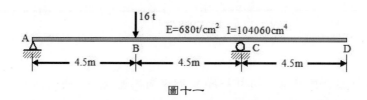

圖十一

16. 試以共軛樑法計算靜定樑上端點 B、D 的撓角與變位？（圖十二）

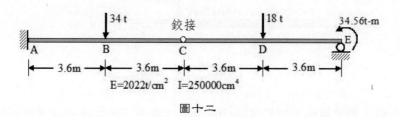

圖十二

17. 試以卡氏第二定理（Castigliano's Second Theorem）推算桁架中節點 B 的水平及垂直變位？（圖十三）

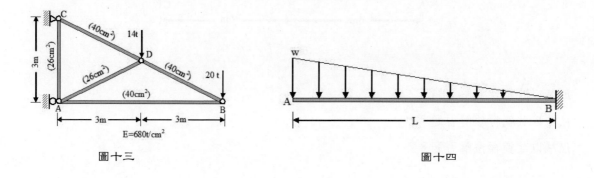

圖十三

圖十四

18.試以卡氏第二定理（Castigliano's Second Theorem）推算懸臂樑自由端A的撓角與變位？
　（圖十四）

19.試以卡氏第二定理（Castigliano's Second Theorem）推算簡支外伸樑上點C的變位？（圖
　十五）

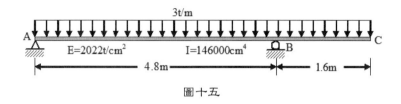

圖十五

20.試以卡氏第二定理（Castigliano's Second Theorem）推算剛架上支承點 C 的水平變位？
　（圖十六）

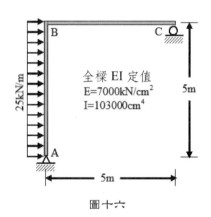

圖十六

21.試以虛功法（Principal of Virtual Work）解習題 18？

22.試以虛功法（Principal of Virtual Work）解習題 19？

23.試以虛功法（Principal of Virtual Work）解習題 20？

24.試以虛功法（Principal of Virtual Work）解習題 17？

25.試以虛功法（Principal of Virtual Work）解習題 9？

26.為符合樑的最大變位應小於樑跨度的 360 分之 1 的規定，試以試以虛功法（Principal of
　Virtual Work）推算下列樑的慣性矩最少應為多少？（圖十七）

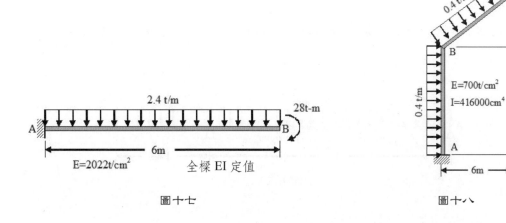

全樑 EI 定值

E=2022t/cm^2

圖十七

圖十八

27. 試以虛功法（Principal of Virtual Work）推算剛架上點 C 的垂直變位與撓角？（圖十八）

28. 試以虛功法（Principal of Virtual Work）推算剛架上點 E 的水平變位？（圖十九）

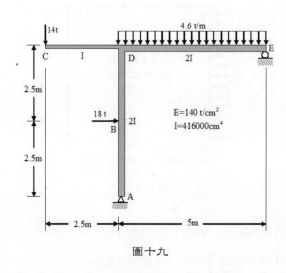

圖十九

29. 試以虛功法（Principal of Virtual Work）推算不使剛架上點 C 的水平變位超過 2.5cm 的最低桿件斷面慣性矩？（圖二十）

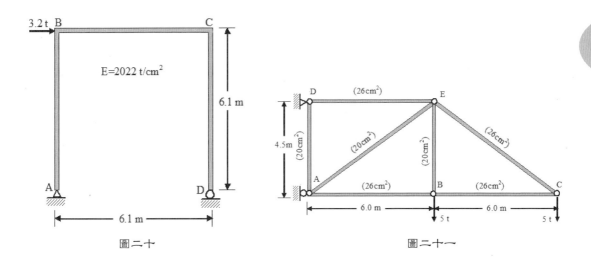

圖二十　　　　　　　　　　　　　　　　　圖二十一

30. 試以虛功法（Principal of Virtual Work）推算桁架節點 C 的垂直及水平變位？（圖二十一）

31. 試以虛功法（Principal of Virtual Work）推算桁架節點 E 的垂直及水平變位？（圖二十二）

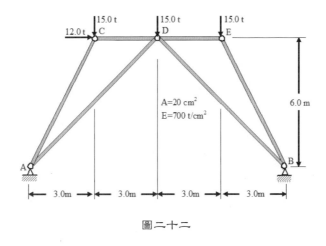

圖二十二

32. 試以虛功法（Principal of Virtual Work）推算不使桁架節點 D 的水平變位超過 1cm 的桿件最小斷面積（假設所有桿件的斷面積均相同）？（圖二十三）

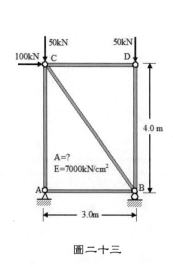

圖二十三

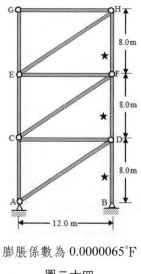

膨脹係數為 0.0000065°F

圖二十四

33. 桁架中有星號註記桿件 BD、DF、FH 溫度升高 70°F（桿材的膨脹係數為 0.0000065/°F），試以虛功法（Principal of Virtual Work）推算桁架節點 H 的水平變位？（圖二十四）

34. 桁架中有星號註記桿件 AB、BC、CD、DE 溫度下降 20°F（桿材的膨脹係數為 0.0000065/°F），試以虛功法（Principal of Virtual Work）推算桁架節點 G 的垂直變位？（圖二十五）

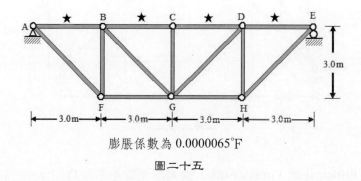

膨脹係數為 0.0000065°F

圖二十五

35. 習題 33 桁架中，若桿件 AC 比原長度短 1.27cm，桿件 BD 比原長度長 1.78cm，試以虛功法（Principal of Virtual Work）推算桁架節點 H 的水平變位？

36. 習題 34 桁架中，若桿件 BC 與桿件 CG 均比原長度短 1.27cm，試以虛功法（Principal of Virtual Work）推算桁架節點 G 的垂直變位？

37. 習題 34 桁架中，若滾支承有 0.2cm 的沉陷，試以虛功法（Principal of Virtual Work）推算桁架節點 G 的垂直變位？

38. 桁架桿件斷面積如圖示，桿件材料彈性係數除 GF 桿為 1395t/cm² 外，其餘桿件均為 2092t/cm²，試以虛功法推求桁架節點 C 的垂直變位？（圖二十六）

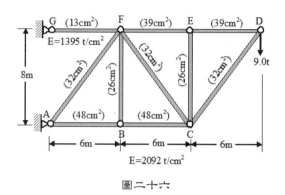

圖二十六

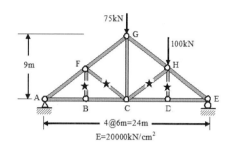

圖二十七

39. 試以虛功法桁架變形分析程式推求桁架節點 C 的垂直變位？桁架桿件材料彈性係數均為 20,000kN/cm²，桿件斷面積有星號註記者為 20cm²，其餘均為 30cm²。（圖二十七）

40. 試以虛功法桁架變形分析程式推求桁架節點 H 的水平變位？桁架桿件材料彈性係數均為 20,000kN/cm²。（圖二十八）

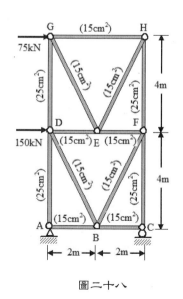

圖二十八

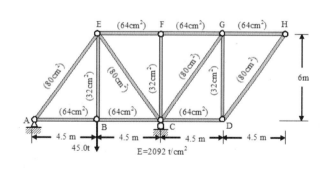

圖二十九

41. 試以虛功法桁架變形分析程式推求桁架節點 H 的水平變位？桁架桿件材料彈性係數均為

2,092t/cm²，桿間斷面積如圖上註記。（圖二十九）

42.試以虛功法桁架變形分析程式推求習題 41 桁架僅受支承點 A 有 1.27cm 向左，1.905cm 向下及節點 C 有 0.635cm 向下沉陷影響時，節點 H 的水平變位？

43.圖桁架桿件斷面積及桿材彈性係數如圖示，試以虛功法推算承受載重後桿件 DE 的伸長或縮短量？（圖三十）

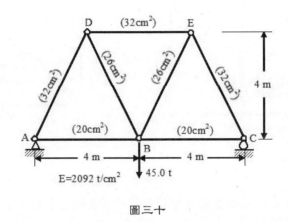

圖三十

44.試以虛功法推算習題 43 桁架中桿件 BD 的相對旋轉量？

超靜定結構分析

7-1 超靜定結構物

　　凡是結構物承受載重後的支承反力或桿件內力，均可由靜力平衡方程式及條件方程式獲得完全求解者，稱為靜定結構（Determinate Structure）；反之，若支承反力與桿件內力總數超過靜力平衡方程式及條件方程式，而無法求得解答者稱為超靜定結構（Indeterminate Structure）。超靜定結構的分析必須借助於結構物變形的連續性（Continuity）或諧和性（Consistence、Compatibility）增加諧和方程式獲得解答。

7-1-1 超靜定結構物的優點

　　超靜定結構物具有下列的優點：

1. 桿件斷面較小

　　超靜定結構較雷同靜定結構在桿件產生較小的應力，因此可以設計出較小的桿件斷面。圖 7-1-1(a)為靜定簡支樑，圖 7-1-1(b)為等跨度兩端固定的超靜定樑；兩樑承受相同載重後的彎矩圖則以簡支樑較超靜定樑為大，故需要較大斷面。

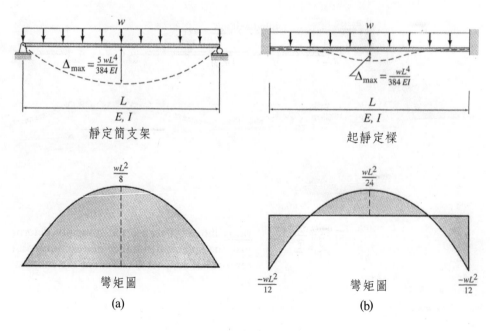

靜定簡支架　　　　　　　　　　　　　起靜定樑

彎矩圖　　　　　　　　　　　　　彎矩圖

(a)　　　　　　　　　　　　　　　(b)

圖 7-1-1

2.較高勁度

超靜定結構較雷同靜定結構有較高勁度或較小的變位或撓角，如圖 7-1-1 所示變位公式，靜定簡支樑的變位量大於超靜定樑。

3.較為安全

靜定結構僅有維持結構物穩定的最低桿件與支承，因此只要任一桿件或支承受損，會立即危及結構物的穩定而有坍塌的危險。超靜定結構因有多餘的桿件或支承，當某些桿件或支承受損時，整個結構可能產生應力重新分配，而仍維持穩定，此時或許有較明顯的變位或撓角而呈警示訊息，不致立即發生災難。

4.美觀造型

建築物的特殊造型只有超靜定結構才能滿足之。

7-1-2 超靜定結構物的缺點

超靜定結構物具有下列的缺點：

1.基礎的沉陷將產生巨大應力

結構物基礎的沉陷對靜定結構並不會產生桿件應力，超靜定結構則會產生巨大的應力。圖 7-1-2(a)靜定簡支樑的支承 B 沉陷Δ_B時，因桿件 AB、BC 於節點 B 鉸接，故桿件 AB、BC 隨點 B 的沉陷而些微傾斜，但不產生應力；但圖 7-1-2(b)超靜定樑的桿件 AB、BC 隨點 B 沉陷而彎曲下移，因此產生應力。

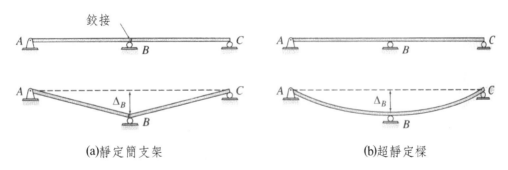

(a)靜定簡支架　　　　　　　　　(b)超靜定樑

圖 7-1-2

2.桿件伸縮均產生應力

超靜定結構因為溫度變化或安裝使桿件長度變化時，均產生應力，因此超靜定結構設計時應考量環境的溫度變化且於建造時，桿件長度的精準控制。

7-2　超靜定結構分析法

7-2-1　基本關係方程式

靜定或超靜定結構之完整分析均需使用下列三種基本關係方程式：

　　1. 平衡方程式（Equilibrium Equations）及條件方程式（Condition Equations）

　　2. 諧和條件關係式（Compatibility Conditions）

　　3. 桿件力與變位關係式（Member force-displacement relations）

結構物承受的載重與支承反力必須滿足平衡方程式及條件方程式，才能使整個結構物保持平衡。滿足諧和條件關係式才能保證結構物中，桿件因受力而伸縮或撓曲後仍能保持其密合性，至於不同桿件材料、斷面積與其受力後的伸縮或撓曲，則受桿件力與變位關係式的規範。

7-2-2　靜定結構分析

靜定結構分析先用平衡方程式及條件方程式求得所有支承反力及桿件內力，然後再套用桿件力與變位關係式，及諧和條件關係式推算結構物的變形量。

圖 7-2-1(a)為一簡單桁架，為推求承受載重後桿件 AB、AC 的桿力，及節點 A 的變位量，先就圖 7-2-1(b)的節點 A 自由體套用平衡方程式得

$$+\rightarrow \Sigma F_X = 0，得 -0.6F_{AB} + 0.6F_{AC} = 0 \text{ 整理得 } F_{AB} = F_{AC}$$

$$+\uparrow \Sigma F_Y = 0，得 0.8F_{AB} + 0.8F_{AC} - 40 = 0 \text{ 解得 } F_{AB} + F_{AC} = 50$$

聯立以上兩平衡方程式可以解得 $F_{AB} = F_{AC} = 25t$。

由圖 7-2-1(c)節點 B、C 的自由體圖，也可解得支承點的反力如圖示。

由桁架桿件力與變位關係式 $\delta = F(L/AE)$ 計得桿件 AB、AC 的伸長量為

$$\delta_{AB} = \delta_{AC} = F\left(\frac{L}{EA}\right) = \frac{25 \times 1000}{10000} = 2.5 \text{cm}$$

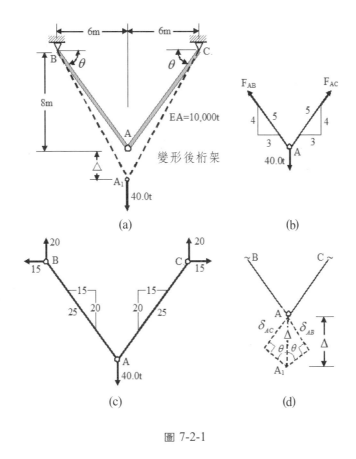

圖 7-2-1

又由圖 7-2-1(d)的變位關係圖，為使桿件伸長後仍能密合，則節點 A 的變位量Δ與桿件 AB、AC 的伸長量必有如下的關係

$$\delta_{AB} = \delta_{AC} = \Delta \sin \theta = 0.8\Delta$$

將桿件伸長量代入上式，即得節點 A 的變位量為

$$\Delta = 2.5/0.8 = 3.125 \text{cm} \downarrow$$

7-2-3　超靜定結構分析（柔度法）

　　超靜定結構的支承反力及桿件內力總數恆大於平衡方程式及條件方程式，故單靠該兩類方程式並無法完整求解，而必須借助於某些變位連續性或諧和性，增加諧和方程式才可聯立求解之。

　　然平衡方程式及條件方程式均含支承反力或桿件內力等未知數，而變位諧和方程

式含有變位量的關係式，因此又需由桿件力與變位關係式，將變位量關係轉變為反力或內力的關係，再配合平衡方程式及條件方程式共同求解之。

圖 7-2-2(a)為圖 7-2-1(a)增加桿件 AD 所構成的超靜定桁架，由圖 7-2-2(b)的節點 A 自由體圖，套用平衡方程式

$$+\rightarrow \Sigma F_X = 0，得 - 0.6F_{AB} + 0.6F_{AC} = 0 \text{ 整理得 } F_{AB} = F_{AC} \tag{1}$$

$$+\uparrow \Sigma F_Y = 0，得 0.8F_{AB} + 0.8F_{AC} + F_{AD} - 40 = 0 \text{ 整理得}$$

$$F_{AB} + F_{AC} + 1.25F_{AD} = 50 \tag{2}$$

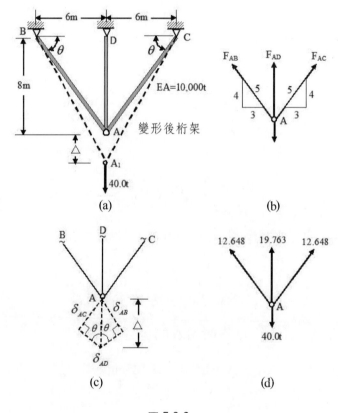

圖 7-2-2

以上兩個方程式勢難求解三個未知數，如果任意設定 $F_{AB} = F_{AC} = 10$，則得 $F_{AD} = 24$；依據桁架桿件力與變位關係式 $\delta = F\,(L/AE)$ 計得桿件 AB、AC、AD 的伸長量分別為

$$\delta_{AB}=\delta_{AC}=F\left(\frac{L}{EA}\right)=\frac{10\times1000}{10000}=1.0\text{cm}$$

$$\delta_{AD}=F\left(\frac{L}{EA}\right)=\frac{23\times1000}{10000}=2.4\text{cm}$$

由圖 7-2-3 的幾何關係知，如果桿件 AB、AC 各伸長 1cm，則桿件 AD 應該伸長 1.25cm 才能與桿件 AB、AC 密合於 A_1，但實際上桿件 AD 伸長 2.4cm 至 A_2 點，而無法與桿件 AB、AC 密合，形成一種不諧和的現象。

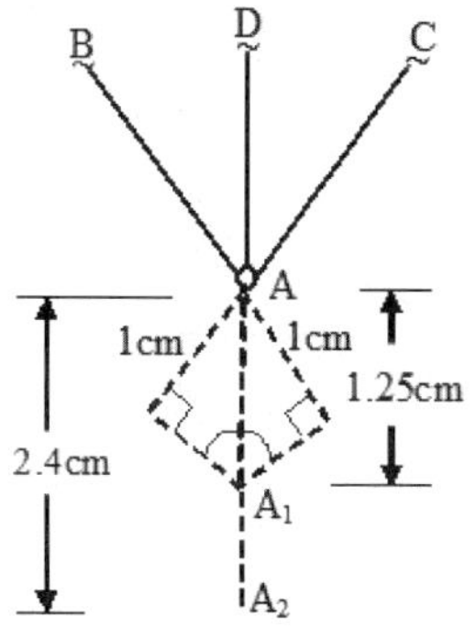

以上二個方程式三個未知數的問題中，任意設定其中一個未知數的值，當然可以求得其他兩個未知數，但形成不諧和的現象。這種任意設定一個未知數的方法，可以獲得無限多組的解，但其中必有一組解能夠滿足諧和的必要條件。

由圖 7-2-2(c)的桿件伸長量幾何關係，可得

$$\delta_{AB}=\delta_{AC}=\Delta\sin\theta=0.8\Delta$$

$$\delta_{AD}=\Delta$$

由以上兩式可得三桿件伸長量的關係式為

$$\delta_{AB}=\delta_{AC}=0.8\delta_{AD}\tag{3}$$

由桁架桿件力與變位關係式 $\delta=F\,(L/AE)$可得

$$\delta_{AB}=F_{AB}\left(\frac{L_{AB}}{EA}\right)=\frac{F_{AB}\times1000}{10,000}=0.1F_{AB}\tag{4}$$

$$\delta_{AC}=F_{AC}\left(\frac{L_{AC}}{EA}\right)=\frac{F_{AC}\times1000}{10,000}=0.1F_{AC}\tag{5}$$

$$\delta_{AD}=F_{AD}\left(\frac{L_{AD}}{EA}\right)=\frac{F_{AD}\times800}{10,000}=0.08F_{AD}\tag{6}$$

將式(4)、(5)、(6)代入式(3)得
$0.1F_{AB}=0.1F_{AC}=0.8（0.08F_{AD}）$，整理得

$$F_{AB}=F_{AC}=0.64F_{AD}\tag{7}$$

與平衡方程式(1)、(2)構成三個方程式，可以聯立求解三個未知數，即

圖 7-2-3

$$\text{解} \begin{cases} F_{AB} = F_{AC} \\ 2F_{AB} + 1.25F_{AD} = 50 \text{，得 } F_{AB} = F_{AC} = 12.648t \text{，} F_{AD} = 19.763t \\ F_{AB} = F_{AC} = 0.64F_{AD} \end{cases}$$

如圖 7-2-2(d)為各桿件的桿力，代入式(4)、(5)、(6)得

$$\delta_{AB} = 0.1F_{AB} = 0.1 \times 12.648 = 1.2648\text{cm}$$

$$\delta_{AC} = 0.1 \times 12.648 = 1.2648\text{cm}$$

$$\delta_{AD} = 0.08 \times 19.763 = 1.5810\text{cm}$$

再由式(3)核對之，得

$$\delta_B = \delta_{AC} = 0.8\delta_{AD} = 0.8 \times 1.5810 = 1.2648\text{cm}$$

這種以桿力為未知數，再以結構上某一點的變位（或撓角）之諧和條件來增加未知數的關係式，以求得未知桿力，再推求變位量的方法稱為力法（Force Method）或柔度法（Flexibility Method）。

7-2-4 超靜定結構分析（勁度法）

同一結構分析問題也可以變位量（δ_{AB}、δ_{AC}、δ_{AD}）為未知數，再以力量的平衡關係增加未知變位量的關係式，以求得未知變位量，再推求桿力的方法稱為移位法（Displacement Method）或勁度法（Stiffness Method）。

由式(4)、式(5)、式(6)的桿件力與變位關係式可得

$$F_{AB} = 10\delta_{AB} \tag{8}$$

$$F_{AC} = 10\delta_{AC} \tag{9}$$

$$F_{AD} = 12.5\delta_{AD} \tag{10}$$

將式(8)、(9)、(10)代入式(1)、(2)可得

$$\delta_{AB} = \delta_{AC} \tag{11}$$

$$2F_{AB} + 12.5F_{AD} = 20\delta_{AB} + 15.625\delta_{AD} = 50 \tag{12}$$

由式(3)、(11)、(12)構成聯立方程式

$$\begin{cases} \delta_{AB} = \delta_{AC} \\ \delta_{AB} = 0.8\delta_{AD} \\ 20\delta_{AB} + 15.625\delta_{AD} = 50 \end{cases} \text{，解得 } \delta_{AB} = \delta_{AC} = 1.2648\text{cm}，\delta_{AD} = 1.5810\text{cm}$$

將 δ_{AB}、δ_{AC}、δ_{AD} 代入式(8)、(9)、(10)得

$$F_{AB} = F_{AC} = 12.648t$$

$$F_{AD} = 19.763t$$

　　這種以變位量為未知數，再以平衡方程式增加變位量的關係式以求解變位量，最後推得桿力的方法即前述的移位法或勁度法。雖然進行方式不同，但最後的結果則完全相同。

7-2-5　分析法綜觀

　　力法（柔度法）或移位法（勁度法）是解超靜定結構的最基本方法，雖然採取的方式不同，但所得結果則完全相同。力法（柔度法）或移位法（勁度法）比較如下表：

力法（柔度法）	移位法（勁度法）
選擇贅力將超靜定結構改為承受原載重、反力與贅力（未知量）的靜定結構	選擇贅力將超靜定結構改為承受原載重、反力與贅力（未知量）的靜定結構
寫出靜定結構的平衡方程式（含原載重、反力及贅力）	寫出靜定結構的平衡方程式（含原載重、反力及贅力）
寫出贅力點的諧和方程式	寫出贅力點的諧和方程式
應用桿件力與變位關係式將諧和方程式中所有變位量以原載重、反力及贅力表示之	應用桿件力與變位關係式將平衡方程式所有原載重、反力及贅力以變位量表示之
求解以反力及贅力為未知數的聯立方程式組	求解以變位量為未知數的聯立方程式組
	再以變位量反算反力與贅力

　　這些方法實際上的困難為諧和方程式建立與多元聯立方程式求解的困難。結構學發展至今，乃是許多學者、工程師、數學家努力尋覓各種避免求解大量聯立方程式的各種方法，甚至現今各種結構分析軟體相繼出籠，但仍均在力法（柔度法）或移位法（勁度法）的解題技術範疇之內。例如，為簡化手工計算的困難，剛架分析通常略去

剪力與軸向力的因素,而僅能求得近似解,但結構分析軟體則可將這些簡化因素再加考量,使分析結果更具精確且提供使用介面的方便性。

本書將就力法或移位法所衍生的各種超靜定分析法加以詳細論述,如果某些解法有其系統性,則提供相關程式使用說明。雖然限於篇幅,未能就柔度法或勁度法完整論述,但仍提供依據徑度法所發展的結構分析程式,其功能包括連續樑、平面桁架、立體桁架等三種結構。

本書論述的超靜定結構分析方法有:

第八章　諧和變形分析法
第九章　超靜定結構最小功法
第十章　超靜定結構感應線
第十一章　三彎矩方程式法
第十二章　撓角變位法
第十三章　彎矩分配法
第十四章　勁度分析法

CHAPTER

諧和變形分析法

8

8-1 概述

諧和變形分析法屬於超靜定結構分析力法或柔度法的一種。超靜定結構的支承反力及桿件內力總數必大於該結構可用的平衡方程式數與條件方程式數,因此必須增加方程式個數才能求得解答。茲以圖 8-1-1(a)支承的懸臂樑為例說明增加關係方程式的方法。

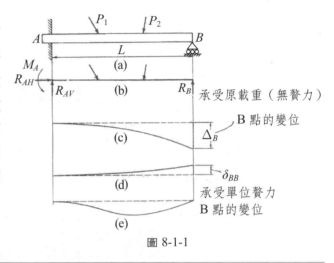

圖 8-1-1

8-1-1 選擇贅力

諧和變形分析法的基本原理為將超靜定結構的部分支承或內力移除,使之變為靜定穩定結構,這些移除的支承或內力稱為贅力(Redundant)。圖 8-1-1(a)有四個未知反力,故可任意選擇其中一個為贅力;圖 8-1-1(b)為移去滾支承端 B 所形成的靜定結構,故視點 B 的反力 R_B 為贅力。

8-1-2 平衡方程式

依據圖 8-1-1(b)的靜定結構寫出平衡方程式得

$$\Sigma P_H + R_{AH} = 0 \tag{1}$$

$$\Sigma M_{AP} + R_B L + M_A = 0 \tag{2}$$

$$\Sigma P_V + R_{AV} + R_B = 0 \tag{3}$$

以上三個方程式中含有 R_B, R_{AH}, R_{AV}, M_A 等四個未知反力,故尚需增加一個未知量的關係方程式始可求得解答,其中 ΣP_H 為所有外力 P 的水平方向 H 分量的總和;ΣP_V 為所有外力 P 的垂直方向 V 分量的總和;ΣM_{AP} 為所有外力 P 對 A 端的彎矩總和。

8-1-3　建立諧和方程式

滾支承端 B 移除後，承受原載重的靜定結構在自由端產生Δ_B的向下變位量。自由端 B 施加一個向上單位載重，產生向上的變位量δ_{BB}，贅力R_B則產生$R_B \delta_{BB}$的變位量。原始結構 B 端因為滾支承而不能有垂直變位的物理條件，因此該兩變位量之和$\Delta_B + R_B \delta_{BB}$應該等於 0，即構成贅力作用點的諧和方程式。即

$$\Delta_B + R_B \delta_{BB} = 0 \tag{4}$$

再依據桿件力與變位關係式，可將式(4)的變位量方程式改寫成未知贅力的方程式，而與式(1)、(2)、(3)構成聯立方程式組以求解四個未知數。滿足式(1)、(2)、(3)的四個反力可以有無限多組的組合，但其中僅有一組的組合能夠滿足式(4)。

8-1-4　撓角與變位標示規則

諧和方程式是諧和變形分析法的重要方程式，且每一個贅力作用點均有一個變位諧和的物理條件，為便於表述諧和方程式，結構上任何一點因為不同載重所產生的變位量需有一套完整的標示規則。

圖 8-1-2 簡支樑點 B 承受集中載重 P，則樑上任何一點的變位以Δ表示之，撓角則以θ表示之；再以一個附標表示變位或撓角發生之處。圖 8-1-2 中的Δ_B、Δ_C分別為點 B、點 C 的變位；θ_A、θ_D分別為點 A、點 D 的撓角。圖 8-1-2 僅受垂直載重，故無水平變位；如果結構物中某點的變位有垂直與水平方向之分，則可附加第二個附標 H 或 V 標示之。圖 8-1-3 點 A、點 B 均有二個變位與一個撓角；則點 B 的變位可以Δ_{BH}或Δ_{BX}表示水平方向的變位，以Δ_{BV}或Δ_{BY}表示垂直方向的變位；撓角雖以一個附標即可清楚表示，也可加第二附標 m 以期一致性，如θ_{Bm}。點 A 亦以雷同方式標示之。

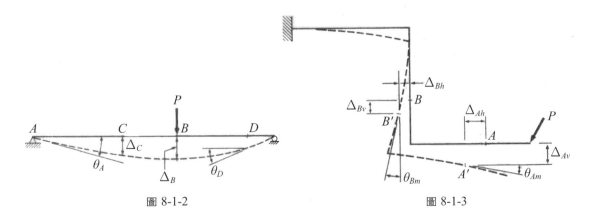

圖 8-1-2　　　　　　　　　　圖 8-1-3

　　單位載重或單位彎矩所產生的變位或撓角也是諧和方程式中常見的表述方式，單位載重所產生的變位以 δ 表示之；單位彎矩所產生的變位則以 δ' 表示之；單位彎矩所產生的撓角以 α 表示之；單位載重所產生的撓角則以 α' 表示之。這些標示也需要兩個附標才能清楚表述，其中第一個附標標示表示變位或撓角發生點，第二個附標標示單位載重或單位彎矩的作用點。圖 8-1-4 中的 δ_{BC}、δ_{DC} 分別表示點 B、點 C 因為點 C 的單位載重所產生的變位；α'_{AC}、α'_{CC} 分別表示點 A、點 C 因為點 C 的單位載重所產生的撓角。

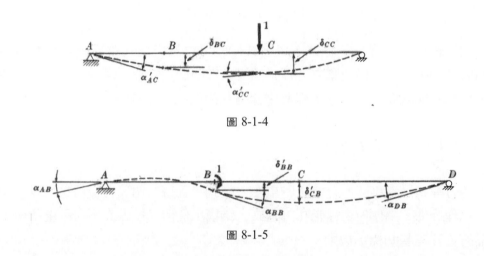

圖 8-1-4

圖 8-1-5

　　圖 8-1-5 為在點 B 施加單位彎矩時，其他點的變位或撓角。例如，α_{AB} 表示點 B 施加單位彎矩在點 A 所產生的撓角，α_{BB} 表示點 B 施加單位彎矩在點 B 所產生的撓角，δ'_{CB} 表示點 C 因為點 B 施加單位彎矩所產生的變位，其餘類推之。真實載重與單位載重或單位彎矩所產生的變位或撓角符號彙整如下表：

	真實載重	單位載重	單位彎矩
變位	Δ	δ	δ'
撓角	θ	α'	α
附標	第 2 個附標表示變位方向	第 2 個附標表示單位載重作用點	第 2 個附標表示單位彎矩作用點

　　有時兩個附標尚不足以清楚表述變位，因為單位載重也可能有水平或垂直方向作用，故亦需加以區別之。圖 8-1-6 中點 B 承受單位載重，則各點變位量以四個附標可以更清楚表述之。第 1 附標表示變位發生點，第 2 附標表示變位方向，第 3 附標表示

單位載重作用點，第4附標表示單位載重的作用方向。單位彎矩或撓角的方向均以 m 表示之。例如，α'_{AmBh} 或 α'_{AmBx} 表示因為點B施加水平方向單位載重在點 A 所發生的撓角。

這種因為單位載重或單位彎矩所產生的撓角 α 及變位量 δ 稱 為柔度係數（Flexibility Coefficient）。

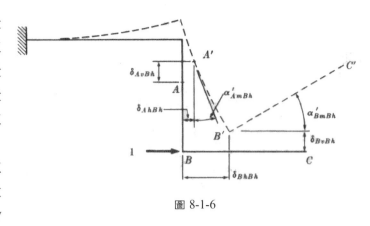

圖 8-1-6

8-1-5　撓角與變位計算

諧和方程式中需要真實載重及單位載重或單位彎矩所產生的變位或撓角，這些彈性變形當需用第六章靜定結構撓角與變形中所介紹的彎矩面積法、共軛樑法、虛功法或卡氏變位定理等標準方法推求之，惟桁架結構無涉彎矩，僅需以節點法或斷面法推算桿件應力；樑結構則因結構單純而有許多各種載重的撓角與變位計算公式可資使用，如附錄A所蒐集的載重情形。如無法找到適用公式，則仍需使用標準方法推求之。

例題 8-1-1

圖 8-1-7 為於樑中點承受集中載重 P 的靜定懸臂樑，試選用附錄 A 的適用公式推求自由端 B 的變位與撓角公式？

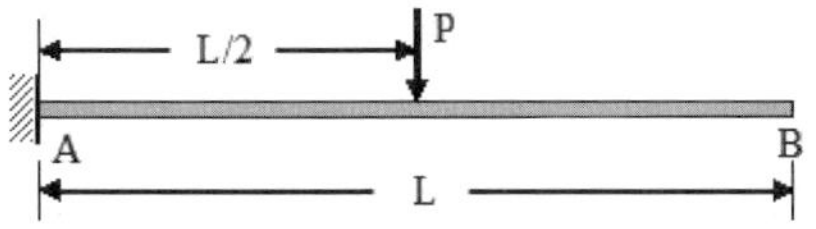

圖 8-1-7

解答：

圖 8-1-7 懸臂樑與附錄A的第 1 載重情形（如圖 8-1-8）相類似，且相當於 $a = L/2$，$x = L$，$a \leq x \leq L$ 代入變位公式 $y_B = \dfrac{Pa^2}{6EI}(a - 3x)$ 得

$$y_B = \frac{Pa^2}{6EI}(a - 3x) = \frac{P}{6EI}\left(\frac{L}{2}\right)^2\left(\frac{L}{2} - 3L\right) = -\frac{5PL^2}{48EI}\downarrow$$

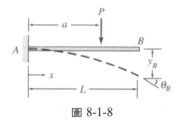

圖 8-1-8

代入撓角公式 $\theta_B = \dfrac{-Pa^2}{2EI}$ 得

$$\theta_B = \frac{-Pa^2}{2EI} = -\frac{P}{2EI}\left(\frac{L}{2}\right)^2 = \frac{-PL^2}{8EI} \text{ 徑度（順鐘向）。}$$

例題 8-1-2

圖 8-1-9 為於自由端承受單位向下載重的靜定懸臂樑，試選用附錄 A 的適用公式推求自由端 B 的變位與撓角公式？

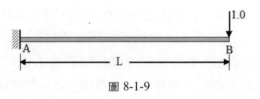

圖 8-1-9

解答：

圖 8-1-8 的載重情形仍可適用圖 8-1-9 懸臂樑，且相當於 $P=1$，$a=L$，$x=L$，$a \leq x \leq L$ 代入變位公式 $y_B = \dfrac{Pa^2}{6EI}(a-3x)$ 得

$$y_B = \frac{Pa^2}{6EI}(a-3x) = \frac{L^2}{6EI}(L-3L) = -\frac{L^3}{3EI} \downarrow$$

代入撓角公式 $\theta_B = -\dfrac{Pa^2}{2EI}$ 得

$$\theta_B = -\frac{Pa^2}{2EI} = -\frac{1 \times L^2}{2EI} = -\frac{L^2}{2EI} \text{ 徑度（順鐘向）。}$$

8-2 一度超靜定結構分析

圖 8-2-1 為自由端受支承的懸臂樑，因為有 A_X、A_Y、M_A、C_Y 等四個反力支承，故

無法以平衡方程式求解所有反力，屬一度超靜定的結構。諧和變形分析法求解此類問題時，應先移除其中一個贅力使變成靜定穩定結構，再依據平衡方程式寫出該四個未知數的三個平衡方程式，由該贅力作用點的變位諧和性推得另一個諧和方程式，與三個平衡方程式共解四個未知數。

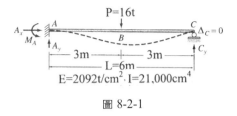

圖 8-2-1

　　因為超靜定懸臂梁未受水平載重而無水平方向的變形，故無法選擇反力 A_X 為贅力，所餘三個未知量屬於反力 A_Y、C_Y 或反彎矩 M_A 兩類，分別說明如下：

8-2-1　反力贅力

　　圖 8-2-2(a)為移除贅力 C_Y 後，承受原載重及一個未知量的作用力 C_Y 的靜定懸臂梁。

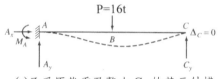

(a)承受原載重及贅力 C_Y 的基元結構

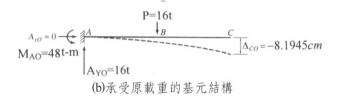

(b)承受原載重的基元結構

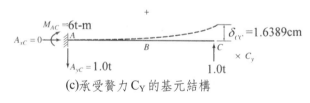

(c)承受贅力 C_Y 的基元結構

圖 8-2-2

　　套用平衡方程式

$$+\rightarrow \Sigma F_X = 0 \ 得 \quad A_X = 0.0 \tag{1}$$

$$+\uparrow \Sigma F_Y = 0 \ 得 \quad A_Y + C_Y - 16 = 0 \ 或 \ A_Y + C_Y = 16 \tag{2}$$

$$\Sigma M_A = 0 \ 得 \quad M_A + C_Y(6) - 16(3) = 0 \ 或 \ M_A + 6C_Y = 48 \tag{3}$$

等三個平衡方程式，因此必須獲得另一個關聯這些未知量的方程式，方可求解。

圖 8-2-2(b)為承受原載重的基元結構（靜定懸臂樑），贅力的移除使自由點有向下變位量Δ_{CO}，假使贅力能使自由端向上變位Δ_{CC}，且該兩變位量的總和等於 0，就能符合原結構支承點沒有位移的物理條件，亦即

$$\Delta_C = \Delta_{CO} + \Delta_{CC} = 0$$

則能使自由端回復到原來的位置。反力 C_Y 必等於該贅力。

依照例題 8-1-1，可計算得$\Delta_{CO} = \dfrac{-5PL^3}{48EI} = \dfrac{-5(16)(600)^3}{48(2092)(21000)} = -8.1945\text{cm}\downarrow$，如圖 8-2-2(b)，又由例題 8-1-2，可計算得$\delta_{CC} = \dfrac{L^3}{3EI} = \dfrac{(600)^3}{3(2092)(21000)} = 1.6389\text{cm/t}\uparrow$，如圖 8-2-2(c)，則

$$\Delta_C = \Delta_{CO} + \Delta_{CC} = \Delta_{CO} + C_Y\delta_{CC} = -8.1945 + C_Y(1.6389) = 0$$

解得 $C_Y = 5t\uparrow$，代入式(2)、式(3)可得 $A_Y = 11t\uparrow$，$M_A = 18\text{t-m}$（逆鐘向）

圖 8-2-3(a)為超靜定樑各反力值，圖 8-2-3(b)為其彎矩圖。

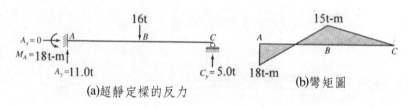

(a)超靜定樑的反力　　　(b)彎矩圖

圖 8-2-3

8-2-2　反彎矩贅力

圖 8-2-4(a)為圖 8-2-1 自由端受支承的懸臂樑，圖 8-2-4(b)為選擇 A_X、A_Y、M_A、C_Y 等四個反力中的 M_A 為贅力，使超靜定懸臂樑成為靜定穩定簡支樑。鉸支承端 A 可以轉動，可按附錄 A 中第 5 種載重情形推算其撓角量為

$$\theta_{AD} = -\frac{PL^2}{16EI} = \frac{-16(600)^2}{16(2092)(21000)} = -00081945 \text{ 徑度（順鐘向）}$$

圖 8-2-4(c)中的 α_{AA} 為鉸支承端承受單位彎矩時的撓角量，可依附錄 A 中第 7 種載重情形推得其撓角量（柔度係數）為

$$\alpha_{AA} = \frac{ML}{3EI} = \frac{1(600)}{3(2092)(21000)} = 0.0000045525 \text{ 徑度（逆鐘向）}$$

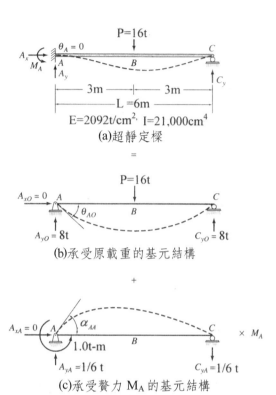

圖 8-2-4

贅彎矩 M_A 的作用點為懸臂樑的固定端，應受撓角為 0 的物理條件限制，故

$\theta_{AO} + M_A \alpha_{AA} = 0$ 或 $-0.0081945 + M_A(0.0000045525) = 0$，解得 $M_A = 18\text{t-m}$。

帶入平衡方程式(3)解得 $C_Y = 5t$，帶入平衡方程式(2)解得 $A_Y = 11t$，與以支承點 C 的垂直反力為贅力所得之結果相同。

8-2-3　一度外力超靜定結構諧和分析步驟

一度外力超靜定結構的諧和變形分析法可歸納如下：

1. 確定結構屬於一度的外力超靜定，如屬內力超靜定或多度超靜定容後說明。
2. 選擇一個外力為贅力，使超靜定結構變成靜定穩定結構。此未知贅力的方向性可先任意設定，經過諧和變形分析求得正的贅力，則其方向與假設方向相同，否則相反。

3.移除贅力所得靜定穩定結構稱為基元結構。

4.寫出基元結構承受原載重與贅力的平衡方程式。

5.計算基元結構承受原結構載重在贅力作用點與假設作用方向的撓角量 θ 或變位量 Δ。

6.計算基元結構僅承受在贅力作用點與假設作用方向的單位載重或單位彎矩，所產生的變位量 δ 或撓角量 α，稱為柔度係數 f。

7.基元結構撓角或變位的計算則依第六章靜定結構撓角與變位的方法計算之。樑或剛架需要分段積分，桁架則需以節點法或斷面法分析之。如屬樑結構且載重情形符合附錄 A 或其他參考資料的載重情形，則可以獲得其撓角與變位公式直接套用。

8.依據贅力作用點的旋轉與變位物理條件，則可由承受原載重的撓角或變位量 Δ 與柔度係數 f，建立諧和方程式 $\Delta + fR = d$，其中 R 為贅力之大小，d 為贅力作用點的實際旋轉或變位量。聯立平衡方程式與諧和方程式即可解得贅力 R。正的 R 表示實際贅力作用方向與假設方向相同，否則相反。

8-2-4　數值例題

例題 8-2-1

圖 8-2-5 為承受 2.4t/m 均佈載重的支撐懸臂樑，設 EI 為定值，試以固定端的彎矩為贅力，計算各反力並繪製剪力圖與彎矩圖？

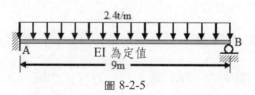

2.4t/m

A　EI 為定值　B

9m

圖 8-2-5

解答：

圖 8-2-6(a)為支撐懸臂樑的原載重、四個反力 A_X、A_Y、M_A、B_Y，彈性變形曲線及固定端 A 的旋轉物理條件 $\theta_A = 0$。

套用平衡方程式得

$$+\uparrow \Sigma F_Y = 0 \ 得 \ A_Y + B_Y - 2.4(9) = 0，即 A_Y + B_Y = 21.6 \tag{1}$$

$$+\rightarrow \Sigma F_X = 0 \ 得 \ A_X = 0 \tag{2}$$

$$\Sigma M_A = 0 \ 得 \ M_A + B_Y(9) - 2.4(9)(9/2) = 0，即 M_A + 9B_Y = 97.2 \tag{3}$$

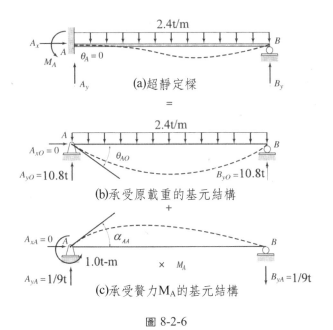

圖 8-2-6

因為指定固定端 A 的反彎矩 M_A 為贅力，移除贅力後變成如圖 8-2-6(b)的簡支樑。簡支樑端點 A 的撓角量可以適用附錄 A 的第 9 種載重情形，以 $x=0$，$L=9$，$w=2.4$ 推得為

$$\theta_{AO} = \frac{-w}{24EI}(4x^3 - 6Lx^2 + L^3) = \frac{-2.4}{24EI}(9^3) = \frac{-72.9}{EI} \text{（順鐘向）}$$

假設贅力彎矩 M_A 作用方向為逆鐘向。圖 8-2-6(c)為於端點 A 施加逆鐘向單位彎矩的反力及端點 A 的撓角量（柔度係數）α_{AA}，則 α_{AA} 可依附錄 A 的第 7 種載重情形，以 $M=-1$，$x=0$，$L=9$ 代入撓角公式計得

$$\alpha_{AA} = \frac{-M}{6EIL}(3x^2 - 6Lx + 2L^2) = \frac{-(-1)}{6EI(9)}(2 \times 9^2) = \frac{3}{EI} \text{（逆鐘向）}$$

疊合圖 8-2-6(b)與圖 8-2-6(c)可得基元結構端點 A 的撓角量為

$$\theta_A = \theta_{AO} + \alpha_{AA}M_A$$

又依據固定端 A 的物理條件 $\theta_A = 0$ 得諧和方程式為

$$\theta_A = \theta_{AO} + \alpha_{AA}M_A = \frac{-72.9}{EI} + \frac{3M_A}{EI} = 0 \text{，解得 } M_A = 24.3\text{t-m（逆鐘向）}$$

以 $M_A = 24.3$t-m 代入式(3)得 $R_Y = 8.1$t↑

又由式(2)解得 $A_Y = 13.5$t↑

所得各反力示如圖 8-2-7(a)，剪力圖如圖 8-2-7(b)，彎矩圖如圖 8-2-7(c)。

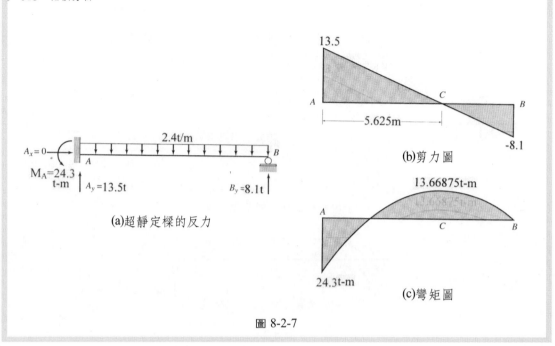

圖 8-2-7

例題 8-2-2

圖 8-2-8 超靜定樑承受 3t/m的均佈載重與 10t的集中載重，設彈性係數為 2092t/cm²，斷面慣性矩為 21,000cm⁴，試以諧和變形分析法推算各支承反力？

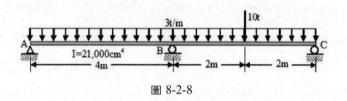

圖 8-2-8

解答：

選擇支承點 B 的反力 B_Y（假設向上）為贅力，移除贅力後的基元結構為簡支樑。圖 8-2-9(a)為基元結構承受原載重的反力及贅力 B_Y 作用點的變位量 Δ_{BO}；圖 8-2-9(b)為基元結構在贅力作用點與假設作用方向施加單位載重的反力及柔度係數 δ_{BB}。

計算圖 8-2-9(a)贅力作用點的變位量，均佈載重可依附錄A的第 9 種載重情形推算，集中載重可依第 6 種載重情形推算之。

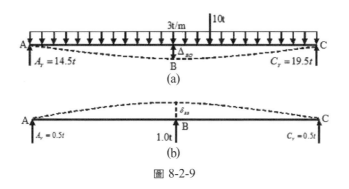

圖 8-2-9

以 $w = 0.03$t/cm、$x = 400$cm、$L = 800$cm 代入第 9 種載重情形變位公式得

$$\Delta_{BO1} = \frac{-w}{24EI}(x^4 - 2Lx^3 + L^3x)$$

$$= \frac{-0.03}{24(2092)(21000)}[400^4 - 2(800)(400^3) + (800^3)(400)] = -3.64199\text{cm} \downarrow$$

以 $P = 10$t、$a = 600$cm，$x = 400$cm、$L = 800$cm 代入第 6 種載重情形變位公式得

$$\Delta_{BO2} = \frac{Pb}{6EIL}(x^3 + b^2x - L^2x)$$

$$= \frac{10(200)}{6(2092)(21000)(800)}[400^3 + 200^2(400) - 800^2(400)] = -1.66925\text{cm} \downarrow$$

基元結構承受原載重後贅力作用點的變位量為

$$\Delta_{BO} = \Delta_{BO1} + \Delta_{BO2} = -3.64199 + (-1.66925) = -5.31124\text{cm} \downarrow$$

圖 8-2-9(b)為於贅力作用點施以向上單位載重的自由體圖，點 B 的柔度係數 δ_{BB} 可以 $P = -1$t、$a = 400$cm、$x = 400$cm、$L = 800$cm 按附錄 A 的第 6 種載重情形的變位公式計算之

$$\delta_{BB} = \frac{Pb}{6EIL}(x^3 + b^2x - L^2x)$$

$$= \frac{-1(400)}{6(2092)(21000)(800)}[400^3 + 200^2(400) - 800^2(400)] = 0.242799\text{cm} \uparrow$$

贅力作用點 B 的總變位量為

$\Delta_B = \Delta_{BO} + \delta_{BB}B_Y$，支承點 B 的實際變位量為 0，故得諧和方程式為

$$\Delta_B = \Delta_{BO} + \delta_{BB}B_Y = -5.31124 + 0.242799B_Y = 0，解得 B_Y = 21.875\text{t} \uparrow$$

再套用平衡方程式可得 $A_X = 0$t、$A_Y = 3.5625$t $\uparrow$、$C_Y = 8.5625$t $\uparrow$

例題 8-2-3

圖 8-2-10 為超靜定懸臂樑承受三個集中載重，設彈性係數為 2092t/cm²，斷面慣性

矩為 21,000cm⁴，試以諧和變形分析法推算各支承反力？

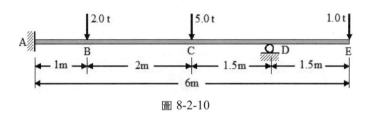

圖 8-2-10

解答：

選擇支承點 D 的反力D_Y（假設向上）為贅力，移除贅力後的基元結構為靜定懸臂樑。圖 8-2-11(a)為基元結構承受原載重的反力及贅力D_Y作用點的變位量Δ_{DO}；圖 8-2-11(b)為基元結構在贅力作用點與假設作用方向施加單位載重的反力及柔度係數δ_{DD}。

計算圖 8-2-11(a)贅力作用點的變位量，各集中載重均可依附錄A的第 1 種載重情形推算之。

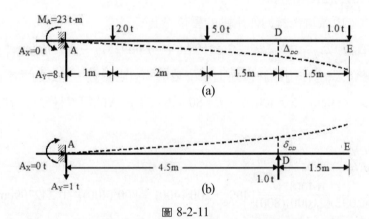

圖 8-2-11

以 $P = 2t$、$a = 100cm$、$x = 450cm$、$L = 600cm$ 代入第 1 種載重情形變位公式得

$$\Delta_{DO1} = \frac{Pa^2}{6EI}(a - 3x) = \frac{2(100^2)}{6(2092)(21000)}[100 - 3(450)] = -0.094844cm \downarrow$$

以 $P = 5t$、$a = 300cm$、$x = 450cm$、$L = 600cm$ 代入第 1 種載重情形變位公式得

$$\Delta_{DO2} = \frac{Pa^2}{6EI}(a - 3x) = \frac{5(300^2)}{6(2092)(21000)}[300 - 3(450)] = -1.792543cm \downarrow$$

以 $P = 1t$、$a = 600cm$、$x = 450cm$、$L = 600cm$ 代入第 1 種載重情形變位公式得

$$\Delta_{DO3} = \frac{P}{6EI}(x^3 - 3ax^2) = \frac{1}{6(2092)(21000)}[450^3 - 3(600)(450^2)] = -1.037114\text{cm} \downarrow$$

三個集中載重對贅力作用點產生的變位為

$$\Delta_{DO} = \Delta_{DO1} + \Delta_{DO2} + \Delta_{DO3} = -0.094844 + (-1.792549) + (-1.037114)$$

$$= -2.924507\text{cm} \downarrow$$

圖 8-2-11(b)為於贅力作用點施以向上的單位載重的自由體圖，點 D 的柔度係數 δ_{DD} 可以 $P = -1\text{t}$、$a = 450\text{cm}$、$x = 450\text{cm}$、$L = 600\text{cm}$ 按附錄A的第 1 種載重情形的變位公式計算之

$$\delta_{DD} = \frac{Pa^2}{6EI}(a - 3x) = \frac{-1(450^2)}{6(2092)(21000)}[450 - 3(450)] = 0.691409\text{cm} \uparrow$$

贅力作用點 D 的總變位量為

$\Delta_D = \Delta_{DO} + \delta_{DD}D_Y$，支承點 D 的實際變位量為 0，故得諧和方程式為

$\Delta_D = \Delta_{DO} + \delta_{DD}D_Y = -2.924507 + 0.691409D_Y = 0$，解得 $D_Y = 4.23\text{t} \uparrow$

再套用平衡方程式可得 $A_X = 0\text{t}$、$A_Y = 3.77\text{t} \uparrow$、$M_A = 3.965\text{t-m}$（逆鐘向）

例題 8-2-4

圖 8-2-12 為承受部分均佈載重的超靜定懸臂樑，設彈性係數為 2092t/cm²，斷面慣性矩為 21,000cm⁴，試以諧和變形分析法推算各支承反力？

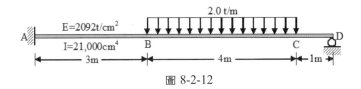

圖 8-2-12

解答：

選擇支承點 D 的反力 D_Y（假設向上）為贅力，移除贅力後的基元結構為靜定懸臂樑。圖 8-2-13(a)為基元結構承受原載重的反力及贅力 D_Y 作用點的變位量 Δ_{DO}；圖 8-2-13(c)為基元結構在贅力作用點與假設作用方向施加單位載重的柔度係數 δ_{DD}。雖然附錄A並無與圖 8-2-13(a)載重相符的變位計算公式，但點D的變位量可依疊合原理將原載重改成圖 8-2-13(b)按附錄 A 第三重載重情形推算之。先以 $x = 800\text{cm}$、$L = 800\text{cm}$、$a = 700\text{cm}$、$w = 0.02\text{t/cm}$ 計算點 D 的變位量 Δ_{DO1}，再以 $x = 800\text{cm}$、$L = 800\text{cm}$、$a = 300\text{cm}$、$w = -0.02\text{t/cm}$ 計算點D的變位量 Δ_{DO2}，則點D的變位量 Δ_{DO} 等於 Δ_{DO1} 與 Δ_{DO2} 之和。

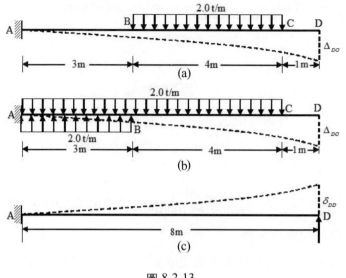

圖 8-2-13

$$\Delta_{DO1} = \frac{wa^3}{24EI}(a - 4x) = \frac{0.02 \times 700^3}{24(2092)(21000)}(700 - 4 \times 800) = -16.265668 \text{cm} \downarrow$$

$$\Delta_{DO2} = \frac{wa^3}{24EI}(a - 4x) = \frac{-0.02 \times 300^3}{24(2092)(21000)}(300 - 4 \times 800) = 1.48525 \text{cm} \uparrow$$

$$\Delta_{DO} = \Delta_{DO1} + \Delta_{DO2} = -16.265668 + 1.48525 = -14.780418 \text{cm} \downarrow$$

圖 8-2-13(c)點 D 的柔度係數 δ_{DD} 可以 $P = -1$t、$a = 800$cm、$x = 800$cm、$L = 800$cm 按附錄 A 的第 1 種載重情形的變位公式計算之

$$\delta_{DD} = \frac{Pa^2}{6EI}(a - 3x) = \frac{-1(800^2)}{6(2092)(21000)}[800 - 3(800)] = 3.884792 \uparrow$$

贅力點 D 的總變位量為

　　$\Delta_D = \Delta_{DO} + \delta_{DD}D_Y$，支承點 D 的變位量為 0，故得諧和方程式為

　　$\Delta_D = \Delta_{DO} + \delta_{DD}D_Y = -14.780418 + 3.884792 D_Y = 0$，解得 $D_Y = 3.8047$t ↑

再套用平衡方程式可得 $A_X = 0$t、$A_Y = 4.1953$t ↑、$M_A = 9.5625$t-m（逆鐘向）

例題 8-2-5

圖 8-2-14 為一度反力超靜定桁架，設彈性係數為 2022t/cm²，各桿斷面積均為 38cm²，試以諧和變形分析法推算各支承反力及各桿桿力？

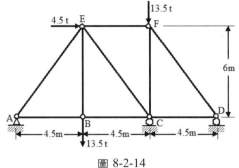

圖 8-2-14

解答：

圖 8-2-14 超靜定桁架屬一度反力超靜定，選擇支承點 C 的反力 C_Y（假設向下）為贅力，移除贅力後的基元結構為靜定桁架。圖 8-2-15 為靜定桁架承受原載重的反力與各桿桿力；圖 8-2-16 為靜定桁架於贅力作用點施加一下向單位載重後的反力及各桿桿力。

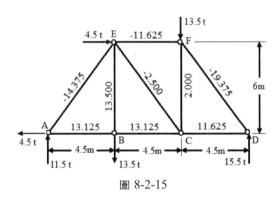

圖 8-2-15

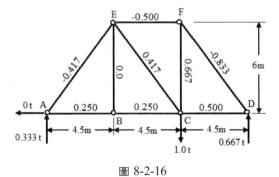

圖 8-2-16

承受原載重的節點 C 向下變位量為 Δ_{CO}=0.322826cm 如下表：

桿件	桿長	斷面積（A）	彈性係數（E）	N(t)	n(t)	NnL/AE
AB	450.00	38.00	2022	13.1250	0.2500	0.019217
BC	450.00	38.00	2022	13.1250	0.2500	0.019217
CD	450.00	38.00	2022	11.6250	0.5000	0.034042
AE	750.00	38.00	2022	− 14.3750	− 0.4167	0.058465
BE	600.00	38.00	2022	13.5000	0.0000	0.000000
CE	750.00	38.00	2022	− 2.5000	0.4167	− 0.010168
CF	600.00	38.00	2022	2.0000	0.6667	0.010412
DF	750.00	38.00	2022	− 19.3750	− 0.8333	0.157600
EF	450.00	38.00	2022	− 11.6250	− 0.5000	0.034042
NnL/AE 合計（節點 C 向下變位量 cm）						0.322826

靜定桁架承受向下單位載重後，節點 C 的向下變位量為 $\delta_{CC} = 0.017299$cm ↓

桿件	桿長	斷面積（A）	彈性係數（E）	n(t)	n(t)	NnL/AE
AB	450.00	38.00	2022	0.2500	0.2500	0.000366
BC	450.00	38.00	2022	0.2500	0.2500	0.000366
CD	450.00	38.00	2022	0.5000	0.5000	0.001464
AE	750.00	38.00	2022	− 0.4167	− 0.4167	0.001695
BE	600.00	38.00	2022	0.0000	0.0000	0.000000
CE	750.00	38.00	2022	0.4167	0.4167	0.001695
CF	600.00	38.00	2022	0.6667	0.6667	0.003471
DF	750.00	38.00	2022	− 0.8333	− 0.8333	0.006779
EF	450.00	38.00	2022	− 0.5000	− 0.5000	0.001464
nnL/AE 合計（節點 C 向下變位量 cm）——柔度係數						0.017299

依據支承點 C 的變位量為 0 的物理條件，建立諧和方程式

$$\Delta_{CO} + C_Y \delta_{CC} = 0.322826 + 0.017299 C_Y = 0$$

計得贅力 $C_Y = \Delta_{CO}/\delta_{CC} = -0.322826/0.017299 = -18.66$t ↑

依據疊加原理（Principal of Superposition），各桿桿力 F 可按下列公式計算

$$F = N + C_Y n$$

其中 N 為原載重各桿件桿力，n 為單位載重各桿桿力，C_Y 為贅力。下表中欄位(3)

與欄位(4)均是實際桿力，只是小數位數不同而已。

贅力支承點 C 的反力（t）				− 18.6618339
桿件	N(t)	n(t)	F(t)	F(t)
AB	13.1250	0.2500	8.459542	8.4595
BC	13.1250	0.2500	8.459542	8.4595
CD	11.6250	0.5000	2.294083	2.2941
AE	− 14.3750	− 0.4167	− 6.599236	− 6.5592
BE	13.5000	0.0000	13.500000	13.5000
CE	− 2.5000	0.4167	− 10.275764	− 10.2758
CF	2.0000	0.6667	− 10.441223	− 10.4412
DF	− 19.3750	− 0.8333	− 3.823472	− 3.8235
EF	− 11.6250	− 0.5000	− 2.294083	− 2.2941
	(1)	(2)	(3)	(4)

支承點 A 的水平反力　$A_X = 4.5t\leftarrow$

支承點 A 的垂直反力　$A_Y = 11.5 + (−18.66183386)(0.33333) = 5.2795t\uparrow$

支承點 D 的垂直反力　$D_Y = 15.5 + (−18.66183386)(0.6667) = 3.0587\uparrow$

例題 8-2-6

圖 8-2-17 為一度反力超靜定剛架，設各桿 EI 值均相等，試以諧和變形分析法推算各支承反力？

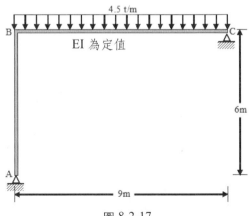

圖 8-2-17

解答：

選擇圖 8-2-17 剛架支承點 A 的水平反力 A_X 為贅力。移除贅力後的基元結構為靜定剛架。基元結構承受原載重後之反力，變形曲線及座標系統如圖 8-2-18(a)。於基元結構支承點A的贅力方向（假設向右）施加單位載重後的反力，變形曲線及座標系統如圖 8-2-18(b)。

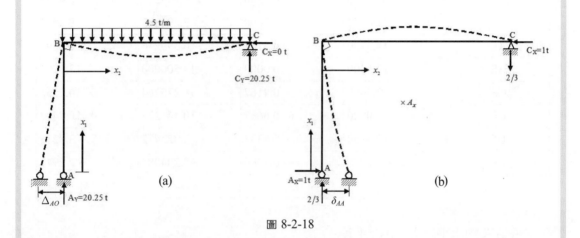

圖 8-2-18

剛架結構的變位量及柔度係數以虛功法推算較易，本例題可分二段積分之，各積分區段彎矩函數 M 及單位載重彎矩函數 m 整理如下表：

積分區段	x 座標		M 函數	m 函數
	原點	範圍		
AB	A	0～6	0	$-x_1$
BC	B	0～9	$20.25x_2 - 2.25x_2^2$	$-6 + \dfrac{2}{3}x_2$

依據虛功原理，贅力作用點的水平變位量 Δ_{AO} 為

$$\Delta_{AO} = \Sigma \int \frac{Mm}{EI} dx = \frac{1}{EI}\left[\int_0^6 0(-x_1)\, dx_1 + \int_0^9 (20.25x_2 - 2.25x_2^2)\left(-6 + \frac{2}{3}x_2\right) dx_2 \right]$$

$$\Delta_{AO} = \frac{1}{EI}\left[\int_0^9 (20.25x_2 - 2.25x_2^2)\left(-6 + \frac{2}{3}x_2\right) dx_2 \right]$$

$$\Delta_{AO} = \frac{1}{EI}\left[\int_0^9 (-1.5x_2^3 + 27x_2^2 - 121.5x_2)\, dx_2 \right]$$

$$\Delta_{AO} = \frac{1}{EI}\left[\left(-\frac{1.5}{4}x_2^4 + 9x_2^3 - \frac{121.5}{2}x_2^2 \right)\Big|_0^9 \right] = \frac{-820.125\text{t-m}^3}{EI}$$

依據虛功原理，贅力作用點 A 的柔度係數 δ_{AA} 為

$$\delta_{AA} = \Sigma \int \frac{m^2}{EI} \, dx = \frac{1}{EI}\left[\left(\int_0^6 (-x_1)^2 \, dx_1\right) + \int_0^9 \left(-6 + \frac{2}{3}x_2\right)^2 dx_2\right]$$

$$\delta_{AA} = \frac{1}{EI}\left[\left(\int_0^6 x_1^2 \, dx_1\right) + \int_0^9 \left(\frac{4}{9}x_2^2 - 8x_2 + 36\right) dx_2\right]$$

$$\delta_{AA} = \frac{1}{EI}\left[\frac{x_1^3}{3}\Big|_0^6 + \left(\frac{4x_2^3}{27} - 4x_2^3 + 36x_2\right)\Big|_0^9\right] = \frac{72 + 108 - 324 + 324}{EI} = \frac{180\text{t-m}^3}{EI}$$

贅力作用點的諧和方程式為 $\Delta_{AX} = \Delta_{AO} + A_X \delta_{AA} = \dfrac{-820.125 + 180A_X}{EI}$

由於鉸接贅力作用點的 $\Delta_{AX} = 0$ 物理條件，解得 $\Delta A_X = 4.55625\text{t} \rightarrow$

其餘三個反力可就圖 8-2-18(a)套用平衡方程式

$$+\rightarrow \Sigma F_X = 0 \text{，得 } 4.55625 - C_X = 0 \text{，解得 } C_X = 4.55625\text{t} \leftarrow$$

$$\Sigma M_A = 0 \text{，得 } C_Y(9) + 4.55625(6) - \frac{4.5}{2}(9)^2 = 0 \text{，解得 } C_Y = 17.2125\text{t} \uparrow$$

$$+\rightarrow \Sigma F_X = 0 \text{，得 } A_Y + 17.2125 - 4.5(9) = 0 \text{，解得 } A_Y = 23.2875\text{t} \uparrow$$

各反力示如圖 8-2-19

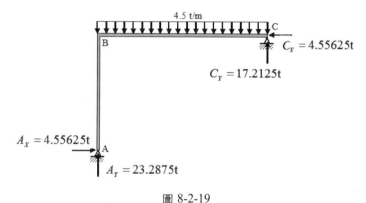

圖 8-2-19

8-2-5　靜定單跨樑變形計算程式使用說明

　　靜定單跨樑變形計算程式係指附錄 A 所列各種靜定樑，及其載重等 11 種情形的任意一點的撓角與變位計算。使結構分析軟體試算表以外的空白試算表處於作用中（Active）。選擇☞結構分析／撓角與變位／靜定單跨樑撓角與變位/建立靜定單跨樑撓角與變位試算表☞出現圖 8-2-20 輸入畫面。以例題 8-2-3 為例，圖 8-2-10 超靜定樑移除支承點 D 的贅力使變成靜定懸臂樑。為計算靜定懸臂樑承受三個集中載重後，點

D的變位量，可採用附錄A的第1種載重情形，故於出現圖 8-2-20 輸入畫面中選擇第1 種情形並輸入樑材彈性係數（2092）、樑斷面貫性矩（21000）、集中載重個數(3)後，單擊「建立靜定單跨樑撓角與變位試算表」鈕，即可產生圖 8-2-21 的試算表。

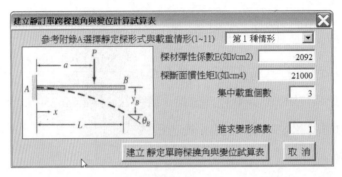

圖 8-2-20

輸入樑之跨長（600cm），求撓角與變位的位置（450cm）及各載重的載重量與位置如圖 8-2-21。

	A	B	C	D	E	F
3			靜定單跨樑撓角與變位計算試算表 Case 1			
4	樑材彈性係數E(如t/cm2)		2,092	斷面慣性矩I(如cm4)		21,000
5		跨長L(如cm)	600.00	求撓角與變位的位置x(如cm)		450.00
6	集中載重(向下正 如t)		a(如cm)	變位(正上)	撓角(徑度-正逆)	
7		2.00	100.00			
8		5.00	300.00			
9		1.00	600.00			

圖 8-2-21

資料輸入後，選擇☞結構分析／撓角與變位／靜定單跨樑撓角與變位／進行靜定單跨樑撓角與變位計算☜即得圖 8-2-22 的計算結果。

	A	B	C	D	E	F
3			靜定單跨樑撓角與變位計算試算表 Case 1			
4	樑材彈性係數E(如t/cm2)		2,092	斷面慣性矩I(如cm4)		21,000
5		跨長L(如cm)	600.00	求撓角與變位的位置(如cm)		450.00
6	集中載重(向下正 如t)		a(如cm)	變位(正上)	撓角(徑度-正逆)	
7		2.00	100.00	-0.0948435	-0.0002276	
8		5.00	300.00	-1.7925430	-0.0051216	
9		1.00	600.00	-1.0371142	-0.0038412	
10	總變位(正上)	-2.9245007435734000	-2.924500744	-2.9245007		-2.92450
11	總撓角(正逆)	-0.0091903396157698	-0.009190340	-0.0091903		-0.00919

圖 8-2-22

圖 8-2-22 中儲存格 A7～C9 為各載重的載重量與位置，儲存格 D7～D9 為相當的

變位量，儲存格 E7～E9 為相當的撓角量；儲存格 B10～C11 為總變位量與總撓角量（以 16 位小數表示），儲存格 D10～D11、E10～E11、F10～F11 總變位量與總撓角量分別以 9、7、5 位小數表示。

再選擇☞結構分析／撓角與變位／靜定單跨樑撓角與變位／列印靜定單跨樑撓角與變位計算結果✆即可將演算結果印出。

8-3　內力與內彎矩贅力

8-2 節的一度外力超靜定結構分析均僅限於結構本身靜定，而結構的支承超靜定處理，也可選擇其中的內力或內彎矩為贅力（但仍維持靜定穩定結構），進行諧和變形分析。另一類屬結構物本身超靜定，而支承數屬靜定，必須選擇內力或內彎矩為贅力，然後進行諧和變形分析。

選擇以內力或內彎矩為贅力時，諧和方程式以贅力作用點的相對變位或相對撓角建立之（外力贅力則以絕對變位或絕對撓角建立之）；同時，內力或內彎矩係以成對存在，故計算柔度係數時必須施以大小相等、方向相反的兩個單位載重或單位彎矩推算之。此為與外力為贅力的主要區別。

8-3-1　超靜定桁架諧和方程式

圖 8-3-1(a)為外力靜定，內力超靜定的桁架，以諧和變形分析法分析時仍需選擇一個桿力為贅力，再以諧和方程式求解該贅力。如選擇桿件 AC 的桿力 F_{AC} 為贅力，則可將桿件 AC 切斷使其變成靜定桁架。該靜定桁架承受原載重後，在桿件 AC 切口產生相對變位Δ_{AC}如圖 8-3-1(b)，桿件 AC 雖可伸縮，但絕不可以有切口，而構成建立諧和方程式的物理條件。

在圖 8-3-1(c)的桿件 AC 軸心線上施加方向相反的單位載重，而推得桿件 AC 的相對柔度係數 δ_{AC}。如果桿件 AC 的桿力為 F_{AC} 則可產生 $F_{AC}\delta_{AC}$ 的相對變位，為使桿件 AC 沒有切口，則桿力 F_{AC} 應符合下列諧和方程式。

$$\Delta_{AC} + F_{AC}\,\delta_{AC} = 0$$

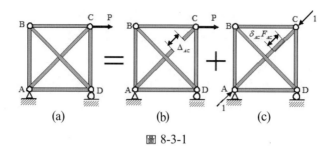

圖 8-3-1

茲舉數例說明之。

8-3-2 一度內力超靜定結構分析數值例題

例題 8-3-1

圖 8-3-2 為結構本身靜定,支承數為超靜定的連續樑,但規定以樑上點 B 的內彎矩 M_B 為贅力,其 EI 值為定值,試以諧和變形分析法推算各支承反力?

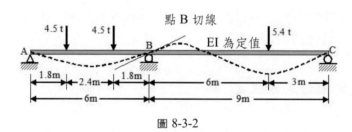

圖 8-3-2

解答:

指定樑上點 B 的內彎矩 M_B 為贅力,故置入鉸接,使點 B 兩側成為簡支樑如圖 8-3-3(a)。

左側簡支樑承受載重後,點 B 左側切線有一個撓角 θ_{BL};右側簡支樑承受載重後,點 B 右側切線有一個撓角 θ_{BR}。置入鉸接於點 B 使兩側切線不成一直線,而有相對撓角 $\theta_{Brel} = \theta_{BL} + \theta_{BR}$。依據附錄 A 的第 6 種載重情形,計算點 B 左側與右側的撓角為

$$\theta_{BL} = \sum \frac{Pa}{6EIL}(L^2 - a^2) = \frac{4.5}{6EI(6)}[1.8(6^2 - 1.8^2) + 4.2(6^2 - 4.2^2)] = \frac{17.01\text{t-m}^2}{EI}$$

$$\theta_{BR} = \frac{-Pb}{6EIL}(L^2 - b^2) = \frac{-5.4}{6EI(9)}[3(9^2 - 3^2)] = \frac{21.6\text{t-m}^2}{EI}$$

點 B 左、右兩端承受原載重後的相對撓角量為

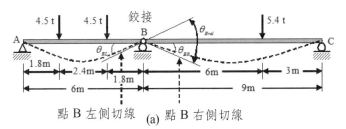

點 B 左側切線　(a) 點 B 右側切線

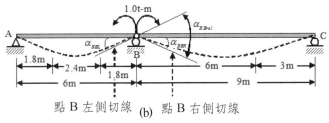

點 B 左側切線　(b) 點 B 右側切線

圖 8-3-3

$$\theta_{Brel} = \theta_{BL} + \theta_{BR} = \frac{17.01 + 21.6}{EI} = \frac{38.61 \text{t-m}^2}{EI}$$

為計算柔度係數，於點 B 兩側各施加方向相反的單位彎矩如圖 8-3-3(b)。依據附錄 A 的第 7 種載重情形，計得點 B 左、右側的柔度係數為

$$\alpha_{BL} = -\frac{ML}{3EI} = -\frac{-1(6)}{3EI} = \frac{2 \text{t-m}^2}{EI} \text{（逆鐘向）}$$

$$\alpha_{BR} = -\frac{ML}{3EI} = -\frac{1(9)}{3EI} = -\frac{3 \text{t-m}^2}{EI} \text{（順鐘向）}$$

點 B 左、右兩端承受單位彎矩的相對柔度係數為

$$\alpha_{Brel} = \alpha_{BL} + \alpha_{BR} = \frac{2+3}{EI} = \frac{5 \text{t-m}^2}{EI}$$

點 B 兩側切線的相對旋轉量應等於 0，故得諧和方程式為

$$\theta_B = \theta_{Brel} + M_B \alpha_{Brel} = \frac{38.61 + 5M_B}{EI} = 0 \text{，解得 } M_B = -7.722 \text{t-m}$$

各反力計算結果如圖 8-3-4。

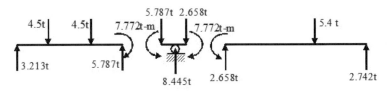

圖 8-3-4

例題 8-3-2

圖 8-3-5 為超靜定桁架，其桿件的 EA 值為定值，試以諧和變形分析法推算各支承反力及各桿件內力？

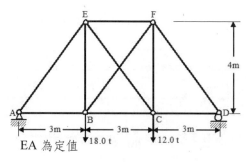

圖 8-3-5

解答：

本超靜定桁架屬外力靜定，內力一度超靜定。選擇桿件 CE 為贅力桿件，移除後成為靜定桁架如圖 8-3-6(a)。經平衡方程式求得反力 $A_X = 0t$、$A_Y = 16t$、$D_Y = 14t$；以節點法求得各桿件內力如圖 8-3-6(a)。假設桿件 CE 為張力，則單位張力施加於節點 C 與節點 E 的自由體圖如圖 8-3-7。圖 8-3-6(b)為假設桿件 CE 為單位張力時，各支承反力及各桿桿力。

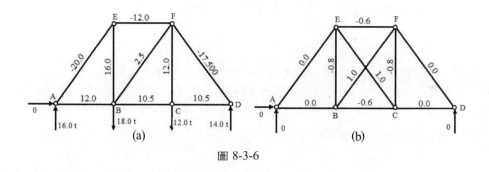

圖 8-3-6

如承受原載重所產生的各桿桿力為 N，桿件 CE 為單位張力所產生的各桿桿力為 n，則節點 C 與節點 E 承受原載重的相對變位為 $\Delta_{CE} = \Sigma nNL/AE$，桿件 CE 承受單位張力的柔度係數為 $\delta_{CE} = \Sigma nnL/AE$。據此計算如下表：

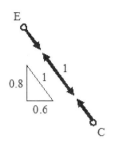

圖 8-3-7

(1)	(2)	(3)	(4)	(5)	(6)	(7)
桿件	桿長	N	n	NnL	nnL	$F = N + F_{CE} \times n$
AB	300.000	12.000	0.000	0.000	0.000	12.000
BC	300.000	10.500	− 0.600	− 1890.000	108.000	7.917
CD	300.000	10.500	0.000	0.000	0.000	10.500
AE	500.000	− 20.000	0.000	0.000	0.000	− 20.000
BE	400.000	16.000	− 0.800	− 5120.000	256.000	12.556
BF	500.000	2.500	1.000	1250.000	500.000	6.806
CF	400.000	12.000	− 0.800	− 3840.000	256.000	8.556
DF	500.000	− 17.500	0.000	0.000	0.000	− 17.500
EF	300.000	− 12.000	− 0.600	2160.000	108.000	− 14.583
CE	500.000	0.000	1.000	0.000	500.000	4.306
				− 7440.000	1728.000	

因為 EA 為定值且未明確指定，故得 $\Delta_{CE} = \dfrac{-7440\text{t-m}}{EA}$，$\delta_{CE} = \dfrac{1728\text{t-m}}{EA}$

由桿件 CE 不能有缺口的物理條件，可得諧和方程式為

$$\Delta = \Delta_{CE} + F_{CE}\delta_{CE} = \frac{-7440\text{t-m}}{EA} + \frac{1728 F_{CE}}{EA} = 0$$，解得 $F_{CE} = 4.306\text{t}$（張力）

依據疊合原理，各桿實際桿力為 $F = N + F_{CE}n$，計算如上表欄位(7)。最後各桿桿力
及支承反力示如圖 8-3-8。

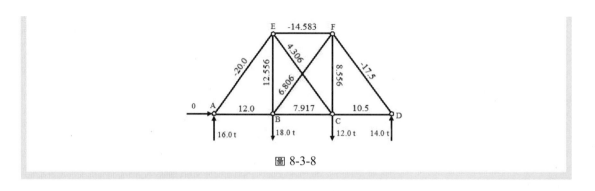

圖 8-3-8

8-4 多度超靜定結構

8-3 節詳論的一度內力超靜定結構分析原理可以完全適用於多度超靜定結構。在一度超靜定結構中僅有一個贅力，因此可以產生一個諧和方程式以求得該贅力；而多度超靜定結構中如有 n 個贅力，依據各贅力作用點的物理限制條件可以建立 n 個 n 元一次諧和方程式，聯立解之即可求得該 n 個贅力。

8-4-1 建立諧和方程式

以圖 8-4-1 的超靜定連續樑為例，該連續樑共有 6 個反力，因此有 3 個贅力。如果選擇滾支承 B、C、D 的反力為贅力，則將該 3 個滾支承移除後獲得如圖 8-4-2(a)的靜定穩定簡支樑基元結構。

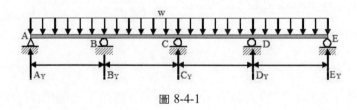

圖 8-4-1

靜定穩定基元結構承受已知的原載重與未知的贅力，應該符合原超靜定結構的贅力作用點的物理限制條件（本例為滾支承點的變位量均為 0），也是建立諧和方程式的基本條件。圖 8-4-2(a)為靜定簡支樑承受原載重在點 B、C、D 的變位量Δ_{BO}、Δ_{CO}、Δ_{DO}；圖 8-4-2(b)為靜定簡支樑於點 B 承受單位載重在點 B、C、D 的變位量（或柔度係數）δ_{BB}、δ_{CB}、δ_{DB}；圖 8-4-2(c)為靜定簡支樑於點 C 承受單位載重在點 B、C、D 的

變位量 δ_{BC}、δ_{CC}、δ_{DC}；圖 8-4-2(d)為靜定簡支樑於點 D 承受單位載重在點 B、C、D 的變位量（或柔度係數）δ_{BD}、δ_{CD}、δ_{DD}。

假設各未知贅力以 B_Y、C_Y、D_Y 表示之，則就點 B 觀之，其變位量 Δ_B 係由原載重在點 B 的變位量 Δ_{BO} 與各未知贅力對點 B 的變位貢獻的總和，亦即

$$\Delta_B = \Delta_{BO} + B_Y \delta_{BB} + C_Y \delta_{BC} + D_Y \delta_{BD} \tag{1}$$

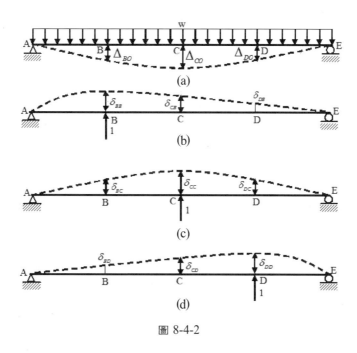

圖 8-4-2

同理，就點 C 觀之，其變位量 Δ_C 係由原載重在點 C 的變位量 Δ_{CO}，與各未知贅力對點 C 的變位貢獻的總和，亦即

$$\Delta_C = \Delta_{CO} + B_Y \delta_{CB} + C_Y \delta_{CC} + D_Y \delta_{CD} \tag{2}$$

就點 D 觀之，其變位量 Δ_D 係由原載重在點 D 的變位量 Δ_{DO}，與各未知贅力對點 D 的變位貢獻的總和，亦即

$$\Delta_D = \Delta_{DO} + B_Y \delta_{DB} + C_Y \delta_{DC} + D_Y \delta_{DD} \tag{3}$$

配合贅力作用點的變位量等於 0 的物理限制條件，將式(1)、式(2)、式(3)的變位量設定為 0，即得聯立方程式

$$\begin{cases} \Delta_{BO} + B_Y\,\delta_{BB} + C_Y\,\delta_{BC} + D_Y\,\delta_{BD} = 0 \\ \Delta_{CO} + B_Y\,\delta_{CB} + C_Y\,\delta_{CC} + D_Y\,\delta_{CD} = 0 \\ \Delta_{DO} + B_Y\,\delta_{DB} + C_Y\,\delta_{DC} + D_Y\,\delta_{DD} = 0 \end{cases} \tag{4}$$

或

$$\begin{cases} B_Y\,\delta_{BB} + C_Y\,\delta_{BC} + D_Y\,\delta_{BD} = -\,\Delta_{BC} \\ B_Y\,\delta_{BO} + C_Y\,\delta_{CC} + D_Y\,\delta_{CD} = -\,\Delta_{CO} \\ B_Y\,\delta_{DB} + C_Y\,\delta_{DC} + D_Y\,\delta_{DD} = -\,\Delta_{DO} \end{cases} \tag{5}$$

解聯立方程式(4)或(5)，當可求得贅力 B_Y、C_Y、D_Y。

分析一個 n 度超靜定結構，當選擇其中 n 個未知量為贅力，且移除該 n 個贅力後，變成穩定靜定結構。以原載重計算靜定結構各贅力點的變位或撓角；再依次於各贅力點施加單位載重或單位彎矩，並計算各贅力點的柔度係數；進而寫出各贅力點的變位方程式，再配合贅力點的物理限制條件即得各贅力點的諧和方程式。依此推論，一個 n 度超靜定結構當可寫出 n 元一次聯立方程式，以求解 n 個未知贅力。設 R_1、R_2、R_3、$\cdots$、R_n 為 n 個贅力或贅彎矩，Δ_1、Δ_2、Δ_n 為 n 個贅力或贅彎矩作用點，沿贅力或贅彎矩方向，因原載重或其他原因所產生的變位或撓角，f_{ij} 為在贅力或贅彎矩作用 j 點施加單位載重，或單位彎矩在贅力或贅彎矩作用點 i 所產生的變位或撓角柔度係數。若各贅力或贅彎矩作用點 i 的變位或撓角具有為 0 的物理限制條件，則得聯立方程式的通式為

$$\Delta_1 + f_{11}\,R_1 + f_{12}\,R_2 + \cdots + f_{1n}\,R_n = 0$$
$$\Delta_2 + f_{21}\,R_1 + f_{22}\,R_2 + \cdots + f_{2n}\,R_n = 0$$
$$\vdots \qquad\qquad 或以矩陣形式寫成$$
$$\Delta_n + f_{n1}\,R_1 + f_{n2}\,R_2 + \cdots + f_{nn}\,R_n = 0$$

$$\begin{bmatrix} f_{11} & f_{12} & \cdots & f_{1n} \\ f_{21} & f_{22} & \cdots & f_{2n} \\ & & \vdots & \\ f_{n1} & f_{n2} & \cdots & f_{nn} \end{bmatrix} \begin{bmatrix} R_1 \\ R_2 \\ \vdots \\ R_n \end{bmatrix} = - \begin{bmatrix} \Delta_1 \\ \Delta_2 \\ \vdots \\ \Delta_n \end{bmatrix}$$

反力贅力需要推求贅力作用點的絕對變位，內力贅力則需推求桿件的相對變位，這些變位或柔度係數均可按第六章所述各法計算之。

8-4-2　聯立諧和方程式對稱性

　　一個 n 度超靜定結構需要計算 n 個贅力作用點的變位，每一個贅力作用點施加一個單位載重，計算 n 個柔度係數，n 個贅力共需要計算 n^2 個柔度係數，因此 n 度超靜定結構總共需要計算 $n+n^2$ 個變位或柔度係數。前述超靜定連續樑為 3 度超靜度，故需要計算 3 個變位，9 個柔度係數，共有 12 個變位計算。

　　馬克斯威互易定理（Maxwell's Reciprocal Theorem）略述於結構體上點 A 施加單位載重在點 B 所產生的變位 δ_{BA}，等於在結構體上點 B 施加單位載重在點 A 所產生的變位 δ_{AB}。該定理在超靜定結構分析上有二種應用方式。據此定理 $\delta_{CB}=\delta_{BC}$、$\delta_{DC}=\delta_{CD}$、$\delta_{BD}=\delta_{DB}$，故聯立方程式(4)或(5)係數必屬對稱，因此如果計算所有變位與柔度係數，可以聯立方程式係數的對稱性驗證柔度係數的正確性。另一種應用方式則是僅計算 δ_{BC}，而取 $\delta_{CB}=\delta_{BC}$，以減少柔度係數的計算量。一個 n 度超靜定結構需要計算 $n+n^2$ 個變位及柔度係數，但採用互易定理僅需有 $(3n+n^2)/2$ 個變位及柔度係數計算。

8-4-3　多度超靜定結構分析步驟

1. 決定超靜定結構的超靜定數 n。
2. 可任意選擇 n 個力或彎矩為贅力，只要移除該贅力加諸於原結構物的限制，使變成靜定穩定結構。贅力的作用方向可先任意設定，最後解聯立方程式所得正的贅力表示作用方向與原假設相符，負的贅力表示相反的作用方向。
3. 移除贅力的限制條件使超靜定結構變成靜定基元結構。
4. 繪製並計算靜定基元結構承受原載重在各贅力作用點與作用方向的變位（或撓角）。共有 n 個變位（或撓角）量。
5. 依次在各贅力作用方向施加單位載重（或單位彎矩），繪製並計算各贅力作用點與作用方向的變位（或撓角），亦即柔度係數。共有 n^2 個柔度係數。
6. 以所有贅力為未知量寫出每一個贅力作用點在作用方向的變位（或撓角），因原載重及因贅力所產生變位（或撓角）的代數和，再依據該贅力作用點的限制條件，寫出該贅力的諧和方程式。n 個贅力可以寫出 n 個諧和方程式。
7. 求解這些諧和方程式的聯立方程式可得各贅力值並研判作用方向。
8. 贅力求得後，可依平衡方程式或疊合原理計算所有反力及內力。

8-4-4 多度稱靜定結構分析數值例題

例題 8-4-1

圖 8-4-3 為承受 3t/m 均佈載重的超靜定連續樑，設彈性係數為 2022t/cm²，斷面慣性矩為 325,000cm⁴，試以諧和變形分析法推算各反力？

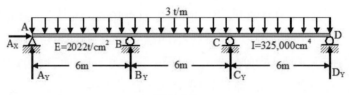

圖 8-4-3

解答：

連續樑有 5 個反力，屬 2 度超靜定連續樑，選擇支承點 B、C 的反力 B_Y、C_Y 為贅力，並移除其限制而形成圖 8-4-4(a)的靜定簡支樑。

依據附錄 A 的第 9 種載重情形可計得圖 8-4-4(a)樑點 B、C 的變位量為

$$\Delta_{BO} = \frac{-w}{24EI}(x^4 - 2Lx^3 + L^3x) = \frac{-0.03}{24EI}\begin{bmatrix} 600^4 - 2(1800)(600^3) \\ + 1800^3(600) \end{bmatrix} = -5.42342\text{cm} \downarrow$$

因為對稱，$\Delta_{CO} = \Delta_{BO} = -5.42342\text{cm} \downarrow$

於圖 8-4-4(b)點 B 承受單位向上載重，可依據附錄 A 的第 6 種載重情形計得點 B、C 的柔度係數為

$$\delta_{BB} = \frac{Pb}{6EIL}(x^3 + b^2x - L^2x)$$

$$\delta_{BB} = \frac{-1(1200)}{6EI(1800)}[600^3 + 1200^2(600) - 1800^2(600)] = 0.1460854\text{cm/t} \uparrow$$

$$\delta_{CB} = \frac{Pa(L-x)}{6EIL}(x^2 + a^2 - 2Lx)$$

$$\delta_{CB} = \frac{-1(600)(1800-1200)}{6EI(1800)}(1200^2 + 600^2 - 2(1800)(1200)) = 0.1278247\text{cm/t} \uparrow$$

因為對稱，$\delta_{CC} = \delta_{BB} = 0.1460854\text{cm/t} \uparrow$

因為互易定理，$\delta_{BC} = \delta_{CB} = 0.1278247\text{cm/t} \uparrow$

因為 $\Delta_B = 0$，得諧和方程式

$\Delta_B = \Delta_{BO} + \delta_{BB}B_Y + \delta_{BC}C_Y = 0$，亦即

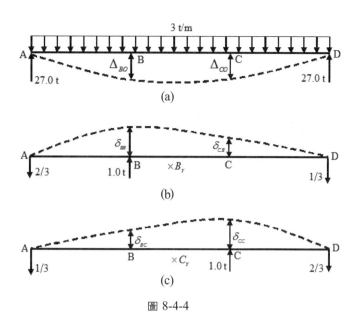

圖 8-4-4

$$0.146085B_Y + 0.1278247C_Y = 5.42342$$

因為 $\Delta_C = 0$，得諧和方程式

$$0.1278247B_Y + 0.146085C_Y = 5.42342$$

解聯立方程式 $\begin{cases} 0.146085B_Y + 0.1278247C_Y = 5.42342 \\ 0.1278247B_Y + 0.146085C_Y = 5.42342 \end{cases}$，得 $\begin{cases} B_Y = 19.80t\uparrow \\ C_Y = 19.80t\uparrow \end{cases}$

套用平衡方程式

$$+\rightarrow \Sigma F_X = 0，得 A_X = 0t$$

$\Sigma M_A = 0$，得 $D_Y(18) + 19.8(6) + 19.8(12) - \dfrac{3}{2}(18^2) = 0$，解得 $D_Y = 7.2t \uparrow$

$+\uparrow \Sigma F_Y = 0$，得 $A_Y + 19.8 + 19.8 + 7.2 - 3(18) = 0$，解得 $A_Y = 7.2t \uparrow$

各支承點反力示如圖 8-4-5。

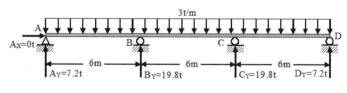

圖 8-4-5

例題 8-4-2

圖 8-4-6 為超靜定桁架，其 EA 為定值，試以諧和變形分析法推算各支承反力與各桿件桿力？

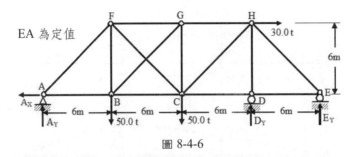

圖 8-4-6

解答：

圖 8-4-6 的超靜定桁架屬 2 度超靜定結構，選擇支承點 D 的反力 D_Y 及桿件 BG 的桿力 F_{BG} 為贅力，移除支承點 D 及桿件 BG 後形成靜定桁架如圖 8-4-7(a)。

原載重施加於靜定桁架得各支承點反力及各桿桿力 N 如圖 8-4-7(a)。

於靜定桁架節點 D 施加向上單位載重的反力及各桿桿力 nD 如圖 8-4-7(b)。

假設桿件 BG 為單位張力（於節點 B、G 沿桿件 BG 方向施加單位載重）的反力及各桿件桿力 nBG 如圖 8-4-7(c)。

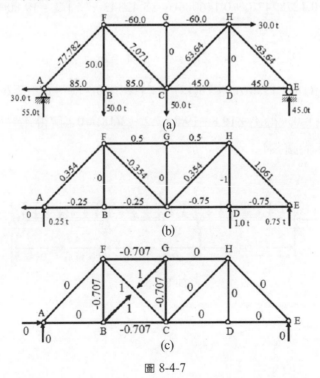

圖 8-4-7

將桁架各桿件名稱、桿長度、原載重各桿件桿力（N）、節點 D 施加向上單位載重各桿桿力（nD）、桿件 BG 為單位張力時各桿桿力（nBG）整理如下表。

(A)	(B)	(C)	(D)	(E)	(F)	(G)	(H)	(I)	(J)	(k)
桿件	桿長(m)	N(t)	nD(t)	nBG(t)	N(nD)L	N(nBG)L	$(nD)^2$L	$(nBG)^2$L	(nD)(nBG)L	F(t)
AB	6.000	85.000	− 0.250	0.000	− 127.500	0.000	0.375	0.000	0.000	70.235
BC	6.000	85.000	− 0.250	− 0.707	− 127.500	− 360.624	0.375	3.000	1.061	58.079
CD	6.000	45.000	− 0.750	0.000	− 202.500	0.000	3.375	0.000	0.000	0.705
DE	6.000	45.000	− 0.750	0.000	− 202.500	0.000	3.375	0.000	0.000	0.705
AF	8.485	− 77.782	0.354	0.000	− 233.345	0.000	1.061	0.000	0.000	− 56.901
BF	6.000	50.000	0.000	− 0.707	0.000	− 212.132	0.000	3.000	0.000	37.844
CF	8.485	7.071	− 0.354	1.000	− 21.213	60.000	1.061	8.485	− 3.000	3.381
CG	6.000	0.000	0.000	− 0.707	0.000	0.000	0.000	3.000	0.000	− 12.156
CH	8.485	63.640	0.354	0.000	190.919	0.000	1.061	0.000	0.000	84.520
DH	6.000	.000	− 1.000	0.000	0.000	0.000	6.000	0.000	0.000	− 59.060
EH	8.485	− 63.640	1.061	0.000	− 572.756	0.000	9.546	0.000	0.000	− 0.997
FG	6.000	− 60.000	0.500	− 0.707	− 180.000	254.558	1.500	3.000	− 2.121	− 42.626
GH	6.000	− 60.000	0.500	0.000	− 180.000	0.000	1.500	0.000	0.000	− 30.470
BG	8.485	.000	0.000	1.000	0.000	0.000	0.000	8.485	0.000	17.191
合計數					− 1656.396	− 258.198	29.228	28.971	− 4.061	

計算各桿件的 N(nD)L 如欄位 F，其總數 − 1656.396 則列於該欄位的最下面；各桿件的 N(nBG)L 及其總數則列於欄位 G；各桿件的$(nD)^2$L 及其總數則列於欄位 H；各桿件的$(nBG)^2$L 及其總數則列於欄位 I；各桿件的(nD)(nBG)L 及其總數則列於欄位 J。

原載重所產生的節點 D 絕對變位為 $\Delta_{DO} = \Sigma \dfrac{N(nD)L}{AE} = \dfrac{-1656.396\text{t-m}}{AE}$

原載重所產生的桿件 BG 的相對變位為 $\Delta_{BGO} = \Sigma \dfrac{N(nBG)L}{AE} = \dfrac{-258.198\text{t-m}}{AE}$

節點 D 施加向上單位載重的節點 D 柔度係數與桿件 BG 柔度係數 $\delta_{BG,D}$ 為

$$\delta_{DD} = \Sigma \frac{(nD)^2 L}{AE} = \frac{29.228\text{t-m}}{AE} \,,\, \delta_{BG,D} = \Sigma \frac{(nBG)(nD)L}{AE} = \frac{-4.061\text{t-m}}{AE}$$

桿件 BG 施加單位張力的節點 D 柔度係數 $\delta_{D,BG}$ 與桿件 BG 柔度 $\delta_{BG,BG}$ 係數為

$$\delta_{D,BG} = \delta_{BG,D} = \frac{-4.061\text{t-m}}{AE} \,,\, \delta_{BG,BG} = \Sigma \frac{(nBG)^2 L}{AE} = \frac{28.971\text{t-m}}{AE}$$

假設桿件 BG 桿力為 F_{BG}，支承點 D 的反力為 D_Y，將上列各變位量及柔度係數代入

下列諧和方程式

$$\Delta_{DG}+\delta_{DD}D_Y+\delta_{D,BG}F_{BG}=0 \text{ 及 } \Delta_{BGO}+\delta_{BG,D}D_Y+\delta_{BG,BG}F_{BG}=0 \text{ 或}$$

$$29.228\,D_Y-4.061F_{BG}=1656.396 \text{ 及 } -4.061\,D_Y+28.971F_{BG}=258.198$$

得聯立諧和方程式為

$$\begin{cases}29.228D_Y-4.061F_{BG}=1656.396\\ -4.061D_Y+28.971F_{DG}=258.198\end{cases}, \text{解得} \begin{cases}D_Y=59.060004t \text{ 向上}\\ F_{BG}=17.190576t \text{ 張力}\end{cases}$$

套用平衡方程式，推算反力如下：

$$A_X=30+0\times D_y=30t\leftarrow$$

$$A_Y=A_Y-0.25D_y=55-0.25(59.060004)=40.2350t\uparrow$$

$$E_Y=E_Y-0.75D_y=45-0.75(59.060004)=0.7050t\uparrow$$

各桿件桿力仍可按疊合原理依公式 $F=N+(nD)D_Y+(nBG)F_{BG}$ 計算如上表欄位 K 並標示如圖 8-4-8。

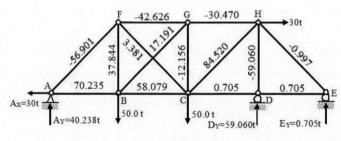

圖 8-4-8

例題 8-4-3

圖 8-4-9 為超靜定剛架，其 EI 為定值，試以諧和變形分析法推算各支承反力？

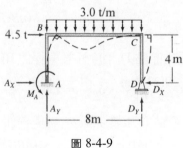

圖 8-4-9

解答：

圖 8-4-9 超靜定剛架屬 2 度超靜定結構，選擇支承點 D 的反力 D_X 及 D_Y 為贅力，移除支承點 D 後形成靜定剛架如圖 8-4-10(a)。

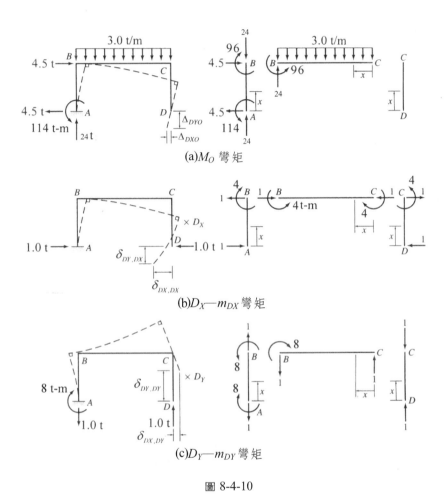

(a)M_O 彎矩

(b)D_X—m_{DX} 彎矩

(c)D_Y—m_{DY} 彎矩

圖 8-4-10

圖 8-4-10(a)為原載重施加於靜定剛架所得各支承點反力、桿件自由體圖、支承點 D 的變位量 ΔD_{XO}、ΔD_{YO} 及積分區段的座標系。

圖 8-4-10(b)為於支承點 D 沿 DX 方向施加向左單位載重所得各支承點反力、桿件自由體圖、支承點 D 的柔度係數 $\delta_{DY,DX}$、$\delta_{DX,DX}$ 及積分區段座標系。

圖 8-4-10(c)為於支承點 D 沿 DY 方向施加向上單位載重所得各支承點反力、桿件自由體圖、支承點 D 的柔度係數 $\delta_{DY,DY}$、$\delta_{DX,DY}$ 及積分區段座標系。

各積分區段的積分上下限及彎矩函數整理如下表：

積分區段	x 座標		MO 函數	m_{DX} 函數	m_{DY} 函數
	原點	範圍			
AB	A	0～4	$-114+4.5x$	$-x$	8
CB	C	0～8	$-1.5x^2$	-4	x
DC	D	0～4	0	x	0

基元結構支承點 D 的變位量及柔度係數計算如下：

$$\Delta_{DXO} = \Sigma \int \frac{M_O m_{DX} dx}{EI} = \frac{1}{EI}\Big[\int_0^4 (-114+4.5x)(-x)dx + \int_0^8 (-1.5x^2)(-4)\,dx\Big]$$

$$\Delta_{DXO} = \frac{1}{EI}\Big[\int_0^4 (114x-4.5x^2)dx + \int_0^8 6x^2\,dx\Big] = \frac{1}{EI}\Big[(57x^2-1.5x^3)\Big|_0^4 + (2x^3)\Big|_0^8\Big]$$

$$\Delta_{DXO} = \frac{1}{EI}\Big[(57x^2-1.5x^3)\Big|_0^4 + (2x^3)\Big|_0^8\Big] = \frac{1840\text{t-m}^3}{EI}$$

$$\Delta_{DYO} = \Sigma \int \frac{M_O m_{DY} dx}{EI} = \frac{1}{EI}\Big[\int_0^4 (-114+4.5x)(8)dx + \int_0^8 (-1.5x^2)(x)\,dx\Big]$$

$$\Delta_{DYO} = \frac{1}{EI}\Big[\int_0^4 (-912+36x)dx + \int_0^8 (-1.5x^3)dx\Big]$$

$$\Delta_{DYO} = \frac{1}{EI}\Big[(-912x+18x^2)\Big|_0^4 + \Big(\frac{-1.5x^4}{4}\Big)\Big|_0^8\Big] = \frac{-4896\text{t-m}^3}{EI}$$

$$\delta_{DX,DX} = \Sigma \int \frac{m_{DX}^2 dx}{EI} = \frac{1}{EI}\Big[\int_0^4 (-x)^2\,dx + \int_0^8 (-4)^2\,dx + \int_0^4 (x)^2 dx\Big]$$

$$\delta_{DX,DX} = \frac{1}{EI}\Big[\int_0^4 x^2 dx + \int_0^8 16dx + \int_0^4 x^2 dx\Big] = \frac{1}{EI}\Big[\Big(\frac{x^3}{3}\Big)\Big|_0^4 + (16x)\Big|_0^8 + \Big(\frac{x^3}{3}\Big)\Big|_0^4\Big]$$

$$\delta_{DX,DX} = \frac{170.667\text{m}^3}{EI}$$

$$\delta_{DY,DY} = \Sigma \int \frac{m_{DY}^2 dx}{EI} = \frac{1}{EI}\Big[\int_0^4 (8)^2\,dx + \int_0^8 (x)^2\,dx\Big] = \frac{1}{EI}\Big[(64x)\Big|_0^4 + \frac{x^3}{3}\Big|_0^8\Big]$$

$$\delta_{DY,DY} = \frac{426.667\text{m}^3}{EI}$$

$$\delta_{DX,DY} = \delta_{DY,DX} = \Sigma \int \frac{m_{DX} m_{DY} dx}{EI} = \Sigma \frac{1}{EI}\Big[\int_0^4 (-8x)\,dx + \int_0^8 (-4x)\,dx\Big]$$

$$\delta_{DX,DY} = \delta_{DY,DX} = \frac{1}{EI}\Big[(-4x^2)\Big|_0^4 + (-2x^2)\Big|_0^8\Big] = \frac{-192\text{m}^3}{EI}$$

以支承點 D 在 X、Y 方向總變位量均為 0，建立諧和方程式為

$$\Delta_{DXO} + \delta_{DX,DX}D_X + \delta_{DX,DY}D_Y = 0 \text{ 或 } 1840 + 170.667 D_X - 192 D_Y = 0$$

$$\Delta_{DYO} + \delta_{DY,DX}D_X + \delta_{DY,DY}D_Y = 0 \text{ 或} -4896 - 192 D_X + 426.667 D_Y = 0$$

解 $\begin{cases} 1840 + 170.667D_X - 192D_Y = 0 \\ -4896 - 192D_X + 426.667D_Y = 0 \end{cases}$ 得 $\begin{cases} D_X = 4.3101\text{t} \leftarrow \\ D_Y = 13.4146\text{t} \uparrow \end{cases}$

再套用平衡方程式推求其他反力如下：

$+\rightarrow \Sigma F_X = 0$ 得 $4.5 - 4.3101 + A_X = 0$，解得 $A_X = -0.1899t \leftarrow$

$+\uparrow \Sigma F_Y = 0$ 得 $A_Y + 13.4146 - 3(8) = 0$，解得 $A_Y = 10.5854t \uparrow$

$\Sigma M_A = 0$ 得 $M_A - 4.5(4) - 3(8)(4) + 13.4146(8) = 0$，解得 $M_A = 6.6836t\text{-m}$（逆鐘向）

8-5　基礎沉陷溫差因素分析

建築物可能基礎鬆軟而有沉陷發生，其對結構物應力的影響依結構物的外在靜定或超靜定而有區別。外在靜定的結構不因基礎沉陷，影響內在靜定或超靜定結構的應力；外在超靜定的結構將因基礎沉陷而產生結構應力的重新分配。至於因桿長誤差或溫差的桿件伸縮均將影響結構應力的分配。

8-5-1　基礎沉陷

圖 8-5-1(a)為承受均佈載重的三跨連續樑，假設支承點B、C因基礎疏鬆而有微量的Δ_B、Δ_C沉陷（圖中特別放大）。該連續樑共有 5 個反力，因此有 2 個贅力。如果選擇支承點B、C的反力B_Y、C_Y為贅力，則移除支承點B、C後形成圖 8-5-1(b)的簡支樑。

圖 8-5-1(b)為承受原載重的支承點 B、C 的變位量Δ_{BO}、Δ_{CO}；圖 8-5-1(c)為點 B 承受向上單位載重時，支承點 B、C 的變位柔度係數δ_{BB}、δ_{CB}；圖 8-5-1(d)為點 C 承受向上單位載重時，支承點 B、C 的變位柔度係數δ_{BC}、δ_{CC}。

點 B 因原載重及贅力B_Y、C_Y而產生的變位量不再為 0，應等於基礎沉陷量Δ_B；同理，點 C 因原載重及贅力B_Y、C_Y而產生的變位量不再為 0，而應等於基礎沉陷量Δ_C；因此可得諧和方程式

$$\Delta_{BO} + \delta_{BB} B_Y + \delta_{BC} C_Y = \Delta_B$$

$$\Delta_{CO} + \delta_{CB} B_Y + \delta_{CC} C_Y = \Delta_C$$

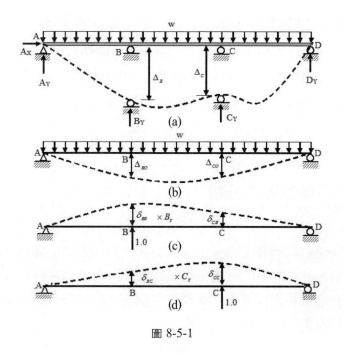

圖 8-5-1

解以上聯立諧和方程式即
可求得贅力 B_Y、C_Y，因此整樑
可獲得完整分析。

沉陷方向與假設的贅力方
向相同者，沉陷量為正值；否
則，沉陷量取負值。基礎沉陷
量應量自基元結構的弦線，而
非變形前的軸心線。圖 8-5-2
中各支承點均有不同的沉陷量

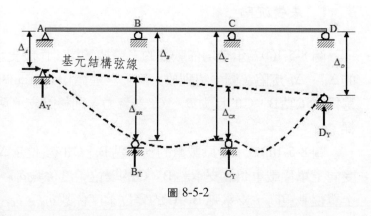

圖 8-5-2

Δ_A、Δ_B、Δ_C、Δ_D，但在諧和方程式中的點 B、C 沉陷量，應取相對於基元結構弦線
的沉陷量，即 Δ_{BR}、Δ_{CR}，亦即諧和方程式應改為

$$\Delta_{BO} + \delta_{BB}B_Y + \delta_{BC}C_Y = \Delta_{BR}$$

$$\Delta_{CO} + \delta_{CB}B_Y + \delta_{CC}C_Y = \Delta_{CR}$$

圖 8-5-1(a)因為支承點 A、D 均無沉陷，故變形前的軸心線與變形後的基元結構弦
線一致，故 $\Delta_{BR} = \Delta_B$，$\Delta_{CR} = \Delta_C$。如果圖 8-5-2 中所有支承點的沉陷量均相同，則沉陷
後所有支承點仍然保持在同一水平線上，而不致產生應力重分配的情形，因為相對沉

陷量才是應力重分配的主要原因。

例題 8-5-1

圖 8-5-3 的三跨連續樑因為基礎疏鬆而使支承點 B 向下沉陷 1.58cm，支承點 C 下陷 3.81cm，支承點 D 下陷 1.92cm，試以諧和變形分析法推算各反力？

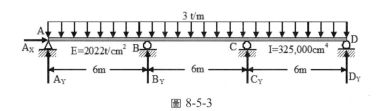

圖 8-5-3

解答：

圖 8-5-4 為承受載重及支承點沉陷後的彈性曲線，贅力作用點沉陷後相對於基元結構弦線的相對沉限量計算如下：

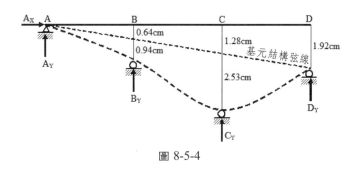

圖 8-5-4

$$\Delta_{BR} = \Delta_B - \frac{1.92}{3} = 1.58 - 0.64 = 0.94\text{cm} \downarrow$$

$$\Delta_{CR} = \Delta_C - \frac{2}{3}(1.92) = 3.81 - 1.28 = 2.53\text{cm} \downarrow$$

例題 8-4-1 已經計得不含沉陷量的變位量與柔度係數如下：

$$\Delta_{CO} = \Delta_{BO} = -5.42342\text{cm} \downarrow$$

$$\delta_{CC} = \delta_{BB} = 0.1460854\text{cm/t} \uparrow$$

$$\delta_{CB} = \delta_{BC} = 0.1278247\text{cm/t} \uparrow$$

由 $\Delta_{BR} = -0.94\text{cm}$（因沉陷與單位載重方向相反，故取負值），得諧和方程式 $\Delta_{BO} + \delta_{BB} B_Y + \delta_{BC} C_Y = \Delta_{BR}$，亦即

$$-5.42342+0.146085B_Y+0.1278247C_Y=-0.94 \text{ 或}$$

$$0.146085B_Y+0.1278247C_Y=4.48342$$

由 $\Delta_{CR}=-2.53\text{cm}$（因沉陷與單位載重方向相反，故取負值），得諧和方程式

$$-5.42342+0.1278247B_Y+0.146085C_Y=-2.53 \text{ 或}$$

$$0.1278247B_Y+0.146085C_Y=2.89342$$

解聯立方程式 $\begin{cases} 0.146085B_Y+0.127824C_Y=4.48342 \\ 0.1278247B_Y+0.146085C_Y=2.89342 \end{cases}$ ，得 $\begin{cases} B_Y=57.00\text{t}\uparrow \\ C_Y=-30.07\text{t}\downarrow \end{cases}$

套用平衡方程式

$\xrightarrow{+} \Sigma F_X=0$，得 $A_X=0\text{t}$

$\Sigma M_A=0$，得 $D_Y(18)+57(6)-30.07(12)-\dfrac{3}{2}(18^2)=0$，解得 $D_Y=28.05\text{t}\uparrow$

$+\uparrow \Sigma F_Y=0$，得 $A_Y+57-30.07+28.05-3(18)=0$，解得 $A_Y=-0.98\text{t}\downarrow$

各支承點反力示如圖 8-5-5。

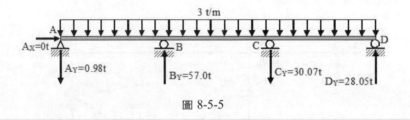

圖 8-5-5

例題 8-5-2

圖 8-5-6 超靜定桁架的支承點 A、C、E 分別向下沉陷 0.61cm、1.22cm、0.91cm，試以諧和變形分析法推算各反力及各桿桿力？

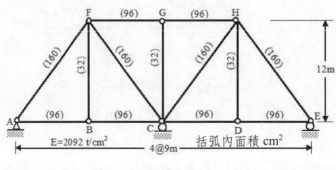

圖 8-5-6

解答：

　　圖 8-5-6 為一度外力超靜定桁架，選擇支承點 C 的反力為贅力，並移除支承點 C 使成靜定桁架。因為靜定桁架並未承受載重，故因載重而發生的支承點 C 變位量Δ_{CO}為 0。

　　今以向下單位載重施加於節點 C 計得各桿桿力如圖 8-5-7。

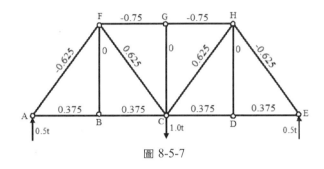

圖 8-5-7

以各桿桿力、面積、桿長、彈性係數計算支承點 C 的柔度係數 δ_{CC} 如下表：

桿力	桿長（cm）	A (cm²)	n(t)	n(t)	nnL/A	因沉陷產生桿力
AB	900	96	0.375	0.375	1.318	11.844
BC	900	96	0.375	0.375	1.318	11.844
CD	900	96	0.375	0.375	1.318	11.844
DE	900	96	0.375	0.375	1.318	11.844
AF	1500	160	−0.625	−0.625	3.662	−19.740
BF	1200	32	0.000	0.000	0.000	0.000
CF	1500	160	0.625	0.625	3.662	19.740
CG	1200	32	0.000	0.000	0.000	0.000
CH	1500	160	0.625	0.625	3.662	19.740
DH	1200	32	0.000	0.000	0.000	0.000
EH	1500	160	−0.625	−0.625	3.662	−19.740
FG	900	96	−0.750	−0.750	5.273	−23.688
GH	900	96	−0.750	−0.750	5.273	−23.688
nnL/A 合計 t/cm					30.469	
（nnL/A 合計）／2092cm					0.014564	
支承點相對沉陷量 0.46cm 向下，故 C_Y＝					31.5838359	

得 $\delta_{CC} = 0.014564 \downarrow$ cm/t。

支承點 C 相對於變形後基元結構弦線的沉陷量為

$$\Delta_{CR} = 1.22 - [0.61 + (0.91 - 0.61)/2] = 1.22 - 0.76 = 0.46 \text{cm}$$

得諧和方程式為

$$\Delta_{CO} + C_Y\delta_{CC} = \Delta_{CR}，即 0 + 0.014564C_Y = 0.46，解得 C_Y = 31.5838359 \text{t}$$

以公式 $F = nC_Y$ 計得各桿桿力如下表。

AB	BC	CD	DE	AF	BF	CF
11.844	11.844	11.844	11.844	− 19.740	0.000	19.740
CG	CH	DH	EH	FG	GH	
0.000	19.740	0.000	− 19.740	− 23.688	− 23.688	

8-5-2　溫度升降與桿長誤差

　　基礎沉陷僅對外在超靜定結構產生應力再分配，而溫度變化或桿長製作誤差對超靜定結構均產生影響。桿件材料均有其溫差膨脹係數 α，長度 L 的桿件因溫度升高（降低）ΔT 度，則桿件伸長（縮短）$\alpha L\Delta T$。在結構物尚無載重的情形下，將這些因溫度升降或桿長誤差產生的桿件伸縮量視同因載重而產生的桿件伸縮量，則其應變能的計算方法均相同，進而可據以推算贅力作用點的變位量。茲舉數例以掌握其推解方法。

例題 8-5-3

圖 8-5-8 為外力超靜定桁架，若桿件 BD 因製作誤差而短 0.3cm，若桿件材料彈性係數為 2092t/cm^2，試以諧和變形分析法推算各反力及各桿桿力？

解答：

圖 8-5-8 為一度外力超靜定結構，選擇支承點 E 水平反力為贅力，並將鉸支承改為滾支承使成靜定桁架。於節點 E 施加向左單位載重可得各桿桿力如圖 8-5-9。

僅桿件 BD 有短 0.3cm 的誤差，且其桿力為 1.0t，依虛功原理得支承點 E 的水平變位量 Δ_{EXO} 為

$$1 \times \Delta_{EXO} = 1 \times (- 0.3)得\Delta_{EXO} = - 0.3 \text{cm} \rightarrow$$

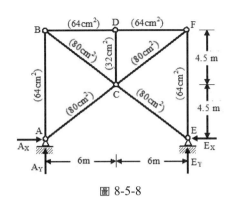

圖 8-5-8

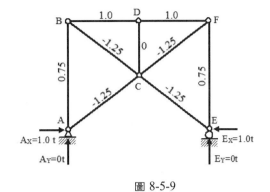

圖 8-5-9

依圖 8-5-9 各桿件桿力，桿長，斷面積計得 $\Sigma nnL/A = 93.16406$ 如下表及支承點 E 的水平方向變位柔度係數 δ_{EEX} 為

$$\delta_{EEX} = \Sigma \, (nnL/A)/2092 = 93.16406/2092 = 0.04453 \, cm/t$$

依支承點 E 的水平方向變位為 0 的物理限制條件得諧和方程式為

$$\Delta_{Ex} = \Delta_{EXO} + \delta_{EEX}E_X = 0 \text{ 得} - 0.3 + 0.04453E_X = 0，解得 } E_X = 6.737 \leftarrow$$

桿件	桿長 L (cm)	A (cm²)	n(t)	nnL/A	F = (E_X) n
AB	900	64	0.750	7.910	5.052
AC	750	80	− 1.250	14.648	− 8.421
BC	750	80	− 1.250	14.648	− 8.421
BD	600	64	1.000	9.375	6.737
CD	450	32	0.000	0.000	0.000
DF	600	64	1.000	9.375	6.737
CF	750	80	− 1.250	14.648	− 8.421
CE	750	80	− 1.250	14.648	− 8.421
EF	900	64	0.750	7.910	5.052
nnL/A 合計				93.16406	
（nnL/A 合計）──柔度係數				0.04453	

各桿桿力可按公式 $F = E_X n$ 計算如上表的最後欄位及圖 8-5-10。

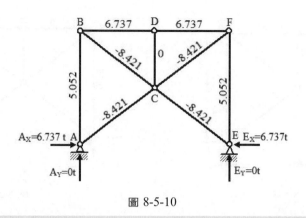

圖 8-5-10

例題 8-5-4

圖 8-5-11 內在超靜定桁架，若桿件 AE、EF、DF 因高溫而上升 60°F，若桿件材料的膨脹係數為 1/150,000/°F，彈性係數為 2092t/cm²，所有桿件斷面積均為 64cm²，試以諧和變形分析法推算各反力及各桿桿力？

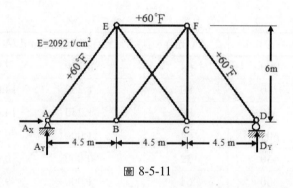

圖 8-5-11

解答：

圖 8-5-11 為一度內在超靜定結構，選擇桿件 BF 桿力為贅力，並將桿件 BF 切斷。

於桿件切斷處施加一對相當桿件單位張力的載重可得各桿桿力如圖 8-5-12。

桿件 AE、EF、DF 桿長各為 7.5m、4.5m、7.5m，故各桿伸長量為

$$\Delta_{AE} = \Delta_{DF} = 7.5(100)(60)(1/150000) = 0.3 \text{cm}$$

$$\Delta_{EF} = 4.5(100)(60)(1/150000) = 0.18 \text{cm}$$

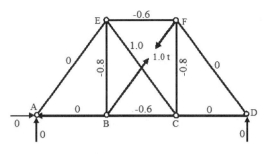

圖 8-5-12

由圖 8-5-12 各桿桿長，桿力，斷面積及彈性係數計得桿件 BF 的柔度係數如下表：

桿件	桿長 L (cm)	n(t)	nnL	F＝n(F_{BF})
AB	450	0.000	0.000	0.000
BC	450	－ 0.600	162.000	－ 3.347
CD	450	0.000	0.000	0.000
AE	750	0.000	0.000	0.000
BE	600	－ 0.800	384.000	－ 4.463
CE	750	1.000	750.000	5.579
CF	600	－ 0.800	384.000	－ 4.463
DF	750	0.000	0.000	0.000
EF	450	－ 0.600	162.000	－ 3.347
BF	750	1.000	750.000	5.579
nnL 合計			2592.000	
（nnL 合計）/AE　桿件 BF 的柔度係數			0.01936	

亦即，$\delta_{BF} = \Sigma nnL/AE = 2592/(64 \times 2092) = 0.01936\text{cm/t}$

由圖 8-5-12 知，因升溫而伸長的桿件 AE、EF、DF 中，僅桿件 EF 有 0.6t 的壓力，依虛功原理計得桿件 BF 的相對變位量 Δ_{BFrel} 為

$$1 \times \Delta_{BFrel} = - 0.6(0.18)，得 \Delta_{BFrel} = - 0.108\text{cm}$$

基於桿件 BF 的相對變位為 0 的物理限制條件，可得諧和方程式為

$\Delta_{BF} = \Delta_{BFrel} + \delta_{BF} F_{BF} = 0$ 得 $- 0.108 + 0.01936 F_{BF} = 0$，計得 $F_{BF} = 5.579\text{t}$（張力）

各桿桿力及反力可依 $F = n F_{BF}$ 計算如上表最後一欄及圖 8-5-13。

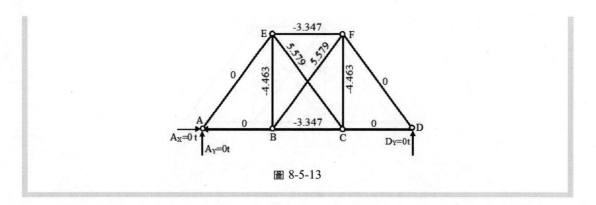

圖 8-5-13

習　題

★★★習題詳解請參閱 ST08 習題詳解.doc 與 ST08 習題詳解.xls 電子檔★★★

1. 試以諧和變形分析法推算超靜定懸臂樑的各反力，選擇點 D 反力為贅力？樑材彈性係數 2092t/cm^2，樑斷面慣性矩 325,000cm^4。（圖一）

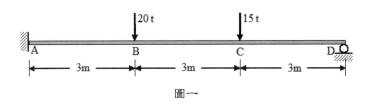

圖一

2. 試解習題 1 但取固定端的彎矩為贅力？

3. 試以諧和變形分析法推算超靜定懸臂樑的各反力，選擇點 A 反力為贅力？（圖二）

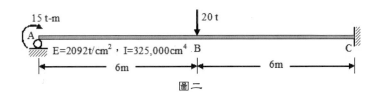

圖二

4. 試解習題 3 但取固定端 C 的彎矩為贅力？

5. 試以諧和變形分析法推算超靜定連續樑的支承點 C 反力？（圖三）

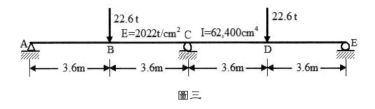

圖三

6. 試解習題 5 但取支承點 E 的反力 E_Y 為贅力？

7. 試解習題 5 但取樑上點 C 的內彎矩 M_C 為贅力？

8.試以諧和變形分析法推算超靜定桁架各支承點 C 反力與桿件桿力？（圖四）

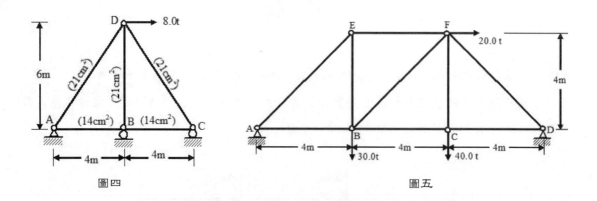

圖四　　　　　　　　　　　　圖五

9.試以諧和變形分析法解超靜定桁架？若桿件斷面積均為 32cm²，材料彈性係數 E 均等。
（圖五）

10.試以諧和變形分析法解桿件 EA 值均相同的超靜定桁架？（圖六）

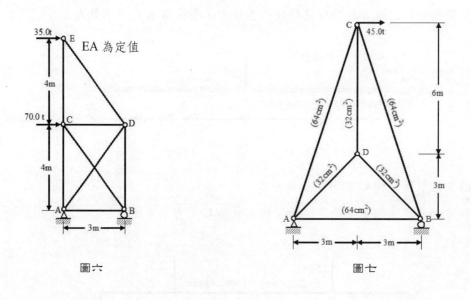

圖六　　　　　　　　　　　　圖七

11.試以諧和變形分析法解超靜定桁架？桿件斷面積如圖示，彈性係數 E 均同。（圖七）

12.試以諧和變形分析法解超靜定桁架？桿件斷面積如圖示，彈性係數 E 均同。（圖八）

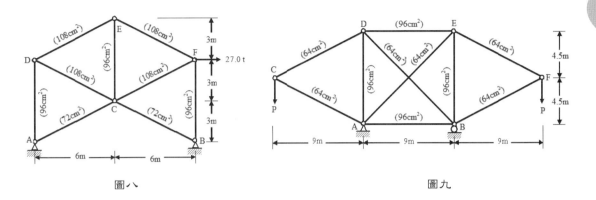

圖八　　　　　　　　　　　　　　　　圖九

13.試以諧和變形分析法解超靜定桁架？桿件斷面積如圖示，彈性係數 E 均同。（圖九）

14.試以諧和變形分析法解邊長為3m的正六邊形超靜定桁架？桿件EA值為定值。（圖十）

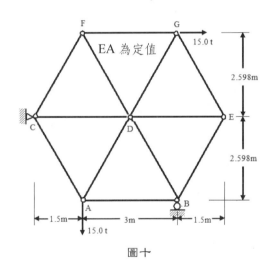

圖十

15.試以諧和變形分析法解超靜定桁架？若桿件斷面積均為 $32cm^2$，材料彈性係數 E 均等？
（圖十一）

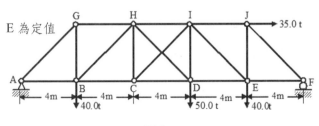

圖十一

16.試以諧和變形分析法求解超靜定剛架的反力？（圖十二）

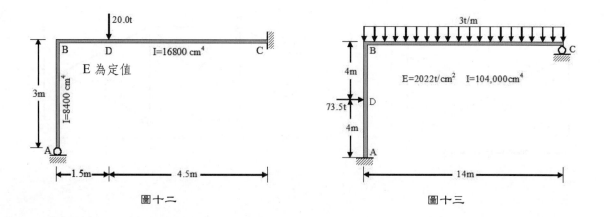

圖十二　　　　　　　　　　圖十三

17.試以諧和變形分析法求解超靜定剛架的反力？（圖十三）

18.試以諧和變形分析法求解二度外在超靜定連續樑的反力？（圖十四）

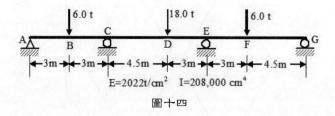

圖十四

19.試以諧和變形分析法求解三度外在超靜定連續樑的反力？（圖十五）

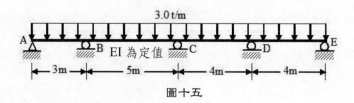

圖十五

20.試以諧和變形分析法求解二度外在超靜定桁架的反力及桿力？（圖十六）

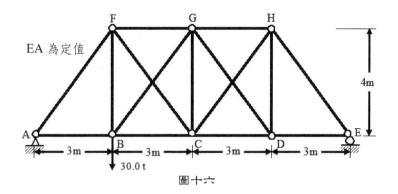

圖十六

21.試以諧和變形分析法求解超靜定桁架的反力桿力？（圖十七）

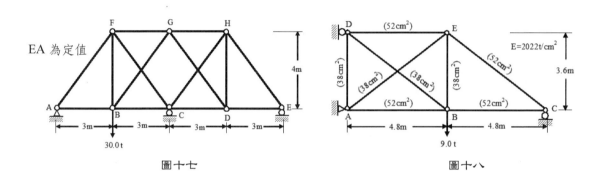

圖十七　　　　　　　　　　　圖十八

22.試以諧和變形分析法求解超靜定桁架的反力桿力？（圖十八）

23.試以諧和變形分析法求解超靜定剛架的反力？（圖十九）

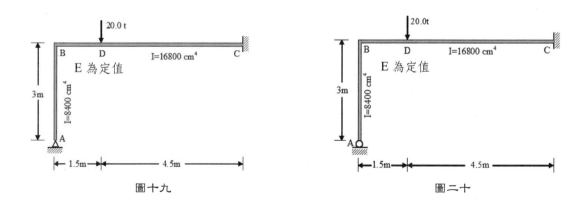

圖十九　　　　　　　　　　　圖二十

24.試以諧和變形分析法求解超靜定剛架的反力？（圖二十）

25.超靜定懸臂樑的支承點有 5cm 的沉陷試，試以諧和變形分析法求解超靜定懸臂樑的反

力？（圖二十一）

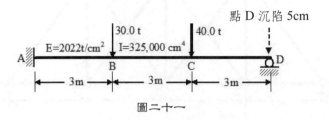

圖二十一

26.超靜定簡支樑的支承點 A 有 3.5cm，支承點 B 有 6.3cm，支承點 C 有 2.1cm，的沉陷，
　試以諧和變形分析法求解超靜定簡支樑的反力？（圖二十二）

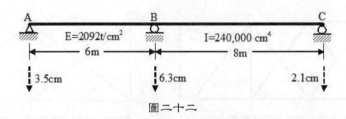

圖二十二

27.承受 3t/m 均佈載重的超靜定簡支樑的支承點 A 有 3.5cm，支承點 B 有 6.3cm，支承點 C
　有 2.1cm，的沉陷，試以諧和變形分析法求解超靜定簡支樑的反力？（圖二十三）

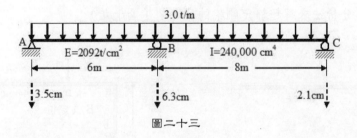

圖二十三

28.承受 3t/m 均佈載重的超靜定簡支樑的支承點 A、B、C 均有 3.5cm 的沉陷，試以諧和變
　形分析法求解超靜定簡支樑的反力？（圖二十四）

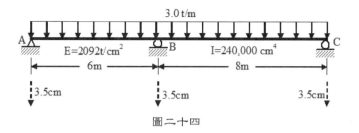

圖二十四

29.超靜定桁架的支承點 A 有 3.2cm，支承點 B 有 3.4cm，支承點 D 有 2.3cm，的沉陷，試以諧和變形分析法求解超靜定簡支樑的反力？（圖二十五）

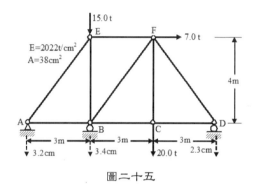

圖二十五

30.超靜定桁架材料的彈性係數 E 為 2022t/cm²，膨脹係數α為 1.2(10⁻⁵)/℃，所有桿件斷面積均為 38cm²，試以諧和變形分析法求解當桿件 AB、BC、CD 各降溫 25℃而桿件 EF 則升溫 60℃所產生的桿件桿力？（圖二十六）

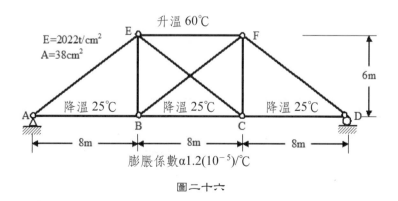

圖二十六

31.若習題 30 的桿件 EF 有長度短少 3cm 的誤差，試以諧和變形分析法求解桿件桿力？

32.超靜定桁架材料的彈性係數 E 為 2022t/cm²，膨脹係數α為 6.5(10⁻⁶)/°F，所有桿件斷面積均為 52cm²，試以諧和變形分析法求解當桿件 AB 升溫 70°F所產生的桿件桿力？（圖二十七）

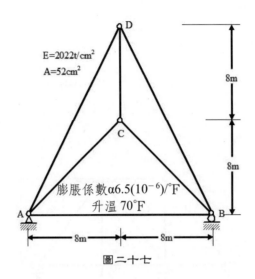

$E=2022t/cm^2$

$A=52cm^2$

膨脹係數α6.5(10⁻⁶)/°F
升溫 70°F

8m

8m

8m

8m

圖二十七

CHAPTER 9

超靜定結構最小功法

9-1 概述

最小功法（Method of Least Work）亦屬於超靜定結構分析力法或柔度法的一種。諧和變形分析法以贅力作用點在其作用方向變位及（或）撓角的諧和條件，建立諧和方程式以補平衡方程式的不足；最小功法則是以卡氏變位定理，基於贅力作用點不發生變形所建立諧和方程式，以配合平衡方程式求解超靜定結構。

9-2 最小功法的推導

圖 9-2-1 為一度外在超靜定樑，如果選取支承點 B 的反力 B_Y 為贅力，且移除支承點 B，使變成靜定簡支樑。靜定簡支樑在承受已知載重 w 及未知反力 B_Y 的作用下，則其應變能可寫成

$$U = f(w, B_Y) \tag{1}$$

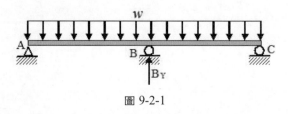

圖 9-2-1

依據卡氏變位原理，應變能對於某一力素（軸力、彎矩、剪力或扭矩）的偏微分量，即為該力素在其作用方向的變位或撓角。在圖 9-2-1 的無基礎沉陷超靜定平衡結構中，因為支承點 B 的變位為 0，故得

$$\Delta = \frac{\partial U}{\partial B_Y} = 0 \tag{2}$$

方程式(2)為僅含有一個未知數 B_Y 的諧和方程式，故求得反力 B_Y 後，整個結構便可充分解析之。依據微積分原理，使應變能 U 的偏微分等於 0 的變數值 B_Y，必使應變能函數為最大或最小。增加反力 B_Y 固可增加應變能 U，甚大的反力 B_Y 必使結構破壞，因此穩定結構的反力 B_Y 才能使應變能最小。一個超靜定穩定結構的贅力必使儲

存於結構的應變能最小，此即最小功法原理或稱最小功法。

　　圖 9-2-2 為含有 R_1、R_2、R_3 三個贅力的超靜定連續樑，其應變能 U 可以寫成已知載重 w，P_1，P_2 及未知贅力 R_1、R_2、R_3 的函數

$$U = f(w, P_1, P_2, R_1, R_2, R_3)$$

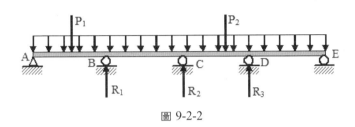

圖 9-2-2

　　依據最小功法原理，每一個贅力必使應變能最小，故得含有 3 個未知贅力的三元聯立方程式，以推求未知贅力。

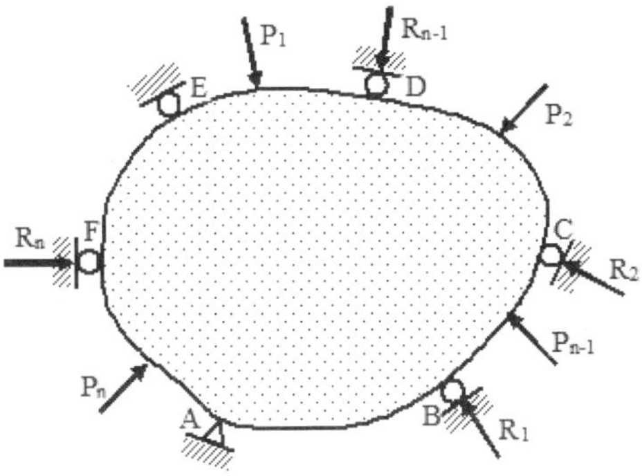

$$\begin{cases} \dfrac{\partial U}{\partial R_1} = 0 \\[2mm] \dfrac{\partial U}{\partial R_2} = 0 \\[2mm] \dfrac{\partial U}{\partial R_3} = 0 \end{cases} \tag{3}$$

圖 9-2-3

　　同理，n 度超靜定結構中的 n 個贅力 R_1、R_2、…、R_n，使結構應變能 U 最小，必可獲得如下的 n 個線性方程式的聯立方程式，以推求 n 個未知贅力。

$$\begin{cases} \dfrac{\partial U}{\partial R_1} = 0 \\[2mm] \dfrac{\partial U}{\partial R_2} = 0 \\[1mm] \vdots \\[1mm] \dfrac{\partial U}{\partial R_n} = 0 \end{cases} \tag{4}$$

9-3 超靜定樑最小功法分析步驟

以最小功法解析超靜定樑，通常僅考量因為彎矩所產生的應變能，其分析步驟為：

1. 決定超靜定樑的超靜定數 n。
2. 任意選擇 n 個力或彎矩為贅力，移除該贅力加諸於原結構物的束制，且必須使原結構變成靜定穩定結構。贅力的作用方向可先任意設定，最後解聯立方程式所得正的贅力，表示贅力作用方向與原假設方向相符，負的贅力表示相反的作用方向。
3. 移除贅力的束制條件使超靜定結構變成靜定基元結構。
4. 依據載重情形，決定積分區段個數。
5. 寫出包含已知載重及未知贅力的各積分區段彎矩函數 M。
6. 寫出彎矩函數 M 對各贅力的偏微分式 $\partial M / \partial R_1$，$i = 1, 2, \cdots, n$。
7. 令下列各積分式為 0 以推得 n 元聯立方程式。

$$\frac{\partial U}{\partial R_i} = \int_0^L \left(\frac{\partial M}{\partial R_i}\right)\frac{M}{EI}\,dx = 0 \quad i = 1, 2, \cdots, n$$

8. 解聯立方程式即可求得贅力。

例題 9-3-1

圖 9-3-1 為支撐超靜定懸臂樑，假設其 EI 為定值，試分別選擇支承點 B 反力 B_Y 及固定端彎矩 M_A 為贅力以最小功法推算各支承反力？

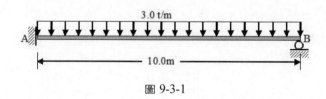

3.0 t/m

10.0m

圖 9-3-1

解答：

選擇支承點 B 的反力 B_Y 為贅力，則移除支承點 B 後，以反力 B_Y 替代的靜定懸臂樑及其自由體圖如圖 9-3-2(a)。

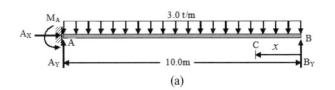

(a)

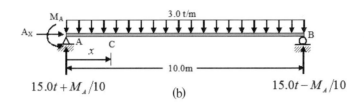

(b)

圖 9-3-2

因彎矩 M 而產生的應變能 U 為

$$U = \int_o^L \frac{M^2}{2EI}\, dx \tag{1}$$

依據最小功法原理，應變能 U 對於反力 B_Y 的偏微分值應等於 0，故

$$\frac{\partial U}{\partial B_Y} = \int_o^L \left(\frac{\partial M}{\partial B_Y}\right)\frac{M}{EI}\, dx = 0 \tag{2}$$

樑上點 C 的彎矩函數 M 為

$$M = B_Y x - \frac{wx^2}{2} = B_Y x - 1.5x^2$$

取彎矩函數 M 對反力 B_Y 的偏微分得

$$\frac{\partial M}{\partial B_Y} = x$$

將彎矩函數 M 及 $\partial M/\partial B_Y$ 代入式(2)得

$$\frac{\partial U}{\partial B_Y} = \frac{1}{EI}\Big[\int_0^{10} x\,(B_Y x - 1.5x^2)\, dx\Big] = \frac{1}{EI}\left(\frac{B_Y x^3}{3} - \frac{1.5x^4}{4}\right)\Big|_0^{10} = 0 \text{ 或}$$

$$\frac{1000}{3} B_Y - 3750 = 0，解得 B_Y = 11.25\text{t} \uparrow$$

套用平衡方程式

$$+ \rightarrow \Sigma F_X = 0 \text{ 得 } A_X = 0t$$

$$+ \uparrow \Sigma F_Y = 0 \text{ 得 } A_Y + 11.25 - 3(10) = 0，解得 A_Y = 18.75t \uparrow$$

$$\Sigma M_A = 0 \text{ 得 } M_A + 11.25(10) - 3(10)(5) = 0，解得 M_A = 37.5\text{t-m}（逆鐘向）$$

如果選擇固定端點 A 的反彎矩 M_A 為贅力，則將固定端改為鉸支端，使成靜定簡支樑，其自由體圖如圖 9-3-2(b)。

則樑上點 C 的彎矩函數 M 為

$$M = -M_A + (15+0.1\,M_A)\,x - \frac{wx^2}{2} = -M_A + (15+0.1\,M_A)\,x - 1.5x^2$$

取彎矩函數 M 對反彎矩 M_A 的偏微分得

$$\frac{\partial M}{\partial M_A} = -1 + 0.1x$$

將彎矩函數 M 及 $\partial M/\partial M_A$ 代入式(2)得

$$\frac{\partial U}{\partial M_A} = \frac{1}{EI}\Big[\int_0^{10}(-1+0.1x)\big[-M_A+(15+0.1M_A)x-1.5x^2\big]\,dx\Big] = 0 \ \text{或}$$

$$\int_0^{10}\big[M_A-(0.2M_A+15)x+(3+0.01M_A)x^2-0.15x^3\big]\,dx = 0 \ \text{或}$$

$$\left(M_A x - \frac{0.2M_A+15}{2}x^2 + \frac{3+0.01M_A}{3}x^3 - \frac{0.15x^4}{4}\right)\Bigg|_0^{10} = 0 \ \text{或}$$

$$\frac{10M_A}{3} - 125 = 0，解得 M_A = 37.5\text{t-M}（逆鐘向）$$

套用平衡方程式

$$+\rightarrow \Sigma F_X = 0 \ 得 \ A_X = 0t$$

$$\Sigma M_A = 0 \ 得 \ 37.5 + B_Y(10) - 3(10)(5) = 0，解得 B_Y = 11.25t \uparrow$$

$$+\uparrow \Sigma F_Y \ 得 \ A_Y + 11.25 - 3(10) = 0，解得 A_Y = 18.75t \uparrow$$

例題 9-3-2

圖 9-3-3 為支撐超靜定懸臂樑，假設其 EI 為定值，試選擇支承點 C 反力 C_Y 為贅力以最小功法推算各支承反力？

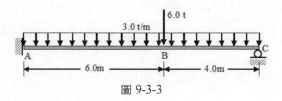

圖 9-3-3

解答：

選擇支承點 C 的反力 C_Y 為贅力，則移除支承點 C，並以反力 C_Y 替代後的靜定懸臂樑其自由體圖如圖 9-3-4。

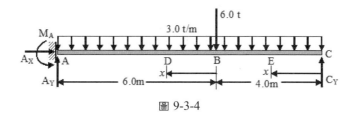

圖 9-3-4

因彎矩 M 而產生的應變能 U 為

$$U = \int_0^L \frac{M^2}{2EI}\,dx \tag{1}$$

依據最小功法原理，應變能 U 對於反力 C_Y 的偏微分值應等於 0，故

$$\frac{\partial U}{\partial C_Y} = \int_0^L \left(\frac{\partial M}{\partial C_Y}\right)\frac{M}{EI}\,dx = 0 \tag{2}$$

因為載重情形必須分 2 個區段積分之，各段座標原點、彎矩函數 M 及彎矩函數 M 對反力 C_Y 的偏微分式整理如下表：

積分區段	x 座標		M 函數	$\dfrac{\partial M}{\partial C_Y}$
	原點	範圍		
CB	C	0~4	$C_Y x - 1.5x^2$	x
BA	B	0~6	$C_Y(4+x) - 1.5(4+\mathrm{x})^2 - 6x$	$4+x$

將彎矩函數 M 及各區段 $\partial M/\partial C_Y$ 代入式(2)可得

$$\int_0^4 (C_Y x - 1.5x^2)\,x\,dx + \int_0^6 [C_Y(x+4) - 1.5(x+4)^2 - 6x](4+x)\,dx = 0 \text{ 或}$$

$$\int_0^4 (C_Y x^2 - 1.5x^3)\,x\,dx + \int_0^6 [C_Y(x+4)^2 - 1.5(x+4)^3 - 6x^2 - 24x]\,dx = 0 \text{ 或}$$

$$\left(\frac{C_Y x^3}{3} - \frac{1.5x^4}{4}\right)\Big|_0^4 + \left[\frac{C_Y(x+4)^3}{3} - \frac{1.5(x+4)^4}{4} - 2x^3 - 12x^2\right]\Big|_0^6 = 0 \text{ 或}$$

或 $\dfrac{1000}{3}C_Y - 4614 = 0$，解得 $C_Y = 13.842\text{t}\uparrow$

套用平衡方程式

$+\rightarrow \Sigma F_X = 0$ 得 $A_X = 0t$

$+\uparrow \Sigma F_Y = 0$ 得 $A_Y + 13.842 - 3(10) - 6 = 0$，解得 $A_Y = 22.158\text{t}\uparrow$

$\Sigma M_A = 0$ 得 $M_A + 13.842(10) - 3(10)(5) - 6(6) = 0$，解得 $M_A = 47.58\text{t-m}$（逆鐘向）

例題 9-3-3

圖 9-3-5 為超靜定連續樑，假設其 EI 為定值，試選擇支承點 B 反力 B_Y 為贅力，以最小功法推算各支承反力？

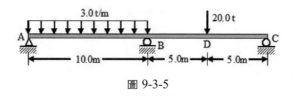

圖 9-3-5

解答：

選擇支承點 B 的反力 B_Y 為贅力，則移除支承點 B，並以反力 B_Y 替代後的靜定簡支樑，其自由體圖如圖 9-3-6。基於載重情形，應變能積分需分三段積分之。靜定簡支樑承受已知載重，及未知反力 B_Y 的支承點反力及各區段座標系如圖 9-3-6。

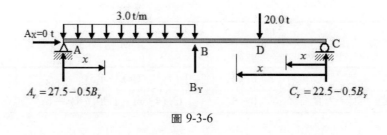

圖 9-3-6

各積分區段的彎矩函數 M 及其對贅餘反力 B_Y 的偏微分式整理如下表：

積分區段	x 座標		M 函數	$\dfrac{\partial M}{\partial B_Y}$
	原點	範圍		
CD	C	0～5	$(22.5 - 0.5B_Y)x$	$-0.5x$
DB	C	5～10	$(22.5 - 0.5B_Y)x - 20(x-5)$	$-0.5x$
AB	A	0～10	$(27.5 - 0.5B_Y)x - 1.5x^2$	$-0.5x$

將彎矩函數 M 及各區段 $\partial M/\partial B_Y$ 代入式⑵可得

$$\frac{\partial U}{\partial B_Y} = \frac{1}{EI}\left[\begin{array}{l}\int_0^5 (-0.5x)(22.5-0.5B_Y)x\,dx + \\ \int_5^{10}(-0.5x)[(22.5-0.5B_Y)x-20(x-5)]\,dx + \\ \int_0^{10}(-0.5x)[(27.5-0.5B_Y)x-1.5x^2]\,dx\end{array}\right] = 0 \text{ 或}$$

$$\frac{\partial U}{\partial B_Y} = \frac{1}{EI}\left[\begin{array}{l}\int_0^5 (-11.25x^2+0.25B_Yx^2)\,dx + \\ \int_5^{10}[(-11.25x^2+0.25B_Yx^2)+10x^2-50x]\,dx + \\ \int_0^{10}[(-13.75x^2+0.25B_Yx^2)+0.75x^3]\,dx\end{array}\right] = 0 \text{ 或}$$

$$\frac{\partial U}{\partial B_Y} = \frac{1}{EI}\left[\begin{array}{l}\left(-3.75x^3+\dfrac{0.25B_Yx^3}{3}\right)\Big|_0^5 + \\ \left(-3.75x^3+\dfrac{0.25B_Yx^3}{3}+\dfrac{10x^3}{3}-25x^2\right)\Big|_5^{10} + \\ \left(-\dfrac{13.75x^3}{3}+\dfrac{0.25B_Yx^3}{3}+\dfrac{0.75x^4}{4}\right)\Big|_0^{10}\end{array}\right] = 0 \text{ 得}$$

$$\frac{500B_Y}{3}-5416.667=0 \text{，解得 } B_Y=32.50\text{t} \uparrow$$

按平衡方程式

$+\rightarrow \Sigma F_X=0$ 得 $A_X=0\text{t}$

$\Sigma M_A=0$ 得 $32.5(10)+C_Y(20)-3(10)(5)-20(15)=0$，解得 $C_Y=6.25\text{t} \uparrow$

$+\uparrow \Sigma F_Y=0$ 得 $A_Y+32.5+6.25-20-3(10)=0$，解得 $A_Y=11.25\text{t} \uparrow$

例題 9-3-4

圖 9-3-7 為超靜定連續樑，假設其 EI 為定值，試以最小功法推算各支承反力？

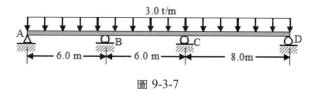

圖 9-3-7

解答：

超靜定連續樑屬 2 度超靜定連續樑，四個支承點反力中，任意選擇支承點 B、C 的反力 B_Y、C_Y 為贅力，則移除支承點 B、C，並以反力 B_Y、C_Y 替代後的靜定簡支樑自由體圖如圖 9-3-8。基於載重情形，應變能積分需分三段積分之。

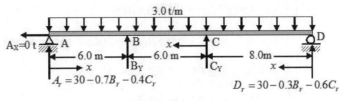

圖 9-3-8

各積分區段彎矩函數 M 及其對反力 B_Y、C_Y 的偏微分式如下：

積分區段 DC（原點 D，範圍 0～8m）的彎矩函數 M

$$M = (30 - 0.3B_Y - 0.6C_Y)x - 1.5x^2 \, , \, \frac{\partial M}{\partial B_Y} = -0.3x \, , \, \frac{\partial M}{\partial C_Y} = -0.6x$$

積分區段 CB（原點 C，範圍 0～6m）的彎矩函數 M

$$M = (30 - 0.3B_Y - 0.6C_Y)(x+8) + C_Y x - 1.5(x+8)^2 \, ,$$

$$\frac{\partial M}{\partial B_Y} = -0.3(x+8) \, , \, \frac{\partial M}{\partial C_Y} = -0.6(x+8) + x = 0.4x - 4.8$$

積分區段 AB（原點 A，範圍 0～6m）的彎矩函數 M

$$M = (30 - 0.7B_Y - 0.4C_Y)x - 1.5x^2 \, , \, \frac{\partial M}{\partial B_Y} = -0.7x \, , \, \frac{\partial M}{\partial C_Y} = -0.4x$$

取 $\dfrac{\partial U}{\partial B_Y} = 0$ 得

$$\left.\begin{array}{l} \int_0^8 (-0.3x)[(30 - 0.3B_Y - 0.6C_Y)x - 1.5x^2]\,dx + \\[2mm] \int_0^6 -0.3(x+8)[(30 - 0.3B_Y - 0.6C_Y)(x+8) + C_Y x - 1.5(x+8)^2]\,dx + \\[2mm] \int_0^6 (-0.7x)[(30 - 0.7B_Y - 0.4C_Y)x - 1.5x^2]\,dx \end{array}\right\} = 0 \; 或$$

$$\left.\begin{array}{l} \int_0^8 (-9x^2 + 0.09B_Y x^2 + 0.18C_Y x^2 + 0.45x^3)\,dx + \\[2mm] \int_0^6 [(-9 + 0.09B_Y + 0.18C_Y)(x+8)^2 - (0.3x^2 + 2.4x)\,C_Y + 0.45(x+8)^3]\,dx + \\[2mm] \int_0^6 [(-21 + 0.49B_Y + 0.28C_Y)\,x^2 + 1.05x^3]\,dx \end{array}\right\} = 0 \; 或$$

$$\left.\begin{array}{l} \left(-3x^3 + 0.03B_Y x^3 + 0.06C_Y x^3 + \dfrac{0.45x^4}{4}\right)\Big|_0^8 + \\[3mm] \left[(-3 + 0.03B_Y + 0.06C_Y)(x+8)^3 - (0.1x^3 + 1.2x^2)\,C_Y + \dfrac{0.45(x+8)^4}{4}\right]\Big|_0^6 + \\[3mm] \left(-7x^3 + \dfrac{0.49B_Y x^3}{3} + \dfrac{0.28C_Y x^3}{3} + \dfrac{1.05x^4}{4}\right)\Big|_0^6 \end{array}\right\} = 0 \; 得$$

$$117.6B_Y + 120C_Y - 5082 = 0 \tag{1}$$

取 $\dfrac{\partial U}{\partial C_Y} = 0$ 得

$$\begin{bmatrix} \int_0^8 (-0.6x)[(30-0.3B_Y-0.6C_Y)x-1.5x^2]\,dx + \\ \int_0^6 (0.4x-4.8)[(30-0.3B_Y-0.6C_Y)(x+8)+C_Yx-1.5(x+8)^2]\,dx + \\ \int_0^6 (-0.4x)[(30-0.7B_Y-0.4C_Y)x-1.5x^2]\,dx \end{bmatrix} = 0 \;\text{或}$$

$$\begin{bmatrix} \int_0^8 (-18x^2+0.18B_Yx^2+0.36C_Yx^2+0.9x^3)\,dx + \\ \int_0^6 (0.4x-4.8)[(30-0.3B_Y-0.6C_Y)(x+8)+C_Yx-1.5(x+8)^2]\,dx + \\ \int_0^6 (-12x^2+0.28B_Yx^2+0.16C_Yx^2+0.6x^3)\,dx \end{bmatrix} = 0 \;\text{或}$$

$$\begin{bmatrix} \int_0^8 (-18x^2+0.18B_Yx^2+0.36C_Yx^2+0.9x^3)\,dx + \\ \int_0^6 (30-0.3B_Y-0.6C_Y)(0.4x^2-1.6x-38.4)\,dx + \\ \int_0^6 [(0.4x^2-4.8x)C_Y-(0.6x^3+2.4x^2-76.8x-460.8)]\,dx + \\ \int_0^6 (-12x^2+0.28B_yx^2+0.16C_Yx^2+0.6x^3)\,dx \end{bmatrix} = 0$$

$$\begin{bmatrix} \left(-6x^3+0.06B_Yx^3+0.12C_Yx^3+\dfrac{0.9x^4}{4}\right)\Big|_0^8 + \\ \left[(30-0.3B_Y-0.6C_Y)\left(\dfrac{0.4x^3}{3}-0.8x^2-38.4x\right)\right]\Big|_0^8 + \\ \left(\dfrac{0.4x^3}{3}-2.4x^2\right)C_Y\Big|_0^8-(0.15x^4+0.8x^3-38.4x^2-460.8x)\big|_0^8 + \\ \left(-4x^3+\dfrac{0.28B_Yx^3}{3}+\dfrac{0.16C_Yx^3}{3}+0.15x^4\right)\Big|_0^6 \end{bmatrix} = 0 \;\text{得}$$

$$120B_Y+153.6C_Y-5952=0 \qquad\qquad (2)$$

解式(1)、式(2)的聯立方程式

$$\begin{cases} 117.6B_Y+120C_Y-5082=0 \\ 120B_Y+153.6C_Y-5952=0 \end{cases},\;\text{得}\begin{cases} B_Y=18.113t\uparrow \\ C_Y=24.599t\uparrow \end{cases}$$

套用平衡方程式

$+\rightarrow \Sigma F_X=0$ 得 $A_X=0\text{t}$

$\Sigma M_A=0$ 得 $D_Y(20)+18.113(6)+24.599(12)-3(20)(10)=0$，解得 $D_Y=9.807\text{t}\uparrow$

$+\uparrow \Sigma F_Y=0$ 得 $A_Y+18.113+24.599+9.807-3(20)=0$，解得 $A_Y=7.481\text{t}\uparrow$

例題 9-3-5

圖 9-3-9 為超靜定連續樑，材料彈性係數為 2022t/cm^2，斷面慣性矩為 215000cm^4，若支承點 B 有 1cm 的向下沉陷，試以最小功法推算各支承反力？

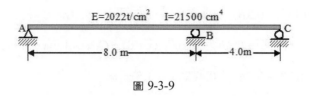

圖 9-3-9

解答：

超靜定連續樑屬 1 度超靜定連續樑，且因支承點 B 有 1cm 的沉陷，故選擇支承點 B 的反力 B_Y 為贅力，則移除支承點 B，並以反力 B_Y 替代後的靜定簡支樑，自由體圖如圖 9-3-10。基於載重情形，應變能積分需分二段積分之。

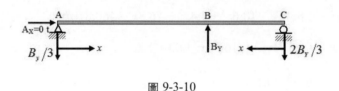

圖 9-3-10

各積分區段的彎矩函數 M 及其對贅餘反力 B_Y 的偏微分式整理如下表：

積分區段	x 座標		M 函數	$\dfrac{\partial M}{\partial B_Y}$
	原點	範圍		
AB	A	0～800	$-B_Y x/3$	$-x/3$
CB	C	0～400	$2B_Y x/3$	$2x/3$

因為向下沉陷與假設的支承點 B 反力方向（向上）相反，故取 $\Delta_B = -1$

則依卡氏變位定理，可令 $\Delta_B = \dfrac{\partial U}{\partial B_Y} = -1$ 推導諧和方程式得

$$\frac{\partial U}{\partial B_Y} = \Sigma \int \left(\frac{\partial M}{\partial B_Y}\right)\frac{M}{EI}\,dx = -1$$

$$\frac{\partial U}{\partial B_Y} = \frac{1}{EI}\left[\int_0^{800}\left(\frac{-B_Y x}{3}\right)\left(\frac{-x}{3}\right)dx + \int_0^{400}\left(\frac{2B_Y x}{3}\right)\left(\frac{2x}{3}\right)dx\right] = -1$$

$$\frac{\partial U}{\partial B_Y} = \frac{1}{EI}\left[\int_0^{800}\left(\frac{B_Y x^2}{9}\right)dx + \int_0^{400}\left(\frac{4B_Y x^2}{9}\right)dx\right] = -1$$

$$\left[\left(\frac{B_Y x^3}{27}\right)\Big|_0^{800} + \left(\frac{4B_Y x^3}{27}\right)\Big|_0^{400}\right] = \frac{768000000 B_Y}{27} = -EI$$

$$B_Y = -1.5283\text{t}\downarrow$$

按平衡方程式

$+ \rightarrow \Sigma F_X = 0$ 得 $A_X = 0$t

$\Sigma M_A = 0$ 得 $- C_Y(12) + 1.5283(8) = 0$，解得 $C_Y = 1.0189$t ↑

$+ \uparrow \Sigma F_Y = 0$ 得 $A_Y + 1.0189 - 1.5283 = 0$，解得 $A_Y = 0.5094$t ↑

9-4　桁架最小功法分析

　　超靜定桁架必有比整體及各節點平衡方程式多的未知桿力及反力；如將這些贅餘的未知桿力及反力移除，並以未知量 T_1、T_2、…、T_n 替代，則超靜定結構變成含有未知作用力 T_1、T_2、…、T_n 的靜定桁架。該靜定桁架當可以節點法或斷面法推求靜定桁架各桿件的桿力 S，惟這些桿力 S 含有未知量 T_1、T_2、…、T_n 的一次式。

　　因為各桿力 S 含有未知量 T_1、T_2、…、T_n，故桁架的應變能 U 必是 T_1、T_2、…、T_n 的函數。依據最小功原理，平衡結構的應變能 U 對未知量 T_1、T_2、…、T_n 的偏微分值等於 0，故得

$$\begin{cases} \dfrac{\partial U}{\partial T_1} = \Sigma S \dfrac{\partial S}{\partial T_1} \dfrac{L}{AE} \\[2mm] \dfrac{\partial U}{\partial T_2} = \Sigma S \dfrac{\partial S}{\partial T_2} \dfrac{L}{AE} \\[2mm] \vdots \\[2mm] \dfrac{\partial U}{\partial T_n} = \Sigma S \dfrac{\partial S}{\partial T_n} \dfrac{L}{AE} \end{cases}$$

　　因為桿力 S 為未知量的 T_1、T_2、…、T_n 一次式，上式即為 n 元一次聯立方程式，故可以求解出 n 個未知量。

　　以最小功法分析超靜定桁架的步驟歸納如下：

1. 決定超靜定桁架的超靜定數 n。
2. 可任意選擇 n 個桿力或反力為贅力，改以未知量施加於原結構，而變成含有未知作用力的靜定桁架。
3. 分析靜定桁架中各桿件桿力 N（含未知作用力）。
4. 求各桿力 N 對於未知作用力 T_i 的微分式 $\dfrac{\partial N}{\partial T_i}$。
5. 計算各桿的 $\dfrac{\partial N}{\partial T_i} \dfrac{NL}{AE}$，其總合為未知量 T_1、T_2、…、T_n 的一次方程式。

6. n 個未知量 T_1、T_2、$\cdots$、T_n 可以獲得 n 個一次方程式，聯立解之即可求得所有未知量。

7. 步驟 3 計得的桿力含有未知量 T_1、T_2、$\cdots$、T_n，故解得未知量 T_1、T_2、$\cdots$、T_n 當可求得所有桿件桿力或支承點反力。

以下各例題例舉一個、二個或三個內在或外在贅力的超靜定桁架分析方法。

例題 9-4-1

圖 9-4-1 為承受 20t 集中載重的超靜定桁架，設彈性係數為定值，桿件斷面積如圖上括弧內數值，試以最小功法推算各反力及桿力？

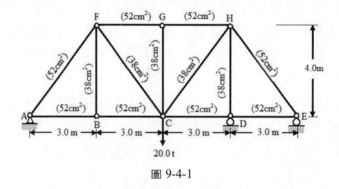

圖 9-4-1

解答：

超靜定桁架屬 1 度外在超靜定，選擇支承點 D 的反力 D_Y 為贅力，並以未知反力 D_Y 替代支承點 D，而形成靜定桁架。圖 9-4-2 為靜定桁架在已知載重作用下各桿桿力，靜定桁架在未知反力 D_Y 作用下各桿桿力如圖 9-4-3。

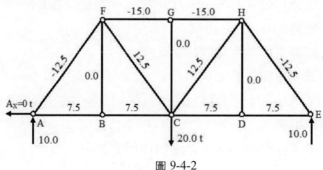

圖 9-4-2

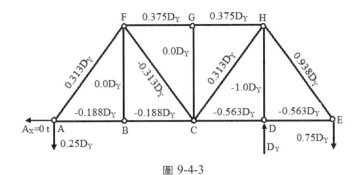

圖 9-4-3

由圖 9-4-2、圖 9-4-3 可得各桿桿力如下表。計算各桿桿力對反力 D_Y 的偏微分式 $\dfrac{\partial N}{\partial D_Y}$，再計算各桿 $\dfrac{\partial N}{\partial D_Y}\dfrac{NL}{A}$ 式，則 $\dfrac{\partial N}{\partial D_Y}\dfrac{NL}{A}$ 欄位的總合即得支承點 D 的變位量 $E\Delta_D$

桿件	桿長 L(cm)	面積 A(cm²)	N	$\dfrac{\partial N}{\partial D_Y}$	$\dfrac{\partial N}{\partial D_Y}\dfrac{NL}{A}$	F
AB	300.000	52.00	$7.5 - 0.188D_Y$	-0.1875	$-8.133 + 0.203D_Y$	5.636
AF	500.000	52.00	$-12.5 + 0.313D_Y$	0.3125	$-37.56 + 0.939D_Y$	-9.393
BC	300.000	52.00	$7.5 - 0.188D_Y$	-0.1875	$-8.113 + 0.203D_Y$	5.636
BF	400.000	38.00	$0.0 + 0.0D_Y$	0.0000	$0.0 + 0.0D_Y$	0.000
CD	300.000	52.00	$7.5 - 0.563D_Y$	-0.5625	$-24.339 + 1.825D_Y$	1.907
CF	500.000	38.00	$12.5 - 0.313D_Y$	-0.3125	$-51.398 + 1.285D_Y$	9.393
CG	400.000	38.00	$0.0 + 0.0D_Y$	0.0000	$0.0 + 0.0D_Y$	0.000
CH	500.000	38.00	$12.5 + 0.313D_Y$	0.3125	$51.398 + 1.285D_Y$	15.607
DE	300.000	52.00	$7.5 - 0.563D_Y$	-0.5625	$-24.339 + 1.825D_Y$	1.907
DH	400.000	38.00	$0.0 - 1.0D_Y$	-1.0000	$0.0 + 10.526D_Y$	-9.943
EH	500.000	52.00	$-12.5 + 0.938D_Y$	0.9375	$-112.68 + 8.451D_Y$	-3.178
FG	300.000	52.00	$-15.0 + 0.375D_Y$	0.3750	$-32.452 + 0.811D_Y$	-11.271
GH	300.000	52.00	$-15.0 + 0.375D_Y$	0.3750	$-32.452 + 0.811D_Y$	-11.271
D_Y				1.0000	$-280.048 + 28.165D_Y$	9.943

令 $\Delta_D = 0$ 即得 $-280.048 + 28.165D_Y = 0$，解得 $D_Y = 9.943\text{t}\uparrow$。

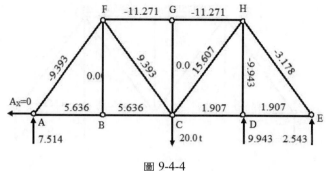

圖 9-4-4

反力 D_Y 求得之後，代入各桿桿力 N 公式，即可計得各桿桿力如上表最後欄位。例如桿件 AB 的桿力為 $7.5 - 0.188D_Y = 7.5 - 0.188(9.943) = 5.631$t，與表列 5.636t 的差異原自計算表採用較多有效位數所致。各桿桿力如圖 9-4-4。

例題 9-4-2

圖 9-4-5 為承受 20t 集中載重的超靜定桁架，設彈性係數為定值，桿件斷面積如圖上括弧內數值，試以最小功法推算各反力及桿力？

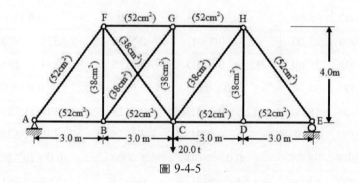

圖 9-4-5

解答：

超靜定桁架屬 1 度內在超靜定，選擇桿件 BG 的桿力 T 為贅力，並於節點 B、G 沿桿件 BG 方向施加張力 T，以替代桿件 BG 而形成圖 9-4-6 的靜定桁架。靜定桁架承受未知桿力 T 作用下各桿桿力如圖 9-4-6，與圖 9-4-2 合成圖 9-4-7 的靜定桁架在已知載重與未知桿力 T 作用下各桿桿力圖。

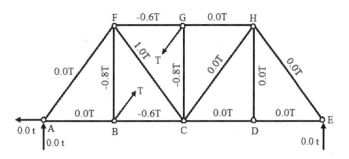

圖 9-4-6

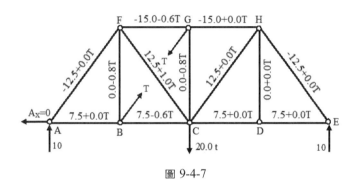

圖 9-4-7

計算各桿桿力對張力 T 的偏微分式 $\dfrac{\partial N}{\partial T}$，再計算各桿式 $\dfrac{\partial N}{\partial T}\dfrac{NL}{A}$，則 $\dfrac{\partial N}{\partial T}\dfrac{NL}{A}$ 欄位的總合即得桿件 BG 的相對變位量 $E\Delta_{BGrel}$ 如下表：

桿件	桿長 L(cm)	面積 A(cm₂)	N	$\dfrac{\partial N}{\partial T}$	$\dfrac{\partial N}{\partial T}\dfrac{NL}{A}$	F
AB	300.000	52.00	$7.5 + 0.0T$	0.000	$0.0 + 0.0T$	7.500
AF	500.000	52.00	$-12.5 + 0.0T$	0.000	$0.0 + 0.0T$	-12.500
BC	300.000	52.00	$7.5 - 0.6T$	-0.600	$-25.962 + 2.077T$	10.100
BF	400.000	38.00	$0.0 - 0.8T$	-0.800	$0.0 + 6.737T$	3.467
CD	300.000	52.00	$7.5 + 0.0T$	0.000	$0.0 + 0.0T$	7.500
CF	500.000	38.00	$12.5 + 1.0T$	1.000	$164.474 + 13.158T$	8.166
CG	400.000	38.00	$0.0 - 0.8T$	-0.800	$0.0 + 6.737T$	3.467
CH	500.000	38.00	$12.5 + 0.0T$	0.000	$0.0 + 0.0T$	12.500
DE	300.000	52.00	$7.5 + 0.0T$	0.000	$0.0 + 0.0T$	7.500
DH	400.000	38.00	$0.0 + 0.0T$	0.000	$0.0 + 0.0T$	0.000
EH	500.000	52.00	$-12.5 + 0.0T$	0.000	$0.0 + 0.0T$	-12.500

桿件	桿長 L(cm)	面積 A(cm₂)	N	$\dfrac{\partial N}{\partial T}$	$\dfrac{\partial N}{\partial T}\dfrac{NL}{A}$	F
FG	300.000	52.00	$-15.0-0.6T$	-0.600	$51.923+2.077T$	-12.400
GH	300.000	52.00	$-15.0+0.0T$	0.000	$0.0+0.0T$	-15.000
BG	500.000	38.00	T	1.000		-4.334
					$190.435+43.943T$	

令$\Delta_{BGrel}=0$即得$190.435+43.943T=0$，解得$T=-4.334$t（壓力）。

桿件 BG 桿力 T 求得之後，代入桿力 N 各式即可計得各桿桿力如上表最後欄位，各桿桿力如圖 9-4-8。

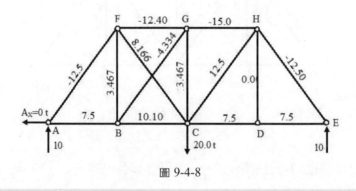

圖 9-4-8

例題 9-4-3

圖 9-4-9 為承受 20t 集中載重的超靜定桁架，設彈性係數為定值，桿件斷面積如圖上括弧內數值，試以最小功法推算各反力及桿力？

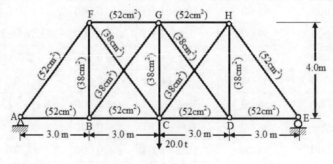

圖 9-4-9

解答：

超靜定桁架屬 2 度內在超靜定，選擇桿件 BG、DG 的桿力 T、S 為贅力，並於節點 B、G 沿桿件 BG 方向施加張力 T，以替代桿件 BG；於節點 D、G 沿桿件 DG 方向施加張力 S，以替代桿件 DG 而形成靜定桁架。圖 9-4-10 靜定桁架承受桿件 DG 的桿力 S 作用下各桿桿力。

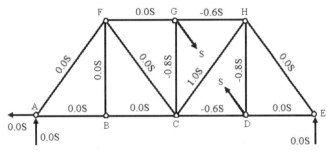

圖 9-4-10

圖 9-4-2、圖 9-4-6、圖 9-4-10 代表靜定桁架在已知載重與未知桿力 T、S 作用下各桿桿力。每一桿件的桿力 N 係由真實載重、未知桿力 T、S 所形成，例如桿件 CF 係由真實載重的 12.5t 與 1.0T、0.0S 所形成，即 $N_{CF} = 12.5 + 1.0T + 0.0S$；桿件 CG 的桿力為 $N_{CG} = 0.0 - 0.8T - 0.8S$。計算各桿桿力 N 的 $\dfrac{\partial N}{\partial T}$、$\dfrac{\partial N}{\partial T}\dfrac{NL}{A}$、$\dfrac{\partial N}{\partial S}$、$\dfrac{\partial N}{\partial S}\dfrac{NL}{A}$ 式，各式亦由真實載重、未知桿力 T、S 所貢獻；例如，桿件 CF 的 $\dfrac{\partial N}{\partial T}\dfrac{NL}{A}$ 計算如下：

$$\frac{\partial N_{CF}}{\partial T}\frac{N_{CF}L}{A} = (12.5 + 1.0T + 0.0S)(1)\left(\frac{500}{38}\right) = 164.474 + 13.158T + 0.0S$$

同理，桿件 CF 的 $\dfrac{\partial N}{\partial S}\dfrac{NL}{A}$ 計算如下：

$$\frac{\partial N_{CF}}{\partial S}\frac{N_{CF}L}{A} = (12.5 + 1.0T + 0.0S)(0)\left(\frac{500}{38}\right) = 0.0 + 0.0T + 0.0S$$

桿件 CG 的 $\dfrac{\partial N}{\partial S}\dfrac{NL}{A}$ 計算如下：

$$\frac{\partial N_{CG}}{\partial S}\frac{N_{CG}L}{A} = (0.0 + 0.8T + 0.8S)(-0.8)\left(\frac{400}{38}\right) = 0.0 + 6.737T + 6.737S$$

彙總 $\dfrac{\partial N}{\partial T}\dfrac{NL}{A}$、$\dfrac{\partial N}{\partial S}\dfrac{NL}{A}$，如下表。

桿件	桿長 L(cm)	面積 A(cm₂)	N 真載重	N T	N S	$\frac{\partial N}{\partial T}$	$\frac{\partial N}{\partial S}$	F
AB	300.000	52.00	7.50	+0.0T	+0.0S	0.000	0.000	7.500
AF	500.000	52.00	−12.50	+0.0T	+0.0S	0.000	0.000	−12.500
BC	300.000	52.00	7.50	−0.6T	+0.0S	−0.600	0.000	9.755
BF	400.000	38.00	0.00	−0.8T	+0.0S	−0.800	0.000	3.006
CD	300.000	52.00	7.50	+0.0T	−0.6S	0.000	−0.600	9.755
CF	500.000	38.00	12.50	+1.0T	+0.0S	1.000	0.000	8.742
CG	400.000	38.00	0.00	−0.8T	−0.8S	−0.800	−0.800	6.012
CH	500.000	38.00	12.50	+0.0T	+1.0S	0.000	1.000	8.742
DE	300.000	52.00	7.50	+0.0T	+0.0S	0.000	0.000	7.500
DH	400.000	38.00	0.00	+0.0T	−0.8S	0.000	−0.800	3.006
EH	500.000	52.00	−12.50	+0.0T	+0.0S	0.000	0.000	−12.500
FG	300.000	52.00	−15.00	−0.6T	+0.0S	−0.600	0.000	−12.745
GH	300.000	52.00	−15.00	+0.0T	−0.6S	0.000	−0.600	−12.745
BG	500.000	38.00	0.00	+1.0T	+0.0S	1.000	0.000	−3.758
DG	500.000	38.00	0.00	+0.0T	+1.0S	0.000	1.000	−3.758

桿件	$\frac{\partial N}{\partial T}\frac{NL}{A}$ 真載重	T	S	$\frac{\partial N}{\partial S}\frac{NL}{A}$ 真載重	T	S
AB	0.000	+0.0T	0.0S	0.000	0.0T	+0.0S
AF	0.000	+0.0T	+0.0S	0.000	+0.0T	+0.0S
BC	−25.962	+2.077T	+0.0S	0.000	+0.0T	+0.0S
BF	0.000	+6.737T	+0.0S	0.000	+0.0T	+0.0S
CD	0.000	+0.0T	0.0S	−25.962	0.0T	+2.077S
CF	164.474	+13.158T	+0.0S	0.000	+0.0T	+0.0S
CG	0.000	+6.737T	+6.737S	0.000	+6.737T	+6.737S
CH	0.000	+0.0T	+0.0S	164.474	+0.0T	+13.158S
DE	0.000	+0.0T	+0.0S	0.000	+0.0T	+0.0S
DH	0.000	+0.0T	+0.0S	0.000	+0.0T	+6.737S
EH	0.000	+0.0T	+0.0S	0.000	+0.0T	+0.0S
FG	51.923	+2.077T	+0.0S	0.000	+0.0T	+0.0S
GH	0.000	+0.0T	+0.0S	51.923	+0.0T	+2.077S
BG	0.000	+13.158T	+0.0S	0.000	+0.0T	+0.0S
DG	0.000	+0.0T	+0.0S	0.000	+0.0T	+13.158S
	190.435	+43.943T	+6.737S	190.435	+6.737T	+43.943S

欄位的總和即得桿件 BG、DG 的相對變位量 $E\Delta_{BGrel}$、$E\Delta_{DGrel}$，且令 Δ_{BGrel} =0、Δ_{DGrel}=0，得聯立方程式

$$\begin{cases} 190.435 + 43.943T + 6.737S = 0 \\ 190.435 + 6.737T + 43.943S = 0 \end{cases}，解得 \begin{cases} T = -3.758t \\ S = -3.758t \end{cases}，負值表示與原張力假設相反，$$

故桿件 BG、DG 的桿力均為 3.758t 壓力。桿件 BG、DG 的桿力求得之後，代入桿力 N 各式即可計得各桿桿力如上表最後欄位或如圖 9-4-11。

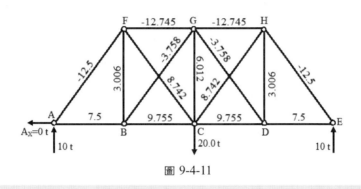

圖 9-4-11

例題 9-4-4

圖 9-4-12 為承受 20t 集中載重的超靜定桁架，設彈性係數為定值，桿件斷面積如圖上括弧內數值，試以最小功法推算各反力及桿力？

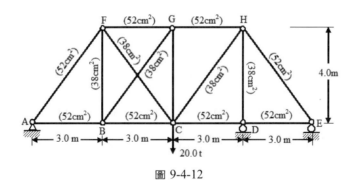

圖 9-4-12

解答：

超靜定桁架屬 1 度內在超靜定與 1 度外在超靜定，選擇桿件 BG 的桿力 T，及支承點 D 的反力 D_Y 為贅力，並於節點 D 的反力 D_Y 替代支承點 D，於節點 B、G 沿桿件 BG 方向施加張力 T 以替代桿件 BG，而形成靜定桁架，其自由體圖如圖 9-4-13。

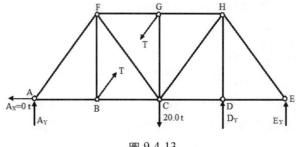

圖 9-4-13

圖 9-4-2、圖 9-4-3、圖 9-4-6 代表靜定桁架在已知載重與支承點 D 的反力 D_Y 及桿件 BG 的桿力 T 作用下各桿桿力。每一桿件的桿力係由真實載重、未知桿力 T、反力 D_Y 所形成，例如桿件 CF 係由真實載重的 12.5t 與 1.0T、$-0.313D_Y$ 所形成，即 $N_{CF} = 12.5 + 1.0T - 0.313 D_Y$。

計算各桿桿力的 $\dfrac{\partial N}{\partial T}$、$\dfrac{\partial N}{\partial T}\dfrac{NL}{A}$、$\dfrac{\partial N}{\partial D_Y}$、$\dfrac{\partial N}{\partial D_Y}\dfrac{NL}{A}$ 式，各式亦由真實載重、未知桿力 T、反力 D_Y 所貢獻；例如，桿件 CF 的 $\dfrac{\partial N}{\partial T}\dfrac{NL}{A}$ 計算如下：

$$\frac{\partial N_{CF}}{\partial T}\frac{N_{CF}L}{A}=(12.5+1.0T-0.313\,D_Y)(1)\left(\frac{500}{38}\right)=164.474+13.158T-4.112\,D_Y$$

同理，桿件 CF 的 $\dfrac{\partial N}{\partial D_Y}\dfrac{NL}{A}$ 計算如下：

$$\frac{\partial N_{CF}}{\partial D_Y}\frac{N_{CF}L}{A}=(12.5+1.0T-0.313\,D_Y)(-0.313)\left(\frac{500}{38}\right)=-51.480-4.118T+1.289\,D_Y$$

彙總 $\dfrac{\partial N}{\partial T}\dfrac{NL}{A}$、$\dfrac{\partial N}{\partial D_Y}\dfrac{NL}{A}$，如下表。

桿件	桿長 L(cm)	面積 A(cm₂)	N			$\dfrac{\partial N}{\partial T}$	$\dfrac{\partial N}{\partial D_y}$	F
			真載重	T	D_Y			
AB	300.000	52.00	7.50	$+0.0T$	$-0.188D_Y$	0.000	-0.188	5.741
AF	500.000	52.00	-12.50	$+0.0T$	$+0.313D_Y$	0.000	0.313	-9.568
BC	300.000	52.00	7.50	$-0.6T$	$-0.188D_Y$	-0.600	-0.188	7.731
BF	400.000	38.00	0.00	$-0.8T$	$+0.0D_Y$	-0.800	0.000	2.654
CD	300.000	52.00	7.50	$+0.0T$	$-0.563D_Y$	0.000	-0.563	2.222
CF	500.000	38.00	12.50	$+1.0T$	$-0.313D_Y$	1.000	-0.313	6.251
CG	400.000	38.00	0.00	$-0.8T$	$+0.0D_Y$	-0.800	0.000	2.654
CH	500.000	38.00	12.50	$+0.0T$	$+0.313D_Y$	0.000	0.313	15.432

桿件	桿長 L(cm)	面積 A(cm²)	N			$\frac{\partial N}{\partial T}$	$\frac{\partial N}{\partial D_y}$	F
			真載重	T	D_Y			
DE	300.000	52.00	7.50	+0.0T	−0.563D_Y	0.000	−0.563	2.222
DH	400.000	38.00	0.00	+0.0T	−1.0D_Y	0.000	−1.000	−9.382
EH	500.000	52.00	−12.50	+0.0T	+0.938D_Y	0.000	0.938	−3.704
FG	300.000	52.00	−15.00	−0.6T	+0.375D_Y	−0.600	0.375	−9.491
GH	300.000	52.00	−15.00	+0.0T	+0.375D_Y	0.000	0.375	−11.482
BG	500.000	38.00	0.00	+1.0T	+0.0D_Y	1.000	0.000	−3.317
D_Y	0.000	0.00	0.00	+0.0T	+1.0D_Y	0.000	1.000	9.382

桿件	$\frac{\partial N}{\partial T}\frac{NL}{A}$			$\frac{\partial N}{\partial D_Y}\frac{NL}{A}$		
	真載重	T	D_Y	真載重	T	D_Y
AB	0.000	+0.0T	+0.0D_Y	−8.113	+0.0T	+0.203D_Y
AF	0.000	+0.0T	0.0D_Y	−37.560	0.0T	+0.939D_Y
BC	−25.962	+2.077T	+0.649D_Y	−8.113	+0.649T	+0.203D_Y
BF	0.000	+6.737T	+0.0D_Y	0.000	+0.0T	+0.0D_Y
CD	0.000	+0.0T	0.0D_Y	−24.339	0.0T	+1.825D_Y
CF	164.474	+13.158T	−4.112D_Y	−51.398	−4.112T	+1.285D_Y
CG	0.000	+6.737T	0.0D_Y	0.000	0.0T	+0.0D_Y
CH	0.000	+0.0T	+0.0D_Y	51.398	+0.0T	+1.285D_Y
DE	0.000	+0.0T	+0.0D_Y	−24.339	+0.0T	+1.825D_Y
DH	0.000	+0.0T	+0.0D_Y	0.000	+0.0T	+10.526D_Y
EH	0.000	+0.0T	+0.0D_Y	−112.680	+0.0T	+8.451D_Y
FG	51.923	+2.077T	−1.298D_Y	−32.452	−1.298T	+0.811D_Y
GH	0.000	+0.0T	0.0D_Y	−32.452	0.0T	+0.811D_Y
BG	0.000	+13.158T	+0.0D_Y	0.000	+0.0T	+0.0D_Y
DG	0.000	+0.0T	+0.0D_Y	0.000	+0.0T	+0.0D_Y
	190.435	+43.945T	−4.761D_Y	−280.048	−4.761T	+28.165D_Y

欄位的總合即得桿件 BG 的相對變位量 $E\Delta_{BGrel}$ 與支承點 D 的絕對變位量 $E\Delta_D$，且令 $\Delta_{BGrel}=0$、$\Delta_D=0$，得聯立方程式 $\begin{cases} 190.435+43.943T-4.761D_Y=0 \\ -280.048-4.761T+28.165D_Y=0 \end{cases}$，解得

$\begin{cases} T = -3.317t \\ D_Y = 9.382t\uparrow \end{cases}$，負值表示與原張力假設相反，故桿件 BG 的桿力為 3.317t 壓力，反力 D_Y 為 9.382t 向上。桿件 BG 的桿力、反力 D_Y 求得之後，代入各桿桿力 N 公式即可計得各桿桿力如上表最後欄位或如圖 9-4-14。

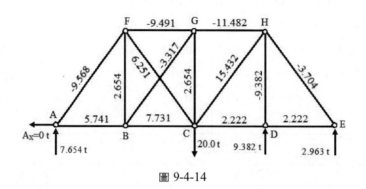

圖 9-4-14

例題 9-4-5

圖 9-4-15 為承受 20t 集中載重的超靜定桁架，設彈性係數為定值，桿件斷面積如圖上括弧內數值，試以最小功法推算各反力及桿力？

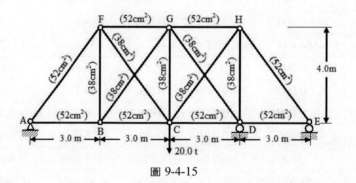

圖 9-4-15

解答：

超靜定桁架屬 2 度內在超靜定與 1 度外在超靜定，選擇桿件 BG 的桿力 T、桿件 DG 的桿力 S，及支承點 D 的反力 D_Y 為贅力，並於節點 D 的反力 D_Y 替代支承點 D，於節點 B、G 沿桿件 BG 方向施加張力 T，以替代桿件 BG，於節點 D、G 沿桿件 DG 方向施加張力 S，以替代桿件 DG 而形成靜定桁架，其自由體圖如圖 9-4-16。

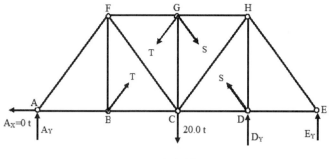

圖 9-4-16

圖 9-4-2、圖 9-4-3、圖 9-4-6、圖 9-4-10 代表靜定桁架在已知載重與支承點 D 的反力 D_Y、桿件 BG 的桿力 T、桿件 DG 的桿力 S 作用下各桿桿力。每一桿件的桿力係由真實載重、未知桿力 T、未知桿力 S、反力 D_Y 所形成。例如桿件 CF 係由真實載重的 12.5t 與 1.0T、0.0S、$-0.313D_Y$ 所形成，即 $N_{CF} = 12.5 + 1.0T + 0.0S - 0.313D_Y$。

計算各桿桿力的 $\dfrac{\partial N}{\partial T}$、$\dfrac{\partial N}{\partial T}\dfrac{NL}{A}$、$\dfrac{\partial N}{\partial S}$、$\dfrac{\partial N}{\partial S}\dfrac{NL}{A}$、$\dfrac{\partial N}{\partial D_Y}$、$\dfrac{\partial N}{\partial D_Y}\dfrac{NL}{A}$ 式，各式亦由真實載重、未知桿力 T、S 及反力 D_Y 所貢獻；例如，桿件 CF 的 $\dfrac{\partial N}{\partial T}\dfrac{NL}{A}$ 計算如下：

$$\frac{\partial N_{CF}}{\partial T}\frac{N_{CF}L}{A} = (12.5 + 1.0T + 0.0S - 0.313D_Y)(1)\left(\frac{500}{38}\right) = 164.474 + 13.158T - 4.112D_Y$$

同理，桿件 CF 的 $\dfrac{\partial N}{\partial D_Y}\dfrac{NL}{A}$ 計算如下：

$$\frac{\partial N_{CF}}{\partial D_Y}\frac{N_{CF}L}{A} = (12.5 + 1.0T + 0.0S - 0.313D_Y)(-0.313)\left(\frac{500}{38}\right)$$

$$= -51.398 - 4.112T + 1.285D_Y$$

彙總 $\dfrac{\partial N}{\partial T}\dfrac{NL}{A}$、$\dfrac{\partial N}{\partial S}\dfrac{NL}{A}$、$\dfrac{\partial N}{\partial D_Y}\dfrac{NL}{A}$，如下表。

桿件	桿長 L(cm)	面積 A(cm²)	N				$\dfrac{\partial N}{\partial T}$	$\dfrac{\partial N}{\partial S}$	$\dfrac{\partial N}{\partial D_Y}$	F
			真載重	T	S	D_Y				
AB	300.000	52.00	7.50	+0.0T	+0.0S	$-0.188D_Y$	0.000	0.000	-0.188	4.974
AF	500.000	52.00	-12.50	+0.0T	+0.0S	$+0.313D_Y$	0.000	0.000	0.313	-8.291
BC	300.000	52.00	7.50	$-0.6T$	+0.0S	$-0.188D_Y$	-0.600	0.000	-0.188	5.952
BF	400.000	38.00	0.00	$-0.8T$	+0.0S	$+0.0D_Y$	-0.800	0.000	0.000	1.303
CD	300.000	52.00	7.50	+0.0T	$-0.6S$	$-0.563D_Y$	0.000	-0.600	-0.563	4.798
CF	500.000	38.00	12.50	+1.0T	+0.0S	$-0.313D_Y$	1.000	0.000	-0.313	6.662

桿件	桿長 L(cm)	面積 A(cm²)	N				$\frac{\partial N}{\partial T}$	$\frac{\partial N}{\partial S}$	$\frac{\partial N}{\partial D_Y}$	F
			真載重	T	S	D_Y				
CG	400.000	38.00	0.00	− 0.8T	− 0.8S	+ 0.0D_Y	− 0.800	− 0.800	0.000	7.803
CH	500.000	38.00	12.50	+ 0.0T	+ 1.0S	+ 0.313D_Y	0.000	1.000	0.313	8.585
DE	300.000	52.00	7.50	+ 0.0T	+ 0.0S	− 0.563D_Y	0.000	0.000	− 0.563	− 0.077
DH	400.000	38.00	0.00	+ 0.0T	− 0.8S	− 1.0D_Y	0.000	− 0.800	− 1.000	− 6.970
EH	500.000	52.00	− 12.50	+ 0.0T	+ 0.0S	+ 0.938D_Y	0.000	0.000	0.938	0.128
FG	300.000	52.00	− 15.00	− 0.6T	+ 0.0S	+ 0.375D_Y	− 0.600	0.000	0.375	− 8.971
GH	300.000	52.00	− 15.00	+ 0.0T	− 0S	+ 0.375D_Y	0.000	− 0.600	0.375	− 5.074
BG	500.000	38.00	0.00	+ 1.0T	+ 0.0S	+ 0.0D_Y	1.000	0.000	0.000	− 1.629
DG	500.000	38.00	0.00	+ 0.0T	+ 1.0S	+ 0.0D_Y	0.000	1.000	0.000	− 8.125
D_Y	0.000	0.00	0.00	+ 0.0T	+ 0.0S	+ 1.0D_Y	0.000	0.000	1.000	13.470

桿件	$\frac{\partial N}{\partial T}\frac{NL}{A}$				$\frac{\partial N}{\partial S}\frac{NL}{A}$			
	真載重	T	S	D_Y	真載重	T	S	D_Y
AB	0.000	+ 0.0T	+ 0.0S	+ 0.0D_Y	0.000	+ 0.0T	+ 0.0S	+ 0.0D_Y
AF	0.000	+ 0.0T	+ 0.0S	0.0D_Y	0.000	+ 0.0T	+ 0.0S	+ 0.0D_Y
BC	− 25.962	+ 2.077T	+ 0.0S	+ 0.649D_Y	0.000	+ 0.0T	+ 0.0S	+ 0.0D_Y
BF	0.000	+ 6.737T	+ 0.0S	+ 0.0D_Y	0.000	+ 0.0T	+ 0.0S	+ 0.0D_Y
CD	0.000	+ 0.0T	+ 0.0S	0.0D_Y	− 25.962	+ 0.0T	+ 2.077S	+ 1.947D_Y
CF	164.474	+ 13.158T	+ 0.0S	− 4.112D_Y	0.000	+ 0.0T	+ 0.0S	+ 0.0D_Y
CG	0.000	+ 6.737T	+ 6.737S	0.0D_Y	0.000	+ 6.737T	+ 6.737S	+ 0.0D_Y
CH	0.000	+ 0.0T	+ 0.0S	+ 0.0D_Y	164.474	+ 0.0T	+ 13.1588S	+ 4.112D_Y
DE	0.000	+ 0.0T	+ 0.0S	+ 0.0D_Y	0.000	+ 0.0T	+ 0.0S	+ 0.0D_Y
DH	0.000	+ 0.0T	+ 0.0S	+ 0.0D_Y	0.000	+ 0.0T	+ 6.737S	+ 8.421D_Y
EH	0.000	+ 0.0T	+ 0.0S	+ 0.0D_Y	0.000	+ 0.0T	+ 0.0S	+ 0.0D_Y
FG	51.923	+ 2.077T	+ 0.0S	− 1.298D_Y	0.000	+ 0.0T	+ 0.0S	+ 0.0D_Y
GH	0.000	+ 0.0T	+ 0.0S	0.0D_Y	51.923	+ 0.0T	+ 2.077S	− 1.298D_Y
BG	0.000	+ 13.158T	+ 0.0S	+ 0.0D_Y	0.000	+ 0.0T	+ 0.0S	+ 0.0D_Y
DG	0.000	+ 0.0T	+ 0.0S	+ 0.0D_Y	0.000	+ 0.0T	+ 13.1588S	+ 0.0D_Y
D_Y	0.000	+ 0.0T	+ 0.0S	+ 0.0D_Y	0.000	+ 0.0T	+ 0.0S	+ 0.0D_Y
	190.435	+ 43.943T	+ 6.737S	− 4.761D_Y	190.435	+ 6.737T	+ 43.943S	+ 13.182D_Y

桿件	$\dfrac{\partial N}{\partial D_Y}\dfrac{NL}{A}$			
	真載重	T	S	D_Y
AB	− 8.113	+ 0.0T	+ 0.0S	+ 0.203D_Y
AF	− 37.560	+ 0.0T	+ 0.0S	+ 0.939D_Y
BC	− 8.113	+ 0.649T	+ 0.0S	+ 0.203D_Y
BF	0.000	+ 0.0T	+ 0.0S	+ 0.0D_Y
CD	− 24.339	+ 0.0T	+ 1.947S	+ 1.825D_Y
CF	− 51.398	− 4.112T	+ 0.0S	+ 1.285D_Y
CG	0.000	+ 0.0T	+ 0.0S	+ 0.0D_Y
CH	51.398	+ 0.0T	+ 4.112S	+ 1.285D_Y
DE	− 24.339	+ 0.0T	+ 0.0S	+ 1.825D_Y
DH	0.000	+ 0.0T	+ 8.4218	+ 10.526D_Y
EH	− 112.680	+ 0.0T	+ 0.0S	+ 8.451D_Y
FG	− 32.452	− 1.298T	+ 0.0S	+ 0.811D_Y
GH	− 32.452	+ 0.0T	− 1.298S	+ 0.811D_Y
BG	0.000	+ 0.0T	+ 0.0S	+ 0.0D_Y
DG	0.000	+ 0.0T	+ 0.0S	+ 0.0D_Y
D_Y	0.000	+ 0.0T	+ 0.0S	+ 0.0D_Y
	− 280.048	− 4.761T	+ 13.182S	+ 28.165D_Y

欄位的總合即得桿件 BG 的相對變位量 $E\Delta_{BGrel}$、桿件 DG 的相對變位量 $E\Delta_{DGrel}$與支承點 D 的絕對變位量 $E\Delta_D$，且令 $\Delta_{BGrel}=0$、$\Delta_{DGrel}=0$、$\Delta_D=0$，得聯立方程式

$$\begin{cases} 190.435 + 43.943t + 6.737s - 4.761D_Y = 0 \\ 190.435 + 6.737t + 43.943s + 13.182D_Y = 0 \\ -280.048 - 4.761T + 13.182S + 28.165D_Y = 0 \end{cases}，解得 \begin{cases} T = -1.629t \\ S = -8.125t \\ D_Y = 13.470t\uparrow \end{cases}，負值表示與原張$$

力假設相反，故桿件 BG 的桿力為 1.629t 壓力，桿件 DG 的桿力為 8.125t 壓力，反力 D_Y 為 13.470t 向上。桿件 BG 的桿力、DG 的桿力、反力 D_Y 求得之後，代入桿力 N 各式，即可計得各桿桿力如上表最後欄位或如圖 9-4-17。

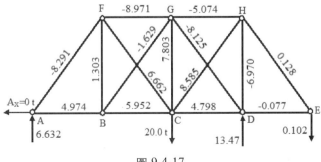

圖 9-4-17

9-5   超靜定剛架最小功法分析步驟

以最小功法解析超靜定剛架，通常僅考量因為彎矩所產生的應變能，其分析步驟為：

1. 決定超靜定剛架的超靜定數 n。
2. 任意選擇 n 個力或彎矩為贅力，移除該贅力加諸於原結構物的限制，必須使原結構變成靜定穩定基元結構。贅力的作用方向可先任意設定，最後解聯立方程式所得正的贅力表示作用方向與原假設相符，負的贅力表示相反的作用方向。
3. 依據載重情形，決定積分區段個數。
4. 寫出包含已知載重及未知贅力的各積分區段彎矩函數 M。
5. 寫出彎矩函數對各贅力的偏微分式 $\partial M/\partial R_i$，$i = 1$、2、$\cdots$、n。
6. 令下列各積分式為 0 以推得 n 元一次聯立方程式。

$$\frac{\partial U}{\partial R_i} = \int_0^L \left(\frac{\partial M}{\partial R_i}\right)\frac{M}{EI}\,dx = 0 \quad i = 1, 2, \cdots, n$$

7. 解聯立方程式即可求得贅力。

例題 9-5-1

圖 9-5-1 為超靜定剛架，設彈性係數為定值，桿件斷面慣性矩註如圖上，試以最小功法推算支承點 C 的反力？

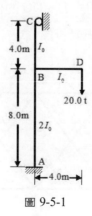

圖 9-5-1

解答：

圖 9-5-1 超靜定剛架屬 1 度外在超靜定，選擇支承點 C 的水平反力 C_X 為贅力，並以反力 C_X 替代滾支承 C，形成圖 9-5-2 靜定剛架及其座標軸系。

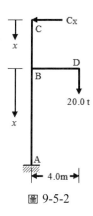

圖 9-5-2

依據載重情形，必須以二個積分區段推求應變能 U 對贅力的偏微分式，各積分區段的彎矩函數 M，及其對贅餘水平反力 C_X 的偏微分式整理如下表：

積分區段	x 座標		M 函數	$\dfrac{\partial M}{\partial C_X}$
	原點	範圍		
CB	C	0～4	$C_X x$	x
BA	B	0～8	$C_X(x+4)-80$	$x+4$

得應變能 U 對贅力的偏微分式

$$\frac{\partial U}{\partial C_X}=\int_0^4 \frac{C_X x(x)}{EI_O}\,dx+\int_0^8 \frac{[C_X(x+4)-80](x+4)}{E(2I_O)}\,dx \text{或}$$

$$\frac{\partial U}{\partial C_X}EI_O=\int_0^4 (C_X x^2)\,dx+\int_0^8 \frac{C_X(x+4)^2-80(x+4)}{2}\,dx \text{或}$$

$$\frac{\partial U}{\partial C_X}EI_O=\frac{C_X x^3}{3}\bigg|_0^4+\left[\frac{C_X(x+4)^3}{6}-20(x+4)^2\right]\bigg|_0^8 \text{，令} \frac{\partial U}{\partial C_X}=0 \text{ 得}$$

$$21.333C_X+(288C_X-2880)-(10.667C_X-320)=298.666C_X-2560=0$$

解得 $C_X=8.57\text{It-m}\leftarrow$

例題 9-5-2

圖 9-5-3 為超靜定剛架，設彈性係數為定值，各桿件斷面慣性矩均相等，試以最小

功法推算支承點 D 的反力？

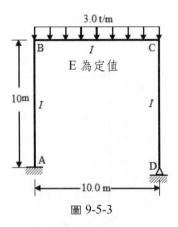

圖 9-5-3

解答：

圖 9-5-3 超靜定剛架屬 2 度外在超靜定，選擇支承點 D 反力 D_X、D_Y 為贅力，並以反力 D_X、D_Y 替代鉸支承，形成靜定剛架及其座標軸系如圖 9-5-4。

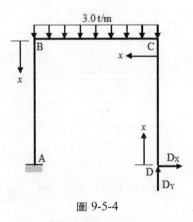

圖 9-5-4

依據載重情形，必須以三個積分區段推求應變能 U，各積分區段的彎矩函數 M 及其對贅餘反力 D_X、D_Y 的偏微分式整理如下表：

積分區段	x 座標		M 函數	$\dfrac{\partial M}{\partial D_X}$	$\dfrac{\partial M}{\partial D_Y}$
	原點	範圍			
DC	D	0～10	$D_X x$	x	0
CB	C	0～10	$10D_X + D_Y x - 1.5x^2$	10	x
BA	B	0～10	$D_X(10-x) + 10D_Y - 150$	$10-x$	10

9

得應變能 U 對贅力 D_X 的偏微分式

$$\frac{\partial U}{\partial D_X} = \int_0^{10}\frac{(D_X x)(x)}{EI}dx + \int_0^{10}\frac{(10D_X + D_Y x - 1.5x^2)(10)}{EI}dx$$

$$+ \int_0^{10}\frac{[D_X(10-x)+10D_Y-150](10-x)}{EI}dx$$

$$EI\frac{\partial U}{\partial D_X} = \int_0^{10}(D_X x^2)\,dx + \int_0^{10}(100D_X + 10D_Y x - 15x^2)\,dx$$

$$+ \int_0^{10}[D_X(10-x)^2 + 100D_Y - 10D_y x - 1500 + 150x]\,dx$$

$$EI\frac{\partial U}{\partial D_X} = \left.\frac{D_X x^3}{3}\right|_0^{10} + \left(100D_X x + 5D_Y x^2 - 5x^3\right)\Big|_0^{10}$$

$$+ \left[-\frac{D_X(10-x)^3}{3} + 100D_Y x - 5D_Y x^2 - 1500x + 75x^2\right]\Big|_0^{10}$$

令 $\frac{\partial U}{\partial D_X}=0$，得 $-12500 + 1666.667D_X + 1000D_Y = 0$

另得應變能 U 對贅力 D_Y 的偏微分式

$$\frac{\partial U}{\partial D_Y} = \int_0^{10}\frac{(D_X x)(0)}{EI}dx + \int_0^{10}\frac{(10D_X + D_Y x - 1.5x^2)(x)}{EI}dx$$

$$+ \int_0^{10}\frac{[D_X(10-x)+10D_Y-150](10)}{EI}dx$$

$$EI\frac{\partial U}{\partial D_Y} = \int_0^{10}(10D_X x + D_Y x^2 - 1.5x^3)\,dx + \int_0^{10}[10D_X(10-x)+100D_Y-1500]\,dx$$

$$EI\frac{\partial U}{\partial D_Y} = \left(5D_X x^2 + \frac{D_Y x^3}{3} - \frac{1.5x^4}{4}\right)\Big|_0^{10} + \left[-5D_X(10-x)^2 + 100D_Y x - 1500x\right]\Big|_0^{10}$$

令 $\frac{\partial U}{\partial D_Y}=0$ 得 $-18750 + 1000D_X + 1333.333D_Y = 0$

聯立之，得 $\begin{cases} -12500 + 1666.667D_X + 1000D_Y = 0 \\ -18750 + 1000D_X + 1333.333D_Y = 18750 \end{cases}$ 或

$\begin{cases} 1666.667D_X + 1000D_Y = 12500 \\ 1000D_X + 1333.333D_Y = 18750 \end{cases}$，解得 $\begin{cases} D_X = -1.705t\leftarrow \\ D_Y = 15.341t\uparrow \end{cases}$

例題 9-5-3

圖 9-5-5 為超靜定剛架，設彈性係數為定值，各桿件斷面慣性矩均相等，試以最小功法推算固定端點 D 的反力？

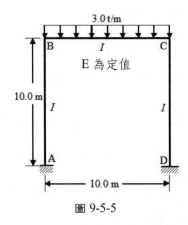

圖 9-5-5

解答：

圖 9-5-5 超靜定剛架屬 3 度外在超靜定，選擇固定端點 D 的反力 D_X、D_Y、M_D 為贅力，並以反力 D_X、D_Y、M_D 替代固定端點 D，形成靜定剛架及其座標軸系如圖 9-5-6。

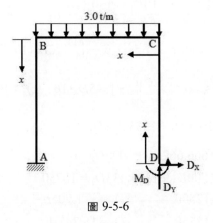

圖 9-5-6

依據載重情形，必須以三個積分區段推求應變能 U，各積分區段的彎矩函數 M 及其對贅餘反力 D_X、D_Y、M_D 的偏微分式整理如下表：

積分區段	x 座標		M 函數	$\dfrac{\partial M}{\partial D_X}$	$\dfrac{\partial M}{\partial D_Y}$	$\dfrac{\partial M}{\partial M_D}$
	原點	範圍				
DC	D	0~10	$D_X x + M_D$	x	0	1
CB	C	0~10	$10D_X + D_Y x + M_D - 1.5x^2$	10	x	1
BA	B	0~10	$D_X(10-x) + 10D_Y + M_D - 150$	$10 - x$	10	1

得應變能 U 對贅力 D_X 的偏微分式

$$\frac{\partial U}{\partial D_X} = \int_0^{10} \frac{(D_X x + M_D)(x)}{EI} dx + \int_0^{10} \frac{(10D_X + D_Y x + M_D - 1.5x^2)(10)}{EI} dx +$$

$$\int_0^{10} \frac{[D_X(10-x) + 10D_Y + M_D - 150](10-x)}{EI} dx \ \text{得}$$

令 $\dfrac{\partial U}{\partial D_X} = 0$ 得 $-12500 + 1666.667D_X + 1000D_Y + 200M_D = 0$

另得應變能 U 對贅力 D_Y 的偏微分式

$$\frac{\partial U}{\partial D_Y} = \int_0^{10} \frac{(D_X x + M_D)(0)}{EI} dx + \int_0^{10} \frac{(10D_X + D_y x + M_D - 1.5x^2)(x)}{EI} dx$$

$$+ \int_0^{10} \frac{[D_X(10-x) + 10D_Y + M_D - 150](10)}{EI} dx \ \text{得}$$

令 $\dfrac{\partial U}{\partial D_Y} = 0$ 得 $-18750 + 1000D_X + 1333.333D_Y + 150M_D = 0$

另得應變能 U 對贅力 M_D 的偏微分式

$$\frac{\partial U}{\partial M_D} = \int_0^{10} \frac{(D_X x + M_D)(1)}{EI} dx + \int_0^{10} \frac{(10D_X + D_Y x + M_D - 1.5x^2)(1)}{EI} dx$$

$$+ \int_0^{10} \frac{[D_X(10-x) + 10D_Y + M_D - 150](1)}{EI} dx \ \text{得}$$

令 $\dfrac{\partial U}{\partial M_D} = 0$ 得 $-2000 + 200D_Y + 150D_Y + 30M_D = 0$

聯立之，得 $\begin{cases} -12500 + 1666.667D_X + 1000D_Y + 200M_D = 0 \\ -18750 + 1000D_X + 1333.333D_Y + 150M_D = 0 \ \text{或} \\ -2000 + 200D_X + 150D_Y + 30M_D = 0 \end{cases}$

$\begin{cases} 1666.667D_X + 1000D_Y + 200M_D = 12500 \\ 1000D_X + 1333.333D_Y + 150M_D = 18750 \text{，解得} \\ 200D_X + 150D_Y + 30M_D = 2000 \end{cases}$ $\begin{cases} D_X = -2.5t \leftarrow \\ D_Y = 15.0t \uparrow \\ M_D = 8.33t-m \end{cases}$

$\mathbf{9}$-6　組合結構最小功法分析

　　桁架結構系由二力桿（Two Force Member）組合而成，樑及剛架結構則由多力桿組合而成；如果一個結構係由二力桿與多力桿共同組合而成，則稱此結構為組合結構（Composite Structure）。

　　圖 9-6-1 均為由二力桿 BC 與多力桿 AD 組合而成的結構，但圖 9-6-1(a)則屬靜定組合結構，其應力可由平衡方程式獲得完全分析；而圖 9-6-1(b)則屬超靜定組合結構，

諧和變形分析法或最小功法均可適用於此類超靜定組合結構的分析。

　　組合結構因含有以桿力為主的二力桿及以彎矩為主的多力桿，故其應變能為

$$U = \Sigma \frac{N^2 L}{2AE} + \Sigma \int_0^L \frac{M^2}{2EI}\,dx$$

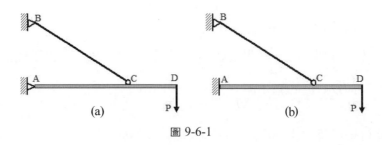

圖 9-6-1

其中 $\Sigma \dfrac{N^2 L}{2AE}$ 為所有二力桿的應變能之和，亦可包括多力桿的軸心力所產生的應變能；$\Sigma \displaystyle\int_0^L \dfrac{M^2}{2EI}\,dx$ 則為多力桿因彎矩所產生的應變能。如果 T 為組合結構的贅力，則依據最小功法原理，應變能 U 對贅力 T 的偏微分值應等於 0，故

$$\frac{\partial U}{\partial T} = \Sigma \frac{\partial N}{\partial T} \frac{NL}{AE} + \Sigma \int_O^L \frac{\partial M}{\partial T} \frac{M}{EI}\,dx = 0 \qquad (9\text{-}6\text{-}1)$$

　　組合結構中如有 n 個贅力，則由公式（9-6-1）可以推得 n 元一次聯立方程式，以推求 n 個未知之贅力。

　　組合結構最小功法分析步驟歸納如下：

　　1. 決定超靜定組合結構的超靜定數 n。

　　2. 可任意選擇 n 個可以維持組合結構靜定與穩定的桿力或彎矩為贅力。移除這些贅力使成穩定組合基元結構。贅力的作用方向可先任意設定，最後解聯立方程式所得正的贅力，表示作用方向與原假設相符，負的贅力表示相反的作用方向。

　　3. 解析靜定穩定組合結承受原載重與未知的贅力作用下，各桿件的桿力及（或）彎矩函數（以未知贅力為變數）。

　　4. 寫出各桿桿力 N 及彎矩 M 應變能 U 對各贅力的偏微分式，並令各偏微分式等於 0，即得方程式數與贅力數相同的聯立方程式。

　　5. 解聯立方程式求得贅力後，整個組合結構可以獲得完整分析。

茲舉數列以掌握其分析技巧。

例題 9-6-1

圖 9-6-2 為超靜定組合結構，設彈性係數為定值，桿件斷面積與慣性矩註如圖上，試以最小功法推算二力桿 BC 的桿力？

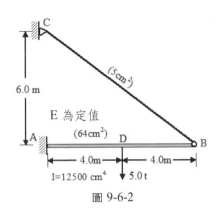

圖 9-6-2

解答：

圖 9-6-2 超靜定組合結構屬 1 度內在超靜定，選擇二力桿 BC 的桿力 T 為贅力，並以假設的張力 T 替代二力桿件，形成圖 9-6-3 的自由體圖。

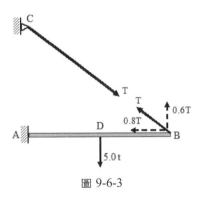

圖 9-6-3

組合結構係由承受桿力與承受彎矩的桿件組合而成，故其應變能為

$$U = \Sigma \frac{N^2 L}{2AE} + \Sigma \int_0^L \frac{M^2}{2EI} \, dx$$

依據最小功原理，$\dfrac{\partial U}{\partial T} = \Sigma \left(\dfrac{\partial N}{\partial T} \right) \dfrac{NL}{AE} + \Sigma \int \left(\dfrac{\partial M}{\partial T} \right) \dfrac{M}{EI} \, dx = 0$ (1)

依據圖 9-6-3，必須以二個積分區段推求應變能 U，各積分區段的彎矩函數 M，及其對贅餘桿力 T 的偏微分式整理如下：

BC 段：由 B 至 C，桿長 L=1000cm，

$$M=0 \,,\quad \frac{\partial M}{\partial T}=0 \,;\quad N=T \,,\quad \frac{\partial N}{\partial T}=1$$

BD 段：由 B 至 D，桿長 L=400cm，$0 \leq x \leq 400$

$$M=0.6Tx \,,\quad \frac{\partial M}{\partial T}=0.6x \,;\quad N=-0.8T \,,\quad \frac{\partial N}{\partial T}=-0.8$$

DA 段：由 D 至 A，桿長 L=400cm，$400 \leq x \leq 800$

$$M=0.6Tx-5(x-400) \,,\quad \frac{\partial M}{\partial T}=0.6x \,;\quad N=-0.8T \,,\quad \frac{\partial N}{\partial T}=-0.8$$

代入式(1)得

$$\frac{\partial U}{\partial T}=\frac{T(1000)(1)}{5}+\int_0^{400}\frac{(0.6Tx)(0.6x)}{12500}dx+2\times\frac{(-0.8T)(400)(-0.8)}{64}$$
$$+\int_{400}^{800}\frac{(0.6Tx-5x+2000)(0.6x)}{12500}dx=0$$

$$\frac{\partial U}{\partial T}=200T+8T+\int_0^{400}\frac{0.36Tx^2}{12500}dx+\int_{400}^{800}\frac{(0.36Tx^2-3x^2+1200x)}{12500}dx=0$$

$$\frac{\partial U}{\partial T}=208T+\frac{(0.12Tx^3)\big|_0^{400}+(0.12Tx^3-x^3+600x^2)\big|_{400}^{400}}{12500}=0 \ 得$$

$208T+4915.2T-12800=0$，解得$T=2.489t$（張力）

若不考量懸臂樑 AB 的軸心力 N 所產生的應變能，則

$$\frac{\partial U}{\partial T}=\frac{T(1000)(1)}{5}+\int_0^{400}\frac{(0.6Tx)(0.6x)}{12500}dx+\int_{400}^{800}\frac{(0.6Tx-5x+2000)(0.6x)}{12500}dx=0$$

$200T+4915.2T-12800=0$ 得，解得$T=2.502t$（張力）

例題 9-6-2

圖 9-6-4 為超靜定組合結構，設彈性係數，桿件斷面積與慣性矩註如圖上，試以最小功法推算固定端 E 的彎矩？不考量樑 DE 的軸心力應變能。

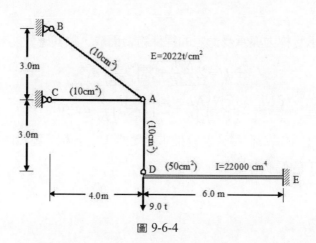

圖 9-6-4

解答：

圖 9-6-4 超靜定組合結構屬 1 度內在超靜定，選擇二力桿 AD 的桿力 T 為贅力，並以假設的張力 T 替代二力桿件，形成圖 9-6-5 的自由體圖。

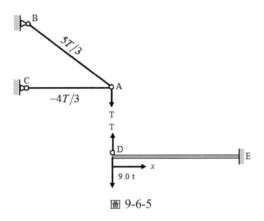

圖 9-6-5

依據圖 9-6-5，可以一個積分區段推求應變能 U，其彎矩函數 M 及其對贅餘桿力 T 的偏微分式整理如下：

AB 段：由 A 至 B，桿長 L=500cm，

$$M=0，\frac{\partial M}{\partial T}=0；N=\frac{5T}{3}，\frac{\partial N}{\partial T}=\frac{5}{3}$$

AC 段：由 A 至 C，桿長 L=400cm，

$$M=0，\frac{\partial M}{\partial T}=0；N=\frac{-4T}{3}，\frac{\partial N}{\partial T}=\frac{-4}{3}$$

AD 段：由 A 至 D，桿長 L=300cm，

$$M=0，\frac{\partial M}{\partial T}=0；N=T，\frac{\partial N}{\partial T}=1.0$$

DE 段：由 D 至 E，$0 \le x \le 600$

$$M=Tx-9x，\frac{\partial M}{\partial T}=x$$

依據最小功原理，應變能 U 對贅力 T 的偏微分值等於 0，得

$$\frac{\partial U}{\partial T}=\frac{(5T/3)(500)(5/3)}{10}+\frac{(-4T/3)(400)(-4/3)}{10}$$

$$+\frac{T(300)(1)}{10}+\int_0^{600}\frac{(Tx-9x)(x)}{22000}dx=0$$

$$\frac{\partial U}{\partial T}=\frac{1250T}{9}+\frac{640T}{9}+30T+\frac{1}{22000}\left[\left(\frac{Tx^3}{3}-3x^3\right)\bigg|_0^{600}\right]=0$$

$$\frac{\partial U}{\partial T} = 3512.727T - 29454.545 = 0，解得 T = 8.385t（張力）$$

固定端 E 的彎矩 $M_E = (9 - 8.385)(6) = 3.69\text{-m}$（順鐘向）。

例題 9-6-3

圖 9-6-6 為超靜定組合結構，設彈性係數，桿件斷面積與慣性矩註如圖上，試以最小功法推算桿件 DH、AD 的桿力及固定端 G 的彎矩？

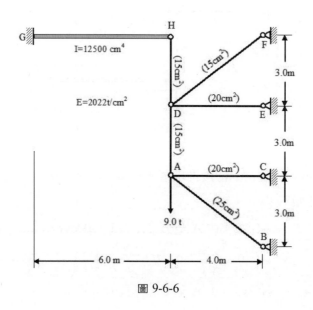

圖 9-6-6

解答：

圖 9-6-6 超靜定組合結構屬 2 度內在超靜定，選擇二力桿 AD、DH 的桿力 S、T 為贅力，並以假設的張力 S、T 替代二力桿件，形成圖 9-6-7 的自由體圖。

圖 9-6-7 中桿件 AB 的桿力為 $N_{AB} = -15 + 5S/3 = -15 + 1.667S + 0T$。依據各桿件的桿力及其對張力 S、T 的偏微分式，可以下表計算所有二力桿應變能對張力 S、T 的微分值：

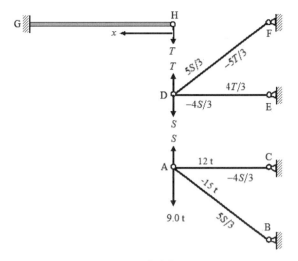

圖 9-6-7

桿件	桿長 L(cm)	面積 A(cm₂)	N			$\frac{\partial N}{\partial S}$	$\frac{\partial N}{\partial T}$
			真載重	S	T		
AB	500.000	25.00	− 15.00	+ 1.667S	+ 0.0T	1.667	0.000
AC	400.000	20.00	12.00	− 1.333S	+ 0.0T	− 1.333	0.000
AD	300.000	15.00	0.00	+ 1.0S	0.0T	1.000	0.000
DE	400.000	20.00	0.00	− 1.333S	+ 1.333T	− 1.333	1.333
DF	500.000	15.00	0.00	+ 1.667S	− 1.667T	1.667	− 1.667
DH	300.000	15.00	0.00	+ 0.0S	+ 1.0T	0.000	1.000

桿件	$\frac{\partial N}{\partial S}\frac{NL}{A}$			$\frac{\partial N}{\partial T}\frac{NL}{A}$		
	真載重	S	T	真載重	S	T
AB	− 500.000	+ 55.556S	+ 0.0T	0.000	+ 0.0S	+ 0.0T
AC	− 320.000	+ 35.556S	+ 0.0T	0.000	+ 0.0S	+ 0.0T
AD	0.000	+ 20.0S	0.0T	0.000	0.0S	+ 0.0T
DE	0.000	+ 35.556S	− 35.556T	0.000	− 35.556S	+ 35.556T
DF	0.000	+ 92.593S	− 92.593T	0.000	− 92.593S	+ 92.593T
DH	0.000	+ 0.0S	+ 0.0T	0.000	+ 0.0S	+ 20.0T
	− 820.000	+ 239.259S	− 128.148T	0.000	− 128.148S	+ 148.148T

依據上表得

$$\frac{\partial U}{\partial S} = \frac{\partial N}{\partial S}\frac{NL}{A} = -820 + 239.259S - 128.148T \tag{1}$$

$$\frac{\partial U}{\partial T} = \frac{\partial N}{\partial T}\frac{NL}{A} = -128.148S + 148.148T \tag{2}$$

依據圖 9-6-7，樑 GH 部分的應變能 U 可以一個積分區段推求之，其彎矩函數 M 及其對贅餘桿力 T 的偏微分式為：

$M = -Tx$，$\dfrac{\partial M}{\partial T} = -x$，故其應變能 U 對於張力 T 的偏微分式

$$\frac{\partial U}{\partial T} = \int_0^{600}\frac{(-Tx)(-x)}{12500}\,dx = 5760\text{T} \tag{3}$$

由式(2)、式(3)得 $\dfrac{\partial U}{\partial T} = -128.148S + 5908.148T$ (4)

依據最小功原理，式(1)與式(4)均應等於 0，故得

$$\begin{cases} -820 + 239.259S - 128.148T = 0 \\ -128.148S + 5908.148T = 0 \end{cases} \text{，解得} \begin{cases} S = 3.468t \\ T = 0.075t \end{cases} （均為張力）$$

習　題

★★★習題詳解請參閱 ST09 習題詳解.doc 與 ST09 習題詳解.xls 電子檔★★★

1. 試以最小功法推算超靜定固定樑的反力與反彎矩？（圖一）

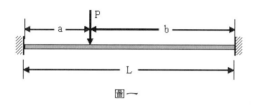

圖一

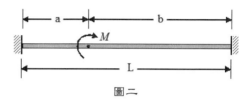

圖二

2. 試以最小功法推算超靜定固定樑的反力與反彎矩？（圖二）

3. 試以最小功法推算超靜定固定樑的反力與反彎矩？（圖三）

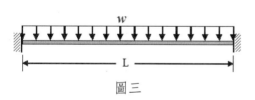

圖三

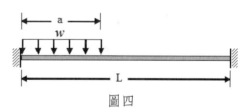

圖四

4. 試以最小功法推算超靜定固定樑的反力與反彎矩？（圖四）

5. 試以最小功法推算超靜定固定樑的反力與反彎矩？（圖五）

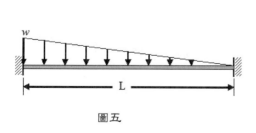

圖五

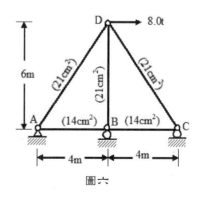

圖六

6.試以最小功法推算超靜定桁架各支承點 C 反力與桿件桿力？（圖六）

7.試以最小功法解超靜定桁架？若桿件斷面積均為 $32cm^2$，材料彈性係數 E 均等。（圖七）

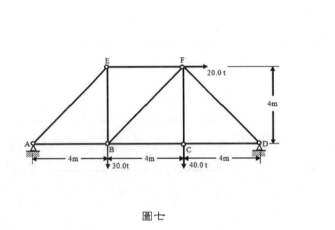

圖七

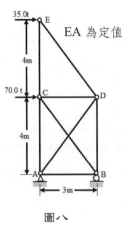

圖八

8.試以最小功法解桿件 EA 值均相同的超靜定桁架？（圖八）

9.試以最小功法解超靜定桁架？桿件斷面積如圖示，彈性係數 E 均同。（圖九）

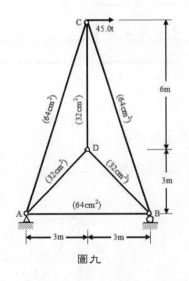

圖九

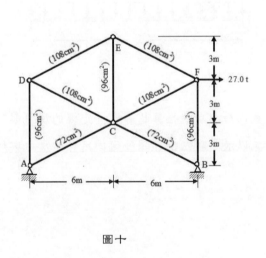

圖十

10.試以最小功法解超靜定桁架？桿件斷面積如圖示，彈性係數 E 均同。（圖十）

11.試以最小功法解超靜定桁架？桿件斷面積如圖示，彈性係數 E 均同。（圖十一）

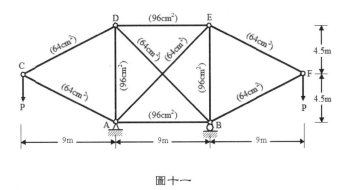

圖十一

12.試以最小功法解邊長為 3m 的正六邊形超靜定桁架？桿件 EA 值為定值。（圖十二）

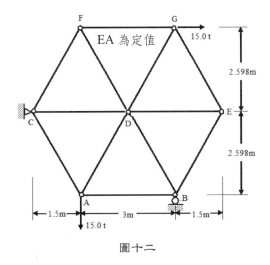

圖十二

13.試以最小功法解超靜定桁架？若桿件斷面積均為 32cm²，材料彈性係數 E 均等？（圖十三）

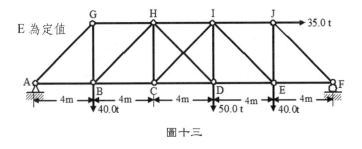

圖十三

14.試以最小功法求解二度外在超靜定桁架的反力及桿力？（圖十四）

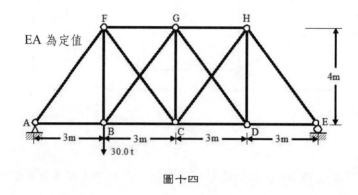

圖十四

15.試以最小功法求解超靜定桁架的反力及桿力？（圖十五）

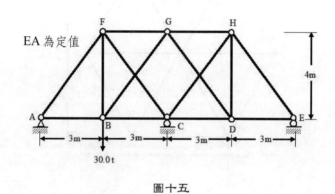

圖十五

16.試以最小功法求解超靜定桁架的反力及桿力？（圖十六）

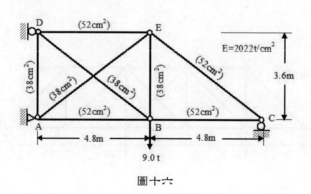

圖十六

17.試以最小功法求解超靜定剛架的反力？（圖十七）

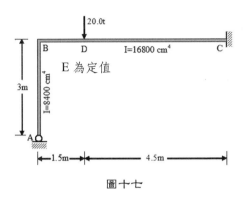

圖十七

18.試以最小功法求解超靜定剛架的反力？（圖十八）

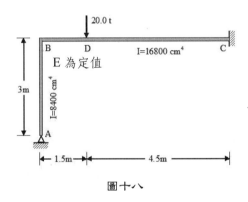

圖十八

19.試以最小功法求解超靜定剛架的反力？（圖十九）

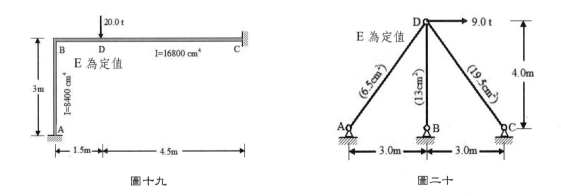

圖十九　　　　　　　　　圖二十

20.試以最小功法求解超靜定組合結構的桿力？（圖二十）

21.試以最小功法求解超靜定組合結構中 BC 桿的桿力？（圖二十一）

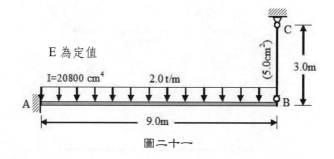

圖二十一

22.試以最小功法求解超靜定組合結構中 BD 桿的桿力？（圖二十二）

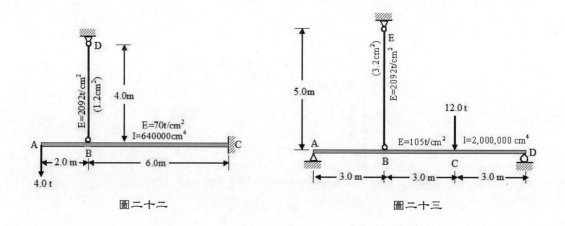

圖二十二　　　　　　　　　　　　　　　　圖二十三

23.試以最小功法求解超靜定組合結構中 BD 桿的桿力？（圖二十三）

24.試以最小功法求解超靜定組合結構中 BD 桿的桿力？（圖二十四）

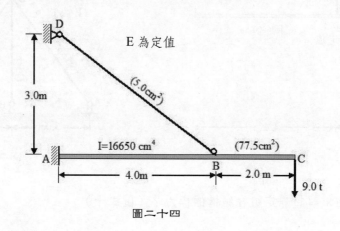

圖二十四

25. 試以最小功法求解超靜定組合結構中 AB 桿的桿力？其中懸臂桁架材料彈性係數為 E=2092t/cm²，桿件斷面積為 A=25cm²；桿件 AB 斷面積 A=10cm²，材料彈性係數 E=1395t/cm²；懸臂樑的斷面慣性矩 I=288,000cm⁴，材料彈性係數 E=112t/cm²。（圖二十五）

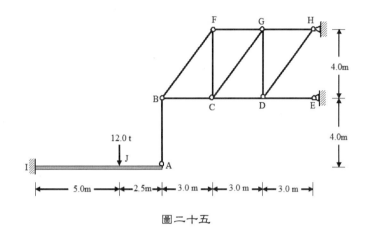

圖二十五

CHAPTER 10

三彎矩方程式法

10-1 前言

　　圖 10-1-1(a)超靜定連續樑的超靜定度為 5，如果選擇中間五個支承點的反力為贅力，則移除五個中間支承點而形成靜定連續樑如圖 10-1-1(b)。依據諧和變形法或最小功法，均以支承點的變位量等於 0，建立聯立諧和方程式。解聯立方程式當可求得內支承點的反力及連續樑上其他力素。

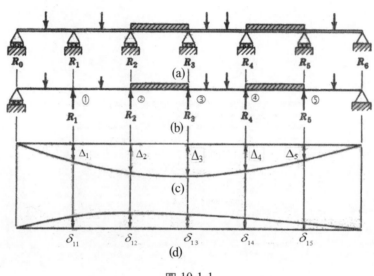

圖 10-1-1

　　圖 10-1-1(c)中的Δ_1、Δ_2、Δ_3、Δ_4、Δ_5分別為靜定樑承受原載重後，移除支承點處的變位量。圖 10-1-1(d)中的δ_{11}、δ_{12}、δ_{13}、δ_{14}、δ_{15}分別為單位載重施加於點①、②、③、④、⑤時，在點①的變位量；依據支承點①、②、③、④、⑤變位量等於 0 的諧和限制條件，得聯立方程式

$$\begin{cases} \Delta_1 + R_1\delta_{11} + R_2\delta_{12} + R_3\delta_{13} + R_4\delta_{14} + R_5\delta_{15} = 0 \\ \Delta_2 + R_1\delta_{21} + R_2\delta_{22} + R_3\delta_{23} + R_4\delta_{24} + R_5\delta_{25} = 0 \\ \Delta_3 + R_1\delta_{31} + R_2\delta_{32} + R_3\delta_{33} + R_4\delta_{34} + R_5\delta_{35} = 0 \\ \Delta_4 + R_1\delta_{41} + R_2\delta_{42} + R_3\delta_{43} + R_4\delta_{44} + R_5\delta_{45} = 0 \\ \Delta_5 + R_1\delta_{51} + R_2\delta_{52} + R_3\delta_{53} + R_4\delta_{54} + R_5\delta_{55} = 0 \end{cases} \tag{1}$$

　　聯立方程式(1)中的R_1、R_2、R_3、R_4、R_5均為未知反力變數，其係數雖然對稱，但均非為 0，故在建立聯立方程式與求解過程的計算量均大。

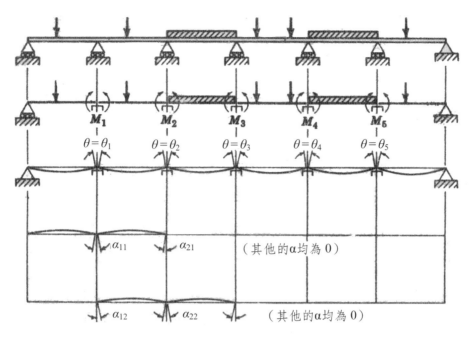

圖 10-1-2

圖 10-1-2 取超靜定連續樑中間支承點的彎矩為贅力，將樑身在內支承點切斷，改以鉸接，而變成連續的靜定簡支樑。每一支承點的諧和限制條件為支承點兩側切線的一致性，亦即撓角改變量為 0。變成靜定連續簡支樑後，每一內支承點的撓角僅受左右兩側簡支樑影響，故得聯立諧和方程式為

$$\begin{cases} 0 = \theta_1 + M_1\alpha_{11} + M_2\alpha_{12} \\ 0 = \theta_2 + M_1\alpha_{21} + M_2\alpha_{22} + M_3\alpha_{23} \\ 0 = \theta_3 \qquad\quad + M_2\alpha_{32} + M_3\alpha_{33} + M_4\alpha_{34} \\ 0 = \theta_4 \qquad\qquad\qquad\quad + M_3\alpha_{43} + M_4\alpha_{44} + M_5\alpha_{45} \\ 0 = \theta_5 \qquad\qquad\qquad\qquad\qquad + M_4\alpha_{54} + M_5\alpha_{55} \end{cases} \tag{2}$$

聯立方程式(2)中的 M_1、M_2、M_3、M_4、M_5 均為代表內支承點未知彎矩變數，其係數亦屬對稱，且屬三對角線矩陣，除對角線元素及緊接對角線上下一個元素非零外，其他係數均為 0，故在建立聯立方程式與求解過程的計算量可以大量減輕。

三彎矩方程式法即是建立聯立方程式(2)的重要方法。本章就三彎矩方程式的公式推導、應用實例及三彎矩方程式法程式使用說明等論述之。

10⁻² 三彎矩方程式推導

　　圖 10-2-1(a)為承受外加載重及支承點沉陷的任意超靜定連續樑。三彎矩方程式主要選取所有內支承的彎矩為贅力，以支承點兩側樑段切線的連續性為諧和限制條件所發展而成的諧和方程式。每一個內支承點有一個未知的彎矩，也有一個關聯外加載重與支承沉陷的諧和方程式，解 n 個支承的 n 個諧和方程式之聯立方程式，當可求得各內支承點彎矩，繼而推求連續樑的其他力素。

10-2-1　超靜定連續樑諧和方程式

　　圖 10-2-1(a)屬任意超靜定度的多跨超靜定連續樑，選擇內支承點的彎矩為贅餘力，則以鉸接替代樑身在支承點的剛接，使其變成多個靜定簡支樑。圖 10-2-1(a)的超靜定連續樑可以等值解構成圖 10-2-1(b)，承受已知外加載重的靜定簡支樑，圖 10-2-1(c)承受支承點已知沉陷量的靜定簡支樑，及圖 10-2-1(d)承受未知彎矩的靜定簡支樑。

　　決定任一支承點兩側樑身切線撓角（Slope）變化量的因素有該支承點兩側簡支樑承受的已知載重、沉陷量及未知的彎矩。為便於公式推導與使用，將連續的兩個簡支樑相關性質賦予識別附標，中間的支承點用 c，左側簡支樑及支承點用 l，右側簡支樑及支承點用 r。例如以 L_l、E_l 表示左側簡支樑的跨長、彈性係數；以 w_r、I_r、θ_r 表示右側簡支樑的均佈載重、慣性矩及撓角；以 Δ_i、Δ_c、Δ_r 表示左側、中間、右側支承點的沉陷量。

　　圖 10-2-1(b)中任意支承點 c 兩側簡支樑承受外加載重後，支承點 c 兩側樑身切線必產生不連續性，其撓角的變化量為

$$\theta_1 = \theta_{l1} + \theta_{r1} \tag{10-2-1}$$

其中 θ_{l1}、θ_{r1} 分別為左側、右側簡支樑承受載重在支承點 c 所產生的撓角。

　　同理，圖 10-2-1(c)中任意支承點 c 兩側簡支樑因支承點沉陷，支承點 c 兩側樑身切線必產生不連續性，其撓角的變化量為

$$\theta_2 = \theta_{l2} + \theta_{r2} \tag{10-2-2}$$

其中 θ_{l2}、θ_{r2} 分別為左側、右側簡支樑因支承點沉陷在支承點 c 所產生的撓角。

　　圖 10-2-1(d)中任意支承點 c 兩側簡支樑因承受未知彎矩，支承點 c 兩側樑身切線必產生不連續性，其撓角的變化量為

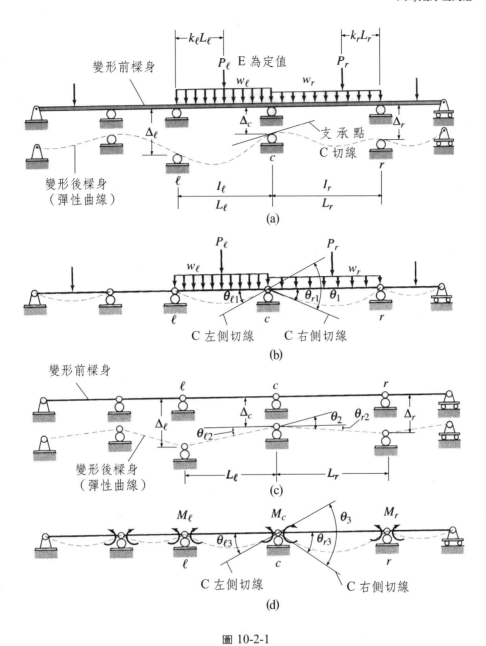

圖 10-2-1

$$\theta_3 = \theta_{l3} + \theta_{r3} \qquad\qquad (10\text{-}2\text{-}3)$$

其中 θ_{l3}、θ_{r3} 分別為左側、右側簡支樑因承受未知彎矩在支承點c所產生的撓角。

超靜定連續樑在任一內支承點的諧和條件為內支承點兩側樑身切線的連續性，或兩側切線的撓角變化量等於 0，或 θ_1、θ_2、θ_3 三撓角變化量的代數和等於 0，即

$$\theta_1 + \theta_2 + \theta_3 = 0 \qquad\qquad (10\text{-}2\text{-}4)$$

將公式（10-2-1）、公式（10-2-2）、公式（10-2-3）的撓角變化量帶入公式（10-2-4）得，超靜定連續樑任一內支承點的諧和方程式為

$$(\theta_{l1} + \theta_{r1}) + (\theta_{l2} + \theta_{r2}) + (\theta_{l3} + \theta_{r3}) = 0 \tag{10-2-5}$$

10-2-2 外加載重產生的撓角

假設圖 10-2-1(b)中間支承點的左、右側簡支樑各承受 P_l、w_l 及 P_r、w_r 的集中與均佈載重，則可使用各種變位撓角計算方法，如共軛樑法或使用附錄 A 的相符公式計得在中間支承點左、右側的撓角 θ_{l1}、θ_{r1}。圖 10-2-2 為附錄 A 第 6 種載重情形，簡支樑承受集中載重 P 在支承點右、左側撓角量分別為 $\frac{Pb}{6EIL}(L^2 - b^2)$、$\frac{Pa}{6EIL}(L^2 - a^2)$。

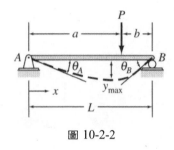

圖 10-2-2

套用於圖 10-2-1(b)可得集中載重 P_l、P_r 所產生的 θ_{l1}、θ_{r1} 為

$$\theta_{l1} = \frac{Pa}{6EIL}(L^2 - a^2) = \frac{P_l k_l L_l}{6EI_l L_l}(L_l^2 - k_l^2 L_l^2) = \frac{P_l k_l L_l^2(1 - k_l^2)}{6EI_l}$$

$$\theta_{r1} = \frac{Pb}{6EIL}(L^2 - b^2) = \frac{P_r k_r L_r}{6EI_r L_r}(L_r^2 - k_r^2 L_r^2) = \frac{P_r k_r L_r^2(1 - k_r^2)}{6EI_r}$$

圖 10-2-3 為附錄 A 第 9 種載重情形，簡支樑承受均佈載重 w 在支承點左、右側撓角量均為 $\frac{wL^3}{24EI}$。

套用於圖 10-2-1(b)可得均佈載重 w_1、w_2 所產生的 θ_{l1}、θ_{r1} 為

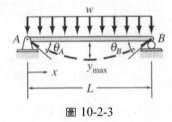

圖 10-2-3

$$\theta_{l1} = \frac{wL^3}{24EI} = \frac{w_l L_l^3}{24EI_l}$$

$$\theta_{r1} = \frac{wL^3}{24EI} = \frac{w_r L_r^3}{24EI_r}$$

整理得圖 10-2-1(b)的中間支承點 c 左、右側撓角量為

$$\theta_{l1} = \Sigma \frac{P_l k_l L_l^2(1 - k_l^2)}{6EI_l} + \frac{w_l L_l^3}{24EI_l} \tag{10-2-6a}$$

$$\theta_{r1} = \Sigma \frac{P_r k_r L_r^2(1 - k_r^2)}{6EI_r} + \frac{w_r L_r^3}{24EI_r} \tag{10-2-6b}$$

公式（10-2-6）中的總和符號表示兩側簡支樑可承受多個集中載重。

10-2-3　沉陷量產生的撓角

圖 10-2-1(c)為由支承點的沉陷所產生的撓角。因為沉陷量甚小，故其因沉陷所產生的撓角可以簡支樑兩側的相對沉陷量直接計算之，其撓角量分別為

$$\theta_{l2} = \frac{\Delta_l - \Delta_c}{L_l} \tag{10-2-7a}$$

$$\theta_{r2} = \frac{\Delta_r - \Delta_c}{L_r} \tag{10-2-7b}$$

10-2-4　彎矩產生的撓角

圖 10-2-1(d)為因贅餘彎矩在中間支承點兩側所產生的撓角，其撓角量可以任何撓角變位法（如共軛樑法）或附錄 A 相符公式計算之。

圖 10-2-4 為附錄 A 第 7 種載重情形，在 A 端承受贅餘彎矩 M，則 A、B 端的撓角量分別為 $\frac{ML}{3EI}$、$\frac{ML}{6EI}$。

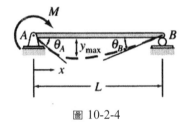

圖 10-2-4

圖 10-2-1(d)中間支承點 c 左側簡支樑的兩側承受 M_l、M_c 彎矩，故其右端（中間支承點左側）撓角量 θ_{l3} 為

$$\theta_{l3} = \frac{M_l L_l}{6EI_l} + \frac{M_c L_l}{3EI_l} \tag{10-2-8a}$$

同理，圖 10-2-1(d)中間支承點 c 右側簡支樑的兩側承受 M_c、M_r 彎矩，故其左端（中間支承點右側）撓角量 θ_{r3} 為

$$\theta_{r3} = \frac{M_r L_r}{6EI_r} + \frac{M_c L_r}{3EI_r} \tag{10-2-8b}$$

10-2-5　三彎矩方程式

將公式（10-2-6）、公式（10-2-7）、公式（10-2-8）代入諧和方程式（10-2-5）得

$$\sum\frac{P_l k_l L_l^2(1-k_l^2)}{6EI_l}+\frac{w_l L_l^3}{24EI_l}+\sum\frac{P_r k_r L_r^2(1-k_r^2)}{6EI_r}+\frac{w_r L_r^3}{24EI_r}+\frac{\Delta_l-\Delta_c}{L_l}+\frac{\Delta_r-\Delta_c}{L_r}+\frac{M_l L_l}{6EI_l}+$$

$$\frac{M_c L_l}{3EI_l}+\frac{M_r L_r}{6EI_r}+\frac{M_c L_r}{3EI_r}=0，整理得$$

$$\frac{M_l L_l}{I_l}+2M_c\left(\frac{L_l}{I_l}+\frac{L_r}{I_r}\right)+\frac{M_r L_r}{I_r}=-\sum\frac{P_l k_l L_l^2(1-k_l^2)}{I_l}-$$

$$\sum\frac{P_r k_r L_r^2(1-k_r^2)}{I_r}-\frac{w_l L_l^3}{4I_l}-\frac{w_r L_r^3}{4I_r}-6E\left(\frac{\Delta_l-\Delta_c}{L_l}+\frac{\Delta_r-\Delta_c}{L_r}\right) \qquad (10\text{-}2\text{-}9)$$

　　公式（10-2-9）表述超靜定連續樑任意中間支承點，及其左右支承點的三個彎矩與兩側樑載重、支承點沉陷量的關係式，故稱為三彎矩方程式（Three Moments Equation）。其中各符號的意義彙整如下：

　　M_c、M_l、M_r：表示某一支承點及其左右支承點的贅餘彎矩。

　　Δ_c、Δ_l、Δ_r：表示某一支承點及其左右支承點的沉陷量。

　　P_l、P_r：為某一支承點左、右側樑身承受的集中載重。

　　w_l、w_r：為某一支承點左、右側樑身承受的均佈載重。

　　I_l、I_r：為某一支承點左、右側樑身的慣性矩。

　　L_l、L_r：為某一支承點左、右側樑身的跨長。

　　k_l、k_r：為某一支承點左、右側集中載重距左，右支承點距離與跨長的比值。

　　E：為連續樑材的彈性係數。

如果某一支承點兩側樑身的慣性矩相等，則公式（10-2-9）可簡化為

$$M_l L_l+2M_c(L_l+L_r)+M_r L_r=-\sum P_l k_l L_l^2(1-k_l^2)-$$

$$\sum P_r k_r L_r^2(1-k_r^2)-\frac{1}{4}(w_l L_l^3+w_r L_r^3)-6EI\left(\frac{\Delta_l-\Delta_c}{L_l}+\frac{\Delta_r-\Delta_c}{L_r}\right) \qquad (10\text{-}2\text{-}10)$$

如果某一支承點兩側樑身的慣性矩及跨度均相等，則公式（10-2-9）可簡化為

$$M_l+4M_c+M_r=-\sum P_l k_l L(1-k_l^2)-$$

$$\sum P_r k_r L(1-k_r^2)-\frac{L^2}{4}(w_l+w_r)-\frac{6EI}{L^2}(\Delta_l-2\Delta_c+\Delta_r) \qquad (10\text{-}2\text{-}11)$$

公式（10-2-9）、公式（10-2-10）、公式（10-2-11）中各量的正負號規定如下：

> 載重：向下為正，向上為負。
>
> 沉陷量：向下為正，向上為負。
>
> 樑身彎矩：逆鐘向為正，順鐘向為負。
>
> 支承點彎矩：順鐘向為正，逆鐘向為負。
>
> 撓角量：順鐘向為正，逆鐘向為負。

10-2-6　其他形式的外加載重

前述各式三彎矩方程式中的載重因素，僅考量跨間承受一個或多個集中載重及一個跨間等值的均佈載重，如果載重形式不屬前述兩種，則三彎矩方程式的載重因素須做部分修改。圖 10-2-5 為附錄 A 第 11 種載重情形，其產生的撓角量分別為 $\theta_A = \dfrac{7wL^3}{360EI}$、$\theta_B = \dfrac{wL^3}{45EI}$

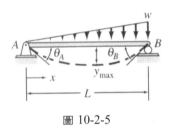

圖 10-2-5

如果中間支承點左側跨間僅承受圖 10-2-5 的載重，則公式（10-2-9）可改為

$$\frac{M_l I_l}{I_l} + 2M_c\left(\frac{L_l}{I_l} + \frac{L_r}{I_r}\right) + \frac{M_r I_r}{I_r} = \frac{-wL_l^3}{45I_l} - \sum\frac{P_r k_r L_r^2(1 - k_r^2)}{I_r} - \frac{w_r L_r^3}{4I_r} - 6E\left(\frac{\Delta_l - \Delta_c}{L_l} + \frac{\Delta_r - \Delta_c}{L_r}\right)$$

如果中間支承點右側跨間僅承受圖 10-2-5 的載重，則公式（10-2-9）可改為

$$\frac{M_l I_l}{I_l} + 2M_c\left(\frac{L_l}{I_l} + \frac{L_r}{I_r}\right) + \frac{M_r I_r}{I_r} = -\sum\frac{P_l k_l L_l^2(1 - k_l^2)}{I_l} - \frac{7wL_r^3}{360I_r} - \frac{w_l L_l^3}{4I_l}$$

$$- 6E\left(\frac{\Delta_l - \Delta_c}{L_l} + \frac{\Delta_r - \Delta_c}{L_r}\right)$$

其他載重情形可採用各種撓角變位計算方法或相關公式推算之。

10-3 三彎矩方程式的應用

三彎矩方程式僅適用於超靜定連續樑的分析，其步驟及特殊外支承點的處理方式說明如下：

10-3-1 連續樑三彎矩方程式法分析步驟

1. 選擇所有內支承點的彎矩為贅餘力。
2. 依序將每一個內支承點視為中間支承點，寫出三彎矩方程式。每一個中間支承點有一個三彎矩方程式（含該支承點及左右兩個支承點的未知彎矩）。三彎矩方程式的總個數應等於中間支承點數，也等於未知彎矩數。
3. 聯立步驟 2 的所有三彎矩方程式當可解得各支承點的未知彎矩。
4. 支承點彎矩求得後，依據平衡方程式可以求得各支承點反力、剪力與彎矩。
5. 據以繪製剪力圖或彎矩圖。

10-3-2 外支承為鉸接端的處理

圖 10-3-1 超靜定連續樑的外支承點 A、E 為鉸接或滾接，因均無法承受彎矩，故 $M_A = 0$、$M_E = 0$。

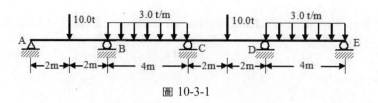

圖 10-3-1

寫內支承點 B 的三彎矩方程式時，直接以 $M_A = 0$ 帶入得三彎矩方程式為

$$M_A + 4M_B + M_C = -10(0.5)(4)(1 - 0.5^2) - \frac{4^2}{4}(3) - \frac{6EI}{L^2}(0 - 2(0) + 0)$$

$$4M_B + M_C = -15 - 12 - 0 = -27$$

寫內支承點 D 的三彎矩方程式時，直接以 $M_E = 0$ 帶入，得三彎矩方程式為

$$M_C + 4M_D + M_E = -10(0.5)(4)(1 - 0.5^2) - \frac{4^2}{4}(3) - \frac{6EI}{L^2}(0 - 2(0) + 0)$$

$$M_C + 4M_D = -15 - 12 - 0 = -27$$

10-3-3　外支承為自由端的處理

圖 10-3-2 超靜定連續樑外支承點 F 為自由端，故支承點 E 的彎矩 M_E 屬靜定，其值為 -10.0t-m。如將點 F 視為外支承點，則雖有四個內支承點 B、C、D、E，但因支承點 E 的彎矩已知，故僅需寫出支承點 B、C、D 的三彎矩方程式以解其未知彎矩。如將支承點 E 視為外支承點，則寫支承點 D 的三彎矩方程式時，以已知的彎矩值 M_E 帶入之，均可得到相同的結果。

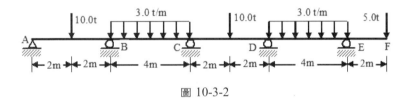

圖 10-3-2

內支承點 D 的三彎矩方程式為

$$M_C + 4M_D + M_E = -10(0.5)(4)(1 - 0.5^2) - \frac{4^2}{4}(3) - \frac{6EI}{L^2}(0 - 2(0) + 0)$$

$$M_C + 4M_D + (-10.0) = -15 - 12 - 0 = -27 \text{ 或}$$

$$M_C + 4M_D = -17$$

10-3-4　外支承為固定端的處理

圖 10-3-3 為左外支承點是固定端的超靜定連續樑。固定端 A 增加一個未知彎矩，但是僅有三個內支承點。如將連續樑由固定端 A 往外延伸一段長度為 0 的樑段，使固定端 A 變成內支承點 A 如圖 10-3-4，則可寫出內支承點 A、B、C、D 的四個三彎矩方程式，聯立解得 M_A、M_B、M_C、M_D 四個未知彎矩。

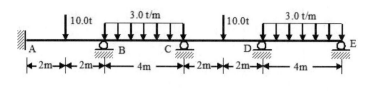

圖 10-3-3

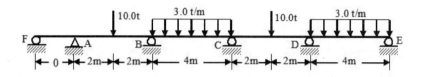

圖 10-3-4

內支承點 A 的三彎矩方程式可寫成

$$M_F + 4M_A + M_B = -10(0.5)(4)(1 - 0.5^2) - \frac{6EI}{L^2}(0 - 2(0) + 0)$$

$$4M_A + M_B = -15$$

　　超靜定連續樑外支承端可能一端為固定端，另一端為自由端，或兩端均為固定端或其他組合，均可依上述原則處理之。茲舉數例說明之。

10-3-5　連續樑分析例題

例題 10-3-1

試以三彎矩方程式法分析圖 10-3-5 超靜定連續樑，並繪製剪力圖與彎矩圖？假設連續樑材的彈性係數均相同，但樑段 AB 的慣性矩為樑段 BC 慣性矩的 2 倍。

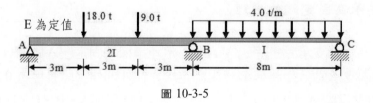

圖 10-3-5

解答：

圖 10-3-5 屬超靜定 1 度的連續樑，選擇支承點 B 彎矩為贅餘力。視 B 為中間支承點，則左、右支承點為 A、C。以 $L_l=9m$、$L_r=8m$、$I_l=2I$、$I_r=I$、$P_{l1}=18t$、$k_{l1}=3/9=1/3$、$P_{l2}=9t$、$k_{l2}=6/9=2/3$、$w_r=4.0t/m$、$w_l=0$、$P_r=0$、$\Delta_l=0$、$\Delta_c=0$、$\Delta_r=0$ 帶入公式（10-2-9），得節點 B 的三彎矩方程式為

$$\frac{M_A(9)}{2I}+2M_B\left(\frac{9}{2I}+\frac{8}{I}\right)+\frac{M_C(8)}{I}=-\frac{18(1/3)(9^2)[1-(1/3)^2]}{2I}$$
$$-\frac{9(2/3)(9^2)[1-(2/3)^2]}{2I}-\frac{4.0(8^3)}{4I}$$

因為支承點 A、C 為鉸接或滾接，故以 $M_A=0$、$M_C=0$ 帶入上式得

$$25M_B=-\frac{18(1/3)(9^2)[1-(1/3)^2]}{2I}$$
$$-\frac{9(2/3)(9^2)[1-(2/3)^2]}{2I}-\frac{4.0(8^3)}{4I}=-863$$

解得 $M_B=-34.52t\text{-}m$

圖 10-3-6(a)為中間支承點 B、左右側樑段的自由體。

樑段 BC 套用平衡方程式

$\Sigma M_B^{BC}=0$ 得 $34.52-4(8)(8/2)+C_Y(8)=0$，解得 $C_Y=11.685t\uparrow$

$\Sigma F_B^{BC}=0$ 得 $B_Y^{BC}+11.685-4(8)=0$，解得 $B_Y^{BC}=20.315t\uparrow$

樑段 AB 套用平衡方程式

$\Sigma M_A^{AB}=0$ 得 $-34.52-18(3)-9(6)+B_Y^{AB}(9)=0$，解得 $B_Y^{AB}=15.836t\uparrow$

$\Sigma F_Y^{AB}=0$ 得 $A_Y+15.836-18-9=0$，解得 $A_Y=11.164t\uparrow$

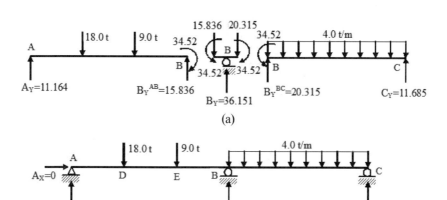

圖 10-3-6

支承點 B 套用平衡方程式

$$\Sigma F_Y = 0 \text{ 得 } B_Y = 15.836 - 20.315 = 0 \text{，解得 } B_Y = 36.151t \uparrow$$

整體連續樑自由體圖如圖 10-3-6(b)，據此繪得剪力圖與彎矩圖如圖 10-3-7。

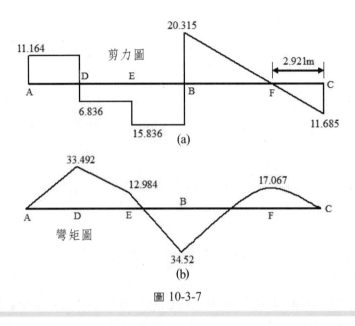

圖 10-3-7

例題 10-3-2

試以三彎矩方程式法分析圖 10-3-8 超靜定連續樑？假設連續樑材的彈性係數均相同。

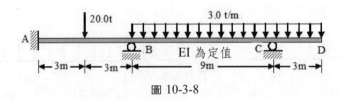

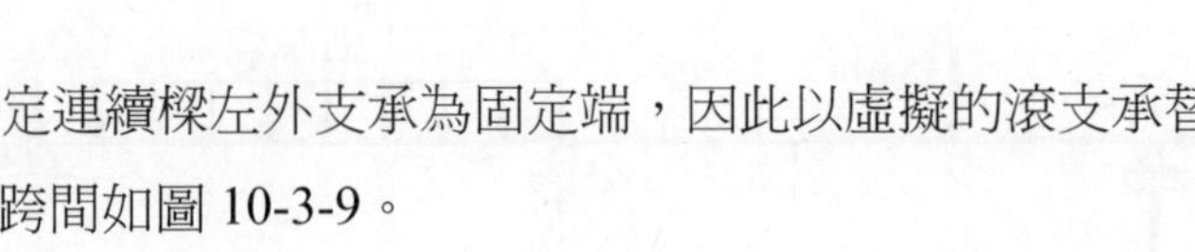

圖 10-3-8

解答：

圖 10-3-8 超靜定連續樑左外支承為固定端，因此以虛擬的滾支承替代並向左延伸一個跨長為 0 的跨間如圖 10-3-9。

圖 10-3-9 有 3 個中間支承點 A、B、C，但是支承點 C 的彎矩可由樑段 CD 的載重計得 $M_C = -(3.0)(3)\left(\dfrac{3}{2}\right) = -13.5\text{t-m}$，虛擬支承點 E 的彎矩 $M_E = 0$。中間支承點 A、

B 的彎矩為未知，故僅需寫出中間支承點 A、B 的三彎矩方程式，即可聯立解得中間支承點 A、B 的未知彎矩 M_A、M_B。

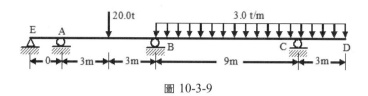

圖 10-3-9

以 $P_r = 20$、$k_r = 0.5$、$M_E = 0$ 帶入公式（10-2-10）寫出中間支承點 A 三彎矩方程式為

$$M_E(0) + 2M_A(0+6) + M_B(6) = -20(0.5)(6^2)(1-0.5^2)$$

$$12M_A + 6M_B = -270 \tag{1}$$

以 $P_l = 20$、$k_l = 0.5$、$M_C = -13.5$、$w_r = 3.0$ 帶入公式（10-2-10）寫出中間支承點 B 三彎矩方程式為

$$M_A(6) + 2M_B(6+9) + M_C(9) = -20(0.5)(6^2)(1-0.5^2) - \frac{1(3.0)(9^2)}{4}$$

$$6M_A + 30M_B = -695.25 \tag{2}$$

聯立式(1)、式(2)得 $\begin{cases} 12M_A + 6M_B = -270 \\ 6M_A + 30M_B = -695.25 \end{cases}$，解得 $\begin{cases} M_A = -12.125t\text{-}m \\ M_B = -20.750t\text{-}m \end{cases}$

圖 10-3-10(a)為中間支承點 B、C 及各樑段的自由體。

樑段 AB 套用平衡方程式

$\Sigma M_B^{AB} = 0$ 得 $12.125 - 20.750 + 20(3) - A_Y(6) = 0$，解得 $A_Y = 8.563t \uparrow$

$\Sigma F_Y^{AB} = 0$ 得 $B_Y^{AB} + 8.563 - 20 = 0$，解得 $B_Y^{AB} = 11.438t \uparrow$

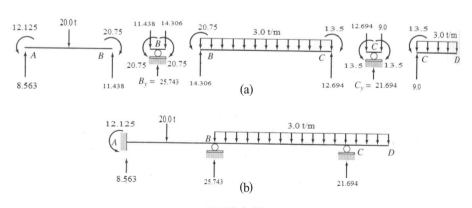

圖 10-3-10

樑段 BC 套用平衡方程式

$$\Sigma M_B^{BC} = 0 \text{ 得 } 20.75 - 13.5 + \frac{3(9^2)}{2} - B_Y^{BC}(9) = 0 \text{，解得 } B_Y^{BC} = 14.306t \uparrow$$

$$\Sigma F_Y^{BC} = 0 \text{ 得 } C_Y^{BC} + 14.306 - 3(9) = 0 \text{，解得 } C_Y^{BC} = 12.694t \uparrow$$

支承點 B 反力 $B_Y = 11.438t + 14.306t = 25.744 \uparrow$，

支承點 C 反力 $C_Y = 12.694t + 9.0t = 21.694 \uparrow$ 如圖 10-3-10(b)。

例題 10-3-3

試以三彎矩方程式法分析圖 10-3-11 超靜定連續樑？連續樑材彈性係數為 2,092t/cm²，樑斷面慣性矩均為 70,000cm⁴，支承點 A、B、C、D 的沉陷量分別為 1、5、2、4 公分。

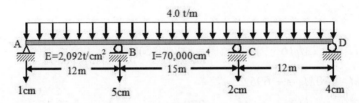

圖 10-3-11

解答：

圖 10-3-11 超靜定連續樑為 2 度超靜定，左右外支承點 A、D 彎矩均為 0，支承點 B、C 的彎矩為未知量，因此選擇支承點 B、C 的彎矩 M_B、M_C 為贅力。

以 $L_l = 1200\text{cm}$、$L_r = 1500\text{cm}$、$w_l = w_r = 0.04\text{t/cm}$、$\Delta_l = 1\text{cm}$、$\Delta_c = 5\text{cm}$、$\Delta_r = 2\text{cm}$ 依公式（10-2-10）寫出支承點 B 的三彎矩方程式為

$$\frac{M_A(1200)}{70000} + 2M_B\left(\frac{1200}{70000} + \frac{1500}{70000}\right) + \frac{M_C(1500)}{70000} =$$
$$-\frac{0.04}{4(70000)}(1200^3 + 1500^3) - 6(2092)\left(\frac{1-5}{1200} + \frac{2-5}{1500}\right)$$

$$0.0771429M_B + 0.0214286M_C = -662.056 \tag{1}$$

以 $L_l = 1500\text{cm}$、$L_r = 1200\text{cm}$、$w_l = w_r = 0.04\text{t/cm}$、$\Delta_l = 5\text{cm}$、$\Delta_c = 2\text{cm}$、$\Delta_r = 4\text{cm}$ 依公式（10-2-10）寫出支承點 C 的三彎矩方程式為

$$\frac{M_B(1500)}{70000} + 2M_C\left(\frac{1500}{70000} + \frac{1200}{70000}\right) + \frac{M_D(1200)}{70000} =$$
$$-\frac{0.04}{4(70000)}(1500^3 + 1200^3) - 6(2092)\left(\frac{5-2}{1500} + \frac{4-2}{1200}\right)$$

$$0.0214286M_B + 0.0771429M_C = -775.024 \qquad (2)$$

解 $\begin{cases} 0.0771429M_B + 0.0214286M_C = -662.056 \\ 0.0214286M_B + 0.0771429M_C = -775.024 \end{cases}$,

得 $\begin{cases} M_B = -6275.721t\text{-}cm = -62.757t\text{-}m \\ M_C = -8303.352t\text{-}cm = -83.034t\text{-}m \end{cases}$

圖 10-3-12(a)為中間支承點 B、C 及各樑段的自由體。

樑段 AB 套用平衡方程式

$\Sigma M_B^{AB} = 0$ 得 $-A_Y(12) - 62.757 + \dfrac{4(12^2)}{2} = 0$,解得 $A_Y = 18.770t \uparrow$

$\Sigma F_Y^{AB} = 0$ 得 $B_Y^{AB} + 18.770 - 4(12) = 0$,解得 $B_Y^{AB} = 29.230t \uparrow$

樑段 BC 套用平衡方程式

$\Sigma M_B^{BC} = 0$ 得 $62.757 - 83.304 - \dfrac{4(15^2)}{2} + C_Y^{BC}(15) = 0$,解得 $C_Y^{BC} = 31.352t \uparrow$

$\Sigma F_Y^{BC} = 0$ 得 $B_Y^{BC} + 31.352 - 4(5) = 0$,解得 $B_Y^{BC} = 28.648t \uparrow$

樑段 CD 套用平衡方程式

$\Sigma M_C^{CD} = 0$ 得 $83.034 - \dfrac{4(12^2)}{2} + D_Y(12) = 0$,解得 $D_Y = 17.081t \uparrow$

$\Sigma F_Y^{CD} = 0$ 得 $C_Y^{CD} + 17.081 - 4(12) = 0$,解得 $C_Y^{CD} = 30.919t \uparrow$

支承點 B 反力 $B_Y = 29.230t + 28.648t = 57.878t \uparrow$,

支承點 C 反力 $C_Y = 31.352t + 30.919t = 62.217t \uparrow$,如圖 10-3-12(b)。

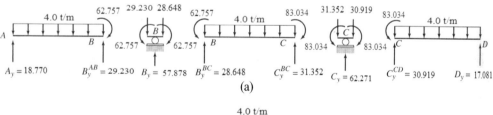

(a)

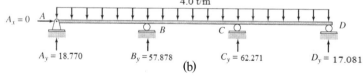

(b)

圖 10-3-12

例題 10-3-4

試以三彎矩方程式法分析圖 10-3-13 超靜定連續樑僅因支承點 C 沉陷 1.5 公分所引起的彎矩與反力?連續樑材彈性係數為 2,092t/cm²,樑斷面慣性矩均為 50,000cm⁴。

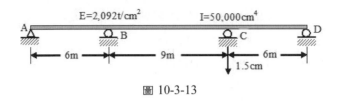

圖 10-3-13

解答：

圖 10-3-13 超靜定連續樑為 2 度超靜定，左右外支承點 A、D 彎矩均為 0，支承點 B、C 的彎矩為未知量，因此選擇支承點 B、C 的彎矩 M_B、M_C 為贅力。

以 $L_l = 600$cm、$L_r = 900$cm、$w_l = w_r = 0$、$P_l = P_r = 0$、$\Delta_l = 0$cm、$\Delta_c = 0$cm、$\Delta_r = 1.5$cm，依公式（10-2-10）寫出支承點 B 的三彎矩方程式為

$$\frac{M_A(600)}{50000} + 2M_B\left(\frac{600}{50000} + \frac{900}{50000}\right) + \frac{M_C(900)}{50000} = -6(2092)\left(\frac{0-0}{600} + \frac{1.5-0}{900}\right)$$

$$0.06M_B + 0.018M_C = -20.920 \tag{1}$$

以 $L_l = 900$cm、$L_r = 600$cm、$w_l = w_r = 0$、$P_l = P_r = 0$、$\Delta_l = 0$cm、$\Delta_c = 1.5$cm、$\Delta_r = 0$cm，公式（10-2-10）寫出支承點 C 的三彎矩方程式為

$$\frac{M_B(900)}{50000} + 2M_C\left(\frac{900}{50000} + \frac{600}{50000}\right) + \frac{M_D(1200)}{70000} = -6(2092)\left(\frac{0-1.5}{900} + \frac{0-1.5}{600}\right)$$

$$0.018M_B + 0.06M_C = 52.30 \tag{2}$$

解 $\begin{cases} 0.06M_B + 0.018M_C = -20.92 \\ 0.018M_B + 0.06M_C = 52.30 \end{cases}$，得 $\begin{cases} M_B = -670.513t\text{-}cm = -6.705t\text{-}m \\ M_C = -1072.821t\text{-}cm = -10.728t\text{-}m \end{cases}$

圖 10-3-14(a)為中間支承點 B、C 及各樑段的自由體。

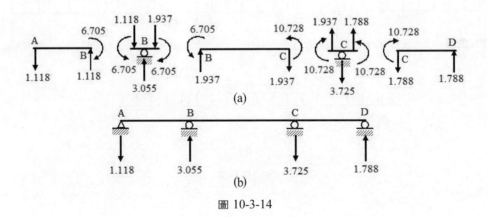

(a)

(b)

圖 10-3-14

樑段 AB 套用平衡方程式

$$\Sigma M_B^{AB} = 0 \ 得 - A_Y(6) - 6.705 = 0，解得 A_Y = -1.118t \downarrow$$

$$\Sigma F_Y^{AB} = 0 \ 得 \ B_Y^{AB} - 1.118 = 0，解得 B_Y^{AB} = 1.118t \uparrow$$

樑段 BC 套用平衡方程式

$$\Sigma M_C^{BC} = 0 \ 得 \ 6.705 + 10.728 - B_Y^{BC}(9) = 0，解得 B_Y^{BC} = 1.937t \uparrow$$

$$\Sigma F_Y^{BC} = 0 \ 得 \ C_Y^{BC} + 1.937 = 0，解得 C_Y^{BC} = -1.937t \downarrow$$

樑段 CD 套用平衡方程式

$$\Sigma M_C^{CD} = 0 \ 得 - 10.728 + D_Y(6) = 0，解得 D_Y = 1.788t \uparrow$$

$$\Sigma F_Y^{CD} = 0 \ 得 \ C_Y^{CD} + 1.788 = 0，解得 C_Y^{CD} = -1.788t \downarrow$$

支承點 B 反力 $B_Y = 1.118t + 1.937t = 3.055t \uparrow$

支承點 C 反力 $C_Y = 1.937t + 1.788t = 3.725t \uparrow$，如圖 10-3-14(b)。

例題 10-3-5

試以三彎矩方程式法分析圖 10-3-15 超靜定樑？

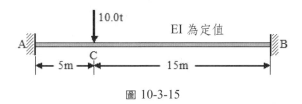

圖 10-3-15

解答：

　圖 10-3-15 超靜定樑為 2 度超靜定，左、右外支承點均為固定端，故分別向左、右延伸一個跨長為 0 的虛擬樑段 DA、BE，而形成鉸接三跨連續樑。

以 $L_l = 0cm$、$L_r = 20cm$、$w_l = w_r = 0$、$P_l = 0$、$P_r = 10t$、$k_r = 0.75$、$M_D = 0$、$\Delta_l = \Delta_c = \Delta_r = 0$ 依公式（10-2-10）寫出支承點 A 的三彎矩方程式為

$$M_D(0) + 2M_A(0+20) + M_B(20) = -10(0.75)(20^2)(1 - 0.75^2)$$

$$40M_A + 20M_B = -1312.5 \tag{1}$$

以 $L_l = 20cm$、$L_r = 0cm$、$w_l = w_r = 0$、$P_l = 10t$、$P_r = 0t$、$k_r = 0$、$k_l = 0.25$、$M_E = 0$、$\Delta_l = \Delta_c = \Delta_r = 0$ 依公式（10-2-10）寫出支承點 B 的三彎矩方程式為

$$M_A(20) + 2M_B(20+0) + M_E(0) = -10(0.25)(20^2)(1 - 0.25^2)$$

$$20M_A + 40M_B = -937.5 \tag{2}$$

解 $\begin{cases} 40M_A + 20M_B = -1312.5 \\ 20M_A + 40M_B = -937.5 \end{cases}$ ，得 $\begin{cases} M_A = -28.125t\text{-}m \\ M_B = -9.375t\text{-}m \end{cases}$

樑段 AB 套用平衡方程式

$\Sigma M_B^{AB} = 0$ 得 $-A_Y(20) - 9.375 + 10(15) + 28.125 = 0$，解得 $A_Y = 8.4375t \uparrow$

$\Sigma F_Y^{AB} = 0$ 得 $B_Y + 8.4375 - 10 = 0$，解得 $B_Y = 1.5625t \uparrow$，如圖 10-3-16。

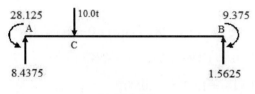

圖 10-3-16

例題 10-3-6

試以三彎矩方程式法分析圖 10-3-17 超靜定樑？

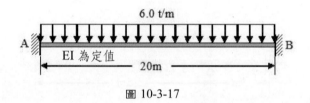

圖 10-3-17

解答：

圖 10-3-17 超靜定樑為 2 度超靜定，左、右外支承點均為固定端，故分別向左、右延伸一個跨長為 0 的虛擬樑段 DA、BE 而形成鉸接三跨連續樑。

以 $L_l = 0\text{m}$、$L_r = 20\text{m}$、$w_l = 0$、$w_r = 6.0\text{t/m}$、$P_l = P_r = 0$、$k_r = k_l = 0$、$\text{M}_D = 0$、$\Delta_l = \Delta_c = \Delta_r = 0$ 依公式（10-2-10）寫出支承點 A 的三彎矩方程式為

$$M_D(0) + 2M_A(0 + 20) + M_B(0) = -\frac{6(20^3)}{4}$$

$$40M_A + 20M_B = -12000 \tag{1}$$

以 $L_l = 20\text{m}$、$L_r = 0\text{m}$、$w_l = 6.0\text{t/m}$、$w_r = 0$、$P_l = P_r = 0$、$k_r = k_l = 0$、$\text{M}_E = 0$、$\Delta_l = \Delta_c = \Delta_r = 0$ 依公式（10-2-10）寫出支承點 B 的三彎矩方程式為

$$M_A(20) + 2M_B(20 + 0) + M_E(0) = -\frac{6(20^3)}{4}$$

$$20M_A + 40M_B = -12000 \tag{2}$$

解 $\begin{cases} 40M_A + 20M_B = -12000 \\ 20M_A + 40M_B = -12000 \end{cases}$，得 $\begin{cases} M_A = -200t\text{-}m \\ M_B = -200t\text{-}m \end{cases}$

樑段 AB 套用平衡方程式

$$\Sigma M_B^{AB} = 0 \text{ 得} -A_Y(20) - 200 + \frac{6(20^2)}{4} + 200 = 0 \text{，解得} A_Y = 60t \uparrow$$

$$\Sigma F_Y^{AB} = 0 \text{ 得} B_Y + 60 - 6(20) = 0 \text{，解得} B_Y = 60t \uparrow \text{，如圖 } 10\text{-}3\text{-}18 \text{。}$$

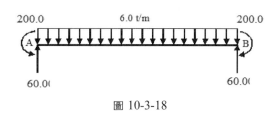

圖 10-3-18

10-4　三彎矩方程式程式使用説明

使結構分析軟體試算表以外的空白試算表處於作用中（Active）。選擇☞結構分析／三彎矩方程式法／連續樑三彎矩方程式法／建立連續樑三彎矩方程式法試算表☞出現圖 10-4-1 輸入畫面。以例題 10-3-1（圖 10-3-5）為例，輸入連續樑跨間數(2)、彈性係數 E(1)、樑斷面慣性矩 I(1)、跨間最多集中載重個數(2)、小數位數(3)等資料後，單擊「建立連續樑三彎矩方程式法試算表」鈕，即可產生圖 10-4-2 的連續樑三彎矩方程式法試算表。

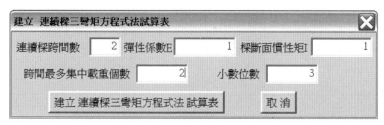

圖 10-4-1

圖 10-4-2 的連續樑三彎矩方程式法試算表乃為輸入連續樑的幾何、物理性質與載重資料，以便建立三彎矩方程式。首先應單擊儲存格 D4、F4，使儲存格右側出現向下箭頭，再單擊箭頭以選擇左、右支承為固定支承、鉸或滾支承、無支承。然後輸入

各跨間的跨長、彈性係數、慣性矩、均佈載重、集中載重及集中載重與左支承之距離。最後輸入各支承點沉陷量。

三彎矩方程式法程式將連續樑各支承點由左而右按 A、B、C 等編號之，其樑段亦由左而右按 AB、BC、CD 等編號之。使用時各量單位的一致性也甚為重要，否則程式可能亦正常執行，惟其結果未必正確。

如有支承點沉陷量，則應輸入樑身的實際彈性係數與斷面慣性矩，如未含有沉陷量，則樑段的彈性係數與慣性矩僅需輸入相對值即可。例題 10-3-1 並無沉陷量且圖 10-3-5 的兩個樑段彈性係數均相等，故在試算表上該兩樑段的彈性係數可全填 1 或 2 或 5 或其他相等值均可；圖 10-3-5 樑段 AB 的慣性矩為樑段 BC 慣性矩的 2 倍，故在試算表上該樑段 AB 慣性矩與樑段 BC 慣性矩可填 2、1 或 6、3 或其他 2 倍關係的相對值均可。任一樑段僅能輸入一個均佈載重，但可輸入 0 個或 1 個以上的集中載重，故在圖 10-4-1 必須指定所有跨間集中載重個數最多的以便建立試算表。輸入跨間長、載重、彈性係數、慣性矩及沉陷量等資料均應注意其單位的一致性。

	A	B	C	D	E	F
3	連續樑三彎矩方程式法試算表					
4	跨間數	2	左端點A	鉸或滾支承	右端點C	鉸或滾支承
5	跨間	AB	BC			
6	跨間長度L	9.000	8.000			
7	彈性係數E	1.000	1.000			
8	斷面慣性矩I	2.000	1.000			
9	均佈載重(下正)w	0.000	4.000			
10	集中載重(下正)P1	18.000	0.000			
11	距左支承a	3.000	0.000			
12	集中載重(下正)P2	9.000	0.000			
13	距左支承a	6.000	0.000			
14	節點	A	B	C		
15	沉陷量(下正)	0.000	0.000	0.000		

圖 10-4-2

以上資料輸入後，選擇☞結構分析／三彎矩方程式法／連續樑三彎矩方程式法／進行連續樑三彎矩方程式法演算☜出現圖 10-4-3 的分析結果。

	A	B	C	D	E	F
17	方程式↓彎矩→	MA	MB	MC	右端常數	
18	支承B		25.000		-863.000	
19	最後節點彎矩	0.000	-34.520	0.000		
20	樑段左端剪力	11.164	20.315			
21	樑段右端剪力	15.836	11.685			
22	支承點反力(正上)	11.164	36.151	11.685		

圖 10-4-3

　　圖 10-4-3 試算表第 18 列為聯立三彎矩方程式，因為僅有一個贅力（M_B），故僅有一個方程式 $25M_B = -863.0$，解得 $M_B = -34.52$t-m；支承點 A、C 均為鉸接或滾接，故 $M_A = 0$、$M_C = 0$ 如第 19 列。

　　取各樑段及支承點自由體可計得各樑段的左右剪力及支承點反力，如試算表第 20～22 列。

　　選擇☞結構分析／三彎矩方程式法／連續樑三彎矩方程式法／列印連續樑三彎矩方程式法演算結果☜可將分析結果印出。

　　圖 10-4-4、圖 10-4-5、圖 10-4-6、圖 10-4-7 分別為例題 10-3-2、例題 10-3-3、例題 10-3-4、例題 10-3-5 的程式解。

	A	B	C	D	E	F
3	連續樑三彎矩方程式法試算表[例題10-3-2]					
4	跨間數	3	左端點A	固定支承	右端點D	無支承
5	跨間	AB	BC	CD		
6	跨間長度L	6.000	9.000	3.000		
7	彈性係數E	1.000	1.000	1.000		
8	斷面慣性矩I	1.000	1.000	1.000		
9	均佈載重(下正)w	0.000	3.000	3.000		
10	集中載重(下正)P	20.000	0.000	0.000	0	
11	距左支承a	3.000	0.000	0.000		
12	節點	A	B	C	D	
13	沉陷量(下正)	0.000	0.000	0.000	0.000	
14						
15	方程式↓彎矩→	MA	MB	MC	MD	右端常數
16	支承A	12.000	6.000			-270.000
17	支承B	6.000	30.000			-695.250
18	最後節點彎矩	-12.125	-20.750	-13.500	0.000	
19	樑段左端剪力	8.563	14.306	9.000		
20	樑段右端剪力	11.438	12.694	0.000		
21	支承點反力(正上)	8.563	25.743	21.694	0.000	

圖 10-4-4

	A	B	C	D	E	F
3	連續樑三彎矩方程式法試算表[例題10-3-3]					
4	跨間數	3	左端點A	鉸或滾支承	右端點D	鉸或滾支承
5	跨間	AB	BC	CD		
6	跨間長度L	1,200.000	1,500.000	1,200.000		
7	彈性係數E	2,092.000	2,092.000	2,092.000		
8	斷面慣性矩I	70,000.000	70,000.000	70,000.000		
9	均佈載重(下正)w	0.040	0.040	0.040		
10	節點	A	B	C	D	
11	沉陷量(下正)	1.000	5.000	2.000	4.000	
12						
13	方程式↓彎矩→	MA	MB	MC	MD	右端常數
14	支承B		0.077	0.021		-662.056
15	支承C		0.021	0.077		-775.024
16	最後節點彎矩	0.000	-6275.721	-8303.352	0.000	
17	樑段左端剪力	18.770	28.648	30.919		
18	樑段右端剪力	29.230	31.352	17.081		
19	支承點反力(正上)	18.770	57.878	62.271	17.081	

圖 10-4-5

	A	B	C	D	E	F
3	連續樑三彎矩方程式法試算表[例題10-3-4]					
4	跨間數	3	左端點A	鉸或滾支承	右端點D	鉸或滾支承
5	跨間	AB	BC	CD		
6	跨間長度L	600.000	900.000	600.000		
7	彈性係數E	2,092.000	2,092.000	2,092.000		
8	斷面慣性矩I	50,000.000	50,000.000	50,000.000		
9	均佈載重(下正)w	0.000	0.000	0.000		
10	節點	A	B	C	D	
11	沉陷量(下正)	0.000	0.000	1.500	0.000	
12						
13	方程式↓彎矩→	MA	MB	MC	MD	右端常數
14	支承B		0.060	0.018		-20.920
15	支承C		0.018	0.060		52.300
16	最後節點彎矩	0.000	-670.513	1072.821	0.000	
17	樑段左端剪力	-1.118	1.937	-1.788		
18	樑段右端剪力	1.118	-1.937	1.788		
19	支承點反力(正上)	-1.118	3.055	-3.725	1.788	

圖 10-4-6

	A	B	C	D	E	F
3	連續樑三彎矩方程式法試算表[例題10-3-5]					
4	跨間數	1	左端點A	固定支承	右端點B	固定支承
5	跨間	AB				
6	跨間長度L	20.000				
7	彈性係數E	1.000				
8	斷面慣性矩I	1.000				
9	均佈載重(下正)w	0.000				
10	集中載重(下正)P	10.000				
11	距左支承a	5.000				
12	節點	A	B			
13	沉陷量(下正)	0.000	0.000			
14						
15	方程式↓彎矩→	MA	MB	右端常數		
16	支承A	40.000	20.000	-1312.500		
17	支承B	20.000	40.000	-937.500		
18	最後節點彎矩	-28.125	-9.375			
19	樑段左端剪力	8.438				
20	樑段右端剪力	1.563				
21	支承點反力(正上)	8.438	1.563			

圖 10-4-7

習　題

★★★習題詳解請參閱 ST10 習題詳解.doc 與 ST10 習題詳解.xls 電子檔★★★

1. 試以三彎矩方程式法分析超靜定連續樑？彈性係數均相同，但樑段 BC 的慣性矩為樑段 AB 的 2 倍。（圖一）

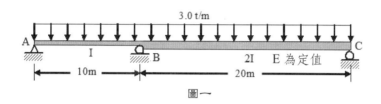

圖一

2. 試以三彎矩方程式法分析超靜定連續樑？彈性係數均相同，但樑段 BC 的慣性矩為樑段 AB、CD 的 2 倍。（圖二）

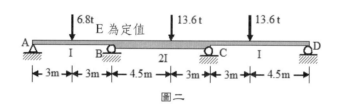

圖二

3. 試以三彎矩方程式法分析超靜定連續樑？彈性係數均相同，但樑段 BC 的慣性矩為樑段 AB、CD 的 2 倍。（圖三）

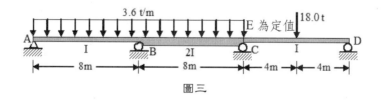

圖三

4. 試以三彎矩方程式法分析超靜定連續樑？各樑段彈性係數與慣性矩均相同。（圖四）

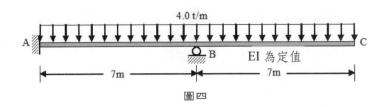

圖四

5.試以三彎矩方程式法分析超靜定連續樑？各樑段彈性係數與慣性矩均相同。（圖五）

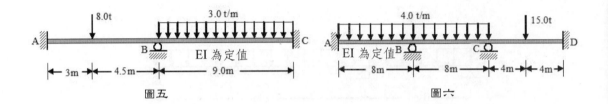

圖五　　　　　　　　　　　　　　圖六

6.試以三彎矩方程式法分析超靜定連續樑？各樑段彈性係數與慣性矩均相同。（圖六）

7.試以三彎矩方程式法分析超靜定連續樑？各樑段彈性係數與慣性矩均相同。（圖七）

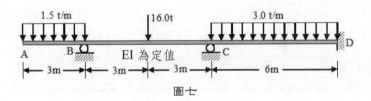

圖七

8.試以三彎矩方程式法分析超靜定連續樑？彈性係數均相同，但樑段 BE 的慣性矩為樑段 AB 的 2 倍。（圖八）

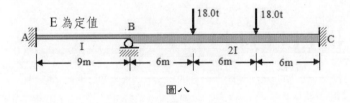

圖八

9. 試以三彎矩方程式法分析超靜定連續樑？各樑段彈性係數與慣性矩均相同。（圖九）

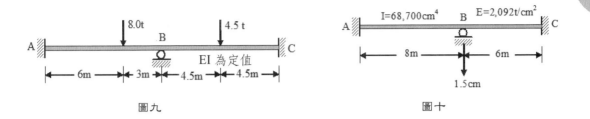

圖九　　　　　　　　　　　　　圖十

10. 試以三彎矩方程式法分析超靜定連續樑因支承 B 沉陷 1.5 公分所引起的應力？各樑段彈性係數為 2092t/cm²，慣性矩為 68,700cm⁴。（圖十）

11. 試以三彎矩方程式法分析超靜定連續樑因載重及支承 A 沉陷 1.0 公分，支承 B 沉陷 6.5 公分，支承C沉陷 4.0 公分所引起的應力？彈性係數E=2092t/cm²，慣性矩I=50,000cm⁴。（圖十一）

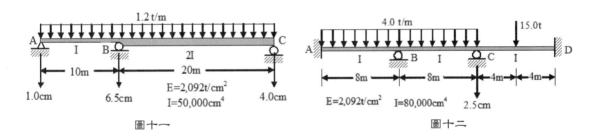

圖十一　　　　　　　　　　　　圖十二

12. 試以三彎矩方程式法分析超靜定連續樑因載重及支承C沉陷 2.5 公分所引起的應力？彈性係數 E=2092t/cm²，慣性矩 I=80,000cm⁴。（圖十二）

13. 試以三彎矩方程式法分析超靜定連續樑因載重及支承 A 沉陷 1.3 公分，支承 B 沉陷 10 公分，支承 C 沉陷 7.5 公分，支承 D 沉陷 6.25 公分所引起的應力？彈性係數 E=2092t/cm²，慣性矩 I=208,000cm⁴。（圖十三）

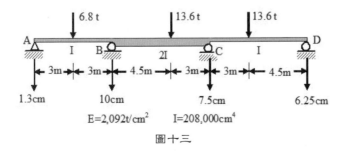

圖十三

14.試以三彎矩方程式法程式習題 13？

15.試以三彎矩方程式法程式分析超靜定連續樑？樑材的彈性係數均同，各樑段相對慣性矩、載重如下表。（圖十四）

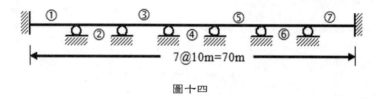

圖十四

	樑段①	樑段②	樑段③	樑段④	樑段⑤	樑段⑥	樑段⑦
相對慣性矩	I	I	2I	2I	2I	I	I
均佈載重	6/t/m	0	4t/m	0	2.5t/m	0	5.4t/m
集中載重	0	12t	0	15t	0	17t	0
距左側長	0	7m	0	3m	0	4.9m	0

CHAPTER

超靜定結構感應線

11

11⁻¹ 結構感應線

    感應線是一種結構物承受可移動或移動載重的結構分析技術。第五章已就感應線的概念、靜定樑與剛架感應線、靜定桁架桿件感應線、橋面系統感應線的繪製，Müller-Breslau's 原理及桿件或斷面最大應力與整個結構最大應力的推算方法詳加說明。本章就超靜定結構物的數值感應線繪製，及利用 Müller-Breslau's 原理繪製描述性感應線（Qualitative Influence Lines）的方法詳加說明。至於感應線的應用則無靜定或超靜定結構物之區別，故不再贅述。超靜定結構物的數值感應線先就樑與桁架部分論述，至於超靜定剛架則請參考第十四章勁度分析法習題 10，習題 11 習題詳解處理之。

    感應線均應指明結構物中某一力素（如反力、桿力、剪力或彎矩等）的感應線。圖 11-1-1 的靜定樑中，支承點 A、B 的反力 A_Y、B_Y，樑上點 C 的剪力 V_C 或彎矩 M_C 或其他點的剪力或彎矩均為該結構物的力素。

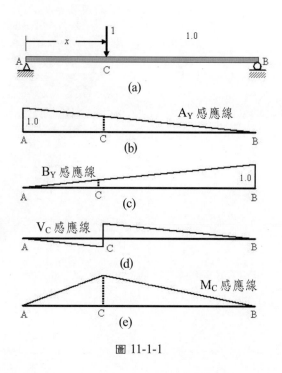

圖 11-1-1

    每一個力素均有其感應線；反力 A_Y 的感應線表示單位向下載重在樑上各點時的反力 A_Y 值如圖 11-1-1(b)。感應線上某一點的橫座標表示單位載重的位置，縱座標則表示該感應線力素的值；如圖 11-1-1(b)的點 A 縱座標值表示單位載重在點 A 時，反力 A_Y

的值;點 C 縱座標值表示單位載重在點 C 時,反力 A_Y 的值;其餘類推之。力素的感應線以圖形表示之,其寬度與結構物承受載重的寬度一致。感應線與彎矩圖或剪力圖的主要區別在於感應線的單位載重位置是變動的,而力素的位置則是固定的;彎矩圖或剪力圖則載重位置固定,但力素的位置是變動的。

一個結構物中某一力素的感應線求得之後,其他力素的感應線則可根據已求得的一個或多個力素感應線推求之,當然也可個別推求之。例如,由圖 11-1-1(a)知反力 B_Y 應等於 1 減反力 A_Y,故反力 B_Y 的感應線縱座標值係 1.0 減去反力 A_Y 感應線相當點的縱座標值即得,如圖 11-1-1(c)。點 C 的剪力感應線則可由反力 A_Y 與 B_Y 的感應線推求之,當單位載重在點 C 右側時,點 C 的剪力相當於反力 A_Y 的正值,故取圖 11-1-1(b)反力 A_Y 感應線的點 C 右側部分;當單位載重在點 C 左側時,點 C 的剪力相當於反力 B_Y 的負值,故取圖 11-1-1(c)反力 B_Y 感應線的點 C 左側部分的負值,如圖 11-1-1(d)。

同理,圖 11-1-1(e)的點 C 彎矩 M_C 感應線也可由反力 A_Y 與 B_Y 的感應線推求之,當單位載重在點 C 右側時,點 C 的彎矩相當於反力 A_Y 乘以 AC 段的長度,故取圖 11-1-1(b)反力 A_Y 感應線的點 C 右側部分的縱座標值乘以 AC 段的長度;當單位載重在點 C 左側時,點 C 的彎矩相當於反力 B_Y 乘以 BC 段的長度,故取圖 11-1-1(c)反力 B_Y 感應線的點 C 左側部分的縱座標值乘以 BC 段的長度,如圖 11-1-1(e)。

靜定結構物的感應線均為直線,而超靜定結構物的感應線則是曲線或是曲線中的弦線,此點留待次節說明。推求超靜定結構物的感應線,應先推求某一贅餘力的感應線;贅力推得之後,使整個結構變成靜定結構,因此其他各力素的感應線應可據此贅力感應線及(或)其他感應線推求之。贅餘力則可應用前述各種變形計算方法及諧和分析法或最小功法等方法推求之。

11^{-2} 　超靜定樑與桁架感應線

超靜定樑與桁架感應線的繪製應先選擇並移除贅餘力使成靜定樑或桁架,以諧和變形分析法或最小功法推求贅力感應線,則靜定樑或桁架的其他力素便可據以推求之。超靜定結構的感應線均為曲線或曲線上的弦線,故僅能選擇樑或桁架上重要關鍵點(支承點、集中載重作用點、均佈載重變化處等)計算感應線上的縱座標值,再以平滑曲線連接之,即成感應線。茲以一度超靜定樑與桁架與多度超靜定樑與桁架分別說明如下。

11-2-1　一度超靜定樑與桁架感應線

圖 11-2-1(a)屬超靜定度 1 的兩跨超靜定連續樑，選擇支承點 B 的反力 B_Y 為贅餘力，則移除支承點 B 使之變成靜定樑。於圖 11-2-1(b)與支承點 A 有 x 間距的點 X 置一向下單位載重，則以諧和變形分析法或最小功法，及各種變形計算方法推得反力 B_Y。變化 x 值使單位載重在樑上不同位置可以計得不同的 B_Y 值，連接這些不同(x, B_Y)點，即構成反力 B_Y 的感應線。

圖 11-2-1(b)的 δ_{XX} 為單位載重在點 X 時，點 X 的變位量；δ_{BX} 則是單位載重在點 X 時，點 B 的變位量。圖 11-2-1(c)為在點 B 施加一向上單位載重時的變形；其中 $\bar{\delta}_{BB}$ 為單位向上載重在點 B 時，點 B 的變位量；$\bar{\delta}_{XB}$ 則是單向上載重在點 B 時，點 X 的變位量。支承點 B 的 0 變位即構成諧和變形條件而得諧和方程式

$$\bar{\delta}_{BB} B_Y + \delta_{BX} = 0，解得$$

$$B_Y = -\frac{\delta_{BX}}{\bar{\delta}_{BB}} \qquad\qquad （11-2-1）$$

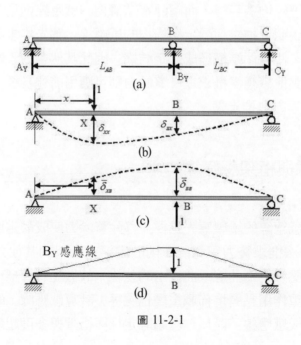

圖 11-2-1

根據公式（11-2-1）推求反力 B_Y 的感應線時，公式（11-2-1）中的 $\bar{\delta}_{BB}$ 僅需計算一次，而分子的 δ_{BX} 每次改變單位載重的位置 x 時，均須計算點 B 的變位量一次，如果

曲線感應線的取點數較多，則計算量相當可觀。但是根據馬克斯威互易定理，點 X 施加單位載重在點 B 的變位量，等於點 B 施加單位載重在點 X 的變位量，亦即 $\delta_{BX} = \delta_{XB}$，故公式（11-2-1）可以寫成

$$B_Y = -\frac{\overline{\delta}_{XB}}{\overline{\delta}_{BB}} \qquad\qquad （11\text{-}2\text{-}2）$$

公式（11-2-2）與公式（11-2-1）雖僅有些微的差異，但對於繪製感應線的計算量可以減輕不少。換言之，贅力 B_Y 的感應線為於點 B 施加單位向下載重時，感應線上取點位置的變位量 $\overline{\delta}_{XB}$ 除以點 B 的變位量 $\overline{\delta}_{BB}$。公式（11-2-1）中的負號乃因在點 B 與點 X 施加單位載重的方向並不一致所致，公式（11-2-2）中的變位量 $\overline{\delta}_{BB} = -\delta_{BB}$。

更進一步闡釋，B_Y 的感應線為反力 B_Y 移除後的靜定樑，在點 B 施加單位載重的變形曲線縱座標值乘以 $-1/\delta_{BB}$。如此可保證點 B 的感應線縱座標值恆為 1，此亦可印證 Müller-Breslau's 原理。8-3 節的 Müller-Breslau's 原理略述「一個結構物的某一反力、剪力或彎矩之感應線，為將反力、剪力或彎矩的束制去除後，使在反力、剪力或彎矩的正向產生一個單位的變形量後，結構物的變形線即為該反力、剪力或彎矩的感應線」，故圖 11-2-1(d)符合 Müller-Breslau's 原理。

根據 Müller-Breslau's 原理移除推求感應線的力素後，使靜定結構變成不穩定結構，故沿力素方向產生一個單位的變形後，原桿件仍保持直線；但是超靜定結構移除推求感應線的力素後，仍為靜定結構，則沿力素方向產生一個單位的變形後，桿件將有彎曲的變形，故超靜定結構物的感應線均為曲線。透過橋面系統的間接載重，其感應線為曲線中的弦線。

贅力 B_Y 的感應線求得之後，由圖 11-2-1(a)的靜力平衡方程式可得

$$C_Y = [-L_{AB}/\ (L_{AB}+L_{BC})]\,B_Y$$

換言之，C_Y 感應線為 B_Y 感應線所有縱座標值乘以 $-L_{AB}/\ (L_{AB}+L_{BC})$即得。同理，$A_Y$ 感應線為 B_Y 感應線所有縱座標值乘以 $-L_{BC}/\ (L_{AB}+L_{BC})$即得。點 B 或樑上其他點的剪力或彎矩感應線亦可類推之。

圖 11-2-2 為超靜定連續樑，樑段 AB 中點 E 的彎矩與剪力感應線固可依據反力感應線推求之，但也可取點 E 的彎矩或剪力為贅力推求之。

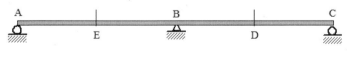

圖 11-2-2

為直接推求點E的彎矩感應線，可如圖 11-2-3 將點E切斷改以鉸接替代之，並於點 D 施加單位向下載重，而得點 E 鉸接點兩側切線的撓角變化量 α'_{ED}；另於鉸接點 E 兩側樑段，各施加方向相反的單位彎矩，如圖 11-2-4 得點 E 撓角量變化量 α_{EE}，點 D 變位量 δ'_{DE}。

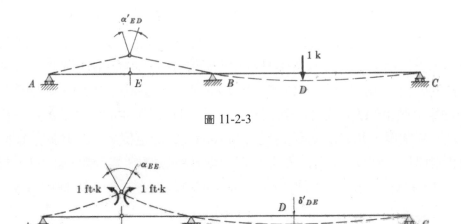

圖 11-2-3

圖 11-2-4

根據馬克斯威互易定理，於圖 11-2-3 點 D 施加單位向下載重，在點 E 所產生的撓角變化量 α'_{ED} 應等於圖 11-2-4，點 E 兩側各施加方向相反單位彎矩在點 D 所產生的變位量 δ'_{DE}，故點 E 的彎矩 M_E 為

$$M_E = \frac{\alpha'_{ED}}{\alpha_{EE}} = \frac{\delta'_{DE}}{\alpha_{EE}} \qquad （11-2-3）$$

為直接推求點E的剪力感應線，可如圖 11-2-5 將點E切斷，且使其能上下移動，但仍具彎矩與軸力抵抗能力的機具替代之。於點D施加單位向下載重而得點E兩側的相對變位 δ_{ED}；另於點 E 兩側施加方向相反的單位載重如圖 11-2-6，而於點 E 產生相對變位 δ_{EE}，點 D 產生絕對變位 δ_{DE}。

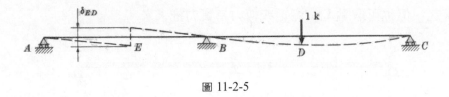

圖 11-2-5

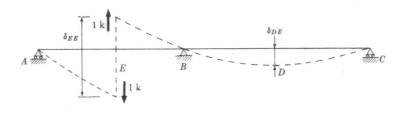

圖 11-2-6

　　根據馬克斯威互易定理，於圖 11-2-5 點 D 施加單位向下載重在點 E 所產生的相對變位量 δ_{ED}，應等於圖 11-2-6 點 E 施加方向相反單位載重在點 D 所產生的變位量 δ_{DE}，故點 E 的剪力 S_E 為

$$S_E = \frac{\delta_{ED}}{\delta_{EE}} = \frac{\delta_{DE}}{\delta_{EE}} \qquad (11\text{-}2\text{-}4)$$

11-2-2　多度超靜定樑與桁架感應線

　　圖 11-2-7(a)屬超靜定度 2 的三跨連續樑，選擇支承點 B、C 的反力 B_Y、C_Y 為贅餘力，則移除支承點 B、C，使之變成靜定樑。

　　為推算反力感應曲線上某些選擇重點的縱座標，先於圖 11-2-7(b)與支承點 A 有 x 間距的點 X 置一向下單位載重，以任意一種變形計算方法計算原支承點 B、C 之變位量 δ_{BX}、δ_{CX}；再如圖 11-2-7(c)於原支承點 B 施加向上單位載重以計算原支承點 B、C 之變位量 $\overline{\delta}_{BB}$、$\overline{\delta}_{CB}$；於原支承點 C 施加向上單位載重以計算原支承點 B、C 之變位量 $\overline{\delta}_{BC}$、$\overline{\delta}_{CC}$ 如圖 11-2-7(d)。

　　以支承點 B、C 變位量應等於 0 的物理限制條件，可得聯立諧和方程式

$$\begin{cases} \delta_{BX} + \overline{\delta}_{BB}\,B_Y + \overline{\delta}_{BC}\,C_Y = 0 \\ \delta_{CX} + \overline{\delta}_{CB}\,B_Y + \overline{\delta}_{CC}\,C_Y = 0 \end{cases} \qquad (11\text{-}2\text{-}5)$$

　　解此聯立方程式可以獲得當單位向下載重置於圖 11-2-7(b)某一位置 x 時的支承點 B、C 的反力 B_Y、C_Y；改變圖 11-2-7(b)的位置 x 又可解另一組聯立方程式，得另一組反力 B_Y、C_Y；如此繼續改變位置 x 當可解得多組的 x 與反力 B_Y、C_Y 組合。依據這些多組的 x 與反力 B_Y、C_Y 組合當可描繪出支承點 B、C 的反力感應線。聯立方程式（11-2-5）可以寫成如下的矩陣形式：

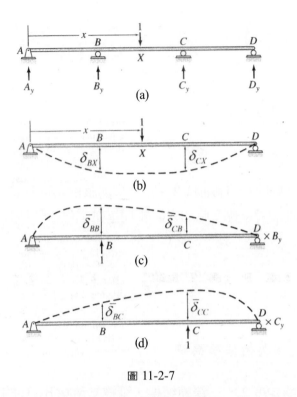

圖 11-2-7

$$\begin{bmatrix} \bar{\delta}_{BB} & \bar{\delta}_{BC} \\ \bar{\delta}_{CB} & \bar{\delta}_{CC} \end{bmatrix} \begin{bmatrix} B_Y \\ C_Y \end{bmatrix} = \begin{bmatrix} -\delta_{BX} \\ -\delta_{CX} \end{bmatrix} \tag{11-2-6}$$

當超靜定度為 1 時，公式（11-2-6）變成公式（11-2-2）。反之，當超靜定度為 3，而有 A_Y、B_Y、C_Y 等三個贅力時，公式（11-2-6）可以擴充為

$$\begin{bmatrix} \bar{\delta}_{AA} & \bar{\delta}_{AB} & \bar{\delta}_{AC} \\ \bar{\delta}_{BA} & \bar{\delta}_{BB} & \bar{\delta}_{BC} \\ \bar{\delta}_{CA} & \bar{\delta}_{CB} & \bar{\delta}_{CC} \end{bmatrix} \begin{bmatrix} A_Y \\ B_Y \\ C_Y \end{bmatrix} = \begin{bmatrix} -\delta_{AX} \\ -\delta_{BX} \\ -\delta_{CX} \end{bmatrix} \tag{11-2-7}$$

進而推之，當超靜度為 n，且有 Y_1、Y_2、Y_3、$\cdots$、Y_n 等 n 個贅力時，則可得聯立諧和方程式的矩陣式為

$$\begin{bmatrix} \bar{\delta}_{11} & \bar{\delta}_{12} & \bar{\delta}_{13} & \cdots & \bar{\delta}_{1n} \\ \bar{\delta}_{21} & \bar{\delta}_{22} & \bar{\delta}_{23} & \cdots & \bar{\delta}_{2n} \\ \bar{\delta}_{31} & \bar{\delta}_{32} & \bar{\delta}_{33} & \cdots & \bar{\delta}_{3n} \\ \cdots & \cdots & \cdots & \vdots & \vdots \\ \bar{\delta}_{n1} & \bar{\delta}_{n2} & \bar{\delta}_{n3} & \cdots & \bar{\delta}_{nn} \end{bmatrix} \begin{bmatrix} Y_1 \\ Y_2 \\ Y_3 \\ \vdots \\ Y_n \end{bmatrix} = \begin{bmatrix} -\delta_{1X} \\ -\delta_{2X} \\ -\delta_{3X} \\ \vdots \\ -\delta_{nX} \end{bmatrix} \tag{11-2-8}$$

　　由馬克斯威互易定理知$\delta_{XY}=\delta_{YX}$，故聯立方程式（11-2-6）、（11-2-7）、（11-2-8）可以寫成

$$\begin{bmatrix} \overline{\delta}_{BB} & \overline{\delta}_{BC} \\ \overline{\delta}_{BC} & \overline{\delta}_{CC} \end{bmatrix} \begin{bmatrix} B_Y \\ C_Y \end{bmatrix} = \begin{bmatrix} -\delta_{BX} \\ -\delta_{CX} \end{bmatrix} \tag{11-2-9}$$

$$\begin{bmatrix} \overline{\delta}_{AA} & \overline{\delta}_{AB} & \overline{\delta}_{AC} \\ \overline{\delta}_{AB} & \overline{\delta}_{BB} & \overline{\delta}_{BC} \\ \overline{\delta}_{AC} & \overline{\delta}_{BC} & \overline{\delta}_{CC} \end{bmatrix} \begin{bmatrix} A_Y \\ B_Y \\ C_Y \end{bmatrix} = \begin{bmatrix} -\delta_{AX} \\ -\delta_{BX} \\ -\delta_{CX} \end{bmatrix} \tag{11-2-10}$$

$$\begin{bmatrix} \overline{\delta}_{11} & \overline{\delta}_{12} & \overline{\delta}_{13} & \cdots & \overline{\delta}_{n1} \\ \overline{\delta}_{12} & \overline{\delta}_{22} & \overline{\delta}_{23} & \cdots & \overline{\delta}_{n2} \\ \overline{\delta}_{13} & \overline{\delta}_{23} & \overline{\delta}_{33} & \cdots & \overline{\delta}_{n3} \\ \cdots & \cdots & \cdots & \vdots & \vdots \\ \overline{\delta}_{1n} & \overline{\delta}_{2n} & \overline{\delta}_{n3} & \cdots & \overline{\delta}_{nn} \end{bmatrix} \begin{bmatrix} Y_1 \\ Y_2 \\ Y_3 \\ \vdots \\ Y_n \end{bmatrix} = \begin{bmatrix} -\delta_{1X} \\ -\delta_{2X} \\ -\delta_{3X} \\ \vdots \\ -\delta_{nX} \end{bmatrix} \tag{11-2-11}$$

　　觀察聯立方程式（11-2-9）、（11-2-10）、（11-2-11）可知，係數矩陣均為對稱矩陣，其中對角線上係數為各贅力作用點施加單位載重的贅力作用點變位量。例如，公式（11-2-7）中，$\overline{\delta}_{BB}$ 為贅力 B_Y 作用點施加單位向上載重時，點 B 的變位量；對角線以外的元素如公式（11-2-11）的第一列中 $\overline{\delta}_{12}$、$\overline{\delta}_{13}$ 到 $\overline{\delta}_{1n}$ 等，表示單位向上載重施加於點 2、3 到點 n 時，點 1 的變位量。各係數矩陣均為對稱矩陣，故僅需推算對角線元素及對角線以上或以下諸元素即可。一個含有 n 個贅力的超靜定樑，需要推算 $n\,(n+1)/2$ 個變位量係數及等號右側 n 個變位量，即可獲得一組聯立諧和方程式。

　　每一個不同的單位向下載重的置放位置可以獲得一組聯立方程式，解之即得樑上位置 x 的各贅力感應線縱座標值；改變不同位置 x，即可以平滑曲線連接各點而成各贅力的感應線。

　　贅力感應線推得之後，當可依據靜定樑推求樑上其他反力、彎矩或剪力等力素的感應線。

11-2-3　超靜定樑與桁架感應線推演步驟

　　依據前述諧和變形分析法推求超靜定樑贅力感應線的論述，可得推演步驟為：

1. 判定超靜定樑的超靜定度，並選擇與超靜定度數相同的贅力。

2. 選擇樑上需要感應線縱座標值的一些關鍵點。

3. 沿樑上這些關鍵點逐一置放單位向下載重。對每一單位向下載重置放位置，推算所有關鍵點的變位量，以構成一個聯立諧和方程式，而解得各贅力的感應線在該位置的縱座標值；以平滑曲線連接不同位置的縱座標值點，即得贅力感應線。聯立方程式係數矩陣對角線元素為單位向上載重作用於贅力作用點時，各贅力作用點的變位量，其他係數元素可依馬克斯威互易定理，以減少變位量的計算量。

4. 贅力感應線求得之後，靜定樑上其他力素的感應線均可由該贅力感應線或其他力素感應線共同推求之。

茲舉數例以熟悉超靜定樑及桁架感應線繪製步驟。

例題 11-2-1

試繪製圖 11-2-8 超靜定懸臂樑支承點 D 的反力感應線圖及斷面 C 的彎矩感應線圖？

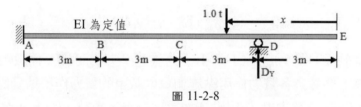

圖 11-2-8

解答：

圖 11-2-8 屬 1 度超靜定懸臂梁，選擇支承點 D 的反力為贅力，則移除支承點 D 並以假設向上的反力 D_Y 替代之，形成靜定懸臂梁。

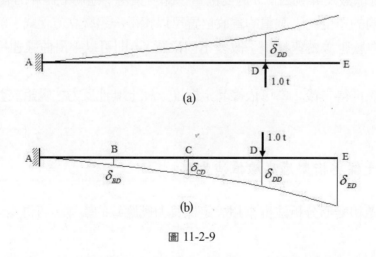

圖 11-2-9

圖 11-2-9(a)為沿反力 D_Y 方向施加單位載重（向上）的靜定樑變位圖，點 D 的變位為 $\bar{\delta}_{DD}$；圖 11-2-9(b)為在點 D 施加單位向下載重的樑上各點變位圖。由馬克斯威互易定理可知，圖 11-2-9(b)的 δ_{BD} 也等於單位向下載重施加於點 B 的點 D 變位量；同理，δ_{CD} 也等於單位向下載重施加於點 C 的點 D 變位量；δ_{ED} 也等於單位向下載重施加於點 E 的點 D 變位量。

圖 11-2-9(b)中的各變位量可依各種變位計算方法計得，或依附錄 A 的第 1 種載重情形計算之。按 L=12m，$a=9$m

$$x=0\text{m，可計得點 A 的變位量 } \delta_{AD} = \frac{1}{6EI}(0^3 - 3(9)(0^2)) = 0.0\text{t-m}^3/\text{t}$$

$$x=3\text{m，可計得點 B 的變位量 } \delta_{BD} = \frac{1}{6EI}(3^3 - 3(9)(3^2)) = \frac{-36}{EI}\text{t-m}^3/\text{t}$$

$$x=6\text{m，可計得點 C 的變位量 } \delta_{CD} = \frac{1}{6EI}(6^3 - 3(9)(6^2)) = \frac{-126}{EI}\text{t-m}^3/\text{t}$$

$$x=9\text{m，可計得點 D 的變位量 } \delta_{DD} = \frac{1}{6EI}(9^3 - 3(9)(9^2)) = \frac{-243}{EI}\text{t-m}^3/\text{t}$$

$$x=12\text{m，可計得點 E 的變位量 } \delta_{ED} = \frac{1(9^2)}{6EI}(9 - 3(12)) = \frac{-364.5}{EI}\text{t-m}^3/\text{t}$$

按圖 11-2-9 知 $\bar{\delta}_{DD} = -\delta_{DD} = -\frac{-243}{EI} = \frac{243}{EI}$t-m^3/t，帶入公式（11-2-2）可得

$$\text{單位載重在點 A 時，} D_Y = \frac{\delta_{AD}}{\bar{\delta}_{DD}} = -\frac{0}{243} = 0.0\text{t/t，}$$

$$\text{單位載重在點 B 時，} D_Y = \frac{\delta_{BD}}{\bar{\delta}_{DD}} = \frac{\delta_{BD}}{\delta_{DD}} = -\frac{-36}{243} = 0.148\text{t/t，}$$

$$\text{單位載重在點 C 時，} D_Y = \frac{\delta_{CD}}{\bar{\delta}_{DD}} = \frac{\delta_{CD}}{\delta_{DD}} = -\frac{-126}{243} = 0.519\text{t/t，}$$

$$\text{單位載重在點 D 時，} D_Y = \frac{\delta_{DD}}{\bar{\delta}_{DD}} = \frac{\delta_{D}}{\delta_{DD}} = -\frac{-243}{243} = 1.0\text{t/t，}$$

$$\text{單位載重在點 E 時，} D_Y = \frac{\delta_{ED}}{\bar{\delta}_{DD}} = \frac{\delta_{ED}}{\delta_{DD}} = -\frac{-364.5}{243} = 1.5\text{t/t，}$$

以平滑曲線描繪(0, 0.0)，(3, 0.148)，(6, 0.519)，(9, 1.0)，(12, 1.5)諸點即得反力 D_Y 的感應線圖，如圖 11-2-10(a)。

反力 D_Y 感應線求得後，可依靜定懸臂樑推求其他力素的感應線。點 C 的彎矩感應線，可依圖 11-2-10(b)當單位向下載重置於點 E 時的 $D_Y=1.5$ 推算 M_C 如下：

$$x=0\text{m（點 E）時 } D_Y = 1.5，M_C = 1.5(3) - 1(6) = -1.5\text{t-m/t（逆鐘向）}$$

$$x=3\text{m（點 D）時 } D_Y = 1.0，M_C = 1.0(3) - 1(3) = 0$$

$$x=6\text{m（點 C）時 } D_Y = 0.519，M_C = 0.519(3) - 1(0) = 1.557\text{t-m/t（順鐘向）}$$

$$x=9\text{m（點 B）時 } D_Y = 0.148，M_C = 0.148(3) = 0.444\text{t-m/t（順鐘向）}$$

$$x = 12\text{m}（點 A）時 D_Y = 0.0，M_C = 0.0(3) = 0.0$$

以平滑曲線描繪$(0, -1.5)$，$(3, 0.0)$，$(6, 1.557)$，$(9, 0.444)$，$(12, 0)$諸點即得反力 M_C 的感應線圖，如圖 11-2-10(c)。

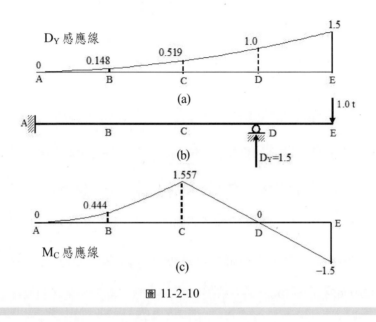

圖 11-2-10

例題 11-2-2

試繪製圖 11-2-11 超靜定兩跨連續樑的滾支承點 A 反力 A_Y，及樑段 BC 中點 D 的彎矩 M_D 感應線圖？每隔 2.5m 計算一個感應線上的縱座標值，樑的材質均勻且斷面慣性矩全樑相同。

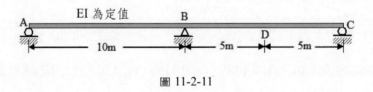

圖 11-2-11

解答：

圖 11-2-11 屬 1 度超靜定兩跨連續梁，選擇支承點 A 的反力為贅力，則移除支承點 A，並以假設向上的反力 A_Y 替代之，而形成靜定兩跨梁。

欲推算靜定樑上每隔 2.5m 各點逐一施加單位向下載重的點 A 變位量，相當於點 A 置放單位向下載重時，靜定樑上每隔 2.5m 各點的變位量。故於圖 11-2-12(a)點 A 置

放向下單位載重，以計算靜定樑上每隔2.5m各點的變位量。

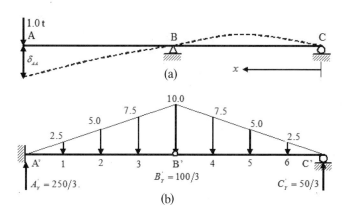

圖 11-2-12

圖 11-2-12(b)為圖 11-2-12(a)的共軛樑圖，負的彎矩圖產生向下的 M/EI 彈性載重，共軛樑上的點 1、2、3、B'、4、5、6 的間隔均為 2.5m。原樑上間隔 2.5m 各點的變位量相當於共軛樑上相當點的彎矩，分別計算如下（假設 $EI=1$）：

$\delta_{CA} = M_{C'} = 0$

$\delta_{6A} = M_6 = (50/3)(2.5) - 2.5(2.5/2)(2.5/3) = 39.0625$（向上）

$\delta_{5A} = M_5 = (50/3)(5.0) - 5.0(5.0/2)(5.0/3) = 62.50$（向上）

$\delta_{4A} = M_4 = (50/3)(7.5) - 7.5(7.5/2)(7.5/3) = 54.6875$（向上）

$\delta_{BA} = M_{B'} = 0$

$\delta_{3A} = M_3 = -(100/3)(2.5) - 2.5(7.5/2)(2.5/3) - 2.5(10.0/2)(2 \times 2.5/3) = -111.97917$

$\delta_{2A} = M_2 = -(100/3)(5.0) - 5.0(5.0/2)(5.0/3) - 5.0(10.0/2)(2 \times 5.0/3) = -270.8333$

$\delta_{1A} = M_1 = -(100/3)(7.5) - 7.5(2.5/2)(7.5/3) - 7.5(10.0/2)(2 \times 7.5/3) = -460.9375$

$\delta_{AA} = M_{A'} = -(100/3)(10.0) - 10.0(10.0/2)(2 \times 10.0/3) = -666.6667$

依據反力 A_Y 的假設方向，於點 A 施加向上單位載重，則點 A 的變位量相當 $M_{A'}$ 的負量，即 $\bar{\delta}_{AA} = -(-666.6667) = 666.6667$

根據公式（11-2-2）可以計得 A_Y 感應線上各間隔點的縱座標值如下：

$x=0$m 時（點 C），$A_Y = -\delta_{CA}/\bar{\delta}_{AA} = -(0.0)/(666.6667) = 0.0$

$x=2.5$m 時（點 6），$A_Y = -\delta_{6A}/\bar{\delta}_{AA} = -(39.063)/(666.6667) = -0.059$

$x=5.0$m 時（點 5），$A_Y = -\delta_{5A}/\bar{\delta}_{AA} = -(62.500)/(666.6667) = -0.094$

$x = 7.5\text{m}$ 時（點 4），$A_Y = -\delta_{4A}/\bar{\delta}_{AA} = -(54.688)/(666.6667) = -0.082$，等等如下表。

x	0.00	2.50	5.00	7.50	10.00	12.50	15.00	17.50	20.00
δ_{XA}	0.000	-39.063	-62.500	-54.688	0.000	111.979	270.833	460.938	666.667
$A_Y = -\delta_{XA}/\bar{\delta}_{AA}$	0.000	-0.059	-0.094	-0.082	0.000	0.168	0.406	0.691	1.000
C_Y	1.000	0.691	0.406	0.168	0.000	-0.082	-0.094	-0.059	0.000
B_Y	0.000	0.367	0.688	0.914	1.000	0.914	0.688	0.367	0.000
M_D	0.000	0.957	2.031	0.840	0.000	-0.410	-0.469	-0.293	0.000
S_D	0.000	-0.309	-0.594						
			0.406	0.168	0.000	-0.082	-0.094	-0.059	0.000

依據平衡方程式，反力 C_Y 與反力 A_Y 等值，亦即 $x = 0\text{m}$ 的 C_Y 等於 $x = 20\text{m}$ 的 A_Y 值；$x = 2.5\text{m}$ 的 C_Y 等於 $x = 20 - 2.5 = 17.5\text{m}$ 的 A_Y 值；$x = 5.0\text{m}$ 的 C_Y 等於 $x = 20 - 5 = 15\text{m}$ 的 A_Y 值等，如上表。

再依據平衡方程式，反力 $B_Y = 1 - (A_Y + C_Y)$ 感應線上各點的縱座標值如上表。

樑段 BC 中點 D 的彎矩感應線上各點的縱座標值可以計算如下：

$x = 0\text{m}$ 時，$M_D = C_Y(0) = 0$

$x = 2.5\text{m}$ 時，$M_D = C_Y(5.0) - 1(2.5) = 0.691(5.0) - 2.5 = 0.955$

$x = 5.0\text{m}$ 時，$M_D = C_Y(5.0) = 0.406(5.0) = 2.030$

$x = 7.5\text{m}$ 時，$M_D = C_Y(5.0) = 0.168(5.0) = 0.840$，等等如上表。

樑段 BC 中點 D 的剪力感應線上各點的縱座標值可以計算如下：

$x = 0\text{m}$ 時，$S_D = C_Y - 1 = 0$

$x = 2.5\text{m}$ 時，$S_D = C_Y - 1 = 0.691 - 1 = -0.309$

$x = 5.0\text{m}$ 右側時，$S_D = C_Y - 1 = 0.406 - 1 = -0.594$

$x = 5.0\text{m}$ 左側時，$S_D = C_Y = 0.406$

$x = 7.5\text{m}$ 時，$S_D = C_Y = 0.168$

$x = 10.0\text{m}$ 時，$S_D = C_Y = 0.0$

$x = 12.5\text{m}$ 時，$S_D = C_Y = -0.082$，等等如上表。

支承點 A 的反力 A_Y 與樑段 BC 中點 D 的剪力與彎矩感應線，如圖 11-2-13。

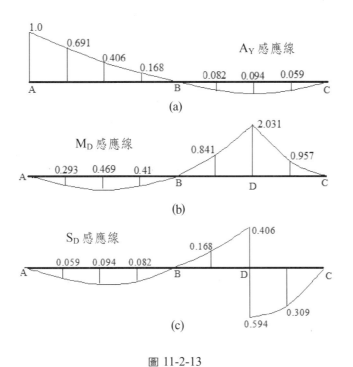

圖 11-2-13

如選擇支承點 B 的反力 B_Y 為贅力，則可套用附錄 A 的第 6 種載重情形，取 L=20，P=1，a=10 計算點 A（x=0m）、點 1（x=2.5m）、點 2（x=5.0m）等等各點的變位量如下表，再以點 B 的變位量除各點變位量，即得反力 B_Y 感應線上各點的縱座標值如下表。與上表 B_Y 感應線上各點的縱座標值相符。

	點 A	點 1	點 2	點 3	點 B	點 4	點 5	點 6	點 C
變位量	0.000	−61.198	−114.583	−152.344	−166.667	−152.344	−114.583	−61.198	0.000
B_Y 感應線縱座標值	0.000	0.367	0.688	0.914	1.000	0.914	0.688	0.367	0.000

例題 11-2-3

試計算例題 11-2-2 超靜定兩跨連續樑的樑段 BC 中點 D 的彎矩 M_D 感應線縱座標值？指定取彎矩 M_D 為贅力，每隔 2.5m 計算一個感應線上的縱座標值，樑的材質均勻且斷面慣性矩全樑相同。

解答：

指定選取樑段 BC 中點 D 的彎矩 M_D 為贅力，則將樑段 BC 中點 D 切斷，並以鉸接替代之，鉸接點左右各施加單位彎矩如圖 11-2-14。

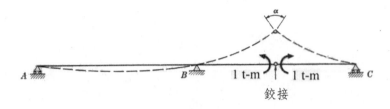

圖 11-2-14

依據公式（11-2-3）推求彎矩 M_D 的感應線縱座標值，應依圖 11-2-14 計算鉸接點的相對撓角 α 或 α_{DD}，及樑上各指定點變位量 δ'_{XD}。

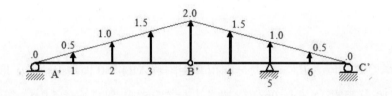

圖 11-2-15

圖 11-2-15 為圖 11-2-14 的共軛樑及彈性載重，就樑段 A'B'的平衡得

$$V_{B'} = \frac{2 \times 10}{2} \times \frac{2}{3} = 6.667 \downarrow$$

$$R_{A'} = \frac{10 \times 2}{2} \times \frac{1}{3} = 3.333 \downarrow$$

就樑段 B'C'的平衡

$$R_5 + \frac{6.667 \times 10}{5} + \frac{2 \times 10}{2} \times \frac{2 \times 10}{3} \times \frac{1}{5} = 0 \text{，解得 } R_5 = -26.667 \downarrow$$

$$R_{C'} + [(10 \times 2)/2] \times 2 - 3.333 - 26.667 = 0 \text{，解得 } R_{C'} = 10.0 \uparrow$$

鉸接點的相對撓角 α 或 α_{DD} 為共軛樑上點 5 的剪力，即

$$EI\alpha = \alpha_{DD} = -R_5 = 26.667$$

真實樑上各點的變位量即為共軛樑上相當點的彎矩，計算如下：

$$EI\delta'_{1D} = M_1 = -3.333(2.5) + \frac{0.5(2.5)}{2} \times \frac{2.5}{3} = -7.812$$

$$EI\delta'_{2D} = M_2 = -3.333(5) + \frac{1.0(5)}{2} \times \frac{5}{3} = -12.498$$

$$EI\delta'_{3D} = M_3 = -3.333(7.5) + \frac{1.5(7.5)}{2} \times \frac{7.5}{3} = -10.935$$

$$EI\delta'_{B'D} = M_{B'} = 0$$

$$EI\delta'_{4D} = M_4 = 6.667(2.5) + \frac{2(2.5)}{2} \times \frac{2(2.5)}{3} + \frac{1.5(2.5)}{2} \times \frac{2.5}{3} = 22.397$$

$$EI\delta'_{5D} = M_5 = 6.667(5) + \frac{2(5)}{2} \times \frac{2(5)}{3} + \frac{1(5)}{2} \times \frac{5}{3} = 54.168$$

$$EI\delta'_{6D} = M_6 = 10.0(2.5) + \frac{0.5(2.5)}{2} \times \frac{2.5}{3} = 525.521$$

依據公式（11-2-3）得彎矩 M_D 感應線各點縱座標值如下表：

	點 1	點 2	點 3	點 B	點 4	點 5	點 6
點 E 的相對撓角 $\alpha = \alpha_{DD}$	26.667						
樑上各點變位量 δ_{XD}	-7.812	-12.49	-10.93	0.000	22.397	54.168	25.521
M_D 感應線總座標	-0.293	-0.469	-0.410	0.000	0.840	2.031	0.957

例題 11-2-4

試計算例題 11-2-2 超靜定兩跨連續樑的樑段 BC 中點 D 的剪力 S_D 感應線縱座標值？指定取剪力 S_D 為贅力，每隔 2.5m 計算一個感應線上的縱座標值，樑的材質均勻且斷面慣性矩全樑相同。

解答：

指定選取樑段 BC 中點 D 的剪力 S_D 為贅力，則將樑段 BC 中點 D 切斷，使能上下移動，但仍具彎矩與軸力抵抗能力，鉸接點左右各施加單位載重如圖 11-2-16。

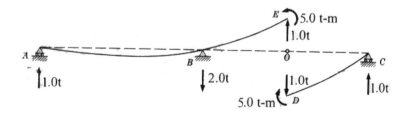

圖 11-2-16

依據公式（11-2-4）推求剪力 S_D 的感應線縱座標值，應依圖 11-2-17 計算鉸接點的相對變位量 δ_{EE} 及樑上各指定點變位量 δ_{XD}。

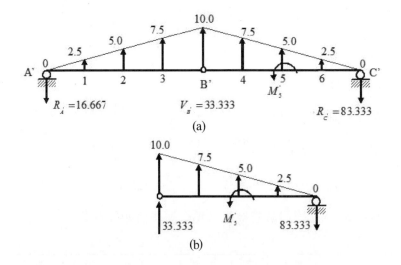

圖 11-2-17

圖 11-2-17(a)為圖 11-2-16 的共軛樑及彈性載重。圖 11-2-16 點 O 左側點 E 有明顯的上移，而點 O 右側點 D 則有明顯的下移，因此共軛樑上點 5 左右側的彎矩值除有正負之別外，其值的大小亦可能相異。圖 11-2-16 中點 D 與點 E 雖有相對位移，但其切線則保持平行。圖 11-2-17(b)點 5 上的正彎矩 M_5 可使點 5 左右側彎矩產生突變，而剪力值相同的目的。

就樑段 A'B'的平衡得 $R_{A'} + \dfrac{10 \times 10}{2} \times \dfrac{1}{3} = 0$，解得

$$R_{A'} = -16.667 \downarrow \ , \ V_{B'} = \dfrac{10 \times 10}{2} \times \dfrac{2}{3} = 33.333 \downarrow$$

就樑段 B'C'的平衡得 $R_{C'} - 16.667 + \dfrac{10 \times 20}{2} = 0$，解得 $R_{C'} = -83.333 \downarrow$

$M_5' + (-33.333)(10) + \dfrac{-10(10)}{2} \times \dfrac{2 \times 10}{3} = 0$，解得 $M_5' = 666.663$（逆鐘向）

真實樑上各點的變位量即為共軛樑上相當點的彎矩，計算如下：

$$EI\delta_{1D} = M_1 = -16.667(2.5) + \dfrac{2.5(2.5)}{2} \times \dfrac{2.5}{3} = -39.063 \downarrow$$

$$EI\delta_{2D} = M_2 = -16.667(5) + \dfrac{5.0(5)}{2} \times \dfrac{5}{3} = -62.502$$

$$EI\delta_{3D} = M_3 = -16.667(7.5) - \dfrac{7.5(7.5)}{2} \times \dfrac{7.5}{3} = -54.690$$

$$EI\delta_{B'D} = M_{B'} = 0$$

$$EI\delta_{4D} = M_4 = 33.333(2.5) + \dfrac{10(2.5)}{2} \times \dfrac{2(2.5)}{3} + \dfrac{7.5(2.5)}{2} \times \dfrac{2.5}{3} = 111.978 \uparrow$$

點 5 右側變位（彎矩）

$$EI\delta_{5DR} = M_{5R} = -83.666(5) + \frac{5(5)}{2} \times \frac{(5)}{3} = -395.832 \downarrow$$

點 5 左側變位（彎矩）

$$EI\delta_{5DL} = M_{5L} = M_5' + M_{5R} = 666.63 + (-395.832) = 270.798 \uparrow$$

$$EI\delta_{6D} = M_6 = -83.666(2.5) + \frac{2.5(2.5)}{2} \times \frac{2.5}{3} = -205.728 \downarrow$$

依據公式（11-2-4）得剪力 SD 感應線各點縱座標值如下表：

	點 1	點 2	點 3	點 B	點 4	點 5	點 6
相對變位量，點 5 的彎矩 $\delta_{EE} = M_s'$		666.663					
樑上各點變位量（左）δ_{XD}	− 39.063	− 62.502	− 54.690	0.000	111.978	270.798	
樑上各點變位量（右）δ_{XD}						− 395.832	− 205.728
S_D 感應線總座標值（左）	− 0.059	− 0.094	− 0.082	0.000	0.168	0.406	
S_D 感應線總座標值（右）						− 0.594	− 0.309

例題 11-2-5

試計算圖 11-2-18 超靜定二跨連續樑支承點 D、G 的反力 D_Y、G_Y 感應線，固定端 A 的彎矩 M_A 與反力 A_Y，及樑段 DG 中點 H 的剪力 S_H 與彎矩 M_H 感應線？每隔 5m 計算感應線上的縱座標值，全樑彈性係數 E、斷面慣性矩 I 為定值。

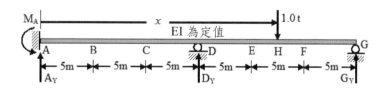

圖 11-2-18

解答：

圖 11-2-18 屬 2 度超靜定懸臂樑，選擇支承點 D、G 的反力 D_Y、G_Y 為贅力，則移除支承點 D、G，並以假設向上的反力 D_Y、G_Y 替代之，而形成靜定懸臂樑。

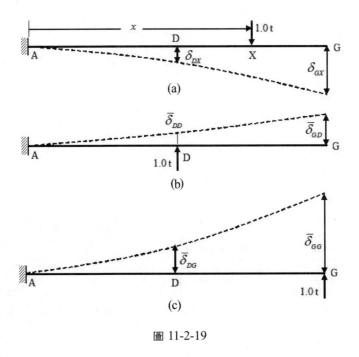

圖 11-2-19

依據公式（11-2-9）需要推算單位向下載重在任一位置x時，點 D、G 的變位量 δ_{DX}、δ_{GX} 如圖 11-2-19(a)；單位向上載重在點 D 時，點 D、G 的變位量 $\overline{\delta}_{DD}$、$\overline{\delta}_{GD}$ 如圖 11-2-19(b)及圖 11-2-19(c)單位向上載重在點 G 時，點 D、G 的變位量 $\overline{\delta}_{DG}$、$\overline{\delta}_{GG}$。套用公式（11-2-9）可得求解支承點 D、G 反力 D_Y、 G_Y 等贅力的聯立方程式

$$\begin{cases} \delta_{DX}+\overline{\delta}_{DD}D_Y+\overline{\delta}_{DG}G_Y=0 \\ \delta_{GX}+\overline{\delta}_{GD}D_Y+\overline{\delta}_{GG}G_Y=0 \end{cases} \tag{1}$$

改變不同單位向下載重位置 x 即可獲得不同變位量 δ_{DX}、δ_{GX}，帶入式(1)當可求得不同的支承點 D、G 反力 D_Y、 G_Y，或反力 D_Y、 G_Y 感應線的縱座標值。

題意指定每隔 5m 計算各種感應線一個縱座標值，故需將單位向下載重逐一置放於圖 11-2-20(a)的點 A、B、C、D、E、F、G 諸點，以推求圖 11-2-19(a)點 D、G 的變位量 δ_{DX}、δ_{GX} 才能求解反力 D_Y、G_Y。

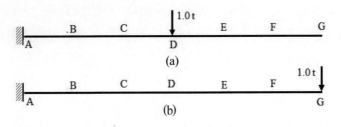

圖 11-2-20

依據馬克斯威互易定理，圖 11-2-19(a)示意將單位載重置於點 A、B、C、D、E、F、G 諸點，以推求點 D 的變位量 δ_{DX} 應等於圖 11-2-20(a)單位載重作用於點 D 時，點 A、B、C、D、E、F、G 諸點的變位量，如下表。

$x=$	0m	5m	10m	15m	20m	25m	30m
單位載重作用點	A	B	C	D	E	F	G
D 點變位 δ_{DX}	δ_{DA}	δ_{DB}	δ_{DC}	δ_{DD}	δ_{DE}	δ_{DF}	δ_{DG}
相當 $x=15$m，單位載重作用點 D							
各點變位	δ_{AD}	δ_{BD}	δ_{CD}	δ_{DD}	δ_{ED}	δ_{FD}	δ_{GD}

圖 11-2-19(a)示意將單位載重置於點 A、B、C、D、E、F、G 諸點，以推求點 G 的變位量 δ_{GX} 應等於圖 11-2-20(b)單位載重作用於點 G 時，點 A、B、C、D、E、F、G 諸點的變位量，如下表。

$x=$	0m	5m	10m	15m	20m	25m	30m
單位載重作用點	A	B	C	D	E	F	G
G 點變位 δ_{GX}	δ_{GA}	δ_{GB}	δ_{GC}	δ_{GD}	δ_{GE}	δ_{GF}	δ_{GG}
相當 $x=30$m，單位載重作用點 G							
各點變位	δ_{AG}	δ_{BG}	δ_{CG}	δ_{DG}	δ_{EG}	δ_{FG}	δ_{GG}

單位載重置於點 D 時，點 A、B、C、D、E、F、G 諸點的變位量可用任意變位計算方法推求之。支承點 D、G 移除後，符合附錄 A 第 1 種載重情形，故可依公式按 $L=30$、$a=15$、$P=1$ 推算各點的變位量如下：

$x=0$m 得點 A 變位量 $\delta_{AD}=\dfrac{P}{6EI}(x^3-3ax^2)=\dfrac{1}{6EI}(0^3-3(15)(0))=0$

$x=5$m 得點 B 變位量 $\delta_{BD}=\dfrac{P}{6EI}(x^3-3ax^2)=\dfrac{1}{6EI}(5^3-3(15)(5^2))=\dfrac{-166.667}{EI}$

$x=10$m 得點 C 變位量 $\delta_{CD}=\dfrac{1}{6EI}(10^3-3(15)(10^2))=\dfrac{-583.333}{EI}$

$x=15$m 得點 D 變位量 $\delta_{DD}=\dfrac{1}{6EI}(15^3-3(15)(15^2))=\dfrac{-1125.000}{EI}$

$x=20$m 得點 E 變位量 $\delta_{ED}=\dfrac{Pa^2}{6EI}(a-3x)=\dfrac{1(15^2)}{6EI}(15-3(20))=\dfrac{-1687.500}{EI}$

$x=25$m 得點 F 變位量 $\delta_{FD}=\dfrac{Pa^2}{6EI}(a-3x)=\dfrac{1(15^2)}{6EI}(15-3(25))=\dfrac{-2250}{EI}$

$x=30$m 得點 G 變位量 $\delta_{GD}=\dfrac{Pa^2}{6EI}(a-3x)=\dfrac{1(15^2)}{6EI}(15-3(30))=\dfrac{-2812.5}{EI}$

再按 L＝30、a＝30、P＝1 推算單位向下載重作用於點 G 時各點變位量如下：

x＝0m 得點 A 變位量 $\delta_{AG}=\dfrac{P}{6EI}(x^3-3ax^2)=\dfrac{1}{6EI}(0^3-3(30)(0))=0$

x＝5m 得點 B 變位量 $\delta_{BG}=\dfrac{P}{6EI}(x^3-3ax^2)=\dfrac{1}{6EI}(5^3-3(30)(5^2))=\dfrac{-354.167}{EI}$

x＝10m 得點 C 變位量 $\delta_{CG}=\dfrac{1}{6EI}(10^3-3(30)(10^2))=\dfrac{-1333.333}{EI}$

x＝15m 得點 D 變位量 $\delta_{DG}=\dfrac{1}{6EI}(15^3-3(15)(15^2))=\dfrac{-2812.5}{EI}$

x＝20m 得點 E 變位量 $\delta_{EG}=\dfrac{1}{6EI}(20^3-3(30)(20^2))=\dfrac{-4666.667}{EI}$

x＝25m 得點 F 變位量 $\delta_{FG}=\dfrac{1}{6EI}(25^3-3(30)(25^2))=\dfrac{-6770.833}{EI}$

x＝30m 得點 G 變位量 $\delta_{GG}=\dfrac{1}{6EI}(30^3-3(30)(30^2))=\dfrac{-9000}{EI}$

因為單位載重作用方向相反，故圖 11-2-19(b)的 $\bar{\delta}_{DD}$、$\bar{\delta}_{GD}$ 相當圖 11-2-20(a)中點 D、G 的變位量改變正負號；圖 11-2-19(c)中的 $\bar{\delta}_{DG}$、$\bar{\delta}_{GG}$ 相當圖 11-2-20(b)中點 D、G 的變位量改變正負號，亦即

$$\bar{\delta}_{DD}=-\bar{\delta}_{DD}=\frac{1125}{EI}$$

$$\bar{\delta}_{GD}=\bar{\delta}_{DG}=-\delta_{GD}=\frac{2812.5}{EI}$$

$$\bar{\delta}_{GG}=-\delta_{GG}=\frac{9000}{EI}$$

將該四個變位量帶入式(1)得

$$\begin{cases}\delta_{DX}+\dfrac{1125}{EI}D_Y+\dfrac{2812.5}{EI}G_Y=0\\[2mm]\delta_{GX}+\dfrac{2812.5}{EI}D_Y+\dfrac{9000}{EI}G_Y=0\end{cases}$$

$$解得\begin{cases}D_Y=EI(-0.00406349\delta_{DX}+0.00126984\delta_{GX})\\ G_Y=EI(0.00126984\delta_{DX}-0.00050794\delta_{GX})\end{cases} \tag{2}$$

將單位向下載重置於點 A、B、C、D、E、F、G 諸點的點 D、G 變位量 δ_{DX}、δ_{GX} 整理如下表。將每一橫行點 D、G 變位量 δ_{DX}、δ_{GX} 帶入式(2)，解得反力 D_Y、G_Y。例如以點 B 的 $\delta_{DX}=-166.667/EI$、$\delta_{GX}=-354.167/EI$ 帶入式(2)即得當單位向下載重置於點 B 時，反力 D_Y、G_Y 感應線在點 B 縱座標值。其餘各點類推之。

單位向下載重作用於	$x = ?$ m	δ_{DX}	δ_{GX}	D_Y (t/t)	G_Y (t/t)	A_Y (t/t)	M_A $(t\text{-}m/t)$
A 點	0.00	0.000	0.000	0.000	0.000	1.000	0.000
B 點	5.00	− 166.667	− 354.167	0.228	− 0.032	0.804	2.540
C 點	10.00	− 583.333	− 1333.333	0.677	− 0.063	0.386	1.735
D 點	15.00	− 1125.000	− 2812.500	1.000	0.000	0.000	0.000
E 點	20.00	− 1687.500	− 4666.667	0.931	0.228	− 0.159	− 0.805
F 點	25.00	− 2250.000	− 6770.833	0.545	0.582	− 0.127	− 0.635
G 點	30.00	− 2812.500	− 9000.000	0.000	1.000	0.000	0.000

依據平衡方程式，得固定端 A 的垂直反力 A_Y 感應線各點縱座標值為

$A_Y = 1 - D_Y - G_Y$，計算如上表 A_Y 欄位。

依平衡方程式 $\Sigma M_A = M_A - 1\,(x) + D_Y(15) + G_Y(30)$ 可以計得，各作用點的固定端 A 彎矩 M_A 感應線縱座標值，如上表 M_A 欄位。

當單位向下載重在點 H 左側時（點 E 以前），其剪力 S_H 取 G_Y 的負值，在點 H 右側時（點 E 以後）其剪力 S_H 取 $1 - G_Y$；當單位向下載重在點 H 左側時，其彎矩 M_H 取 $G_Y(7.5)$，在點 H 右側時，其彎矩 M_H 取 $G_Y(7.5) - 1\,(x - 22.5)$，但當 $x = 30$ 時，$M_H = 0$，如下表。

單位向下載重作用於	$x = ?$ m	δ_{DX}	δ_{GX}	D_Y (t/t)	G_Y (t/t)	S_H (t/t)	M_H $(t\text{-}m/t)$
A 點	0.00	0.000	0.000	0.000	0.000	0.000	0.000
B 點	5.00	− 166.667	− 354.167	0.228	− 0.032	0.032	− 0.240
C 點	10.00	− 583.333	− 1333.333	0.677	− 0.063	0.063	− 0.473
D 點	15.00	− 1125.000	− 2812.500	1.000	0.000	0.000	0.000
E 點	20.00	− 1687.500	− 4666.667	0.931	0.228	− 0.228	1.710
F 點	25.00	− 2250.000	− 6770.833	0.545	0.582	0.418	1.588
G 點	30.00	− 2812.500	− 9000.000	0.000	1.000	0.000	0.000

反力 D_Y、G_Y 感應線圖如圖 11-2-21。

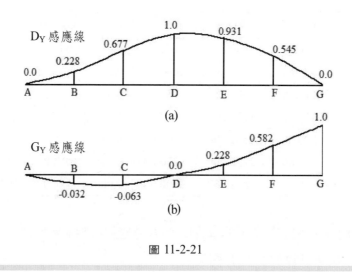

圖 11-2-21

例題 11-2-6

試計算圖 11-2-22 超靜定二跨連續樑支承點 C、E、G 的反力感應線每隔 5m 的縱座標值？全樑彈性係數 E、斷面慣性矩 I 為定值。

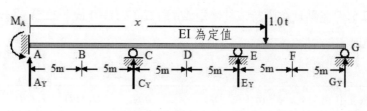

圖 11-2-22

解答：

圖 11-2-22 屬 3 度超靜定懸臂樑，選擇支承點 C、E、G 的反力 C_Y、E_Y、G_Y 為贅力，則移除支承點 C、E、G，並以假設向上的反力 C_Y、E_Y、G_Y 替代之，而形成靜定懸臂樑。

依據馬克斯威互易定理，僅需就圖 11-2-23 的三種載重分別計算每隔 5m 的指定點 A、B、C、D、E、F、G 諸點的變位量如下表。

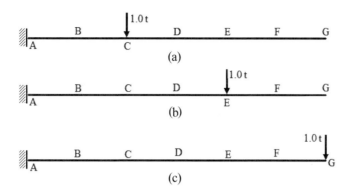

圖 11-2-23

變位點	單位向下載重在點 C 各點變位量		單位向下載重在點 E 各點變位量		單位向下載重在點 G 各點變位量	
點 A	δ_{AC}	0.000	δ_{AE}	0.000	δ_{AG}	0.000
點 B	δ_{BC}	-104.167	δ_{BE}	− 229.167	δ_{BG}	− 354.167
點 C	δ_{CC}	-333.333	δ_{CE}	− 833.333	δ_{CG}	− 1333.333
點 D	δ_{DC}	-583.333	δ_{DE}	− 1687.500	δ_{DG}	− 2812.500
點 E	δ_{EC}	-833.333	δ_{EE}	− 2666.667	δ_{EG}	− 4666.667
點 F	δ_{FC}	-1083.333	δ_{FE}	− 3666.667	δ_{FG}	− 6770.833
點 G	δ_{GC}	-1333.333	δ_{GE}	− 4666.667	δ_{GG}	− 9000.000

依據公式（11-2-7）需要推算單位向下載重在任一位置 x 時，點 C、E、G 的變位量 δ_{CX}、δ_{EX}、δ_{GX}；單位向上載重在點 C 時，點 C、E、G 的變位量 $\overline{\delta}_{CC}$、$\overline{\delta}_{EC}$、$\overline{\delta}_{GC}$，單位向上載重在點 E 時，點 C、E、G 的變位量 $\overline{\delta}_{CE}$、$\overline{\delta}_{EE}$、$\overline{\delta}_{GE}$ 及單位向上載重在點 G 時，點 C、E、G 的變位量 $\overline{\delta}_{CG}$、$\overline{\delta}_{EG}$、$\overline{\delta}_{GG}$。套用公式（11-2-7）可得求解支承點 C、E、G 的反力 C_Y、E_Y、G_Y 等贅力的聯立方程式矩陣式

$$\begin{bmatrix} \overline{\delta}_{CC} & \overline{\delta}_{CE} & \overline{\delta}_{CG} \\ \overline{\delta}_{EC} & \overline{\delta}_{EE} & \overline{\delta}_{EG} \\ \overline{\delta}_{GC} & \overline{\delta}_{GE} & \overline{\delta}_{GG} \end{bmatrix} \begin{bmatrix} C_Y \\ E_Y \\ G_Y \end{bmatrix} = \begin{bmatrix} -\delta_{CX} \\ -\delta_{EX} \\ -\delta_{GX} \end{bmatrix} \tag{1}$$

其中係數矩陣的變位量 $\overline{\delta}_{CE}$ 表示單位向上載重施加於點 E 時，點 C 的變位量；其值相當上表中 $-\overline{\delta}_{CE}$。因此式(1)可寫成

$$\begin{bmatrix} 333.33 & 833.333 & 1333.333 \\ 833.33 & 2666.667 & 4666.667 \\ 1333.333 & 4666.667 & 9000.000 \end{bmatrix} \begin{bmatrix} C_Y \\ E_Y \\ G_Y \end{bmatrix} = \begin{bmatrix} -\delta_{CX} \\ -\delta_{EX} \\ -\delta_{GX} \end{bmatrix} 得$$

$$\begin{bmatrix} C_Y \\ E_Y \\ G_Y \end{bmatrix} = \begin{bmatrix} -0.018462\delta_{CX} + 0.010615\delta_{EX} - 0.002769\delta_{GX} \\ 0.010615\delta_{CX} - 0.010154\delta_{EX} + 0.003692\delta_{GX} \\ -0.002769\delta_{CX} + 0.003692\delta_{EX} - 0.001615\delta_{GX} \end{bmatrix} \qquad (2)$$

當單位向下載重作用於點 A 時，δ_{CA}、δ_{EA}、δ_{GA} 帶入式(2)即得反力 C_Y、E_Y、G_Y。因 $\delta_{CA} = \delta_{EA} = \delta_{GA} = 0.0$，故 $C_Y = E_Y = G_Y = 0.0$；同理，當單位向下載重作用於點 B 時，$\delta_{CB} = -104.167$、$\delta_{EB} = -229.167$、$\delta_{GB} = -354.167$ 帶入式(2)即得 $C_Y = 0.471t\uparrow$、$E_Y = 0.087t\uparrow$、$G_Y = -0.014t\downarrow$，各點反力或感應線縱座標值計算如下表。

x = ? m	0.0	5.0	10.0	15.0	20.0	25.0	30.0
1.0t 作用點	點 A	點 B	點 C	點 D	點 E	點 F	點 G
C 點變位量	0.000	−104.167	−333.333	−583.333	−833.333	−1083.333	−1333.33
E 點變位量	0.000	−229.167	−833.333	−1687.500	−2666.667	−3666.667	−4666.667
G 點變位量	0.000	−354.167	−1333.333	−2812.500	−4666.667	−6770.833	−9000.000
C 點反力 C_Y	0.000	0.471	1.000	0.644	0.000	−0.173	0.000
E 點反力 E_Y	0.000	0.087	0.000	0.558	1.000	0.731	0.000
G 點反力 G_Y	0.000	−0.014	0.000	−0.072	0.000	0.399	1.000

例題 11-2-7

試繪製圖 11-2-24 超靜定桁架桿件 BC、BE 及 CE 的感應線？載重施加於上弦節點，桿件斷面積如圖上註記，彈性係數 E 為定值。

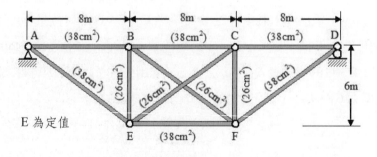

圖 11-2-24

解答：

圖 11-2-24 屬 1 度超靜定桁架，選擇桿件 BC 的桿力 F_{BC} 為贅力，則移除桿件 BC 形成靜定桁架。

圖 11-2-25(a)為靜定桁架於節點 B 承受單位向下載重的各桿桿力圖；圖 11-2-25(b)為靜定桁架於節點 C 承受單位向下載重的各桿桿力圖；圖 11-2-25(c)為靜定桁架於節點 B、C 承受單位相向載重（張力）的各桿桿力圖。下表為依據靜定桁架三種載重的應變能計算表。

桿件	桿長 L (cm)	斷面積A (cm²)	N_B	N_C	N_{BC}	$N_B N_{BC}L/A$	$N_C N_{BC}L/A$	$N_{BC}^2 L/A$
AB	800.0	38.0	−0.889	−0.444	0.000	0.000	0.000	0.000
AE	1000.0	38.0	1.111	0.556	0.000	0.000	0.000	0.000
BE	600.0	26.0	−0.333	0.333	0.750	−5.769	5.769	12.981
BF	1000.0	26.0	−1.111	−0.556	−1.250	53.419	26.709	60.096
CD	800.0	38.0	−0.444	−0.889	0.000	0.000	0.000	0.000
CE	1000.0	26.0	−0.556	−1.111	−1.250	26.709	53.419	60.096
CF	600.0	26.0	0.333	−0.333	0.750	5.769	−5.769	12.981
DF	1000.0	38.0	0.556	1.111	0.000	0.000	0.000	0.000
EF	800.0	38.0	1.333	1.333	1.000	28.070	28.070	21.053
BC	800.0	38.0	0.000	0.000	1.000	0.000	0.000	21.053
NnL/A 合計數						108.198	108.198	188.259

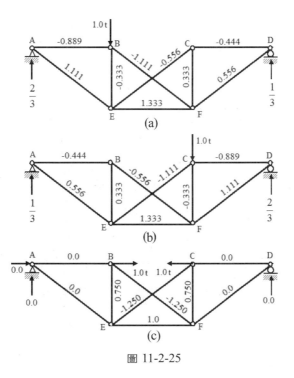

圖 11-2-25

依據諧和方程式，當單位向下載重置於節點 B 時，桿件 BC 的桿力為

$$F_{BC} = -108.198/188.259 = -0.575t/t（壓力）$$

當單位向下載重置於節點 C 時，桿件 BC 的桿力為

$$F_{BC} = -108.198/188.259 = -0.575t/t（壓力）$$

其感應線圖如圖 11-2-26(a)。

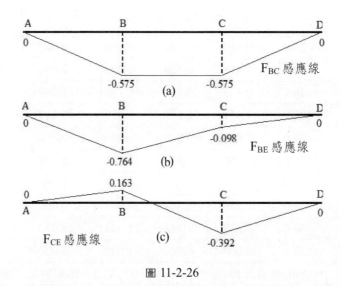

圖 11-2-26

當單位向下載重置於節點 B 時，桿件 BE、CE 的桿力分別為

$$F_{BE} = N_B + N_{BC}(F_{BC}) = -0.333 + (0.75)(-0.575) = -0.764t/t（壓力）$$

$$F_{CE} = N_B + N_{BC}(F_{BC}) = -0.556 + (-1.25)(-0.575) = 0.163t/t（張力）$$

當單位向下載重置於節點 C 時，桿件 BE、CE 的桿力分別為

$$F_{BE} = N_C + N_{BC}(F_{BC}) = 0.333 + (0.75)(-0.575) = -0.098t/t（壓力）$$

$$F_{CE} = N_C + N_{BC}(F_{BC}) = -1.111 + (-1.25)(-0.575) = -0.392t/（壓力）$$

桿件 BE、CE 感應線如圖 11-2-26(b)、圖 11-2-26(c)。

例題 11-2-8

試繪製圖 11-2-27 超靜定桁架支承點 C 的反力 C_Y 及桿件 BF、BC 及 EF 的桿力感應線？載重施加於下弦節點，桿件斷面積均等，彈性係數 E 為定值。

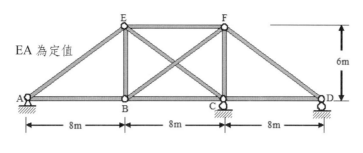

圖 11-2-27

解答：

圖 11-2-27 屬 2 度超靜定桁架，選擇支承點 C 反力 C_Y 及桿件 BF 的桿力 F_{BF} 為贅力，移除支承點 C 及桿件 BF 形成靜定桁架。圖 11-2-28(a)為靜定桁架於節點 B 承受單位向下載重的各桿桿力圖；圖 11-2-28(b)為靜定桁架於節點 C 承受單位向下載重的各桿桿力圖。

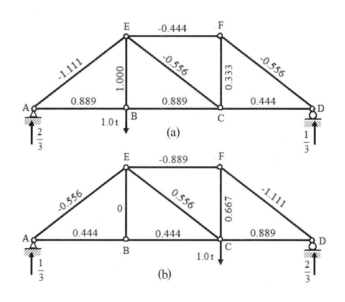

圖 11-2-28

圖 11-2-29(a)為靜定桁架於節點 B、F 施加單位相向載重（張力）的各桿桿力圖；圖 11-2-29(b)為靜定桁架於支承點 C 施加單位向上載重的各桿桿力圖。

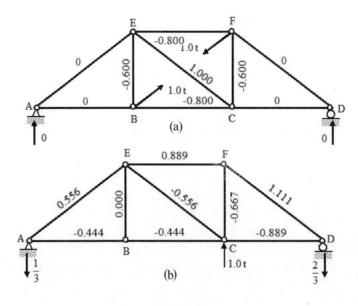

圖 11-2-29

下表為依據靜定桁架四種載重的應變能計算表。

桿件	桿長 L（cm）	N_B	N_C	N_{BF}	C_Y	$N_B N_{BF} L$	$N_B C_Y L$
AB	800.0	0.889	0.444	0.000	− 0.444	0.000	− 0.176
AE	1000.0	− 1.111	− 0.556	0.000	0.556	0.000	0.343
BC	800.0	0.889	0.444	− 0.800	− 0.444	− 568.889	− 0.176
BE	600.0	1.000	0.000	− 0.600	0.000	− 360.000	0.000
CD	800.0	0.444	0.889	0.000	-0.889	0.000	− 0.351
CE	1000.0	− 0.556	0.556	1.000	− 0.556	− 555.556	0.171
CF	600.0	0.333	0.667	− 0.600	− 0.667	− 120.000	− 0.148
DF	1000.0	− 0.556	− 1.111	0.000	1.111	0.000	0.686
EF	800.0	− 0.444	− 0.889	− 0.800	0.889	284.444	0.351
BF	1000.0	0.000	0.000	1.000	0.000	0.000	0.000
C_Y	0.0	0.000	0.000	0.000	1.000	0.000	0.000
NnL/A 合計數						− 1320.000	0.701

桿件	$N_C N_{BF} L$	$N_C C_Y L$	$N_{BF}{}^2 L$	$C_Y{}^2 L$	$N_{BF} C_Y L$
AB	0.000	− 158.025	0.000	158.025	0.000
AE	0.000	− 308.642	0.000	308.642	0.000
BC	− 284.444	− 158.025	512.000	158.025	284.444
BE	0.000	0.000	216.000	0.000	0.000
CD	0.000	− 632.099	0.000	632.099	0.000
CE	555.556	− 308.642	1000.000	308.642	− 555.556
CF	− 240.000	− 266.667	216.000	266.667	240.000
DF	0.000	− 1234.568	0.000	1234.568	0.000
EF	568.889	− 632.099	512.000	632.099	− 568.889
BF	0.000	0.000	1000.000	0.000	0.000
C_Y	0.000	0.000	0.000	0.000	0.000
	600.000	− 3698.765	3456.000	3698.765	− 600.000

依據公式（11-2-5），當單位向下載重置於節點 B 時，得諧和聯立方程式為

$$\begin{cases} -1320 + 3456 F_{BF} - 600 C_Y = 0 \\ 0.701 - 600 F_{BF} + 3698.765 C_Y = 0 \end{cases} ，解得 \begin{cases} F_{BF} = 0.393\text{t/t}（張力） \\ C_Y = 0.064\text{t/t↑} \end{cases}$$

依據公式（11-2-5），當單位向下載重置於節點 C 時，得諧和聯立方程式為

$$\begin{cases} 600 + 3456 F_{BF} - 600 C_Y = 0 \\ -3698.765 - 600 F_{BF} + 3698.765 C_Y = 0 \end{cases} ，解得 \begin{cases} F_{BF} = 0\text{t/t} \\ C_Y = 1.0\text{t/t↑} \end{cases}$$

桿件 BF 的桿力 F_{BF} 及支承點 C 反力 C_Y 的感應線如圖 11-2-30(a)，(b)。

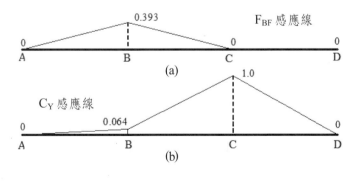

圖 11-2-30

當單位向下載重在節點 B 時，桿件 BC、EF 桿力為

$$F_{BC} = 0.889 + 0.393(-0.8) + 0.064(-0.444) = 0.546\text{t/t}（張力）$$

$$F_{EF} = -0.444 + 0.393\,(-0.8) + 0.064(0.889) = -0.702\text{t/t}（張力）$$

當單位向下載重在節點 C 時，桿件 BC、EF 桿力為

$$F_{BC} = 0.444 + 0.0\,(-0.8) + 1.0\,(-0.444) = 0.0\text{t/t}$$

$$F_{EF} = -0.889 + 0.0\,(-0.8) + 1.0(0.889) = 0.0\text{t/t}$$

桿件 BC、EF 桿力 FBC、FEF 的感應線如圖 11-2-31(a)，(b)。

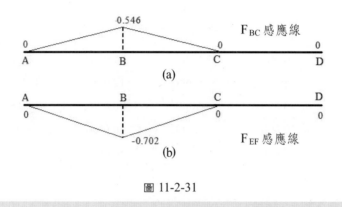

圖 11-2-31

11-3　描述性感應線

設計承受均布活動載重的連續樑或剛架，有時可利用描述性感應線（Qualitative Influence Lines）決定均布活動載重的布放位置，然後再利用其他方法分析設計之。Műller-Breslau's 原理均可用以繪製靜定與超靜定結構的描述性感應線。

11-3-1　描述性感應線繪製步驟

利用 Műller-Breslau's 原理繪製描述性感應線的步驟為：

1. 移除感應線力素（反力、剪力或彎矩）的束制，使其能產生相對移動或轉動，而得原結構的鬆放結構（Released Structure）。例如，推求支承點反力的感應線，則移除支承點；推求彎矩感應線，則將彎矩處的桿件切斷以鉸接替代之。

2. 依該力素正向移動或轉動一個單位變形量使結構物變形，則變形後的結構物形狀即為感應線。

3. 變形後的結構物仍應滿足支承及連續性條件。

11-3-2　描述性感應線的使用

　　描述性感應線雖未能精準表達感應線上最大縱座標值發生的位置及縱座標值,但絕對可以正確表達感應線上正或負縱座標。有了正確正負縱座標的描述性感應線,則可用以決定活動均佈載重的布放位置,例如有一描述性彎矩感應線,則將均佈載重布放於所有正縱座標部分,再選擇結構分析方法分析之,即可獲得設計上所需的最大正彎矩;同理,將均佈載重布放於所有負縱座標部分以推得最大負彎矩。茲舉例說明之。

例題 11-3-1

試以 Müller-Breslau's 原理繪製圖 11-3-1 四跨連續樑中支承點 A、B 的反力,點 B 的彎矩及樑段 BC 中點 F 的剪力與彎矩的描述性感應線圖?說明使支承點 A、B 的正反力最大,點 B 的最大負彎矩及點 F 的最大負剪力與最大正彎矩的均佈載重 w 布放位置。

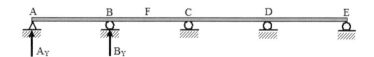

圖 11-3-1

解答:

AY 反力描述性感應線與均布載重布放位置:

使移除支承點 A 後,鬆放連續樑的端點 A 向上有一小位移且保持其他支承點不移動及樑的連續性可得圖 11-3-2(a)的 A_Y 反力描述性感應線。欲使支承點 A 的正反力最大,則需將均佈載重布放於描述性感應線正的縱座標值部分,即跨間 AB 與 CD,如圖 11-3-2(b)。

B_Y 反力描述性感應線與均布載重布放位置:

使移除支承點 B 後,鬆放連續樑的點 B 向上有一小位移且保持其他支承點不移動及樑的連續性,可得圖 11-3-3(a)的 B_Y 反力描述性感應線。欲使支承點 B 的正反力最大,則需將均佈載重布放於描述性感應線正的縱座標值部分,即跨間 AB、BC 與 DE,如圖 11-3-3(b)。

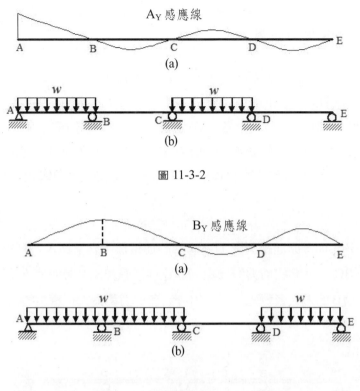

圖 11-3-2

圖 11-3-3

M_B 彎矩描述性感應線與均布載重布放位置：

將樑上點 B 切斷替以鉸接，並於鉸接點左側樑段施以逆向單位彎矩，右側施以順向單位彎矩使樑產生旋轉變形且保持其他支承點不移動及樑的連續性，可得圖 11-3-4(a) 的 M_B 彎矩描述性感應線。欲使樑上點 B 的負彎矩最大，則需將均佈載重布放於描述性感應線負的縱座標值部分，即跨間 AB、CD 與 DE，如圖 11-3-4(b)。

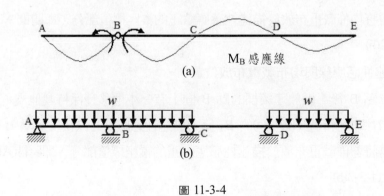

圖 11-3-4

S_F 剪力描述性感應線與均布載重布放位置：

將樑段 BC 中點 F 切斷替以尚可抵抗彎矩，但不能抵抗上下滑動的裝置，並使點 F 左側樑段向下，右側樑段向上產生微小相對移動的移動變形且保持其他支承點不移動及樑的連續性，可得圖 11-3-5(a)的 SF 剪力描述性感應線。欲使樑段BC中點F的負剪力最大，則需將均佈載重布放於描述性感應線負的縱座標值部分，即跨間 BF 與 CD，如圖 11-3-5(b)。

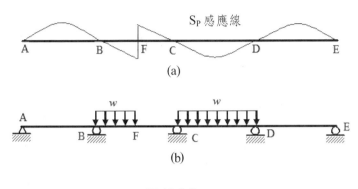

圖 11-3-5

M_F 彎矩描述性感應線與均布載重布放位置：

將樑段 BC 中點 F 切斷替以鉸接，並於鉸接點左側樑段施以逆向單位彎矩，右側施以順向單位彎矩使樑產生旋轉變形及向上移動且保持其他支承點不移動及樑的連續性，可得圖 11-3-6(a)的 M_F 彎矩描述性感應線。欲使樑段BC中點F的正彎矩最大，則需將均佈載重布放於描述性感應線正的縱座標值部分，即跨間 BC 與 DE，如圖 11-3-6(b)。

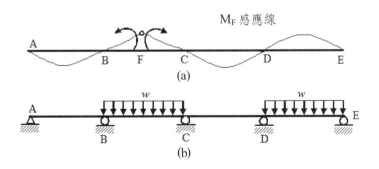

圖 11-3-6

圖 474 結構分析

例題 11-3-2

試以 Müller-Breslau's 原理繪製圖 11-3-7 剛架中點 A 的剪力與彎矩描述性感應線，
並使點 A 產生最大正彎矩與最大負剪力的均佈載重 w_l 適當布放位置？

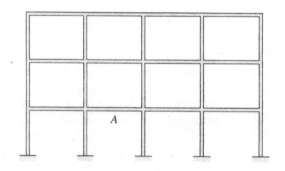

圖 11-3-7

解答：

S_A 剪力描述性感應線與均布載重布放位置：

將點 A 切斷替以尚可抵抗彎矩但不能抵抗上下滑動的裝置，並使點 A 左側樑段向
下，右側樑段向上產生微小相對移動的移動變形，且保持其他支承點不移動及剛架
的連續性，可得圖 11-3-8(a)的 S_A 剪力描述性感應線。欲使點 A 的負剪力最大，則
需將均佈載重布放於描述性感應線負的縱座標值部分，如圖 11-3-8(b)。

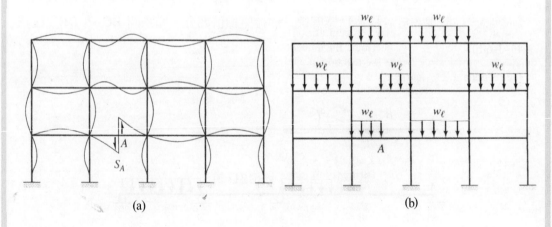

(a)   (b)

圖 11-3-8

M_A 彎矩描述性感應線與均布載重布放位置：

將點 A 切斷替以鉸接,並於鉸接點左側樑段施以逆向單位彎矩,右側施以順向單位彎矩使樑產生旋轉變形及向上移動且保持其他支承點不移動及樑的連續性,可得圖 11-3-9(a)的 M_A 彎矩描述性感應線。欲使點 A 的正彎矩最大,則需將均佈載重布放於描述性感應線正的縱座標值部分,如圖 11-3-9(b)。

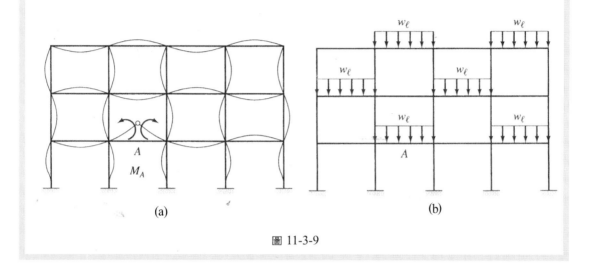

(a)   (b)

圖 11-3-9

習 題

★★習題詳解請參閱 ST11 習題詳解.doc 與 ST11 習題詳解.xls 電子檔★★★

1. 試計算超靜定懸臂樑各支承反力感應線，及懸臂樑中點 B 的剪力與彎矩感應線每隔 3m 的縱座標值？指定選擇支承點 C 的反力為贅力。（圖一）

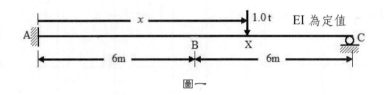

圖一

2. 試計算習題 1 超靜定懸臂樑中點 B 的彎矩感應線每隔 3m 的縱座標值？但指定選擇固定端點 A 的彎矩為贅力。

3. 試計算超靜定懸臂樑固定端點 A 彎矩 M_A 的感應線在樑上每隔 2.5m 各點的縱座標值？（圖二）

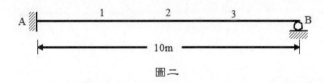

圖二

4. 試計算超靜定連續樑支承點 C 反力 C_Y 的感應線在樑上各指定點的縱座標值？（圖三）

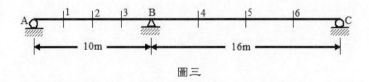

圖三

5. 試計算超靜定連續樑支承點 B、C 反力 B_Y、C_Y 的感應線在樑上各指定點的縱座標值？（圖四）

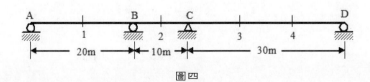

圖四

6.試計算超靜定桁架各支承反力及桿件 BC、CE 及 EF 桿力的感應線各載重節點的縱座標
值？下弦節點承受載重。（圖五）

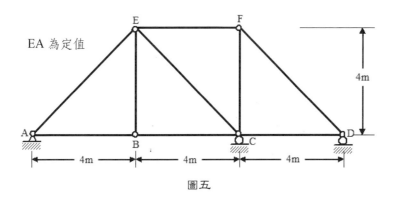

EA 為定值

圖五

7.試計算超靜定桁架桿件 BC 及 CD 桿力的感應線各載重節點的縱座標值？上弦節點承受
載重。（圖六）

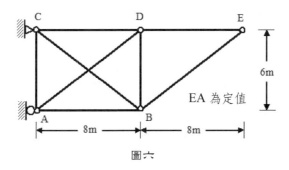

EA 為定值

圖六

8.試計算超靜定桁架桿件 BC、BF 及 CF 桿力的感應線各載重節點的縱座標值？下弦節點
承受載重。（圖七）

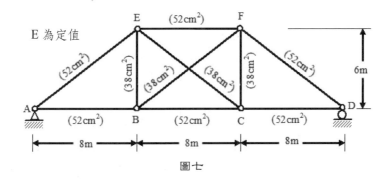

E 為定值

圖七

9.試計算超靜定桁架桿件BG、CD及DG桿力的感應線各載重節點的縱座標值？下弦節點
　承受載重。（圖八）

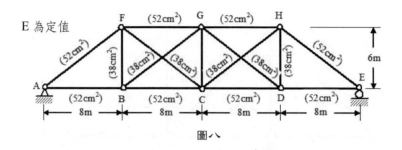

圖八

10.試繪製支承點 A、C 垂直反力 A_Y、C_Y，點 C 的彎矩 M_C、點 F 的剪力 S_F 與彎矩 M_F 描述
　性感應線圖，並布放必要的向下均佈載重 w，使支承點 A、C 向上垂直反力 A_Y、C_Y 最
　大，M_C 負彎矩最大，S_F 負剪力最大與 M_F 正彎矩最大？（圖九）

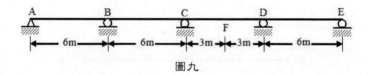

圖九

11.試繪製支承點 A、C 垂直反力 A_Y、C_Y，點 C 的彎矩 M_C、點 F 的剪力 S_F 與彎矩 M_F 描述
　性感應線圖，並布放必要的向下均佈載重 w，使支承點 A、C 向上垂直反力 A_Y、C_Y 最
　大，M_C 負彎矩最大，S_F 負剪力最大與 M_F 正彎矩最大？（圖十）

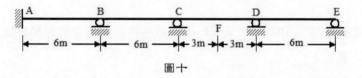

圖十

12.試繪製剛架上點 A 的剪力與彎矩描述性感應線？（圖十一）

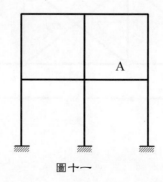

圖十一

撓角變位法

12-1 前言

第七章超靜定結構分析中略述任意靜定或超靜定結構之完整分析均需使用下列三種基本關係方程式：

1. 平衡方程式（Equilibrium Equations）及條件方程式（Condition Equations）。

2. 諧和條件關係式（Compatibility Conditions）。

3. 桿件力與變位關係式（Member force-displacement relations）。

結構物承受的載重與支承反力必須滿足平衡方程式及條件方程式，才能使整個結構物保持平衡。桿件受力後因材料性質、斷面積大小而有一定的伸縮或撓曲。滿足諧和條件關係式才能保證結構物中桿件因受力而伸縮或撓曲後仍能保持其密合性。

第八章諧和變形分析法、第九章最小功法均先將超靜定結構移除部分贅餘力使成靜定結構，再利用贅餘力處的變形諧和條件求解贅餘力，然後再利用平衡及條件方程式求解其他力素。第十章的三彎矩方程式則是依據連續樑兩跨的變形，與沉陷量導出的兩跨三個彎矩的關係式，以分析超靜定連續樑。這些方法均屬力法（Force Method）或撓度法（Flexibility Method），其特性為先利用變形的諧和性求得贅餘力素，再利用平衡及條件方程式以完整分析之。另一類超靜定結構分析法則稱為移位法（Displacement Method）或勁度法（Stiffness Method），其特性為以超靜定結構中的獨立自主變形量為未知數，寫出所有力素與未知變形量的關係式，再利用平衡方程式以獲得所有未知變形量的聯立方程式，求得變形量後，再依力素與未知變形量的關係式求得所有力素的方法。

本章介紹的撓角變位法（Slope Deflection Method）及隨後介紹的彎矩分配法（Moment Distribution Method）及徑度法（Stiffness Method）均屬移位法。

12-2 撓角變位方程式推導

連續樑或剛架承受載重均將於樑段或剛接桿件的兩端產生彎矩及撓角或變位等變形。撓角變位方程式（Slope Deflection Equation）是表達每一樑段或桿件承受載重在桿端所產生彎矩、撓角與變位的關係式。撓角變位法即是組合撓角變位方程式的超靜定結構分析方法。

12-2-1　變形桿件的幾何關係式

　　圖 12-2-1(a)為承受任意載重的超靜定連續樑；圖 12-2-1(b)為某一樑段或桿件 AB 承受載重及支承點沉陷變形後自由體圖及撓角與變位放大的幾何關係圖。桿件 AB 的 A 端與 B 端彎矩分別以 M_{AB} 與 M_{BA} 表示之；θ_A 與 θ_B 分別表示彈性曲線在 A 端和 B 端切線與桿件變形前弦線（水平）的夾角；Δ 則為桿件 AB 兩端的相對沉陷量；角度 ψ 則是桿件兩端弦線因相對沉陷所產生的旋轉角度。因為相對沉陷量與桿件長度 L 相對甚小，故角度 ψ 可以寫成

$$\psi = \frac{\Delta}{L} \tag{12-2-1}$$

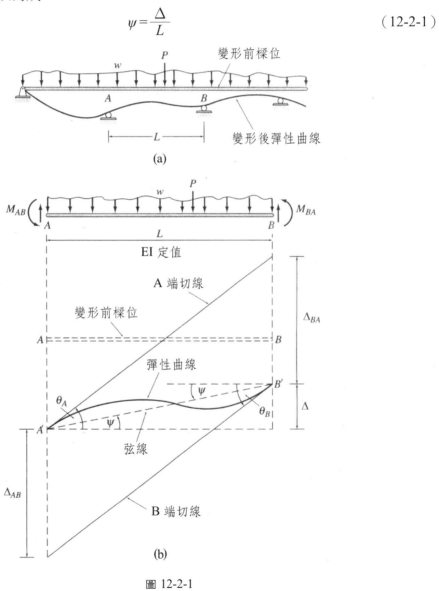

(a)

(b)

圖 12-2-1

在撓角變位方程式中，桿端的彎矩（M_{AB} 與 M_{BA}）、桿端切線旋轉角（θ_A 與 θ_B）與弦線旋轉角（ψ）均取逆鐘向為正；故圖 12-2-1(b)中各量均為正量。

由圖 12-2-1(b)的幾何關係，可得

$$\theta_A = \frac{\Delta_{BA} + \Delta}{L} \quad \theta_B = \frac{\Delta_{AB} + \Delta}{L} \tag{12-2-2}$$

依據公式（12-2-1）將公式（12-2-2）改寫成

$$\theta_A - \psi = \frac{\Delta_{BA}}{L} \qquad \theta_B - \psi = \frac{\Delta_{AB}}{L} \tag{12-2-3}$$

公式（12-2-3）中的 ψ、L 均為已知量，θ_A、θ_B 為未知量，Δ_{BA} 為變形曲線上 B 端對 A 端切線的變位量；Δ_{AB} 則為變形曲線上 A 端垂直線與 B 端切線的截距；Δ_{BA}、Δ_{AB} 均因桿件 AB 承受的載重所引起；如能將載重所引起的桿端彎矩與切線截距量 Δ_{BA}、Δ_{AB} 建立關係式，則帶入公式（12-2-3）即可推得桿端彎矩、沉陷量與撓角的關係方程式。

12-2-2 桿端彎矩與切線截距量的關係式

圖 12-2-2(a)為簡支樑承受任意載重的彎矩 M/EI 圖。圖(b)、圖(c)分別為桿端施加彎矩 M_{AB}、M_{BA} 時，兩端垂直線與對端切線的截距量圖。依據彎矩面積法第二定理，推得

$$\Delta_{AB3} = -\frac{M_{AB}L}{2EI}\left(\frac{L}{3}\right) = -\frac{M_{AB}L^2}{6EI} \text{（順鐘向）} \tag{1}$$

$$\Delta_{BA3} = \frac{M_{AB}L}{2EI}\left(\frac{2L}{3}\right) = \frac{M_{AB}L^2}{3EI} \text{（逆鐘向）} \tag{2}$$

$$\Delta_{AB2} = \frac{M_{BA}L}{2EI}\left(\frac{2L}{3}\right) = \frac{M_{BA}L^2}{3EI} \text{（逆鐘向）} \tag{3}$$

$$\Delta_{BA2} = -\frac{M_{BA}L}{2EI}\left(\frac{L}{3}\right) = -\frac{M_{BA}L^2}{6EI} \text{（順鐘向）} \tag{4}$$

因為實際載重尚屬未知，故先假設簡支樑承受載重後兩端垂直線與對端切線的截距量，如圖(d)，分別為

$$\Delta_{AB1} = \frac{g_A}{EI} \text{（逆鐘向）} \tag{5}$$

$$\Delta_{BA1} = \frac{-g_B}{EI} \text{（順鐘向）} \tag{6}$$

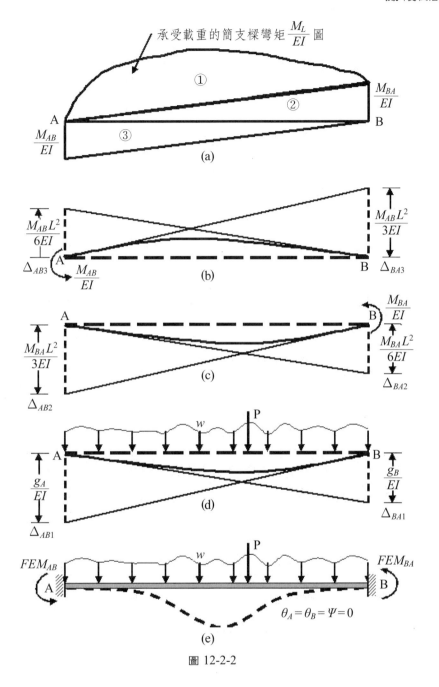

圖 12-2-2

就樑段或桿件 AB 承受載重及兩端反力彎矩後，A 端垂直線與 B 端切線的截距量 Δ_{AB} 為式(1)、式(3)、式(5)之總和，即

$$\Delta_{AB} = -\frac{M_{AB}L^2}{6EI} + \frac{M_{BA}L^2}{3EI} + \frac{g_A}{EI}　\text{（12-2-4a）}$$

同理，B 端垂直線與 A 端切線的截距量 Δ_{BA} 為式(2)、式(4)、式(6)之總和。

$$\Delta_{BA} = \frac{M_{AB}L^2}{3EI} - \frac{M_{BA}L^2}{6EI} - \frac{g_B}{EI} \qquad （12\text{-}2\text{-}4b）$$

公式（12-2-4）中的負量表示與圖 12-2-1(b)截距量方向相反。g_A, g_B 分別是承受原載重簡支樑的彎矩圖對 A, B 端的彎矩值。

12-2-3 撓角變位方程式

將公式（12-2-4）中的各量帶入公式（12-2-3）得

$$\theta_A - \psi = \frac{M_{AB}L}{3EI} - \frac{M_{BA}L}{6EI} - \frac{g_B}{EIL} \qquad （12\text{-}2\text{-}5a）$$

$$\theta_B - \psi = -\frac{M_{AB}L}{6EI} + \frac{M_{BA}L}{3EI} + \frac{g_A}{EIL} \qquad （12\text{-}2\text{-}5b）$$

解公式（12-2-5）的聯立方程式得

$$M_{AB} = \frac{2EI}{L}(2\theta_A + \theta_B - 3\psi) + \frac{2}{L^2}(2g_B - g_A) \qquad （12\text{-}2\text{-}6a）$$

$$M_{BA} = \frac{2EI}{L}(2\theta_B + \theta_A - 3\psi) + \frac{2}{L^2}(g_B - 2g_A) \qquad （12\text{-}2\text{-}6b）$$

公式（12-2-6）顯示簡支樑承受載重及桿端撓角與變位所產生的桿端彎矩。

若將簡支樑兩端固定如圖 12-2-2(e)，則因載重所產生的彎矩稱為固定端彎矩（Fixed-End Moment），其值相當於將公式（12-2-6）中的 θ_A、θ_B、ψ 設定為 0 的端點彎矩，亦即

$$FEM_{AB} = \frac{2}{L^2}(2g_B - g_A) \qquad （12\text{-}2\text{-}7a）$$

$$FEM_{BA} = \frac{2}{L^2}(g_B - 2g_A) \qquad （12\text{-}2\text{-}7b）$$

FEM_{AB}、FEM_{BA} 分別代表兩端固定單跨樑承受載重後的固定端 A、B 之固定端彎矩。

由公式（12-2-7）可將公式（12-2-6）寫成

$$M_{AB} = \frac{2EI}{L}(2\theta_A + \theta_B - 3\psi) + FEM_{AB} \qquad （12\text{-}2\text{-}8a）$$

$$M_{BA} = \frac{2EI}{L}(2\theta_B + \theta_A - 3\psi) + FEM_{BA} \qquad （12\text{-}2\text{-}8b）$$

公式（12-2-8）表述跨度長為L的樑段或桿件，承受載重的固定端彎矩（FEM）、撓角（θ_A、θ_B）與弦線旋轉角（ψ）後，各值與桿端彎矩（M_{AB}、M_{BA}）的關係式即稱為撓角變位方程式（Slope Deflection Equation）。該方程式僅適用於變形甚小且矩形斷面的彈性材料樑段或桿件，撓角變位方程式也僅考量彎矩變形，而略去剪力與軸心力的變形。

觀察公式（12-2-8）可以發現有其對稱性，亦即將一個公式的 A 與 B 互換可以得到另一個公式；為便於記憶，可將公式（12-2-8）寫成

$$M_{nf} = \frac{2EI}{L}(2\theta_n + \theta_f - 3\psi) + FEM_{nf} \qquad\qquad (12\text{-}2\text{-}9)$$

其中 n 表示一個樑段或桿件的近端（near end），f 表示一個樑段或桿件的遠端（far end）。

12-2-4　固定端彎矩

在公式（12-2-9）撓角變位方程式中，載重係以固定端彎矩FEM出現，因此推求載重的固定端彎矩是撓角變位法的重要工作。

單跨樑的固定端彎矩可以使用諧和變形分析法、最小功法或三彎矩方程式法推算之，惟結構分析書籍或結構設計手冊均附有各種載重情形的固定端彎矩公式備供查用。本書附錄 B 亦附有各種載重情形的相關公式。如果載重情形特殊而無相當公式可以查用，則公式（12-2-7）不失為一簡速的推算公式，因為它僅需計算承受原載重簡支樑的彎矩圖對兩端的彎矩值即可。

例題 12-2-1

試以公式（12-2-7）推導圖 12-2-3 單跨樑的固定端彎矩公式？

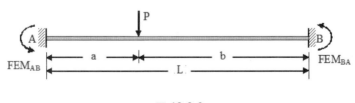

圖 12-2-3

解答：

將固定端樑改為如圖 12-2-4(a)的靜定簡支樑，計算反力並繪製彎矩圖如圖 12-2-4(b)。

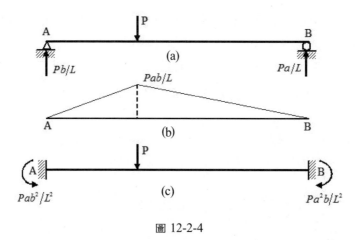

圖 12-2-4

計算彎矩圖對 A 端、B 端的彎矩得 g_A、g_B 如下：

$$g_A = \frac{a}{2}\left(\frac{Pab}{L}\right)\left(\frac{2a}{3}\right) + \frac{b}{2}\left(\frac{Pab}{L}\right)\left(a + \frac{b}{3}\right)$$

$$g_B = \frac{a}{2}\left(\frac{Pab}{L}\right)\left(\frac{a}{3} + b\right) + \frac{b}{2}\left(\frac{Pab}{L}\right)\left(\frac{2b}{3}\right)$$

以 $L = a + b$ 帶入上式得

$$g_A = \frac{Pab}{6}(2a + b)$$

$$g_B = \frac{Pab}{6}(a + 2b)$$

將 g_A、g_B 帶入公式（12-2-7）得

$$FEM_{AB} = \frac{2}{L^2}\left[\frac{2Pab}{6}(a + 2b) - \frac{Pab}{6}(2a + b)\right] = \frac{Pab^2}{L^2} \quad（逆鐘向）$$

$$FEM_{BA} = \frac{2}{L^2}\left[\frac{Pab}{6}(a + 2b) - \frac{2Pab}{6}(2a + b)\right] = -\frac{Pa^2b}{L^2} \quad（順鐘向）$$

與附錄 B 的第 2 種載重情形相符。

12-2-5　一端鉸接的撓角變位方程式

前述推導的撓角變位方程式係假設樑段或桿件兩端，與其他樑段或桿件均以剛接相連（Rigidly Connected），亦即剛接點各桿件或樑段的撓角量相等。如果樑段或桿件的一端為鉸接（Hinged Connection），則撓角變位方程式可以加以簡化之。如圖 12-2-1(b) 的 B 端為鉸接，則以 $M_{BA}=0$ 帶入公式（12-2-8）得

$$M_{AB} = \frac{2EI}{L}(2\theta_A + \theta_B - 3\psi) + FEM_{AB} \qquad （12\text{-}2\text{-}10\text{a}）$$

$$M_{BA} = 0 = \frac{2EI}{L}(2\theta_B + \theta_A - 3\psi) + FEM_{BA} \qquad （12\text{-}2\text{-}10\text{b}）$$

由公式（12-2-10b）解得

$$\theta_B = -\frac{\theta_A}{2} + \frac{3\psi}{2} - \frac{L}{4EI}(FEM_{BA}) \qquad （12\text{-}2\text{-}11）$$

將上式帶入公式（12-2-10a）以消去 θ_B，得 B 端鉸接的修正撓角變位方程式

$$M_{AB} = \frac{3EI}{L}(\theta_A - \psi) + \left(FEM_{AB} - \frac{FEM_{BA}}{2}\right) \qquad （12\text{-}2\text{-}12\text{a}）$$

$$M_{BA} = 0 \qquad （12\text{-}2\text{-}12\text{b}）$$

如果 A 端為鉸接，則令 $M_{AB} = 0$ 帶入公式（12-2-8）解得

$$\theta_A = -\frac{\theta_B}{2} + \frac{3\psi}{2} - \frac{L}{4EI}(FEM_{AB}) \qquad （12\text{-}2\text{-}13）$$

將上式帶入公式（12-2-10b）以消去 θ_A，而得 A 端鉸接的修正撓角變位方程式

$$M_{AB} = 0 \qquad （12\text{-}2\text{-}14\text{a}）$$

$$M_{BA} = \frac{3EI}{L}(\theta_B - \psi) + \left(FEM_{BA} - \frac{FEM_{AB}}{2}\right) \qquad （12\text{-}2\text{-}14\text{b}）$$

將公式（12-2-12）中的 A、B 互換即得公式（12-2-14），故可寫成

$$M_{rh} = \frac{3EI}{L}(\theta_r - \psi) + \left(FEM_{rh} - \frac{FEM_{hr}}{2}\right) \qquad （12\text{-}2\text{-}15\text{a}）$$

$$M_{hr} = 0 \qquad （12\text{-}2\text{-}15\text{b}）$$

其中附標 r 代表剛接端（Rigidly Connected），而附標 h 代表鉸接端（Hinged End）。鉸接端雖無彎矩，但其撓角量則為

$$\theta_h = -\frac{\theta_r}{2} + \frac{3\psi}{2} - \frac{L}{4EI}(FEM_{hr}) \qquad （12\text{-}2\text{-}16）$$

摘要言之，兩端剛接的樑段或桿件，其桿端彎矩（M_{AB}、M_{BA}）、撓角量（θ_A、θ_B）、弦線旋轉量（ψ）與載重（以固定端彎矩 FEM_{AB}、FEM_{BA} 出現）的關係如公式

（12-2-9）；一端剛接另端鉸接的樑段或桿件，其桿端彎矩（M_{AB}、M_{BA}）、撓角量（θ_A、θ_B）、弦線旋轉量（ψ）與載重（以固定端彎矩 FEM_{AB}、FEM_{BA} 出現）的關係如公式（12-2-15）；兩端鉸接的樑段或桿件則屬靜定結構。

12-3　撓角變位法

撓角變位法（Slope Deflection Method）乃是利用撓角變位方程式（Slope Deflection Equation）以分析超靜定連續樑，或剛架的一種移位法或剛度法。為便於說明，茲以實例的分析演示其使用方法與觀念。

12-3-1　演示實例

圖 12-3-1(a)為一承受載重的三跨連續樑，為便於分析將連續樑分割成 AB、BC、CD 三個樑段，且於端點固定之如圖 12-3-1(c)。

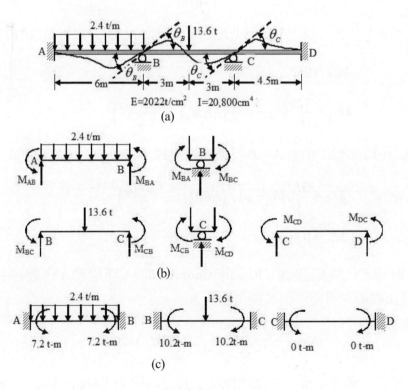

圖 12-3-1

自由度

超靜定結構的自由度為結構中可以自由、獨立、未知的轉動或移位量。依據圖 12-3-1(a)的描述性變形曲線，可知沒有一個節點可以上下移位，而僅有節點 B、C 可以自由轉動，故該超靜定連續樑的自由度為 2。自由度亦稱超動定度（Kinematic Indeterminacy）。超動定度為 0 的結構稱為動定結構，否則稱為超動定結構。

平衡方程式

圖 12-3-1(b)為超靜定結構各樑段及支承點的自由體圖。每一樑段或桿件承受載重外，其樑段端點亦承受樑端彎矩。這些未知的樑端彎矩在樑段自由體均假設為正的逆鐘向，其作用於支承點則為順鐘向。穩定結構的各樑段及支承點均維持平衡狀態。取支承點 B、C 的平衡方程式為

$$M_{BA} + M_{BC} = 0 \qquad\qquad （1a）$$

$$M_{CB} + M_{CD} = 0 \qquad\qquad （1b）$$

撓角變位方程式

樑段端彎矩 M_{BA}、M_{AB} 可依撓角變位方程式寫出其與彎曲撓角（$\theta_A = 0$、θ_B）、弦線旋轉量（ψ）與載重的關係式；同理，樑段端彎矩 M_{BC}、M_{CB}、M_{CD}，亦可寫出其撓角變位方程式。將這些樑端彎矩撓角變位方程式帶入平衡方程式(1)即可解聯立方程式，求得未知量 θ_B、θ_C。

寫出撓角變位方程式以前，應先推算各樑段承受載重的固定端彎矩，依據附錄 B 的第 4 種載重情形，可計得樑段 AB 的固定端彎矩為

$$FEM_{AB} = \frac{wL^2}{12} = \frac{2.4(6^2)}{12} = 7.2t\text{-}m（逆鐘向）$$

$$FEM_{BA} = -\frac{wL^2}{12} = -\frac{2.4(6^2)}{12} = -7.2t\text{-}m（順鐘向）$$

依據附錄 B 的第 1 種載重情形，樑段 BC 的固定端彎矩為

$$FEM_{BC} = \frac{PL}{8} = \frac{13.6(6)}{8} = 10.2t\text{-}m（逆鐘向）$$

$$FEM_{CB} = -\frac{PL}{8} = \frac{-13.6(6)}{8} = -10.2t\text{-}m（順鐘向）$$

樑段 CD 並無載重，故其固定端彎矩為

$$FEM_{CD} = FEM_{DC} = 0$$

固定端彎矩求得之後，可依據公式（12-2-9）寫出各樑段撓角變位方程式。因為各支承點均無沉陷，故弦線旋轉量為 $\psi_{AB}=\psi_{BC}=\psi_{CD}=0$；又因 A、D 端均為固定，故其撓角量 $\theta_A=\theta_D=0$。

就樑段 AB，取 A 為近端，B 為遠端，依公式（12-2-9）得

$$M_{AB}=\frac{2EI}{6}(0+\theta_B-0)+7.2=\frac{EI\theta_B}{3}+7.2 \tag{2}$$

再取 B 為近端，A 為遠端，依公式（12-2-9）得

$$M_{BA}=\frac{2EI}{6}(2\theta_B+0-0)-7.2=\frac{2EI\theta_B}{3}-7.2 \tag{3}$$

同理，就樑段 BC，取 B 為近端，C 為遠端，依公式（12-2-9）得

$$M_{BC}=\frac{2EI}{6}(2\theta_B+\theta_C-0)+10.2=\frac{2EI\theta_B}{3}+\frac{EI\theta_C}{3}+10.2 \tag{4}$$

再取 C 為近端，B 為遠端，依公式（12-2-9）得

$$M_{CB}=\frac{2EI}{6}(2\theta_C+\theta_B-0)-10.2=\frac{EI\theta_B}{3}+\frac{2EI\theta_C}{3}-10.2 \tag{5}$$

同理，就樑段 CD，取 C 為近端，D 為遠端，依公式（12-2-9）得

$$M_{CD}=\frac{2EI}{4.5}(2\theta_C+0-0)+0=\frac{8EI\theta_C}{9} \tag{6}$$

再取 D 為近端，C 為遠端，依公式（12-2-9）得

$$M_{DC}=\frac{2EI}{4.5}(\theta_C+0-0)-0=\frac{4EI\theta_C}{9} \tag{7}$$

因為樑段間均為剛接，故樑段端的撓角量與支承點的撓角量相等。

支承點的撓角量

將式(3)、式(4)帶入式（1a）；得

$$\frac{2EI\theta_B}{3}-7.2+\frac{2EI\theta_B}{3}+\frac{EI\theta_C}{3}+10.2=0 ，或$$

$$4EI\theta_B+EI\theta_C=-9$$

將式(5)、式(6)帶入式（1b）得

$$\frac{EI\theta_B}{3} + \frac{2EI\theta_C}{3} - 10.2 + \frac{8EI\theta_C}{9} = 0 \text{，或}$$

$$3EI\theta_B + 14EI\theta_C = 91.8$$

$$解 \begin{cases} 4EI\theta_B + EI\theta_C = -9 \\ 3EI\theta_B + 14EI\theta_C = 91.8 \end{cases}, \quad 得 \begin{cases} EI\theta_B = -4.10943t\text{-}m^2 \\ EI\theta_C = 7.43774t\text{-}m^2 \end{cases}$$

以 $E = 2022t/cm^2$，$I = 20,800cm^4$ 可計得

$$\theta_B = \frac{-4.10943 \times 100^2}{2022 \times 20800} = -0.00098 \text{（徑度，順鐘向）}$$

$$\theta_C = \frac{7.43774 \times 100^2}{2022 \times 20800} = 0.00177 \text{（徑度，逆鐘向）}$$

樑段端彎矩

若將 $EI\theta_B$、$EI\theta_C$ 值帶入式(2)至式(7)可得各樑段的端彎矩為

$$M_{AB} = \frac{EI\theta_B}{3} + 7.2 = \frac{-4.10943}{3} + 7.2 = 5.83019 \text{ t-m （逆鐘向）}$$

$$M_{BA} = \frac{2(-4.10943)}{3} - 7.2 = -9.93962 \text{ t-m （順鐘向）}$$

$$M_{BC} = \frac{2(-4.10943)}{3} + \frac{7.43774}{3} + 10.2 = 9.93962 \text{ t-m （逆鐘向）}$$

$$M_{CB} = \frac{-4.10943}{3} + \frac{2(7.43774)}{3} - 10.2 = -6.61132 \text{ t-m （順鐘向）}$$

$$M_{CD} = \frac{8EI\theta_C}{9} = \frac{8(7.43774)}{9} = 6.61132 \text{ t-m （逆鐘向）}$$

$$M_{DC} = \frac{4EI\theta_C}{9} = \frac{4(7.43774)}{9} = 3.30566 \text{ t-m （逆鐘向）}$$

因為 $M_{BA} + M_{BC} = 0$、$M_{CB} + M_{CD} = 0$ 故符合式(1)的平衡方程式。

樑段端剪力

將各樑段端彎矩註記於圖 12-3-2(a)的各樑段及支承點自由體。就樑段 AB，取平衡方程式

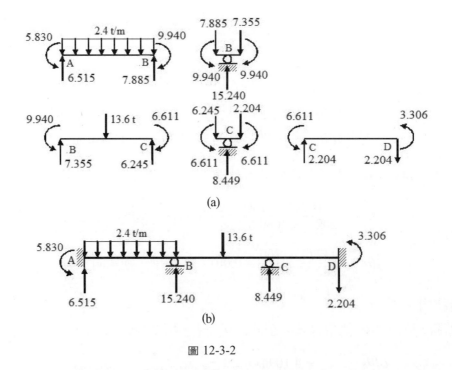

(a)

(b)

圖 12-3-2

$$\Sigma M_A^{AB} = 0 \ 得\ S_{BA}(6) + 5.83019 - 9.93962 - \frac{2.4(6^2)}{2} = 0\ ,\ 解得\ S_{BA} = 7.885t \uparrow$$

$$\Sigma F_Y^{AB} = S_{AB} + 7.885 - 2.4(6) = 0\ ,\ 解得\ S_{AB} = 6.515t \uparrow$$

就樑段 BC，取平衡方程式

$$\Sigma M_B^{BC} = 0 \ 得\ S_{CB}(6) + 9.93962 - 6.61132 - 13.6(3) = 0\ ,\ 解得\ S_{CB} = 6.245t \uparrow$$

$$\Sigma F_Y^{BC} = S_{BC} + 6.245 - 13.6 = 0\ ,\ 解得\ S_{BC} = 7.355t \uparrow$$

就樑段 CD，取平衡方程式

$$\Sigma M_C^{CD} = 0 \ 得\ S_{DC}(4.5) + 3.30566 + 6.61132 = 0\ ,\ 解得\ S_{DC} = -2.204t \uparrow$$

$$\Sigma F_Y^{CD} = S_{CD} - 2.204 = 0\ ,\ 解得\ S_{CD} = 2.204t \uparrow$$

支承點反力

　　將各支承點反力如圖 12-3-2(b)。

彎矩圖與剪力圖

　　彎矩圖與剪力圖如圖 12-3-3。

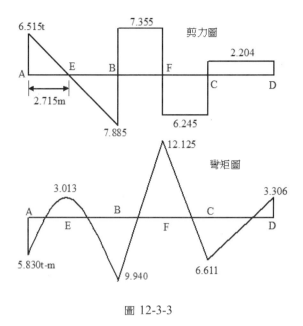

圖 12-3-3

12-4　連續樑撓角變位法

基於前述實例演示，歸納連續樑撓角變位法的分析步驟與數值實例如下。

12-4-1　連續樑撓角變位法分析步驟

1. 連續樑的自由度等於支承點可以獨立轉動（Rotation）未知量的個數。

2. 計算每一樑段承受外加載重的固定端彎矩（Fixed End Moment），逆鐘向為正，順鐘向為負。固定端彎矩可依表附公式或諧和變形分析法、最小功法或三彎矩方程式法計算之。

3. 計算因支承沉陷所產生的樑段弦線旋轉量 ψ；以樑段兩端支承相對沉陷量除以樑段長度（$\psi = \Delta/L$），逆鐘向為正，順鐘向為負。

4. 利用公式（12-2-9）或公式（12-2-15）寫出關聯每一樑段兩端未知彎矩、未知樑端旋轉量（θ_A, θ_B），及已知樑段弦線旋轉量（ψ）關係的撓角變位方程式。

5. 就每一個可以旋轉的支承點自由體，寫出一個 $\Sigma M = 0$ 的平衡方程式。平衡方程式的個數與連續樑的自由度相等。

6. 解聯立平衡方程式即可求得每一支承點的旋轉量（θ）。

7. 以計得的支承點旋轉量，帶入撓角變位方程式推求各樑段端點彎矩。正的彎矩以逆鐘向作用於樑段，負的彎矩以順鐘向作用於樑段。

8. 將計得的樑段端點短彎矩帶入各支承點的彎矩平衡方程式，如果均滿足平衡方程式，則計得的支承點旋轉量與樑段端點彎矩均屬正確。

9. 依據計得的樑段端點彎矩及樑段載重計算樑段端點剪力。

10. 依據樑段端點剪力及支承點的自由體，推算支承點反力。

11. 依據樑段端點剪力、彎矩、支承點反力及載重，繪製剪力圖與彎矩圖。

12-4-2　外支承點的處理

超靜定連續樑的外支承點為鉸接端時，以公式（12-2-15）寫出剛接端的撓角變位方程式，鉸接端的彎矩為 0，其旋轉量按公式（12-2-16）計算之。鉸接支承點不必寫彎矩平衡方程式。

超靜定連續樑的外支承點 A 為固定端時，以 $\theta_A = 0$ 按公式（12-2-9）寫出剛接端的撓角變位方程式。固定支承點不必寫彎矩平衡方程式。

超靜定連續樑的外支承點 D 為自由端如圖 12-4-1(a)時，可將外伸樑部分的載重以靜定計算另一端 C 的彎矩與剪力如圖 12-4-1(b)，並以該彎矩與剪力施加於支承點 C，且移除外伸樑段 CD。樑段 BC 按公式（12-2-9）寫出撓角變位方程式。支承點 C 也需寫出彎矩平衡方程式。

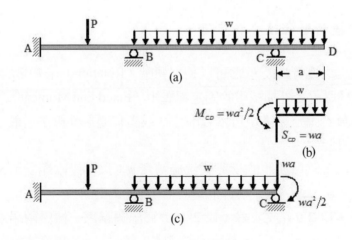

圖 12-4-1

12-4-3　連續樑分析例題

例題 12-4-1

試以撓角變位法分析圖 12-4-2 超靜定連續樑，並繪製剪力圖與彎矩圖？假設連續樑材的彈性係數均相同，但樑段 AB 的慣性矩為樑段 BC 慣性矩的 2 倍。

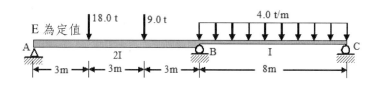

圖 12-4-2

解答：

自由度：圖 12-4-2 超靜定連續樑雖有三個鉸支承或滾支承，但僅有支承點 B 的旋轉量為獨立自主，支承點 A、C 的旋轉量均可按公式（12-2-16）計算之，故自由度為 1。

固定端彎矩：按附錄 B 第 2 種載重情形，計算樑段 AB 的固定端彎矩為

$$FEM_{AB} = \Sigma \frac{Pab^2}{L^2} = \frac{18(3)(6^2)}{9^2} + \frac{9(6)(3^2)}{9^2} = 30\text{t-m （逆鐘向）}$$

$$FEM_{BA} = \Sigma \frac{Pa^2b}{L^2} = -\frac{18(6)(3^2)}{9^2} - \frac{9(3)(6^2)}{9^2} = -24\text{t-m （順鐘向）}$$

按附錄 B 第 4 種載重情形，計算樑段 BC 的固定端彎矩為

$$FEM_{BC} = \frac{wL^2}{12} = \frac{4(8^2)}{12} = 21.333\text{t-m （逆鐘向）}$$

$$FEM_{CB} = -\frac{wL^2}{12} = -\frac{4(8^2)}{12} = -21.333\text{t-m （順鐘向）}$$

弦線旋轉量：因為各支承點均無沉陷量，故各樑段的弦線旋轉量 ψ_{AB}、ψ_{BC} 均為 0。

撓角變位方程式：設樑段 BC 的慣性矩為 I_0，則樑段 AB 的慣性矩為 $2I_0$。因為兩個樑段均有一端為鉸接，按公式（12-2-15）寫出樑段 AB 撓角變位方程式為

$$M_{AB} = 0 \tag{1}$$

$$M_{BA} = \frac{3E(2I_0)}{9}(\theta_B - 0) + \left(-24 - \frac{30}{2}\right) = \frac{2EI_0\theta_B}{3} - 39 \tag{2}$$

按公式（12-2-15）寫出樑段 BC 撓角變位方程式為

$$M_{BC} = \frac{3EI_0}{8}(\theta_B - 0) + \left(21.333 - \frac{-21.333}{2}\right) = \frac{3EI_0\theta_B}{8} + 32 \qquad (3)$$

$$M_{CB} = 0 \qquad (4)$$

平衡方程式：取支承點 B 的自由體，得平衡方程式

$$M_{BA} + M_{BC} = 0 \qquad (5)$$

將式(2)、式(3)帶入式(5)得

$\dfrac{2EI_0\theta_B}{3} + \dfrac{3EI_0\theta_B}{8} = 7$，解得 $EI_0\theta_B = 6.72\text{t-m}^2$

依公式（12-2-16）計得鉸接端點 A 的旋轉量為

$4EI\theta_A = -2EI\theta_B + 6EI\psi_{AB} - L(FEM_{AB})$ 或

$8EI_0\theta_A = -4(6.72) + 6EI_0(0) - 9(30)$，解得 $EI_0\theta_A = -37.11\text{t-m}^2$

依公式（12-2-16）計得鉸接點 C 的旋轉量為

$4EI\theta_C = -2EI\theta_B + 6EI\psi_{BC} - L(FEM_{CB})$ 或

$4EI_0\theta_C = -2EI_0\theta_B + 6EI_0\psi_{BC} - L(FEM_{CB})$ 或

$4EI_0\theta_C = -2(6.72) + 6EI_0(0) - 8(-21.333)$，解得 $EI_0\theta_C = 39.306\text{t-m}^2$

將 $EI_0\theta_B$ 值帶入式(2)得

$$M_{BA} = \frac{2EI_0\theta_B}{3} - 39 = \frac{2(6.72)}{3} - 39 = -34.52\text{t-m}（順鐘向）$$

將 $EI_0\theta_B$ 值帶入式(3)得

$$M_{BC} = \frac{3(6.72)}{8} + 32 = 34.52\text{t-m}（逆鐘向）$$

圖 12-4-3 為中間支承點 B、左右側樑段的自由體。

樑段 BC 套用平衡方程式

$\sum M_B^{BC} = 0$ 得 $34.52 - 4(8)(8/2) + C_Y(8) = 0$，解得 $C_Y = 11.685\,t\uparrow$

$\sum F_Y^{BC} = 0$ 得 $B_Y^{BC} + 11.685 - 4(8) = 0$，解得 $B_Y^{BC} = 20.315t\uparrow$

樑段 AB 套用平衡方程式

$\sum M_A^{AB} = 0$ 得 $-34.52 - 18(3) - 9(6) + B_Y^{AB}(9) = 0$，解得 $B_Y^{AB} = 15.836\,t\uparrow$

$\sum F_Y^{AB} = 0$ 得 $A_Y + 15.836 - 18 - 9 = 0$，解得 $A_Y = 11.164t\uparrow$

支承點 B 套用平衡方程式

$\sum F_Y = 0$ 得 $B_Y - 15.836 - 20.315 = 0$，解得 $B_Y = 36.151t\uparrow$

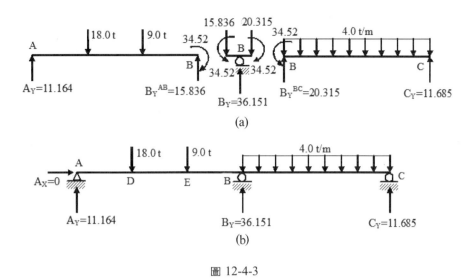

(a)

(b)

圖 12-4-3

整體連續樑自由體圖如圖 12-4-3(b)，據此繪得剪力圖與彎矩圖如圖 12-4-4。

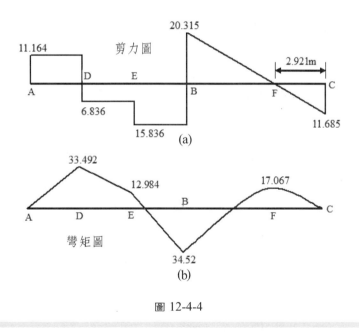

圖 12-4-4

例題 12-4-2

試以撓角變位法分析圖 12-4-5 超靜定連續樑？假設連續樑材的彈性係數及各樑段慣性矩均相同。

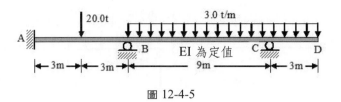

圖 12-4-5

解答：

自由度：圖 12-4-5 超靜定連續樑有支承點 B、C 的獨立自主旋轉，故自由度為 2。

固定端彎矩：按附錄 B 的第 2 種載重情形，計算樑段 AB 的固定端彎矩為

$$FEM_{AB} = \frac{Pab^2}{L^2} = \frac{20(3)(3^2)}{6^2} = 15\text{t-m}（逆鐘向）$$

$$FEM_{BA} = -\frac{Pa^2b}{L^2} = -\frac{20(3)(3^2)}{6^2} = -15\text{t-m}（順鐘向）$$

按附錄 B 的第 4 種載重情形，計算樑段 BC 的固定端彎矩為

$$FEM_{BC} = \frac{wL^2}{12} = \frac{3(9^2)}{12} = 20.25\text{t-m}（逆鐘向）$$

$$FEM_{CB} = -\frac{wL^2}{12} = -\frac{3(9^2)}{12} = -20.25\text{t-m}（順鐘向）$$

承受載重的外伸樑段屬靜定，如將其對支承點 C 所產生的彎矩與剪力視為對支承點 C 的作用力，則可將樑段 CD 排除之，如圖 12-4-6。

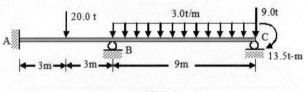

圖 12-4-6

外伸樑段的彎矩與剪力為

$$M_{CD} = \frac{3(3^2)}{2} = 13.5\text{t-m}（順鐘向）$$

$$S_{CD} = 3(3) = 9\,t\downarrow$$

弦線旋轉量：因為各支承點均無沉陷量，故各樑段的弦線旋轉量ψ_{AB}、ψ_{BC}均為 0。

撓角變位方程式：按公式（12-2-9）寫出樑段 AB 撓角變位方程式為

$$M_{AB} = \frac{2EI}{6}(2\theta_A + \theta_B - 3\psi_{AB}) + FEM_{AB} = \frac{2EI}{6}(2(0) + \theta_B - 3(0)) + 15$$

$$M_{AB} = \frac{EI\theta_B}{3} + 15 \tag{1}$$

$$M_{BA} = \frac{2EI}{6}(2\theta_B + \theta_A - 3\psi_{AB}) + FEM_{BA} = \frac{2EI}{6}(2\theta_B + 0 - 3(0)) - 15$$

$$M_{BA} = \frac{2EI\theta_B}{3} - 15 \tag{2}$$

按公式（12-2-9）寫出樑段 BC 撓角變位方程式為

$$M_{BC} = \frac{2EI}{9}(2\theta_B + \theta_C - 3(0)) + 20.25 = \frac{4EI\theta_B}{9} + \frac{2EI\theta_C}{9} + 20.25 \tag{3}$$

$$M_{CB} = \frac{2EI}{9}(2\theta_C + \theta_B - 3(0)) - 20.25 = \frac{4EI\theta_C}{9} + \frac{2EI\theta_B}{9} - 20.25 \tag{4}$$

平衡方程式：取支承點 B、C 的自由體，得平衡方程式

$$M_{BA} + M_{BC} = 0 \tag{5}$$

$$M_{CB} + 13.5 = 0 \tag{6}$$

將式(2)、式(3)帶入式(5)得

$$\frac{10EI\theta_B}{9} + \frac{2EI\theta_C}{9} = -5.25 \text{ 或 } 10EI\theta_B + 2EI\theta_C = -47.25$$

將式(4)帶入式(6)得

$$\frac{4EI\theta_C}{9} + \frac{2EI\theta_B}{9} = 6.75 \text{ 或 } 2EI\theta_B + 4EI\theta_C = 60.75$$

$$解 \begin{cases} 10EI\theta_B + 2EI\theta_C = -47.25 \\ 2EI\theta_B + 4EI\theta_C = 60.75 \end{cases} 得 \begin{cases} EI\theta_B = -8.625\text{t-m}^2 \\ EI\theta_C = 19.5\text{t-m}^2 \end{cases}$$

將 $EI\theta_B$ 值帶入式(1)、式(2)得

$$M_{AB} = \frac{-8.625}{3} + 15 = 12.125\text{t-m （逆鐘向）}$$

$$M_{BA} = \frac{2(-8.625)}{3} - 15 = -20.75\text{t-m （順鐘向）}$$

將 $EI\theta_B$、$EI\theta_C$ 值帶入式(3)、式(4)得

$$M_{BC} = \frac{4(-8.625)}{9} + \frac{2(19.5)}{9} + 20.25 = 20.75\text{t-m （逆鐘向）}$$

$$M_{CB} = \frac{4(19.5)}{9} + \frac{2(-8.625)}{9} - 20.25 = -13.5\text{t-m （順鐘向）}$$

圖 12-4-7(a)為中間支承點 B、C 及各樑段的自由體。

樑段 AB 套用平衡方程式

$$\Sigma M_B^{AB} = 0 \text{ 得 } 12.125 - 20.750 + 20(3) - A_Y(6) = 0，解得 A_Y = 8.563\,t \uparrow$$

$$\Sigma F_Y^{AB} = 0 \text{ 得 } B_Y^{AB} + 8.563 - 20 = 0，解得 B_Y^{AB} = 11.438t \uparrow$$

樑段 BC 套用平衡方程式

$$\Sigma M_B^{BC} = 0 \text{ 得 } 20.75 - 13.5 + \frac{3(9^2)}{2} - B_Y^{BC}(9) = 0，解得 B_Y^{BC} = 14.306\,t \uparrow$$

$$\Sigma F_Y^{BC} = 0 \text{ 得 } C_Y^{BC} + 14.306 - 3(9) = 0 \text{，解得 } C_Y^{BC} = 12.694t \uparrow$$

支承點 B 反力 $B_Y = 11.438t + 14.306t = 25.744t\uparrow$，

支承點 C 反力 $C_Y = 12.694t + 9.0t = 21.694t\uparrow$，如圖 12-4-7(b)。

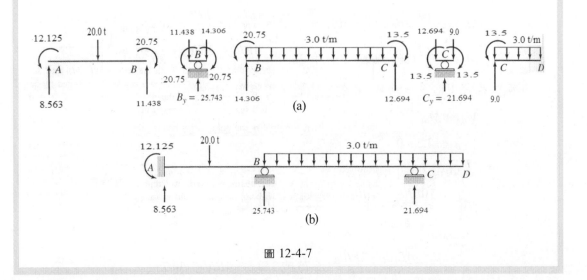

(a)

(b)

圖 12-4-7

例題 12-4-3

試以撓角變位法分析圖 12-4-8 超靜定連續樑？連續樑材彈性係數為 2,092t/cm²，樑斷面慣性矩均為 70,000cm⁴，支承點 A、B、C、D 的沉陷量分別為 1、5、2、4 公分。

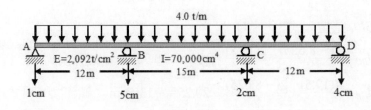

圖 12-4-8

解答：

自由度：圖 12-4-8 超靜定連續樑有支承點 B、C 的獨立自主旋轉，故自由度為 2。

固定端彎矩：按附錄 B 第 4 種載重情形，計算樑段 AB、CD 固定端彎矩為

$$FEM_{AB} = FEM_{CD} = \frac{wL^2}{12} = \frac{0.04(1200^2)}{12} = 4800\text{t-cm （逆鐘向）}$$

$$FEM_{BA} = FEM_{DC} = -\frac{wL^2}{12} = -\frac{0.04(1200^2)}{12} = -4800\text{t-cm}（順鐘向）$$

按附錄 B 第 4 種載重情形，計算樑段 BC 的固定端彎矩為

$$FEM_{BC} = \frac{wL^2}{12} = \frac{0.04(1500^2)}{12} = 7500\text{t-cm}（逆鐘向）$$

$$FEM_{CB} = -\frac{wL^2}{12} = -\frac{0.04(1500^2)}{12} = -7500\text{t-cm}（順鐘向）$$

弦線旋轉量：支承點 A、B、C、D 的沉陷量分別為 1cm、5cm、2cm、4cm，故各樑段的弦線旋轉量分別為

$$\psi_{AB} = (1-5)/1200 = -1/300（順鐘向）$$

$$\psi_{BC} = (5-2)/1500 = 1/500 \quad（逆鐘向）$$

$$\psi_{CD} = (2-4)/1200 = -1/600（順鐘向）$$

撓角變位方程式：按公式（12-2-15）寫出樑段 AB 撓角變位方程式為

$$M_{AB} = 0 \tag{1}$$

$$M_{BA} = \frac{3EI}{1200}(\theta_B - (-1/300)) + \left(-4800 - \frac{4800}{2}\right)\text{或}$$

$$M_{BA} = 366100\theta_B - 5979.667 \tag{2}$$

按公式（12-2-9）寫出樑段 BC 撓角變位方程式為

$$M_{BC} = \frac{2EI}{1500}(2\theta_B + \theta_C - 3(1/500)) + 7500\text{或}$$

$$M_{BC} = 390506.667\theta_B + 195253.333\theta_C + 6328.48 \tag{3}$$

$$M_{CB} = \frac{2EI}{1500}(2\theta_C + \theta_B - 3(1/500)) - 7500\text{或}$$

$$M_{CB} = 195253.333\theta_B + 390506.667\theta_C - 8671.52 \tag{4}$$

按公式（12-2-15）寫出樑段 CD 撓角變位方程式為

$$M_{CD} = \frac{3EI}{1200}(\theta_C - (-1/600)) + \left(4800 - \frac{-4800}{2}\right)$$

$$M_{CD} = 366100\theta_C + 7810.167 \tag{5}$$

$$M_{DC} = 0 \tag{6}$$

平衡方程式：取支承點 B、C 的自由體，得平衡方程式

$$M_{BA} + M_{BC} = 0 \tag{7}$$

$$M_{CB} + M_{CD} = 0 \tag{8}$$

將式(2)、式(3)帶入式(7)得

$$756606.667\theta_B + 195253.333\theta_C = -348.813$$

將式(4)、式(5)帶入式(8)得

$$195253.333\theta_B + 756606.667\theta_C = 861.353$$

解 $\begin{cases} 756606.667\theta_B + 195253.333\theta_C = -348.813 \\ 195253.333\theta_B + 756606.667\theta_C = 861.353 \end{cases}$ 得 $\begin{cases} \theta_B = -0.00080867 \text{ 徑度} \\ \theta_C = 0.001347131 \text{ 徑度} \end{cases}$

依公式（12-2-16）計得鉸接點 A 的旋轉量為

$$\theta_A = -\frac{\theta_B}{2} + \frac{3\psi_{AB}}{2} - \frac{L}{4EI}(FEM_{AB}) \text{ 或}$$

$$\theta_A = -\frac{-0.00080867}{2} + \frac{3}{2}\left(\frac{-1}{300}\right) - \frac{1200(4800)}{4(2092)(70000)} = 0.014429 \text{ 徑度}$$

依公式（12-2-16）計得鉸接點 D 的旋轉量為

$$\theta_D = -\frac{\theta_C}{2} + \frac{3\psi_{CD}}{2} - \frac{L}{4EI}(FEM_{DC}) \text{ 或}$$

$$\theta_D = -\frac{0.001347131}{2} + \frac{3}{2}\left(\frac{-1}{600}\right) - \frac{1200(-4800)}{4(2092)(70000)} = 0.006660 \text{ 徑度}$$

將 θ_B 值帶入式(2)得

$$M_{BA} = 366100(-0.00080867) - 5979.667 = 6275.721 \text{t-cm}（逆鐘向）$$

將 θ_B、θ_C 值帶入式(3)、式(4)得

$$M_{BC} = 390506.667(-0.00080867) + 195253.333(0.001347131) + 6328.48$$
$$= 6275.721 \text{t-cm}（逆鐘向）$$

$$M_{CB} = 195253.333(-0.00080867) + 390506.667(0.001347131) - 8671.52$$
$$= -8303.352 \text{t-cm} （順鐘向）$$

將 θ_C 值帶入式(5)得

$$M_{CD} = 366100(0.001347131) + 7810.167 = 8303.352 \text{t-cm}（逆鐘向）$$

圖 12-4-9(a)為中間支承點 B、C 及各樑段的自由體（改用公尺）。

樑段 AB 套用平衡方程式

$$\Sigma M_B^{AB} = 0 \text{ 得} -A_Y(12) - 62.757 + \frac{4(12^2)}{2} = 0，解得 A_Y = 18.770t \uparrow$$

$$\Sigma F_Y^{AB} = 0 \text{ 得} B_Y^{AB} + 18.770 - 4(12) = 0，解得 B_Y^{AB} = 29.230t \uparrow$$

樑段 BC 套用平衡方程式

$$\Sigma M_B^{BC} = 0 \text{ 得} 62.757 - 83.034 - \frac{4(15^2)}{2} + B_Y^{BC}(15) = 0，解得 B_Y^{BC} = 31.352t \uparrow$$

$$\Sigma F_Y^{BC} = 0 \text{ 得} C_Y^{BC} + 31.352 - 4(15) = 0，解得 C_Y^{BC} = 28.648t \uparrow$$

支承點 B 反力 $B_Y = 29.230t + 28.648t = 57.878t \uparrow$，

支承點 C 反力 $C_Y = 31.352t + 30.919t = 62.271t \uparrow$，如圖 12-4-9(b)。

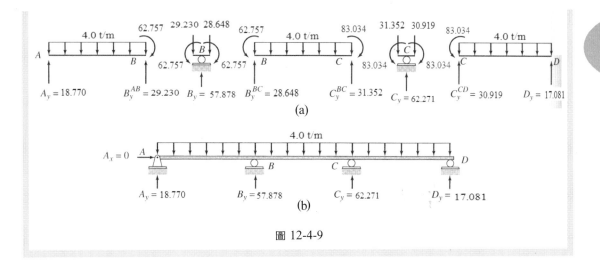

圖 12-4-9

例題 12-4-4

試以撓角變位法分析圖 12-4-10 超靜定連續樑僅因支承點 C 沉陷 1.5 公分所引起彎矩與反力？連續樑材彈性係數為 2,092t/cm²，樑斷面慣性矩均為 50,000cm⁴。

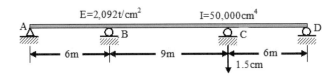

圖 12-4-10

解答：

自由度：圖 12-4-10 超靜定連續樑有支承點 B、C 的旋轉量為獨立自主，故自由度為 2。

固定端彎矩：因為無任何外加載重，故無因載重引起的固定端彎矩

$$FEM_{AB} = FEM_{BA} = FEM_{BC} = FEM_{CB} = FEM_{CD} = FEM_{DC} = 0$$

弦線旋轉量：支承點 C 的沉陷量為 1.5cm，故各樑段的弦線旋轉量分別為

$$\psi_{BC} = (0 - 1.5)/900 = -1/600$$

$$\psi_{CD} = (1.5 - 0)/600 = 1/400$$

撓角變位方程式：按公式（12-2-15）寫出樑段 AB 撓角變位方程式為

$$M_{AB} = 0 \tag{1}$$

$$M_{BA} = \frac{3EI}{600}(\theta_B - (0)) = 523000\theta_B \tag{2}$$

按公式（12-2-9）寫出樑段 BC 撓角變位方程式為

$$M_{BC} = \frac{2EI}{900}(2\theta_B + \theta_C - 3(-1/600)) + 0$$

$$M_{BC} = 464888.889\theta_B + 232444.444\theta_C + 1162.222 \tag{3}$$

$$M_{CB} = \frac{2EI}{900}(2\theta_C + \theta_B - 3(-1/600)) - 0$$

$$M_{CB} = 232444.444\theta_B + 464888.889\theta_C + 1162.222 \tag{4}$$

按公式（12-2-15）寫出樑段 CD 撓角變位方程式為

$$M_{CD} = \frac{3EI}{600}(\theta_C - (1/400)) + 0 = 523000\theta_C - 1307.5 \tag{5}$$

$$M_{DC} = 0 \tag{6}$$

平衡方程式：取支承點 B、C 的自由體，得平衡方程式

$$M_{BA} + M_{BC} = 0 \tag{7}$$

$$M_{CB} + M_{CD} = 0 \tag{8}$$

將式(2)、式(3)帶入式(7)得

$$987888.889\theta_B + 232444.444\theta_C = -1162.222$$

將式(4)、式(5)帶入式(8)得

$$232444.444\theta_B + 987888.889\theta_C = 145.278$$

解 $\begin{cases} 987888.889\theta_B + 232444.444\theta_C = -1162.222 \\ 232444.444\theta_B + 987888.889\theta_C = 145.278 \end{cases}$ 得 $\begin{cases} \theta_B = -0.00128205 \text{ 徑度} \\ \theta_C = 0.0004488 \text{ 徑度} \end{cases}$

依公式（12-2-16）計得鉸接點 A 的旋轉量為

$$\theta_A = -\frac{\theta_B}{2} + \frac{3\psi_{AB}}{2} - \frac{L}{4EI}(FEM_{AB}) = -\frac{-0.00128205}{2} + \frac{3(0)}{2} = 0.000641 \text{ 徑度}$$

依公式（12-2-16）計得鉸接點 D 的旋轉量為

$$\theta_D = -\frac{\theta_C}{2} + \frac{3\psi_{CD}}{2} - \frac{L}{4EI}(FEM_{DC}) = \frac{-0.0004488}{2} + \frac{3}{2}\left(\frac{1}{400}\right) - 0 = 0.0035256 \text{ 徑度}$$

將 θ_B 值帶入式(2)得

$$M_{BA} = 523000\theta_B = 523000(-0.00128205) = -670.513\text{t-cm} \quad （逆鐘向）$$

將 θ_B、θ_C 值帶入式(3)、式(4)得

$$M_{BC} = 464888.889(-0.00128205) + 232444.444(0.0004488) + 1162.222 = -596.025$$
$$+ 104.321 + 1162.222 = 670.513\text{t-cm} （逆鐘向）$$

$$M_{CB} = 232444.444(-0.00128205) + 464888.889(0.0004488) + 1162.222$$
$$= 1072.821\text{t-cm} \quad （順鐘向）$$

將 θ_C 值帶入式(5)得

$$M_{CD} = 523000(0.0004488) - 1307.5 = 1072.821\text{t-cm}（逆鐘向）$$

圖 12-4-11(a)為中間支承點 B、C 及各樑段的自由體（改用公尺）。

樑段 AB 套用平衡方程式

$\Sigma M_B^{AB} = 0$ 得 $-A_Y(6) - 6.705 = 0$，解得 $A_Y = -1.118t\downarrow$

$\Sigma F_Y^{AB} = 0$ 得 $B_Y^{AB} - 1.118 = 0$，解得 $B_Y^{AB} = 1.118t\uparrow$

樑段 BC 套用平衡方程式

$\Sigma M_B^{BC} = 0$ 得 $6.705 + 10.728 - B_Y^{BC}(9) = 0$，解得 $B_Y^{BC} = 1.937t\uparrow$

$\Sigma F_Y^{BC} = 0$ 得 $C_Y^{BC} + 1.937 = 0$，解得 $C_Y^{BC} = -1.937t\downarrow$

支承點 B 反力 $B_Y = 1.118t + 1.937t = 3.055t\uparrow$

支承點 C 反力 $C_Y = 1.937t + 1.788t = 3.725t\downarrow$，如圖 12-4-11(b)。

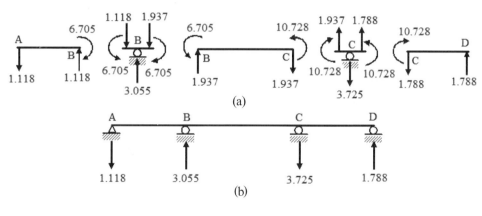

圖 12-4-11

例題 12-4-5

試以撓角變位法分析圖 12-4-12 超靜定樑？

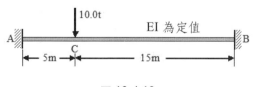

圖 12-4-12

解答：

自由度： 圖 12-4-12 超靜定樑並無可以獨立自主旋轉的支承點，故自由度為 0。

固定端彎矩： 因外加載重所產生的固定端彎矩為

$$FEM_{AB} = \frac{Pab^2}{L^2} = \frac{10(5)(15^2)}{20^2} = 28.125 \text{t-m}$$

$$FEM_{BA} = -\frac{Pa^2b}{L^2} = -\frac{10(15)(5^2)}{20^2} = -9.375 \text{t-m}$$

弦線旋轉量： 固定端支承點均無沉陷量，故樑段 AB 的弦線旋轉量 ψ_{AB} 為 0。

撓角變位方程式： 以 $\theta_A = 0$、$\theta_B = 0$、$\psi_{AB} = 0$，按公式（12-2-9）寫出樑段 AB 撓角變位方程式為

$$M_{AB} = \frac{2EI}{L}(2\theta_A + \theta_B - 3\psi_{AB}) + FEM_{AB} = 28.125 \text{t-m}$$

$$M_{BA} = \frac{2EI}{L}(2\theta_B + \theta_A - 3\psi_{AB}) + FEM_{BA} = -9.375 \text{t-m}$$

平衡方程式： 因為自由度為 0，故無平衡方程式，但由撓角變位方程式已取得兩端的彎矩。

樑段 AB 套用平衡方程式

$\Sigma M_B^{AB} = 0$ 得 $-A_Y(20) - 9.375 + 10(15) + 28.125 = 0$，解得 $A_Y = 8.4375\ t \uparrow$

$\Sigma F_Y^{AB} = 0$ 得 $B_Y^{AB} + 8.4375 - 10 = 0$，解得 $B_Y^{AB} = 1.5625\ t \uparrow$，如圖 12-4-13。

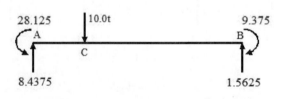

圖 12-4-13

例題 12-4-6

試以撓角變位法分析圖 12-4-14 超靜定樑？

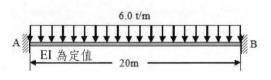

圖 12-4-14

解答：

　自由度：圖 12-4-14 超靜定樑並無可以獨立自主旋轉的支承點，故自由度為 0。

　固定端彎矩：因外加載重所產生的固定端彎矩為

$$FEM_{AB} = \frac{wL^2}{12} = \frac{6(20^2)}{12} = 200 \text{t-m}$$

$$FEM_{BA} = -\frac{wL^2}{12} = -\frac{6(20^2)}{12} = -200 \text{t-m}$$

　弦線旋轉量：固定端支承點均無沉陷量，故樑段 AB 的弦線旋轉量 ψ_{AB} 為 0。

　撓角變位方程式：以 $\theta_A = 0$、$\theta_B = 0$、$\psi_{AB} = 0$，按公式（12-2-9）寫出樑段 AB 撓角變位方程式為

$$M_{AB} = \frac{2EI}{L}(2\theta_A + \theta_B - 3\psi_{AB}) + FEM_{AB} = 200 \text{t-m}$$

$$M_{BA} = \frac{2EI}{L}(2\theta_B + \theta_A - 3\psi_{AB}) + FEM_{BA} = -200 \text{t-m}$$

　平衡方程式：因為自由度為 0，故無平衡方程式，但撓角變位方程式已取得兩端的彎矩。

　樑段 AB 套用平衡方程式

$\Sigma M_B^{AB} = 0$ 得 $-A_Y(20) - 200 + \frac{6(20^2)}{2} + 200 = 0$，解得 $A_Y = 60\ t \uparrow$

$\Sigma F_Y^{AB} = 0$ 得 $B_Y^{AB} + 60 - 6(20) = 0$，解得 $B_Y^{AB} = 60\ t \uparrow$，如圖 12-4-15。

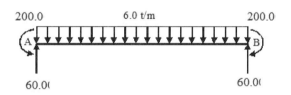

圖 12-4-15

例題 12-4-7

試以撓角變位法分析圖 12-4-16 超靜定連續樑？

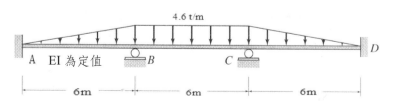

圖 12-4-16

解答：

自由度：圖 12-4-16 超靜定連續樑有支承點 B、C 的旋轉量為獨立自主，故自由度為 2。

固定端彎矩：按附錄 B 第 6 種載重情形，計算樑段 AB 固定端彎矩為

$$FEM_{AB} = \frac{wL^2}{30} = \frac{4.6(6^2)}{30} = 5.52 \text{t-m}（逆鐘向）$$

$$FEM_{BA} = -\frac{wL^2}{20} = -\frac{4.6(6^2)}{20} = -8.28 \text{t-m}（順鐘向）$$

按附錄 B 第 4 種載重情形，計算樑段 BC 的固定端彎矩為

$$FEM_{BC} = \frac{wL^2}{12} = \frac{4.6(6^2)}{12} = 13.8 \text{t-m}（逆鐘向）$$

$$FEM_{CB} = -\frac{wL^2}{12} = -\frac{4.6(6^2)}{12} = -13.8 \text{t-m}（順鐘向）$$

按附錄 B 第 6 種載重情形，計算樑段 CD 固定端彎矩為

$$FEM_{CD} = \frac{wL^2}{20} = \frac{4.6(6^2)}{20} = 8.28 \text{t-m}（逆鐘向）$$

$$FEM_{DC} = -\frac{wL^2}{30} = -\frac{4.6(6^2)}{30} = -5.520 \text{t-m}（順鐘向）$$

弦線旋轉量：支承點 A、B、C、D 均無沉陷量，故各樑段的弦線旋轉量 ψ_{AB}、ψ_{BC}、ψ_{CD} 均為 0。

撓角變位方程式：以 $\theta_A = \psi_{AB} = 0$ 按公式（12-2-9）寫出樑段 AB 撓角變位方程式

$$M_{AB} = \frac{2EI}{L}(2\theta_A + \theta_B - 3\psi_{AB}) + FEM_{AB} = \frac{EI\theta_B}{3} + 5.52 \tag{1}$$

$$M_{BA} = \frac{2EI}{L}(2\theta_B + \theta_A - 3\psi_{AB}) + FEM_{BA} = \frac{2EI\theta_B}{3} - 8.28 \tag{2}$$

以 $\psi_{BC} = 0$ 按公式（12-2-9）寫出樑段 BC 撓角變位方程式為

$$M_{BC} = \frac{2EI}{L}(2\theta_B + \theta_C - \psi_{BC}) + FEM_{BC} = \frac{2EI\theta_B}{3} + \frac{EI\theta_C}{3} + 13.8 \tag{3}$$

$$M_{CB} = \frac{2EI}{L}(2\theta_C + \theta_B - \psi_{BC}) + FEM_{CB} = \frac{EI\theta_B}{3} + \frac{2EI\theta_C}{3} - 13.8 \tag{4}$$

以 $\theta_D = \psi_{CD} = 0$ 按公式（12-2-9）寫出樑段 CD 撓角變位方程式為

$$M_{CD} = \frac{2EI}{L}(2\theta_C + \theta_D - \psi_{CD}) + FEM_{CD} = \frac{2EI\theta_C}{3} + 8.28 \tag{5}$$

$$M_{DC} = \frac{2EI}{L}(2\theta_D + \theta_C - \psi_{CD}) + FEM_{DC} = \frac{EI\theta_C}{3} - 5.52 \tag{6}$$

平衡方程式：取支承點 B、C 的自由體，得平衡方程式

$$M_{BA} + M_{BC} = 0 \tag{7}$$

$$M_{CB} + M_{CD} = 0 \tag{8}$$

將式(2)、式(3)帶入式(7)得

$$\frac{4EI\theta_B}{3} + \frac{EI\theta_C}{3} = -5.52 \ \text{或} \ 4EI\theta_B + EI\theta_C = -16.56$$

將式(4)、式(5)帶入式(8)得

$$\frac{EI\theta_B}{3} + \frac{4EI\theta_C}{3} = 5.52 \ \text{或} \ EI\theta_B + 4EI\theta_C = 16.56$$

$$\text{解} \begin{cases} 4EI\theta_B + EI\theta_C = -16.56 \\ EI\theta_B + 4EI\theta_C = 16.56 \end{cases} \text{得} \begin{cases} EI\theta_B = -5.52t\text{-}m^2 \\ EI\theta_C = 5.52t\text{-}m^2 \end{cases}$$

將 $EI\theta_B$ 值帶入式(1)、式(2)得

$$M_{AB} = \frac{EI\theta_B}{3} + 5.52 = \frac{-5.52}{3} + 5.52 = 3.68\text{t-m}（逆鐘向）$$

$$M_{BA} = \frac{2(-5.52)}{3} - 8.28 = -11.96\text{t-m}（順鐘向）$$

將 $EI\theta_B$、$EI\theta_C$ 值帶入式(3)、式(4)得

$$M_{BC} = \frac{2(-5.52)}{3} + \frac{5.52}{3} + 13.8 = 11.96\text{t-m}（逆鐘向）$$

$$M_{CB} = \frac{(-5.52)}{3} + \frac{2(5.52)}{3} - 13.8 = -11.96\text{t-m}（順鐘向）$$

將 $EI\theta_B$、$EI\theta_C$ 值帶入式(5)、式(6)得

$$M_{CD} = \frac{2(5.52)}{3} + 8.28 = 11.96\text{t-m}（逆鐘向）$$

$$M_{DC} = \frac{5.52}{3} - 5.52 = -3.68\text{t-m}（順鐘向）$$

圖 12-4-17(a)為中間支承點 B、C 及各樑段的自由體。

樑段 AB 套用平衡方程式

$\sum M_B^{AB} = 0$ 得 $-B_Y(6) + 3.68 - 11.96 - \frac{4.6(6)}{2}\frac{2(6)}{3} = 0$，解得 $B_Y = 10.58\ t\uparrow$

$\sum F_Y^{AB} = 0$ 得 $A_Y + 10.58 - \frac{4.6(6)}{2} = 0$，解得 $A_Y = 3.22\ t\uparrow$

樑段 BC 套用平衡方程式

$\sum M_B^{BC} = 0$ 得 $C_Y(6) + 11.96 - 11.96 - \frac{4.6(6^2)}{2} = 0$，解得 $C_Y = 13.8\ t\uparrow$

$\sum F_Y^{BC} = 0$ 得 $B_Y + 13.80 - 4.6(6) = 0$，解得 $B_Y = 13.80\ t\uparrow$

樑段 CD 套用平衡方程式

$\sum M_C^{CD} = 0$ 得 $D_Y(6) + 11.96 - 3.68 - \frac{4.6(6)}{2}\frac{6}{3} = 0$，解得 $D_Y = 3.22\ t\uparrow$

$\sum F_Y^{CD} = 0$ 得 $C_Y + 3.22 - \frac{4.6(6)}{2} = 0$，解得 $C_Y = 10.58\ t\uparrow$

支承點 B 反力 $B_Y = 10.58t + 13.80t = 24.38t\uparrow$，

支承點 C 反力 $C_Y = 13.8t + 10.58t = 24.38t \uparrow$ ，如圖 12-4-17(b)。

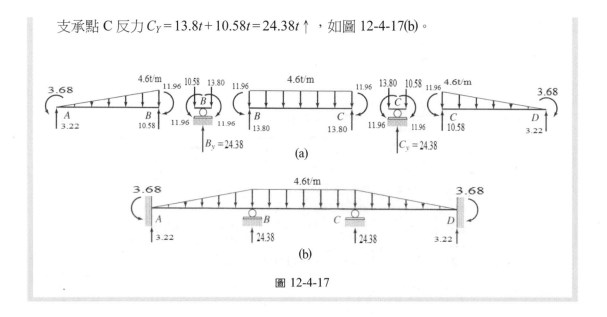

圖 12-4-17

12-5 連續樑撓角變位法程式使用說明

使結構分析軟體試算表以外的空白試算表處於作用中（Active）。選擇☞結構分析／撓角變位法／連續樑撓角變位法／建立連續樑撓角變位法試算表☜出現圖 12-5-1 輸入畫面。以例題 12-4-2（圖 12-4-5）為例，輸入連續樑跨間數(3)、彈性係數 E (1)、樑斷面慣性矩 I (1)、樑段承受集中載重最多個數(1)、小數位數(3)等資

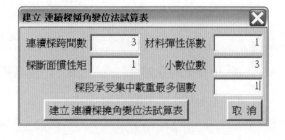

圖 12-5-1

料後，單擊「建立連續樑撓角變位法試算表」鈕，即可產生圖 12-5-2 的連續樑撓角變位法試算表。

圖 12-5-2 的連續樑撓角變位法試算表乃為輸入連續樑的幾何、物理性質與載重資料，以便建立撓角變位方程式及平衡方程式。首先應單擊儲存格 D4、F4，使儲存格右側出現向下箭頭，再單擊箭頭以選擇左、右支承為固定支承、鉸或滾支承、無支承。然後輸入各跨間的跨長，彈性係數、慣性矩、均佈載重、集中載重及集中載重與左支承之距離。最後輸入各支承點沉陷量。

撓角變位法程式將連續樑各支承點由左而右按 A、B、C 等編號之，其樑段亦由

左而右按 AB、BC、CD 等編號之。使用時各量的單位一致性也甚為重要，否則程式雖可能亦正常執行，惟其結果未必正確。

	A	B	C	D	E	F	G
3			連續樑撓角變位法試算表				
4	跨間數	3	左端點	固定支承	右端點	無支承	
5	跨間	AB	BC	CD			
6	跨間長度L	6.000	9.000	3.000			
7	彈性係數E	1.000	1.000	1.000			
8	斷面慣性矩I	1.000	1.000	1.000			
9	均佈載重(下正)	0.000	3.000	3.000			
10	集中載重(下正)	20.000	0.000	0.000			
11	距桿件左端	3.000	0.000	0.000			
12	左固定端彎矩(逆正)	0.000	0.000	0.000			
13	右固定端彎矩(順正)	0.000	0.000	0.000			
14	EI/L						
15	節點	A	B	C	D		
16	沉陷量(下正)	0.000	0.000	0.000	0.000		
17	節點彎矩(順正)	0.000	0.000	0.000	0.000		

圖 12-5-2

如有支承點沉陷量，則應輸入樑身的實際彈性係數與斷面慣性矩；如未含有沉陷量，則樑段的彈性係數與慣性矩僅需輸入相對值即可。圖 12-4-5 的三個樑段之彈性係數均相等，故在試算表上該三個樑段的彈性係數可全填 1 或 2 或 5，或其他相等值均可；如果樑段 AB 的慣性矩為樑段 BC 慣性矩的 2 倍，則在試算表上該樑段 AB 慣性矩與樑段 BC 慣性矩可填 2、1 或 6、3，或其他 2 倍關係的相對值均可。任一樑段僅能輸入一個均佈載重，但可輸入 0 個或 1 個以上的集中載重，故在圖 12-5-1 必須指定所有樑段承受集中載重的最多個數，以便建立試算表。輸入跨間長、載重、彈性係數、慣性矩及沉陷量等資料，且應注意其單位的一致性。

以上資料輸入後，選擇☞結構分析／撓角變位法／連續樑撓角變位法／進行連續樑撓角變位法演算☞出現圖 12-5-3 的分析結果。

圖 12-5-3 試算表第 12、13 列為依據均佈載重與集中載重所計得的固定端彎矩。因為端點 D 為自由端，故需以樑段 CD 的載重計算其對支承點 C 的彎矩與剪力。儲存格 D12 為樑段 CD 載重對支承點 C 的彎矩；儲存格 D13 為樑段 CD 載重對支承點 C 的剪力。

圖 12-5-3 試算表第 20、21 列為樑段 AB 的撓角變位方程式；第 22、23 列為樑段 BC 的撓角變位方程式；餘類推之。第 28 列為支承點 A 的平衡方程式；第 29 列為支承點 B 的平衡方程式；餘類推之。第 32 列為各支承點的撓角量。將撓角量帶入各樑段的撓角變位方程式即得各樑段端點的彎矩，如試算表儲存格 G20～G25。

樑段端點彎矩求得之後，取各樑段及支承點自由體，可計算各樑段端點的剪力及各支承點的反力，如試算表上第 33～37 列。

	A	B	C	D	E	F	G
12	左固定端彎矩	15.000	20.250	13.500			
13	右固定端彎矩	-15.000	-20.250	9.000			
14	EI/L	0.167	0.111	0.333			
15	節點	A	B	C	D		
16	沉陷量(下正)	0.000	0.000	0.000	0.000		
17	節點彎矩	0.000	0.000	0.000	0.000		
18	撓角變位方程式						
19	彎矩↓旋轉→	ThetaA	ThetaB	ThetaC	ThetaD	常數項	桿件內彎矩
20	MAB	0.000	0.333	0.000	0.000	15.000	12.125
21	MBA	0.000	0.667	0.000	0.000	-15.000	-20.750
22	MBC	0.000	0.444	0.222	0.000	20.250	20.750
23	MCB	0.000	0.222	0.444	0.000	-20.250	-13.500
24	MCD	0.000	0.000	0.000	0.000	0.000	13.500
25	MDC	0.000	0.000	0.000	0.000	0.000	0.000
26	節點彎矩平衡方程式						
27	節點↓旋轉→	ThetaA	ThetaB	ThetaC	ThetaD	等號右端常數	
28	節點A	0.000	0.333	0.000	0.000	-15.000	
29	節點B	0.000	1.111	0.222	0.000	-5.250	
30	節點C	0.000	0.222	0.444	0.000	6.750	
31	節點D	0.000	0.000	0.000	0.000	0.000	
32	節點旋轉量	0.00000	-8.62500	19.50000	0.00000		
33	左端彎矩	12.125	20.750	13.500			
34	右端彎矩	-20.750	-13.500	0.000			
35	左端剪力	8.563	14.306	9.000			
36	右端剪力	11.438	12.694	0.000			
37	支承反力	8.563	25.743	21.694	0.000		

圖 12-5-3

選擇☞結構分析／撓角變位法／連續樑撓角變位法／列印連續樑撓角變位法演算結果☜可將分析結果印出。

12-6　無側移剛架撓角變位法

撓角變位法亦可適用於剛架（Rigid Frame）的分析，基於一般工程建材的伸縮量遠小於撓曲變位量，因此分析的重要基本假設為，剛架係由不會伸長或縮短（inextensible）而僅能撓曲的桿件所組成。

在不伸縮桿件的剛架結構中，也可能因為支撐情形而區分有側移剛架（With Sideway Frame）與無側移剛架（Sideway Frame）；其分析方法亦異，故分別論述之。

12-6-1　剛架側移度

圖 12-6-1(a)為承受任意集中載重的剛架，觀察其變形曲線可知支承點 A、B 並無轉動或移動；支承點 C（鉸接）雖可轉動但無法移動；剛接點 D 雖可自由轉動，但因桿件 AD、CD 均假設為不能伸縮，故其移動性亦受限制；剛接點 E 可自由轉動，但

也因桿件DE、BE的不能伸縮假設，而無法產生移動；就整個剛架而言，並無任何支承或剛接點可自由移動，故稱為無側移剛架（Frame Without Sideway）。

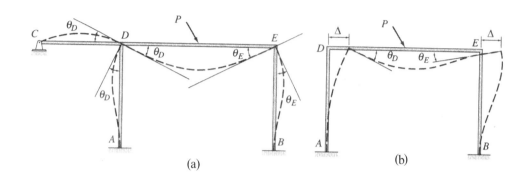

圖 12-6-1

圖 12-6-1(b)為將圖 12-6-1(a)的桿件 CD 移除後的剛架，因為桿件 AD、BE 均不能伸縮，故剛接點D、E並無垂直方向的移動，但並無任何機制限制其水平方向的移動；又因桿件 DE 亦假設不能伸縮，故剛接點 D、E 的水平移動量均為等量Δ。這種有側移的剛架稱為側移剛架（Frame With Sideway）。

一個承受任意平面載重的平面剛架，其可獨立自由移動的支撐點數或剛接點數稱為側移度（Sideway Degree of Freedom），可依下列公式計算之。

$$s = 2j - [2(f + h) + r + m] \qquad （12\text{-}6\text{-}1）$$

其中s為剛架的側移度，j為節點數，f為固定支承點數，h為鉸接點數，r為滾接點數，m為不可伸縮的桿件數。因為每一個節點可以有垂直與水平方向移動的可能性，故其可能側移度為 2j；每一個固定支承點及鉸接點均可限制其水平與垂直的移動可能，故側移度應減去 2(f + h)；每一個滾接點又可減少一個方向移動的可能，故側移度應減去r；每一桿件因不能伸縮的假設而有減少一個移動的可能，故側移度又應減去m，基於以上推理，自然可得上列公式。

圖 12-6-1(a)剛架的節點數（j = 5），固定端支承數（f = 2），鉸支承數（h = 1），滾支承數（r = 0），桿件數（m = 4），依公式（12-6-1）可計得側移度 s 為

$$s = 2(5) - [2(2 + 1) - 0 - 4] = 0$$

亦即圖 12-6-1(a)的剛架為無側移剛架。圖 12-6-1(b)剛架的節點數（j = 4），固定端支承數（f = 2），鉸支承數（h = 0），滾支承數（r = 0），桿件數（m = 3），依公式

（12-6-1）可計得側移度 s 為

$$s = 2(4) - [2(2+0) - 0 - 3] = 1$$

亦即圖 12-6-1(b)的剛架為有 1 個獨立自由移位的側移剛架。圖 12-6-1(b)剛架中雖然節點 D、E 均有水平移動的可能，但因桿件 DE 假設不伸縮，故節點 D、E 的水平移動是相依而非各自獨立，而僅能視為側移度 1 的剛架。

圖 12-6-2 即圖 12-6-1(b)的剛架，應屬側移度 1 的剛架，但因剛架本身為對稱剛架且承受對稱載重，而形成特殊的無側移剛架。

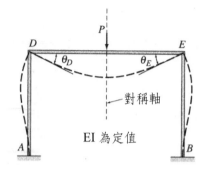

圖 12-6-2

12-6-2 無側移剛架分析法

在 12-4 節的連續樑撓角變位法中，各樑段的撓角變位方程式之樑段弦線旋轉量 ψ 為 0 或已知量，主要未知量為樑段端點的旋轉量 θ。無側移剛架也因無側移而使桿件弦線旋轉量 ψ 亦為 0。圖 12-6-1(a)為承受任意集中載重的剛架，觀察其變形曲線可知，支承點 A、B 並無支承點的沉陷，故剛架中各桿件的桿件弦線旋轉量 ψ 亦均為 0。無側移剛架的撓角變位分析法與連續樑的撓角變位分析法相似，唯一相異處為每一個剛接點的平衡方程式可能有二個以上的彎矩。

12-6-3 無側移剛架分析例題

例題 12-6-1

試以撓角變位法分析圖 12-6-3 超靜定剛架？剛架的彈性係數為 $2022t/cm^2$，若 I_0 = $33300cm^4$，則各桿件慣性矩如圖示。

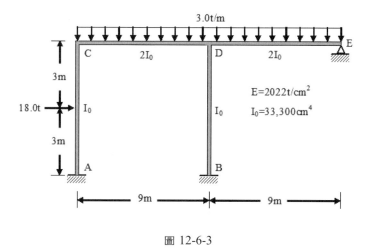

圖 12-6-3

解答：

側移度：圖 12-6-3 超靜定剛架中，節點數（$j=5$），固定端點數（$f=2$），鉸接點數（$h=1$），滾接點數（$r=0$），桿件數（$m=4$），依公式（12-6-1）計得側移度為

$$s = 2(5) - [2(2+1)+0+4] = 0$$

自由度：超靜定剛架僅有剛接點 C、D 可獨立自主旋轉，故自由度為 2。

固定端彎矩：按附錄 B 第 1 種載重情形，計算桿件 AC 的固定端彎矩為

$$FEM_{AC} = \frac{PL}{8} = \frac{18(6)}{8} = 13.5\,t\text{-}m \text{（逆鐘向）}$$

$$FEM_{CA} = -\frac{PL}{8} = -\frac{18(6)}{8} = -13.5\,t\text{-}m \text{（順鐘向）}$$

桿件 BD 因無承受載重，故其固定端彎矩均為 0，亦即

$$FEM_{BD} = FEM_{DB} = 0$$

桿件 CD、DE 等長且承受相同載重，按附錄 B 第 4 種載重情形，同時計算桿件 CD、DE 固定端彎矩為

$$FEM_{CD} = FEM_{DE} = \frac{wL^2}{12} = \frac{3.0(9^2)}{12} = 20.25\,t\text{-}m \text{（逆鐘向）}$$

$$FEM_{DC} = FEM_{ED} = -\frac{wL^2}{12} = -\frac{3.0(9^2)}{12} = -20.25\,t\text{-}m \text{（順鐘向）}$$

弦線旋轉量：因屬無側移剛架，故各桿件的弦線旋轉量 ψ_{AC}、ψ_{BD}、ψ_{CD}、ψ_{DE} 均為 0。

撓角變位方程式：以 $\theta_A = \theta_B = 0$ 按公式（12-2-9）寫出桿件 AC、BD、CD 撓角變位

方程式

$$M_{AC} = \frac{2EI_0}{L}(2\theta_A + \theta_C - 3\psi_{AC}) + FEM_{AC} = \frac{EI_0\theta_C}{3} + 13.5 \qquad (1)$$

$$M_{CA} = \frac{2EI_0}{L}(2\theta_C + \theta_A - 3\psi_{AC}) + FEM_{CA} = \frac{2EI_0\theta_C}{3} - 13.5 \qquad (2)$$

$$M_{BD} = \frac{2EI_0}{L}(2\theta_B + \theta_D - 3\psi_{BD}) + FEM_{BD} = \frac{EI_0\theta_D}{3} \qquad (3)$$

$$M_{DB} = \frac{2EI_0}{L}(2\theta_D + \theta_B - 3\psi_{BD}) + FEM_{DB} = \frac{2EI_0\theta_D}{3} \qquad (4)$$

$$M_{CD} = \frac{2E(2I_0)}{L}(2\theta_C + \theta_D - 3\psi_{CD}) + FEM_{CD} = \frac{8EI_0\theta_C}{9} + \frac{4EI_0\theta_D}{9} + 20.25 \qquad (5)$$

$$M_{DC} = \frac{2E(2I_0)}{L}(2\theta_D + \theta_C - 3\psi_{CD}) + FEM_{DC} = \frac{4EI_0\theta_C}{9} + \frac{8EI_0\theta_D}{9} - 20.25 \qquad (6)$$

支承點 E 為鉸接，故按公式（12-2-15）寫出桿件 DE 撓角變位方程式

$$M_{DE} = \frac{3E(2I_0)}{L}(\theta_D - \psi_{DE}) + \left(FEM_{DE} - \frac{FEM_{ED}}{2}\right) = \frac{2EI_0\theta_D}{3} + + 30.375 \qquad (7)$$

$$M_{ED} = 0 \qquad (8)$$

平衡方程式：取支承點 C、D 的自由體如圖 12-6-4，得平衡方程式

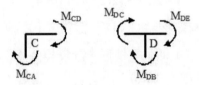

圖 12-6-4

$$M_{CA} + M_{CD} = 0 \qquad (9)$$

$$M_{DB} + M_{DC} + M_{DE} = 0 \qquad (10)$$

將式(2)、式(5)帶入式(9)得

$$\frac{14EI_0\theta_C}{9} + \frac{4EI_0\theta_D}{9} = -6.75 \text{ 或 } 14EI_0\theta_C + 4EI_0\theta_D = -60.75$$

將(4)、式(6)、式(7)帶入式(10)得

$$\frac{4EI_0\theta_C}{9} + \frac{20EI_0\theta_D}{9} = -10.125 \text{ 或 } 4EI_0\theta_C + 20EI_0\theta_D = -91.125$$

$$解\begin{cases} 14EI_0\theta_C + 4EI_0\theta_D = -60.75 \\ 4EI_0\theta_C + 20EI_0\theta_D = -91.125 \end{cases} 得 \begin{cases} EI_0\theta_C = -3.221591 \ t\text{-}m^2 \\ EI_0\theta_D = -3.911932 \ t\text{-}m^2 \end{cases}$$

將 $EI_0\theta_C$ 值帶入式(1)、式(2)得

12

$$M_{AC} = \frac{EI_0\theta_C}{3} + 13.5 = 12.426\text{t-m}（逆鐘向）$$

$$M_{CA} = \frac{2EI_0\theta_C}{3} - 13.5 = -15.648\text{t-m}（順鐘向）$$

將 $EI_0\theta_D$ 值帶入式(3)、式(4)得

$$M_{BD} = \frac{EI_0\theta_D}{3} = -1.304\text{t-m}（順鐘向）$$

$$M_{DB} = \frac{2EI_0\theta_D}{3} = -2.608\text{t-m}（順鐘向）$$

將 $EI_0\theta_C$、$EI_0\theta_D$ 值帶入式(5)、式(6)得

$$M_{CD} = \frac{8EI_0\theta_C}{9} + \frac{4EI_0\theta_D}{9} + 20.25 = 15.648\text{t-m}（逆鐘向）$$

$$M_{DC} = \frac{4EI_0\theta_C}{9} + \frac{8EI_0\theta_D}{9} - 20.25 = -25.159\text{t-m}（順鐘向）$$

將 $EI_0\theta_D$ 值帶入式(7)得

$$M_{DE} = \frac{2EI_0\theta_D}{3} + 30.375 = 27.767\text{t-m}（逆鐘向）$$

將計得的桿端彎矩帶入式(9)、式(10)以核驗其正確性。

$$M_{CA} + M_{CD} = -15.648 + 15.648 = 0$$

$$M_{DB} + M_{DC} + M_{DE} = -2.608 - 25.159 + 27.767 = 0$$

圖 12-6-5(a)為中間剛接點 C、D 及各桿件的自由體。

桿件 AC 套用平衡方程式（結構座標系）

$\Sigma M_A^{AC} = 0$ 得 $C_X(6) - 18(3) - 15.648 + 12.426 = 0$，解得 $C_X = 9.537\,t\leftarrow$

$\Sigma F_X^{AC} = 0$ 得 $A_X + 9.537 - 18 = 0$，解得 $A_X = 8.463\,t\leftarrow$

桿件 CD 套用平衡方程式

$\Sigma M_C^{CD} = 0$ 得 $D_Y(9) + 15.648 - 25.159 - \dfrac{3(9^2)}{2} = 0$，解得 $D_Y = 14.557\,t\uparrow$

$\Sigma F_Y^{CD} = 0$ 得 $C_Y + 14.557 - 3.0(9) = 0$，解得 $C_Y = 12.443\,t\uparrow$

桿件 DE 套用平衡方程式

$\Sigma M_D^{DE} = 0$ 得 $E_Y(9) + 27.767 - \dfrac{3(9^2)}{2} = 0$，解得 $E_Y = 10.415\,t\uparrow$

$\Sigma F_Y^{DE} = 0$ 得 $D_Y + 10.415 - 3.0(9) = 0$，解得 $D_Y = 16.585\,t\uparrow$

桿件 BD 套用平衡方程式（結構座標系）

$\Sigma M_B^{BD} = 0$ 得 $D_X(6) - 2.608 - 1.304 = 0$，解得 $D_X = 0.652\,t\leftarrow$

$\Sigma F_X^{BD} = 0$ 得 $B_X + 0.652 = 0$，解得 $B_X = 0.652\,t\rightarrow$

各桿件、剛接點及支承點的反力如圖 12-6-5(b)。

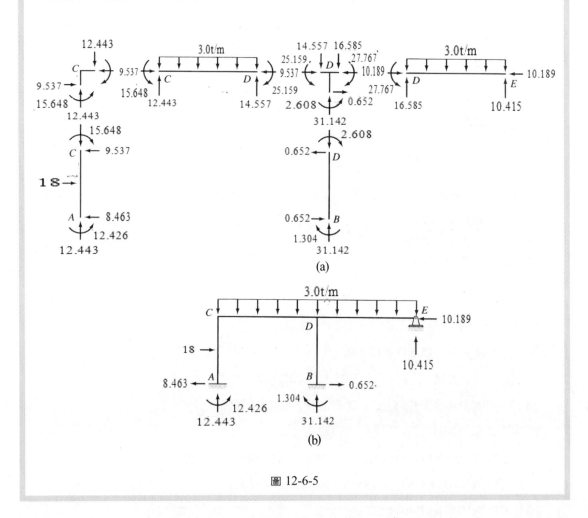

圖 12-6-5

例題 12-6-2

試以撓角變位法分析圖 12-6-6 超靜定剛架因支承點 B 沉陷 2cm 所產生的桿端彎矩與支撐反力？剛架的彈性係數為 $2022t/cm^2$，若 $I_0 = 33300cm^4$，則各桿件慣性矩如圖示。

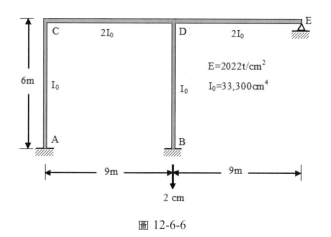

圖 12-6-6

解答：

側移度：圖 12-6-6 超靜定剛架中，節點數（$j=5$），固定端點數（$f=2$），鉸接點數（$h=1$），滾接點數（$r=0$），桿件數（$m=4$），依公式（12-6-1）計得側移度為

$$s = 2(5) - [2(2+1) + 0 + 4] = 0$$

自由度：超靜定剛架僅有剛接點 C、D 可獨立自主旋轉，故自由度為 2。

固定端彎矩：整個超靜定剛架並無承受任何載重，故桿端固定端彎矩均為 0。

弦線旋轉量：支承點 B 有 2cm 的沉陷量，且因假設桿件 BD 為不伸縮桿件，故剛接點 D 的位移量仍為 2cm 如圖 12-6-7；斜虛線與桿件 CD、DE 的夾角分別代表桿件 CD、DE 的弦線旋轉量，其值為

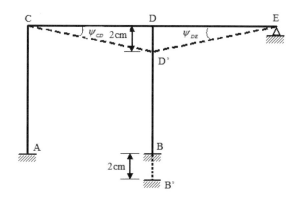

圖 12-6-7

$\psi_{CD} = -2/900 = -1/450$ 徑度（順鐘向）

$\psi_{DE} = 2/900 = 1/450$ 徑度（逆鐘向）

撓角變位方程式：以 $\theta_A = \theta_B = 0$，$\psi_{CD} = -1/450$，$\psi_{DE} = 1/450$，$\psi_{AC} = 0$，$\psi_{BD} = 0$ 按公式（12-2-9）寫出桿件 AC、BD、CD 撓角變位方程式

$$M_{AC} = \frac{2EI_0}{L}(2\theta_A + \theta_C - 3\psi_{AC}) + FEM_{AC} = \frac{EI_0\theta_C}{3} \tag{1}$$

$$M_{CA} = \frac{2EI_0}{L}(2\theta_C + \theta_A - 3\psi_{AC}) + FEM_{CA} = \frac{2EI_0\theta_C}{3} \tag{2}$$

$$M_{BD} = \frac{2EI_0}{L}(2\theta_B + \theta_D - 3\psi_{BD}) + FEM_{BD} = \frac{EI_0\theta_D}{3} \tag{3}$$

$$M_{DB} = \frac{2EI_0}{L}(2\theta_D + \theta_B - 3\psi_{BD}) + FEM_{DB} = \frac{2EI_0\theta_D}{3} \tag{4}$$

$$M_{CD} = \frac{2E(2I_0)}{L}(2\theta_C + \theta_D - 3\psi_{CD}) + FEM_{CD} = \frac{8EI_0\theta_C}{9} + \frac{4EI_0\theta_D}{9} + \frac{4EI_0}{1350} \tag{5}$$

$$M_{DC} = \frac{2E(2I_0)}{L}(2\theta_D + \theta_C - 3\psi_{CD}) + FEM_{DC} = \frac{4EI_0\theta_C}{9} + \frac{8EI_0\theta_D}{9} + \frac{4EI_0}{1350} \tag{6}$$

支承點 E 為鉸接，故按公式（12-2-15）寫出桿件 DE 撓角變位方程式

$$M_{DE} = \frac{3E(2I_0)}{L}(\theta_D - \psi_{DE}) + \left(FEM_{DE} - \frac{FEM_{ED}}{2}\right) = \frac{2EI_0\theta_D}{3} - \frac{2EI_0}{1350} \tag{7}$$

$$M_{ED} = 0 \tag{8}$$

平衡方程式：取支承點 C、D 的自由體如圖 12-6-4，得平衡方程式

$$M_{CA} + M_{CD} = 0 \tag{9}$$

$$M_{DB} + M_{DC} + M_{DE} = 0 \tag{10}$$

將式(2)、式(5)帶入式(9)得

$$\frac{14EI_0\theta_C}{9} + \frac{4EI_0\theta_D}{9} = -\frac{4EI_0}{1350} \text{ 或 } 14EI_0\theta_C + 4EI_0\theta_D = -179.5536$$

將(4)、式(6)、式(7)帶入式(10)得

$$\frac{4EI_0\theta_C}{9} + \frac{20EI_0\theta_D}{9} = -\frac{2EI_0}{1350} \text{ 或 } 4EI_0\theta_C + 20EI_0\theta_D = -89.7768$$

$$\text{解} \begin{cases} 14EI_0\theta_C + 4EI_0\theta_D = -179.5536 \\ 4EI_0\theta_C + 20EI_0\theta_D = -89.7768 \end{cases} \text{得} \begin{cases} EI_0\theta_C = -12.2422.91 \ t\text{-}m^2 \\ EI_0\theta_D = -2.040382 \ t\text{-}m^2 \end{cases}$$

將 $EI_0\theta_C$ 值帶入式(1)、式(2)得

$$M_{AC} = \frac{EI_0\theta_C}{3} = -4.081\text{t-m}（順鐘向）$$

$$M_{CA} = \frac{2EI_0\theta_C}{3} = -8.162\text{t-m}（順鐘向）$$

將 $EI_0\theta_D$ 值帶入式(3)、式(4)得

$$M_{BD} = \frac{EI_0\theta_D}{3} = -0.680 \text{t-m （順鐘向）}$$

$$M_{DB} = \frac{2EI_0\theta_D}{3} = -1.360 \text{t-m （順鐘向）}$$

將 $EI_0\theta_C$、$EI_0\theta_D$ 值帶入式(5)、式(6)得

$$M_{CD} = \frac{8EI_0\theta_C}{9} + \frac{4EI_0\theta_D}{9} + \frac{4EI_0}{1350} = 8.162 \text{t-m （逆鐘向）}$$

$$M_{DC} = \frac{4EI_0\theta_C}{9} + \frac{8EI_0\theta_D}{9} + \frac{4EI_0}{1350} = 12.696 \text{t-m （逆鐘向）}$$

將 $EI_0\theta_D$ 值帶入式(7)得

$$M_{DE} = \frac{2EI_0\theta_D}{3} - \frac{2EI_0}{1350} = -11.336 \text{t-m （順鐘向）}$$

將計得的彎矩帶入式(9)、式⑩以核驗其正確性。

$$M_{CA} + M_{CD} = -8.612 + 8.612 = 0$$

$$M_{DB} + M_{DC} + M_{DE} = -1.360 + 12.696 - 11.336 = 0$$

圖 12-6-8(a)為中間剛接點 C、D 及各桿件的自由體。

桿件 AC 套用平衡方程式（結構座標系）

$\Sigma M_A^{AC} = 0$ 得 $C_X(6) - 8.162 - 4.081 = 0$，解得 $C_X = 2.041\ t \leftarrow$

$\Sigma F_X^{AC} = 0$ 得 $A_X + 2.041 = 0$，解得 $A_X = -2.041\ t \rightarrow$

桿件 CD 套用平衡方程式

$\Sigma M_C^{CD} = 0$ 得 $D_Y(9) + 12.696 + 8.162 = 0$，解得 $D_Y = -2.318\ t \downarrow$

$\Sigma F_Y^{CD} = 0$ 得 $C_Y - 2.318 = 0$，解得 $C_Y = 2.318\ t \uparrow$

桿件 DE 套用平衡方程式

$\Sigma M_D^{DE} = 0$ 得 $E_Y(9) - 11.336 = 0$，解得 $E_Y = 1.260\ t \uparrow$

$\Sigma F_Y^{DE} = 0$ 得 $D_Y + 1.260 = 0$，解得 $D_Y = -1.260\ t \downarrow$

桿件 BD 套用平衡方程式（結構座標系）

$\Sigma M_D^{BD} = 0$ 得 $D_X(6) - 1.360 - 0.680 = 0$，解得 $D_X = 0.340\ t \leftarrow$

$\Sigma F_X^{AC} = 0$ 得 $B_X + 0.340 = 0$，解得 $B_X = 0.340\ t \rightarrow$

各桿件、剛接點及支承點的反力如圖 12-6-8(b)。

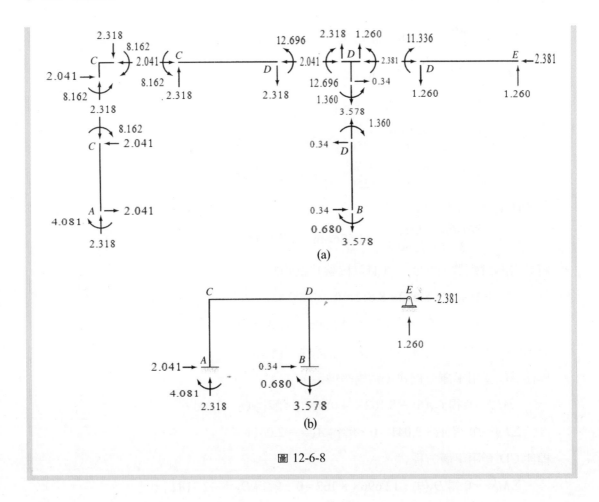

圖 12-6-8

12-7 側移剛架撓角變位法

....

除非對稱剛架承受對稱載重或以支承點限制剛架的側移，一般剛架承受載重或支承沉陷均有側移的現象，因此多了一個側移的未知量Δ。側移量Δ的存在使某些桿件撓角變位方程式中的弦線旋轉量ψ非零。撓角變位法可以寫出與獨立自主旋轉剛接點數相同的彎矩平衡方程式（Moment Equation），以求解各剛接點的旋轉量θ；有測移剛架必須增加層剪力平衡方程式（Shear Equation）才能求解增加的未知側移量Δ。

12-7-1　無斜桿剛架分析

　　圖 12-7-1 為承受非對稱載重且無水平移位束制剛架及其變形曲線。在所有桿件均不伸縮及移位量甚小的假設前提下，剛接點 C、D 僅能水平且垂直於桿件 AC、BD 的移位，又因假設桿件 CD 也不伸縮，故剛接點 C、D 的移位量亦均等於 Δ。剛架中除剛接點 C、D 可以自由轉動外，增加了側移量 Δ，使剛架自由度增加為 3。桿件 CD 並無垂直於桿件 CD 的移位，故其弦線旋轉量 ψ_{CD} 為 0，桿件 AC、BD 的弦線旋轉量為

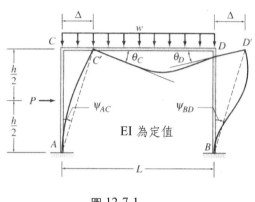

圖 12-7-1

$$\psi_{AC} = \psi_{BD} = -\Delta/h \text{（順鐘向）}$$

以 $\theta_A = \theta_B = 0$、及未知的 θ_C、θ_D、Δ 按公式（12-2-9）寫出如下的各桿件撓角方程式

$$M_{AC} = \frac{2EI}{h}\left(\theta_C + \frac{3\Delta}{h}\right) + FEM_{AC} \tag{1}$$

$$M_{CA} = \frac{2EI}{h}\left(2\theta_C + \frac{3\Delta}{h}\right) + FEM_{CA} \tag{2}$$

$$M_{BD} = \frac{2EI}{h}\left(\theta_D + \frac{3\Delta}{h}\right) \tag{3}$$

$$M_{DB} = \frac{2EI}{h}\left(2\theta_D + \frac{3\Delta}{h}\right) \tag{4}$$

$$M_{CD} = \frac{2EI}{L}(2\theta_C + \theta_D) + FEM_{CD} \tag{5}$$

$$M_{DC} = \frac{2EI}{L}(2\theta_D + \theta_C) + FEM_{DC} \tag{6}$$

　　以上六個撓角變位方程式共含有 θ_C、θ_D、Δ 等三個未知量，因此必須有三個平衡方程式關聯此三個未知量才能聯立求解之。其中兩個平衡方程式為剛接點 C、D 的彎矩平衡方程式（如圖 12-7-2）為

$$M_{CA} + M_{CD} = 0 \tag{7}$$

$$M_{DB} + M_{DC} = 0 \tag{8}$$

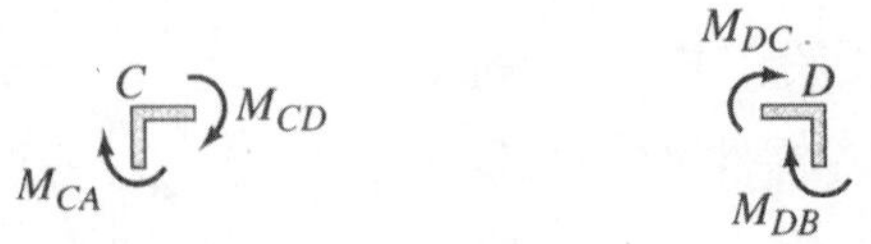

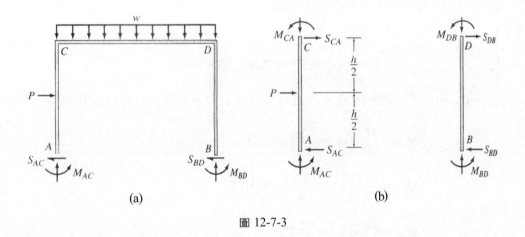

圖 12-7-2

第三個平衡方程式，或稱層剪力平衡方程式（Shear Equation），乃基於整層剛架自由體的水平合力應等於 0 的條件 $\Sigma F_X = 0$ 所寫出的平衡方程式。

圖 12-7-3

圖 12-7-3(a)為移除固定端支承 A、B 的自由體，套用平衡方程式 $\Sigma F_X = 0$ 得

$$P - S_{AC} - S_{BD} = 0 \tag{9}$$

S_{AC}、S_{BD} 為桿件 AC、BD 底端的剪力，其值可依圖 12-7-3(b)的桿件 AC、BD 自由體平衡方程式

$$\Sigma M_C^{AC} = 0 \text{，得 } M_{AC} - S_{AC}(h) + P(h/2) + M_{CA} = 0 \text{ 或}$$

$$S_{AC} = \frac{M_{AC} + M_{CA}}{h} + \frac{P}{2} \tag{10}$$

$$\Sigma M_D^{BD} = 0 \text{，得 } M_{BD} + M_{BD} - S_{BD}(h) = 0 \text{ 或}$$

$$S_{BD} = \frac{M_{BD} + M_{DB}}{h} \tag{11}$$

將式⑽、式⑾帶入式⑼可得以桿端彎矩表示的剪力平衡方程式

$$P - \left(\frac{M_{AC} + M_{CA}}{h} + \frac{P}{2} \right) - \left(\frac{M_{BD} + M_{DB}}{h} \right) = 0 \text{，或整理得}$$

$$M_{AC} + M_{CA} + M_{BD} + M_{DB} - Ph/2 = 0 \tag{12}$$

將撓角變位方程式各桿端彎矩帶入式⑺、式⑻及式⑿成立聯立方程式。解聯立方程式即可求得未知量 θ_C、θ_D、Δ。再將 θ_C、θ_D、Δ 諸量帶入式⑴～式⑹，即可求得各桿件桿端彎矩。再利用桿端彎矩求解各桿剪力、軸心力及支承反力。

圖 12-7-4 為單層四間（Single Story Four Bay）剛架，因為假設垂直桿件 AE、BF、CG、DH 均不伸縮且移位量甚小，故剛接點 E、F、G、H 的側移均垂直於各垂直桿件，亦即側移方向為水平；又因水平桿件 EF、FG、GH 也假設不伸縮，故剛接點 E、F、G、H 的側移量均相同；由此可推得無斜桿件的剛架，每層僅有一個水平側移量 Δ，垂直桿件長度相異僅影響各桿件的弦線旋轉量，而不影響剛接點的水平側移量 Δ。

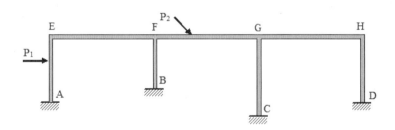

圖 12-7-4

12-7-2　有斜桿剛架分析

前述無斜桿剛架側移時，其水平桿件並無垂直於桿件的側移量，但有斜桿剛架產生側移時，其水平桿件也產生垂直於桿件的側移量，使桿件的撓角變位方程式稍微複雜，但是仍以剛接點的彎矩平衡方程式及層剪力平衡方程式聯立求解所有未知量。

圖 12-7-5 為含有斜桿件 AC、BD 的剛架，每層剛架僅有一個水平側移量 Δ，因此必須依據剛架的幾何關係將各桿件的側移量以 Δ 表示之，以免增加未知量。

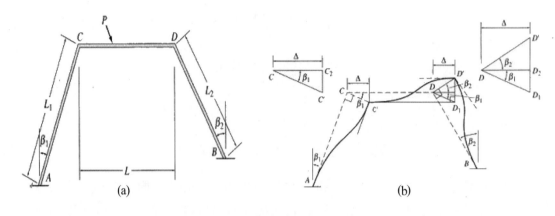

圖 12-7-5

　　桿件 AC 的 A 端為固定端，故不能移動或轉動，自由端 C 則可移動與轉動，剛接點 C 的轉動量為 θ_C，移動方向必垂直於 AC 如圖 12-7-5(b)，移動量為 CC'，其水平移動分量為 Δ。

　　為分析桿件 CD、BD 的側移量，先將桿件 CD、BD 在剛接點 D 切開。切開後，桿件 CD 維持水平並移到 C'D_1，因為桿件 CD 假設不伸縮，故 CC'等於 DD_1，剛接點 D 的水平移位量仍然為 Δ。桿件 BD 的自由端 D 的移位方向也必須垂直於桿件 BD，而移到點 D'。點 D'係由點 D 垂直於桿件 BD 與經點 D_1 垂直於桿件 CD 的兩線交點；如此才能滿足桿件 CD 與桿件 BD 的點 D 水平位移量均為 Δ 的條件（每層僅有一個水平位移量）。

　　撓角變位方程式中的弦線旋轉量 ψ 乃垂直於桿件的側移量除以桿件長度，觀察圖 12-7-5(b)，桿件 AC 的側移量為 CC'；桿件 CD 的側移量為 D'D_1；桿件 BD 的側移量為 DD'，故各桿件的弦線旋轉量為

$$\psi_{AC}=-\frac{CC'}{L_1}\text{（順鐘向）}，\psi_{CD}=\frac{D_1D'}{L}\text{（逆鐘向）}，\psi_{BD}=\frac{DD'}{L_2}\text{（順鐘向）} \tag{13}$$

　　若 β_1 為斜桿件 AC 與垂直線的夾角，β_2 為斜桿件 BD 與垂直線的夾角，則依據圖 12-7-5(b)左上方的幾何關係可得

$$CC'=\frac{\Delta}{\cos\beta_1} \tag{14}$$

　　因為桿件 CD 不伸縮，故 $DD_2=\Delta$，依據圖 12-7-5(b)右上方的幾何關係可得

$$DD'=\frac{\Delta}{\cos\beta_2} \tag{15}$$

$$D_1D' = DD_1\sin\beta_1 + DD'\sin\beta_2 = \frac{\Delta}{\cos\beta_1}\sin\beta_1 + \frac{\Delta}{\cos\beta_2}\sin\beta_2 \text{ 或}$$

$$D_1D' = \Delta(\tan\beta_1 + \tan\beta_2) \tag{16}$$

將式(14)、式(15)、式(16)、帶入式(13)可得

$$\psi_{AC} = -\frac{\Delta}{L_1\cos\beta_1} \tag{17}$$

$$\psi_{CD} = -\frac{\Delta}{L}(\tan\beta_1 + \tan\beta_2) \tag{18}$$

$$\psi_{BD} = -\frac{\Delta}{L_2\cos\beta_2} \tag{19}$$

以式(17)、式(18)、式(19)及剛接點 C、D 的旋轉量 θ_C、θ_D 套用公式（12-2-9）可以寫出僅含未知量 θ_C、θ_D、Δ 的撓角變位方程式，再輔以剛接點 C、D 的彎矩平衡方程式及整層剛架的剪力平衡方程式，當可獲得僅含未知量 θ_C、θ_D、Δ 的聯立方程式。解得 θ_C、θ_D、Δ 便可推得桿件桿端彎矩、剪力與支承反力。

有斜桿件剛架的剪力平衡方程式較難建立，但可依圖 12-7-6 取所有力素對彎矩中心 O 等於 0 的另一種平衡方程式，增加一個未知量的關係式。

只要求得 α_1、α_2 長度，則彎矩中心 O 的位置即告確定，而 α_1、α_2 長度可由

$$\alpha_1\cos\beta_1 = \alpha_2\cos\beta_2$$

$$\alpha_1\sin\beta_1 + \alpha_2\sin\beta_2 = L$$

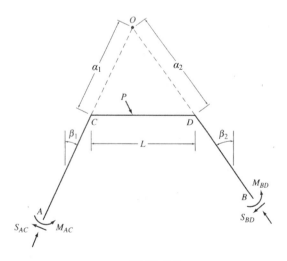

圖 12-7-6

等關係式聯立解得

$$\alpha_1 = \frac{L}{\cos\beta_1(\tan\beta_1 + \tan\beta_2)}$$

$$\alpha_2 = \frac{L}{\cos\beta_2(\tan\beta_1 + \tan\beta_2)}$$

一旦依據建立的聯立方程式求得 θ_C、θ_D、Δ 等未知量後，帶入各桿件撓角變位方程式，即可推得各桿件桿端彎矩，進而推得各桿件的剪力、軸心力及反力。

12-7-3　側移剛架分析例題

例題 12-7-1

試以撓角變位法分析圖 12-7-7 超靜定剛架的桿件彎矩與反力？

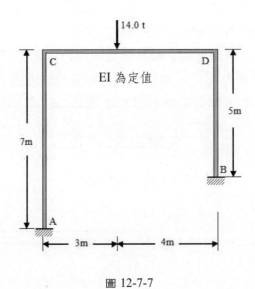

圖 12-7-7

解答：

自由度：超靜定剛架有剛接點 C、D 可獨立自主旋轉及側移，故自由度為 3。

固定端彎矩：按附錄 B 第 2 種載重情形，計算桿件 CD 的固定端彎矩為

$$FEM_{CD} = \frac{Pab^2}{L^2} = \frac{14(3)(4^2)}{7^2} = \frac{96}{7} t\text{-}m \text{（逆鐘向）}$$

$$FEM_{DC} = -\frac{Pba^2}{L^2} = -\frac{14(4)(3^2)}{7^2} = -\frac{72}{7} t\text{-}m \text{（順鐘向）}$$

桿件 AC、BD 因無載重，故其固定端彎矩均為 0，亦即

$$FEM_{AC}=FEM_{CA}=FEM_{BD}=FEM_{DB}=0$$

弦線旋轉量：假設側移量為Δ如圖 12-7-8，得各桿件的弦線旋轉量為

$$\psi_{AC}=-\Delta/7 \text{、} \psi_{BD}=-\Delta/5 \text{、} \psi_{CD}=0$$

撓角變位方程式：以 $\theta_A=\theta_B=0$ 及上列桿件弦線旋轉量，按公式（12-2-9）寫出桿件 AC、BD、CD 撓角變位方程式

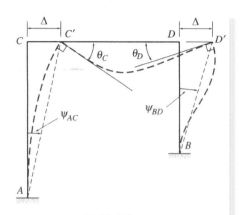

圖 12-7-8

$$M_{AC}=\frac{2EI}{L}(2\theta_A+\theta_C-3\psi_{AC})+FEM_{AC}=\frac{2EI\theta_C}{7}+\frac{6EI\Delta}{49} \qquad (1)$$

$$M_{CA}=\frac{2EI}{L}(2\theta_C+\theta_A-3\psi_{AC})+FEM_{CA}=\frac{4EI\theta_C}{7}+\frac{6EI\Delta}{49} \qquad (2)$$

$$M_{BD}=\frac{2EI}{L}(2\theta_B+\theta_D-3\psi_{BD})+FEM_{BD}=\frac{2EI\theta_D}{5}+\frac{6EI\Delta}{25} \qquad (3)$$

$$M_{DB}=\frac{2EI}{L}(2\theta_D+\theta_B-3\psi_{BD})+FEM_{DB}=\frac{4EI\theta_D}{5}+\frac{6EI\Delta}{25} \qquad (4)$$

$$M_{CD}=\frac{2EI}{L}(2\theta_C+\theta_D)+FEM_{CD}=\frac{4EI\theta_C}{7}+\frac{2EI\theta_D}{7}+\frac{96}{7} \qquad (5)$$

$$M_{DC}=\frac{2EI}{L}(2\theta_D+\theta_C)+FEM_{DC}=\frac{2EI\theta_C}{7}+\frac{4EI\theta_D}{7}-\frac{72}{7} \qquad (6)$$

平衡方程式：取支承點 C、D 的自由體如圖 12-7-2，得平衡方程式

$$M_{CA}+M_{CD}=0 \qquad (7)$$

$$M_{DB}+M_{DC}=0 \qquad (8)$$

將式(2)、式(5)帶入式(7)得

$$\frac{8EI\theta_C}{7}+\frac{2EI\theta_D}{7}+\frac{6EI\Delta}{49}=-\frac{96}{7} \text{ 或 } 56EI\theta_C+14EI\theta_D+6EI\Delta=-672 \qquad (9)$$

將(4)、式(6)帶入式(8)得

$$\frac{2EI\theta_C}{7}+\frac{48EI\theta_D}{35}+\frac{6EI\Delta}{25}=\frac{72}{7} \text{ 或 } 250EI\theta_C+1200EI\theta_D+210EI\Delta=9000 \qquad (10)$$

設 S_{AC}、S_{BD} 為桿件 AC、BD 的底端剪力如圖 12-7-9(a)，則整體剛架套用平衡方程式 $\Sigma F_X=0$ 得

$$S_{AC}+S_{BD}=0 \qquad (11)$$

由圖 12-7-9(b)得桿件 AC、BD 的底端剪力為

$$S_{AC} = \frac{M_{AC} + M_{CA}}{7} \; 、 \; S_{BD} = \frac{M_{BD} + M_{DB}}{5}$$

帶入式(11)得 $\dfrac{M_{AC} + M_{CA}}{7} + \dfrac{M_{BD} + M_{DB}}{5} = 0$ 或

$$5(M_{AC} + M_{CA}) + 7(M_{BD} + M_{DB}) = 0$$

將式(1)、式(2)、式(3)、式(4)帶入上式得

$$5\left(\frac{2EI\theta_C}{7} + \frac{6EI\Delta}{49} + \frac{4EI\theta_C}{7} + \frac{6EI\Delta}{49}\right) + 7\left(\frac{2EI\theta_D}{5} + \frac{6EI\Delta}{25} + \frac{4EI\theta_C}{5} + \frac{6EI\Delta}{25}\right) = 0$$

$$5\left(\frac{6EI\theta_C}{7} + \frac{12EI\Delta}{49}\right) + 7\left(\frac{6EI\theta_D}{5} + \frac{12EI\Delta}{25}\right) = 0 \; 或$$

$$5250EI\theta_C + 10290EI\theta_D + 5616EI\Delta = 0 \qquad\qquad (12)$$

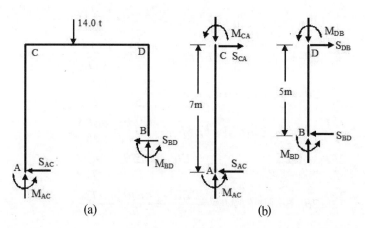

圖 12-7-9

聯立式(9)、式(10)、式(12)得

$$\begin{cases} 56EI\theta_C + 14EI\theta_D + 6EI\Delta = -672 \\ 250EI\theta_C + 1200EI\theta_D + 210EI\Delta = 9000 \\ 5250EI\theta_C + 10290EI\theta_D + 5616EI\Delta = 0 \end{cases} ，解得 \begin{cases} EI\theta_C = -14.049567 \text{t-m}^2 \\ EI\theta_D = 11.965128 \text{t-m}^2 \\ EI\Delta = -8.789341 \text{t-m}^2 \end{cases}$$

將 $EI\theta_C$、$EI\Delta$ 值帶入式(1)、式(2)得

$$M_{AC} = \frac{2EI\theta_C}{7} + \frac{6EI\Delta}{49} = -5.090 \text{t-m} （順鐘向）$$

$$M_{CA} = \frac{4EI\theta_C}{7} + \frac{6EI\Delta}{49} = -\Delta 9.105 \text{t-m} （順鐘向）$$

將 $EI\theta_D$、$EI\Delta$ 值帶入式(3)、式(4)得

$$M_{BD} = \frac{2EI\theta_D}{5} + \frac{6EI\Delta}{25} = 2.677 \text{t-m} （逆鐘向）$$

$$M_{DB} = \frac{4EI\theta_D}{5} + \frac{6EI\Delta}{25} = 7.463 \text{t-m} （逆鐘向）$$

將 $EI\theta_C$、$EI\theta_D$ 值帶入式(5)、式(6)得

$$M_{CD}=\frac{4EI\theta_C}{7}+\frac{2EI\theta_D}{7}+\frac{96}{7}=9.105\text{t-m}（逆鐘向）$$

$$M_{DC}=\frac{2EI\theta_C}{7}+\frac{4EI\theta_D}{7}-\frac{72}{7}=-7.463\text{t-m}（順鐘向）$$

將計得的彎矩帶入式(7)、式(8)以核驗其正確性。

$$M_{CA}+M_{CD}=-9.105+9.105=0$$

$$M_{DB}+M_{DC}=7.463-7.463=0$$

圖 12-7-10(a)為剛接點 C、D 及各桿件的自由體。

桿件 AC 套用平衡方程式（結構座標系）

$\sum M_A^{AC}=0$ 得 $C_X(7)-5.09-9.105=0$，解得 $C_X=2.028t\leftarrow$

$\sum F_X^{AC}=0$ 得 $A_X+2.028=0$，解得 $A_X=-2.028t\rightarrow$

桿件 CD 套用平衡方程式

$\sum M_C^{CD}=0$ 得 $D_Y(7)-7.463+9.105-14(3)=0$，解得 $D_Y=5.765t\uparrow$

$\sum F_Y^{CD}=0$ 得 $C_Y+5.765-14=0$，解得 $C_Y=8.235t\uparrow$

桿件 BD 套用平衡方程式（結構座標系）

$\sum M_B^{BD}=0$ 得 $-D_X(5)+7.463+2.677=0$，解得 $D_X=2.028t\rightarrow$

$\sum F_X^{BD}=0$ 得 $B_X+2.028=0$，解得 $B_X=-2.028t\leftarrow$

各桿件、剛接點及支承點的反力如圖 12-7-10(b)。

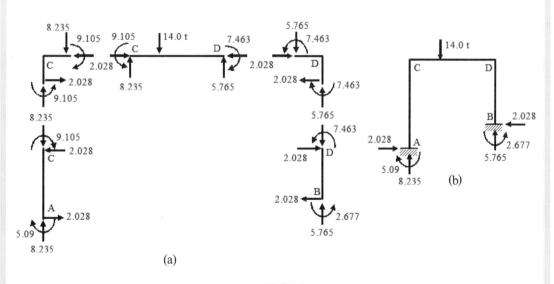

圖 12-7-10

例題 12-7-2

試以撓角變位法分析圖 12-7-11 超靜定剛架的桿件彎矩與反力？

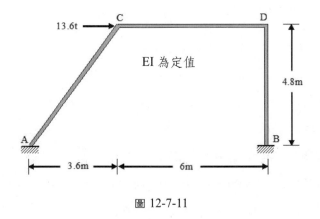

圖 12-7-11

解答：

自由度：超靜定剛架有剛接點 C、D 可獨立自主旋轉及側移，故自由度為 3。

固定端彎矩：整個超靜定剛架僅有節點載重而無桿件載重，故無固定端彎矩。

$$FEM_{AC} = FEM_{CA} = FEM_{CD} = FEM_{DC} = FEM_{BD} = FEM_{DB} = 0$$

弦線旋轉量：剛接點 C、D 旋轉與側移後的彈性曲線如圖 12-7-12，桿件 AC 的長度為 6.0m，故各桿件的弦線旋轉量為

$$\psi_{AC} = \frac{-CC'}{6} = -\frac{(5/4)\Delta}{6} = -\frac{5\Delta}{24}$$

$$\psi_{BD} = -\frac{DD'}{4.8} = -\frac{\Delta}{4.8} = -\frac{5\Delta}{24}$$

$$\psi_{CD} = \frac{C'C_1}{6} = \frac{(3/4)\Delta}{6} = \frac{3\Delta}{24}$$

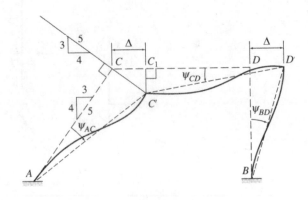

圖 12-7-12

撓角變位方程式：以 $\theta_A = \theta_B = 0$ 及上列弦線旋轉量，按公式（12-2-9）寫出桿件 AC、BD、CD 撓角變位方程式

$$M_{AC} = \frac{2EI}{L}(2\theta_A + \theta_C - 3\psi_{AC}) + FEM_{AC} = \frac{EI\theta_C}{3} + \frac{5EI\Delta}{24} \tag{1}$$

$$M_{CA} = \frac{2EI}{L}(2\theta_C + \theta_A - 3\psi_{AC}) + FEM_{CA} = \frac{2EI\theta_C}{3} + \frac{5EI\Delta}{24} \tag{2}$$

$$M_{BD} = \frac{2EI}{L}(2\theta_B + \theta_D - 3\psi_{BD}) + FEM_{BD} = \frac{10EI\theta_D}{24} + \frac{6.25EI\Delta}{24} \tag{3}$$

$$M_{DB} = \frac{2EI}{L}(2\theta_D + \theta_B - 3\psi_{BD}) + FEM_{DB} = \frac{20EI\theta_D}{24} + \frac{6.25EI\Delta}{24} \tag{4}$$

$$M_{CD} = \frac{2EI}{L}(2\theta_C + \theta_D - 3\psi_{CD}) + FEM_{CD} = \frac{2EI\theta_C}{3} + \frac{EI\theta_D}{3} - \frac{3EI\Delta}{24} \tag{5}$$

$$M_{DC} = \frac{2EI}{L}(2\theta_D + \theta_C - 3\psi_{CD}) + FEM_{DC} = \frac{EI\theta_C}{3} + \frac{2EI\theta_D}{3} - \frac{3EI\Delta}{24} \tag{6}$$

平衡方程式：取支承點 C、D 的自由體如圖 12-7-2，得平衡方程式

$$M_{CA} + M_{CD} = 0 \tag{7}$$

$$M_{DB} + M_{DC} = 0 \tag{8}$$

將式(2)、式(5)帶入式(7)得

$$\frac{4EI\theta_C}{3} + \frac{EI\theta_D}{3} + \frac{EI\Delta}{12} = 0 \text{ 或 } 16EI\theta_C + 4EI\theta_D + EI\Delta = 0 \tag{9}$$

將(4)、式(6)帶入式(8)得

$$\frac{EI\theta_C}{3} + \frac{3EI\theta_D}{2} + \frac{3.25EI\Delta}{24} = 0 \text{ 或 } 8EI\theta_C + 36EI\theta_D + 3.25EI\Delta = 0 \tag{10}$$

設 S_{AC}、S_{BD} 為桿件 AC、BD 的底端剪力如圖 12-7-13(a)，則整體剛架對彎矩中心 O 套用平衡方程式 $\Sigma M_O = 0$ 得

$$M_{AC} - S_{AC}(10+6) + M_{BD} - S_{BD}(4.8+8) + 13.6(8) = 0 \tag{11}$$

由圖 12-7-13(b)得桿件 AC、BD 的底端剪力為

$$S_{AC} = \frac{M_{AC} + M_{CA}}{6} \text{ 、 } S_{BD} = \frac{M_{BD} + M_{DB}}{4.8}$$

帶入式(11)得

$$M_{AC} - \frac{M_{AC} + M_{CA}}{6}(10+6) + M_{BD} - \frac{M_{BD} + M_{DB}}{4.8}(4.8+8) + 13.6(8) = 0 \text{ 或 }$$

$$5M_{AC} + 8M_{CA} + 5M_{BD} + 8M_{DB} = 326.4$$

將式(1)、式(2)、式(3)、式(4)帶入上式得

$$7EI\theta_C + 8.75EI\theta_D + 6.09375EI\Delta = 326.4 \tag{12}$$

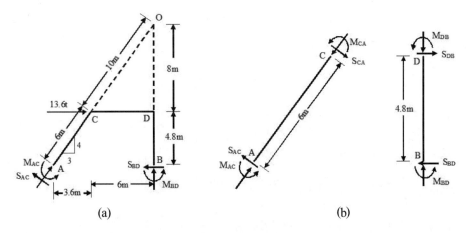

圖 12-7-13

聯立式(9)、式(10)、式(12)得

$$\begin{cases} 16EI\theta_C + 4EI\theta_D + EI\Delta = 0 \\ 8EI\theta_C + 36EI\theta_D + 3.25EI\Delta = 0 \\ 7EI\theta_C + 8.75EI\theta_D + 6.09375EI\Delta = 326.4 \end{cases} \quad ,\,\text{解得} \begin{cases} EI\theta_C = -2.711159\text{t-m}^2 \\ EI\theta_D = -5.186566\text{t-m}^2 \\ EI\Delta = 64.124810\text{t-m}^2 \end{cases}$$

將 $EI\theta_C$、$EI\Delta$ 值帶入式(1)、式(2)得

$$M_{AC} = \frac{EI\theta_C}{3} + \frac{5EI\Delta}{24} = 12.456\text{t-m}\,（逆鐘向）$$

$$M_{CA} = \frac{2EI\theta_C}{3} + \frac{5EI\Delta}{24} = 11.552\text{t-m}\,（逆鐘向）$$

將 $EI\theta_D$、$EI\Delta$ 值帶入式(3)、式(4)得

$$M_{BD} = \frac{10EI\theta_D}{24} + \frac{6.25EI\Delta}{24} = 14.538\text{t-m}\,（逆鐘向）$$

$$M_{DB} = \frac{20EI\theta_D}{24} + \frac{6.25EI\Delta}{24} = 12.377\text{t-m}\,（逆鐘向）$$

將 $EI\theta_C$、$EI\theta_D$、$EI\Delta$ 值帶入式(5)、式(6)得

$$M_{CD} = \frac{2EI\theta_C}{3} + \frac{EI\theta_D}{3} - \frac{3EI\Delta}{24} = -11.552\text{t-m}\,（順鐘向）$$

$$M_{DC} = \frac{EI\theta_C}{3} + \frac{2EI\theta_D}{3} - \frac{3EI\Delta}{24} = -12.377\text{t-m}\,（順鐘向）$$

將計得的彎矩帶入式(7)、式(8)以核驗其正確性。

$$M_{CA} + M_{CD} = 11.552 - 11.552 = 0$$

$$M_{DB} + M_{DC} = 12.337 - 12.337 = 0$$

圖 12-7-14(a)為剛接點 C、D 及各桿件的自由體。

桿件 AC 套用平衡方程式（桿件座標系）

$\sum M_A^{AC} = 0$ 得 $C_Y(6) + 12.456 + 11.552 = 0$，解得 $C_Y = -4.001t \downarrow$

$\sum F_Y^{AC} = 0$ 得 $A_Y - 4.001 = 0$，解得 $A_Y = -4.001t \uparrow$

桿件 CD 套用平衡方程式

$\sum M_C^{CD} = 0$ 得 $D_Y(6) - 12.377 - 11.552 = 0$，解得 $D_Y = 3.988t \uparrow$

$\sum F_Y^{CD} = 0$ 得 $C_Y + 3.988 = 0$，解得 $C_Y = -3.988t \downarrow$

桿件 BD 套用平衡方程式（結構座標系）

$\sum M_B^{BD} = 0$ 得 $-D_X(4.8) + 12.377 + 14.538 = 0$，解得 $D_X = 5.607t \rightarrow$

$\sum F_X^{BD} = 0$ 得 $B_X + 5.607 = 0$，解得 $B_X = -5.607t \leftarrow$

斜桿件 AC 軸心力 F_{AC} 計算，就剛接點 C 的平衡方程式

$\sum F_Y = 0$ 得 $-F_{AC}(0.8) + 4.001(0.6) + 3.988 = 0$ 解得 $F_{AC} = 7.986t$（張力）

各桿件、剛接點及支承點的反力如圖 12-7-14(b)。

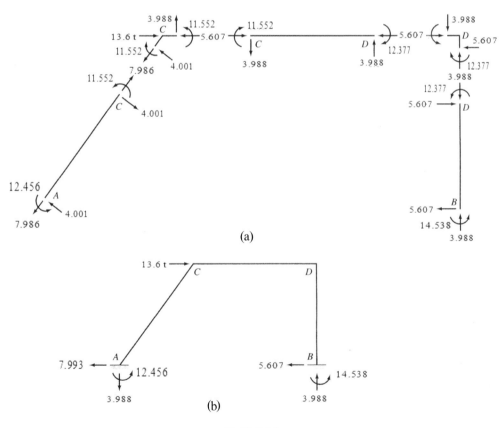

圖 12-7-14

12-8　多層剛架撓角變位法

多層無側移剛架與單層無側移剛架分析除剛接點數增多外，尚無技術上差異；多層無斜桿側移剛架每一層有一個側移量，且逐層由下而上累積之，除各剛接點有一彎矩平衡方程式外，每一層有一個層剪力平衡方程式；多層有斜桿側移剛架的分析則更複雜，現代結構分析均採用第 14 章的勁度法輔以程式軟體求解之。本書僅以二層單間側移剛架為例展示演算方法。

例題 12-8-1

試以撓角變位法分析圖 12-8-1 超靜定剛架的桿件彎矩與反力？

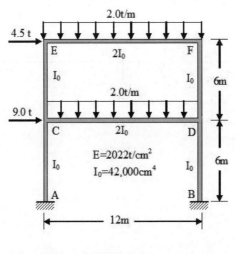

圖 12-8-1

解答：

自由度： 超靜定剛架有剛接點 C、D、E、F 可獨立自主旋轉及底層、二層側移量 Δ_1、Δ_2，故自由度為 6。

固定端彎矩： 僅橫樑 CD、EF 承受桿件載重，故有固定端彎矩；而所有豎柱則因未承受桿件載重，其固定端彎矩均為 0。

$$FEM_{CD} = FEM_{EF} = \frac{wL^2}{12} = \frac{2(12^2)}{12} = 24\text{t-m}（逆鐘向）$$

$$FEM_{DC} = FEM_{FE} = -\frac{wL^2}{12} = -\frac{2(12^2)}{12} = -24\text{t-m}（順鐘向）$$

$$FEM_{AC} = FEM_{CA} = FEM_{BD} = FEM_{DB} = 0$$

$$FEM_{CE} = FEM_{EC} = FEM_{FD} = FEM_{DF} = 0$$

弦線旋轉量：剛接點 C、D、E、F 旋轉與側移後的彈性曲線如圖 12-8-2，底層側移量為 Δ_1，二層的總側移量為 $\Delta_1 + \Delta_2$，二層的獨立側移量為 Δ_2，故各桿件的弦線旋轉量為

$$\psi_{AC} = \psi_{BD} = \frac{-\Delta_1}{6}、\quad \psi_{CE} = \psi_{DF} = -\frac{\Delta_2}{6}、\quad \psi_{CD} = \psi_{EF} = 0$$

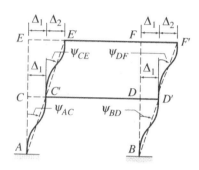

圖 12-8-2

撓角變位方程式：以 $\theta_A = \theta_B = 0$ 及上列弦線旋轉量，按公式（12-2-9）寫出桿件 AC、BD、CE、DF、CD、EF 撓角變位方程式

$$M_{AC} = \frac{2EI_0}{L}(2\theta_A + \theta_C - 3\psi_{AC}) + FEM_{AC} = \frac{EI_0\theta_C}{3} + \frac{EI_0\Delta_1}{6} \tag{1}$$

$$M_{CA} = \frac{2EI_0}{L}(2\theta_C + \theta_A - 3\psi_{AC}) + FEM_{CA} = \frac{2EI_0\theta_C}{3} + \frac{EI_0\Delta_1}{6} \tag{2}$$

$$M_{BD} = \frac{2EI_0}{L}(2\theta_B + \theta_D - 3\psi_{BD}) + FEM_{BD} = \frac{EI_0\theta_D}{3} + \frac{EI_0\Delta_1}{6} \tag{3}$$

$$M_{DB} = \frac{2EI_0}{L}(2\theta_D + \theta_B - 3\psi_{BD}) + FEM_{DB} = \frac{2EI_0\theta_D}{3} + \frac{EI_0\Delta_1}{6} \tag{4}$$

$$M_{CE} = \frac{2EI_0}{L}(2\theta_C + \theta_E - 3\psi_{CE}) + FEM_{CE} = \frac{2EI_0\theta_C}{3} + \frac{EI_0\theta_E}{3} + \frac{EI_0\Delta_2}{6} \tag{5}$$

$$M_{EC} = \frac{2EI_0}{L}(2\theta_E + \theta_C - 3\psi_{CE}) + FEM_{EC} = \frac{EI_0\theta_C}{3} + \frac{2EI_0\theta_E}{3} + \frac{EI_0\Delta_2}{6} \tag{6}$$

$$M_{DF} = \frac{2EI_0}{L}(2\theta_D + \theta_F - 3\psi_{DF}) + FEM_{DF} = \frac{2EI_0\theta_D}{3} + \frac{EI_0\theta_F}{3} + \frac{EI_0\Delta_2}{6} \tag{7}$$

$$M_{FD} = \frac{2EI_0}{L}(2\theta_F + \theta_D - 3\psi_{DF}) + FEM_{FD} = \frac{EI_0\theta_D}{3} + \frac{2EI_0\theta_F}{3} + \frac{EI_0\Delta_2}{6} \tag{8}$$

$$M_{CD} = \frac{2E(2I_0)}{L}(2\theta_C + \theta_D - 3\psi_{CD}) + FEM_{CD} = \frac{2EI_0\theta_C}{3} + \frac{EI_0\theta_D}{3} + 24 \tag{9}$$

$$M_{DC} = \frac{2E(2I_0)}{L}(2\theta_D + \theta_C - 3\psi_{CD}) + FEM_{DC} = \frac{EI_0\theta_C}{3} + \frac{2EI_0\theta_D}{3} - 24 \tag{10}$$

$$M_{EF} = \frac{2E(2I_0)}{L}(2\theta_E + \theta_F - 3\psi_{EF}) + FEM_{EF} = \frac{2EI_0\theta_E}{3} + \frac{EI_0\theta_F}{3} + 24 \tag{11}$$

$$M_{FE} = \frac{2E(2I_0)}{L}(2\theta_F + \theta_E - 3\psi_{EF}) + FEM_{FE} = \frac{EI_0\theta_E}{3} + \frac{2EI_0\theta_F}{3} - 24 \tag{12}$$

平衡方程式：取剛接點 C、D、E、F 的自由體，得平衡方程式

$$M_{CA} + M_{CD} + M_{CE} = 0 \tag{13}$$

$$M_{DB} + M_{DC} + M_{DF} = 0 \tag{14}$$

$$M_{EC} + M_{EF} = 0 \tag{15}$$

$$M_{FD} + M_{FE} = 0 \tag{16}$$

將式(2)、式(5)、式(9)帶入式(13)得

$$\frac{6EI_0\theta_C}{3} + \frac{EI_0\theta_D}{3} + \frac{EI_0\theta_E}{3} + \frac{EI_0\Delta_1}{6} + \frac{EI_0\Delta_2}{6} = -24 \text{ 或}$$

$$12EI_0\theta_C + 2EI_0\theta_D + 2EI_0\theta_E + EI_0\Delta_1 + EI_0\Delta_2 = -144 \tag{17}$$

將(4)、式(7)、式(10)帶入式(14)得

$$\frac{2EI_0\theta_D}{3} + \frac{EI_0\Delta_1}{6} + \frac{EI_0\theta_C}{3} + \frac{2EI_0\theta_D}{3} - 24 + \frac{2EI_0\theta_D}{3} + \frac{EI_0\theta_F}{3} + \frac{EI_0\Delta_2}{6} = 0 \text{ 或}$$

$$2EI_0\theta_C + 12EI_0\theta_D + 2EI_0\theta_F + EI_0\Delta_1 + EI_0\Delta_2 = 144 \tag{18}$$

將式(6)、式(11)帶入式(15)得

$$\frac{EI_0\theta_C}{3} + \frac{2EI_0\theta_E}{3} + \frac{EI_0\Delta_2}{6} + \frac{2EI_0\theta_E}{3} + \frac{EI_0\theta_F}{3} + 24 = 0 \text{ 或}$$

$$2EI_0\theta_C + 8EI_0\theta_E + 2EI_0\theta_F + EI_0\Delta_2 = -144 \tag{19}$$

將式(8)、式(12)帶入式(16)得

$$\frac{EI_0\theta_D}{3} + \frac{2EI_0\theta_F}{3} + \frac{EI_0\Delta_2}{6} + \frac{EI_0\theta_E}{3} + \frac{2EI_0\theta_F}{3} - 24 = 0 \text{ 或}$$

$$2EI_0\theta_D + 2EI_0\theta_E + 8EI_0\theta_F + EI_0\Delta_2 = 144 \tag{20}$$

至此共有四個剛接點彎矩平衡方程式，再加兩層的層剪力平衡方程式即可聯立求解 θ_C、θ_D、θ_E、θ_F、Δ_1、Δ_2 等 6 個未知量。

S_{AC}、S_{BD} 為底層桿件 AC、BD 的底端剪力如圖 12-8-3(a)，則可得層剪力平衡方程式為

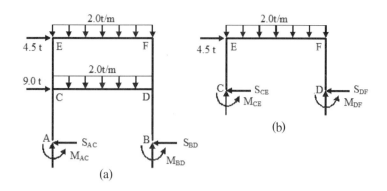

圖 12-8-3

$$S_{AC} + S_{BD} = 9 + 4.5 = 13.5$$

其中 $S_{AC} = \dfrac{M_{AC} + M_{CA}}{6}$、$S_{BD} = \dfrac{M_{BD} + M_{DB}}{6}$，帶入上式得

$$M_{AC} + M_{CA} + M_{BD} + M_{DB} = 81 \tag{21}$$

S_{CE}、S_{DF} 為二層桿件 CE、DF 的底端剪力如圖 12-8-3(b)，則可得層剪力平衡方程式為

$$S_{CE} + S_{DF} = 4.5$$

其中 $S_{CE} = \dfrac{M_{CE} + M_{EC}}{6}$、$S_{DF} = \dfrac{M_{DF} + M_{FD}}{6}$，帶入上式得

$$M_{CE} + M_{EC} + M_{DF} + M_{FD} = 27 \tag{22}$$

將式(1)、式(2)、式(3)、式(4)帶入式(21)得

$$\frac{EI_0\theta_C}{3} + \frac{EI_0\Delta_1}{6} + \frac{2EI_0\theta_C}{3} + \frac{EI_0\Delta_1}{6} + \frac{EI_0\theta_D}{3} + \frac{EI_0\Delta_1}{6} + \frac{2EI_0\theta_D}{3} + \frac{EI_0\Delta_1}{6} = 81 \text{ 或}$$

$$3EI_0\theta_C + 3EI_0\theta_D + 2EI_0\Delta_1 = 243 \tag{23}$$

將式(4)、式(5)、式(6)、式(7)帶入式(22)得

$$\frac{2EI_0\theta_C}{3} + \frac{EI_0\theta_E}{3} + \frac{EI_0\Delta_2}{6} + \frac{EI_0\theta_C}{3} + \frac{2EI_0\theta_E}{3} + \frac{EI_0\Delta_2}{6} +$$

$$\frac{2EI_0\theta_D}{3} + \frac{EI_0\theta_F}{3} + \frac{EI_0\Delta_2}{6} + \frac{EI_0\theta_D}{3} + \frac{2EI_0\theta_F}{3} + \frac{EI_0\Delta_2}{6} = 27 \text{ 或}$$

$$3EI_0\theta_C + 3EI_0\theta_D + 3EI_0\theta_E + 3EI_0\theta_F + 2EI_0\Delta_2 = 81 \tag{24}$$

聯立式(17)、式(18)、式(19)、式(20)、式(23)、式(24)得

$$
\begin{cases}
12EI_0\theta_C + 2EI_0\theta_D + 2EI_0\theta_E + EI_0\Delta_1 + EI_0\Delta_2 = -144 \\
2EI_0\theta_C + 12EI_0\theta_D + 2EI_0\theta_F + EI_0\Delta_1 + EI_0\Delta_2 = 144 \\
2EI_0\theta_C + 8EI_0\theta_E + 2EI_0\theta_F + EI_0\Delta_2 = -144 \\
2EI_0\theta_D + 2EI_0\theta_E + 8EI_0\theta_F + EI_0\Delta_2 = 144 \\
3EI_0\theta_C + 3EI_0\theta_D + 2EI_0\Delta_1 = 243 \\
3EI_0\theta_C + 3EI_0\theta_D + 3EI_0\theta_E + 3EI_0\theta_F + 2EI_0\Delta_2 = 81
\end{cases}
$$

，解得

$$
\begin{cases}
EI\theta_C = -31.640260\text{t-m}^2 \\
EI\theta_D = -11.068831\text{t-m}^2 \\
EI\theta_E = -29.407792\text{t-m}^2 \\
EI\theta_F = 11.735065\text{t-m}^2 \\
EI\Delta_1 = 185.563636\text{t-m}^2 \\
EI\Delta_2 = 131.072727\text{t-m}^2
\end{cases}
$$

將 $EI_0\theta_C$、$EI_0\Delta_1$ 值帶入式(1)、式(2)得

$$M_{AC} = \frac{EI_0\theta_C}{3} + \frac{EI_0\Delta_1}{6} = 20.381\text{t-m}（逆鐘向）$$

$$M_{CA} = \frac{2EI_0\theta_C}{3} + \frac{EI_0\Delta_1}{6} = 9.834\text{t-m}（逆鐘向）$$

將 $EI_0\theta_D$、$EI_0\Delta_1$ 值帶入式(3)、式(4)得

$$M_{BD} = \frac{EI_0\theta_D}{3} + \frac{EI_0\Delta_1}{6} = 27.238\text{t-m}（逆鐘向）$$

$$M_{DB} = \frac{2EI_0\theta_D}{3} + \frac{EI_0\Delta_1}{6} = 23.548\text{t-m}（逆鐘向）$$

將 $EI_0\theta_C$、$EI_0\theta_E$、$EI_0\Delta_2$ 值帶入式(5)、式(6)得

$$M_{CE} = \frac{2EI_0\theta_C}{3} + \frac{EI_0\theta_E}{3} + \frac{EI_0\Delta_2}{6} = -9.051\text{t-m}（順鐘向）$$

$$M_{EC} = \frac{EI_0\theta_C}{3} + \frac{2EI_0\theta_E}{3} + \frac{EI_0\Delta_2}{6} = -8.306\text{t-m}（順鐘向）$$

將 $EI_0\theta_D$、$EI_0\theta_F$、$EI_0\Delta_2$ 值帶入式(7)、式(8)得

$$M_{DF} = \frac{2EI_0\theta_D}{3} + \frac{EI_0\theta_F}{3} + \frac{EI_0\Delta_2}{6} = 18.378\text{t-m}（逆鐘向）$$

$$M_{FD} = \frac{EI_0\theta_D}{3} + \frac{2EI_0\theta_F}{3} + \frac{EI_0\Delta_2}{6} = 35.979\text{t-m}（逆鐘向）$$

將 $EI_0\theta_C$、$EI_0\theta_D$ 值帶入式(9)、式(10)得

$$M_{CD} = \frac{2EI_0\theta_C}{3} + \frac{EI_0\theta_D}{3} + 24 = -0.783\text{t-m}（順鐘向）$$

$$M_{DC} = \frac{EI_0\theta_C}{3} + \frac{2EI_0\theta_D}{3} - 24 = -41.926\text{t-m}（順鐘向）$$

將 $EI_0\theta_E$、$EI_0\theta_F$ 值帶入式(11)、式(12)得

$$M_{EF} = \frac{2EI_0\theta_E}{3} + \frac{EI_0\theta_F}{3} + 24 = 8.306\text{t-m}（逆鐘向）$$

$$M_{FE} = \frac{EI_0\theta_E}{3} + \frac{2EI_0\theta_F}{3} - 24 = -25.979\text{t-m}（順鐘向）$$

將計得的彎矩帶入式(13)、式(14)、式(15)、式(16)、式(21)、式(22)以核驗其正確性。

$$M_{CA} + M_{CD} + M_{CE} = 9.834 - 0.783 - 9.051 = 0$$

$M_{DB} + M_{DC} + M_{DF} = 23.548 - 41.926 + 18.378 = 0$

$M_{EC} + M_{EF} = -8.306 + 8.306 = 0$

$M_{FD} + M_{FE} = 25.979 - 25.979 = 0$

$M_{AC} + M_{CA} + M_{BD} + M_{DB} = 20.381 + 9.834 + 27.238 + 23.548 = 81$

$M_{CE} + M_{EC} + M_{DF} + M_{FD} = -9.051 - 8.306 + 18.378 + 25.979 = 27$

圖 12-8-4(a)為剛接點 C、D、E、F 及各桿件的自由體。

桿件 AC 套用平衡方程式（結構座標系）

$\Sigma M_A^{AC} = 0$ 得 $-C_X(6) + 9.834 + 20.381 = 0$，解得 $C_X = 5.036t\rightarrow$

$\Sigma F_X^{AC} = 0$ 得 $A_X + 5.036 = 0$，解得 $A_X = -5.036t\leftarrow$

桿件 CD 套用平衡方程式

$\Sigma M_C^{CD} = 0$ 得 $D_Y(12) - 0.783 - 41.926 - \dfrac{2(12^2)}{2} = 0$，解得 $D_Y = 15.559t\uparrow$

$\Sigma F_Y^{CD} = 0$ 得 $C_Y + 15.559 - 2(12) = 0$，解得 $C_Y = 8.441t\uparrow$

桿件 BD 套用平衡方程式（結構座標系）

$\Sigma M_B^{BD} = 0$ 得 $-D_X(6) + 23.548 + 27.238 = 0$，解得 $D_X = 8.464t\rightarrow$

$\Sigma F_X^{BD} = 0$ 得 $B_X + 8.464 = 0$，解得 $B_X = -8.464t\leftarrow$

桿件 CE 套用平衡方程式（結構座標系）

$\Sigma M_C^{CE} = 0$ 得 $-E_X(6) - 8.306 - 9.051 = 0$，解得 $E_X = -2.893t\leftarrow$

$\Sigma F_X^{CE} = 0$ 得 $C_X - 2.893 = 0$，解得 $C_X = 2.893t\rightarrow$

桿件 EF 套用平衡方程式

$\Sigma M_E^{EF} = 0$ 得 $F_Y(12) - 25.979 + 9.306 - \dfrac{2(12^2)}{2} = 0$，解得 $F_Y = 13.473t\uparrow$

$\Sigma F_Y^{EF} = 0$ 得 $E_Y + 13.473 - 2(12) = 0$，解得 $E_Y = 10.527t\uparrow$

桿件 DF 套用平衡方程式（結構座標系）

$\Sigma M_D^{DF} = 0$ 得 $-F_X(6) + 25.979 + 18.378 = 0$，解得 $F_X = 7.393t\rightarrow$

$\Sigma F_X^{DF} = 0$ 得 $D_X + 7.393 = 0$，解得 $D_X = -7.393t\leftarrow$

各桿件、剛接點及支承點的反力如圖 12-8-4(b)。

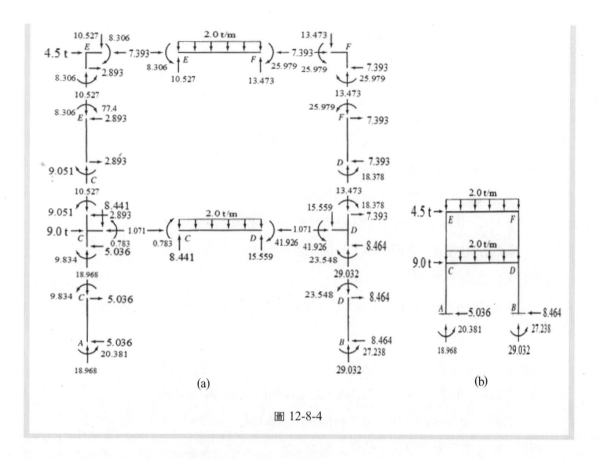

圖 12-8-4

12-9 撓角變位法輔助程式使用説明

　　本書提供撓角變位法兩個輔助程式，其一為單桿件撓角變位方程式，另一為解聯立方程式。單桿件撓角變位方程式可以協助寫出某一桿件，或樑段承受均布、集中載重及（或）其他型態載重的撓角變位方程式；解聯立方程式則可協助求解任意變數個數的聯立線性方程式。

　　使結構分析軟體試算表以外空白試算表處於作用中（Active）。選擇☞結構分析／撓角變位法／單桿件撓角變位方程式/建立單桿件撓角變位方程式試算表☜出現圖 12-9-1 輸入畫面。任意輸入桿件長度(10)、桿件彈性係數 E(1)、桿件慣性矩 I(1)、桿件承受集中載重個數(3)、小數位數(3)等資料後，單擊「建立單桿件撓角變位方程式試算表」鈕，即可產生圖 12-9-2 的單桿件撓角變位方程式試算表。

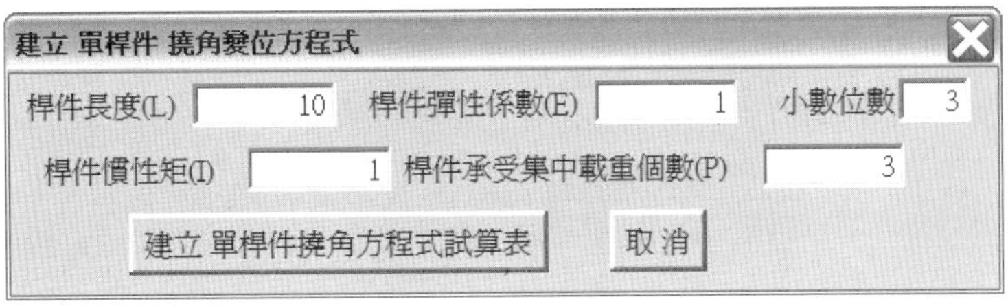

圖 12-9-1

	A	B	C	D	E
3	桿件撓角變位方程式試算表				
4	桿件長度=	12.000			
5	彈性係數=	1.000	斷面慣性距=	2.000	
6		載重值	與左支承距離		
7	均佈載重(下正)	2.000			
8	集中載重1(下正)	0.000	0.000		
9	集中載重2(下正)	0.000	0.000		
10	集中載重3(下正)	0.000	0.000		
11		A端點	B端點		
12	支承情形	剛接	剛接		
13	沉陷量(下正)	0.000	0.000		
14	FEM(逆正)	24.000	-24.000		
15	額外FEM(逆正)	0.000	0.000		
16	桿件撓角變位方程式				
17	桿端彎矩	θA	θB	ψ	FEM
18	MAB=	0.667	0.333	0.000	24.000
19	MBA=	0.333	0.667	0.000	-24.000
20					

圖 12-9-2

圖 12-9-2 係以圖 12-8-3 的桿件 EF 為例，輸入桿件長度(12)、彈性係數(1)、斷面慣性矩(2)及均佈載重(2)等資料後，選擇☞結構分析／撓角變位法／單桿件撓角變位方程式／進行單桿件撓角變位方程式演算☜，演算結果如圖 12-9-2 第 18、19 列。MAB 相當桿端彎矩 M_{EF}，MBA 相當桿端彎矩 M_{FE}，與例題 18-8-1 的式⑾、式⑿相符。圖 12-9-2 中儲存格 B12、C12 可以選擇桿件 A、B 點的支承情形；有固定支承、鉸支承與剛接等三個選項。

使結構分析軟體試算表以外空白試算表處於作用中（Active）。選擇☞結構分析／撓角變位法／解聯立方程式／建立解聯立方程式試算表☜出現圖 12-9-3 輸入畫面。以例題 12-8-1 的聯立方程式為例，輸入未知變數個數(6)、小數位數(3)等資料後，單擊「建立解聯立方程式試算表」鈕，即可產生圖 12-9-4 的解聯立方程式試算表。

圖 12-9-3

	A	B	C	D	E	F	G	H
3	解聯立線性方程式							
4	未知變數→	變數1	變數2	變數3	變數4	變數5	變數6	常數項
5	方程式1	12.000	2.000	2.000	0.000	1.000	1.000	-144.000
6	方程式2	2.000	12.000	0.000	2.000	1.000	1.000	144.000
7	方程式3	2.000	0.000	8.000	2.000	0.000	1.000	-144.000
8	方程式4	0.000	2.000	2.000	8.000	0.000	1.000	144.000
9	方程式5	3.000	3.000	0.000	0.000	2.000	0.000	243.000
10	方程式6	3.000	3.000	3.000	3.000	0.000	2.000	81.000
11	變數解值	-31.640	-11.069	-29.408	11.735	185.564	131.073	

圖 12-9-4

在圖 12-9-4 輸入例題 12-8-1 的聯立方程式後，選擇☞結構分析／撓角變位法／解聯立方程式／進行解聯立方程式演算✍，演算結果如圖 12-9-4 第 11 列與例題 12-8-1 的結果相符。

習　題

★★★習題詳解請參閱 ST12 習題詳解.doc 與 ST12 習題詳解.xls 電子檔★★★

1. 試以撓角變位法分析超靜定連續樑？彈性係數均相同，但樑段 BC 的慣性矩為樑段 AB 的 2 倍。（圖一）

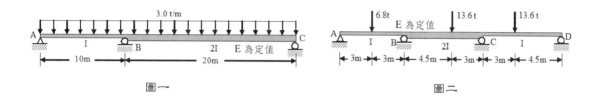

圖一　　　　　　　　　　圖二

2. 試以撓角變位法分析超靜定連續樑？彈性係數均相同，但樑段BC的慣性矩為樑段AB、CD 的 2 倍。（圖二）

3. 試以撓角變位法分析超靜定連續樑？彈性係數均相同，但樑段BC的慣性矩為樑段AB、CD 的 2 倍。（圖三）

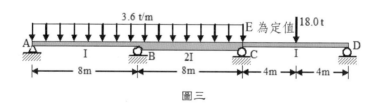

圖三

4. 試以撓角變位法分析超靜定連續樑？各樑段彈性係數與慣性矩均相同。（圖四）

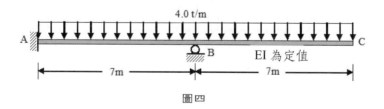

圖四

5. 試以撓角變位法分析超靜定連續樑？各樑段彈性係數與慣性矩均相同。（圖五）

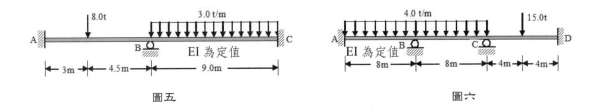

圖五　　　　　　　　　　　　　圖六

6.試以撓角變位法分析超靜定連續樑？各樑段彈性係數與慣性矩均相同。（圖六）

7.試以撓角變位法分析超靜定連續樑？各樑段彈性係數與慣性矩均相同。（圖七）

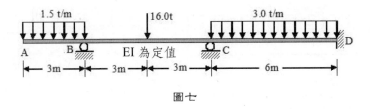

圖七

8.試以撓角變位法分析超靜定連續樑？彈性係數均相同，但樑段 BC 的慣性矩為樑段 AB 的 2 倍。（圖八）

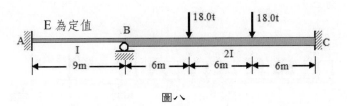

圖八

9.試以撓角變位法分析超靜定連續樑？各樑段彈性係數與慣性矩均相同。（圖九）

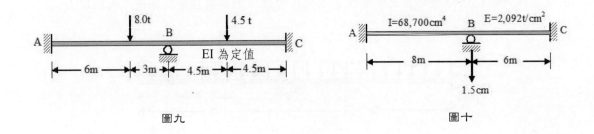

圖九　　　　　　　　　　　　　圖十

10.試以撓角變位法分析超靜定連續樑因支承 B 沉陷 1.5 公分所引起的應力？各樑段彈性係數為 2092t/cm²，慣性矩為 68,700cm⁴。（圖十）

11. 試以撓角變位法分析超靜定連續樑因載重及支承 A 沉陷 1.0 公分，支承 B 沉陷 6.5 公分，支承 C 沉陷 4.0 公分所引起的應力？彈性係數 E=2092t/cm²，慣性矩 I=50,000cm⁴。（圖十一）

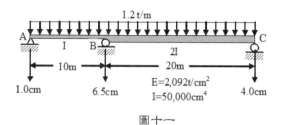 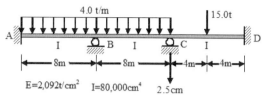

圖十一　　　　　　　　　　　　　　　圖十二

12. 試以撓角變位法分析超靜定連續樑因載重及支承 C 沉陷 2.5 公分所引起的應力？彈性係數 E=2092t/cm²，慣性矩 I=80,000cm⁴。（圖十二）

13. 試以撓角變位法分析超靜定連續樑因載重及支承 A 沉陷 1.3 公分，支承 B 沉陷 10 公分，支承 C 沉陷 7.5 公分，支承 D 沉陷 6.25 公分所引起的應力？彈性係數 E=2092t/cm²，慣性矩 I=208,000cm⁴。（圖十三）

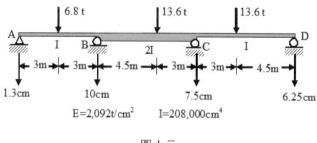

圖十三

14. 試以撓角變位法程式習題 13？

15. 試以連續樑撓角變位法程式分析超靜定連續樑？樑材的彈性係數均同，各樑段相對慣性矩、載重如下表。（圖十四）

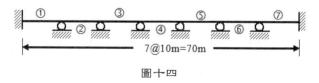

圖十四

	樑段①	樑段②	樑段③	樑段④	樑段⑤	樑段⑥	樑段⑦
相對慣性矩	I	I	2I	2I	2I	I	I
均佈載重	6/t/m	0	4t/m	0	2.5t/m	0	5.4t/m
集中載重	0	12t	0	15t	0	17t	0
距左側長	0	7m	0	3m	0	4.9m	0

16.試以撓角變位法分析超靜定剛架桿端彎矩與反力？桿件彈性係數與慣性矩均相同。（圖十五）

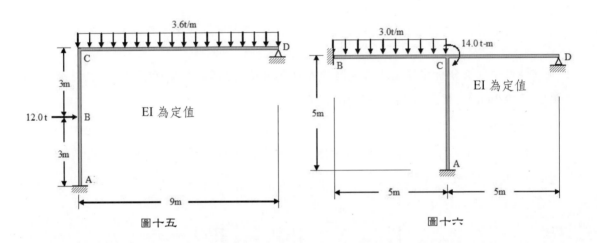

圖十五　　　　圖十六

17.試以撓角變位法分析超靜定剛架桿端彎矩？桿件彈性係數與慣性矩均相同。（圖十六）

18.試以撓角變位法分析超靜定剛架因載重及支承 A 沉陷 2.4 公分，支承 D 沉陷 3.6 公分所引起的桿端彎矩？彈性係數 E=700t/cm²，慣性矩 I=12,500cm⁴。（圖十七）

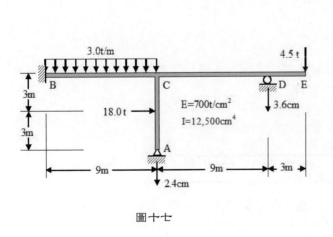

圖十七

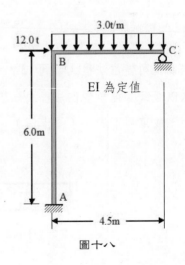

圖十八

19. 試以撓角變位法分析超靜定剛架因載重及支承 A 沉陷 2.4 公分，支承 D 沉陷 3.6 公分所引起的桿端彎矩？彈性係數 $E=700t/cm^2$，慣性矩 $I=12,500cm^4$。（圖十八）

20. 試以撓角變位法分析超靜定剛架的桿端彎矩？彈性係數為定值，慣性矩如圖示。（圖十九）

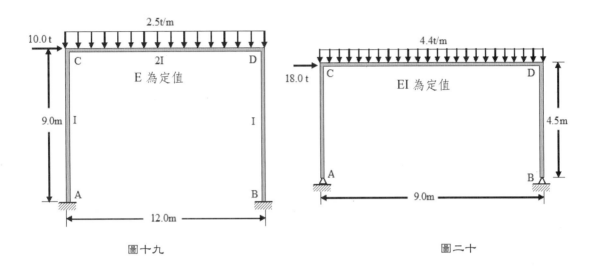

圖十九　　　　　　　　　　　　　圖二十

21. 試以撓角變位法分析超靜定剛架的桿端彎矩？彈性係數及慣性矩均為定值。（圖二十）

22. 試以撓角變位法分析超靜定剛架的桿端彎矩？彈性係數及慣性矩均為定值。（圖二十一）

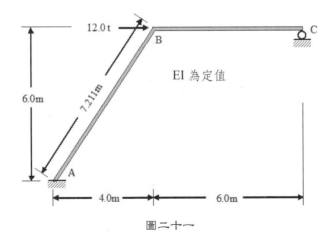

圖二十一

23. 試以撓角變位法分析超靜定剛架的桿端彎矩？彈性係數及慣性矩均為定值。（圖二十二）

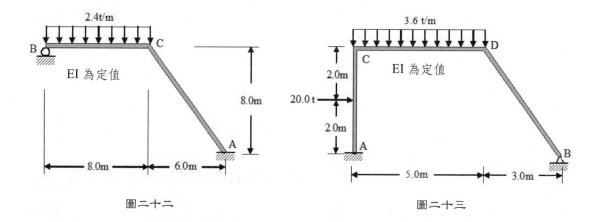

圖二十二　　　　　　　　　　　　　　　圖二十三

24.試以撓角變位法分析超靜定剛架的桿端彎矩？彈性係數及慣性矩均為定值。（圖二十三）

25.試以撓角變位法分析超靜定剛架的桿端彎矩？彈性係數及慣性矩均為定值。（圖二十四）

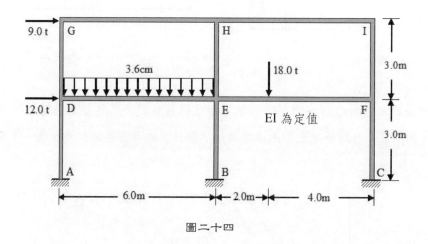

圖二十四

CHAPTER

彎矩分配法

13

13⁻¹ 前言

　　彎矩分配法（Moment Distribution Method）也屬另一種移位法（Displacement Method），前一章介紹的撓角變位法（Slope Deflection Method）雖然可以比較容易的建立聯立方程式，且方程式的個數（或未知量）比力法（Force Method）減少許多，但仍須面臨解聯立方程式的困難。彎矩分配法與撓角變位法雖然均僅考量彎矩因素，而忽略剪力與軸心力等因素，但彎矩分配法對於無側移剛架的分析可以完全脫離解聯立方程式的困擾，即使側移剛架所須解的聯立方程式也是未知量較少的。人類為了避免解聯立方程式，而從最基本的諧和變形分析法發展出最小功法、三彎矩方程式法、撓角變位法及其他各種簡化的方法，彎矩分配法自西元 1930 年發表以來，被視為超靜定結構分析的一項革命性發明，也確實風靡將近半個世紀。

　　約從西元 1970 年電腦問世以來，由於電腦計算速度、記憶容量的不斷提高及價格的急速降低，使電腦在各行各業發揮極大的應用，發展至今任何個人電腦解聯立方程式已屬易如反掌的工作，如前一章所介紹的解聯立方程式的使用說明。因此解超靜定結構的方法又回復到聯立方程式的建立與求解。

　　基於如此的技術情勢，結構分析學者與專家又回到最基本的超靜定結構分析原理，利用軟體程式協助建立聯立方程式並求解的一套演算方法。這種演算方法雖然尚難由手工推演，而必須借助於電腦，因此可以不必為了簡化而忽略剪力或軸心力等與彎矩比較上不甚重要的力素，而獲得理論上最完整的分析法。這種分析法即是將於第十四章介紹的勁度法（Stiffness Method）。

　　本章就彎矩分配法的原理，解題觀念及其應用於連續樑、無側移剛架與側移剛架的解法及相關程式加以論述之。

13⁻² 基本定義與術語

　　彎矩分配法基本上尚無特定公式，惟需要先了解一些術語與定義以方便介紹彎矩分配法。

13-2-1　彎矩分配法正負號規定

　　彎矩分配法對於彎矩 M、撓角 θ 與弦線旋轉量 ψ 的正負號規定，與撓角變位法完全相同，再彙整如圖 13-2-1。桿件端承受的彎矩 M、撓角 θ 與弦線旋轉量 ψ 以逆鐘向為正、順鐘向為負；桿端剛接點所承受的彎矩 M 與撓角 θ 以順鐘向為正、逆鐘向為負。

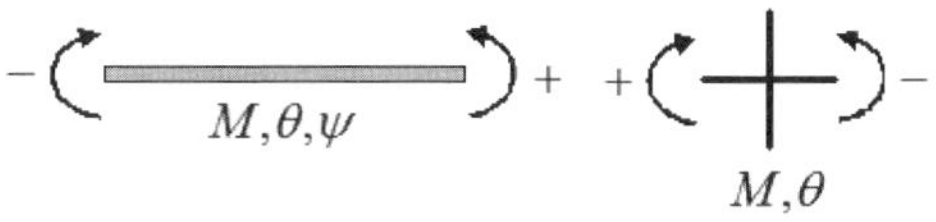

圖 13-2-1

13-2-2　桿件彎曲勁度

　　圖 13-2-2(a)為 A 端鉸接、B 端固定的超靜定樑，若於 A 端施加正彎矩 M 而使 A 端產生逆鐘向撓角 θ，以 $\theta_A = \theta$、$\theta_B = \psi = FEM_{nf} = 0$ 帶入撓角變位方程式（12-2-9）可得

$$M = \left(\frac{4EI}{L}\right)\theta \qquad\qquad (13\text{-}2\text{-}1)$$

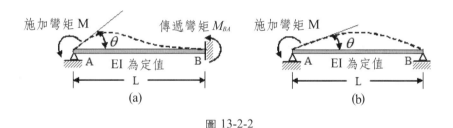

圖 13-2-2

　　觀察公式（13-2-1）可知，樑的彈性係數 E 或斷面慣性矩 I 愈大，或樑跨度 L 愈小，則使桿端 A 產生相同的撓角 θ 所需的彎矩愈大；或謂 4EI/L 值愈大，使桿端 A 產生相同撓角 θ 所需的彎矩愈大；因此可稱 4EI/L 為抵抗彎矩的勁度（Stiffness）。茲定義 $\overline{K}$ 為樑段或桿件的絕對彎曲勁度（Absolute Bending Stiffness）為使桿端產生 1 徑度撓角所需的彎矩，亦即

$$\overline{K} = \frac{4EI}{L} \qquad\qquad (13\text{-}2\text{-}2)$$

　　如果樑材的彈性係數均相同，則將絕對彎曲勁度 $\overline{K}$ 除以 4E，即得其相對彎曲勁度（Relative Bending Stiffness）K 為

$$K = \frac{\overline{K}}{4E} = \frac{I}{L} \qquad (13\text{-}2\text{-}3)$$

圖 13-2-2(b)為 A、B 端均為鉸接的簡支樑，以 $M_{rh} = M$、$\theta_r = \theta$、$\psi = FEM_{hr} = FEM_{rh}$ $= 0$ 帶入撓角變位方程式（12-2-15）可得

$$M = \left(\frac{3EI}{L}\right)\theta \qquad (13\text{-}2\text{-}4)$$

令 $\theta = 1$ 可得圖 13-2-2(b)樑的絕對彎曲勁度（Absolute Bending Stiffness）$\overline{K}$ 為

$$\overline{K} = \frac{3EI}{L} \qquad (13\text{-}2\text{-}5)$$

將絕對彎矩勁度 $\overline{K}$ 除以 4E，得相對彎曲勁度 K 為

$$K = \frac{\overline{K}}{4E} = \frac{3}{4}\left(\frac{I}{L}\right) \qquad (13\text{-}2\text{-}6)$$

13-2-3 傳遞因數

再觀察圖 13-2-2(a)，當鉸接端 A 承受彎矩 M 時，固定端也產生彎矩 M_{BA}，以保持固定端撓角為 0 的物理條件。彎矩 M_{BA} 可視同由 A 端彎矩傳遞給固定端的彎矩，故稱為傳遞彎矩（CarryOver Moment）。以 $M_{nf} = M_{BA}$、$\theta_f = \theta$、$\theta_n = 0$ 及 $\psi = FEM_{nf} = 0$ 帶入公式（12-2-9）得

$$M_{BA} = \left(\frac{2EI}{L}\right)\theta \qquad (13\text{-}2\text{-}7)$$

由公式（12-2-1）得 $\theta = ML/(4EI)$，帶入上式可得施加彎矩 M 與傳遞彎矩 M_{BA} 的關係為

$$M_{BA} = \frac{1}{2}(M) \qquad (13\text{-}2\text{-}8)$$

公式（13-2-8）顯示一端鉸接、他端固定的超靜定樑，當鉸接端承受彎矩 M 時，則有一半的彎矩傳遞到固定端且方向相同。但如圖 13-2-2(b)兩端均為鉸接時，當一端承受彎矩，則無法傳遞到他端。

傳遞彎矩 M_{BA} 與施加彎矩 M 的比值稱為傳遞因數（Carryover Factor）或傳遞係數，整理如下式：

$$傳遞因素\ CF（傳遞係數）=\begin{cases}1/2 & 若他端為固定 \\ 0 & 若他端為鉸接\end{cases}\quad（13\text{-}2\text{-}9）$$

13-2-4　分配因數

　　彎矩分配法的第一個重要問題是當一個剛接點承受彎矩 M 時，如何將此彎矩 M 分配於相交該剛接點各桿件。圖 13-2-3(a)的剛接點 B 有三根桿件，當施加一個彎矩 M 於剛接點 B 並使產生一個旋轉角 θ，則各桿件應該分配多少彎矩以平衡（抵抗）此外加彎矩。

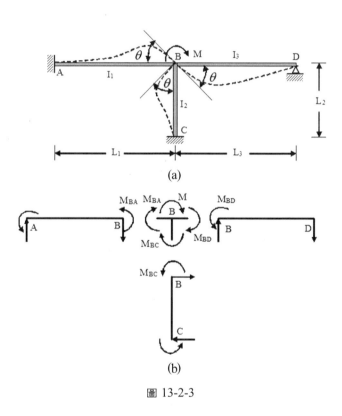

(a)

(b)

圖 13-2-3

　　圖 13-2-3(b)為剛接點 B 及各桿的自由體圖。就剛接點 B 的彎矩平衡得

$$M+M_{BA}+M_{BC}+M_{BD}=0或$$

$$M=-\left(M_{BA}+M_{C}+M_{BD}\right)\quad（13\text{-}2\text{-}10）$$

　　因為各桿均剛接於剛接點 B，故各桿在剛接點 B 端的撓角或旋轉量均等於剛接點

B 的旋轉量 θ；桿件 AB、CB 的 A、C 端均為固定端，依公式（13-2-1）得

$$M_{BA} = \left(\frac{4EI_1}{L_1}\right)\theta = \overline{K}_{AB}\theta = 4EK_{AB}\theta \qquad （13\text{-}2\text{-}11）$$

$$M_{BC} = \left(\frac{4EI_2}{L_2}\right)\theta = \overline{K}_{BC}\theta = 4EK_{BC}\theta \qquad （13\text{-}2\text{-}12）$$

又桿件 BD 的 D 端為鉸接，依公式（13-2-4）得

$$M_{BD} = \left(\frac{3EI_3}{L_3}\right)\theta = \overline{K}_{BD}\theta = 4EK_{BD}\theta \qquad （13\text{-}2\text{-}13）$$

將公式（13-2-11）、公式（13-2-12）、公式（13-2-13）帶入公式（13-2-10）得

$$M = -\left(\frac{4EI_1}{L_1} + \frac{4EI_2}{L_2} + \frac{3EI_3}{L_3}\right)\theta = -(\overline{K}_{BA} + \overline{K}_{BC} + \overline{K}_{BD})\theta$$

$$= -(\Sigma\,\overline{K}_B)\theta \qquad （13\text{-}2\text{-}14）$$

若定義使剛接點產生一個徑度旋轉量所需彎矩為該剛接點的旋轉勁度（Rotational Stiffness），則由公式（13-2-14）知，一個剛接點的旋轉勁度（Rotational Stiffness）等於連接於該剛接點各桿件絕對彎曲勁度 $\overline{K}$ 的總和。公式（13-2-14）中的負號乃因桿件逆鐘向彎矩與剛接點順鐘向彎矩視同為正的差異所致。

若將公式（13-2-14）中的絕對彎曲勁度 $\overline{K}$ 改為相對彎曲勁度 K，則得

$M = -4E(K_{BA} + K_{BC} + K_{BD}) = -4E(\Sigma K_B)\theta$，整理得

$$\theta = -\frac{M}{4E\,\Sigma K_B} \qquad （13\text{-}2\text{-}15）$$

將公式（13-2-15）帶入公式（13-2-11）、公式（13-2-12）、公式（13-2-13）得

$$M_{BA} = -\left(\frac{K_{BA}}{\Sigma K_B}\right)M \qquad （13\text{-}2\text{-}16）$$

$$M_{BC} = -\left(\frac{K_{BC}}{\Sigma K_B}\right)M \qquad （13\text{-}2\text{-}17）$$

$$M_{BD} = -\left(\frac{K_{BD}}{\Sigma K_B}\right)M \qquad （13\text{-}2\text{-}18）$$

公式（13-2-16）、公式（13-2-17）、公式（13-2-18）分別表示將施加於剛接點的

13

彎矩 M，按相交於該剛接點各桿件的相對彎曲勁度表示 K 的彎矩分配量。公式中的分式 $K_{BA}/\Sigma K_B$ 稱為桿件 AB 的 B 端分配因數（Distribution Factor）或分配係數，亦即施加於剛接點 B 的彎矩 M 有 $K_{BA}/\Sigma K_B$（小於 1）部分由桿件 AB 承擔。若將公式（13-2-16）、公式（13-2-17）、公式（13-2-18）寫成

$$M_{BA} = -DF_{BA}M \qquad (13\text{-}2\text{-}19)$$

$$M_{BC} = -DF_{BC}M \qquad (13\text{-}2\text{-}20)$$

$$M_{BD} = -DF_{BD}M \qquad (13\text{-}2\text{-}21)$$

其中 $DF_{BA}=K_{BA}/\Sigma K_B$、$DF_{BC}=K_{BC}/\Sigma K_B$、$DF_{BD}=K_{BD}/\Sigma K_B$ 分別為桿件 BA、BC、BD 在 B 端的分配因數（Distribution Factor）。

如果施加於圖 13-2-3(a)中剛接點 B 的彎矩為 32t-m（順鐘向），且 $I_1=I_2=I$，$I_3=3I$，$L_1=L_2=8m$，$L_3=9m$ 則

$$K_{BA}=K_{BC}=\frac{I}{8}=0.125I \text{ , } K_{BD}=\frac{3}{4}\left(\frac{3I}{9}\right)=0.25I$$

$$DF_{BA}=\frac{K_{BA}}{K_{BA}+K_{BC}+K_{BD}}=\frac{0.125I}{0.125I+0.125I+0.25I}=0.25$$

$$DF_{BC}=\frac{K_{BC}}{K_{BA}+K_{BC}+K_{BD}}=\frac{0.125I}{0.125I+0.125I+0.25I}=0.25$$

$$DF_{BD}=\frac{K_{BD}}{K_{BA}+K_{BC}+K_{BD}}=\frac{0.25I}{0.125I+0.125I+0.25I}=0.5$$

分配因數 $DF_{BA}=0.25$ 表示施加於剛接點 B 彎矩 32t-m 有 25%分配到桿件 AB 的 B 端；分配因數 $DF_{BC}=0.25$、$DF_{BD}=0.50$ 表示施加於剛接點 B 彎矩 32t-m 有 25%、50%分配到桿件 BC、BD 的 B 端，亦即各桿件在 B 端的彎矩為

$$M_{BA}=-DF_{BA}M=-0.25(32)=-8t\text{-m}（順鐘向）$$

$$M_{BC}=-DF_{BC}M=-0.25(32)=-8t\text{-m}（順鐘向）$$

$$M_{BD}=-DF_{BD}M=-0.5(32)=-16t\text{-m}（順鐘向）$$

摘要言之，匯集於某一剛接點所有桿件在剛接點端的分配因數為各桿件的相對彎曲勁度 K 除以所有桿件相對彎曲勁度 K 的總和；亦即

$$DF = \frac{K}{\Sigma K} \qquad\qquad (13\text{-}2\text{-}22)$$

剛接點上的不平衡彎矩 M 以各桿分配因數（Distribution Factor）乘以不平衡彎矩 M 的負值分配於各桿件的剛接點端。

13-2-5　固定端彎矩

超靜定結構承受載重或某些支承點的已知量沉陷，或某些剛接點的已知量側移均對結構桿件產生應力；這些載重或已知量的沉陷或側移均以固定端彎矩（Fixed End Moment）的方式出現，以便彎矩分配法的演算。

一般常見載重型態的固定端彎矩可由如附錄 B 查得，如有特殊載重型態，則可用彎矩面積法、公式（12-2-7）或其他方法推得。不論載重方向如何，均於桿件兩端產生一個順鐘向與另一個逆鐘向的固定端彎矩，以保證桿端撓角等於 0 的物理要件如圖 13-2-4。

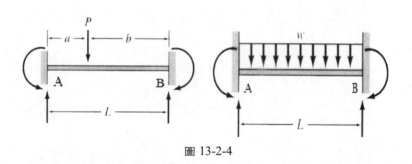

圖 13-2-4

圖 13-2-5 表示桿件因為已知量的支承點沉陷或桿件側移所產生的固定端彎矩。桿件弦線因沉陷或側移而旋轉，如果旋轉方向為順鐘向，則兩端的固定端彎矩方向均為逆鐘向；反之，如果旋轉方向為逆鐘向，則兩端的固定端彎矩方向均為順鐘向，以保證桿端撓角等於 0 的物理要件。

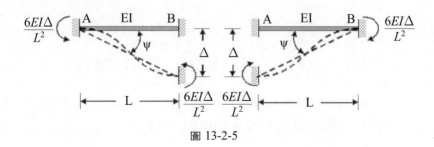

圖 13-2-5

以 $\theta_n = \theta_f = 0$、$\psi = \Delta/L$ 及因載重所產生的固定端彎矩 M_{nf}、M_{fn} 為 0，帶入公式（12-2-9）可得因沉陷量 Δ 或側移量 Δ 所衍生固定端彎矩如下：

$$FEM_{nf} = FEM_{fn} = -\frac{6EI\Delta}{L^2}$$

剛架中，如果 Δ 為支承點的沉陷量，則在橫梁產生固定端彎矩；如果 Δ 為剛接點的已知側移量，則在豎柱產生固定端彎矩。

13-3 彎矩分配法

本節摘述撓角變位法分析超靜定結構的基本哲理，再導引出彎矩分配法（Moment Distribution Method）的基本原理。據此基本原理推演出彎矩分配法的演算程序，最後以一個實例演示整個演算程序，以獲得具體解析步驟。

13-3-1 彎矩分配法基本原理

撓角變位法以未知的剛接點撓角量 θ 及未知的每層剛架側移量 Δ 寫出各桿件的撓角變位方程式，再依各剛接點的彎矩平衡方程式及各層剪力平衡方程式以獲得聯立方程式。解聯立方程式可一次解得整個超靜定結構達到最後平衡時的剛接點撓角量 θ 與各層側移量 Δ。將這些解得的撓角量與側移量帶入各桿件桿端撓角變位方程式，即得各桿桿端彎矩。再依據桿端彎矩及平衡方程式推得各桿件剪力、軸心力與各支承點的反力。

公式（12-2-9）的撓角變位方程式可以寫成

$$M_{nf} = \underset{(1)}{\frac{4EI}{L}\theta_n} + \underset{(2)}{\frac{2EI}{L}\theta_f} - \underset{(3)}{\frac{6EI}{L}\psi} + \underset{(4)}{FEM_{nf}} \text{ 或}$$

節點彎矩＝平衡彎矩＋傳遞彎矩＋側移固定端彎矩＋荷重固定端彎矩
　　　　　　(1)　　　　　(2)　　　　　(3)　　　　　　　(4)　　　　或

節點彎矩＝旋轉彎矩（1項加2項）＋側移彎矩（3項）＋荷重固定端彎矩（4項）

觀察公式（12-2-9）的最後表述方式可知每一桿件的桿端最終彎矩為平衡時該桿端的旋轉彎矩，側移彎矩與荷重固定端彎矩的總和。彎矩分配法將剛接點的旋轉與側

移兩個動作分開處理，亦即剛接點有旋轉時，無側移，如有側移則無旋轉。剛架結構承受載重時，所有節點的轉動與側移均同時發生，彎矩分配法為避免解聯立方程式，一次只允許解一個未知量，亦即在無側移的條件下，將所有剛接點加上虛擬鎖（Imaginary Lock）鎖住所有剛接點（Lock the Joints）使之不能轉動，然後每次放鬆一個虛擬鎖（Release the Lock）使該剛接點可以自由轉動，因此可以不必解聯立方程式而平衡該剛接點；各桿件分配的彎矩傳遞於桿件他端後再將該剛接點加鎖；當所有剛接點平衡一次後，各剛接點因為傳遞彎矩而使剛接點有不平衡彎矩，惟該不平衡彎矩有逐漸趨小的現象。如此周而復始的平衡各剛接點、傳遞彎矩一直演算到不平衡彎矩絕對值小於某一指定的容許值為止。

13-3-2 彎矩分配法演算程序

彎矩分配法是一種重複性的演算程序。首先將結構上所有可以獨立自主旋轉的剛接點加上虛擬鎖（Imaginary Lock），使其暫時固定而不能旋轉。然後計算桿件承受載重所造成的固定端彎矩，如有支承點的已知沉陷量則加計橫梁的固定端彎矩，如有剛接點的已知側移量則加計豎柱的固定端彎矩。

這些固定端彎矩將使各可自由旋轉的剛接點不平衡，彎矩分配法以每次平衡一個可自由轉動的剛接點以避免解聯立方程式。平衡一個剛接點的步驟為放鬆該剛接點的虛擬鎖，使能受不平衡彎矩的影響自由轉動到平衡狀態。剛接點的自由轉動引發匯集於該剛接點所有桿件的平衡彎矩，這些平衡彎矩即所謂的分配彎矩（Distributed Moment），其值為該桿件在剛接點端的分配因數乘以剛接點不平衡彎矩的負值。這些桿件配得的分配彎矩也依桿件另一端的束制情形，可能傳遞部分彎矩到桿件的另一端。這些傳遞彎矩可能使原已平衡的剛接點又形成不平衡剛接點。彎矩分配法必須多次地、重複地逐一平衡每一自由旋轉的剛接點，直到所有剛接點的不平衡彎矩小於某一指定值為止。各桿件的原固定端彎矩與過程中的分配彎矩和傳遞彎矩之總和即為平衡時的桿端彎矩。

這種重複地將超靜定結構上每一可自由轉動剛接點的不平衡彎矩分配到匯集於該剛接點的各桿件及桿件另一端，直到所有不平衡彎矩值均小於某一指定值的程序稱為彎矩分配法演算程序（Moment Distribution Process）。

桿端彎矩求得之後，當然可據以推算桿件剪力、軸心力及各支承點的反力或繪製剪力圖與彎矩圖。

13-3-3　演示實例

　　茲以圖 13-3-1 承受載重的三跨連續梁，演示整個彎矩分配法的演算過程，直到分配彎矩的絕對值小於 0.01t-m。

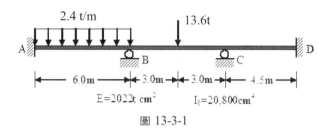

圖 13-3-1

自由度

　　超靜定結構三跨連續樑中僅有節點 B、C 可以自由、獨立且未知的轉動，故該超靜定連續樑的自由度為 2。

分配因數

　　彎矩分配法的首要工作為計算匯集於可自由轉動節點各桿件的桿端分配因數。因為連續樑 A、D 端均為固定端，故可依公式（13-2-3）計算各桿件的相對彎曲勁度如下：

$$K_{AB} = I/6 \text{、} K_{BC} = I/6 \text{、} K_{CD} = I/4.5$$

　　又因匯集於某一剛接點所有桿件在剛接點端的分配因數為各桿件的相對彎曲勁度 K 除以所有桿件相對彎曲勁度 K 的總和，故依公式（13-2-22）得匯集於節點 B 各桿的分配因數為

$$DF_{BA} = \frac{K_{AB}}{K_{AB} + K_{BC}} = \frac{I/6}{I/6 + I/6} = 0.5$$

$$DF_{BC} = \frac{K_{BC}}{K_{AB} + K_{BC}} = \frac{I/6}{I/6 + I/6} = 0.5$$

匯集於節點 C 各桿的分配因數為

$$DF_{CB} = \frac{K_{BC}}{K_{BC} + K_{CD}} = \frac{I/6}{I/6 + I/4.5} = 0.429$$

$$DF_{CD} = \frac{K_{CD}}{K_{BC} + K_{CD}} = \frac{I/4.5}{I/6 + I/4.5} = 0.571$$

匯集於任意可自由轉動節點各桿件的彎矩分配因數之總和均應等於 1。

彎矩分配表

為便於彎矩分配的進行，可依據節點數建立彎矩分配表如圖 13-3-2。第一橫列為節點，有 A、B、C、D 等四個節點。第二列為匯集於某一個節點的桿件，例如，匯集於節點 A 的桿件僅有桿件 AB，匯集於節點 B 的桿件則有桿件 BA、BC 等，類推之。第三列為各桿件的相對彎曲勁度 K。第四列為各桿件的彎矩分配因數 DF。

	A		B			C			D
	A		B			C			D
	B	C	D	E	F	G	H	I	J
1 節點	A		B			C			D
2 桿件	AB		BA	BC		CB	CD		DC
3 相對彎曲勁度K	I/6		I/6	I/6		I/6	I/4.5		I/4.5
4 彎矩分配因數DF	0		0.5	0.5		0.429	0.571		0
5 固定端彎矩FEM	7.200		-7.200	10.200		-10.200	0.000		0.000
6 節點C平衡與傳遞				2.188	←	4.376	5.824	→	2.912
7 節點B平衡與傳遞	-1.297	←	-2.594	-2.594	→	-1.297			
8 節點C平衡與傳遞				0.278	←	0.556	0.741	→	0.370
9 節點B平衡與傳遞	-0.070	←	-0.139	-0.139		-0.070			
10 節點C平衡與傳遞				0.015	←	0.030	0.040	→	0.020
11 節點B平衡			-0.008	-0.008					
12 最後平衡彎矩	5.833		-9.941	9.941		-6.604	6.604		3.302

圖 13-3-2

計算固定端彎矩

其次以虛擬鎖將各節點鎖住如圖 13-3-3(a)，圖中以 B 表示節點 B，以 $\bar{B}$ 表示鎖住的節點 B，類推其餘節點。計算各桿件的固定端彎矩如下：

桿件 AB 承受均佈載重，適用附錄 B 第 4 種載重情形的固定端彎矩公式得

$$FEM_{AB} = \frac{wL^2}{12} = \frac{2.4\,(6^2)}{12} = 7.2\text{t-m}（逆鐘向）$$

$$FEM_{BA} = -\frac{wL^2}{12} = -\frac{2.4\,(6^2)}{12} = -7.2\text{t-m}（順鐘向）$$

桿件 BC 承受集中載重，適用附錄 B 第 2 種載重情形的固定端彎矩公式得

$$FEM_{BC} = \frac{pab^2}{L^2} = \frac{13.6\,(3)\,(3^2)}{6^2} = 10.2\text{t-m}（逆鐘向）$$

$$FEM_{CB} = -\frac{pba^2}{L^2} = -\frac{13.6\,(3)\,(3^2)}{6^2} = -10.2\text{t-m}（順鐘向）$$

桿件 CD 未承受任何載重，故其固定端彎矩均為 0，即

$$FEM_{CD} = FEM_{DC} = 0$$

將計得的固定端彎矩列於彎矩分配表如圖 13-3-2 的第 5 列。

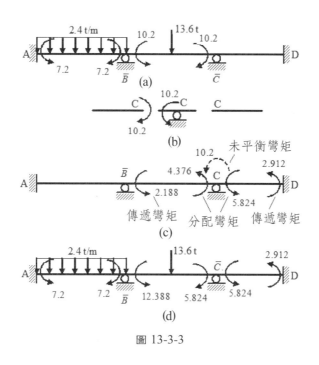

圖 13-3-3

節點 C 的平衡與傳遞

　　實際的連續樑並未如圖 13-3-3(a)鎖住節點 B、C，故需將之放鬆才能符合實際，彎矩分配法為避免解聯立方程式，每次僅能放鬆一個虛擬鎖。本例有節點 B、C 兩個虛擬鎖，可以放鬆任意一個虛擬鎖。觀察圖 13-3-3(a)節點 C，節點 C 左側有桿件 BC 在 C 端的固定端彎矩-10.2t-m（順鐘向），節點 C 右側則無固定端彎矩，因此節點 C 有-10.2t-m 的未平衡彎矩如圖 13-3-3(b)。節點 C 放鬆以前，這些未平衡彎矩係由虛擬鎖所吸收，若選擇先放鬆節點 C，則這些未平衡彎矩必由匯集於節點 C 的所有桿件來平衡。各桿件承擔或分配的彎矩 DM 為節點未平衡彎矩的負值乘以各桿件的分配因數，即

$$DM_{CB} = -DF_{CB}(-10.2) = -0.429(-10.2) = 4.376\text{t-m}$$

$$DM_{CD} = -DF_{CD}(-10.2) = -0.571(-10.2) = 5.824\text{t-m}$$

　　這些分配彎矩記錄於圖 13-3-2 第 6 列（節點 C 平衡與傳遞）節點 C 欄位下面，並於該兩分配彎矩下面劃一橫線以示平衡，此時橫線以上三個彎矩的總和等於 0，以示節點 C 已經平衡。

　　桿件 BC 在 C 端所分配的彎矩，因為 B 端尚屬鎖住，故傳遞部分彎矩於 B 端。所

傳遞的彎矩 CM 等於分配的彎矩乘以該桿件的傳遞因數（1/2），即

$$CM_{BC} = CF_{CB}(DM_{CB}) = \frac{1}{2}(4.376) = 2.188\text{t-m}$$

同理，桿件 CD 的 D 端也獲得如下的傳遞彎矩 CM

$$CM_{DC} = CF_{CD}(DM_{CD}) = \frac{1}{2}(5.824) = 2.912\text{t-m}$$

這些傳遞彎矩記錄於圖 13-3-2 中節點 C 平衡彎矩的同一列（第 6 列），並於平衡彎矩左（右）側置入←（→）以示傳遞方向。圖 13-3-3(c)圖示節點 C 的分配彎矩與傳遞彎矩，節點 C 及兩側桿件彎矩和示如圖 13-3-3(d)，此時節點 C 已經平衡，但節點 B 卻處於不平衡狀態。為平衡節點 B，必須先將節點 C 加虛擬鎖如圖 13-3-3(d)，以避免解聯立方程式。

節點 B 的平衡與傳遞

放鬆節點 B 的虛擬鎖後，首要計算節點 B 的不平衡彎矩。節點 B 的不平衡彎矩為此時彙集於節點 B 的桿件 AB、BC 在 B 端的彎矩總和。圖 13-3-2 彎矩分配表第 5 列有桿件 AB 在 B 端的固定端彎矩−7.2tm，桿件 BC 在 B 端的固定端彎矩 10.2t-m，及平衡節點 C 時桿件 BC 傳遞到 B 端的傳遞彎矩 2.188t-m；此三個彎矩的總和即為節點 B 的不平衡彎矩 UM，即

$$UM_B = -7.2 + 10.2 + 2.188 = 5.188\text{t-m}$$

這些不平衡彎矩在節點 B 放鬆前，由虛擬鎖吸收；節點 B 放鬆後則由彙集於節點 B 的所有桿件共同承擔、分配或平衡。分配的彎矩仍如前以各桿件的 B 端分配因數，乘以不平衡彎矩的負值，即

$$DM_{BA} = DF_{BA}(UM_B) = -0.5(5.188) = -2.594\text{t-m}$$

$$DM_{BC} = DF_{BC}(UM_B) = -0.5(5.188) = -2.594\text{t-m}$$

這些分配彎矩記錄於圖 13-3-2 彎矩分配表的第 7 列，並於這些彎矩下面劃一橫線以示平衡；同時，將分配彎矩的一半傳遞於桿件 AB 的 A 端及桿件 BC 的 C 端並記錄於同一列。此時節點 B 已經平衡如圖 13-3-4(a)，但節點 C 卻失去平衡。再平衡節點 C 以前應將節點 B 再以虛擬鎖鎖住。

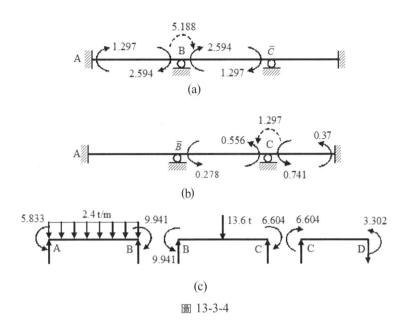

圖 13-3-4

節點 C 的平衡與傳遞

節點 B 平衡後，由圖 13-3-2 彎矩分配表的第 7 列可得節點 C 的不平衡彎矩為(UM_C =) − 1.297t-m，再按匯集於節點 C 的桿件 CB、CD 的 C 端分配因數乘以不平衡彎矩的負值得

$$DM_{CB} = -0.429(UM_C) = -0.429(-0.1297) = 0.556\text{t-m}$$

$$DM_{CD} = -0.571(UM_C) = -0.571(-0.1297) = 0.741\text{t-m}$$

這些分配彎矩記錄於圖 13-3-2 彎矩分配表的第 8 列，並於這些彎矩下面劃一橫線以示平衡；同時，將分配彎矩的一半傳遞於桿件 BC 的 B 端及桿件 CD 的 D 端，並記錄於同一列。此時節點 C 已經平衡如圖 13-3-4(b)，但節點 B 失去平衡。再平衡節點 B 以前應將節點 C 以虛擬鎖鎖住。

節點 B、C 的平衡與傳遞

節點 C 平衡後，由圖 13-3-2 彎矩分配表的第 8 列可得節點 B 的不平衡彎矩為(UM_C =) 0.278t-m，以相同的方式將這些不平衡彎矩分配與傳遞，並記錄如圖 13-3-2 彎矩分配表的第 9 列。此時節點 C 的不平衡彎矩為 − 0.07t-m；平衡節點 C 後可得到節點 B 的不平衡彎矩為 0.015t-m，如圖 13-3-2 彎矩分配表的第 10 列。

再將節點 B 的不平衡彎矩平衡一次，因為平衡或分配彎矩為 − 0.008t-m，其絕對值小於 0.01t-m，故不再平衡、分配與傳遞。此時總和各桿桿端的固定端彎矩、分配彎矩及傳遞彎矩即得各桿桿件彎矩，如圖 13-3-2 彎矩分配表的第 12 列或圖 13-3-4(c)。

所得結果與第十二章撓角變位法例題 12-3-1 的結果接近，但以撓角變位法的結果最為正確。圖 13-3-5 為先選擇節點 B 開始平衡的彎矩分配表。

	A	B	C	D	E	F	G	H	I	J
		A		B			C			D
1	節點	A		B			C			D
2	桿件	AB		BA	BC		CB	CD		DC
3	相對彎曲勁度K	I/6		I/6	I/6		I/6	I/4.5		I/4.5
4	彎矩分配因數DF	0		0.5	0.5		0.429	0.571		0
5	固定端彎矩	7.200		-7.200	10.200		-10.200	0.000		0.000
6	節點B平衡與傳遞	-0.750	←	-1.500	-1.500	→	-0.750			
7	節點C平衡與傳遞				2.349	←	4.698	6.252	→	3.126
8	節點B平衡與傳遞	-0.587	←	-1.174	-1.174	→	-0.587			
9	節點C平衡與傳遞				0.126	←	0.252	0.335	→	0.168
10	節點B平衡與傳遞	-0.031	←	-0.063	-0.063	→	-0.031			
11	節點C平衡與傳遞				0.007	←	0.014	0.018	→	0.009
12	節點B平衡			-0.003	-0.003					
13	最後平衡彎矩	5.831		-9.941	9.941		-6.606	6.606		3.303

圖 13-3-5

13-3-5 簡潔彎矩分配表

前述演示實例的彎矩分配表每次僅平衡一個節點，並傳遞彎矩至桿件另一端，這樣處理方式雖可洞察彎矩分配法的原理與觀念，但如果結構中可自主旋轉的剛接點較多時，將使彎矩分配表甚長。一種簡潔方便的處理方式為一次平衡所有節點，然後一次將所有分配所得的彎矩傳遞於桿件的另一端；如此平衡所有節點，傳遞所有分配彎矩的程序重複執行，直到所有分配彎矩的絕對值小於某一指定值為止。總和各桿固定端彎矩、所有分配彎矩與傳遞彎矩即得各桿桿端彎矩。

以前述演示實例為例，首先將各桿相對彎曲勁度K，彎矩分配因數及固定端彎矩逐一列出如圖 13-3-6 第 4～6 列。再按平衡所有節點，傳遞所有分配彎矩兩個步驟，重複執行直到分配彎矩絕對值小於某一指定值。

平衡所有節點：本結構僅有節點 B、C 可以自主轉動，故應平衡之。由第 6 列的固定端彎矩可得節點 B 的不平衡彎矩為

$$UM_B = -7.2 + 10.2 = 3\text{t-m}$$

再按匯集於節點 B 所有桿件的分配因數計得各桿分配彎矩為

$$DM_{BA} = -DF_{BA}(UM_B) = -0.5(3) = -1.5\text{t-m}$$

$$DM_{BC} = -DF_{BC}(UM_B) = -0.5(3) = -1.5\text{t-m}$$

13

同理，由第 6 列的固定端彎矩可得節點 C 的不平衡彎矩為

$$UM_C = -10.2\text{t-m}$$

再按匯集於節點 C 的所有桿件之分配因數計得各桿分配彎矩為

$$DM_{CB} = -DF_{CB}(UM_C) = -0.429(-10.2) = 4.376\text{t-m}$$

$$DM_{CD} = -DF_{CD}(UM_C) = -0.571(-10.2) = 5.824\text{t-m}$$

將節點 B、C 平衡的分配彎矩記錄於圖 13-3-6 簡潔彎矩分配表的第 7 列。

傳遞所有分配彎矩：將平衡節點 B、C 分配到各桿件的分配彎矩按各桿的傳遞因數傳遞於桿件的他端。各桿件傳遞彎矩計算如下：

	A	B	節點	A		B		C		D
1	彎矩分配表									
2	節點		A		B		C		D	
3	桿件		AB	BA	BC	CB	CD	DC		
4	相對彎曲勁度K		I/6	I/6	I/6	I/6	I/4.5	I/4.5		
5	彎矩分配因數DF		0	0.5	0.5	0.429	0.571	0		
6	固定端彎矩FEM		7.200	-7.200	10.200	-10.200	0.000	0.000		

次數		A	B		C		D

次數		項目	AB	BA	BC	CB	CD	DC
1		分配彎矩(節點平衡)		-1.500	-1.500	4.376	5.824	
		傳遞彎矩	-0.750		2.188	-0.750		2.912
2		分配彎矩(節點平衡)		-1.094	-1.094	0.322	0.428	
		傳遞彎矩	-0.547		0.161	-0.547		0.214
3		分配彎矩(節點平衡)		-0.080	-0.080	0.235	0.312	
		傳遞彎矩	-0.040		0.117	-0.040		0.156
4		分配彎矩(節點平衡)		-0.059	-0.059	0.017	0.023	
		傳遞彎矩	-0.029		0.009	-0.029		0.011
5		分配彎矩(節點平衡)		-0.004	-0.004	0.013	0.017	
		傳遞彎矩	-0.002		0.006	-0.002		0.008
6		分配彎矩(節點平衡)		-0.003	-0.003	0.001	0.001	
		最後桿端彎矩	5.831	-9.941	9.941	-6.606	6.606	3.302

圖 13-3-6

$$CM_{AB} = \frac{1}{2}(DM_{BA}) = \frac{-1.5}{2} = -0.75\text{t-m}$$

$$CM_{CB} = \frac{1}{2}(DM_{BC}) = \frac{-1.5}{2} = -0.75\text{t-m}$$

$$CM_{BC} = \frac{1}{2}(DM_{CB}) = \frac{4.376}{2} = 2.188\text{t-m}$$

$$CM_{DC} = \frac{1}{2}(DM_{CD}) = \frac{5.824}{2} = 2.912\text{t-m}$$

將這些傳遞彎矩記錄於圖 13-3-6 簡潔彎矩分配表的第 8 列。

節點 B、C 又因這些傳遞彎矩而不平衡，因此再按前述平衡所有節點、傳遞所有分配彎矩的步驟重複地執行，直到所有分配彎矩的絕對值小於某一指定值（本例為 0.01t-m）。

觀察圖 13-3-6 的第 15 列相當於整個彎矩分配的第 5 次分配彎矩，因為其中有一個分配彎矩為 0.013t-m，其絕對值大於 0.01t-m，故繼續執行。圖 13-3-6 的第 17 列相當於整個彎矩分配的第 6 次分配彎矩，所有分配彎矩的絕對值均小於 0.01t-m，故停止執行。總和各桿端的固定端彎矩、分配彎矩、傳遞彎矩即得各桿端的平衡彎矩如第 18 列。其結果與前述平衡個別節點的結果相符。

13-4 連續樑彎矩分配法

基於前述實例演示，歸納連續樑彎矩分配法的分析步驟與數值實例如下。

13-4-1 連續樑彎矩分配法分析步驟

1. 計算匯集於每一個可自主轉動節點的所有桿件之分配因數。某一桿件的分配因數為該桿件的相對彎曲勁度（I/L），除以匯集於該節點所有桿件相對彎曲勁度的總和。匯集於每一個可自主轉動節點的所有桿件之分配因數總和應等於 1。

2. 假設各桿件桿端均為固定端，計算各桿件因載重及（或）支承點沉陷、節點側移等所產生的固定端彎矩。固定端彎矩可依載重情形查附錄 B 公式計算之。不符附錄 B 載重情形者，可依其他固定端彎矩表或彎矩面積法計算之。因載重引起的兩端固定端彎矩方向相反；因支承點沉陷所引起的兩樑端彎矩，或因節點側移所引起的兩柱端彎矩方向相同。桿端逆鐘向彎矩為正，順鐘向彎矩取負。

3. 重複執行下列彎矩分配法，演算直到所有分配彎矩的絕對值均小於指定值。
   (1) 計算每一個可自主轉動節點的不平衡彎矩，並將各節點不平衡彎矩分配到匯集於該節點所有桿件。桿件的分配彎矩等於該桿件的分配因數乘以不平衡彎矩的負值。
   (2) 將桿件分配所得彎矩的一半傳遞到桿件的另一端。

4. 總和各桿件桿端的固定端彎矩、所有分配彎矩與傳遞彎距，即得各桿件的平衡彎矩。如果計算正確，匯集於任意節點的桿件彎矩應處於平衡狀態。

5. 依據計得的桿端彎矩及桿件載重計算桿端剪力及桿件軸心力。

6.依據桿端剪力及桿件軸心力，推算支承點反力。

7.依據剪力、彎矩、支承點反力及載重，繪製剪力圖與彎矩圖。

13-4-2　鉸接外支承點的處理

圖 13-4-1 為將圖 13-3-1 的固定端 A、D 支承改為鉸接支承。前述彎矩分配法演算過程仍可適用，其簡潔彎矩分配表如圖 13-4-2。

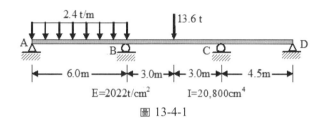

圖 13-4-1

	A	B			C		D
		節點	A	B			C	D

彎矩分配表

		節點	A	B		C		D
次數		桿件	AB	BA	BC	CB	CD	DC
		相對彎曲勁度K	I/6	I/6	I/6	I/6	I/4.5	I/4.5
		彎矩分配因數DF	1	0.5	0.5	0.429	0.571	1
		固定端彎矩FEM	7.200	-7.200	10.200	-10.200	0.000	0.000
	1	分配彎矩(節點平衡)	-7.200	-1.500	-1.500	4.376	5.824	0.000
		傳遞彎矩	-0.750	-3.600	2.188	-0.750	0.000	2.912
	2	分配彎矩(節點平衡)	0.750	0.706	0.706	0.322	0.428	-2.912
		傳遞彎矩	0.353	0.375	0.161	0.353	-1.456	0.214
	3	分配彎矩(節點平衡)	-0.353	-0.268	-0.268	0.473	0.630	-0.214
		傳遞彎矩	-0.134	-0.177	0.237	-0.134	-0.107	0.315
	4	分配彎矩(節點平衡)	0.134	-0.030	-0.030	0.103	0.138	-0.315
		傳遞彎矩	-0.015	0.067	0.052	-0.015	-0.157	0.069
	5	分配彎矩(節點平衡)	0.015	-0.059	-0.059	0.074	0.098	-0.069
		傳遞彎矩	-0.030	0.008	0.037	-0.030	-0.034	0.049
	6	分配彎矩(節點平衡)	0.030	-0.022	-0.022	0.027	0.037	-0.049
		傳遞彎矩	-0.011	0.015	0.014	-0.011	-0.025	0.018
	7	分配彎矩(節點平衡)	0.011	-0.014	-0.014	0.015	0.020	-0.018
		傳遞彎矩	-0.007	0.006	0.008	-0.007	-0.009	0.010
	8	分配彎矩(節點平衡)	0.007	-0.007	-0.007	0.007	0.009	-0.010
		最後桿端彎矩	0.000	-11.701	11.701	-5.396	5.396	0.000

圖 13-4-2

圖 13-4-2 的 A、D 端鉸接簡潔彎矩分配表與圖 13-3-2、圖 13-3-5、圖 13-3-6 的 A、D 端固定簡潔彎矩分配表的相異處說明如下：

A、D 端鉸接的連續樑有 A、B、C、D 四個節點可以自主轉動，而 A、D 端固定的連續樑則僅有 B、C 二個節點可以自主轉動，因此在彎矩分配法演算過程中，鉸接連續樑有四個節點需要平衡，而固定接連續樑則僅有二個節點需要平衡。因為固定端

可以吸收任意彎矩，故連接於固定端桿件的分配係數為 0；鉸接支承無法承受任何彎矩，因此由他端傳遞過來的彎矩必須完全分配出去，故連接於鉸接支承的桿件分配因數為 1，如圖 13-4-2。

　　圖 13-4-2 的彎矩分配表與圖 13-3-5、圖 13-3-6 的彎矩分配表的演算過程，除了圖 13-4-2 每次平衡四個節點而圖 13-3-5，圖 13-3-6 等二個彎矩分配表每次僅需平衡二個節點外，演算方法均無不同之處。

　　超靜定連續樑的一端或二端外支承點為鉸接時，與該鉸接節點連接的桿件相對彎曲勁度如按公式（13-2-6）修正，則彎矩分配法演算過程可做如下修正以加速演算：

　　1. 鉸接節點端的固定端彎矩在第一次分配彎矩時，需將該固定端彎矩平衡並傳遞於他端。

　　2. 第一次以後各次分配彎矩時，不需再平衡鉸接節點，他端彎矩亦不需傳遞到該鉸接節點。

　　圖 13-4-3 為依據前述修正演算規則所得的彎矩分配表。

A	B		C	D	E	F	G	H
1	彎矩分配表							
2	節點		A	B		C		D
3	桿件		AB	BA	BC	CB	CD	DC
4		相對彎曲勁度K	3I/(4*6)	3I/(4*6)	I/6	I/6	3I/(4*4.5)	3I/(4*4.5)
5		彎矩分配因數DF	1	0.429	0.571	0.5	0.5	1
6		固定端彎矩FEM	7.200	-7.200	10.200	-10.200	0.000	0.000
7	1	分配彎矩(節點平衡)	-7.200	-1.287	-1.713	5.100	5.100	
8		傳遞彎矩		-3.600	2.550	-0.857		
9	2	分配彎矩(節點平衡)		0.450	0.600	0.428	0.428	
10		傳遞彎矩			0.214	0.300		
11	3	分配彎矩(節點平衡)		-0.092	-0.122	-0.150	-0.150	
12		傳遞彎矩			-0.075	-0.061		
13	4	分配彎矩(節點平衡)		0.032	0.043	0.031	0.031	
14		傳遞彎矩			0.015	0.021		
15	5	分配彎矩(節點平衡)		-0.007	-0.009	-0.011	-0.011	
16		傳遞彎矩			-0.005	-0.004		
17	6	分配彎矩(節點平衡)		0.002	0.003	0.002	0.002	
18	最後桿端彎矩		0.000	-11.701	11.701	-5.400	5.400	0.000

圖 13-4-3

13-4-3　自由端的處理

　　超靜定連續樑的外支承點 D 為自由端如圖 13-4-4(a)時，可將外伸樑部分載重以靜定計算另一支承點 C 的彎矩與剪力如圖 13-3-4(b)，並以該彎矩與剪力施加於支承點 C，且移除外伸樑段 CD。彎矩分配時將該彎矩視同施加於節點 C 的不平衡彎矩，且將節點 C 視同鉸接點按前述兩種方式處理之。

13

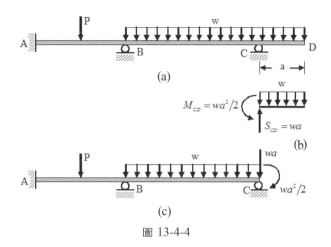

圖 13-4-4

13-4-4　單跨樑之彎矩分配

　　承受垂直於樑身的載重或支承沉陷的單跨樑，若兩端均為鉸接或滾接，則視同靜定樑處理之；如果兩端均為固定接，則固定端彎矩即為最後彎矩；如果一端固定，他端為鉸接，則先計算固定端彎矩，再以鉸接端彎矩一半的負值加到固定端的固定端彎矩，並將鉸接端的彎矩歸零。

13-4-5　連續樑分析例題

例題 13-4-1

試以彎矩分配法分析圖 13-4-5 超靜定連續樑並繪製剪力圖與彎矩圖？假設連續樑材的彈性係數、慣性矩均相同，當所有分配彎矩的絕對值均小於 0.01t-m 時，停止演算。

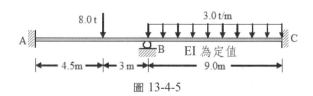

圖 13-4-5

解答：

　　分配因數：各樑段的相對彎曲勁度為

$$K_{AB} = \frac{I}{7.5} \text{ , } K_{BC} = \frac{I}{9}$$

超靜定連續樑僅有支承點 B 可以自主轉動，則匯集於支承點 B 各樑段的分配因數為

$$DF_{BA} = \frac{K_{AB}}{K_{AB} + K_{BC}} = \frac{I/7.5}{I/7.5 + I/9} = 0.545$$

$$DF_{BC} = \frac{K_{BC}}{K_{AB} + K_{BC}} = \frac{I/9}{I/7.5 + I/9} = 0.455$$

因為 A、C 端均為固定端，可以吸收任意彎矩，而無須再分配給其他支承點，故 $DF_{AB} = DF_{CB} = 0$。

固定端彎矩：按附錄 B 第 2 種載重情形，計算樑段 AB 的固定端彎矩為

$$FEM_{AB} = \frac{Pab^2}{L^2} = \frac{8(4.5)(3^2)}{7.5^2} = 5.76\text{t-m}（逆鐘向）$$

$$FEM_{BA} = -\frac{Pa^2b}{L^2} = -\frac{8(4.5^2)(3)}{7.5^2} = -8.64\text{t-m}（順鐘向）$$

按附錄 B 第 4 種載重情形，計算樑段 BC 的固定端彎矩為

$$FEM_{BC} = \frac{wL^2}{12} = \frac{3(9^2)}{12} = 20.25\text{t-m}（逆鐘向）$$

$$FEM_{CB} = -\frac{wL^2}{12} = -\frac{3(9^2)}{12} = -20.25\text{t-m}（順鐘向）$$

彎矩分配表：將各樑段相對彎曲勁度、彎矩分配因數、固定端彎矩填入簡潔彎矩分配表如圖 13-4-6。

	A	B	C	D	E	F
1		彎矩分配表				
2		節點	A	B		C
3	次數	桿件	AB	BA	BC	CB
4		相對彎曲勁度K	L/7.5	I/7.5	I/9	I/9
5		彎矩分配因數DF	0	0.545	0.455	0
6		固定端彎矩FEM	5.760	-8.640	20.250	-20.250
7	1	分配彎矩(節點平衡)		-6.327	-5.283	
8		傳遞彎矩	-3.164			-2.641
9		最後桿端彎矩	2.596	-14.967	14.967	-22.891

圖 13-4-6

平衡所有節點：節點 B 可以自主轉動，故應平衡之。由第 6 列的固定端彎矩可得節點 B 的不平衡彎矩為

$$UM_B = -8.64 + 20.25 = 11.61\text{t-m}$$

再按匯集於節點 B 所有樑段的分配因數計得各樑段分配彎矩為

$$DM_{BA} = -DF_{BA}(UM_B) = -0.545(11.61) = -6.327\text{t-m}$$

$$DM_{BC} = -DF_{BC}(UM_B) = -0.455(11.61) = -5.283\text{t-m}$$

將節點 B 平衡的分配彎矩記錄於圖 13-4-6 簡潔彎矩分配表的第 7 列。

傳遞所有分配彎矩：將平衡節點 B 分配到各樑段的分配彎矩按各樑段的傳遞因數傳遞於樑段的他端。各樑段傳遞彎矩計算如下：

$$CM_{AB} = \frac{1}{2}(DM_{BA}) = \frac{-6.327}{2} = -3.164\text{t-m}$$

$$CM_{CB} = \frac{1}{2}(DM_{BC}) = \frac{-5.283}{2} = -2.641\text{t-m}$$

將這些傳遞彎矩記錄於圖 13-4-6 簡潔彎矩分配表的第 8 列。這些傳遞於固定端的彎矩，因固定端可以吸收任何彎矩而不傳遞到另一端。當要再進行另一循環平衡所有節點、傳遞所有分配彎矩時，節點 B 的不平衡彎矩等於 0，故停止演算。最後桿端彎矩如簡潔彎矩分配表的第 9 列。

圖 13-4-7(a)為中間支承點 B 及兩側樑段的自由體。

樑段 AB 套用平衡方程式

$\Sigma M_A^{AB} = 0$ 得 $B_Y(7.5) + 2.596 - 14.967 - 8(4.5) = 0$，解得 $B_Y = 6.449\text{t}\uparrow$

$\Sigma F_Y^{AB} = 0$ 得 $A_Y + 6.449 - 8 = 0$，解得 $A_Y = 1.551\text{t}\uparrow$

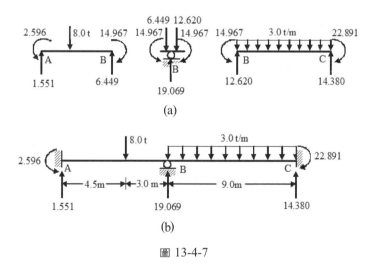

圖 13-4-7

樑段 BC 套用平衡方程式

$\Sigma M_B^{BC} = 0$ 得 $C_Y(9) + 14.967 - 22.891 - \frac{3(9^2)}{2} = 0$，解得 $C_Y = 14.380\text{t}\uparrow$

$\Sigma F_Y^{BC} = 0$ 得 $B_Y + 14.380 - 3(9) = 0$，解得 $B_Y = 12.620\text{t}\uparrow$

支承點 B 反力 $B_Y = 6.449t + 12.620t = 19.069t \uparrow$ 如圖 13-4-7(b)。剪力圖與彎矩圖如 13-4-8。

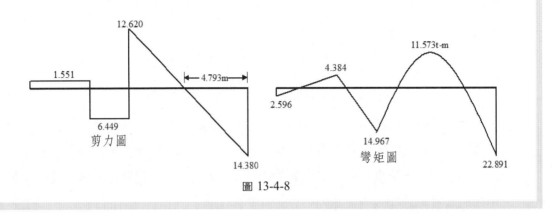

圖 13-4-8

例題 13-4-2

試以彎矩分配法分析圖 13-4-9 超靜定樑？當所有分配彎矩的絕對值均小於 0.01t-m 時，停止演算。

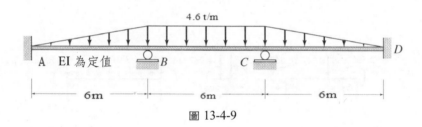

圖 13-4-9

解答：

分配因數：各樑段的相對彎曲勁度為

$$K_{AB} = K_{BC} = K_{CD} = \frac{I}{6}$$

超靜定連續樑有支承點 B、C 可以自主轉動，則匯集於節點 B、C 各樑段的分配因數為

$$DF_{BA} = \frac{K_{AB}}{K_{AB} + K_{BC}} = \frac{I/6}{I/6 + I/6} = 0.5 \ , \ DF_{BC} = \frac{K_{BC}}{K_{AB} + K_{BC}} = \frac{I/6}{I/6 + I/6} = 0.5$$

$$DF_{CB} = \frac{K_{BC}}{K_{BC} + K_{CD}} = \frac{I/6}{I/6 + I/6} = 0.5 \ , \ DF_{CD} = \frac{K_{CD}}{K_{BC} + K_{CD}} = \frac{I/6}{I/6 + I/6} = 0.5$$

因為 A、D 端均為固定端，可以吸收所有彎矩，無須再分配給其他節點，故 $DF_{AB} = DF_{DC} = 0$。

固定端彎矩：按附錄 B 第 6 種載重情形，計算樑段 AB 固定端彎矩為

$$FEM_{AB}=\frac{wL^2}{30}=\frac{4.6(6^2)}{30}=5.52\text{t-m}\text{（逆鐘向）}$$

$$FEM_{BA}=-\frac{wL^2}{20}=-\frac{4.6(6^2)}{20}=-8.28\text{t-m}\text{（順鐘向）}$$

按附錄 B 第 4 種載重情形，計算樑段 BC 的固定端彎矩為

$$FEM_{BC}=\frac{wL^2}{12}=\frac{4.6(6^2)}{12}=13.8\text{t-m}\text{（逆鐘向）}$$

$$FEM_{CB}=-\frac{wL^2}{12}=-\frac{4.6(6^2)}{12}=-13.8\text{t-m}\text{（順鐘向）}$$

按附錄 B 第 6 種載重情形，計算樑段 CD 固定端彎矩為

$$FEM_{CD}=\frac{wL^2}{20}=\frac{4.6(6^2)}{20}=8.28\text{t-m}\text{（逆鐘向）}$$

$$FEM_{DC}=-\frac{wL^2}{30}=-\frac{4.6(6^2)}{30}=-5.520\text{t-m}\text{（順鐘向）}$$

彎矩分配表：將各樑段相對彎曲勁度、彎矩分配因數、固定端彎矩填入簡潔彎矩分配表如圖 13-4-10。

	A	B	C	D	E	F	G	H
1					彎矩分配表			
2	次數	節點	A	B		C		D
3		桿件	AB	BA	BC	CB	CD	DC
4		相對彎曲勁度K	I/6	I/6	I/6	I/6	I/6	I/6
5		彎矩分配因數DF	0	0.5	0.5	0.5	0.5	0
6		固定端彎矩FEM	5.520	-8.280	13.800	-13.800	8.280	-5.520
7	1	分配彎矩(節點平衡)		-2.760	-2.760	2.760	2.760	
8		傳遞彎矩	-1.380		1.380	-1.380		1.380
9	2	分配彎矩(節點平衡)		-0.690	-0.690	0.690	0.690	
10		傳遞彎矩	-0.345		0.345	-0.345		0.345
11	3	分配彎矩(節點平衡)		-0.173	-0.173	0.173	0.173	
12		傳遞彎矩	-0.086		0.086	-0.086		0.086
13	4	分配彎矩(節點平衡)		-0.043	-0.043	0.043	0.043	
14		傳遞彎矩	-0.022		0.022	-0.022		0.022
15	5	分配彎矩(節點平衡)		-0.011	-0.011	0.011	0.011	
16		傳遞彎矩	-0.005		0.005	-0.005		0.005
17	6	分配彎矩(節點平衡)		-0.003	-0.003	0.003	0.003	
18		最後桿端彎矩	3.68	-11.96	11.96	-11.96	11.96	-3.68

圖 13-4-10

平衡所有節點：節點 B、C 可以自主轉動，故應平衡之。由第 6 列的固定端彎矩可得節點 B、C 的不平衡彎矩為

$$UM_B=-8.28+13.8=5.52\text{t-m}$$

$$UM_C=-13.8+8.28=-5.52\text{t-m}$$

再按匯集於節點 B、C 的所有樑段的分配因數計得各樑段分配彎矩為

$$DM_{BA} = -DF_{BA}(UM_B) = -0.5(5.52) = -2.76\text{t-m}$$

$$DM_{BC} = -DF_{BC}(UM_B) = -0.5(5.52) = -2.76\text{t-m}$$

$$DM_{CB} = -DF_{CB}(UM_C) = -0.5(-5.52) = 2.76\text{t-m}$$

$$DM_{CD} = -DF_{CD}(UM_C) = -0.5(-5.52) = 2.76\text{t-m}$$

將節點 B、C 平衡的分配彎矩記錄於圖 13-4-10 簡潔彎矩分配表的第 7 列。

傳遞所有分配彎矩：將平衡節點 B、C 分配到樑段的分配彎矩，按各樑段的傳遞因數傳遞於樑段的他端。各樑段傳遞彎矩計算如下：

$$CM_{AB} = \frac{1}{2}(DM_{BA}) = \frac{-2.76}{2} = -1.38\text{t-m}$$

$$CM_{CB} = \frac{1}{2}(DM_{BC}) = \frac{-2.76}{2} = -1.38\text{t-m}$$

$$CM_{BC} = \frac{1}{2}(DM_{CB}) = \frac{2.76}{2} = 1.38\text{t-m}$$

$$CM_{DC} = \frac{1}{2}(DM_{CD}) = \frac{2.76}{2} = 1.38\text{t-m}$$

將這些傳遞彎矩記錄於圖 13-4-10 簡潔彎矩分配表的第 8 列。

節點 B、C 又因這些傳遞彎矩而不平衡，因此再按前述平衡所有節點、傳遞所有分配彎矩的步驟重複地執行，直到第 6 次平衡節點 B、C 彎矩時，所有分配彎矩（如第 17 列）的絕對值均小於指定值（0.01t-m），故停止演算。總和各樑段端的固定端彎矩、分配彎矩、傳遞彎矩即得各樑端的平衡彎矩（如第 18 列）。

圖 13-4-11(a)為中間支承點 B、C 及各樑段的自由體。

樑段 AB 套用平衡方程式

$$\Sigma M_B^{AB} = 0 \ 得 -B_Y(6) + 3.68 - 11.96 - \frac{4.6(6)}{2} - \frac{2(6)}{3} = 0，解得 B_Y = 10.58\text{t} \uparrow$$

$$\Sigma F_Y^{AB} = 0 \ 得 A_Y + 10.58 - \frac{4.6(6)}{2} = 0，解得 A_Y = 3.22\text{t} \uparrow$$

樑段 BC 套用平衡方程式

$$\Sigma M_B^{BC} = 0 \ 得 C_Y(6) + 11.96 - 11.96 - \frac{4.6(6^2)}{2} = 0，解得 C_Y = 13.8\text{t} \uparrow$$

$$\Sigma F_Y^{BC} = 0 \ 得 B_Y + 13.80 - 4.6(6) = 0，解得 B_Y = 13.80\text{t} \uparrow$$

樑段 CD 套用平衡方程式

$$\Sigma M_C^{CD} = 0 \ 得 D_Y(6) + 11.96 - 3.68 - \frac{4.6(6)}{2}\frac{6}{3} = 0，解得 D_Y = 3.22\text{t} \uparrow$$

$$\Sigma F_Y^{CD} = 0 \ 得 C_Y + 3.22 - \frac{4.6(6)}{2} = 0，解得 C_Y = 10.58\text{t} \uparrow$$

支承點 B、C 反力 $B_Y = C_Y = 10.58\text{t} + 13.80\text{t} = 24.38\text{t} \uparrow$，如圖 13-4-11(b)。

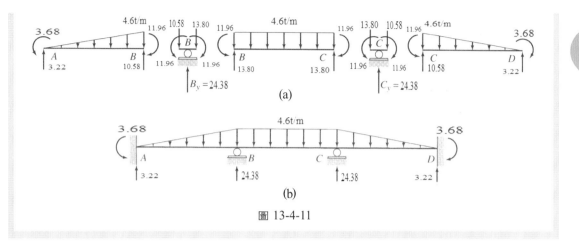

圖 13-4-11

例題 13-4-3

試以彎矩分配法分析圖 13-4-12 超靜定連續樑？各樑段的彈性係數及慣性矩相同，當所有分配彎矩的絕對值均小於 0.01t-m 時，停止演算。

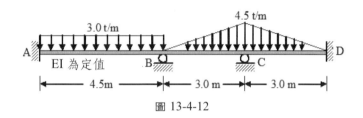

圖 13-4-12

解答：

分配因數： 各樑段慣性矩 I 均相同，其相對彎曲勁度及分配因數為

$$K_{AB} = I/4.5 , K_{BC} = K_{CD} = I/3$$

$$DF_{BA} = \frac{K_{AB}}{K_{AB} + K_{BC}} = \frac{I/4.5}{I/4.5 + I/3} = 0.4$$

$$DF_{BC} = \frac{K_{BC}}{K_{AB} + K_{BC}} = \frac{I/3}{I/4.5 + I/3} = 0.6$$

$$DF_{CB} = \frac{K_{BC}}{K_{BC} + K_{CD}} = \frac{I/3}{I/3 + I/3} = 0.5$$

$$DF_{CD} = \frac{K_{CD}}{K_{BC} + K_{CD}} = \frac{I/3}{I/3 + I/3} = 0.5$$

$$DF_{AB} = DF_{DC} = 0 \text{（因為固定端）}$$

固定端彎矩： 按附錄 B 第 4 種載重情形，計算樑段 AB 的固定端彎矩為

$$FEM_{AB} = \frac{wL^2}{12} = \frac{3.0(4.5^2)}{12} = 5.0625\text{t-m（逆鐘向）}$$

$$FEM_{BA} = -\frac{wL^2}{12} = -\frac{3.0(4.5^2)}{12} = -5.0625\text{t-m（順鐘向）}$$

按附錄 B 第 6 種載重情形，計算樑段 BC 的固定端彎矩為

$$FEM_{BC} = \frac{wL^2}{30} = \frac{4.5(3^2)}{30} = 1.35\text{t-m（逆鐘向）}$$

$$FEM_{CB} = -\frac{wL^2}{20} = -\frac{4.5(3^2)}{20} = -2.025\text{t-m（順鐘向）}$$

按附錄 B 第 6 種載重情形，計算樑段 CD 的固定端彎矩為

$$FEM_{CD} = \frac{wL^2}{20} = \frac{4.5(3^2)}{20} = 2.025\text{t-m（逆鐘向）}$$

$$FEM_{DC} = -\frac{wL^2}{30} = -\frac{4.5(3^2)}{30} = -1.35\text{t-m（順鐘向）}$$

彎矩分配表：將各樑段相對彎曲勁度、彎矩分配因數、固定端彎矩填入簡潔彎矩分配表如圖 13-4-13。

平衡所有節點：節點 B、C 可以自主轉動，故應平衡之。由第 6 列的固定端彎矩可得節點 B 的不平衡彎矩為

$$UM_B = -5.0625 + 1.35 = -3.7125\text{t-m}$$

再按匯集於節點 B 的所有樑段的分配因數計得各樑段分配彎矩為

$$DM_{BA} = -DF_{BA}(UM_B) = -0.4(-3.7125) = 1.485\text{t-m}$$

$$DM_{BC} = -DF_{BC}(UM_B) = -0.6(-3.7125) = 2.2275\text{t-m}$$

同理，由第 6 列的固定端彎矩可得節點 C 的不平衡彎矩為

$$UM_C = -2.025 + 2.025 = 0\text{t-m}$$

再按匯集於節點 C 的所有樑段的分配因數計得各樑段分配彎矩為

$$DM_{CB} = -DF_{CB}(UM_C) = -0.5(0) = 0\text{t-m}$$

$$DM_{CD} = -DF_{CD}(UM_C) = -0.5(0) = 0\text{t-m}$$

將節點 B、C 平衡的分配彎矩記錄於圖 13-4-13 簡潔彎矩分配表的第 7 列。

傳遞所有分配彎矩：將平衡節點 B、C 分配到樑段的分配彎矩按各樑段的傳遞因數傳遞於樑段的他端。各樑段傳遞彎矩計算如下：

$$CM_{AB} = \frac{1}{2}(DM_{BA}) = \frac{1.485}{2} = 0.7425\text{t-m}$$

$$CM_{CB} = \frac{1}{2}(DM_{BC}) = \frac{2.2275}{2} = 1.1138\text{t-m}$$

$$CM_{BC} = \frac{1}{2}(DM_{CB}) = \frac{0}{2} = 0\text{t-m}$$

$$CM_{DC} = \frac{1}{2}(DM_{CD}) = \frac{0}{2} = 0\text{t-m}$$

	A	B	C	D	E	F	G	H
1					彎矩分配表			
2		節點	A	B		C		D
3	次數	桿件	AB	BA	BC	CB	CD	DC
4		相對彎曲勁度K	I/4.5	I/4.5	I/3	I/3	I/3	I/3
5		彎矩分配因數DF	0	0.4	0.6	0.5	0.5	0
6		固定端彎矩FEM	5.0625	-5.0625	1.3500	-2.0250	2.0250	-1.3500
7	1	分配彎矩(節點平衡)		1.4850	2.2275	0.0000	0.0000	
8		傳遞彎矩	0.7425		0.0000	1.1138		0.0000
9	2	分配彎矩(節點平衡)		0.0000	0.0000	-0.5569	-0.5569	
10		傳遞彎矩	0.0000		-0.2784	0.0000		-0.2784
11	3	分配彎矩(節點平衡)		0.1114	0.1671	0.0000	0.0000	
12		傳遞彎矩	0.0557		0.0000	0.0835		0.0000
13	4	分配彎矩(節點平衡)		0.0000	0.0000	-0.0418	-0.0418	
14		傳遞彎矩	0.0000		-0.0209	0.0000		-0.0209
15	5	分配彎矩(節點平衡)		0.0084	0.0125	0.0000	0.0000	
16		傳遞彎矩	0.0042		0.0000	0.0063		0.0000
17	6	分配彎矩(節點平衡)		0.0000	0.0000	-0.0025	-0.0038	
18		最後桿端彎矩	5.8649	-3.4578	3.4578	-1.4226	1.4226	-1.6493

圖 13-4-13

將這些傳遞彎矩記錄於圖 13-4-13 簡潔彎矩分配表的第 8 列。

節點 B、C 又因這些傳遞彎矩而不平衡,因此再按前述平衡所有節點、傳遞所有分配彎矩的步驟重複地執行,直到第 6 次平衡節點 B、C 彎矩時,所有分配彎矩(如第 17 列)的絕對值均小於指定值(0.01t-m),故停止演算。總和各樑段端的固定端彎矩、分配彎矩、傳遞彎矩即得各樑端的平衡彎矩 $M_{AB} = 5.8649$t-m、$M_{BA} = -3.4578$t-m、$M_{BC} = 3.4578$t-m、$M_{CB} = -1.4226$t-m、$M_{CD} = 1.4226$t-m、$M_{DC} = -1.6493$t-m(如第 18 列)。

例題 13-4-4

試以彎矩分配法分析圖 13-4-14 超靜定連續樑並繪製剪力圖與彎矩圖?假設連續樑材的彈性係數均相同,但樑段 AB 的慣性矩為樑段 BC 慣性矩的 2 倍,當所有分配彎矩的絕對值均小於 0.01t-m 時,停止演算。

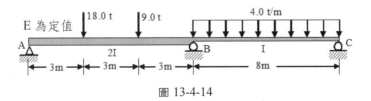

圖 13-4-14

解答：

分配因數：依各樑段慣性矩及桿長計算其相對彎曲勁度及分配因數為

$$K_{AB} = 2I/9 , K_{BC} = I/8$$

$$DF_{AB} = \frac{K_{AB}}{K_{AB}} = \frac{2I/9}{2I/9} = 1.0$$

$$DF_{BA} = \frac{K_{AB}}{K_{AB} + K_{BC}} = \frac{2I/9}{2I/9 + I/8} = 0.64$$

$$DF_{BC} = \frac{K_{BC}}{K_{AB} + K_{BC}} = \frac{I/8}{2I/9 + I/8} = 0.36$$

$$DF_{CB} = \frac{K_{BC}}{K_{BC}} = \frac{I/8}{I/8} = 1.0$$

固定端彎矩：按附錄 B 第 2 種載重情形，計算樑段 AB 的固定端彎矩為

$$FEM_{AB} = \Sigma \frac{Pab^2}{L^2} = \frac{18(3)(6^2)}{9^2} + \frac{9(6)(3^2)}{9^2} = 30\text{t-m}（逆鐘向）$$

$$FEM_{BA} = \Sigma \frac{-Pa^2b}{L^2} = -\frac{18(6)(3^2)}{9^2} - \frac{9(3)(6^2)}{9^2} = -24\text{t-m}（順鐘向）$$

按附錄 B 第 4 種載重情形，計算樑段 BC 的固定端彎矩為

$$FEM_{BC} = \frac{wL^2}{12} = \frac{4(8^2)}{12} = 21.333\text{t-m}（逆鐘向）$$

$$FEM_{CB} = -\frac{wL^2}{12} = -\frac{4(8^2)}{12} = -21.333\text{t-m}（順鐘向）$$

彎矩分配表：將各樑段相對彎曲勁度、彎矩分配因數、固定端彎矩填入簡潔彎矩分配表如圖 13-4-15（13～20 列隱藏）。

	A	B		A	B	B	C
1			彎矩分配表				
2	節點		A		B		C
3	次數	桿件	AB	BA	BC	CB
4		相對彎曲勁度K	2I/9	2I/9	I/8	I/8
5		彎矩分配因數DF	1	0.64	0.36	1
6		固定端彎矩FEM	30.000	-24.000	21.333	-21.333
7	1	分配彎矩(節點不衡)	-30.000	1.707	0.960	21.333
8		傳遞彎矩	0.853	-15.000	10.667	0.480
9	2	分配彎矩(節點不衡)	-0.853	2.773	1.560	-0.480
10		傳遞彎矩	1.387	-0.427	-0.240	0.780
11	3	分配彎矩(節點不衡)	-1.387	0.427	0.240	-0.780
12		傳遞彎矩	0.213	-0.693	-0.390	0.120
21	8	分配彎矩(節點不衡)	-0.013	0.043	0.024	-0.008
22		傳遞彎矩	0.022	-0.007	-0.004	0.012
23	9	分配彎矩(節點不衡)	-0.022	0.007	0.004	-0.012
24		傳遞彎矩	0.003	-0.011	-0.006	0.002
25	10	分配彎矩(節點不衡)	-0.003	0.011	0.006	-0.002
26		傳遞彎矩	0.005	-0.002	-0.001	0.003
27	11	分配彎矩(節點不衡)	-0.005	0.002	0.001	-0.003
28		最後桿端彎矩	0.000	-34.520	34.520	0.000

圖 13-4-15

平衡所有節點：兩外側支承點均為鉸接，節點 A、B、C 可以自主轉動，故均應平衡之。由第 6 列的固定端彎矩可得節點 A、B、C 的不平衡彎矩為

$$UM_A = 30\text{t-m}$$

$$UM_B = -24.0 + 21.333 = -2.667\text{t-m}$$

$$UM_C = -21.333\text{t-m}$$

再按匯集於節點 A、B、C 的所有樑段分配因數，計得各樑段分配彎矩為

$$DM_{AB} = -DF_{AB}(UM_A) = -1.0(30) = -30\text{t-m}$$

$$DM_{BA} = -DF_{BA}(UM_B) = -0.64(-2.667) = 1.707\text{t-m}$$

$$DM_{BC} = -DF_{BC}(UM_B) = -0.36(-2.667) = 0.960\text{t-m}$$

$$DM_{CB} = -DF_{CB}(UM_C) = -1.0(-21.333) = 21.333\text{t-m}$$

將節點 A、B、C 平衡的分配彎矩記錄於圖 13-4-15 簡潔彎矩分配表的第 7 列。

傳遞所有分配彎矩：將平衡節點 A、B、C 分配到樑段的分配彎矩按各樑段的傳遞因數傳遞於樑段的他端。各樑段傳遞彎矩計算如下：

$$CM_{AB} = \frac{1}{2}(DM_{BA}) = \frac{1.707}{2} = 0.853\text{t-m}$$

$$CM_{BA} = \frac{1}{2}(DM_{AB}) = \frac{-30}{2} = -15\text{t-m}$$

$$CM_{BC} = \frac{1}{2}(DM_{CB}) = \frac{-21.333}{2} = -10.667\text{t-m}$$

$$CM_{CB} = \frac{1}{2}(DM_{BC}) = \frac{0.960}{2} = 0.480\text{t-m}$$

將這些傳遞彎矩記錄於圖 13-4-15 簡潔彎矩分配表的第 8 列。

節點 A、B、C 又因這些傳遞彎矩而不平衡，因此再按前述，平衡所有節點、傳遞所有分配彎矩的步驟重複地執行，直到第 11 次平衡節點 A、B、C 彎矩時，所有分配彎矩（如第 27 列）的絕對值均小於指定值（0.01t-m），而停止演算。總和各樑段端的固定端彎矩、分配彎矩、傳遞彎矩，即得各樑端的平衡彎矩（如第 28 列）。圖 13-4-16 為中間支承點 B、左右側樑段的自由體。

樑段 BC 套用平衡方程式

$$\Sigma M_B^{BC} = 0 \text{ 得 } 34.52 - 4(8)(8/2) + C_Y(8) = 0，解得 C_Y = 11.685\text{t} \uparrow$$

$$\Sigma F_Y^{BC} = 0 \text{ 得 } B_Y^{BC} + 11.685 - 4(8) = 0，解得 B_Y^{BC} = 20.315\text{t} \uparrow$$

樑段 AB 套用平衡方程式

$$\Sigma M_A^{AB} = 0 \text{ 得 } -34.52 - 18(3) - 9(6) + B_Y^{AB}(9) = 0，解得 B_Y^{AB} = 15.836\text{t} \uparrow$$

$\Sigma F_Y^{AB} = 0$ 得 $A_Y + 15.836 - 18 - 9 = 0$，解得 $A_Y = 11.164$t↑

支承點 B 套用平衡方程式

$\Sigma F_Y = 0$ 得 $B_Y - 15.836 - 20.315 = 0$，解得 $B_Y = 36.151$t↑

整體連續樑自由體圖如圖 13-4-16(b)，據此繪得剪力圖與彎矩圖如圖 13-4-17。

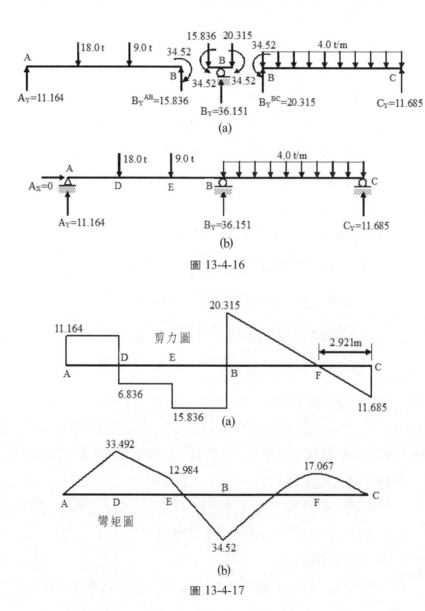

圖 13-4-16

圖 13-4-17

因為兩側外支承點均屬鉸接，故亦可修改兩側樑段的相對彎曲勁度，以簡化不平衡彎矩的分配與傳遞，各樑段分配因數計算如下：

分配因數：依各樑段慣性矩及桿長計算其相對彎曲勁度及分配因數為

$$K_{AB}=(3/4)(2I/9)=I/6（鉸接端修正），K_{BC}=(3/4)(I/8)=3I/32（鉸接端修正）$$

$$DF_{AB}=DF_{CB}=1（鉸接端）$$

$$DF_{BA}=\frac{K_{AB}}{K_{AB}+K_{BC}}=\frac{I/6}{I/6+3I/32}=0.64$$

$$DF_{BC}=\frac{K_{BC}}{K_{AB}+K_{BC}}=\frac{3I/32}{I/6+3I/32}=0.36$$

彎矩分配表：將各樑段相對彎曲勁度、彎矩分配因數、固定端彎矩填入簡潔彎矩分配表，並進行彎矩分配與傳遞如圖 13-4-18。

外側鉸接端樑段相對彎曲勁度修改後，鉸接端的彎矩僅平衡與傳遞一次且不接受他端傳遞過來的彎矩；第二次僅需平衡節點 B，而不需傳遞彎矩於他端如第 9 列。當進行第三次節點平衡與傳遞時，因為節點 B 的不平衡彎矩已經為 0，故可停止演算。總和各樑段端的固定端彎矩、分配彎矩、傳遞彎矩，即得各樑端的平衡彎矩（如第 11 列）與圖 13-4-15 的結果相符。

	A	B	C	D	E	F
1	彎矩分配表					
2		節點	A	B		C
3	次數	桿件	AB	BA	BC	CB
4		相對彎曲勁度K		3(2I)/(4*9)	(3*I)/(4*8)	
5		彎矩分配因數DF	1	0.64	0.36	1
6		固定端彎矩FEM	30.000	-24.000	21.333	-21.333
7	1	分配彎矩(節點平衡)	-30.000	1.707	0.960	21.333
8		傳遞彎矩		-15.000	10.667	
9	2	分配彎矩(節點平衡)	0.000	2.773	1.560	0.000
10		傳遞彎矩		0.000	0.000	
11		最後桿端彎矩	0.000	-34.520	34.520	0.000

圖 13-4-18

例題 13-4-5

試以彎矩分配法分析圖 13-4-19 超靜定連續樑？假設連續樑材的彈性係數均相同，當所有分配彎矩的絕對值均小於 0.01t-m 時，停止演算。

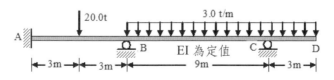

圖 13-4-19

解答：

承受載重的外伸樑段屬靜定，如將其對支承點C所產生的彎矩與剪力視為對支承點C的作用力，則可將樑段 CD 排除之並將節點 C 視同鉸接，如圖 13-4-20。

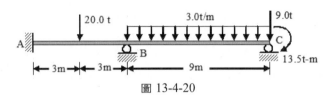

圖 13-4-20

外伸樑段的彎矩與作用力為

$$M_{CD} = \frac{3(3^2)}{2} = 13.5\text{t-m （順鐘向）}$$

$$S_{CD} = 3(3) = 9\text{t} \downarrow$$

分配因數： 各樑段慣性矩 I 均相同，其相對彎曲勁度及分配因數為

$$K_{AB} = I/6 \text{，} K_{BC} = (3/4)(I/9) = I/12 \text{，（鉸接端修正）}$$

$$DF_{AB} = 0 \text{（固定端），} DF_{CB} = 1 \text{（鉸接端）}$$

$$DF_{BA} = \frac{K_{AB}}{K_{AB} + K_{BC}} = \frac{I/6}{I/6 + I/12} = 0.667$$

$$DF_{BC} = \frac{K_{BC}}{K_{AB} + K_{BC}} = \frac{I/12}{I/6 + I/12} = 0.333$$

固定端彎矩： 按附錄 B 第 1 種載重情形，計算樑段 AB 的固定端彎矩為

$$FEM_{AB} = \frac{PL}{8} = \frac{20(6)}{8} = 15\text{t-m （逆鐘向）}$$

$$FEM_{BA} = -\frac{PL}{8} = -\frac{20(6)}{8} = -15\text{t-m （順鐘向）}$$

按附錄 B 第 4 種載重情形，計算樑段 BC 的固定端彎矩為

$$FEM_{BC} = \frac{wL^2}{12} = \frac{3(9^2)}{12} = 20.25\text{t-m （逆鐘向）}$$

$$FEM_{CB} = -\frac{wL^2}{12} = -\frac{3(9^2)}{12} = -20.25\text{t-m （順鐘向）}$$

彎矩分配表： 將各樑段相對彎曲勁度、彎矩分配因數、固定端彎矩填入簡潔彎矩分配表如圖 13-4-21。

平衡所有節點： 節點 B、C 均可以自主轉動，故應平衡之。由第 6 列的固定端彎矩可得節點 B、C 的不平衡彎矩為

$$UM_B = -15.0 + 20.25 = 5.25\text{t-m}$$

$$UM_C = -20.25 + 13.5 = -6.75\text{t-m}$$

再按匯集於節點 B、C 的所有樑段的分配因數，計得各樑段分配彎矩為

$$DM_{BA} = -DF_{BA}(UM_B) = -0.667(5.25) = -3.5\text{t-m}$$

$$DM_{BC} = -DF_{BC}(UM_B) = -0.333(5.25) = -1.75\text{t-m}$$

$$DM_{CB} = -DF_{CB}(UM_C) = -1.0(-6.75) = 6.75\text{t-m}$$

將節點 B、C 平衡的分配彎矩記錄於圖 13-4-21 簡潔彎矩分配表的第 7 列。

	A	B	C	D	E	F	G
1			彎矩分配表				
2		節點	A	B		C	
3	次數	桿件	AB	BA	BC	CB	CD
4		相對彎曲勁度K		I/6	I/12		
5		彎矩分配因數DF	0	0.667	0.333	1	
6		固定端彎矩FEM	15.000	-15.000	20.250	-20.250	13.500
7	1	分配彎矩(節點平衡)		-3.500	-1.750	6.750	
8		傳遞彎矩	-1.750		3.375		
9	2	分配彎矩(節點平衡)		-2.250	-1.125		
10		傳遞彎矩	-1.125				
11	3	分配彎矩(節點平衡)		0.000	0.000		
12		最後桿端彎矩	12.125	-20.750	20.750	-13.500	13.500

圖 13-4-21

傳遞所有分配彎矩：將平衡節點 B 分配到樑段的分配彎矩按各樑段的傳遞因數傳遞於樑段的他端，節點 C 視同鉸接端，故僅需平衡，傳遞一次彎矩。各樑段傳遞彎矩計算如下：

$$CM_{AB} = \frac{1}{2}(DM_{BA}) = \frac{-3.5}{2} = -1.75\text{t-m}$$

$$CM_{BC} = \frac{1}{2}(DM_{CB}) = \frac{6.75}{2} = 3.375\text{t-m}$$

將這些傳遞彎矩記錄於圖 13-4-21 簡潔彎矩分配表的第 8 列。

因為節點 C 為鉸接，故第一次以後僅需平衡節點 B。節點 B 第三次平衡彎矩如圖 13-4-21 的第 11 列，因為不平衡彎矩等於 0，故停止演算。總和各樑段端的固定端彎矩、分配彎矩、傳遞彎矩，即得各樑端的平衡彎矩（如第 12 列）。

圖 13-4-22(a)為中間支承點 B、C 及各樑段的自由體。

樑段 AB 套用平衡方程式

　　　$\Sigma M_B^{AB} = 0$ 得 $12.125 - 20.750 + 20(3) - A_Y(6) = 0$，解得 $A_Y = 8.563\text{t} \uparrow$

　　　$\Sigma F_Y^{AB} = 0$ 得 $B_Y^{AB} + 8.563 - 20 = 0$，解得 $B_Y^{AB} = 11.438\text{t} \uparrow$

樑段 BC 套用平衡方程式

$\Sigma M_B^{BC} = 0$ 得 $20.75 - 13.5 + 3(9^2)/2 - B_Y^{BC}(9) = 0$，解得 $B_Y^{BC} = 14.306t\uparrow$

$\Sigma F_Y^{BC} = 0$ 得 $C_Y^{BC} + 14.306 - 3(9) = 0$，解得 $C_Y^{BC} = 12.694t\uparrow$

支承點 B 反力 $B_Y = 11.438t + 14.306t = 25.744t\uparrow$，

支承點 C 反力 $C_Y = 12.694t + 9t = 21.694t\uparrow$，如圖 13-4-22(b)。

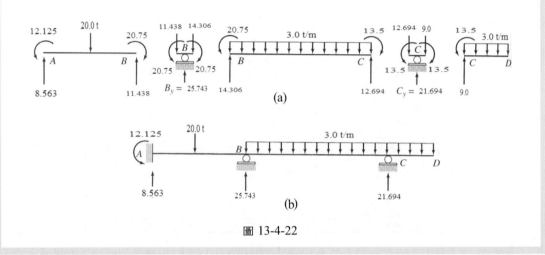

圖 13-4-22

例題 13-4-6

試以彎矩分配法分析圖 13-4-23 超靜定連續樑僅因支承點 C 沉陷 1.5 公分所引起彎矩與反力？彈性係數為 2,092t/cm²，樑斷面慣性矩均為 50,000cm⁴。當所有分配彎矩的絕對值均小於 0.01t-m 時，停止演算。

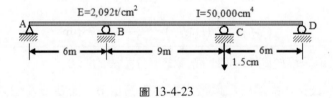

圖 13-4-23

解答：

分配因數：各樑段慣性矩 I 均相同，其相對彎曲勁度及分配因數為

$$K_{AB} = K_{CD} = (3/4)(I/6) = I/8 \text{ （鉸接端修正）}, K_{BC} = I/9,$$

$$DF_{AB} = DF_{DC} = 1 \text{ （鉸接端）}$$

$$DF_{BA} = \frac{K_{AB}}{K_{AB} + K_{BC}} = \frac{I/8}{I/8 + I/9} = 0.529412$$

$$DF_{BC} = \frac{K_{BC}}{K_{AB}+K_{BC}} = \frac{I/9}{I/8+I/9} = 0.470588$$

$$DF_{CB} = \frac{K_{BC}}{K_{BC}+K_{CD}} = \frac{I/9}{I/9+I/8} = 0.470588$$

$$DF_{CD} = \frac{K_{CD}}{K_{BC}+K_{CD}} = \frac{I/8}{I/9+I/8} = 0.529412$$

固定端彎矩：因為各樑段均無承受任何載重，而僅支承點 C 有 1.5 公分的沉陷量，故樑段 BC、CD 均引生固定端彎矩，按附錄 B 第 8 種載重情形，計算各樑段固定端彎矩為

$$FEM_{AB} = FEM_{AB} = 0$$

$$FEM_{BC} = \frac{6EI\Delta}{L^2} = \frac{6(2092)(50000)(1.5-0)}{900^2} = 1162.22\text{t-cm} = 11.622\text{t-m （逆鐘向）}$$

$$FEM_{CB} = \frac{6EI\Delta}{L^2} = \frac{6(2092)(50000)(1.5-0)}{900^2} = 1162.22\text{t-cm} = 11.622\text{t-m （逆鐘向）}$$

$$FEM_{CD} = \frac{6EI\Delta}{L^2} = \frac{6(2092)(50000)(0-1.5)}{600^2} = -2615\text{t-cm} = -26.15\text{t-m （順鐘向）}$$

$$FEM_{DC} = \frac{6EI\Delta}{L^2} = \frac{6(2092)(50000)(0-1.5)}{600^2} = -2615\text{t-cm} = -26.15\text{t-m （順鐘向）}$$

彎矩分配表：將各樑段相對彎曲勁度、彎矩分配因數、固定端彎矩填入簡潔彎矩分配表如圖 13-4-24。

		C	D	E	F	G	H
1			彎矩分配表				
2	節點	A	B		C		D
3	桿件	AB	BA	BC	CB	CD	DC
4	相對彎曲勁度K	I/8	I/8	I/9	I/9	I/8	I/8
5	彎矩分配因數DF	1	0.529	0.471	0.471	0.529	1
6	固定端彎矩FEM	0.000	0.000	11.622	11.622	-26.150	-26.150
7	1 分配彎矩(節點平衡)	0.000	-6.153	-5.469	6.837	7.691	26.150
8	傳遞彎矩		0.000	3.418	-2.735	13.075	
9	2 分配彎矩(節點平衡)		-1.810	-1.609	-4.866	-5.474	
10	傳遞彎矩			-2.433	-0.804		
11	3 分配彎矩(節點平衡)		1.288	1.145	0.379	0.426	
12	傳遞彎矩			0.189	0.572		
13	4 分配彎矩(節點平衡)		-0.100	-0.089	-0.269	-0.303	
14	傳遞彎矩			-0.135	-0.045		
15	5 分配彎矩(節點平衡)		0.071	0.063	0.021	0.024	
16	傳遞彎矩			0.010	0.032		
17	6 分配彎矩(節點平衡)		-0.006	-0.005	-0.015	-0.017	
18	傳遞彎矩			-0.007	-0.002		
19	7 分配彎矩(節點平衡)		0.004	0.004	0.001	0.001	
20	最後桿端彎矩	0.000	-6.705	6.705	10.727	-10.727	0.000

圖 13-4-24

平衡所有節點：外支承點 A、D 均為鉸接，且樑段 AB、CD 的相對彎曲勁度已修

正，故節點 A、D 的固定端彎矩經一次平衡與傳遞後即不再接受他端傳遞過來的彎矩。節點 B、C 均可以自主轉動，故應平衡之，但分配彎矩僅在節點 B、C 間傳遞而不及於節點 A、D。由第 6 列的固定端彎矩可得節點 A、B、C、D 的不平衡彎矩為

$$UM_A = 0$$
$$UM_B = 0 + 11.622 = 11.622\text{t-m}$$
$$UM_C = 11.622 - 26.15 = -14.528\text{t-m}$$
$$UM_D = -26.15\text{t-m}$$

按匯集於節點 A、B、C、D 的所有樑段之分配因數計得各樑段分配彎矩為

$$DM_{AB} = -DF_{AB}(UM_A) = -1(0) = 0$$
$$DM_{BA} = -DF_{BA}(UM_B) = -0.529412(11.622) = -6.153\text{t-m}$$
$$DM_{BC} = -DF_{BC}(UM_B) = -0.470588(11.622) = -5.469\text{t-m}$$
$$DM_{CB} = -DF_{CB}(UM_C) = -0.470588(-14.528) = 6.837\text{t-m}$$
$$DM_{CD} = -DF_{CD}(UM_C) = -0.529412(-14.528) = 7.691\text{t-m}$$
$$DM_{DC} = -DF_{DC}(UM_D) = -1(-26.15) = 26.15\text{t-m}$$

將節點 A、B、C、D 平衡的分配彎矩記錄於圖 13-4-24 簡潔彎矩分配表的第 7 列。

傳遞所有分配彎矩：將平衡節點 A、B、C、D 分配到樑段的分配彎矩按各樑段的傳遞因數傳遞於樑段的他端。各樑段傳遞彎矩計算如下：

$$CM_{BA} = \frac{1}{2}(DM_{AB}) = \frac{0}{2} = 0$$
$$CM_{BC} = \frac{1}{2}(DM_{CB}) = \frac{6.837}{2} = 3.418\text{t-m}$$
$$CM_{CB} = \frac{1}{2}(DM_{BC}) = \frac{-5.469}{2} = -2.735\text{t-m}$$
$$CM_{CD} = \frac{1}{2}(DM_{DC}) = \frac{26.150}{2} = 13.075\text{t-m}$$

將這些傳遞彎矩記錄於圖 13-4-24 簡潔彎矩分配表的第 8 列。

因為節點 A、D 為鉸接，故第一次以後僅需平衡節點 B、C。節點 B、C 第二次平衡彎矩如圖 13-4-24 的第 9 列。繼續進行平衡節點 B、C、傳遞所有分配彎矩等演算，直到第 7 次平衡節點 B、C 時（如第 19 列），因為分配彎矩絕對值均小於 0.01t-m，故停止演算。總和各樑段端的固定端彎矩、分配彎矩、傳遞彎矩，即得各樑端的平衡彎矩（如第 20 列）。

圖 13-4-25(a)為中間支承點 B、C 及各樑段的自由體（改用公尺）。

樑段 AB 套用平衡方程式

$$\Sigma M_B^{AB} = 0 \text{ 得} -A_Y(6) - 6.705 = 0 \text{，解得} A_Y = -1.118t \downarrow$$

$$\Sigma F_Y^{AB} = 0 \text{ 得} B_Y^{AB} - 1.118 = 0 \text{，解得} B_Y^{AB} = 1.118t \uparrow$$

樑段 BC 套用平衡方程式

$$\Sigma M_B^{BC} = 0 \text{ 得} 6.705 + 10.727 - B_Y^{BC}(9) = 0 \text{，解得} B_Y^{BC} = 1.937t \uparrow$$

$$\Sigma F_Y^{BC} = 0 \text{ 得} C_Y^{BC} + 1.937 = 0 \text{，解得} C_Y^{BC} = -1.937t \downarrow$$

樑段 CD 套用平衡方程式

$$\Sigma M_C^{CD} = 0 \text{ 得} D_Y^{CD}(6) - 10.728 = 0 \text{，解得} D_Y^{CD} = 1.788t \uparrow$$

$$\Sigma F_Y^{CD} = 0 \text{ 得} C_Y^{CD} + 1.788 = 0 \text{，解得} C_Y^{CD} = -1.788t \downarrow$$

支承點 B 反力 $B_Y = 1.118t + 1.937t = 3.055t \uparrow$

支承點 C 反力 $C_Y = 1.937t + 1.788t = 3.725t \downarrow$ ，如圖 13-4-25(b)。

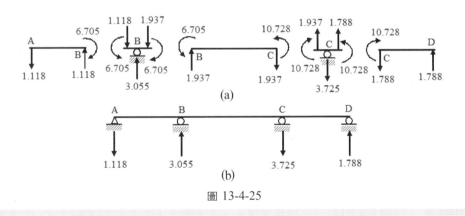

圖 13-4-25

例題 13-4-7

試以彎矩分配法分析圖 13-4-26 超靜定連續樑？彈性係數為 2,092t/cm²，樑斷面慣性矩均為 70,000cm⁴，支承點 A、B、C、D 的沉陷量分別為 1、5、2、4公分。當所有分配彎矩的絕對值均小於 0.01t-m 時，停止演算。

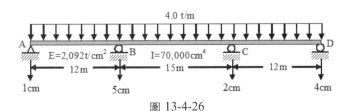

圖 13-4-26

解答:

分配因數:各樑段慣性矩 I 均相同,其修正相對彎曲勁度及分配因數為

$$K_{AB}=K_{CD}=(3/4)(I/12)=I/16（鉸接端修正）,\quad K_{BC}=I/15,$$

$$DF_{AB}=DF_{DC}=1（鉸接端）$$

$$DF_{BA}=\frac{K_{AB}}{K_{AB}+K_{BC}}=\frac{I/16}{I/16+I/15}=0.483871$$

$$DF_{BC}=\frac{K_{BC}}{K_{AB}+K_{BC}}=\frac{I/15}{I/16+I/15}=0.516129$$

$$DF_{CB}=\frac{K_{BC}}{K_{BC}+K_{CD}}=\frac{I/15}{I/15+I/16}=0.516129$$

$$DF_{CD}=\frac{K_{CD}}{K_{BC}+K_{CD}}=\frac{I/16}{I/15+I/16}=0.483871$$

固定端彎矩:因為各樑段均承受均佈載重且支承點 A、B、C、D 的沉陷量分別為 1cm、5cm、2cm、4cm,故分別按附錄 B 第 4 種載重情形及第 8 種載重情形,計算各樑段固定端彎矩為

$$FEM_{AB}=\frac{wL^2}{12}+\frac{6EI\Delta}{L^2}=\frac{0.04(1200^2)}{12}+\frac{6(2092)(70000)(5-1)}{1200^2}$$

$$=4800+2440.667=7240.667\text{t-cm}=72.407\text{t-m}（逆鐘向）$$

$$FEM_{BA}=-\frac{wL^2}{12}+\frac{6EI\Delta}{L^2}=-\frac{0.04(1200^2)}{12}+\frac{6(2092)(70000)(5-1)}{1200^2}$$

$$=-4800+2440.667=-2359.333\text{t-cm}=-23.593\text{t-m}（順鐘向）$$

$$FEM_{BC}=\frac{wL^2}{12}+\frac{6EI\Delta}{L^2}=-\frac{0.04(1500^2)}{12}+\frac{6(2092)(70000)(2-5)}{1500^2}$$

$$=7500-1171.520=6328.48\text{t-cm}=63.285\text{t-m}（逆鐘向）$$

$$FEM_{CB}=-\frac{wL^2}{12}+\frac{6EI\Delta}{L^2}=-\frac{0.04(1500^2)}{12}+\frac{6(2092)(70000)(2-5)}{1500^2}$$

$$=-7500-1171.520=-8671.520\text{t-cm}=-86.715\text{t-m}（順鐘向）$$

$$FEM_{CD}=\frac{wL^2}{12}+\frac{6EI\Delta}{L^2}=-\frac{0.04(1200^2)}{12}+\frac{6(2092)(70000)(4-2)}{1200^2}$$

$$=4800+1220.333=6020.333\text{t-cm}=60.203\text{t-m}（逆鐘向）$$

$$FEM_{DC}=-\frac{wL^2}{12}+\frac{6EI\Delta}{L^2}=-\frac{0.04(1200^2)}{12}+\frac{6(2092)(70000)(4-2)}{1200^2}$$

$$=-4800+1220.333=-3579.667\text{t-cm}=-35.797\text{t-m}（順鐘向）$$

彎矩分配表:將各樑段相對彎曲勁度、彎矩分配因數、固定端彎矩填入簡潔彎矩分配表如圖 13-4-27。

	A	B	C	D	E	F	G	H
1				彎矩分配表				
2		節點	A	B		C		D
3	次數	桿件	AB	BA	BC	CB	CD	DC
4		相對彎曲勁度K	I/16	I/16	I/15	I/15	I/16	I/16
5		彎矩分配因數DF	1	0.484	0.516	0.516	0.484	1
6		固定端彎矩FEM	72.407	-23.593	63.285	-86.715	60.203	-35.797
7	1	分配彎矩(節點平衡)	-72.407	-19.206	-20.486	13.684	12.828	35.797
8		傳遞彎矩		-36.204	6.842	-10.243	17.899	
9	2	分配彎矩(節點平衡)		14.207	15.154	-3.951	-3.704	
10		傳遞彎矩			-1.976	7.577		
11	3	分配彎矩(節點平衡)		0.956	1.020	-3.911	-3.666	
12		傳遞彎矩			-1.955	0.510		
13	4	分配彎矩(節點平衡)		0.946	1.009	-0.263	-0.247	
14		傳遞彎矩			-0.132	0.505		
15	5	分配彎矩(節點平衡)		0.064	0.068	-0.260	-0.244	
16		傳遞彎矩			-0.130	0.034		
17	6	分配彎矩(節點平衡)		0.063	0.067	-0.018	-0.016	
18		傳遞彎矩			-0.009	0.034		
19	7	分配彎矩(節點平衡)		0.004	0.005	-0.017	-0.016	
20		傳遞彎矩			-0.009	0.002		
21	8	分配彎矩(節點平衡)		0.004	0.004	-0.001	-0.001	
22		最後桿端彎矩	0.000	-62.758	62.758	-83.035	83.035	0.000

圖 13-4-27

平衡所有節點：外支承點 A、D 均為鉸接且樑段 AB、CD 的相對彎曲勁度均經修正，故節點A、D的固定端彎矩經一次平衡與傳遞後即不再接受他端傳遞過來的彎矩。節點B、C均可以自主轉動，故應平衡之，但分配彎矩僅在節點B、C間傳遞，不及於節點A、D。由第6列的固定端彎矩可得節點 A、B、C、D的不平衡彎矩為

$$UM_A = 72.407\text{t-m}$$
$$UM_B = -23.593 + 63.285 = 39.692\text{t-m}$$
$$UM_C = -86.715 + 60.203 = -26.512\text{t-m}$$
$$UM_D = -35.797\text{t-m}$$

按匯集於節點 A、B、C、D 的所有樑段的分配因數計得各樑段分配彎矩為

$$DM_{AB} = -DF_{AB}(UM_A) = -1(72.407) = -72.407$$
$$DM_{BA} = -DF_{BA}(UM_B) = -0.483871(39.692) = -19.206\text{t-m}$$
$$DM_{BC} = -DF_{BC}(UM_B) = -0.516129(36.692) = -20.486\text{t-m}$$
$$DM_{CB} = -DF_{CB}(UM_C) = -0.516129(-26.512) = 13.684\text{t-m}$$
$$DM_{CD} = -DF_{CD}(UM_C) = -0.483871(-26.512) = 12.828\text{t-m}$$
$$DM_{DC} = -DF_{DC}(UM_D) = -1(-35.797) = 35.797\text{t-m}$$

將節點 A、B、C、D 平衡的分配彎矩記錄於圖 13-4-27 簡潔彎矩分配表的第 7 列。

傳遞所有分配彎矩：將平衡節點 A、B、C、D 分配到樑段的分配彎矩按各樑段的傳遞因數傳遞於樑段的他端。各樑段傳遞彎矩計算如下：

$$CM_{BA} = \frac{1}{2}(DM_{AB}) = \frac{-72.407}{2} = -36.204\text{t-m}$$

$$CM_{BC} = \frac{1}{2}(DM_{CB}) = \frac{13.684}{2} = 6.842\text{t-m}$$

$$CM_{CB} = \frac{1}{2}(DM_{BC}) = \frac{-20.486}{2} = -10.243\text{t-m}$$

$$CM_{CD} = \frac{1}{2}(DM_{DC}) = \frac{35.797}{2} = 17.899\text{t-m}$$

將這些傳遞彎矩記錄於圖 13-4-27 簡潔彎矩分配表的第 8 列。

因為節點 A、D 為鉸接，故第一次以後僅需平衡節點 B、C。節點 B、C 第二次平衡彎矩如圖 13-4-27 的第 9 列。繼續進行平衡節點 B、C、傳遞所有分配彎矩等演算直到第 8 次（如第 21 列）平衡節點 B、C 時，因為分配彎矩絕對值均小於 0.01t-m，故停止演算。總和各樑段端的固定端彎矩、分配彎矩、傳遞彎矩，即得各樑端的平衡彎矩（如第 22 列）。

圖 13-4-28(a)為中間支承點 B、C 及各樑段的自由體（改用公尺）。

樑段 AB 套用平衡方程式

$$\Sigma M_B^{AB} = 0 \text{ 得} -A_Y(12) - 62.758 + \frac{4(12^2)}{2} = 0，解得 A_Y = 18.770\text{t} \uparrow$$

$$\Sigma F_Y^{AB} = 0 \text{ 得} B_Y^{AB} + 18.770 - 4(12) = 0，解得 B_Y^{AB} = 29.230\text{t} \uparrow$$

樑段 BC 套用平衡方程式

$$\Sigma M_B^{BC} = 0 \text{ 得} 62.758 - 83.035 - \frac{4(15^2)}{2} + B_Y^{BC}(15) = 0，解得 B_Y^{BC} = 31.352\text{t} \uparrow$$

$$\Sigma F_Y^{BC} = 0 \text{ 得} C_Y^{BC} + 31.352 - 4(15) = 0，解得 C_Y^{BC} = 28.648\text{t} \uparrow$$

樑段 CD 套用平衡方程式

$$\Sigma M_C^{CD} = 0 \text{ 得} D_Y^{CD}(12) + 83.034 - \frac{4(12)^2}{2} = 0，解得 D_Y^{CD} = 17.081\text{t} \uparrow$$

$$\Sigma F_Y^{CD} = 0 \text{ 得} C_Y^{CD} + 17.081 - 4(12) = 0，解得 C_Y^{CD} = 30.919\text{t} \uparrow$$

支承點 B 反力 $B_Y = 29.230\text{t} + 28.648\text{t} = 57.878\text{t} \uparrow$，

支承點 C 反力 $C_Y = 31.352\text{t} + 30.919\text{t} = 61.271\text{t} \uparrow$ 如圖 13-4-28(b)。

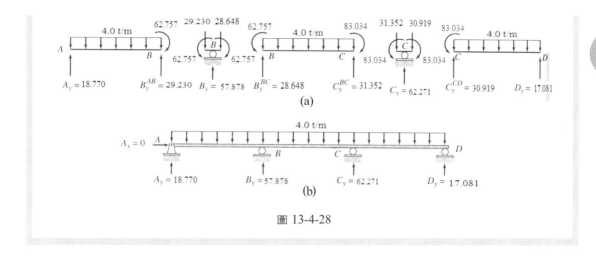

圖 13-4-28

13-5 連續樑彎矩分配法程式使用說明

連續樑彎矩分配法的程式解法有連續樑彎矩分配法及固定彎矩計算兩個程式可供配合使用。固定彎矩計算程式也可與撓角變位法或剛架彎矩分配法配合使用。茲先說明固定彎矩程式的使用，再說明連續樑彎矩分配法程式的使用。

選擇☞結構分析／彎矩分配法／固定彎矩計算程式☜出現圖 13-5-1 的畫面。畫面左上方有一個下拉式選單，單擊右側向下箭頭出現附錄 B 的 9 種載重情形備選，選擇任何一種載重情形，則出現載重情形的示意圖。圖 13-5-1 屬載重情形 2，因此有桿件長度 L、長度 a 及集中載重 P 備供輸入，不同的載重情形自然出現不同的輸入欄位。圖 13-5-1 所輸入的資料相當推求集中載重 13.5 作用於桿件長度 20，且距桿件左端 7 的位置時之固定端彎矩如紅線下面的欄位。本程式可以累加同一桿件上不同載重的彎矩，紅線以下的前四個欄位為現在載重所產生的固定端彎矩及相當端點反力；在後面的四個欄位表示累加之值。

每一種載重輸入後，單擊「開始計算」鈕即開始計算所輸入載重的固定端彎矩並累加之；單擊「清除累加」鈕則將累加值歸零；單擊「取消」鈕則結束程式的執行。

圖 13-5-2 為圖 13-5-3(a)載重情形的計算結果。圖 13-5-3(a)的載重情形與附錄 B 的載重情形 6 類似（方向相反）。圖 13-5-3(b)為圖 13-5-2 計算結果的示意圖。

使結構分析軟體試算表以外空白試算表處於作用中（Active）。選擇☞結構分析／彎矩分配法／連續樑彎矩分配法／建立連續樑彎矩分配法試算表☜出現圖 13-5-4 輸入畫面。以例題 13-4-2（圖 13-4-9）為例，輸入連續樑跨間數（3）、材料彈性係數 E（1）、樑斷面慣性矩 I（1）、跨間最多集中載重個數（0）、當所有分配彎矩絕對值

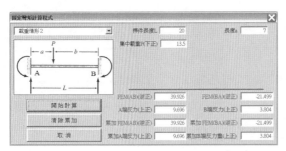

圖 13-5-1

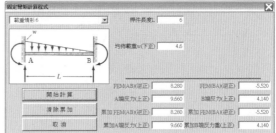

圖 13-5-2

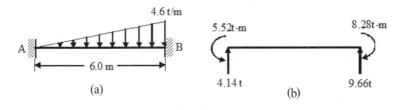

(a)

(b)

圖 13-5-3

圖 13-5-4

均小於（正值）（0.01）及小數位數（3）等資料後，單擊「建立連續樑彎矩分配法試算表」鈕，即可產生圖 13-5-5 的連續樑彎矩分配法試算表。

圖 13-5-5 的連續樑彎矩分配法試算表乃為輸入連續樑的幾何、物理性質與載重資料，以便計算固定端彎矩、分配因數、傳遞因數並進行彎矩分配。首先應單擊儲存格 D4、F4，使儲存格右側出現向下箭頭，再單擊箭頭以選擇左、右支承為固定支承、鉸或滾支承。然後輸入各跨間的跨長、彈性係數、慣性矩、均佈載重、集中載重及集中載重與左支承之距離。最後輸入各支承點沉陷量或額外彎矩或額外載重。

彎矩分配法程式將連續樑各支承點由左而右按 A、B、C 等編號之，其樑段亦由左而右按 AB、BC、CD 等編號之。使用時各量的單位一致性也甚為重要，否則程式可能亦正常執行，惟其結果未必正確。

本程式自動計算附錄 B 載重情形 1、2、4 的固定端彎矩，如有其他載重情形則須另行計算，並於試算表的額外彎矩與額外載重欄位輸入之。如本例的樑段 AB、CD 則可利用圖 13-5-2 的結果輸入之，如圖 13-5-5 第 16、17 列的額外彎矩與額外載重處理之。

	A	B	C	D	E	F	G
3	連續樑彎矩分配法試算表						
4	跨間數	3	左端點	固定支承	右端點	固定支承	
5	停止演算,當所有分配彎矩的絕對值均小於				0.010		
6	跨間	AB	BC	CD			
7	跨間長度L	6.000	6.000	6.000			
8	彈性係數E	1.000	1.000	1.000			
9	斷面慣性矩I	1.000	1.000	1.000			
10	勁度	1	1	1			
11	跨間載重	AB	BC	CD			
12	均佈載重(下正)	0.000	4.600	0.000			
13	節 點	A	B	C	D		
14	沉陷量(下正)	0.000	0.000	0.000	0.000		
15	跨 間	AB	BA	BC	CB	CD	DC
16	額外彎矩(逆正)	5.520	-8.280	0.000	0.000	8.280	-5.520
17	額外載重(下正)	4.600	9.200	0.000	0.000	9.200	4.600
18	載重固定端彎矩	0.000	0.000	13.800	-13.800	0.000	0.000
19	沉陷固定端彎矩	0.000	0.000	0.000	0.000	0.000	0.000
20	分配比率	0.000000	0.500000	0.500000	0.500000	0.500000	0.000000
21	傳遞比率	0.000	0.500	0.500	0.500	0.500	0.000
22	總固定端彎矩	5.520	-8.280	13.800	-13.800	8.280	-5.520
23	分配彎矩1	0.000	-2.760	-2.760	2.760	2.760	0.000
24	傳遞彎矩1	-1.380	0.000	1.380	-1.380	0.000	1.380
25	分配彎矩2	0.000	-0.690	-0.690	0.690	0.690	0.000
26	傳遞彎矩2	-0.345	0.000	0.345	-0.345	0.000	0.345
31	分配彎矩5	0.000	-0.011	-0.011	0.011	0.011	0.000
32	傳遞彎矩5	-0.005	0.000	0.005	-0.005	0.000	0.005
33	分配彎矩6	0.000	-0.003	-0.003	0.003	0.003	0.000
34	最終節點彎矩	3.682	-11.959	11.959	-11.959	11.959	-3.682
35	樑段左右反力(上正)	3.220	10.580	13.800	13.800	10.580	3.220
36	支承反力(上正)	3.220	24.380		24.380		3.220

圖 13-5-5

　　如有支承點沉陷量,則應輸入樑身的實際彈性係數與斷面慣性矩,如未含有沉陷量,則樑段的彈性係數與慣性矩僅需輸入相對值即可。圖 13-5-5 的三個樑段的彈性係數均相等且無沉陷量,故在試算表上該三樑段的彈性係數可全填 1 或 2 或 5 或其他相等值均可;如果樑段 AB 的慣性矩為樑段 BC 慣性矩的 2 倍,則在試算表上該樑段 AB 慣性矩與樑段 BC 慣性矩可填 2、1 或 6、3 或其他 2 倍關係的相對值均可。任一樑段僅能輸入一個均佈載重,但可輸入 0 個或 1 個以上的集中載重,故在圖 13-5-4 必需指定所有跨間最多集中載重個數以便建立試算表。輸入跨間長、載重、彈性係數、慣性矩及沉陷量等資料均應注意其單位的一致性。

　　以上資料輸入後,選擇☞結構分析／彎矩分配法／連續樑彎矩分配法／進行連續樑彎矩分配法演算☞出現圖 13-5-5 的分析結果。

　　第 34 列為彎矩分配的最後結果,樑段端點彎矩求得之後,取各樑段及支承點自由體可計算各樑段端點的剪力及各支承點的反力如試算表上第 35～36 列且與例題 13-4-2 的結果相符。

　　外伸樑處理方法以例題 13-4-5 為例說明之。在例題 13-4-5 中,以外伸樑承受載重的等值彎矩與剪力施加於支承點 C;但在程式中,則以其平衡彎矩與平衡反力替代之。樑段 CD 以圖 13-5-6 的平衡彎矩 13.5t-m(逆鐘向)與平衡反力 9.0t(向上)替代

之。資料輸入如圖 13-5-7，演算結果如圖 13-5-8。

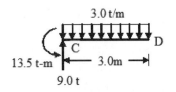

圖 13-5-6

	A	B	C	D	E	F
3	連續樑彎矩分配法試算表					
4	跨間數	2	左端點	固定支承	右端點	鉸或滾支承
5	停止演算,當所有分配彎矩的絕對值均小於				0.010	
6	跨間	AB	BC			
7	跨間長度L	6.000	9.000			
8	彈性係數E	1.000	1.000			
9	斷面慣性矩I	1.000	1.000			
10	勁度	1	0			
11	跨間載重	AB	BC			
12	均佈載重(下正)	0.000	3.000			
13	集中載重1(下正)	20.000	0.000			
14	距左端距離	3.000	0.000			
15	節點	A	B	C		
16	沉陷量(下正)	0.000	0.000	0.000		
17	平衡彎矩,反力	右彎矩(逆正)	右反力(上正)	左彎矩(逆正)	左反力(上正)	
18	左側自由端→	0.000	0.000	13.500	9.000	←右側自由端
19	跨 間	AB	BA	BC	CB	
20	額外彎矩(逆正)	0.000	0.000	0.000	0.000	
21	額外載重(下正)	0.000	0.000	0.000	0.000	
22	載重固定端彎矩	15.000	-15.000	20.250	-20.250	
23	沉陷固定端彎矩	0.000	0.000	0.000	0.000	
24	分配比率	0.000000	0.666667	0.333333	1.000000	
25	傳遞比率	0.00	0.500	0.500	0.500	

圖 13-5-7

	A	B	C	D	E
26	總固定端彎矩	15.000	-15.000	20.250	-6.750
27	分配彎矩1	0.000	-3.500	-1.750	6.750
28	傳遞彎矩1	-1.750	0.000	3.375	0.000
29	分配彎矩2	0.000	-2.250	-1.125	0.000
30	傳遞彎矩2	-1.125	0.000	0.000	0.000
31	分配彎矩3	0.000	0.000	0.000	0.000
32	最終彎矩(逆正)	12.125	-20.750	20.750	-13.500
33	樑段左右反力(上正)	8.563	11.438	14.306	21.694
34	支承反力(上正)	8.563	25.743		21.694

圖 13-5-8

選擇☞結構分析／彎矩分配法／連續樑彎矩分配法／列印連續樑彎矩分配法演算結果☜可將分析結果印出。

13-6 無側移剛架彎矩分配法

彎矩分配法亦可適用於剛架（Rigid Frame）的分析，基於一般工程建材的伸縮量遠小於撓曲變位量，因此分析的重要基本假設為剛架係由不會伸長或縮短（InExtensible）而僅能撓曲的桿件所組成。

在不伸縮桿件的剛架結構中，也可能因為支撐與載重情形而區分有側移剛架（With

Sideway Frame）與無側移剛架（Sideway Frame）；其分析方法亦異，故分別論述之。

剛架側移度請參閱第十二章撓角變位法的 12-6-1 節剛架側移度。

13-6-1　無側移剛架分析法

無側移剛架與連續樑的彎矩分配法頗為相似，其主要區別在於連續樑中，節點兩側最多僅有二個樑段，而剛架中連接於剛接點的桿件數可能大於二個。連續樑彎矩分配表中分配彎矩的傳遞均傳遞於左鄰及（或）右鄰的樑段；而剛架彎矩分配表中分配彎矩的傳遞可能不僅在左、右鄰位置，也是容易錯誤之處。

剛架彎矩分配表的結構仍以剛接點為主體，匯集於剛接點的所有桿件集中列於剛接點下面，以方便剛接點不平衡彎矩的分配。

13-6-2　無側移剛架分析例題

例題 13-6-1

試以彎矩分配法分析圖 13-6-1 超靜定剛架？剛架的彈性係數為 2022t/cm^2，若 $I_0 = 33300\text{cm}^4$，則各桿件慣性矩如圖示。演算到所有分配彎矩絕對值不大於 0.001t-m。

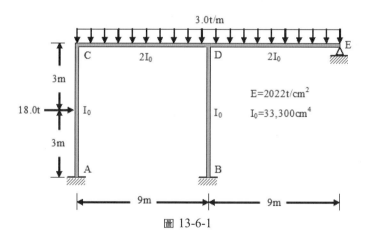

圖 13-6-1

解答：

　　分配因數： 依據各桿件的慣性矩計算相對彎曲勁度（修正）為

$$K_{AC} = K_{BD} = I_0/6 , K_{CD} = 2I_0/9 , K_{DE} = (3/4)(2I_0/9) = I_0/6（鉸接端修正）$$

　　固定端及鉸接端的彎矩分配因數為

$$DF_{AC} = DF_{BD} = 0 \text{（固定端）}, K_{ED} = 1 \text{（鉸接端）}$$

匯集於剛接點 C 的桿件有 CA、CD 兩根，其彎矩分配因數為

$$DF_{CA} = \frac{K_{AC}}{K_{AC} + K_{CD}} = \frac{I_0/6}{I_0/6 + 2I_0/9} = 0.428571$$

$$DF_{CD} = \frac{K_{CD}}{K_{AC} + K_{CD}} = \frac{2I_0/9}{I_0/6 + 2I_0/9} = 0.571429$$

匯集於剛接點 D 的桿件有 DC、DB、DE 三根，其彎矩分配因數為

$$DF_{DC} = \frac{K_{CD}}{K_{BD} + K_{CD} + K_{DE}} = \frac{2I_0/9}{I_0/6 + 2I_0/9 + I_0/6} = 0.4$$

$$DF_{DB} = \frac{K_{BD}}{K_{BD} + K_{CD} + K_{DE}} = \frac{I_0/6}{I_0/6 + 2I_0/9 + I_0/6} = 0.3$$

$$DF_{DE} = \frac{K_{DE}}{K_{BD} + K_{CD} + K_{DE}} = \frac{I_0/6}{I_0/6 + 2I_0/9 + I_0/6} = 0.3$$

固定端彎矩：各桿件因載重引生的固定端彎矩計算如下：

按附錄 B 第 1 種載重情形計算桿件 AC 的固定端彎矩為

$$FEM_{AC} = \frac{PL}{8} = \frac{18(6)}{8} = 13.5t\text{-}m \text{（逆鐘向）}$$

$$FEM_{CA} = -\frac{PL}{8} = -\frac{18(6)}{8} = -13.5t\text{-}m \text{（順鐘向）}$$

按附錄 B 第 4 種載重情形計算桿件 CD、DE 固定端彎矩為

$$FEM_{CD} = FEM_{DE} = \frac{wL^2}{12} = \frac{3.0(9^2)}{12} = 20.25t\text{-}m \text{（逆鐘向）}$$

$$FEM_{DC} = FEM_{ED} = -\frac{wL^2}{12} = -\frac{3.0(9^2)}{12} = -20.25t\text{-}m \text{（順鐘向）}$$

桿件 BD 並無承受載重，故固定端彎矩均為 0，即

$$FEM_{BD} = FEM_{DB} = 0$$

彎矩分配表：將各樑段相對彎曲勁度、彎矩分配因數、固定端彎矩填入簡潔彎矩分配表如圖 13-6-2。

簡潔彎矩分配表中垂直行的安排無硬性規定，原則上，將匯集於同一剛接點的所有桿件緊鄰排列，如桿件CA、CD 排在上圖中的第 D、E 垂直行；桿件DC、DB、DE 排在第 F、G、H 三垂直行。至於連接剛接點 A 的桿件 AC 則可排在任意位置，但排在垂直行 C 則因緊鄰桿件 CA（垂直行 D），彎矩傳遞時較為明顯。連接剛接點 B、E 均僅一根桿件，桿件 ED 如果排在垂直行 I 緊鄰桿件 DE（垂直行 H），亦可方便彎矩的傳遞，但排在垂直行J 亦無不可。最重要的是，分配彎矩的傳遞應該注意將桿件 DB（垂直行 G）的傳遞彎矩傳遞到桿件 BD（垂直行 I）等。

	A	B	C	D	E	F	G	H	I	J
1	彎矩分配表									
2	次數	節點	A	C		D			B	E
3		桿件	AC	CA	CD	DC	DB	DE	BD	ED
4		相對彎曲勁度K	I/6	I/6	2I/9	2I/9	I/6	I/6	I/6	I/6
5		彎矩分配因數DF	0	0.429	0.571	0.400	0.300	0.300	0	1
6		固定端彎矩FEM	13.500	-13.500	20.250	-20.250	0.000	20.250	0.000	-20.250
7	1	分配彎矩(節點平衡)		-2.893	-3.857	0.000	0.000	0.000		20.250
8		傳遞彎矩	-1.446		0.000	-1.929		10.125	0.000	
9	2	分配彎矩(節點平衡)		0.000	0.000	-3.279	-2.459	-2.459		
10		傳遞彎矩	0.000		-1.639	0.000			-1.229	
11	3	分配彎矩(節點平衡)		0.703	0.937	0.000	0.000	0.000		
12		傳遞彎矩	0.351		0.000	0.468			0.000	
13	4	分配彎矩(節點平衡)		0.000	0.000	-0.187	-0.141	-0.141		
14		傳遞彎矩	0.000		-0.094	0.000			-0.070	
15	5	分配彎矩(節點平衡)		0.040	0.054	0.000	0.000	0.000		
16		傳遞彎矩	0.020		0.000	0.027			0.000	
17	6	分配彎矩(節點平衡)		0.000	0.000	-0.011	-0.008	-0.008		
18		傳遞彎矩	0.000		-0.005	0.000			-0.004	
19	7	分配彎矩(節點平衡)		0.002	0.003	0.000	0.000	0.000		
20		傳遞彎矩	0.001		0.000	0.002			0.000	
21	8	分配彎矩(節點平衡)		0.000	0.000	-0.001	0.000	0.000		
22		最後桿端彎矩	12.426	-15.648	15.648	-25.159	-2.608	27.767	-1.304	0.000

圖 13-6-2

平衡所有節點：外支承點 E 為鉸接且樑段 DE 的相對彎曲勁度亦經修正，故節點 E 的固定端彎矩經一次平衡與傳遞後，即不再接受他端傳遞過來的彎矩。節點 C、D 均可以自主轉動，故應平衡之，節點 A、B 均屬固定端可以接受傳遞過來的傳遞彎矩，但不會有分配彎矩傳遞於他端。由第 6 列的固定端彎矩可得節點 C、D、E 的不平衡彎矩為

$$UM_C = -13.5 + 20.25 = 6.75\text{t-m}$$

$$UM_D = 20.25 + 0 - 20.25 = 0\text{t-m}$$

$$UM_E = -20.25\text{t-m}$$

按匯集於節點 C 的所有桿件之分配因數計得各桿件分配彎矩為

$$DM_{CA} = -DF_{CA}\,(UM_C) = -0.428571(6.75) = -2.89285425 = -2.893\text{t-m}$$

$$DM_{CD} = -DF_{CD}\,(UM_C) = -0.571429(6.75) = -3.85714575 = -3.857\text{t-m}$$

按匯集於節點 D 的所有桿件的分配因數計得各桿件分配彎矩為

$$DM_{DC} = -DF_{DC}\,(UM_D) = -0.4(0) = 0\text{t-m}$$

$$DM_{DB} = -DF_{DB}\,(UM_D) = -0.3(0) = 0\text{t-m}$$

$$DM_{DE} = -DF_{DE}\,(UM_D) = -0.3(0) = 0\text{t-m}$$

按匯集於節點 E 的所有桿件之分配因數計得各桿件分配彎矩為

$$DM_{ED} = -DF_{ED}\,(UM_E) = -1\,(-20.25) = 20.25\text{t-m}$$

將節點 C、D、E 平衡的分配彎矩記錄於圖 13-6-2 簡潔彎矩分配表的第 7 列。

傳遞所有分配彎矩：將平衡節點 C、D、E 分配到桿件的分配彎矩，按各桿件的傳

遞因數傳遞於桿件的他端。各桿件傳遞彎矩計算如下：

$$CM_{AC} = \frac{1}{2}(DM_{CA}) = \frac{-2.893}{2} = -1.446 \text{t-m}$$

$$CM_{CD} = \frac{1}{2}(DM_{DC}) = \frac{0}{2} = 0 \text{t-m}$$

$$CM_{DC} = \frac{1}{2}(DM_{CD}) = \frac{-3.857}{2} = -1.929 \text{t-m}$$

$$CM_{DE} = \frac{1}{2}(DM_{ED}) = \frac{20.250}{2} = 10.125 \text{t-m}$$

$$CM_{BD} = \frac{1}{2}(DM_{DB}) = \frac{0}{2} = 0 \text{t-m}$$

將這些傳遞彎矩記錄於圖 13-6-2 簡潔彎矩分配表的第 8 列。

因為節點 E 為鉸接，故第一次以後僅需平衡節點 C、D。節點 C、D 第二次平衡彎矩如圖 13-6-2 的第 9 列。繼續進行平衡節點 C、D、傳遞所有分配彎矩等演算，直到第 8 次（如第 21 列）平衡節點 C、D 時，因為分配彎矩絕對值均不大於 0.001t-m，故停止演算。總和各樑段端的固定端彎矩、分配彎矩、傳遞彎矩即得，各樑端的平衡彎矩（如第 22 列）。

圖 13-6-3(a)為中間剛接點 C、D 及各桿件的自由體。

桿件 AC 套用平衡方程式

　　　$\Sigma M_A^{AC} = 0$ 得 $C_X(6) - 18(3) - 15.648 + 12.426 = 0$，解得 $C_X = 9.537t \leftarrow$

　　　$\Sigma F_X^{AC} = 0$ 得 $A_X + 9.537 - 18 = 0$，解得 $A_X = 8.463t \leftarrow$

桿件 CD 套用平衡方程式

　　　$\Sigma M_C^{CD} = 0$ 得 $D_Y(9) + 15.648 - 25.159 - \frac{3(9^2)}{2} = 0$，解得 $D_Y = 14.557t \uparrow$

　　　$\Sigma F_Y^{CD} = 0$ 得 $C_Y + 14.557 - 3.0(9) = 0$，解得 $C_Y = 12.443t \uparrow$

桿件 DE 套用平衡方程式

　　　$\Sigma M_D^{DE} = 0$ 得 $E_Y(9) + 27.767 - \frac{3(9^2)}{2} = 0$，解得 $E_Y = 10.415t \uparrow$

　　　$\Sigma F_Y^{DE} = 0$ 得 $D_Y + 10.415 - 3.0(9) = 0$，解得 $D_Y = 16.585t \uparrow$

桿件 BD 套用平衡方程式

　　　$\Sigma M_B^{BD} = 0$ 得 $D_X(6) - 2.608 - 1.304 = 0$，解得 $D_X = 0.652t \leftarrow$

　　　$\Sigma F_X^{BD} = 0$ 得 $B_X + 0.652 = 0$，解得 $B_X = 0.652t \rightarrow$

各桿件、剛接點及支承點的反力如圖 13-6-3(b)。

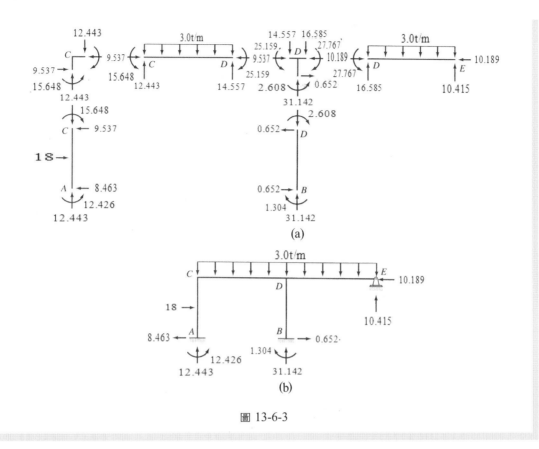

(a)

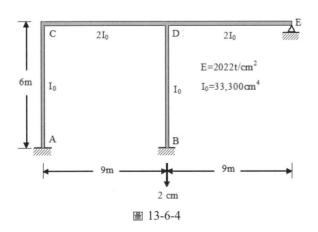

(b)

圖 13-6-3

例題 13-6-2

試以彎矩分配法分析圖 13-6-4 超靜定剛架因支承點 B 沉陷 2cm 所產生的桿端彎矩與支撐反力？剛架的彈性係數為 $2022t/cm^2$，若 $I_0 = 33300cm^4$，則各桿件慣性矩如圖示。當所有分配彎矩絕對值均小於 0.1t-cm 時，停止演算。

圖 13-6-4

解答：

分配因數： 各桿件的相對彎曲勁度（修正）及分配因數均與例題 13-6-1 相同。

固定端彎矩： 整個超靜定剛架並無承受任何載重，故載重固定端彎矩均為 0。桿件 CD、DE 均因支承點 B 的沉陷 2 公分而引生沉陷彎矩，按附錄 B 的第 8 種載重情形計算如下：

$$FEM_{CD} = FEM_{DC} = \frac{6E(2I_0)\Delta}{L^2} = \frac{6(2022)(2 \times 33300)(2-0)}{900^2} = 1995.04 \text{t-cm}$$

$$FEM_{ED} = FEM_{DE} = \frac{-6E(2I_0)\Delta}{L^2} = -\frac{6(2022)(2 \times 33300)(0-2)}{900^2} = -1995.04 \text{t-cm}$$

彎矩分配表： 將各樑段相對彎曲勁度、彎矩分配因數、固定端彎矩填入簡潔彎矩分配表如圖 13-6-5。

本簡潔彎矩分配表中垂直行的安排特意與圖 13-6-2 有所不同，最重要的原則是桿件上分配的彎矩必須正確的傳遞到桿件的他端。

平衡所有節點： 外支承點 E 為鉸接且樑段 DE 的相對彎曲勁度亦經修正，故節點 E 的固定端彎矩經一次平衡與傳遞後即不再接受他端傳遞過來的彎矩。節點 C、D 均可以自主轉動，故應平衡之，節點 A、B 均屬固定端可以接受傳遞過來的傳遞彎矩，但不會有分配彎矩傳遞於他端。由第 6 列的固定端彎矩可得節點 C、D、E 的不平衡彎矩為

	A	B	C		D			E
節點	A	B	C		D			E
桿件	AC	BD	CA	CD	DC	DB	DE	ED
相對彎曲勁度K	I/6	I/6	I/6	2I/9	2I/9	I/6	I/6	I/6
彎矩分配因數DF	0	0	0.429	0.571	0.400	0.300	0.300	
固定端彎矩FEM	0.000	0.000	0.000	1995.040	1995.040	0.000	-1995.040	-1995.040
1 分配彎矩(節點平衡)			-855.017	-1140.023	0.000	0.000	0.000	1995.040
傳遞彎矩	-427.509	0.000		0.000	-570.011		997.520	
2 分配彎矩(節點平衡)			0.000	0.000	-171.003	-128.253	-128.253	
傳遞彎矩	0.000	-64.126		-85.502	0.000			
3 分配彎矩(節點平衡)			36.644	48.858	0.000	0.000	0.000	
傳遞彎矩	18.322	0.000		0.000	24.429			
4 分配彎矩(節點平衡)					-9.772	-7.329	-7.329	
傳遞彎矩	0.000	-3.664		-4.886	0.000			
5 分配彎矩(節點平衡)			2.094	2.792	0.000	0.000	0.000	
傳遞彎矩	1.047	0.000		0.000	1.396			
6 分配彎矩(節點平衡)					-0.558	-0.419	-0.419	
傳遞彎矩	0.000	-0.209		-0.279	0.000			
7 分配彎矩(節點平衡)			0.120	0.160	0.000	0.000	0.000	
傳遞彎矩	0.060	0.000		0.000	0.080			
8 分配彎矩(節點平衡)				0.000	-0.032	-0.024	-0.024	
最後桿端彎矩	-408.080	-68.000	-816.160	816.160	1269.568	-136.024	-1133.544	0.000

圖 13-6-5

$$UM_C = 0 + 1995.04 = 1995.04 \text{t-cm}$$

$$UM_D = 1995.04 + 0 - 1995.04 = 0\text{t-cm}$$

$$UM_E = -1995.04\text{t-cm}$$

按匯集於節點 C 的所有桿件的分配因數計得各桿件分配彎矩為

$$DM_{CA} = -DF_{CA}(UM_C) = -0.428571(1995.04) = -855.017\text{t-cm}$$

$$DM_{CD} = -DF_{CD}(UM_C) = -0.571429(1995.04) = -1140.023\text{t-cm}$$

按匯集於節點 D 的所有桿件的分配因數計得各桿件分配彎矩為

$$DM_{DC} = -DF_{DC}(UM_D) = -0.4(0) = 0\text{t-cm}$$

$$DM_{DB} = -DF_{DB}(UM_D) = -0.3(0) = 0\text{t-cm}$$

$$DM_{DE} = -DF_{DE}(UM_D) = -0.3(0) = 0\text{t-cm}$$

按匯集於節點 E 的所有桿件的分配因數計得各桿件分配彎矩為

$$DM_{ED} = -DF_{ED}(UM_E) = -1(-1995.04) = 1995.04\text{t-cm}$$

將節點 C、D、E 平衡的分配彎矩記錄於圖 13-6-5 簡潔彎矩分配表的第 7 列。

傳遞所有分配彎矩：將平衡節點 C、D、E 分配到桿件的分配彎矩，按各桿件的傳遞因數傳遞於桿件的他端。各桿件傳遞彎矩計算如下：

$$CM_{AC} = \frac{1}{2}(DM_{CA}) = \frac{-855.017}{2} = -427.509\text{t-cm}$$

$$CM_{BD} = \frac{1}{2}(DM_{DB}) = \frac{0}{2} = 0\text{t-cm}$$

$$CM_{CD} = \frac{1}{2}(DM_{DC}) = \frac{0}{2} = 0\text{t-cm}$$

$$CM_{DC} = \frac{1}{2}(DM_{CD}) = \frac{-1140.023}{2} = -570.011\text{t-cm}$$

$$CM_{DE} = \frac{1}{2}(DM_{ED}) = \frac{1995.04}{2} = 997.520\text{t-cm}$$

將這些傳遞彎矩記錄於圖 13-6-5 簡潔彎矩分配表的第 8 列。

因為節點 E 為鉸接，故第一次以後僅需平衡節點 C、D。節點 C、D 第二次平衡彎矩如圖 13-6-5 的第 9 列。繼續進行平衡節點 C、D、傳遞所有分配彎矩等演算直到第 8 次（如第 21 列）平衡節點 C、D 時，因為所有分配彎矩絕對值均小於 0.1t-cm，故停止演算。總和各樑段端的固定端彎矩、分配彎矩、傳遞彎矩即得各樑端的平衡彎矩（如第 22 列）。

圖 13-6-6(a)為剛接點 C、D 及各桿件的自由體。（改用公尺）

桿件 AC 套用平衡方程式

$$\sum M_A^{AC} = 0 \text{ 得 } C_X(6) - 8.162 - 4.081 = 0 \text{，解得 } C_X = 2.041t \leftarrow$$

$$\Sigma F_X^{AC}=0 \text{ 得 } A_X+2.041=0\text{，解得 }A_X=-2.041t\rightarrow$$

桿件 CD 套用平衡方程式

$$\Sigma M_C^{CD}=0 \text{ 得 } D_Y(9)+12.696+8.162=0\text{，解得 }D_Y=-2.318t\downarrow$$

$$\Sigma F_Y^{CD}=0 \text{ 得 } C_Y-2.318=0\text{，解得 }C_Y=2.318t\uparrow$$

桿件 DE 套用平衡方程式

$$\Sigma M_D^{DE}=0 \text{ 得 } E_Y(9)-11.336=0\text{，解得 }E_Y=1.260t\uparrow$$

$$\Sigma F_Y^{DE}=0 \text{ 得 } D_Y+1.260=0\text{，解得 }D_Y=-1.260t\downarrow$$

桿件 BD 套用平衡方程式

$$\Sigma M_B^{BD}=0 \text{ 得 } D_X(6)-1.360-0.680=0\text{，解得 }D_X=0.340t\leftarrow$$

$$\Sigma F_X^{BD}=0 \text{ 得 } B_X+0.340=0\text{，解得 }B_X=0.340t\rightarrow$$

各桿件、剛接點及支承點的反力如圖 13-6-6(b)。

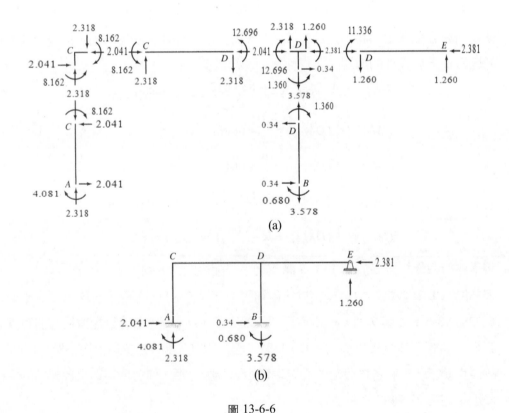

圖 13-6-6

13-7 側移剛架彎矩分配法

彎矩分配法的基本演算機制是根據已知的載重、沉陷量或側移量計算各桿件的固定端彎矩及各桿件的彎矩分配因數、傳遞因數等，以演算各桿件的實際彎矩。側移剛架的側移量係屬未知之數，其對樑段或桿件的固定端彎矩亦為未知之數，故尚難直接以彎矩分配法求解之。

13-7-1 分階段分析法

彎矩分配法分析側移剛架採用分階段分析法。圖 13-7-1(a)為對稱剛架承受非對稱載重而可能產生側移。假設如圖 13-7-1(b)在剛接點 D 加置一個虛擬滾支承（Imaginary Roller）以防止側移的產生，則可以無側移剛架彎矩分配法分析圖 13-7-1(b)之剛架，且假設各桿端彎矩為 M_O。依據分析結果必可推求虛擬滾支承的反力 R，如果反力 R 不等於 0 表示有側移發生。然後，如圖 13-7-1(c)於剛接點 D 施加一與反力 R 大小相同方向相反的作用力 $-R$，再以彎矩分配法分析之，假設推求各桿件的桿端彎矩為 M_R。則圖 13-7-1(a)的桿件彎矩 M 為

$$M = M_O + M_R \qquad\qquad (13\text{-}7\text{-}1)$$

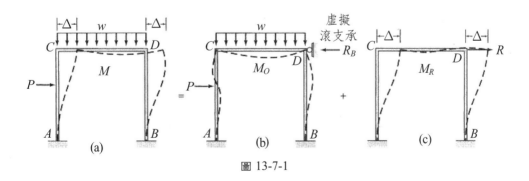

圖 13-7-1

公式（13-7-1）中的 M_O 為以已知載重、已知沉陷量及側移量所解得的桿端彎矩；M_R 為以第一階段求得的虛擬滾支承反力之反向，作用於同一剛架的桿端彎矩。但實際上彎矩分配法是無法直接推求作用於剛接點載重的剛架桿端彎矩，因為剛接點載重並未產生桿件的桿端固定端彎矩之故。第十二章撓角變位法的撓角變位方程式為

$$M_{nf} = \frac{2EI}{L}(2\theta_n + \theta_f - 3\psi) + FEM_{nf} \qquad (12\text{-}2\text{-}9)$$

若以 $\psi = \Delta/L$ 帶入上式可得

$$M_{nf} = \frac{2EI}{L}(2\theta_n + \theta_f) - \frac{6EI\Delta}{L^2} + FEM_{nf} \qquad (13\text{-}7\text{-}2)$$

觀察公式（13-7-2）中桿端彎矩 M_{nf} 與側移量 Δ 呈線性正比關係，而桿端剪力又與桿端彎矩呈線性正比，因此公式（13-7-1）中的 M_R 可以如下介紹的比例法推算之。

13-7-2 比例法

比例法是一種以彎矩分配法推求剛架中剛接點承受水平載重的桿端彎矩之間接方法。根據桿端剪力與桿端彎矩、剛架側移量呈線性正比關係，首先讓剛架發生一個任意已知的側移量 Δ 如圖 13-7-2。依據側移量計算各桿固定端彎矩，然後進行彎矩分配演算，再根據桿端彎矩 M_Q 推求桿端剪力，而得水平節點作用力 Q。

依據附錄 B 載重情形 8 或公式（13-7-2）可知側移量一定時，桿件固定端彎矩與 I/L^2 成正比，故桿件固定端彎矩可不必由側移量直接計算而由桿件的 I/L^2 比值設定之。

由桿端彎矩 M_Q 產生剛接點水平作用力 Q，再依據桿端剪力與桿端彎矩呈線性正比，故剛接點作用力 R 所需的桿端彎矩可按下式推求之。

$$M_R = \left(\frac{R}{Q}\right)M_Q \qquad (13\text{-}7\text{-}3)$$

將公式（13-7-3）帶入公式（13-7-1）得

$$M = M_0 + \left(\frac{R}{Q}\right)M_Q \qquad (13\text{-}7\text{-}4)$$

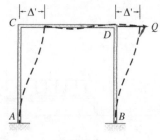

圖 13-7-2

13-7-3 側移剛架分析例題

例題 13-7-1

試以彎矩分配法分析圖 13-7-3 超靜定剛架的桿件彎矩與反力？當不平衡彎矩等於 0 或所有分配彎矩絕對值均小於 0.001t-m 時，停止演算。

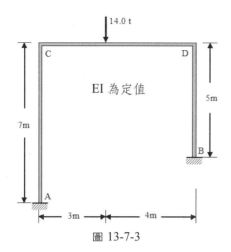

圖 13-7-3

解答：

超靜定剛架可能產生側移，因此於剛接點 C 置一虛擬滾支承防止側移如圖 13-7-4，以進行第一階段彎矩分配法分析。

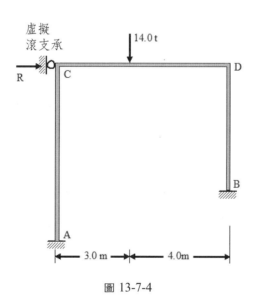

圖 13-7-4

分配因數： 依據各桿件的慣性矩計算相對彎曲勁度為

$$K_{AC} = I/7 \text{，} K_{BD} = I/5 \text{，} K_{CD} = I/7$$

匯集於剛接點 C 的桿件有 CA、CD 兩根，其彎矩分配因數為

$$DF_{CA} = \frac{K_{AC}}{K_{AC} + K_{CD}} = \frac{I/7}{I/7 + I/7} = 0.5$$

$$DF_{CD} = \frac{K_{CD}}{K_{AC} + K_{CD}} = \frac{I/7}{I/7 + I/7} = 0.5$$

匯集於剛接點 D 的桿件有 DC、DB 二根，其彎矩分配因數為

$$DF_{DC} = \frac{K_{CD}}{K_{CD} + K_{BD}} = \frac{I/7}{I/7 + I/5} = 0.416667$$

$$DF_{DB} = \frac{K_{BD}}{K_{CD} + K_{BD}} = \frac{I/5}{I/7 + I/5} = 0.553333$$

$$DF_{AC} = DF_{BD} = 0 \text{（固定端）}$$

固定端彎矩：按附錄 B 第 2 種載重情形，計算桿件 CD 的固定端彎矩為

$$FEM_{CD} = \frac{Pab^2}{L^2} = \frac{14(3)(4^2)}{7^2} = \frac{96}{7} = 13.714t\text{-}m \text{（逆鐘向）}$$

$$FEM_{DC} = -\frac{Pba^2}{L^2} = -\frac{14(4)(3^2)}{7^2} = -\frac{72}{7} = -10.286t\text{-}m \text{（順鐘向）}$$

桿件 AC、BD 因無載重，故其固定端彎矩均為 0，亦即

$$FEM_{AC} = FEM_{CA} = FEM_{BD} = FEM_{DB} = 0$$

彎矩分配表：將各桿件相對彎曲勁度、彎矩分配因數、固定端彎矩填入簡潔彎矩分配表如圖 13-7-5。

A	B		C	D	E	F	G	H
1	彎矩分配表							
2	節點		A	B	C		D	
3 次	桿件		AC	BD	CA	CD	DC	DB
4 數	相對彎曲勁度K		I/7	I/5	I/7	I/7	I/7	I/5
5	彎矩分配因數DF		0	0	0.500	0.500	0.417	0.583
6	固定端彎矩FEM		0.000	0.000	0.000	13.714	-10.286	0.000
7 1	分配彎矩(節點平衡)				-6.857	-6.857	4.286	6.000
8	傳遞彎矩		-3.429	3.000		2.143	-3.429	
9 2	分配彎矩(節點平衡)				-1.071	-1.071	1.429	2.000
10	傳遞彎矩		-0.536	1.000		0.714	-0.536	
11 3	分配彎矩(節點平衡)				-0.357	-0.357	0.223	0.313
12	傳遞彎矩		-0.179	0.156		0.112	-0.179	
13 4	分配彎矩(節點平衡)				-0.056	-0.056	0.074	0.104
14	傳遞彎矩		-0.028	0.052		0.037	-0.028	
15 5	分配彎矩(節點平衡)				-0.019	-0.019	0.012	0.016
16	傳遞彎矩		-0.009	0.008		0.006	-0.009	
17 6	分配彎矩(節點平衡)				-0.003	-0.003	0.004	0.005
18	傳遞彎矩		-0.001	0.003		0.002	-0.001	
19 7	分配彎矩(節點平衡)				-0.001	-0.001	0.001	0.001
20	傳遞彎矩		0.000	0.000		0.000	0.000	
21 8	分配彎矩(節點平衡)				0.000	0.000	0.000	0.000
22	最後桿端彎矩		-4.182	4.220	-8.364	8.364	-8.439	8.439

圖 13-7-5

平衡所有節點：由第 6 列的固定端彎矩可得節點 C、D 的不平衡彎矩為

$$UM_C = 13.714t\text{-}m，UM_D = -10.286t\text{-}m$$

按匯集於節點 C 的所有桿件的分配因數計得各桿件分配彎矩為

$$DM_{CA} = -DF_{CA}(UM_C) = -0.5(13.714) = -6.857\text{t-m}$$

$$DM_{CD} = -DF_{CD}(UM_C) = -0.5(13.714) = -6.857\text{t-m}$$

按匯集於節點 D 的所有桿件的分配因數計得各桿件分配彎矩為

$$DM_{DC} = -DF_{DC}(UM_D) = -0.416667\,(-10.286) = 4.286\text{t-m}$$

$$DM_{DB} = -DF_{DB}(UM_D) = -0.583333333\,(-10.286) = 6.0\text{t-m}$$

將節點 C、D 平衡的分配彎矩記錄於圖 13-7-5 簡潔彎矩分配表的第 7 列。

傳遞所有分配彎矩：將平衡節點 C、D 分配到桿件的分配彎矩按各桿件的傳遞因數傳遞於桿件的他端。各桿件傳遞彎矩計算如下：

$$CM_{AC} = \frac{1}{2}(DM_{CA}) = \frac{-6.857}{2} = -3.429\text{t-m}$$

$$CM_{BD} = \frac{1}{2}(DM_{DB}) = \frac{6}{2} = 3.0\text{t-m}$$

$$CM_{CD} = \frac{1}{2}(DM_{DC}) = \frac{4.286}{2} = 2.143\text{t-m}$$

$$CM_{DC} = \frac{1}{2}(DM_{CD}) = \frac{-6.857}{2} = -3.429\text{t-m}$$

將這些傳遞彎矩記錄於圖 13-7-5 簡潔彎矩分配表的第 8 列。

繼續進行平衡所有節點、傳遞所有分配彎矩等演算直到第 8 次（如第 21 列）平衡節點 C、D 時，因為分配彎矩絕對值均小於 0.001t-m，故停止演算。總和各桿件端的固定端彎矩、分配彎矩、傳遞彎矩即得各樑端的平衡彎矩（如第 22 列）。

由圖 13-7-5 得圖 13-7-4 的虛擬滾支承反力 R 為

$$R = \frac{M_{AC}+M_{CA}}{7} + \frac{M_{BD}+M_{DB}}{5} = \frac{-4.182-8.364}{7} + \frac{4.220+8.439}{5} = 0.739514\text{t}\leftarrow$$

若圖 13-7-3 整個剛架向右產生一個側移量Δ，則桿件 AC、BD 兩端各引生固定端彎矩為

$$FEM_{AC} = FEM_{CA} = \frac{6EI\Delta}{7^2}\;,\; FEM_{BD} = FEM_B = \frac{6EI\Delta}{5^2}$$

因為各桿件彈性係數 E 與慣性矩 I 均相等，故不論側移量Δ為何，該兩個固定端彎矩的比例為（1/49）：（1/25）或 25：49，如各取 25t-m、49t-m 或各取 50t-m、98t-m 均符合比例。今取 $FEM_{AC} = FEM_{CA} = 50\text{t-m}$，$FEM_{BD} = FEM_{DB} = 98\text{t-m}$ 進行彎矩分配如圖 13-7-6。

由圖 13-7-6 得桿件 AC、BD 各施加固定端彎矩 50t-m、98t-m 相當於剛接點 C 或 D 施加向右水平力 Q 為

$$Q = \frac{M_{AC} + M_{CA}}{7} + \frac{M_{BD} + M_{DB}}{5} = \frac{42.198 + 34.396}{7} + \frac{71.693 + 45.385}{5} = 34.3576t \rightarrow$$

$$\frac{R}{Q} = \frac{0.739514}{34.357} = -0.0215244$$

依據公式（13-7-4）得

$$M_{AC} = -4.182 + (-0.0215244)(42.198) = -5.090\text{t-m}$$

$$M_{CA} = -8.364 + (-0.0215244)(34.396) = -9.105\text{t-m}$$

$$M_{BD} = 4.220 + (-0.0215244)(71.693) = 2.677\text{t-m}$$

$$M_{DB} = 8.439 + (-0.0215244)(45.385) = 7.463\text{t-m}$$

$$M_{CD} = 8.364 + (-0.0215244)(-34.396) = 9.105\text{t-m}$$

$$M_{DC} = -8.439 + (-0.0215244)(-45.385) = -7.463\text{t-m}$$

	A	B	C	D	E	F	G	H
1			彎矩分配表					
2		節點	A	B	C		D	
3	次數	桿件	AC	BD	CA	CD	DC	DB
4		相對彎曲勁度K	I/7	I/5	I/7	I/7	I/7	I/5
5		彎矩分配因數DF	0	0	0.500	0.500	0.417	0.583
6		固定端彎矩FEM	50.000	98.000	50.000	0.000	-40.833	98.000
7	1	分配彎矩(節點平衡)			-25.000	-25.000	-40.833	-57.167
8		傳遞彎矩	-12.500	-28.583		-20.417	-12.500	
9	2	分配彎矩(節點平衡)			10.208	10.208	5.208	7.292
10		傳遞彎矩	5.104	3.646		2.604	5.104	
11	3	分配彎矩(節點平衡)			-1.302	-1.302	-2.127	-2.977
12		傳遞彎矩	-0.651	-1.489		-1.063	-0.651	
13	4	分配彎矩(節點平衡)			0.532	0.532	0.271	0.380
14		傳遞彎矩	0.266	0.190		0.136	0.266	
15	5	分配彎矩(節點平衡)			-0.068	-0.068	-0.111	-0.155
16		傳遞彎矩	-0.034	-0.078		-0.055	-0.034	
17	6	分配彎矩(節點平衡)			0.028	0.028	0.014	0.020
18		傳遞彎矩	0.014	0.010		0.007	0.014	
19	7	分配彎矩(節點平衡)			-0.004	-0.004	-0.006	-0.008
20		傳遞彎矩	-0.002	-0.004		-0.003	-0.002	
21	8	分配彎矩(節點平衡)			0.001	0.001	0.001	0.001
22		傳遞彎矩	0.001	0.001		0.000	0.001	
23	9	分配彎矩(節點平衡)			0.000	0.000	0.000	0.000
24		最後桿端彎矩	42.198	71.693	34.396	-34.396	-45.385	45.385

圖 13-7-6

圖 13-7-7(a)為剛接點 C、D 及各桿件的自由體。

桿件 AC 套用平衡方程式

$$\Sigma M_A^{AC} = 0 \text{ 得 } C_X(7) - 5.09 - 9.105 = 0 \text{，解得 } C_X = 2.028t \leftarrow$$

$$\Sigma F_X^{AC} = 0 \text{ 得 } A_X + 2.028 = 0 \text{，解得 } A_X = -2.028t \rightarrow$$

桿件 CD 套用平衡方程式

$$\Sigma M_C^{CD} = 0 \text{ 得 } D_Y(7) - 7.463 + 9.105 - 14(3) = 0 \text{，解得 } D_Y = 5.765t \uparrow$$

$$\Sigma F_Y^{CD} = 0 \text{ 得 } C_Y + 5.765 - 14 = 0 \text{，解得 } C_Y = 8.235t \uparrow$$

桿件 BD 套用平衡方程式

$$\Sigma M_B^{BD} = 0 \text{ 得 } -D_X(5) + 7.463 + 2.677 = 0 \text{，解得 } D_X = 2.028t \rightarrow$$

$$\Sigma F_X^{BD} = 0 \text{ 得 } B_X + 2.028 = 0 \text{，解得 } B_X = -2.028t \leftarrow$$

各桿件、剛接點及支承點的反力如圖 13-7-7(b)。

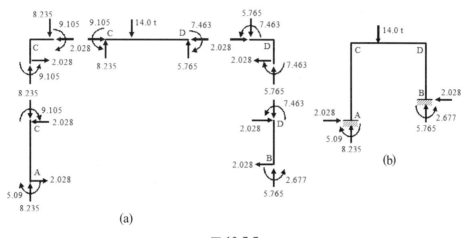

圖 13-7-7

例題 13-7-2

試以彎矩分配法分析圖 13-7-8 超靜定剛架的桿件彎矩與反力？當不平衡彎矩等於 0 或所有分配彎矩絕對值均小於 0.001t-m 時，停止演算。

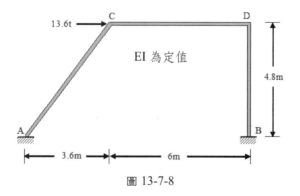

圖 13-7-8

解答：

    分配因數： 依據各桿件的慣性矩計算相對彎曲勁度為

$$K_{AC} = K_{CD} = I/6 \text{，} K_{BD} = I/4.8$$

匯集於剛接點 C 的桿件有 CA、CD 兩根，其彎矩分配因數為

$$DF_{CA} = \frac{K_{AC}}{K_{AC} + K_{CD}} = \frac{I/6}{I/6 + I/6} = 0.5$$

$$DF_{CD} = \frac{K_{CD}}{K_{AC} + K_{CD}} = \frac{I/6}{I/6 + I/6} = 0.5$$

匯集於剛接點 D 的桿件有 DC、DB 二根，其彎矩分配因數為

$$DF_{DC} = \frac{K_{CD}}{K_{CD} + K_{BD}} = \frac{I/6}{I/6 + I/4.8} = 0.444444$$

$$DF_{DB} = \frac{K_{BD}}{K_{CD} + K_{BD}} = \frac{I/4.8}{I/6 + I/4.8} = 0.555556$$

$$K_{AC} = K_{BD} = 0 \text{（固定端）}$$

固定端彎矩： 剛接點 C、D 旋轉與側移後的彈性曲線如圖 13-7-9，如果剛接點 D 垂直於桿件 BD 的側移量為 Δ，則剛接點 C 垂直於桿件 AC 的側移量為 5Δ/4，剛接點 D 垂直於桿件 CD 的側移量為 3Δ/4。

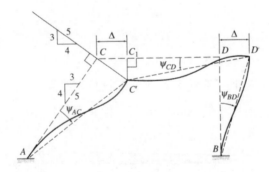

圖 13-7-9

因這些側移量引生的桿件桿端固定端彎矩為

$$FEM_{AC} = FEM_{CA} = \frac{6EI}{6^2}\left(\frac{5\Delta}{4}\right) = \frac{5EI\Delta}{24}$$

$$FEM_{CD} = FEM_{DC} = -\frac{6EI}{6^2}\left(\frac{3\Delta}{4}\right) = -\frac{3EI\Delta}{24}$$

$$FEM_{BD} = FEM_{DB} = \frac{6EI\Delta}{4.8^2} = \frac{EI\Delta}{3.84}$$

如果令 $EI\Delta = 144$t-m，則得

$$FEM_{AC} = FEM_{CA} = 30\text{t-m}，FEM_{CD} = FEM_{DC} = -18\text{t-m}，$$

$$FEM_{BD} = FEM_{DB} = 37.5\text{t-m}$$

彎矩分配表：將各桿件相對彎曲勁度、彎矩分配因數、固定端彎矩填入簡潔彎矩分配表如圖 13-7-10。

平衡所有節點：由第 6 列的固定端彎矩可得節點 C、D 的不平衡彎矩為

$$UM_C = 30 - 18 = 12\text{t-m}，UM_D = -18 + 37.5 = 19.5\text{t-m}$$

按匯集於節點 C 的所有桿件的分配因數計得各桿件分配彎矩為

$$DM_{CA} = -DF_{CA}\,(UM_C) = -0.5(12) = -6\text{t-m}$$

$$DM_{CD} = -DF_{CD}\,(UM_C) = -0.5(12) = -6\text{t-m}$$

按匯集於節點 D 的所有桿件的分配因數計得各桿件分配彎矩為

$$DM_{DC} = -DF_{DC}\,(UM_D) = -0.444444(19.5) = -8.667\text{t-m}$$

$$DM_{DB} = -DF_{DB}\,(UM_D) = -0.455556(19.5) = -10.833\text{t-m}$$

將節點 C、D 平衡的分配彎矩記錄於圖 13-7-10 簡潔彎矩分配表的第 7 列。

	A	B		C			D	
	節點	A	B		C			D	
	桿件	AC	BD	CA	CD	DC	DB
	相對彎曲勁度K	I/6	I/4.8	I/6	I/6	I/6	I/4.8
	彎矩分配因數DF	0	0	0.500	0.500	0.444	0.556
	固定端彎矩FEM	30.000	37.500	30.000	-18.000	-18.000	37.500
1	分配彎矩(節點平衡)			-6.000	-6.000	-8.667	-10.833
	傳遞彎矩	-3.000	-5.417		-4.333	-3.000	
2	分配彎矩(節點平衡)			2.167	2.167	1.333	1.667
	傳遞彎矩	1.083	0.833		0.667	1.083	
3	分配彎矩(節點平衡)			-0.333	-0.333	-0.481	-0.602
	傳遞彎矩	-0.167	-0.301		-0.241	-0.167	
4	分配彎矩(節點平衡)			0.120	0.120	0.074	0.093
	傳遞彎矩	0.060	0.046		0.037	0.060	
5	分配彎矩(節點平衡)			-0.019	-0.019	-0.027	-0.033
	傳遞彎矩	-0.009	-0.017		-0.013	-0.009	
6	分配彎矩(節點平衡)			0.007	0.007	0.004	0.005
	傳遞彎矩	0.003	0.003		0.002	0.003	
7	分配彎矩(節點平衡)			-0.001	-0.001	-0.001	-0.002
	傳遞彎矩	-0.001	-0.001		-0.001	-0.001	
8	分配彎矩(節點平衡)			0.000	0.000	0.000	0.000
	最後桿端彎矩	27.970	32.647	25.941	-25.941	-27.794	27.794

圖 13-7-10

傳遞所有分配彎矩：將平衡節點 C、D 分配到桿件的分配彎矩按各桿件的傳遞因數傳遞於桿件的他端。各桿件傳遞彎矩計算如下：

$$CM_{AC} = \frac{1}{2}(DM_{CA}) = \frac{-6}{2} = -3\text{t-m}$$

$$CM_{BD} = \frac{1}{2}(DM_{DB}) = -\frac{10.833}{2} = -5.417\text{t-m}$$

$$CM_{CD} = \frac{1}{2}(DM_{DC}) = \frac{-8.667}{2} = -4.333\text{t-m}$$

$$CM_{DC} = \frac{1}{2}(DM_{CD}) = \frac{-6}{2} = -3\text{t-m}$$

將這些傳遞彎矩記錄於圖 13-7-10 簡潔彎矩分配表的第 8 列。

繼續進行平衡所有節點、傳遞所有分配彎矩等演算直到第 8 次（如第 21 列）平衡節點 C、D 時，所有分配彎矩絕對值均小於 0.001t-m，故停止演算。總和各桿件端的固定端彎矩、分配彎矩、傳遞彎矩即得各樑端的平衡彎矩（如第 22 列）。

由圖 13-7-11 的剛架自由體圖，首先計算桿件 CD 的桿端剪力為

$$S_{CD} = \frac{25.941 + 27.794}{6} = 8.956\text{t}$$

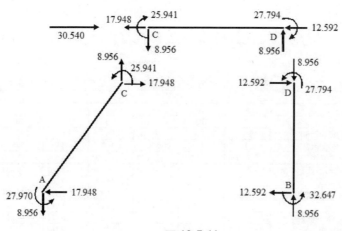

圖 13-7-11

桿件 AC 的水平剪力 H_{AC} 及桿件 BD 的水平剪力 H_{BD} 分別為

$$H_{AC} = \frac{25.941 + 27.971 + 8.956(3.6)}{4.8} = 17.948t$$

$$H_{BD} = \frac{27.794 + 32.647}{4.8} = 12.592t$$

桿件 CD 的總水平剪力 R 為 $R = H_{AC} + H_{BD} = 17.948 + 12.592 = 30.540t$

圖 13-7-10 簡潔彎矩分配表的各桿端彎矩，相當於剛接點 C 或 D 施加 30.54t 的水平作用力所致。當實際水平作用力為 13.6t 時，各桿桿端彎矩可按比例縮放之，而得各桿件彎矩如下：

$$M_{AC} = 27.790(13.6/30.54) = 12.456\text{t-m}$$

$$M_{CA} = 25.941(13.6/30.54) = 11.552\text{t-m}$$

$$M_{CD} = -25.941(13.6/30.54) = -11.552\text{t-m}$$

$$M_{DC} = -27.794(13.6/30.54) = -12.377\text{t-m}$$

$$M_{BD} = 32.647(13.6/30.54) = 14.538\text{t-m}$$

$$M_{DB} = 27.794(13.6/30.54) = 12.377\text{t-m}$$

圖 13-7-12(a)為剛接點 C、D 及各桿件的自由體。

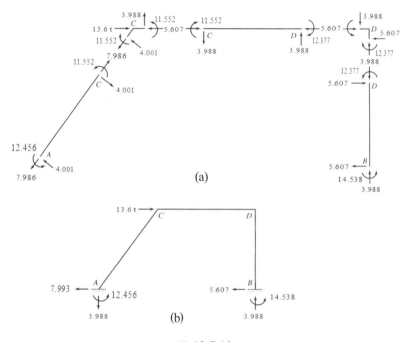

(a)

(b)

圖 13-7-12

桿件 AC 套用平衡方程式

$\Sigma M_A^{AC} = 0$ 得 $C_X(6) + 12.456 + 11.552 = 0$，解得 $C_X = -4.001t$（右下）

$\Sigma F_X^{AC} = 0$ 得 $A_X - 4.001 = 0$，解得 $A_X = 4.001t$（左上）

桿件 CD 套用平衡方程式

$\Sigma M_C^{CD} = 0$ 得 $D_Y(6) - 12.377 - 11.552 = 0$，解得 $D_Y = 3.988t \uparrow$

$\Sigma F_Y^{CD} = 0$ 得 $C_Y + 3.988 = 0$，解得 $C_Y = -3.988t \downarrow$

桿件 BD 套用平衡方程式

$\Sigma M_B^{BD} = 0$ 得 $-D_X(4.8) + 12.377 + 14.538 = 0$，解得 $D_X = 5.607t \rightarrow$

$\Sigma F_X^{BD} = 0$ 得 $B_X + 5.067 = 0$，解得 $B_X = -5.067t \leftarrow$

斜桿件 AC 軸心力 F_{AC} 計算，就剛接點 C 的平衡方程式

$\Sigma F_Y = 0$ 得 $-F_{AC}(0.8) + 4.001(0.6) + 3.988 = 0$ 解得 $F_{AC} = 7.986t$（張力）

各桿件、剛接點及支承點的反力如圖 13-7-12(b)。

13-8 多層剛架彎矩分配法

多層無側移剛架與單層無側移剛架分析，除剛接點數增多外，尚無技術上差異；圖 13-8-1(a)兩層剛架中每一層有一個側移量，則其彎矩分配法可分三階段分析之。

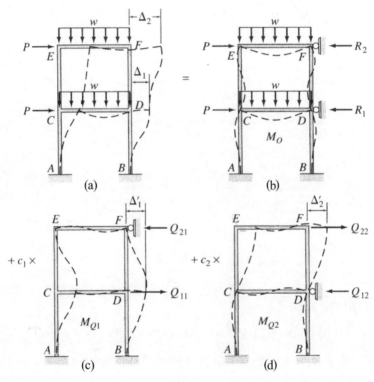

圖 13-8-1

第一階段在各層加一虛擬滾支承以防止任何側移的發生如圖 13-8-1(b)，剛架因承受載重的彎矩分配結果得各桿桿端彎矩為 M_O 及虛擬支承反力 R_1、R_2；第二階段移除底層虛擬支承，使發生某一側移量 Δ_1 如圖 13-8-1(c)，並僅以該假設側移量在各桿件引生的固定端彎矩進行彎矩分配，得各桿桿端彎矩為 M_{Q1}、底層水平剪力 Q_{11} 及虛擬支承反力 Q_{21}；第三階段移除第二層虛擬支承，使發生某一側移量 Δ_2 如圖 13-8-1(d)，並

僅以該假設側移量在各桿件引生的固定端彎矩進行彎矩分配，得各桿桿端彎矩為 M_{Q2}、底層虛擬支承反力 Q_{12} 及第二層水平剪力 Q_{22}。經此三個階段的彎矩分配，可得各桿件最終彎矩 M 為

$$M = M_0 + c_1 M_{Q1} + c_2 M_{Q2}$$ （13-8-1）

其中係數 c_1、c_2 可解下列聯立方程式求得之。

$$\begin{cases} R_1 + c_1 Q_{11} + c_2 Q_{12} = 0 \\ R_2 + c_1 Q_{21} + c_2 Q_{22} = 0 \end{cases}$$ （13-8-2）

如果剛架的層數增加則比照增加分析階段數，與聯立方程式的未知數。

例題 13-8-1

試以彎矩分配法分析圖 13-8-2 超靜定剛架的桿件彎矩與反力？

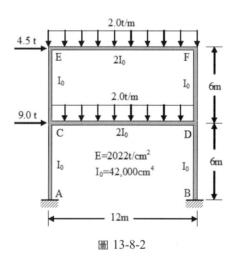

圖 13-8-2

解答：

分配因數：依據各桿件的慣性矩計算相對彎曲勁度為

$$K_{AC} = K_{BD} = K_{CE} = K_{DF} = I_0/6 \text{，} K_{CD} = K_{EF} = 2I_0/12 = I_0 6$$

匯集於剛接點 C 的桿件有 CA、CD、CE 三根，其彎矩分配因數為

$$DF_{CA} = \frac{K_{AC}}{K_{AC} + K_{CD} + K_{CE}} = \frac{I_0/6}{I_0/6 + I_0/6 + I_0/6} = 0.333333$$

$$DF_{CD} = \frac{K_{CD}}{K_{AC} + K_{CD} + K_{CE}} = \frac{I_0/6}{I_0/6 + I_0/6 + I_0/6} = 0.333334$$

$$DF_{CE} = \frac{K_{CE}}{K_{AC} + K_{CD} + K_{CE}} = \frac{I_0/6}{I_0/6 + I_0/6 + I_0/6} = 0.333333$$

匯集於剛接點 D 的桿件有 DB、DC、DF 三根，其彎矩分配因數為

$$DF_{DB} = \frac{K_{DB}}{K_{DB} + K_{CD} + K_{DF}} = \frac{I_0/6}{I_0/6 + I_0/6 + I_0/6} = 0.333333$$

$$DF_{DC} = \frac{K_{DC}}{K_{DB} + K_{CD} + K_{DF}} = \frac{I_0/6}{I_0/6 + I_0/6 + I_0/6} = 0.333334$$

$$DF_{DF} = \frac{K_{DF}}{K_{DB} + K_{CD} + K_{DF}} = \frac{I_0/6}{I_0/6 + I_0/6 + I_0/6} = 0.333333$$

匯集於剛接點 E 的桿件有 EC、EF 二根，其彎矩分配因數為

$$DF_{EC} = \frac{K_{CE}}{K_{CE} + K_{EF}} = \frac{I_0/6}{I_0/6 + I_0/6} = 0.5$$

$$DF_{EF} = \frac{K_{EF}}{K_{CE} + K_{EF}} = \frac{I_0/6}{I_0/6 + I_0/6} = 0.5$$

匯集於剛接點 F 的桿件有 FD、FE 二根，其彎矩分配因數為

$$DF_{FE} = \frac{K_{EF}}{K_{EF} + K_{DF}} = \frac{I_0/6}{I_0/6 + I_0/6} = 0.5$$

$$DF_{FD} = \frac{K_{DF}}{K_{EF} + K_{DF}} = \frac{I_0/6}{I_0/6 + I_0/6} = 0.5$$

$$DF_{AC} = DF_{BD} = 0（固定端）$$

固定端彎矩：僅橫樑 CD、EF 有固定端彎矩，所有豎柱的固定端彎矩均為 0。

$$FEM_{CD} = FEM_{EF} = \frac{wL^2}{12} = \frac{2(12^2)}{12} = 24t\text{-}m$$

$$FEM_{DC} = FEM_{FE} = -\frac{wL^2}{12} = -\frac{2(12^2)}{12} = -24t\text{-}m$$

$$FEM_{AC} = FEM_{CA} = FEM_{BD} = FEM_{DB} = 0$$

$$FEM_{CE} = FEM_{EC} = FEM_{FD} = FEM_{DF} = 0$$

第一階段（防止側移）彎矩分配：將各桿件相對彎曲勁度、彎矩分配因數、固定端彎矩填入簡潔彎矩分配表，進行彎矩分配結果如下表。

AC	CA	BD	DB	CD	DC
− 3.429	− 6.857	3.429	6.857	20.571	− 20.571
CE	EC	DF	FD	EF	FE
− 13.714	− 17.143	13.714	17.143	17.143	− 17.143

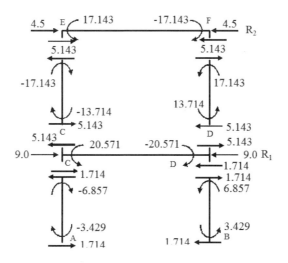

圖 13-8-3

由圖 13-8-3 的桿件自由體圖可得

$$S_{EC} = (-17.143 - 13.714)/6 = -5.143t \leftarrow$$

$$S_{FD} = (17.143 + 13.714)/6 = 5.143t \rightarrow$$

由 $\Sigma F_X^{EF} = 0$ 得 $4.5 - 5.143 + 5.143 + R_2 = 0$，解得 $R_2 = -4.5t \leftarrow$

$$S_{CA} = (-6.875 - 3.429)/6 = -1.714t \leftarrow$$

$$S_{DB} = (6.875 + 3.429)/6 = 1.714t \rightarrow$$

由 $\Sigma F_X^{CD} = 0$ 得 $9.0 - 5.143 + 5.143 - 1.714 + 1.714 + R_1 = 0$，解得 $R_1 = -9.0t \leftarrow$

第二階段（僅允許剛接點 C、D 側移）彎矩分配：

因為各垂直桿件長度相同及剛接點 C、D 側移量相同，故因側移而引生的固定端彎矩絕對值相同，順鐘向的旋轉角產生逆鐘向彎矩，逆鐘向的旋轉角產生順鐘向彎矩。假設彎矩絕對值為 30t-m，進行彎矩分配得分配結果如下表。

AC	CA	BD	DB	CD	DC
−29.118	−28.235	−29.118	−28.235	2.647	2.647
CE	EC	DF	FD	EF	FE
25.588	18.529	25.588	18.529	−18.529	−18.529

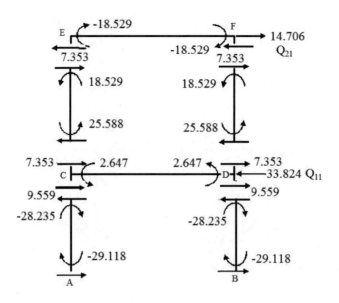

圖 13-8-4

由圖 13-8-4 的桿件自由體圖可得

$$S_{EC} = S_{FD} = (18.529 + 25.588)/6 = 7.353t \rightarrow$$

由 $\Sigma F_X^{EF} = 0$ 得 $-7.353 - 7.353 + Q_{21} = 0$，解得 $Q_{21} = 14.706t \rightarrow$

$$S_{CA} = S_{DB} = (-28.235 - 29.118)/6 = -9.559t \leftarrow$$

由 $\Sigma F_X^{CD} = 0$ 得 $7.353 + 7.353 + 9.559 + 9.559 + Q_{11} = 0$，解得 $Q_{11} = -33.824t \leftarrow$

第三階段（僅允許剛接點 E、F 側移）彎矩分配：

因為各垂直桿件長度相同及剛接點 E、F 側移量相同，故僅桿件 CE、DF 引生固定端彎矩，假設彎矩絕對值為 30t-m，進行彎矩分配得分配結果如下表。

AC	CA	BD	DB	CD	DC
3.529	7.059	3.529	7.059	10.588	10.588
CE	EC	DE	FD	EF	FE
−17.647	−15.882	−17.647	−15.882	15.882	15.882

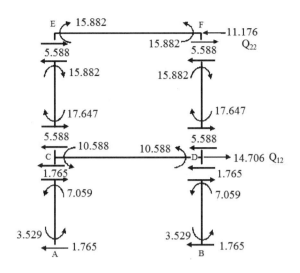

圖 13-8-5

由圖 13-8-5 的桿件自由體圖可得

$$S_{EC} = S_{FD} = (-15.882 - 17.647)/6 = -5.588t \leftarrow$$

由 $\Sigma F_X^{EF} = 0$ 得 $5.588 + 5.588 + Q_{22} = 0$，解得 $Q_{22} = -11.176t \leftarrow$

$$S_{CA} = S_{DB} = (7.059 + 3.529)/6 = 1.714t \rightarrow$$

由 $\Sigma F_X^{CD} = 0$ 得 $-5.588 - 5.588 - 1.714 - 1.714 + Q_{21} = 0$，解得 $Q_{12} = 14.706t \rightarrow$

依公式（13-8-2）得

$$\begin{cases} -9.0 - 33.824c_1 + 14.706c_2 = 0 \\ -4.5 + 14.706c_1 - 11.176c_2 = 0 \end{cases}，解得 \begin{cases} c_1 = -1.031 \\ c_2 = -1.759 \end{cases}$$

依公式（13-8-1）可計得各桿最後的桿件彎矩。例如，桿件 AC 在 A 端彎矩 M_{AC} 計算如下，其餘各桿彎矩如下表

$$M_{AC} = -3.429 + (-1.031)(-29.118) + (-1.759)(3.529) = 20.381\text{t-m}$$

AC	CA	BD	DB	CD	DC
20.381	9.833	27.238	23.548	−0.783	−41.926
CE	EC	DF	FD	EF	FE
−9.050	−8.307	18.378	25.979	8.307	−25.979

圖 13-8-6(a)為剛接點 C、D、E、F 及各桿件的自由體。再依平衡方程式計得桿件剪力，軸心力及支承反力如圖 13-8-6(b)。

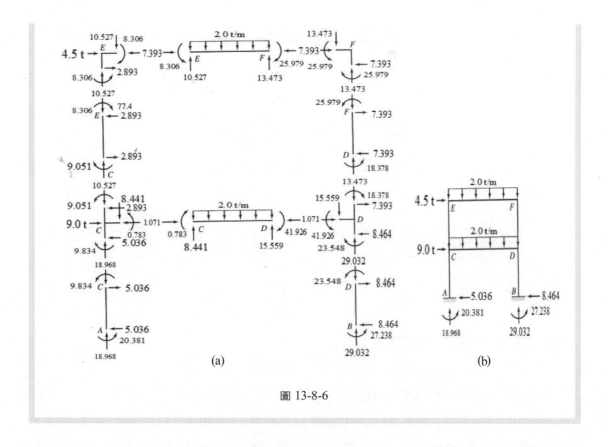

(a)　　　　　　　　　　　　　　　　　(b)

圖 13-8-6

13-9　多層多間剛架分配法程式使用説明

　　不含斜桿的剛架是最常遇見的結構分析問題，其分析方法可如前述分階段求解法，n 層無斜桿剛架需要進行 n 次彎矩分配，並解 n 元一次聯立方程式。多層多間剛架彎矩分配程式採用 Morris 演算法，每平衡所有節點一次即進行各層剪力平衡，直到彎矩分配誤差小於指定值。

　　使結構分析軟體試算表以外空白試算表處於作用中（Active）。選擇☞結構分析／彎矩分配法／多層多間剛架彎矩分配法／建立多層多間剛架彎矩分配法試算表☜出現圖 13-9-1 輸入畫面。以例題 13-8-1 為例，輸入平面剛架跨間數（1）、平面剛架樓層數（2）、相對 EI 值（1）、均佈載重個數（2）、集中載重個數（0）、最小彎矩改變量（0.001）及小數位數（3）等資料後，單擊「建立多層多間剛架彎矩分配試算表」鈕，即可產生圖 13-9-2 的多層多間剛架彎矩分配試算表。

13

圖 13-9-1

	A	B	C	D	E	F	G
3	多層多間平面剛架彎矩分配法試算表						
4	跨間數	1	樓層數	2	停止演算的側移固端彎矩值		0.001
5	均佈載重個數	2	集中載重個數	0			
6	跨間(由左而右)	跨間1					
7	跨間寬	12.000					
8	樓層(由頂而底)	樓層1	樓層2				
9	樓層高	6.000	6.000				
10	頂層(由左而右)	橫樑1					
11	橫樑相對EI值	2.000					
12	2層(由左而右)	橫樑2					
13	橫樑相對EI值	2.000					
14	頂層(由左而右)	豎柱1	豎柱2				
15	豎柱相對EI值	1.000	1.000				
16	2層(由左而右)	豎柱3	豎柱4				
17	豎柱相對EI值	1.000	1.000				
18	底層(由左而右)	豎柱1	豎柱2				
19	底層柱底	固定支承	固定支承				
20	樓層(由頂而底)	1層	2層				
21	水平力(右正)	4.500	9.000				
22	均佈載重編號	在橫樑	均佈載重(下正)				
23	1	1	2.000				
24	2	1	2.000				

圖 13-9-2

　　圖 13-9-2 的跨間由左而右按序編為跨間 1、跨間 2、跨間 3 等並輸入各跨間的寬度；樓層則由上而下按序編為樓層 1、樓層 2、樓層 3 等並輸入各樓層的高度；橫樑則由頂層開始按橫樑 1、橫樑 2、橫樑 3 依序編號，下一樓層接續上一樓層的橫樑編號之；豎柱編號亦如橫樑由頂樓逐層編號，每層也由左而右。本程式並不計算節點的移位量或撓角量，故僅需輸入各桿件的相對 EI 值。全剛架的彈性係數相同，且橫樑的慣性矩為豎柱的兩倍，故橫樑的相對 EI 值為豎柱相對 EI 值得 2 倍如圖 13-9-2。另外可以選擇底層豎柱的支承情形。最後輸入各樓層節點承受的載重及各橫樑的集中或均佈載重。

　　結構及載重資料輸入後，選擇☞結構分析／彎矩分配法／多層多間剛架彎矩分配法／進行多層多間剛架彎矩分配法演算✍，演算結果如圖 13-9-3。先顯示各橫樑的左、右彎矩及反力，再顯示各豎柱的上下彎矩與反力。其結果與例題 13-8-1 的結果相符。

　　圖 13-9-4 為一個四個跨間三層樓高的剛架，其右上方部分桿件的慣性矩為 0，表

示並無桿件存在。但是整個剛架的橫樑數仍為 12 根，豎柱則有 15 支，因此不存在的橫樑或豎柱的慣性矩值以 0 表示之。剛架中不可有中空的現象，即不可以橫樑 1 為實樑，而其下的橫樑或豎柱卻為虛樑或虛柱。

	A	B	C	D	E	F	G
26			Morris 演算結果				
27	橫樑	左彎矩(逆正)	右彎矩(逆正)	左反力(上正)	右反力(上正)		
28	1	8.307	-25.979	10.527	13.473		
29	2	-0.782	-41.925	8.441	15.559		
30	豎柱	上彎矩(逆正)	下彎矩(逆正)	上反力(左正)	下反力(右正)		
31	1	-8.307	-9.051	2.893	2.893		
32	2	25.979	18.378	-7.393	-7.393		
33	3	9.834	20.380	-5.036	-5.036		
34	4	23.548	27.238	-8.464	-8.464		

圖 13-9-3

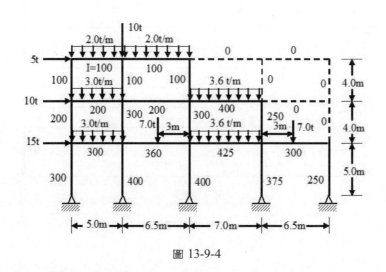

圖 13-9-4

多層多間剛架彎矩分配程式僅能處理橫樑承受均布或集中載重，其能承受節點的水平載重，而豎柱不可承受水平載重。圖 13-9-4 中第 1 橫樑與第 2 橫樑間的垂直集中載重 10t 可以視同橫樑 1 的載重（距離左端點 6.5m）或橫樑 2 的載重（距離左端點 0m）。圖 13-9-5 為圖 13-9-4 多層多間剛架彎矩分配試算表，載重資料如圖 13-9-6。運算結果如圖 13-9-7，虛的橫樑或豎柱均無列出。

	A	B	C	D	E	F	G
3	多層多間平面剛架彎矩分配法試算表						
4	跨間數	4	樓層數	3	停止演算的側移固端彎矩值		0.001
5	均佈載重個數	6	集中載重個數	3			
6	跨間(由左而右)	跨間1	跨間2	跨間3	跨間4		
7	跨間寬	5.000	6.500	7.000	6.500		
8	樓層(由頂而底)	樓層1	樓層2	樓層3			
9	樓層高	4.000	4.000	5.000			
10	頂層(由左而右)	橫樑1	橫樑2	橫樑3	橫樑4		
11	橫樑相對EI值	100.000	100.000	0.000	0.000		
12	2層(由左而右)	橫樑5	橫樑6	橫樑7	橫樑8		
13	橫樑相對EI值	200.000	200.000	200.000	0.000		
14	3層(由左而右)	橫樑9	橫樑10	橫樑11	橫樑12		
15	橫樑相對EI值	300.000	360.000	425.000	300.000		
16	頂層(由左而右)	豎柱1	豎柱2	豎柱3	豎柱4	豎柱5	
17	豎柱相對EI值	100.000	100.000	100.000	0.000	0.000	
18	2層(由左而右)	豎柱6	豎柱7	豎柱8	豎柱9	豎柱10	
19	豎柱相對EI值	200.000	300.000	300.000	250.000	0.000	
20	3層(由左而右)	豎柱11	豎柱12	豎柱13	豎柱14	豎柱15	
21	豎柱相對EI值	300.000	400.000	400.000	375.000	250.000	
22	底層(由左而右)	豎柱1	豎柱2	豎柱3	豎柱4	豎柱5	
23	底層柱底	鉸支承	鉸支承	鉸支承	鉸支承	鉸支承	

圖 13-9-5

	A	B	C	D	E	F	G
24	樓層(由頂而底)	1層	2層	3層			
25	水平力(右正)	5.000	10.000	15.000			
26	均佈載重編號	在橫樑	均佈載重(下正)				
27	1	1	2.000				
28	2	2	2.000				
29	3	5	3.000				
30	4	7	3.600				
31	5	9	3.000				
32	6	11	3.600				
33	集中載重編號	在橫樑	集中載重(下正)	距離左端點	距離右端點		
34	1	1	10.000	5.000	0.000		
35	2	10	7.000	3.500	3.000		
36	3	12	7.000	3.000	3.500		

圖 13-9-6

	A	B	C	D	E	F	G
38	Morris 演算結果						
39	橫樑	左彎矩(逆正)	右彎矩(逆正)	左反力(上正)	右反力(上正)		
40	1	-1.476	-9.349	2.835	17.165		
41	2	5.406	-6.680	6.304	6.696		
42	5	-3.503	-13.438	4.112	10.888		
43	6	-6.178	-8.801	-2.304	2.304		
44	7	1.965	-18.954	10.173	15.027		
45	9	-20.768	-30.137	-2.681	17.681		
46	10	-14.946	-27.260	-3.263	10.263		
47	11	-8.122	-36.033	6.292	18.908		
48	12	-9.803	-21.918	-1.111	8.111		
49	豎柱	上彎矩(逆正)	下彎矩(逆正)	上反力(左正)	下反力(右正)		
50	1	1.477	0.817	-0.573	-0.573		
51	2	3.943	4.456	-2.100	-2.100		
52	3	6.680	2.628	-2.327	-2.327		
53	6	2.687	-1.838	-0.212	-0.212		
54	7	15.161	8.679	-5.960	-5.960		
55	8	4.208	1.159	-1.342	-1.342		
56	9	18.954	10.990	-7.486	-7.486		
57	11	22.607	0.000	-4.521	-4.521		
58	12	36.405	0.000	-7.281	-7.281		
59	13	34.224	0.000	-6.845	-6.845		
60	14	34.846	0.000	-6.969	-6.969		
61	15	21.918	0.000	-4.384	-4.384		

圖 13-9-7

選擇☞結構分析／彎矩分配法／多層多間剛架彎矩分配法／列印多層多間剛架彎矩分配法演算結果☜可將試算表印出。

習　題

★★★習題詳解請參閱 ST13 習題詳解.doc 與 ST13 習題詳解.xls 電子檔★★★

1. 試以彎矩分配法分析超靜定連續樑？各樑段彈性係數與慣性矩均相同，當所有分配彎矩的絕對值均小於 0.01t-m 時，停止演算。（圖一）

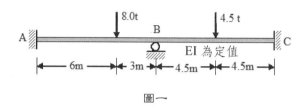

圖一

2. 試以彎矩分配法分析超靜定連續樑？各樑段彈性係數與慣性矩均相同，當所有分配彎矩的絕對值均小於 0.01t-m 時，停止演算。（圖二）

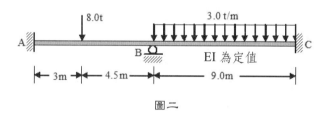

圖二

3. 試以彎矩分配法分析超靜定連續樑？彈性係數均相同，但樑段 BE 的慣性矩為樑段 AB 的 2 倍，當所有分配彎矩的絕對值均小於 0.01t-m 時，停止演算。（圖三）

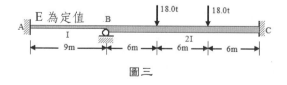

圖三

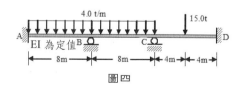

圖四

4. 試以彎矩分配法分析超靜定連續樑？各樑段彈性係數與慣性矩均相同，當所有分配彎矩的絕對值均小於 0.01t-m 時，停止演算。（圖四）

5. 試以彎矩分配法分析超靜定連續樑？彈性係數均相同，但樑段 BC 的慣性矩為樑段 AB 的 2 倍，當所有分配彎矩的絕對值均小於 0.01t-m 時，停止演算。（圖五）

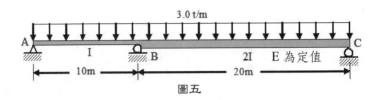

圖五

6. 試以彎矩分配法分析超靜定連續樑？彈性係數均相同，但樑段 BC 的慣性矩為樑段 AB、CD 的 2 倍，當所有分配彎矩的絕對值均小於 0.01t-m 時，停止演算。（圖六）

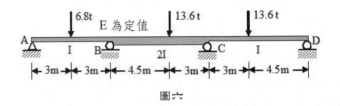

圖六

7. 試以彎矩分配法分析超靜定連續樑？彈性係數均相同，但樑段 BC 的慣性矩為樑段 AB、CD 的 2 倍，當所有分配彎矩的絕對值均小於 0.01t-m 時，停止演算。（圖七）

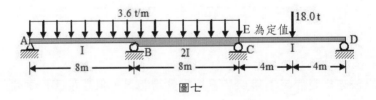

圖七

8. 試以彎矩分配法分析超靜定連續樑？各樑段彈性係數與慣性矩均相同，當所有分配彎矩的絕對值均小於 0.01t-m 時，停止演算。（圖八）

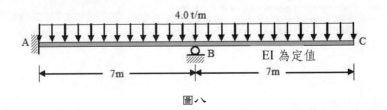

圖八

9. 試以彎矩分配法分析超靜定連續樑？各樑段彈性係數與慣性矩均相同，當所有分配彎矩的絕對值均小於 0.01t-m 時，停止演算。（圖九）

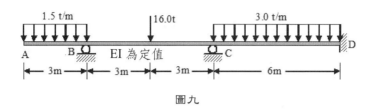

圖九

10. 試以彎矩分配法分析超靜定連續樑因支承 B 沉陷 1.5 公分所引起的應力？各樑段彈性係數為 2092t/cm²，慣性矩為 68,700cm⁴，當所有分配彎矩的絕對值均小於 0.01t-m 時，停止演算。（圖十）

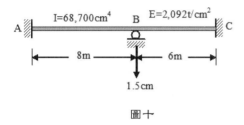

圖十

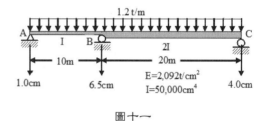

圖十一

11. 試以彎矩分配法分析超靜定連續樑因載重及支承 A 沉陷 1.0 公分，支承 B 沉陷 6.5 公分，支承 C 沉陷 4.0 公分所引起的應力？彈性係數 E＝2092t/cm²，慣性矩 I＝50,000cm⁴，當所有分配彎矩的絕對值均小於 0.01t-m 時，停止演算。（圖十一）

12. 試以彎矩分配法分析超靜定連續樑因載重及支承 C 沉陷 2.5 公分所引起的應力？彈性係數 E＝2092t/cm²，慣性矩 I＝80,000cm⁴。（圖十二）

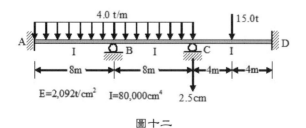

圖十二

13. 試以彎矩分配法分析超靜定連續樑因載重及支承 A 沉陷 1.3 公分，支承 B 沉陷 10 公分，支承 C 沉陷 7.5 公分，支承 D 沉陷 6.25 公分所引起的應力？彈性係數 E＝2092t/cm²，慣性矩 I＝208,000cm⁴，當所有分配彎矩的絕對值均小於 0.01t-m 時，停止演算。（圖十三）

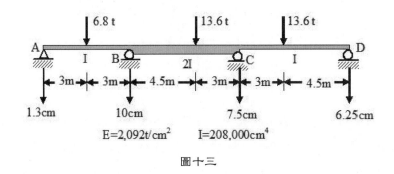

圖十三

14. 試以彎矩分配法程式習題 8？當所有分配彎矩的絕對值均小於 0.01t-m 時，停止演算。
15. 試以彎矩分配法程式習題 9？當所有分配彎矩的絕對值均小於 0.01t-m 時，停止演算。
16. 試以彎矩分配法程式習題 13？當所有分配彎矩的絕對值均小於 0.01t-m 時，停止演算。
17. 試以連續樑彎矩分配法程式分析超靜定連續樑？樑材的彈性係數均同，各樑段相對慣性矩、載重如下表。當所有分配彎矩的絕對值均小於 0.01t-m 時，停止演算。（圖十四）

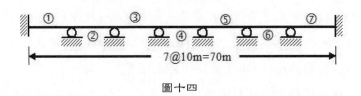

圖十四

	樑段①	樑段②	樑段③	樑段④	樑段⑤	樑段⑥	樑段⑦
相對慣性	I	I	2I	2I	2I	I	I
均佈載重	6/t/m	0	4t/m	0	2.5t/m	0	5.4t/m
集中載重	0	12t	0	15t	0	17t	0
距左側長	0	7m	0	3m	0	4.9m	0

18. 試以彎矩分配法分析超靜定剛架桿端彎矩與反力？桿件彈性係數與慣性矩均相同。當不平衡彎矩等於 0 或所有分配彎矩的絕對值均小於 0.01t-m，停止演算。（圖十五）

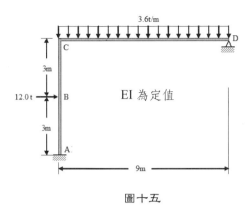

圖十五

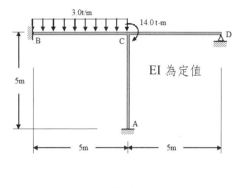

圖十六

19.試以彎矩分配法分析超靜定剛架桿端彎矩？桿件彈性係數與慣性矩均相同。當不平衡彎矩等於 0 或所有分配彎矩的絕對值均小於 0.01t-m 停止演算。（圖十六）

20.試以彎矩分配法分析超靜定剛架因載重及支承 A 沉陷 2.4 公分，支承 D 沉陷 3.6 公分所引起的桿端彎矩？彈性係數 E＝700t/cm²，慣性矩 I＝12,500cm⁴。（圖十七）

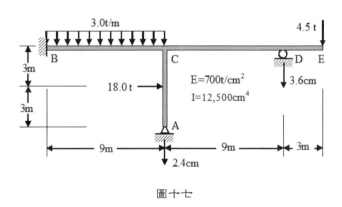

圖十七

21.試以彎矩分配法分析超靜定剛架的桿端彎矩？彈性係數 E＝700t/cm²，慣性矩 I＝12,500 cm⁴。當不平衡彎矩等於 0 或所有分配彎矩絕對值小於 0.001t-m 時，停止演算。（圖十八）

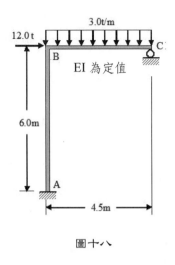

圖十八

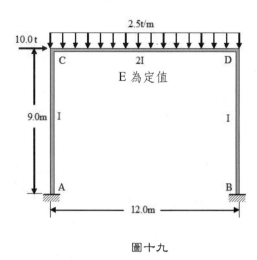

圖十九

22.試以彎矩分配法分析超靜定剛架的桿端彎矩？彈性係數為定值，慣性矩如圖示。當不平衡彎矩等於 0 或所有分配彎矩絕對值小於 0.001t-m 時，停止演算。（圖十九）

23.試以彎矩分配法分析超靜定剛架的桿端彎矩？彈性係數及慣性矩均為定值。當不平衡彎矩等於 0 或所有分配彎矩絕對值小於 0.001t-m 時，停止演算。（圖二十）

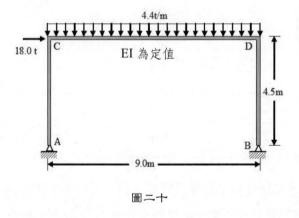

圖二十

24.試以彎矩分配法分析超靜定剛架的桿端彎矩？彈性係數及慣性矩均為定值。當不平衡彎矩等於 0 或所有分配彎矩絕對值小於 0.001t-m 時，停止演算。（圖二十一）

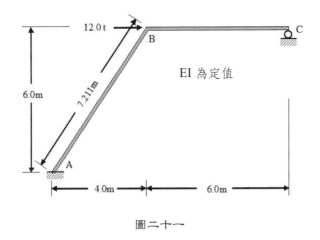

圖二十一

25.試以彎矩分配法分析超靜定剛架的桿端彎矩？彈性係數及慣性矩均為定值。當不平衡彎矩等於 0 或所有分配彎矩絕對值小於 0.001t-m 時，停止演算。（圖二十二）

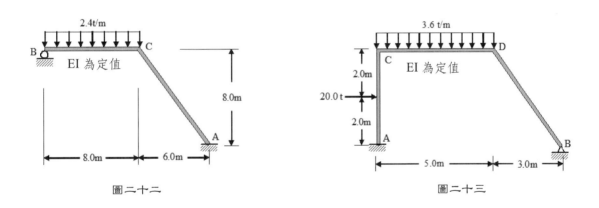

圖二十二　　　　　　　　　　圖二十三

26.試以彎矩分配法分析超靜定剛架的桿端彎矩？彈性係數及慣性矩均為定值。當不平衡彎矩等於 0 或所有分配彎矩絕對值小於 0.001t-m 時，停止演算。（圖二十三）

27.試以多層多間彎矩分配法程式分析超靜定剛架的桿端彎矩？彈性係數及慣性矩均為定值。當不平衡彎矩等於 0 或所有分配彎矩絕對值小於 0.001t-m 時，停止演算。（圖二十四）

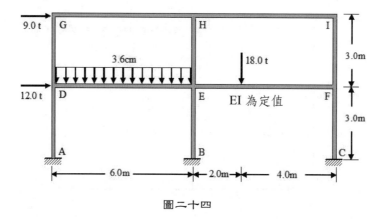

圖二十四

CHAPTER

勁度分析法

14-1 結構矩陣分析觀念導引

力系的平衡是結構分析的最基本原理，如屬超靜定結構則需再配以桿件的力與變位關係式及結構變位的諧和性聯立求解之；諧和變位分析法與最小功法均是結構分析的最基本方法，這些方法均須經過繁雜的程序建立聯立方程式，再求解之。三彎矩方程式法或撓角變位法雖可簡化聯立方程式的建立，但仍難避免求解多元聯立方程式的困難。彎矩分配法雖可避免建立與求解多元聯立方程式的困境，但仍失其一般性，有側移或斜桿的結構尚有相當的困難度。

西元 1958 年美國土木工程學會在密蘇理州的 Kansas 市舉辦的電子計算機在土木工程應用研討會以來，引發土木工程學者專家研究電子計算機在土木工程的應用。當年的重要論文之一就是利用電子計算機求解多元聯立方程式在撓角變位法的應用。解聯立方程式的前（聯立方程式的建立）後（桿端力與彎矩的計算）處理仍需以手工配合之。以現在的電腦軟體技術觀點，這篇論文尚屬基本。

經過土木工程學者與專家的研究，終獲本書前面介紹的傳統結構分析法均不適宜發展一般化電腦軟體的結論，而必須另覓途徑方可充分利用電腦的計算能力。

J.H.Argyris 教授是研究電腦在土木工程分析與設計應用的拓荒者之一，他證明如果整個結構方程式可以矩陣方式表示之，則經過一系列的矩陣運算可以獲得正確的結果，且該系列運算可以適用於任何型態的結構。更多學者專家循此方向進一步研究，柔度法（Flexibility Method）與勁度法（Stiffness Method）則是此研究方向的重要成果。

14-1-1 矩陣的便利性

圖 14-1-1 為承受集中載重 $w(1)$、$w(2)$、$w(3)$的簡支樑。

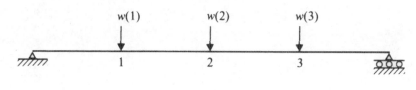

圖 14-1-1

14

　　今欲推求樑上點 1、2、3 承受這些載重的彎矩。設圖 14-1-2(a)、(b)、(c)為點 1、2、3 彎矩 $m(1)$、$m(2)$、$m(3)$的感應線圖。其中 $c(i,j)$ 為在點 j 施加單位力在點 i 引生的彎矩，故得

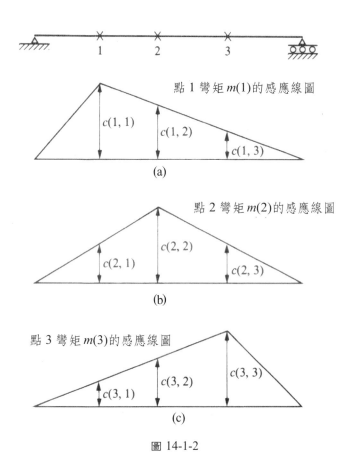

圖 14-1-2

$$m(1) = c(1, 1)\,w(1) + c(1, 2)\,w(2) + c(1, 3)\,w(3) \tag{1}$$

$$m(2) = c(2, 1)\,w(1) + c(2, 2)\,w(2) + c(2, 3)\,w(3) \tag{2}$$

$$m(2) = c(3, 1)\,w(1) + c(3, 2)\,w(2) + c(3, 3)\,w(3) \tag{3}$$

依據矩陣乘法原理，可將式(1)、式(2)、式(3)寫成

$$\begin{Bmatrix} m(1) \\ m(2) \\ m(3) \end{Bmatrix} = \begin{bmatrix} c(1,1) & c(1,2) & c(1,3) \\ c(2,1) & c(2,2) & c(2,3) \\ c(3,1) & c(3,2) & c(3,3) \end{bmatrix} \begin{Bmatrix} w(1) \\ w(2) \\ w(3) \end{Bmatrix} \tag{4}$$

或寫成矩陣方程式

$$\{M\} = [C]\{W\} \tag{5}$$

其中$\{W\}$代表載重的行矩陣（Column Matrix），$[C]$代表彎矩感應係數的方形矩陣，$\{M\}$則代表點 1、2、3 彎矩的行矩陣（Column Matrix）。由此可知，矩陣方程式可以有組織的、有系統的將許多代數方程式以簡潔方式表述之，而矩陣的運算頗適合電腦程式的設計，甚至有些程式語言也備有矩陣運算的基本功能而無須另行設計。彎矩感應係數的方形矩陣與簡支樑的長度、待求彎矩點的位置有關，而與載重無關，因此只要改變載重，則將載重行矩陣帶入式(4)或式(5)，即可計得相當的彎矩。

14-1-2 柔度矩陣

圖 14-1-3 為結構物上三個承受載重點及其相當的位移量，其載重及位移量可分別以行矩陣$\{W\}$、$\{D\}$表示之。則該兩個行矩陣的關係可以矩陣方程式

$$\{D\} = [F]\{W\} \tag{14-1-1}$$

表述之。因為行矩陣$\{W\}$、$\{D\}$均有 3 個元素，故矩陣$[F]$為一個 3×3 的方形矩陣。方形矩陣$[F]$中某個元素$f(i,j)$表示載重$w(j)$為 1 的單位力，其他載重為 0 時，$d(i)$的位移量。

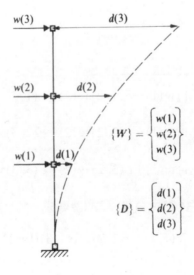

圖 14-1-3

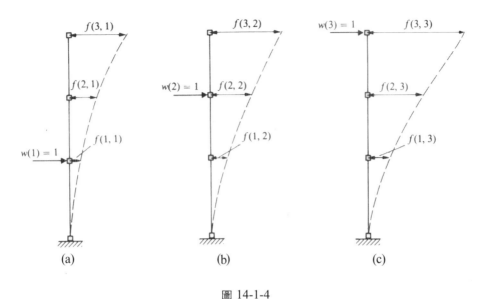

圖 14-1-4

圖 14-1-4(a)為 $w(1)=1$、$w(2)=0$、$w(3)=0$ 時，$d(1)=f(1,1)$、$d(2)=f(2,1)$、$d(3)=f(3,1)$；圖 14-1-4(b)為 $w(1)=0$、$w(2)=1$、$w(3)=0$ 時，$d(1)=f(1,2)$、$d(2)=f(2,2)$、$d(3)=f(3,2)$；圖 14-1-4(c)為 $w(1)=0$、$w(2)=0$、$w(3)=1$ 時，$d(1)=f(1,3)$、$d(2)=f(2,3)$、$d(3)=f(3,3)$。依據以上定義及疊合原理可得三個載重 $w(1)$、$w(2)$、$w(3)$ 同時施載時的各點移位量為

$$d(1)=f(1,1)\,w(1)+f(1,2)\,w(2)+f(1,3)\,w(3)$$

$$d(2)=f(2,1)\,w(1)+f(2,2)\,w(2)+f(2,3)\,w(3)$$

$$d(3)=f(3,1)\,w(1)+f(3,2)\,w(2)+f(3,3)\,w(3)$$

或寫成矩陣方程式為

$$\begin{Bmatrix} d(1) \\ d(2) \\ d(3) \end{Bmatrix} = \begin{bmatrix} f(1,1) & f(1,2) & f(1,3) \\ f(2,1) & f(2,2) & f(2,3) \\ f(3,1) & f(3,2) & f(3,3) \end{bmatrix} \begin{Bmatrix} w(1) \\ w(2) \\ w(3) \end{Bmatrix} \text{ 或 } \{D\} = [F]\{W\}$$

圖 14-1-4(a)中 $f(3,1)>f(2,1)$ 表示 $w(1)=1$ 時，$d(3)<d(2)$ 或謂 $d(3)$ 較易移位或柔軟度較高，故方型矩陣 $[F]$ 中各元素稱為柔度係數（Flexibility Coefficient），而矩陣 $[F]$ 稱為柔度矩陣（Flexibility Matrix）。

馬克斯威互易定理（Maxwell's Reciprocal Theorem）略述於結構體上，點 i 施加單位載重在點 j 所產生的變位 $f(j,i)$ 等於在結構體上點 j 施加單位載重在點 i 所產生的變

位 $f(i,j)$，亦即 $f(j,i)=f(i,j)$，故方形柔度矩陣[F]為對稱矩陣。

14-1-3　勁度矩陣

圖 14-1-3 結構物上的載重、移位行矩陣$\{W\}$、$\{D\}$亦可以矩陣方程式

$$\{W\} = [K]\{D\} \qquad (14\text{-}1\text{-}2)$$

表述之。因為行矩陣$\{W\}$、$\{D\}$均有 3 個元素，故矩陣[K]亦為一個 3×3 的方形矩陣。方形矩陣[K]中某個元素 $k(i,j)$ 表示使 $d(j)$ 位移量為 1，其他位移量為 0 所需的 $w(i)$ 載重。

圖 14-1-5(a)為使 $d(1)=1$、$d(2)=0$、$d(3)=0$ 所需的載重 $w(1)=k(1,1)$、$w(2)=k(2,1)$、$w(3)=k(3,1)$；圖 14-1-5(b)為使 $d(1)=0$、$d(2)=1$、$d(3)=0$ 所需的載重 $w(1)=k(1,2)$、$w(2)=k(2,2)$、$w(3)=k(3,2)$；圖 14-1-5(c)為使 $d(1)=0$、$d(2)=0$、$d(3)=1$ 所需的載重 $w(1)=k(1,3)$、$w(2)=k(2,3)$、$w(3)=k(3,3)$。依據以上定義及疊合原理可得移位量與載重的關係如下：

$$w(1)=k(1,1)\,d(1)+k(1,2)d(2)+k(1,3)d(3)$$

$$w(2)=k(2,1)\,d(1)+k(2,2)d(2)+k(2,3)d(3)$$

$$w(3)=k(3,1)\,d(1)+k(3,2)d(2)+k(3,3)d(3)$$

或寫成矩陣方程式為

$$\begin{Bmatrix} w(1) \\ w(2) \\ w(3) \end{Bmatrix} = \begin{bmatrix} k(1,1) & k(1,2) & k(1,3) \\ k(2,1) & k(2,2) & k(2,3) \\ k(3,1) & k(3,2) & k(3,3) \end{bmatrix} \begin{Bmatrix} d(1) \\ d(2) \\ d(3) \end{Bmatrix} \text{ 或} \{W\} = [K]\{D\}$$

圖 14-1-5(a)中 $k(1,1)$、$k(2,1)$、$k(3,1)$ 分別表示，使 $d(1)=1$、$d(2)=0$、$d(3)=0$ 所需的 $w(1)$、$w(2)$、$w(3)$；$k(i,j)$ 值愈大，表示使 $d(j)=1$ 所需的載重愈大，亦即硬度或勁度較高，故方型矩陣[K]中各元素稱為勁度係數（Stiffness Coefficient），而方型矩陣[K]稱為勁度矩陣（Stiffness Matrix）。依據馬克斯威互易定理（Maxwell's Reciprocal Theorem）可得方形勁度矩陣[K]亦為對稱矩陣。

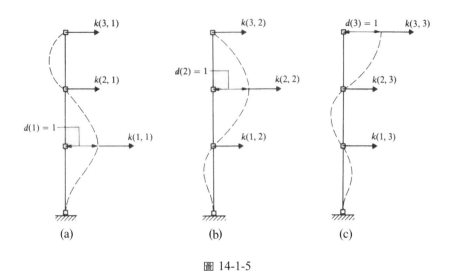

圖 14-1-5

　　圖 14-1-3 僅考量柱上承受水平載重，如果水平載重作用點處施加彎矩 $w(4)$、$w(5)$、$w(6)$，則其載重向量 $\{W\}$ 應增為 6 個元素，變位矩陣 $\{D\}$ 亦應增加為 6 個元素如圖 14-1-6。因為載重矩陣 $\{D\}$ 與變位矩陣均為 6 個元素的行矩陣，故其相當的柔度矩陣 $[F]$ 與勁度矩陣 $[K]$ 亦均增為 6×6 的方形對稱矩陣。

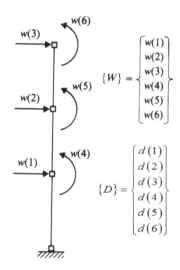

圖 14-1-6

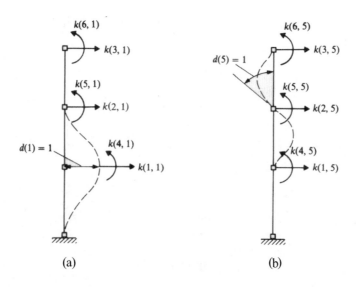

圖 14-1-7

　　圖 14-1-7(a)為 $d(1)=1$ 單位移位量,其餘移位量均為 0 時的各點勁度係數;圖
14-1-7(b)為 $d(5)=1$ 徑度單位撓角,其餘撓角量均為 0 時的各點勁度係數;故可得各點
載重與變位量的關係如下:

$$w(1)=k(1,1)d(1)+k(1,2)d(2)+k(1,3)d(3)+k(1,4)d(4)+k(1,5)d(5)+k(1,6)d(6)$$

$$w(2)=k(2,1)d(1)+k(2,2)d(2)+k(2,3)d(3)+k(2,4)d(4)+k(2,5)d(5)+k(2,6)d(6)$$

$$w(3)=k(3,1)d(1)+k(3,2)d(2)+k(3,3)d(3)+k(3,4)d(4)+k(3,5)d(5)+k(3,6)d(6)$$

$$w(4)=k(4,1)d(1)+k(4,2)d(2)+k(4,3)d(3)+k(4,4)d(4)+k(4,5)d(5)+k(4,6)d(6)$$

$$w(5)=k(5,1)d(1)+k(5,2)d(2)+k(5,3)d(3)+k(5,4)d(4)+k(5,5)d(5)+k(5,6)d(6)$$

$$w(6)=k(6,1)d(1)+k(6,2)d(2)+k(6,3)d(3)+k(6,4)d(4)+k(6,5)d(5)+k(6,6)d(6)$$

或 $\{W\}=[K]\{D\}$

14-1-4 柔度矩陣與勁度矩陣的關係與特性

將公式(14-1-1)帶入公式(14-1-2)可得
$\{W\}=[K][F]\{W\}$ 亦即

$[K][F]=[I]$，其中$[I]$為單位矩陣（Unit Matrix），故得

$$[K]=[F]^{-1} \qquad\qquad (14\text{-}1\text{-}3)$$

或

$$[F]=[K]^{-1} \qquad\qquad (14\text{-}1\text{-}4)$$

由此關係可知，柔度矩陣$[F]$與勁度矩陣$[K]$是表述結構物特性的方形矩陣，且其間具有互為對方的逆矩陣關係。

柔度矩陣$[F]$與勁度矩陣$[K]$具有如下的特性：

1. 兩個矩陣均為對稱的方形矩陣。
2. 矩陣對角線元素均為非零正值。
3. 兩矩陣均非奇異矩陣（Singular Matrix），亦即其行列式值非為 0。
4. 如果其矩陣行列式值為 0，表示該結構為不穩定（Unstable）結構或其柔度係數或勁度係數計算有誤。

柔度法（Flexibility Method）與勁度法（Stiffness Method）是兩種利用矩陣方法的結構分析法。柔度法的觀念相當前述的力法（Force Method）；勁度法的觀念相當前述的移位法（Displacement Method）；因此柔度法與勁度法除了是利用矩陣的簡潔表述方式與適於程式設計的特性所發展的結構分析法外，尚無新的結構分析理論。

柔度法與勁度法均屬適於程式開發的結構分析法，因為勁度法可適用於靜定或超靜定結構且更適合於程式設計，許多市售結構分析軟體均以勁度法所設計的。限於篇幅，本書僅就連續樑、平面桁架、平面剛架的勁度矩陣建制方法與實例演算說明勁度分析法，最後說明連續樑、平面桁架、平面剛架勁度法程式使用說明。

14-2 勁度法結構分析模式

勁度法將任意結構視為許多桿件（Member）或元素（Element）與節點（Joint）的組合體。桿件為全桿斷面積相同的均質材料，且符合虎克定理的桿力與變位關係式；節點則是結構上桿件會合或接連之處。進行勁度法結構分析以前，必須先建立結構的分析模式（Analytical Model）。所謂分析模式為以線圖描繪結構的幾何圖形、認定結構上的桿件與節點，並有系統的將桿件、節點及節點可能變位方向賦予編號。

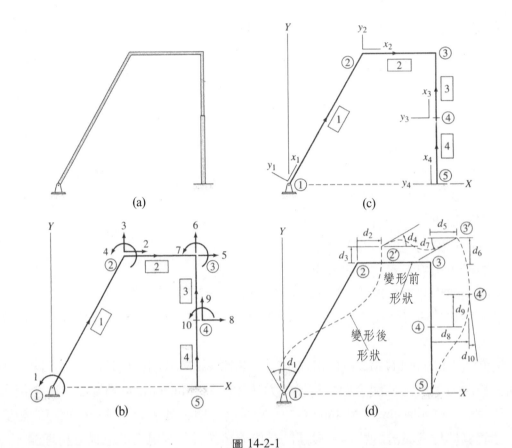

圖 14-2-1

圖 14-2-1(a)為一平面剛架,不論其桿件斷面積大小,均以相同直線繪成線圖並將各桿件、節點及節點所有變位賦予編號,則為該剛架的分析模式如圖 14-2-1(b)。因為所有桿件桿力與變位關係式均假設全桿件的斷面積均相同,故結構上如有桿件斷面積變化處應視同節點處理之。另因勁度法可分析所有節點的變位,因此如需要結構上斷面積相同桿件上某一點的變位量,亦可將該點視同節點處理之。圖 14-2-1(a)中垂直柱上有兩段斷面積不同的桿件,故將其視為兩個桿件且於斷面積變化處視為節點。分析模式中所有節點及所有桿件均分別從 1 開始逐一按序編號之;至於哪一個節點或桿件應賦予編號 1 則尚無硬性規定,一切以系統化為原則。

因為平面剛架上每一個節點有水平移位、垂直移位與旋轉的三種可能變位,則每一個可能變位均應賦予一個編號。所有節點的變位也應從 1 開始逐一按序編號之,5個節點的平面剛架的節點變位編號應該從 1 編號 15。為便於程式設計或手工計算,一般在每一個節點均按水平移位、垂直移位與旋轉的順序編號之。如果節點 1 的水平移位、垂直移位與旋轉賦予 1、2、3 編號;節點 2 的水平移位、垂直移位與旋轉賦予 4、5、6 編號;則可由節點編號直接算出其相當的節點變位編號。節點 j 的水平移位編號

為 $3(j-1)+1$、垂直移位編號為 $3(j-1)+2$、旋轉編號為 $3(j-1)+3$。

　　圖 14-2-1(b)中所有節點編號以①、②、③等表示之；所有桿件編號以1、2、3等表示之；節點變位編號則以 1、2、3 等編號置於變位方向箭號端點。這些編號標示法也無硬性規定，一切以方便、系統化為原則。

14-2-1　結構座標系與桿件座標系

　　為便於描述結構的幾何形狀與節點作用力和變位，須於分析模式中建立結構座標系（Structural Coordinate System）或全域座標系（Global Coordinate System）如圖 14-2-1(b)。結構座標系係由相互垂直的 X、Y、Z 三軸所組成，平面結構均置於 XY 所構成平面上。如果以右手的食指、中指、拇指分別代表 X、Y、Z 三軸，則當食指（X 軸）、中指（Y 軸）所構成平面置於書面，則拇指（Z 軸）垂直於書面且指向讀者。結構座標系原點的位置雖無硬性規定，但以使各節點的座標值均正值為原則；如果有負值的座標值出現也不影響結果的正確性。

　　因為桿件的桿力與變位關係式均以沿桿件軸心線與垂直於軸心線的方向描述作用力與變位，為能善用這些關係式，也須對每一個桿件建立桿件座標系（Member Coordinate System）或區域座標系（Local Coordinate System）如圖 14-2-1(c)。桿件座標系也由相互垂直的 x、y、z 三軸所組成，其原點可置於桿件兩端的任一端點，設置原點的端點稱為起始點（Beginning Joint），另一端點則稱為終止點（Ending Joint），x 軸恆由起始點指向終止點，並於分析模式桿件上以箭頭標示此方向如圖 14-2-1(c)或以[3>表示桿件 3 的編號及 x 軸方向。以右手食指（x 軸）由桿件的起始點指向終止點，拇指（z 軸）與結構座標系的 Z 軸平行，則中指的方向即為桿件座標系的 y 軸方向如圖 14-2-1(c)各桿件的桿件座標系。

14-2-2　自由度

　　勁度法中結構的自由度（Degree of Freedom）係指結構承受任意載重後，完整描述結構變形的各節點自由變位或旋轉數。圖 14-2-1(d)中節點 1 為一鉸支承點，故節點 1 僅有 1 個旋轉的自由度（d_1）；節點 2 為一未受支承的自由節點，故有 X、Y 方向的移位量(d_2, d_3)與一個旋轉量（d_4），自由度為 3；節點 3、4 均為自由節點故其自由度亦均為 3；節點 5 為固定端，因為無法有 X、Y 方向的移位或繞 Z 軸的旋轉，故其自由度為 0。由圖 14-2-1(d)知，整個結構的自由度為各節點自由度的總和，即為 10。

　　節點的移位或旋轉均以結構座標系描述之，X、Y 方向的移位以正 X、Y 方向為

正,以逆鐘向的旋轉為正。實務上無需如圖 14-2-1(d)繪製結構變形圖而可僅在分析模式上直接標示之如圖 14-2-1(b)。每一節點均按 X、Y 方向移位及旋轉的順序編號標示之。

　　僅承受垂直載重的連續樑,因為不發生軸心線上的變位,故連續樑上節點最多僅有 Y 向移位與繞 Z 向旋轉 2 個自由度。圖 14-2-2(a)為一連續樑實體,右側跨間樑段係由兩段斷面積不同的樑段組合而成,因此將此兩個樑段接合點視同一個節點。圖 14-2-2(b)則為連續樑的分析模式,共有 4 個節點 3 個桿件;桿件 1 的起始點為節點①,終止點為節點②,且於桿件上標示向右指向的箭頭;節點①、②僅有 Z 向旋轉,節點③則有 Y 向移位與繞 Z 向旋轉 2 個自由度;節點④均無 Y 向移位與繞 Z 向旋轉,故有 0 個自由度。整個結構的自由度為 4。

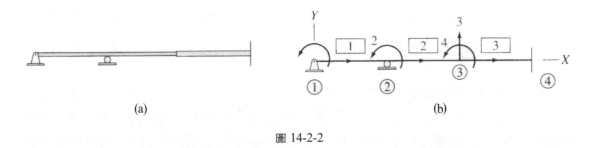

(a)　　　　　　　　　　　　　　　　(b)

圖 14-2-2

　　桁架結構的節點均假設為不能承受彎矩,故每一個節點最多僅有 X、Y 方向移位的 2 個自由度。圖 14-2-3(b)為圖 14-2-3(a)實體桁架的分析模式,節點 1 為鉸支點,故自由度為 0;節點 2 為滾支點,故自由度為 1;節點 3 為自由節點,故自由度為 2,整個桁架的自由度為 3。桿件 1 的起始點為節點 1,終止點為節點 2 並沿此方向標以箭頭。

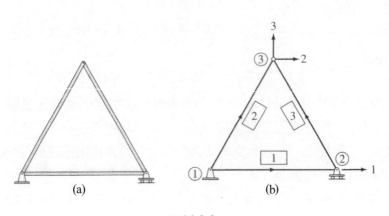

(a)　　　　　　　　　(b)

圖 14-2-3

14-3　桿件勁度矩陣

　　整個結構節點承受的載重行矩陣或向量$\{W\}$與各節點相當的變位（移位或旋轉）行矩陣或向量$\{D\}$具有如下的關係：

$$\{W\} = [K]\{D\} \tag{14-1-2}$$

　　方形矩陣$[K]$為整個結構的勁度矩陣（Structural Stiffness Matrix）。結構勁度矩陣則由結構中所有桿件的桿件勁度矩陣（Member Stiffness Matrix）$[k]$組合而成。桿件勁度矩陣則是關聯桿件端點作用力（力或彎矩）與變位（移位或旋轉）的矩陣。不同類型結構因為桿端束制條件的差異，其勁度矩陣的大小與矩陣元素的性質亦異，茲分類說明如下：

14-3-1　平面剛架桿件

　　圖 14-3-1(a)為平面剛架上某一桿件m，其起始點為節點b，終止點為節點e；當平面剛架承受外力作用時，則將在桿件桿端引生應力且使桿件變形。圖 14-3-1(b)為桿件在桿件座標系上的變形前、後位置的放大圖。

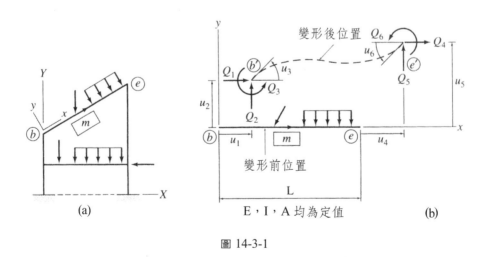

圖 14-3-1

　　平面剛架桿件自由端可以承受x、y方向移位或繞z軸的旋轉，故自由端點有 3 個自由度；圖 14-3-1(b)桿件m受力後，起始點b變形移到b'，而發生x向移位u_1，y向移

位 u_2 及繞 z 軸的旋轉量 u_3；終止點 e 變形後移到 e' 而發生 x 向移位 u_4，y 向移位 u_5 及繞 z 軸的旋轉量 u_6。桿件 m 因變形而在桿件起始點引生 x、y 向作用力 Q_1、Q_2，及繞 z 軸的彎矩 Q_3；桿件因變形而在桿件終止點引生 x、y 向作用力 Q_4、Q_5，及繞 z 軸的彎矩 Q_6。

　　圖 14-3-2 為桿件 m 的 6 個自由度輪流發生單位移位或旋轉而其他自由度束制所引生的桿端作用力或彎矩。圖 14-3-2(a)為僅讓自由度 u_1 發生單位移位而束制其他自由度（即 $u_1=1$、$u_2=u_3=u_4=u_5=u_6=0$）時，則桿件起始點引生 x 向作用力為 $k_{11}=EA/L$（壓力），而終止點引生作用力 $k_{41}=-EA/L$（圖示方向為 x 的正向，但因負值故為壓力），其他 y 向作用力及繞 z 軸的彎矩均為 0。圖 14-3-2(b)為僅讓自由度 u_2 發生單位移位而束制其他自由度（即 $u_2=1$、$u_1=u_3=u_4=u_5=u_6=0$）時，則依據附錄 B 的第 8 種載重情形可推得桿件起始點引生 y 向作用力為 $k_{22}=12EI/L^3$（正 y 方向作用力）、繞 z 軸的彎矩 $k_{32}=6EI/L^2$（逆鐘向），而終止點引生 y 向作用力為 $k_{52}=-12EI/L^3$（負 y 方向作用力）、繞 z 軸的彎矩 $k_{62}=6EI/L^2$（逆鐘向），其他 x 向作用力均為 0。圖 14-3-2(c)為僅讓自由度 u_3 發生單位旋轉量而束制其他自由度（即 $u_3=1$、$u_1=u_2=u_4=u_5=u_6=0$）時，則依據附錄 B 的第 9 種載重情形可推得桿件起始點引生 y 向作用力為 $k_{23}=6EI/L^2$（正 y 向作用力）、繞 z 軸彎矩 $k_{33}=4EI/L$（逆鐘向），而終止點引生 y 向作用力為 $k_{53}=-6EI/L^2$（負 Y 方作用力）、繞 z 軸的彎矩 $k_{63}=2EI/L$（逆鐘向），其他 x 向作用力均為 0。

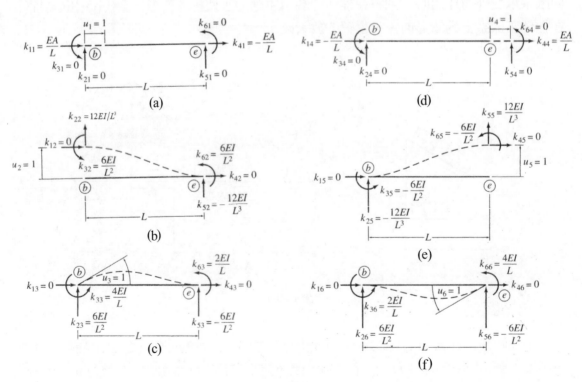

圖 14-3-2

同理，圖 14-3-2(d)、(e)、(f)為分別僅讓終止點自由度 u_4、u_5、u_6 發生單位移位（或旋轉），而束制其他自由度時，各端點引生的作用力或彎矩。

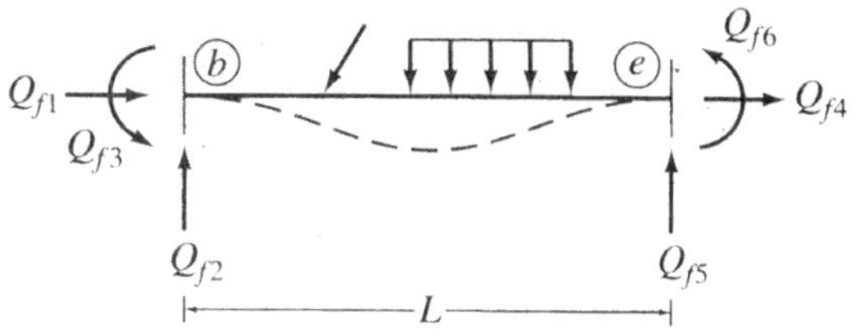

圖 14-3-3

圖 14-3-3 為桿件因外加作用力所引生桿端作用力，其值可依桿件承受的載重情形按附錄 B 相當公式計得並累加之。推導桿件勁度矩陣的主要目的是導引出桿端外加作用力（力或彎矩）、桿端變位（移位或旋轉）與桿端引生作用力（力或彎矩）的關係，這種關係可應用疊合原理將圖 14-3-2 的 6 種變位所引生作用力與圖 14-3-3 因外加作用力所引生桿端作用力的代數和而得。即

$$Q_1 = k_{11}u_1 + k_{12}u_2 + k_{13}u_3 + k_{14}u_4 + k_{15}u_5 + k_{16}u_6 + Q_{f1} \qquad (14\text{-}3\text{-}1\text{a})$$

$$Q_2 = k_{21}u_1 + k_{22}u_2 + k_{23}u_3 + k_{24}u_4 + k_{25}u_5 + k_{26}u_6 + Q_{f2} \qquad (14\text{-}3\text{-}1\text{b})$$

$$Q_3 = k_{31}u_1 + k_{32}u_2 + k_{33}u_3 + k_{34}u_4 + k_{35}u_5 + k_{36}u_6 + Q_{f3} \qquad (14\text{-}3\text{-}1\text{c})$$

$$Q_4 = k_{41}u_1 + k_{42}u_2 + k_{43}u_3 + k_{44}u_4 + k_{45}u_5 + k_{46}u_6 + Q_{f4} \qquad (14\text{-}3\text{-}1\text{d})$$

$$Q_5 = k_{51}u_1 + k_{52}u_2 + k_{53}u_3 + k_{54}u_4 + k_{55}u_5 + k_{56}u_6 + Q_{f5} \qquad (14\text{-}3\text{-}1\text{e})$$

$$Q_6 = k_{61}u_1 + k_{62}u_2 + k_{63}u_3 + k_{64}u_4 + k_{65}u_5 + k_{66}u_6 + Q_{f6} \qquad (14\text{-}3\text{-}1\text{f})$$

公式（14-3-1）中的 k_{ij} 即為桿件的勁度係數，如將公式（14-3-1）寫成矩陣式得

$$\begin{Bmatrix} Q_1 \\ Q_2 \\ Q_3 \\ Q_4 \\ Q_5 \\ Q_6 \end{Bmatrix} = \begin{bmatrix} k_{11} & k_{12} & k_{13} & k_{14} & k_{15} & k_{16} \\ k_{21} & k_{22} & k_{23} & k_{24} & k_{25} & k_{26} \\ k_{31} & k_{32} & k_{33} & k_{34} & k_{35} & k_{36} \\ k_{41} & k_{42} & k_{43} & k_{44} & k_{45} & k_{46} \\ k_{51} & k_{52} & k_{53} & k_{54} & k_{55} & k_{56} \\ k_{61} & k_{62} & k_{63} & k_{64} & k_{65} & k_{66} \end{bmatrix} \begin{Bmatrix} u_1 \\ u_2 \\ u_3 \\ u_4 \\ u_5 \\ u_6 \end{Bmatrix} + \begin{Bmatrix} Q_{f1} \\ Q_{f2} \\ Q_{f3} \\ Q_{f4} \\ Q_{f5} \\ Q_{f6} \end{Bmatrix} \qquad (14\text{-}3\text{-}2)$$

或

$$Q = ku + Q_f \qquad (14\text{-}3\text{-}3)$$

公式（14-3-3）中的 Q_f 為桿件承受外加載重時，在桿端引生的作用力向量，k 為

桿件勁度矩陣，u 為桿端的變位向量，ku 則為因桿端變位引生的桿端彎矩，向量 Q 為因外加載重與桿端變位引生作用力的總和。這些作用力或變位均以桿件座標系為準。將圖 14-3-2(a)、(b)、(c)、(d)、(e)、(f)所計得的勁度係數帶入桿件勁度矩陣第 1、2、3、4、5、6 行即得桿件勁度矩陣為

$$k = \begin{bmatrix} EA/L & 0 & 0 & -EA/L & 0 & 0 \\ 0 & 12EI/L^3 & 6EI/L^2 & 0 & -12EI/L^3 & 6EI/L^2 \\ 0 & 6EI/L^2 & 4EI/L & 0 & -6EI/L^2 & 2EI/L \\ -EA/L & 0 & 0 & EA/L & 0 & 0 \\ 0 & -12EI/L^3 & -6EI/L^2 & 0 & 12EI/L^3 & -6EI/L^2 \\ 0 & 6EI/L^2 & 2EI/L & 0 & -6EI/L^2 & 4EI/L \end{bmatrix} \quad 或$$

$$k = \frac{EI}{L^3} \begin{bmatrix} AL^2/I & 0 & 0 & -AL^2/I & 0 & 0 \\ 0 & 12 & 6L & 0 & -12 & 6L \\ 0 & 6L & 4L^2 & 0 & -6L & 2L^2 \\ -AL^2/I & 0 & 0 & AL^2/I & 0 & 0 \\ 0 & -12 & -6L & 0 & 12 & -6L \\ 0 & 6L & 2L^2 & 0 & -6L & 4L^2 \end{bmatrix} \quad (14\text{-}3\text{-}4)$$

14-3-2 連續樑桿件

承受垂直於連續樑形心軸載重的連續樑不必考量形心軸向（桿件 x 軸）的變形，因此僅有如圖 14-3-4 所示的四個自由度 u_1、u_2、u_3、u_4 與相當的桿端作用力 Q_1、Q_2、Q_3、Q_4。因為桿端作用力向量 Q 與桿端變位向量 u 均為 4×1 向量，故其桿件勁度矩陣為 4×4 的方形矩陣。

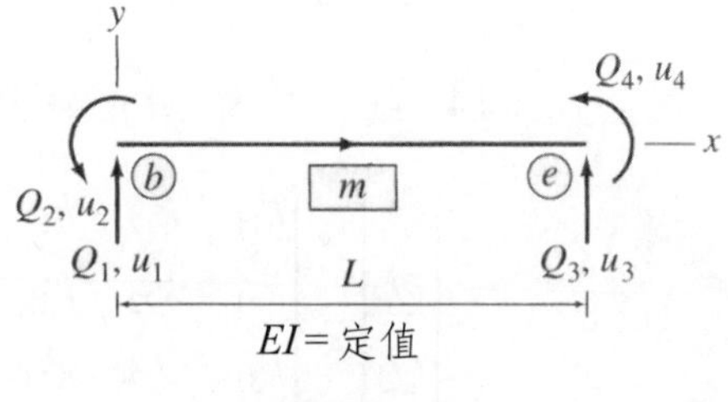

圖 14-3-4

連續樑桿件勁度矩陣可取圖 14-3-2(b)、(c)、(e)、(f)的勁度係數組合或由公式（14-3-4）的平面剛架桿件勁度矩陣刪除第 1、4 列與第 1、4 行而得

$$k = \frac{EI}{L^3} \begin{bmatrix} 12 & 6L & -12 & 6L \\ 6L & 4L^2 & -6L & 2L^2 \\ -12 & -6L & 12 & -6L \\ 6L & 2L^2 & -6L & 4L^2 \end{bmatrix} \quad (14\text{-}3\text{-}5)$$

14-3-3　平面桁架桿件

平面桁架桿件僅能承受軸向力，其值可由桿件兩端的移位量直接計得，故平面桁架桿件僅有 2 個自由度 u_1、u_2 及其相當桿端作用力 Q_1，Q_2 如圖 14-3-5。

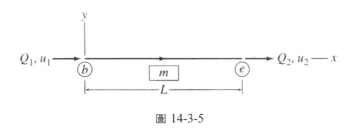

圖 14-3-5

因為桁架桿件不能承受桿件載重而使 $Q_f = 0$，故公式（14-3-3）應該修正為

$$Q = ku \qquad\qquad (14\text{-}3\text{-}6)$$

其中桿端作用力向量 Q 與桿端變位向量 u 均為 2×1 向量，故其桿件勁度矩陣為 2×2 的方形矩陣。平面桁架桿件勁度矩陣可取圖 14-3-2(a)、(d)的勁度係數組合或由公式（14-3-4）的平面剛架桿件勁度矩陣刪除第 2、3、5、6 列與第 2、3、5、6 行而得。

$$k = \frac{EA}{L} \begin{bmatrix} 1 & -1 \\ -1 & 1 \end{bmatrix} \qquad\qquad (14\text{-}3\text{-}7)$$

14-4　物理量座標系轉換

公式（14-3-3）與公式（14-3-6）中的向量 Q、u、Q_f 及勁度矩陣 k 均以參照桿件座標系的物理量，但是實務上指定節點外加載重或推求節點移位量，則以結構座標系為方便，因此存在同一個物理量在不同座標系間的轉換。連繫這些物理量的勁度矩陣也當配合物理量參照座標系的轉換而轉換。本節論述這些物理量的座標系轉換的方法。

14-4-1 平面剛架桿件物理量轉換

圖 14-4-1(a)為平面剛架上某一桿件 m，其起始點為節點 b，終止點為節點 e。該桿件在結構座標系的方向以 θ 表示之，θ 為桿件由結構座標系的正 X 方向，以逆鐘向往結構座標系正 Y 方向旋轉的角度。圖 14-4-1(b)則是以桿件座標系為準的桿件力系與移位在結構座標系的方向。

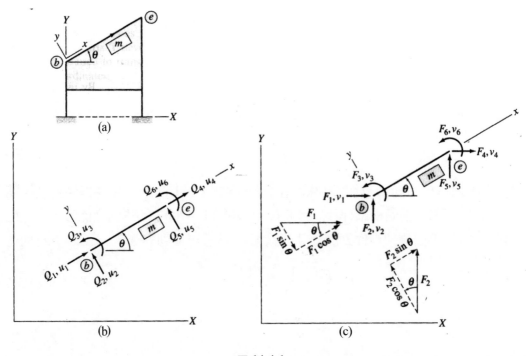

圖 14-4-1

圖 14-4-1(c)為同一桿件以結構座標系為準的桿端作用力 F_1 與桿端移位量 v_1，各節點作用力與移位分量仍按 X、Y 方向移位與繞 Z 軸旋轉的順序編號之，亦即起始點的作用力與移位分量分別為 F_1、F_2、F_3 與 v_1、v_2、v_3；終止點的作用力與移位分量分別為 F_4、F_5、F_6 與 v_4、v_5、v_6。為使該兩座標系的物理量等值，則比較圖 14-4-1(b)與圖 14-4-1(c)的桿件起始點桿端作用力可得

$$Q_1 = F_1 \cos\theta + F_2 \sin\theta \qquad (14\text{-}4\text{-}1a)$$

$$Q_2 = -F_1 \sin\theta + F_2 \cos\theta \qquad (14\text{-}4\text{-}1b)$$

因為桿件座標系與結構座標系的 Z 軸方向一致，故

$$Q_3 = F_3 \qquad (14\text{-}4\text{-}1c)$$

比較圖 14-4-1(b)與圖 14-4-1(c)的桿件終止點桿端作用力亦可得

$$Q_4 = F_4\cos\theta + F_5\sin\theta \qquad (14\text{-}4\text{-}1d)$$

$$Q_5 = -F_4\sin\theta + F_5\cos\theta \qquad (14\text{-}4\text{-}1e)$$

$$Q_6 = F_6 \qquad (14\text{-}4\text{-}1f)$$

將公式（14-4-1a）～（14-4-1f）寫成矩陣式得

$$
\begin{Bmatrix} Q_1 \\ Q_2 \\ Q_3 \\ Q_4 \\ Q_5 \\ Q_6 \end{Bmatrix}
=
\begin{bmatrix}
\cos\theta & \sin\theta & 0 & 0 & 0 & 0 \\
-\sin\theta & \cos\theta & 0 & 0 & 0 & 0 \\
0 & 0 & 1 & 0 & 0 & 0 \\
0 & 0 & 0 & \cos\theta & \sin\theta & 0 \\
0 & 0 & 0 & -\sin\theta & \cos\theta & 0 \\
0 & 0 & 0 & 0 & 0 & 1
\end{bmatrix}
\begin{Bmatrix} F_1 \\ F_2 \\ F_3 \\ F_4 \\ F_5 \\ F_6 \end{Bmatrix}
\qquad (14\text{-}4\text{-}2)
$$

或寫成

$$\{Q\} = [T]\{F\} \qquad (14\text{-}4\text{-}3)$$

其中

$$
[T] =
\begin{bmatrix}
\cos\theta & \sin\theta & 0 & 0 & 0 & 0 \\
-\sin\theta & \cos\theta & 0 & 0 & 0 & 0 \\
0 & 0 & 1 & 0 & 0 & 0 \\
0 & 0 & 0 & \cos\theta & \sin\theta & 0 \\
0 & 0 & 0 & -\sin\theta & \cos\theta & 0 \\
0 & 0 & 0 & 0 & 0 & 1
\end{bmatrix}
\qquad (14\text{-}4\text{-}4)
$$

方形矩陣 T 稱為結構座標系物理量轉換為桿件座標系物理量的轉換矩陣。

設 (X_b, Y_b)、(X_e, Y_e) 分別為桿件起始點 b 與終止點 e 的結構座標系位置，則角度的正弦值與餘弦值可按下式計算之：

$$\cos\theta = \frac{X_e - X_b}{L} = \frac{X_e - X_b}{\sqrt{(X_e - X_b)^2 + (Y_e - Y_b)^2}} \qquad (14\text{-}4\text{-}5a)$$

$$\sin\theta = \frac{Y_e - Y_b}{L} = \frac{Y_e - Y_b}{\sqrt{(X_e - X_b)^2 + (Y_e - Y_b)^2}} \qquad (14\text{-}4\text{-}5b)$$

以相同的推理方式，座標系轉換矩陣[T]也可將結構座標系的移位向量$\{v\}$轉換為桿件座標系的移位向量$\{u\}$，即

$$\{u\} = [T]\{v\} \qquad (14\text{-}4\text{-}6)$$

由圖 14-4-1(b)與圖 14-4-1(c)也可將作用力F_1、F_2、F_3、F_4、F_5、F_6以Q_1、Q_2、Q_3、Q_4、Q_5、Q_6表示如下：

$$F_1 = Q_1 \cos\theta - Q_2 \sin\theta \qquad (14\text{-}4\text{-}7a)$$

$$F_2 = Q_1 \sin\theta + Q_2 \cos\theta \qquad (14\text{-}4\text{-}7b)$$

$$F_3 = Q_3 \qquad (14\text{-}4\text{-}7c)$$

$$F_4 = Q_4 \cos\theta - Q_5 \sin\theta \qquad (14\text{-}4\text{-}7d)$$

$$F_5 = Q_4 \sin\theta + Q_5 \cos\theta \qquad (14\text{-}4\text{-}7e)$$

$$F_6 = Q_6 \qquad (14\text{-}4\text{-}7f)$$

將公式（14-4-7a）～（14-4-7f）寫成矩陣式得

$$\begin{Bmatrix} F_1 \\ F_2 \\ F_3 \\ F_4 \\ F_5 \\ F_6 \end{Bmatrix} = \begin{bmatrix} \cos\theta & -\sin\theta & 0 & 0 & 0 & 0 \\ \sin\theta & \cos\theta & 0 & 0 & 0 & 0 \\ 0 & 0 & 1 & 0 & 0 & 0 \\ 0 & 0 & 0 & \cos\theta & -\sin\theta & 0 \\ 0 & 0 & 0 & \sin\theta & \cos\theta & 0 \\ 0 & 0 & 0 & 0 & 0 & 1 \end{bmatrix} \begin{Bmatrix} Q_1 \\ Q_2 \\ Q_3 \\ Q_4 \\ Q_5 \\ Q_6 \end{Bmatrix} \qquad (14\text{-}4\text{-}8)$$

或寫成

$$\{F\} = [T]^T\{Q\} \qquad (14\text{-}4\text{-}9)$$

方形矩陣$[T]^T$為桿件座標系物理量轉換為結構桿件座標系物理量的轉換矩陣，亦即結構座標系物理量轉換為桿件座標系物理量的轉換矩陣 T 的轉置矩陣（Tranpose of Matrix）。移位向量亦可依下式轉換之：

$$\{v\} = [T]^T\{u\} \qquad (14\text{-}4\text{-}10)$$

14-4-2　連續樑桿件物理量轉換

連續樑的分析模式中均採桿件座標系與結構座標系一致如圖 14-4-2，故連續樑上桿件的物理量在該兩座標系也是一致的，因此連續樑尚無座標系轉換的問題。亦即

$$\{F\} = \{Q\} \quad \{v\} = \{u\} \tag{14-4-11}$$

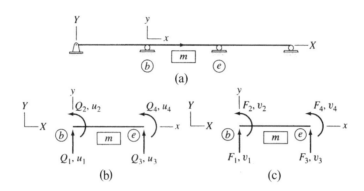

圖 14-4-2

14-4-3　平面桁架桿件物理量轉換

圖 14-4-3(a)為平面桁架上某一桿件 m，其起始點為節點 b，終止點為節點 e。該桿件在結構座標系的方向以 θ 表示之，θ 為桿件由結構座標系的正 X 方向以逆鐘向往結構座標系正 Y 方向旋轉的角度。圖 14-4-3(b)則是以桿件座標系為準的力系與移位在結構座標系的方向。

圖 14-4-3(c)為同一桿件以結構座標系為準的桿端作用力 F_1 與桿端移位量 v_1。因為平面桁架桿端僅能承受軸向力，故在桿件座標系有 2 個自由度；而在結構座標系則有 4 個自由度。各節點作用力與移位量分量按 X、Y 方向移位的順序編號之，亦即起始點的作用力與移位分量分別為 F_1、F_2 與 v_1、v_2；終止點的作用力與移位分量分別為 F_3、F_4 與 v_3、v_4。為使該兩座標系的物理量等值，則比較圖 14-4-3(b)與圖 14-4-3(c)的桿件起始點與終止點桿端作用力可得

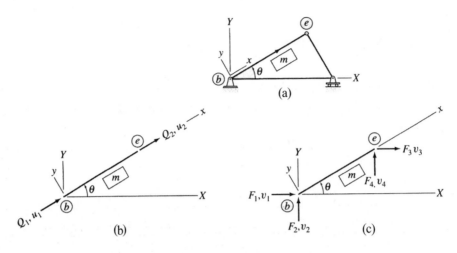

圖 14-4-3

$$Q_1 = F_1 \cos\theta + F_2 \sin\theta \qquad\qquad (14\text{-}4\text{-}12a)$$

$$Q_2 = F_3 \cos\theta + F_4 \sin\theta \qquad\qquad (14\text{-}4\text{-}12b)$$

將公式（14-4-12a）～（14-4-12b）寫成矩陣式得

$$\begin{Bmatrix} Q_1 \\ Q_2 \end{Bmatrix} = \begin{bmatrix} \cos\theta & \sin\theta & 0 & 0 \\ 0 & 0 & \cos\theta & \sin\theta \end{bmatrix} \begin{Bmatrix} F_1 \\ F_2 \\ F_3 \\ F_4 \end{Bmatrix} \qquad\qquad (14\text{-}4\text{-}13)$$

其中

$$[T] = \begin{bmatrix} \cos\theta & \sin\theta & 0 & 0 \\ 0 & 0 & \cos\theta & \sin\theta \end{bmatrix} \qquad\qquad (14\text{-}4\text{-}14)$$

　　矩陣 T 稱為平面桁架桿件結構座標系物理量轉換為桿件座標系物理量的轉換矩陣，亦可由平面剛架的轉換矩陣中刪除第 2、3、5、6 行與第 3、6 列而得。轉換矩陣中的正弦值與餘弦值亦可按公式（14-4-5）計算之。當 Q、F、u、v 代表桁架桿端的物理量，則公式（14-4-3）、公式（14-4-6）、公式（14-4-9）、公式（14-4-10）均可適用。

14-5　勁度矩陣座標系轉換

桿件在桿件座標系的勁度矩陣$[k]$，亦可由前節的座標系轉換矩陣$[T]$轉換為桿件在結構座標系的勁度矩陣$[K]$。茲按不同類型結構說明如下：

14-5-1　平面剛架桿件勁度矩陣轉換

將公式（14-3-3）的$\{Q\} = [k]\{u\} + \{Q_f\}$帶入公式（14-4-9）的$\{F\} = [T]^T\{Q\}$得

$$\{F\} = [T]^T\{Q\} = [T]^T([k]\{u\} + \{Q_f\}) = [T]^T[k]\{u\} + [T]^T\{Q_f\} \qquad (14\text{-}5\text{-}1)$$

再將公式（14-4-6）的$\{u\} = [T]\{v\}$帶入公式（14-5-1）得

$$\{F\} = [T]^T[k][T]\{v\} + [T]^T\{Q_f\} \qquad (14\text{-}5\text{-}2)$$

或寫成

$$\{F\} = [K]\{v\} + \{F_f\} \qquad (14\text{-}5\text{-}3)$$

其中

$$[K] = [T]^T[k][T] \qquad (14\text{-}5\text{-}4)$$

$$\{F_f\} = [T]^T\{Q_f\} \qquad (14\text{-}5\text{-}5)$$

6×6的方形矩陣$[K]$稱為平面剛架桿件在結構座標系的勁度矩陣，可由桿件在桿件座標系的勁度矩陣$[k]$前乘（Pre-Multiplication）轉換矩陣$[T]$的轉置矩陣$[T]^T$，再後乘（Post-Multiplication）轉換矩陣$[T]$計得。6×1的行矩陣或向量$\{F_f\}$為桿件承受載重在結構座標系各分量的向量，可由轉換矩陣$[T]$的轉置矩陣$[T]^T$乘以桿件承受載重在桿件座標系各分量的向量$\{Q_f\}$而得。6×1的行矩陣或向量$\{F\}$為桿件桿端外加載重在結構座標系各分量的向量。

14-5-2　連續樑桿件勁度矩陣轉換

連續樑的分析模式中均採桿件座標系與結構座標系一致如圖 14-4-2，故連續樑上

桿件的勁度矩陣 $[K]$、$[k]$ 在該兩座標系也是一致的,因此尚無座標系轉換的問題。

14-5-3 平面桁架桿件勁度矩陣轉換

將公式(14-3-6)的 $\{Q\}=[k]\{u\}$ 帶入公式(14-4-9)的 $\{F\}=[T]^T\{Q\}$ 得

$$\{F\}=[T]^T\{Q\}=[T]^T[k]\{u\}=[T]^T[k]\{u\} \tag{14-5-6}$$

再將公式(14-4-6)的 $\{u\}=[T]\{v\}$ 帶入公式(14-5-6)得

$$\{F\}=[T]^T\{k\}[T]\{v\} \tag{14-5-7}$$

或寫成

$$\{F\}=[K]\{v\} \tag{14-5-8}$$

若將公式(14-3-7)的平面桁架桿件之桿件座標系的勁度矩陣 $[k]$ 與公式(14-4-14)的平面桁架桿件轉換矩陣 $[T]$ 帶入公式(14-5-4),可得平面桁架桿件的結構座標系勁度矩陣 $[K]$ 為

$$[K]=[T]^T[k][T]=\begin{bmatrix}\cos\theta & 0 \\ \sin\theta & 0 \\ 0 & \cos\theta \\ 0 & \sin\theta\end{bmatrix}\frac{EA}{L}\begin{bmatrix}1 & -1 \\ -1 & 1\end{bmatrix}\begin{bmatrix}\cos\theta & \sin\theta & 0 & 0 \\ 0 & 0 & \cos\theta & \sin\theta\end{bmatrix}$$ 或

$$[K]=\frac{EA}{L}\begin{bmatrix}\cos^2\theta & \cos\theta\sin\theta & -\cos^2\theta & -\cos\theta\sin\theta \\ \cos\theta\sin\theta & \sin^2\theta & -\cos\theta\sin\theta & -\sin^2\theta \\ -\cos^2\theta & -\cos\theta\sin\theta & \cos^2\theta & \cos\theta\sin\theta \\ -\cos\theta\sin\theta & -\sin^2\theta & \cos\theta\sin\theta & \sin^2\theta\end{bmatrix} \tag{14-5-9}$$

14-6 結構勁度矩陣

結構中每一桿件在結構座標系的勁度矩陣 $[K]$ 建立後,便可據以建立整個結構的勁度矩陣 $[S]$。理論上,可依據整體結構上每一個節點的每一個自由度靜力平衡方程式與匯集於某一個節點的變位諧和方程式建立之,或亦可由前節的座標系轉換矩陣 $[T]$ 推算之。茲以實例逐步說明如下:

　　圖 14-6-1(a)為一個含有兩桿件的平面剛架，其分析模式如圖 14-6-1(b)所示。桿件 1 的起始點為節點①，終止點為節點②；桿件 2 的起始點為節點②，終止點為節點③；節點①、③的自由度為 0；節點②的自由度為 3；其在 X、Y 向的移位與繞 Z 軸的旋轉分別為 d_1、d_2、d_3；所相當的外加節點載重為 P_1、P_2、P_3。這些節點移位與外加節點載重分別構成移位向量 $\{D\}$ 與外加節點載重向量 $\{P\}$。

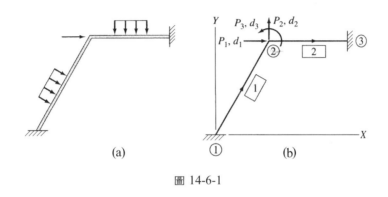

圖 14-6-1

　　建立結構勁度矩陣 $[S]$ 的主要目的是將已知外加節點載重向量 $\{P\}$ 與未知的移位向量 $\{D\}$ 做一關連。

14-6-1　靜力平衡方程式

　　圖 14-6-2 為桿件 1、節點②與桿件 2 的自由體圖，圖上標示各桿端的變位 v 與因變位引生的桿端作用力 F，各符號上標表示桿件編號；如 $v_1^{(2)}$ 表示桿件 2 起始點在 X 方向的變位；$F_6^{(1)}$ 表示桿件 1 終止點繞 Z 方向的彎矩。

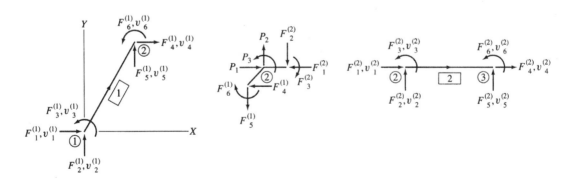

圖 14-6-2

由節點②的平衡方程式

$$\Sigma F_X = 0 \ 得 \quad P_1 = F_4^{(1)} + F_1^{(2)} \qquad (14\text{-}6\text{-}1\text{a})$$

$$\Sigma F_Y = 0 \ 得 \quad P_2 = F_5^{(1)} + F_2^{(2)} \qquad (14\text{-}6\text{-}1\text{b})$$

$$\Sigma M = 0 \ 得 \quad P_3 = F_6^{(1)} + F_3^{(2)} \qquad (14\text{-}6\text{-}1\text{c})$$

14-6-2 桿端作用力與彎矩

將桿件 1 的桿件座標系勁度矩陣 $[k]$ 依公式（14-5-4）計得結構座標系勁度矩陣 $[K]$ 後帶入公式（14-5-3）得

$$
\begin{Bmatrix} F_1^{(1)} \\ F_2^{(1)} \\ F_3^{(1)} \\ F_4^{(1)} \\ F_5^{(1)} \\ F_6^{(1)} \end{Bmatrix} =
\begin{bmatrix}
K_{11}^{(1)} & K_{12}^{(1)} & K_{13}^{(1)} & K_{14}^{(1)} & K_{15}^{(1)} & K_{16}^{(1)} \\
K_{21}^{(1)} & K_{22}^{(1)} & K_{23}^{(1)} & K_{24}^{(1)} & K_{25}^{(1)} & K_{26}^{(1)} \\
K_{31}^{(1)} & K_{32}^{(1)} & K_{33}^{(1)} & K_{34}^{(1)} & K_{35}^{(1)} & K_{36}^{(1)} \\
K_{41}^{(1)} & K_{42}^{(1)} & K_{43}^{(1)} & K_{44}^{(1)} & K_{45}^{(1)} & K_{46}^{(1)} \\
K_{51}^{(1)} & K_{52}^{(1)} & K_{53}^{(1)} & K_{54}^{(1)} & K_{55}^{(1)} & K_{56}^{(1)} \\
K_{61}^{(1)} & K_{62}^{(1)} & K_{63}^{(1)} & K_{64}^{(1)} & K_{65}^{(1)} & K_{66}^{(1)}
\end{bmatrix}
\begin{Bmatrix} v_1^{(1)} \\ v_2^{(1)} \\ v_3^{(1)} \\ v_4^{(1)} \\ v_5^{(1)} \\ v_6^{(1)} \end{Bmatrix} +
\begin{Bmatrix} F_{f1}^{(1)} \\ F_{f2}^{(1)} \\ F_{f3}^{(1)} \\ F_{f4}^{(1)} \\ F_{f5}^{(1)} \\ F_{f6}^{(1)} \end{Bmatrix}
$$

由以上矩陣方程式可得桿件 1 終止點各作用力分量為

$$F_4^{(1)} = K_{41}^{(1)} v_1^{(1)} + K_{42}^{(1)} v_2^{(1)} + K_{43}^{(1)} v_3^{(1)} + K_{44}^{(1)} v_4^{(1)} + K_{45}^{(1)} v_5^{(1)} + K_{46}^{(1)} v_6^{(1)} + F_{f4}^{(1)} \qquad (14\text{-}6\text{-}2\text{a})$$

$$F_5^{(1)} = K_{51}^{(1)} v_1^{(1)} + K_{52}^{(1)} v_2^{(1)} + K_{53}^{(1)} v_3^{(1)} + K_{54}^{(1)} v_4^{(1)} + K_{55}^{(1)} v_5^{(1)} + K_{56}^{(1)} v_6^{(1)} + F_{f5}^{(1)} \qquad (14\text{-}6\text{-}2\text{b})$$

$$F_6^{(1)} = K_{61}^{(1)} v_1^{(1)} + K_{62}^{(1)} v_2^{(1)} + K_{63}^{(1)} v_3^{(1)} + K_{64}^{(1)} v_4^{(1)} + K_{65}^{(1)} v_5^{(1)} + K_{66}^{(1)} v_6^{(1)} + F_{f6}^{(1)} \qquad (14\text{-}6\text{-}2\text{c})$$

同理可得桿件 2 的矩陣方程式及其起始點的作用力分量為

$$
\begin{Bmatrix} F_1^{(2)} \\ F_2^{(2)} \\ F_3^{(2)} \\ F_4^{(2)} \\ F_5^{(2)} \\ F_6^{(2)} \end{Bmatrix} =
\begin{bmatrix}
K_{11}^{(2)} & K_{12}^{(2)} & K_{13}^{(2)} & K_{14}^{(2)} & K_{15}^{(2)} & K_{16}^{(2)} \\
K_{21}^{(2)} & K_{22}^{(2)} & K_{23}^{(2)} & K_{24}^{(2)} & K_{25}^{(2)} & K_{26}^{(2)} \\
K_{31}^{(2)} & K_{32}^{(2)} & K_{33}^{(2)} & K_{34}^{(2)} & K_{35}^{(2)} & K_{36}^{(2)} \\
K_{41}^{(2)} & K_{42}^{(2)} & K_{43}^{(2)} & K_{44}^{(2)} & K_{45}^{(2)} & K_{46}^{(2)} \\
K_{51}^{(2)} & K_{52}^{(2)} & K_{53}^{(2)} & K_{54}^{(2)} & K_{55}^{(2)} & K_{56}^{(2)} \\
K_{61}^{(2)} & K_{62}^{(2)} & K_{63}^{(2)} & K_{64}^{(2)} & K_{65}^{(2)} & K_{66}^{(2)}
\end{bmatrix}
\begin{Bmatrix} v_1^{(2)} \\ v_2^{(2)} \\ v_3^{(2)} \\ v_4^{(2)} \\ v_5^{(2)} \\ v_6^{(2)} \end{Bmatrix} +
\begin{Bmatrix} F_{f1}^{(2)} \\ F_{f2}^{(2)} \\ F_{f3}^{(2)} \\ F_{f4}^{(2)} \\ F_{f5}^{(2)} \\ F_{f6}^{(2)} \end{Bmatrix}
$$

$$F_1^{(2)} = K_{11}^{(2)}v_1^{(2)} + K_{12}^{(2)}v_2^{(2)} + K_{13}^{(2)}v_3^{(2)} + K_{14}^{(2)}v_4^{(2)} + K_{15}^{(2)}v_5^{(2)} + K_{16}^{(2)}v_6^{(2)} + F_{f1}^{(2)} \qquad （14\text{-}6\text{-}3a）$$

$$F_2^{(2)} = K_{21}^{(2)}v_1^{(2)} + K_{22}^{(2)}v_2^{(2)} + K_{23}^{(2)}v_3^{(2)} + K_{24}^{(2)}v_4^{(2)} + K_{25}^{(2)}v_5^{(2)} + K_{26}^{(2)}v_6^{(2)} + F_{f2}^{(2)} \qquad （14\text{-}6\text{-}3b）$$

$$F_3^{(2)} = K_{31}^{(2)}v_1^{(2)} + K_{32}^{(2)}v_2^{(2)} + K_{33}^{(2)}v_3^{(2)} + K_{34}^{(2)}v_4^{(2)} + K_{35}^{(2)}v_5^{(2)} + K_{36}^{(2)}v_6^{(2)} + F_{f3}^{(2)} \qquad （14\text{-}6\text{-}3c）$$

14-6-3　變位諧和方程式

比較圖 14-6-1(b)與圖 14-6-2 知，桿件 1 的起始點為固定端，終止點為自由端，而自由端的變位量應與平面剛架的節點②之變位量相符，故得桿件 1 的變位諧和方程式為

$$v_1^{(1)} = v_2^{(1)} = v_3^{(1)} = 0 \quad v_4^{(1)} = d_1 \quad v_5^{(1)} = d_2 \quad v_6^{(1)} = d_3 \qquad （14\text{-}6\text{-}4）$$

將以上變位諧和方程式帶入公式（14-6-2）得

$$F_4^{(1)} = F_{44}^{(1)}d_1 + K_{45}^{(1)}d_2 + K_{46}^{(1)}d_3 + F_{f4}^{(1)} \qquad （14\text{-}6\text{-}5a）$$

$$F_5^{(1)} = F_{54}^{(1)}d_1 + K_{55}^{(1)}d_2 + K_{56}^{(1)}d_3 + F_{f5}^{(1)} \qquad （14\text{-}6\text{-}5b）$$

$$F_6^{(1)} = F_{64}^{(1)}d_1 + K_{65}^{(1)}d_2 + K_{66}^{(1)}d_3 + F_{f6}^{(1)} \qquad （14\text{-}6\text{-}5c）$$

以相同方式可推得桿件 2 的變位諧和方程式為

$$v_1^{(2)} = d_1 \quad v_2^{(2)} = d_2 \quad v_3^{(2)} = d_3 \quad v_4^{(2)} = v_5^{(2)} = v_6^{(2)} = 0 \qquad （14\text{-}6\text{-}6）$$

將以上變位諧和方程式帶入公式（14-6-3）得

$$F_1^{(2)} = F_{11}^{(2)}d_1 + K_{12}^{(2)}d_2 + K_{13}^{(2)}d_3 + F_{f1}^{(2)} \qquad （14\text{-}6\text{-}7a）$$

$$F_2^{(2)} = F_{21}^{(2)}d_1 + K_{22}^{(2)}d_2 + K_{23}^{(2)}d_3 + F_{f2}^{(2)} \qquad （14\text{-}6\text{-}7b）$$

$$F_3^{(2)} = F_{31}^{(2)}d_1 + K_{32}^{(2)}d_2 + K_{33}^{(2)}d_3 + F_{f3}^{(2)} \qquad （14\text{-}6\text{-}7c）$$

14-6-4　勁度方程式

將公式（14-6-5）與公式（14-6-7）帶入平衡方程式公式（14-6-1）得

$$P_1 = \left(K_{44}^{(1)} + K_{11}^{(2)}\right)d_1 + \left(K_{45}^{(1)} + K_{12}^{(2)}\right)d_2 + \left(K_{46}^{(1)} + K_{13}^{(2)}\right)d_3 + \left(F_{f4}^{(1)} + F_{f1}^{(2)}\right) \qquad (14\text{-}6\text{-}8a)$$

$$P_2 = \left(K_{54}^{(1)} + K_{21}^{(2)}\right)d_1 + \left(K_{55}^{(1)} + K_{22}^{(2)}\right)d_2 + \left(K_{56}^{(1)} + K_{23}^{(2)}\right)d_3 + \left(F_{f5}^{(1)} + F_{f2}^{(2)}\right) \qquad (14\text{-}6\text{-}8b)$$

$$P_3 = \left(K_{64}^{(1)} + K_{31}^{(2)}\right)d_1 + \left(K_{65}^{(1)} + K_{32}^{(2)}\right)d_2 + \left(K_{66}^{(1)} + K_{33}^{(2)}\right)d_3 + \left(F_{f6}^{(1)} + F_{f3}^{(2)}\right) \qquad (14\text{-}6\text{-}8c)$$

寫成矩陣式得

$$\begin{Bmatrix} P_1 \\ P_2 \\ P_3 \end{Bmatrix} = \begin{bmatrix} K_{44}^{(1)} + K_{11}^{(2)} & K_{45}^{(1)} + K_{12}^{(2)} & K_{46}^{(1)} + K_{13}^{(2)} \\ K_{54}^{(1)} + K_{21}^{(2)} & K_{55}^{(1)} + K_{22}^{(2)} & K_{56}^{(1)} + K_{23}^{(2)} \\ K_{64}^{(1)} + K_{31}^{(2)} & K_{65}^{(1)} + K_{32}^{(2)} & K_{66}^{(1)} + K_{33}^{(2)} \end{bmatrix} \begin{Bmatrix} d_1 \\ d_2 \\ d_3 \end{Bmatrix} + \begin{Bmatrix} F_{f4}^{(1)} + F_{f1}^{(2)} \\ F_{f5}^{(1)} + F_{f2}^{(2)} \\ F_{f6}^{(1)} + F_{f3}^{(2)} \end{Bmatrix}$$ 或寫成矩陣式

$$\{P\} = [S]\{D\} + \{P_f\} \qquad (14\text{-}6\text{-}9)$$

或

$$\{P\} - \{P_f\} = [S]\{D\} \qquad (14\text{-}6\text{-}10)$$

其中方形矩陣[S]稱為結構勁度矩陣，係由各桿件的結構勁度矩陣所合成

$$[S] = \begin{bmatrix} K_{44}^{(1)} + K_{11}^{(2)} & K_{45}^{(1)} + K_{12}^{(2)} & K_{46}^{(1)} + K_{13}^{(2)} \\ K_{54}^{(1)} + K_{21}^{(2)} & K_{55}^{(1)} + K_{22}^{(2)} & K_{56}^{(1)} + K_{23}^{(2)} \\ K_{64}^{(1)} + K_{31}^{(2)} & K_{65}^{(1)} + K_{32}^{(2)} & K_{66}^{(1)} + K_{33}^{(2)} \end{bmatrix} \qquad (14\text{-}6\text{-}11)$$

向量$\{D\}$為結構上各自由度的未知變位向量；向量$\{P\}$為節點承受的載重向量；向量$\{P_f\}$為桿件承受載重轉化為節點等值載重向量，亦即

$$\{P_f\} = \begin{Bmatrix} F_{f4}^{(1)} + F_{f1}^{(2)} \\ F_{f5}^{(1)} + F_{f2}^{(2)} \\ F_{f6}^{(1)} + F_{f3}^{(2)} \end{Bmatrix} \qquad (14\text{-}6\text{-}12)$$

其中第 1 列元素為桿件 1 承受桿件載重相當於終止點在 X 向的等值節點載重 $F_{f4}^{(1)}$ 與桿件 2 承受桿件載重相當於起始點在 X 向的等值節點載重 $F_{f1}^{(2)}$ 之和；同理，第 2 列元素為桿件 1、2 承受桿件載重相當於終止點、起始點在 Y 向的等值節點載重之和；第 3 列元素為桿件 1、2 承受桿件載重相當於終止點、起始點繞 Z 軸的等值節點彎矩之和。

公式（14-6-9）或公式（14-6-10）已導出載重向量、結構勁度矩陣與變位矩陣的關係式，結構勁度矩陣[S]乃根據結構的幾何特性、材料性質及節點束制情形所推得，

與結構的承載情形無關。結構承受的載重可區分為節點載重與桿件載重,節點載重直接以結構座標系表示之得向量$\{P\}$;而桿件載重必須轉換成等值的節點載重,桿件載重以桿件座標系表示之,始可套用附錄B相關的固定端彎矩與反力公式,然後亦可轉換為結構座標系的等值節點載重向量$\{P_f\}$。載重向量及結構勁度矩陣求得之後,當可依公式(14-6-9)或公式(14-6-10)計得結構上各自由度的變位量。

14-6-5　結構勁度矩陣的簡易組合法

前述就一個節點的平衡方程式與變位諧和方程式、以關聯結構座標系的外加載重與節點變位關係,而獲得勁度方程式與結構勁度矩陣的推演程序尚屬冗長與繁雜。觀察公式(14-6-11)的結構勁度矩陣$[S]$為一個3×3的方形矩陣,因為該結構的節點①、③均屬固定端,而自由度為0,節點②則有3個自由度。結構勁度矩陣$[S]$的第1行第1列元素,$K_{44}^{(1)} + K_{11}^{(2)}$,為整個結構在節點②沿X方向發生1個單位移位,而其餘2個自由度保持0變位時,桿件1、2在X方向結構勁度係數之和;第1行第2列元素,$K_{54}^{(1)} + K_{21}^{(2)}$,為整個結構在節點②沿Y方向發生1個單位移位,而其餘2個自由度保持0變位時,桿件1、2在Y方向結構勁度係數之和;其餘各元素可類推之。

經過以上觀察可獲得如下的結論:結構中某一節點、某一個自由度方向的結構勁度係數S_{ij}為匯集於該節點所有桿件在該自由度方向桿件結構勁度係數的總和。據此結論,結構的結構勁度矩陣可由各桿件的結構勁度矩陣直接組合而成。其步驟說明如下:

1. 判定結構的總自由度,並對所有節點的自由度由1開始逐一賦予一個編號,每一個節點的自由度按X、Y方向移位與繞Z軸方向旋轉的順序編號之,無變位可能的節點賦予0編號。

   圖14-6-1(b)分析模式中的節點①、③均無變位可能,故賦予自由度編號0,僅節點②有3個自由度,故按X、Y方向移位及繞Z軸旋轉的順序賦予1、2、3的自由度編號。

2. 建立結構中每一桿件的結構勁度矩陣(平面剛架為6×6,平面桁架、連續樑為4×4的方形矩陣),並於桿件結構勁度矩陣$[K]$第1列上方依序標示桿件起始點、終止點的自由度編號(稱行自由度),最後1行右側依序標示桿件起始點、終止點的自由度編號(稱列自由度)。

   圖14-6-3的$[K_1]$為桿件1的結構勁度矩陣,因為桿件1的起始點(節點①)無法變位,故其自由度編號均為0,而終止點(節點②)可自由變位,故其自由度按X、Y方向移位及繞Z軸旋轉的順序賦予1、2、3的自由度編號;所以矩陣$[K_1]$的第1列上方與第6行右側標示自由度編號0,0,0,1,2,3。

$$
K_1=\begin{array}{c} \begin{matrix} 0 & \quad 0 & \quad 0 & \quad 1 & \quad 2 & \quad 3 \end{matrix} \\ \begin{bmatrix} K_{11}^{(1)} & K_{12}^{(1)} & K_{13}^{(1)} & K_{14}^{(1)} & K_{15}^{(1)} & K_{16}^{(1)} \\ K_{21}^{(1)} & K_{22}^{(1)} & K_{23}^{(1)} & K_{24}^{(1)} & K_{25}^{(1)} & K_{26}^{(1)} \\ K_{31}^{(1)} & K_{32}^{(1)} & K_{33}^{(1)} & K_{34}^{(1)} & K_{35}^{(1)} & K_{36}^{(1)} \\ K_{41}^{(1)} & K_{42}^{(1)} & K_{43}^{(1)} & K_{44}^{(1)} & K_{45}^{(1)} & K_{46}^{(1)} \\ K_{51}^{(1)} & K_{52}^{(1)} & K_{53}^{(1)} & K_{54}^{(1)} & K_{55}^{(1)} & K_{56}^{(1)} \\ K_{61}^{(1)} & K_{62}^{(1)} & K_{63}^{(1)} & K_{64}^{(1)} & K_{65}^{(1)} & K_{66}^{(1)} \end{bmatrix} \end{array} \begin{matrix} \\ 0 \\ 0 \\ 0 \\ 1 \\ 2 \\ 3 \end{matrix}
\qquad
K_2=\begin{array}{c} \begin{matrix} 1 & \quad 2 & \quad 3 & \quad 0 & \quad 0 & \quad 0 \end{matrix} \\ \begin{bmatrix} K_{11}^{(2)} & K_{12}^{(2)} & K_{13}^{(2)} & K_{14}^{(2)} & K_{15}^{(2)} & K_{16}^{(2)} \\ K_{21}^{(2)} & K_{22}^{(2)} & K_{23}^{(2)} & K_{24}^{(2)} & K_{25}^{(2)} & K_{26}^{(2)} \\ K_{31}^{(2)} & K_{32}^{(2)} & K_{33}^{(2)} & K_{34}^{(2)} & K_{35}^{(2)} & K_{36}^{(2)} \\ K_{41}^{(2)} & K_{42}^{(2)} & K_{43}^{(2)} & K_{44}^{(2)} & K_{45}^{(2)} & K_{46}^{(2)} \\ K_{51}^{(2)} & K_{52}^{(2)} & K_{53}^{(2)} & K_{54}^{(2)} & K_{55}^{(2)} & K_{56}^{(2)} \\ K_{61}^{(2)} & K_{62}^{(2)} & K_{63}^{(2)} & K_{64}^{(2)} & K_{65}^{(2)} & K_{66}^{(2)} \end{bmatrix} \end{array} \begin{matrix} \\ 1 \\ 2 \\ 3 \\ 0 \\ 0 \\ 0 \end{matrix}
$$

$$
S=\begin{array}{c} \begin{matrix} 1 & \qquad\qquad 2 & \qquad\qquad 3 \end{matrix} \\ \begin{bmatrix} K_{44}^{(1)}+K_{11}^{(2)} & K_{45}^{(1)}+K_{12}^{(2)} & K_{46}^{(1)}+K_{13}^{(2)} \\ K_{54}^{(1)}+K_{21}^{(2)} & K_{55}^{(1)}+K_{22}^{(2)} & K_{56}^{(1)}+K_{23}^{(2)} \\ K_{64}^{(1)}+K_{31}^{(2)} & K_{65}^{(1)}+K_{32}^{(2)} & K_{66}^{(1)}+K_{33}^{(2)} \end{bmatrix} \end{array} \begin{matrix} \\ 1 \\ 2 \\ 3 \end{matrix}
$$

圖 14-6-3

矩陣$[K_2]$為桿件 2 的結構勁度矩陣，因為桿件 2 的起始點（節點②）可自由變位，故其自由度按 X、Y 方向移位及繞 Z 軸旋轉的順序賦予 1，2，3 的自由度編號；而終止點（節點③）無法變位，故其自由度編號均為 0，所以矩陣$[K_2]$的第 1 列上方與第 6 行右側標示自由度編號 1，2，3，0，0，0。

3. 桿件結構勁度矩陣中每一個元素均有其行自由度與列自由度，行自由度為 0 或列自由度為 0 的元素均不出現在整個結構的結構勁度矩陣$[S]$中，均非 0 的行自由度與列自由度的元素將累加到結構勁度矩陣$[S]$中相當行、列元素中。

圖 14-6-3 中，矩陣$[K_1]$的元素$K_{22}^{(1)}$的行自由度與列自由度均為 0，故不累加到結構勁度矩陣$[S]$；元素$K_{24}^{(1)}$的行自由度為 1、列自由度為 0，故亦不累加到結構勁度矩陣$[S]$；元素$K_{65}^{(1)}$的行自由度為 2、列自由度為 3，故累加到結構勁度矩陣$[S]$中的第 2 行第 3 列元素，如圖 14-6-3 中虛線。同理，矩陣$[K_2]$的元素$K_{32}^{(1)}$行自由度為 2、列自由度為 3，故亦累加到結構勁度矩陣$[S]$中的第 2 行第 3 列元素，如圖 14-6-3 中虛線。

14-6-6 桿件載重的等值節點載重組合法

結構勁度方程式公式（14-6-9）或公式（14-6-10）僅表示結構節點載重與節點變位的關係，桿件本身承受的均布或集中載重均必須轉化成等值的節點載重，如公式中的$\{P_f\}$向量。桿件載重必須以桿件座標系標示其作用方向，以便套用相關公式計算其

固定端彎矩與反力 Q_1，而這些彎矩與反力必須經過座標轉換成結構座標系的彎矩與作用力，以便組合成等值節點載重向量 $\{P_f\}$。

圖 14-6-4 行矩陣或向量的 $\{F_1\}$ 為桿件 1 承受桿件載重所引生起始點（前 3 個元素）與終止點（後 3 個元素）的反力與彎矩且經座標轉換為結構座標系的力素；同時在向量右側標示該桿件起始點與終止點自由度編號（0，0，0，1，2，3）。同理，向量 $\{F_2\}$ 為桿件 2 承受桿件載重所引生起始點（前 3 個元素）與終止點（後 3 個元素）的反力與彎矩且經座標轉換為結構座標系的力素；同時在向量右側標示該桿件起始點與終止點自由度編號（1，2，3，0，0，0）。

向量 $\{F_1\}$ 與 $\{F_2\}$ 中自由度編號 0 的元素不必累加於等值節點載重向量 $\{P_f\}$；非 0 自由度編號的元素必須累加於等值節點載重向量 $\{P_f\}$ 中相當列。元素 $F_{f1}^{(1)}$ 的自由度編號為 0，故不必累加；元素 $F_{f5}^{(1)}$ 與 $F_{f2}^{(2)}$ 的自由度編號均為 2，故累加於等值節點載重向量 $\{P_f\}$ 第 2 列如圖 14-6-4 中虛線。

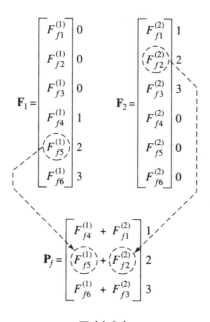

圖 14-6-4

14-6-7　桿力、變位與反力計算

結構勁度方程式公式（14-6-9）或公式（14-6-10）中節點載重向量 $\{P\}$，桿件載重的等值節點載重向量 $\{P_f\}$ 均為根據結構載重的已知向量；結構勁度矩陣 $[S]$ 則依結構的幾何形狀、材料特性及節點束制情形所演得的已知方形矩陣。依據結構勁度方程式可

以推得未知的結構節點變位向量$\{D\}$（以結構座標系為準）。

變位向量$\{D\}$求得之後，可以從中取得任一桿件的結構座標系變位向量$\{v\}$。依據某桿件起始點與終止點的自由度編號取變位向量$\{D\}$中相當的某些元素，構成桿件的結構座標系變位向量$\{v\}$。再依據桿件的轉換矩陣$\{T\}$與結構座標系桿端變位向量$\{v\}$，由公式（14-4-6）可以計得桿端桿件座標系的變位向量$\{u\}$。

桿端桿件座標系的變位向量$\{u\}$求得後，平面剛架或連續樑依據公式（14-3-3）或平面桁架依據公式（14-3-6）可以計得因變形而引生的桿端作用力與彎矩向量$\{Q\}$。

求得桿件的桿件座標系桿端作用力與彎矩向量$\{Q\}$後，可依據公式（14-4-9）推算各桿端結構座標系的桿端作用力與彎矩向量$\{F\}$。

以匯集於支承點各桿件的桿端作用力與彎矩向量$\{F_i\}$套用靜力平衡方程式，便可求得各支承點的反力。

14-7 結構勁度分析法

根據前述各節的研討，可歸納結構勁度分析法的演算步驟如下：

14-7-1 結構勁度分析法演算步驟

1.建立結構的分析模式

(1)繪製結構的線條圖，並對每一個節點從 1 開始按序賦予一個節點編號。

(2)建立結構座標系：以水平向右的方向為 X 軸的正向；以垂直向上的方向為 Y 軸的正向；Z 軸垂直於書面且指向讀者。原點的位置以使各節點的 X、Y 座標值為正為原則。

(3)建立桿件座標系：任選桿件的兩端點之一為桿件的起始點，另一端點為終止點。以起始點為桿件座標的原點，由起始點至終止點的方向為桿件 x 軸的正向。水平桿件以選擇桿件的左端點為原點，可避免座標軸轉換。於代表桿件的直線上標示箭頭，以示由起始點至終止點的方向。所有桿件亦應從 1 開始按序賦予桿件編號。

(4)標示各節點變位方向與編號：檢視整個結構所有節點可能變位方向，並以箭頭從節點標示其變位方向。所有可能變位方向的總數即為該結構的總自由度。將所有節點的可能變位方向從 1 開始依序賦予一個自由度編號。任意節點按 X、Y 方向的移位及繞 Z 軸旋轉的順序編號之。

2.組合結構的結構勁度矩陣[S]與桿件載重的等值節點載重向量{P_f}

這些矩陣或向量均由各桿件的相當物理量所組合而成,故需先計算各桿件的結構勁度矩陣[K]與等值節點載重向量[F_f]。

(1)如屬平面桁架,請執行步驟(3);否則按公式(14-3-4)計算平面剛架桿件的桿件座標系勁度矩陣[k],按公式(14-3-5)計算連續樑桿件的桿件座標系勁度矩陣[k]。

(2)若桿件承受桿件載重,則依附錄B相關公式及平衡方程式計算桿端作用力與彎矩,構成桿件座標系的節點載重向量{Q_f}

(3)若連續樑或 x 軸與平面剛架桿件的軸一致的水平桿件,因為[K]= [k]、{F_f}= {Q_f},故直接執行步驟(5);否則平面剛架按公式(14-4-4)、平面桁架按公式(14-4-14)計算座標軸轉換矩陣。

(4)計算桿件結構勁度矩陣[K]:平面桁架可直接按公式(14-5-9)計算結構勁度矩陣[K],且因桁架桿件不能承受桿件載重,故等值節點載重向量{F_f}=0;平面剛架則依公式(14-5-4)計算結構勁度矩陣[K],依公式(14-5-5)計算等值節點載重向量{F_f}。

(5)組合結構勁度矩陣[S]:以桿件起始點與終止點的變位自由度編號,標示於桿件的結構勁度矩陣[K]的上方(行自由度)及右側(列自由度);將非0行自由度與列自由度的元素累加到結構勁度矩陣[S]的相當元素。

(6)組合等值節點載重向量{P_f}:以桿件起始點與終止點的變位自由度編號,標示於桿件的等值節點載重向量{P_f}的右側(列自由度);將非0列自由度的元素累加到等值節點載重向量{P_f}的相當列。

3.建立節點載重向量{P}

將各節點的載重解析成 X、Y 向作用力與繞 Z 軸方向的彎矩,按各變位方向的自由度編號置入節點載重向量{P}。

4.計算節點變位向量{D}

經過前述獲得的節點載重向量{P}、等值節點載重向量{P_f}及結構勁度矩陣[S],則可依結構勁度方程式公式(14-6-9)或公式(14-6-10)計得未知的結構節點變位向量{D}(以結構座標系為準)。

5.桿端桿力與變位計算

結構座標系的結構節點變位向量{D}計得之後,可按下列步驟計算各桿的桿端桿力與變位量:

(1)以桿件起始點與終止點的自由度編號,從節點變位向量{D}擷取桿件起始點與終止點的結構座標系變位向量{v}。

(2)依據公式（14-4-6）可以計得桿端桿件座標系的變位向量$\{u\}$；水平桿件則$\{u\}$ $=\{v\}$。

(3)平面剛架或連續樑依據公式（14-3-3）或平面桁架依據公式（14-3-6）可以計得 因變形而引生的桿端桿件座標系的作用力與彎矩向量$\{Q\}$。

(4)依據公式（14-4-9）推算各桿端結構座標系的桿端作用力與彎矩向量$\{F\}$。

6.計算支承點反力

以匯集於支承點各桿件的桿端作用力與彎矩向量$\{F_i\}$套用靜力平衡方程式便可求 得各支承點的反力

以上結構勁度分析法演算步驟可由以下實例，進一步體驗之。

14-7-2　勁度分析法演算實例

茲舉數例以體會結構勁度分析法演算程序：

例題 14-7-1

試以勁度分析法分析超靜定平面桁架各桿件桿力與支承反力？各桿件彈性係數 E 與 斷面積 A 均相同。

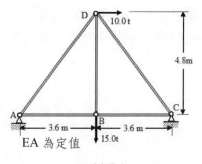

圖 14-7-1

解答：

圖 14-7-2 為圖 14-7-1 平面桁架的分析模式， 節點②、④有 X、Y 方向移位的可能，故屬總 自由度為 4 的超靜定平面桁架。節點②有 X、 Y 方向的 d_1、d_2 移位；節點④有 X、Y 方向的 d_3、d_4 移位。以節點①為結構座標系的原點。

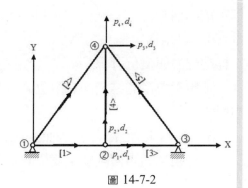

圖 14-7-2

建立桿件 1 的結構勁度矩陣$[K_1]$：

桿件 1 的 x 軸與 X 軸一致，故無座標軸轉換的需要。桿件 1 的長度 L 為

$$L = \sqrt{(X_2 - X_1)^2 + (Y_2 - Y_1)^2} = \sqrt{(3.6-0)^2 + (0.0-0)^2} = 3.6\text{m}$$

$$\cos\theta = \frac{X_2 - X_1}{L} = \frac{3.6-0}{3.6} = 1 \text{ , } \sin\theta = \frac{Y_2 - Y_1}{L} = \frac{0-0}{3.6} = 0$$

依公式（14-4-14）得桿件 1 的座標轉換矩陣$[T_1]$為

$$[T_1] = \begin{bmatrix} 1 & 0 & 0 & 0 \\ 0 & 0 & 1 & 0 \end{bmatrix}$$

依公式（14-5-9）得桿件 1 的結構勁度矩陣為

$$[K_1] = \frac{EA}{3.6}\begin{bmatrix} 1 & 0 & -1 & 0 \\ 0 & 0 & 0 & 0 \\ -1 & 0 & 1 & 0 \\ 0 & 0 & 0 & 0 \end{bmatrix} = EA\begin{bmatrix} 0.278 & 0 & -0.278 & 0 \\ 0 & 0 & 0 & 0 \\ -0.278 & 0 & 0.278 & 0 \\ 0 & 0 & 0 & 0 \end{bmatrix}\begin{matrix} 0 \\ 0 \\ 1 \\ 2 \end{matrix}$$

（上方標註：0　0　1　2）

將桿件 1 起始點與終止點的自由度編號 0，0，1，2，附加於結構勁度矩陣的上方與右側如上。

建立桿件 2 的結構勁度矩陣$[K_2]$：

桿件 2 的 x 軸與 X 軸夾角為 θ，桿件 2 的長度 L 為

$$L = \sqrt{(X_4 - X_1)^2 + (Y_4 - Y_1)^2} = \sqrt{(3.6-0)^2 + (4.8-0)^2} = 6.0\text{m}$$

$$\cos\theta = \frac{X_4 - X_1}{L} = \frac{3.6-0}{6} = 0.6 \text{ , } \sin\theta = \frac{Y_4 - Y_1}{L} = \frac{4.8-0}{6.0} = 0.8$$

依公式（14-4-14）得桿件 2 的座標轉換矩陣$[T_2]$為

$$[T_2] = \begin{bmatrix} 0.6 & 0.8 & 0 & 0 \\ 0 & 0 & 0.6 & 0.8 \end{bmatrix}$$

依公式（14-5-9）得桿件 2 的結構勁度矩陣為

$$[K_2] = \frac{EA}{6}\begin{bmatrix} 0.36 & 0.48 & -0.36 & -0.48 \\ 0.48 & 0.64 & -0.48 & -0.64 \\ -0.36 & -0.48 & 0.36 & 0.48 \\ -0.48 & -0.64 & 0.48 & 0.64 \end{bmatrix} = EA\begin{bmatrix} 0.06 & 0.08 & -0.06 & -0.08 \\ 0.08 & 0.107 & -0.08 & -0.107 \\ -0.06 & -0.08 & 0.06 & 0.08 \\ -0.08 & -0.107 & 0.08 & 0.107 \end{bmatrix}\begin{matrix} 0 \\ 0 \\ 3 \\ 4 \end{matrix}$$

（上方標註：0　0　3　4）

建立桿件 3 的結構勁度矩陣$[K_3]$：

桿件 3 的 x 軸與 X 軸一致，故無座標軸轉換的需要。桿件 3 的長度 L 為

$$L = \sqrt{(X_3 - X_2)^2 + (Y_3 - Y_2)^2} = \sqrt{(7.2-3.6)^2 + (0-0)^2} = 3.6\text{m}$$

$$\cos\theta = \frac{X_3 - X_2}{L} = \frac{7.2 - 3.6}{3.6} = 1 \text{，} \sin\theta = \frac{Y_3 - Y_2}{L} = \frac{0 - 0}{3.6} = 0$$

依公式（14-4-14）得桿件 3 的座標轉換矩陣$[T_3]$為

$$[T_3] = \begin{bmatrix} 1 & 0 & 0 & 0 \\ 0 & 0 & 1 & 0 \end{bmatrix}$$

依公式（14-5-9）得桿件 3 的結構勁度矩陣為

$$[K_3] = \frac{EA}{3.6} \begin{bmatrix} 1 & 0 & -1 & 0 \\ 0 & 0 & 0 & 0 \\ -1 & 0 & 1 & 0 \\ 0 & 0 & 0 & 0 \end{bmatrix} = EA \begin{bmatrix} \overset{1}{0.278} & \overset{2}{0} & \overset{0}{-0.278} & \overset{0}{0} \\ 0 & 0 & 0 & 0 \\ -0.278 & 0 & 0.278 & 0 \\ 0 & 0 & 0 & 0 \end{bmatrix} \begin{matrix} 1 \\ 2 \\ 0 \\ 0 \end{matrix}$$

將桿件 3 起始點與終止點的自由度編號為 1，2，0，0，附加於結構勁度矩陣的上方與右側如上。

建立桿件 4 的結構勁度矩陣$[K_4]$：

桿件 4 的 x 軸與 X 軸夾角為 θ，桿件 4 的長度 L 為

$$L = \sqrt{(X_4 - X_2)^2 + (Y_4 - Y_2)^2} = \sqrt{(3.6 - 3.6)^2 + (4.8 - 0)^2} = 4.8\text{m}$$

$$\cos\theta = \frac{X_4 - X_2}{L} = \frac{3.6 - 3.6}{4.8} = 0 \text{，} \sin\theta = \frac{Y_4 - Y_2}{L} = \frac{4.8 - 0}{4.8} = 1$$

依公式（14-4-14）得桿件 4 的座標轉換矩陣$[T_4]$為

$$[T_4] = \begin{bmatrix} 0 & 1 & 0 & 0 \\ 0 & 0 & 0 & 1 \end{bmatrix}$$

依公式（14-5-9）得桿件 4 的結構勁度矩陣為

$$[K_4] = \frac{EA}{4.8} \begin{bmatrix} 0 & 0 & 0 & 0 \\ 0 & 1 & 0 & -1 \\ 0 & 0 & 0 & 0 \\ 0 & -1 & 0 & 1 \end{bmatrix} = EA \begin{bmatrix} \overset{1}{0} & \overset{2}{0} & \overset{3}{0} & \overset{4}{0} \\ 0 & 0.208 & 0 & -0.208 \\ 0 & 0 & 0 & 0 \\ 0 & -0.208 & 0 & 0.208 \end{bmatrix} \begin{matrix} 1 \\ 2 \\ 3 \\ 4 \end{matrix}$$

將桿件 4 起始點與終止點的自由度編號為 1，2，3，4，附加於結構勁度矩陣的上方與右側如上。

建立桿件 5 的結構勁度矩$[K_5]$陣：

桿件 5 的 x 軸與 X 軸夾角為 θ，桿件 5 的長度 L 為

$$L = \sqrt{(X_4 - X_3)^2 + (Y_4 - Y_3)^2} = \sqrt{(3.6 - 7.2)^2 + (4.8 - 0)^2} = 6.0\text{m}$$

$$\cos\theta = \frac{X_4 - X_3}{L} = \frac{3.6 - 7.2}{6} = -0.6 \text{，} \sin\theta = \frac{Y_4 - Y_3}{L} = \frac{4.8 - 0}{6.0} = 0.8$$

依公式（14-4-14）得桿件 5 的座標轉換矩陣$[T_5]$為

$$[T_5] = \begin{bmatrix} -0.6 & 0.8 & 0 & 0 \\ 0 & 0 & -0.6 & 0.8 \end{bmatrix}$$

依公式（14-5-9）得桿件 5 的結構勁度矩陣為

$$[K_5] = \frac{EA}{6}\begin{bmatrix} 0.36 & -0.48 & -0.36 & 0.48 \\ -0.48 & 0.64 & 0.48 & -0.64 \\ -0.36 & 0.48 & 0.36 & -0.48 \\ 0.48 & -0.64 & -0.48 & 0.64 \end{bmatrix} = EA\begin{matrix} 0 & 0 & 3 & 4 \end{matrix} \\ \begin{bmatrix} 0.06 & -0.08 & -0.06 & 0.08 \\ -0.08 & 0.107 & 0.08 & -0.107 \\ -0.06 & 0.08 & 0.06 & -0.08 \\ 0.08 & -0.107 & -0.08 & 0.107 \end{bmatrix}\begin{matrix} 0 \\ 0 \\ 3 \\ 4 \end{matrix}$$

建立結構勁度矩陣$[S]$：

由各桿件的結構勁度矩陣的非 0 行自由度與列自由度的元素累加於整個平面桁架的結構勁度矩陣$[S]$如下：

$$[S] = EA\begin{bmatrix} 0.278+0.278+0 & 0 & 0 & 0 \\ 0 & 0+0+0.208 & 0 & -0.208 \\ 0 & 0 & 0.06+0+0.06 & 0.08+0-0.08 \\ 0 & -0.208 & 0.08+0-0.08 & 0.107+0.208+0.107 \end{bmatrix}$$

$$= EA\begin{matrix} 1 & 2 & 3 & 4 \end{matrix} \\ \begin{bmatrix} 0.566 & 0 & 0 & 0 \\ 0 & 0.208 & 0 & -0.208 \\ 0 & 0 & 0.12 & 0 \\ 0 & -0.208 & 0 & 0.422 \end{bmatrix}\begin{matrix} 1 \\ 2 \\ 3 \\ 4 \end{matrix}$$

建立節點載重向量$\{P\}$：

整個平面桁架中節點②有 15t 的向下載重，節點④有 10t 的向右載重，故得

得節點載重向量 $\{P\} = \begin{Bmatrix} 0 \\ -15 \\ 10 \\ 0 \end{Bmatrix}\begin{matrix} 1 \\ 2 \\ 3 \\ 4 \end{matrix}$

節點變位向量$\{D\}$計算：

將結構勁度矩陣$[S]$與節點載重向量$[P]$帶入結構勁度方程式（14-6-10）得

$$\begin{Bmatrix} 0 \\ -15 \\ 10 \\ 0 \end{Bmatrix} = EA\begin{bmatrix} 0.566 & 0 & 0 & 0 \\ 0 & 0.208 & 0 & -0.208 \\ 0 & 0 & 0.12 & 0 \\ 0 & -0.208 & 0 & 0.422 \end{bmatrix}\begin{Bmatrix} d_1 \\ d_2 \\ d_3 \\ d_4 \end{Bmatrix} \text{解得}$$

$$\{D\} = \begin{Bmatrix} d_1 \\ d_2 \\ d_3 \\ d_4 \end{Bmatrix} = \frac{1}{EA} \begin{Bmatrix} 0 \\ -142.313 \\ 83.333 \\ -70.313 \end{Bmatrix}$$

桿件 1 桿端移位與桿力計算：

由向量$\{D\}$擷取桿件 1 兩端的結構座標系移位向量$\{v^{(1)}\}$得

$$\{v^{(1)}\} = \begin{Bmatrix} v_1 \\ v_2 \\ v_3 \\ v_4 \end{Bmatrix} \begin{matrix} 0 \\ 0 \\ 1 \\ 2 \end{matrix} = \begin{Bmatrix} 0 \\ 0 \\ d_1 \\ d_2 \end{Bmatrix} = \frac{1}{EA} \begin{Bmatrix} 0.0 \\ 0.0 \\ 0.0 \\ -142.313 \end{Bmatrix}$$

依公式（14-4-6）可以計得桿端桿件座標系的變位向量$\{u^{(1)}\}$

$$\{u^{(1)}\} = \begin{Bmatrix} u_1 \\ u_2 \end{Bmatrix} = \begin{bmatrix} 1 & 0 & 0 & 0 \\ 0 & 0 & 1 & 0 \end{bmatrix} \frac{1}{EA} \begin{Bmatrix} 0.0 \\ 0.0 \\ 0 \\ -142.313 \end{Bmatrix} = \frac{1}{EA} \begin{Bmatrix} 0 \\ 0 \end{Bmatrix}$$

依據公式（14-3-6）可以計得因變形而引生的桿端作用力與彎矩向量$\{Q^{(1)}\}$

$$\{Q^{(1)}\} = \begin{Bmatrix} Q_1 \\ Q_2 \end{Bmatrix} = \frac{EA}{3.6} \begin{bmatrix} 1 & -1 \\ -1 & 1 \end{bmatrix} \frac{1}{EA} \begin{Bmatrix} 0 \\ 0 \end{Bmatrix} = \begin{Bmatrix} 0t \\ 0t \end{Bmatrix}$$ ，如圖 14-7-3(a)

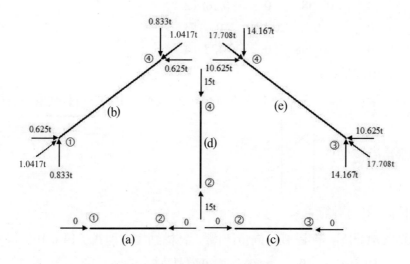

圖 14-7-3

再依據公式（14-4-9）推算桿端結構座標系的桿端作用力與彎矩向量$\{F^{(1)}\}$

$$\{F^{(1)}\} = \begin{Bmatrix} F_1 \\ F_2 \\ F_3 \\ F_4 \end{Bmatrix} = \begin{bmatrix} 1 & 0 \\ 0 & 0 \\ 0 & 1 \\ 0 & 0 \end{bmatrix} \begin{Bmatrix} 0 \\ 0 \end{Bmatrix} = \begin{Bmatrix} 0t \\ 0t \\ 0t \\ 0t \end{Bmatrix}$$

桿件 2 桿端移位與桿力計算：

由向量 $\{D\}$ 擷取桿件 2 兩端的結構座標系移位向量 $\{v^{(2)}\}$ 得

$$\{v^{(2)}\} = \begin{Bmatrix} v_1 \\ v_2 \\ v_3 \\ v_4 \end{Bmatrix} \begin{matrix} 0 \\ 0 \\ 3 \\ 4 \end{matrix} = \begin{Bmatrix} 0 \\ 0 \\ d_3 \\ d_4 \end{Bmatrix} = \frac{1}{EA} \begin{Bmatrix} 0.0 \\ 0.0 \\ 83.333 \\ -70.313 \end{Bmatrix}$$

依公式（14-4-6）可以計得桿端桿件座標系的變位向量 $\{u^{(2)}\}$

$$\{u^{(2)}\} = \begin{Bmatrix} u_1 \\ u_2 \end{Bmatrix} = \begin{bmatrix} 0.6 & 0.8 & 0 & 0 \\ 0 & 0 & 0.6 & 0.8 \end{bmatrix} \frac{1}{EA} \begin{Bmatrix} 0.0 \\ 0.0 \\ 83.333 \\ -70.313 \end{Bmatrix} = \frac{1}{EA} \begin{Bmatrix} 0 \\ -6.25 \end{Bmatrix}$$

依據公式（14-3-6）可以計得因變形而引生的桿端作用力向量 $\{Q^{(2)}\}$

$$\{Q^{(2)}\} = \begin{Bmatrix} Q_1 \\ Q_2 \end{Bmatrix} = \frac{EA}{6} \begin{bmatrix} 1 & -1 \\ -1 & 1 \end{bmatrix} \frac{1}{EA} \begin{Bmatrix} 0 \\ -0.25 \end{Bmatrix} = \begin{Bmatrix} 1.0417t \\ -1.0417t \end{Bmatrix}, \text{如圖 14-7-3(b)}$$

再依據公式（14-4-9）推算桿端結構座標系的桿端作用力向量 $\{F^{(2)}\}$

$$\{F^{(2)}\} = \begin{Bmatrix} F_1 \\ F_2 \\ F_3 \\ F_4 \end{Bmatrix} = \begin{bmatrix} 0.6 & 0 \\ 0.8 & 0 \\ 0 & 0.6 \\ 0 & 0.8 \end{bmatrix} \begin{Bmatrix} 1.0417 \\ -1.0417 \end{Bmatrix} = \begin{Bmatrix} 0.625t（向右） \\ 0.833t（向上） \\ -0.625t（向左） \\ -0.833t（向下） \end{Bmatrix}$$

桿件 3 桿端移位與桿力計算：

由向量 $\{D\}$ 擷取桿件 3 兩端的結構座標系移位向量 $\{v^{(3)}\}$ 得

$$\{v^{(3)}\} = \begin{Bmatrix} v_1 \\ v_2 \\ v_3 \\ v_4 \end{Bmatrix} \begin{matrix} 1 \\ 2 \\ 0 \\ 0 \end{matrix} = \begin{Bmatrix} d_1 \\ d_2 \\ 0 \\ 0 \end{Bmatrix} = \frac{1}{EA} \begin{Bmatrix} 0 \\ -142.313 \\ 0 \\ 0 \end{Bmatrix}$$

依公式（14-4-6）可以計得桿端桿件座標系的變位向量 $\{u^{(3)}\}$

$$\{u^{(3)}\} = \begin{Bmatrix} u_1 \\ u_2 \end{Bmatrix} \begin{bmatrix} 1 & 0 & 0 & 0 \\ 0 & 0 & 1 & 0 \end{bmatrix} \frac{1}{EA} \begin{Bmatrix} 0.0 \\ -142.313 \\ 0 \\ 0 \end{Bmatrix} = \frac{1}{EA} \begin{Bmatrix} 0 \\ 0 \end{Bmatrix}$$

依據公式（14-3-6）可以計得因變形而引生的桿端作用力向量 $\{Q^{(3)}\}$

$$\{Q^{(3)}\} = \begin{Bmatrix} Q_1 \\ Q_2 \end{Bmatrix} = \frac{EA}{3.6} \begin{bmatrix} 1 & -1 \\ -1 & 1 \end{bmatrix} \frac{1}{EA} \begin{Bmatrix} 0 \\ 0 \end{Bmatrix} = \begin{Bmatrix} 0 \\ 0 \end{Bmatrix} ， 如圖 14-7-3(c)$$

再依據公式（14-4-9）推算桿端結構座標系的桿端作用力向量 $\{F^{(3)}\}$

$$\{F^{(3)}\} = \begin{Bmatrix} F_1 \\ F_2 \\ F_3 \\ F_4 \end{Bmatrix} = \begin{bmatrix} 1 & 0 \\ 0 & 0 \\ 0 & 1 \\ 0 & 0 \end{bmatrix} \begin{Bmatrix} 0 \\ 0 \end{Bmatrix} = \begin{Bmatrix} 0 \\ 0 \\ 0 \\ 0 \end{Bmatrix}$$

桿件 4 桿端移位與桿力計算：

由向量 $\{D\}$ 擷取桿件 4 兩端的結構座標系移位向量 $\{v^{(4)}\}$ 得

$$\{v^{(4)}\} = \begin{Bmatrix} v_1 \\ v_2 \\ v_3 \\ v_4 \end{Bmatrix} \begin{matrix} 1 \\ 2 \\ 3 \\ 4 \end{matrix} = \begin{Bmatrix} d_1 \\ d_2 \\ d_3 \\ d_4 \end{Bmatrix} = \frac{1}{EA} \begin{Bmatrix} 0.0 \\ -142.313 \\ 83.333 \\ -70.313 \end{Bmatrix}$$

依公式（14-4-6）可以計得桿端桿件座標系的變位向量 $\{u^{(4)}\}$

$$\{u^{(4)}\} = \begin{Bmatrix} u_1 \\ u_2 \end{Bmatrix} = \begin{bmatrix} 0 & 1 & 0 & 0 \\ 0 & 0 & 0 & 1 \end{bmatrix} \frac{1}{EA} \begin{Bmatrix} 0.0 \\ -142.313 \\ 83.333 \\ -70.313 \end{Bmatrix} = \frac{1}{EA} \begin{Bmatrix} -142.313 \\ -70.313 \end{Bmatrix}$$

依據公式（14-3-6）可以計得因變形而引生的桿端作用力向量 $\{Q^{(4)}\}$

$$\{Q^{(4)}\} = \begin{Bmatrix} Q_1 \\ Q_2 \end{Bmatrix} = \frac{EA}{4.8} \begin{bmatrix} 1 & -1 \\ -1 & 1 \end{bmatrix} \frac{1}{EA} \begin{Bmatrix} -142.313 \\ -70.313 \end{Bmatrix} = \begin{Bmatrix} -15t \\ 15t \end{Bmatrix} ， 如圖 14-7-3(d)$$

再依據公式（14-4-9）推算桿端結構座標系的桿端作用力向量 $\{F^{(4)}\}$

$$\{F^{(4)}\} = \begin{Bmatrix} F_1 \\ F_2 \\ F_3 \\ F_4 \end{Bmatrix} = \begin{bmatrix} 0 & 0 \\ 1 & 0 \\ 0 & 0 \\ 0 & 1 \end{bmatrix} \begin{Bmatrix} -15t \\ 15t \end{Bmatrix} = \begin{Bmatrix} 0t \\ -15t（向下） \\ 0t \\ 15t（向上） \end{Bmatrix}$$

桿件 5 桿端移位與桿力計算：

由向量 $\{D\}$ 擷取桿件 5 兩端的結構座標系移位向量 $\{v^{(5)}\}$ 得

$$\{v^{(5)}\} = \begin{Bmatrix} v_1 \\ v_2 \\ v_3 \\ v_4 \end{Bmatrix} \begin{matrix} 0 \\ 0 \\ 3 \\ 4 \end{matrix} = \begin{Bmatrix} 0 \\ 0 \\ d_3 \\ d_4 \end{Bmatrix} = \frac{1}{EA} \begin{Bmatrix} 0.0 \\ 0.0 \\ 83.333 \\ -70.313 \end{Bmatrix}$$

依公式（14-4-6）可以計得桿端桿件座標系的變位向量 $\{u^{(5)}\}$

$$\{u^{(5)}\} = \begin{Bmatrix} u_1 \\ u_2 \end{Bmatrix} = \begin{bmatrix} -0.6 & 0.8 & 0 & 0 \\ 0 & 0 & -0.6 & 0.8 \end{bmatrix} \frac{1}{EA} \begin{Bmatrix} 0.0 \\ 0.0 \\ 83.333 \\ -70.303 \end{Bmatrix} = \frac{1}{EA} \begin{Bmatrix} 0 \\ -106.25 \end{Bmatrix}$$

依據公式（14-3-6）可以計得因變形而引生的桿端作用力向量 $\{Q^{(5)}\}$

$$\{Q^{(5)}\} = \begin{Bmatrix} Q_1 \\ Q_2 \end{Bmatrix} = \frac{EA}{6} \begin{bmatrix} 1 & -1 \\ -1 & 1 \end{bmatrix} \frac{1}{EA} \begin{Bmatrix} 0 \\ -106.25 \end{Bmatrix} = \begin{Bmatrix} 17.708t \\ -17.708t \end{Bmatrix}$$，如圖 14-7-3(e)

再依據公式（14-4-9）推算桿端結構座標系的桿端作用力向量 $\{F^{(5)}\}$

$$F^{(5)} = \begin{Bmatrix} F_1 \\ F_2 \\ F_3 \\ F_4 \end{Bmatrix} = \begin{bmatrix} -0.6 & 0 \\ 0.8 & 0 \\ 0 & -0.6 \\ 0 & 0.8 \end{bmatrix} \begin{Bmatrix} 17.708 \\ -17.708 \end{Bmatrix} = \begin{Bmatrix} -10.625t（向左）\\ 14.167t（向上）\\ 10.625t（向右）\\ -14.167t（向下）\end{Bmatrix}$$

支承點反力計算：

依據匯集於支承點各桿件桿端結構座標系的桿端作用力與彎矩向量 $\{F\}$ 可計得各支承點反力如圖 14-7-4。

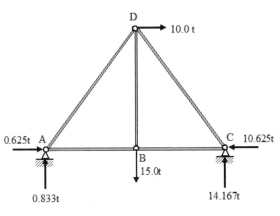

圖 14-7-4

例題 14-7-2

試以勁度分析法分析超靜定連續樑各樑段桿力，支承點的反力與變位量？各樑段彈性係數 $E = 2092t/cm^2$，樑段 AB 的慣性矩 $I = 70,000cm^4$，樑段 BC 的慣性矩 $I = 140,000cm^4$。

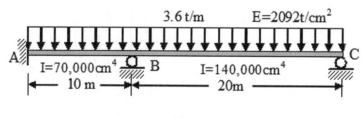

圖 14-7-5

解答：

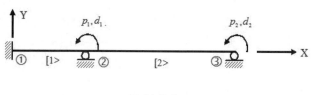

圖 14-7-6

圖 14-7-6 為圖 14-7-5 超靜定連續樑的分析模式，僅節點②、③有繞 Z 軸的旋轉可能，故屬總自由度為 2 的超靜定連續樑。以節點①為結構座標系的原點，且因各樑段的正 x 軸與正 X 軸相符，故無座標軸的轉換問題，亦即桿件座標系的勁度矩陣與結構座標系的勁度矩陣相同。

建立樑段 1 的結構勁度矩陣[K_1]及桿端等值載重向量[F_{f1}]：

樑段（或桿件）1 的長度為 L＝1000cm，其起始點與終止點的自由度編號為 0，0，0，1；依公式（14-3-5）可得勁度矩陣為

$$[K_1]=[k_1]=\begin{array}{cccc} 0 & 0 & 0 & 1 \\ \begin{bmatrix} 1.757 & 878.640 & -1.757 & 878.640 \\ 878.64 & 585760 & -878.64 & 292880 \\ -1.757 & -878.64 & 1.757 & -878.64 \\ 878.64 & 292880 & -878.64 & 585760 \end{bmatrix} & \begin{array}{c} 0 \\ 0 \\ 0 \\ 1 \end{array} \end{array}$$

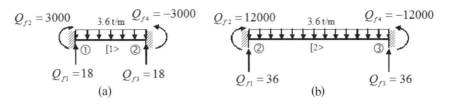

圖 14-7-7

桿件 1 承受均佈載重，故依附錄 B 的第 4 種載重情形，以 L＝1000cm，w＝0.036t/cm 計得

$$Q_{f2}=\frac{wL^2}{12}=\frac{0.036(1000)^2}{12}=3000\text{t-cm}（逆鐘向）$$

$$Q_{f4}=-\frac{wL^2}{12}=-\frac{0.036(1000)^2}{12}=-3000\text{t-cm}（順鐘向）$$

依平衡方程式得 $Q_{f1}=Q_{f3}=18\text{t}\uparrow$，故得桿端等值載重向量$[F_{f1}]$

$$\{F_{f1}\}=\{Q_{f1}\}=\begin{Bmatrix}18\\3000\\18\\-3000\end{Bmatrix}\begin{matrix}0\\0\\0\\1\end{matrix}\quad 如圖\ 14\text{-}7\text{-}7\text{(a)}$$

建立桿件 2 結構勁度矩陣$[K_2]$及桿端等值載重向量$[F_{f2}]$：

桿件 2 的長度為 L＝2000cm，其起始點與終止點的自由度編號為 0，1，0，2，依公式（14-3-5）可得勁度矩陣為

$$[K_2]=[k_2]=\begin{matrix}\ \ 0 & \ \ 1 & \ \ 0 & \ \ 2\end{matrix}$$
$$[K_2]=[k_2]=\begin{bmatrix}0.439 & 439.32 & -0.439 & 439.32\\439.32 & 585760 & -439.32 & 292880\\-0.439 & -439.32 & 0.439 & -439.32\\439.32 & 292880 & -439.32 & 585760\end{bmatrix}\begin{matrix}0\\1\\0\\2\end{matrix}$$

桿件 2 承受均佈載重 0.036t/cm，故依附錄 B 的第 4 種載重情形，以 L＝2000cm，w＝0.036t/cm 計得

$$Q_{f2}=-Q_{f4}=\frac{wL^2}{12}=\frac{0.036(2000)^2}{12}=12000\text{t-cm}$$

依平衡方程式可得 $Q_{f1}=Q_{f3}=36\,t\uparrow$，故得桿端等值載重向量$\{F_{f2}\}$

$$\{F_{f2}\}=\{Q_{f2}\}=\begin{Bmatrix}36\\12000\\36\\-12000\end{Bmatrix}\begin{matrix}0\\1\\0\\2\end{matrix}\quad 如圖\ 14\text{-}7\text{-}7\text{(b)}$$

建立結構勁度矩陣[S]：

由桿件 1、2 的結構勁度矩陣[K_1]、[K_2]的非 0 行自由度與列自由度的元素，累加於整個連續樑的結構勁度矩陣[S]如下：

$$[S] = \begin{matrix} 1 & 2 \\ \begin{bmatrix} 1171520 & 292880 \\ 292880 & 585760 \end{bmatrix} & \begin{matrix} 1 \\ 2 \end{matrix} \end{matrix}$$

建立節點載重向量{P}與等值節點載重向量{P_f}：

整個連續樑並無節點載重，故節點載重向量{P} = 0

由桿件 1、2 的桿件等值節點載重矩陣{F_{f1}}、{F_{f2}}的非 0 列自由度的元素，累加於整個連續樑的等值節點載重矩陣{P_f}得

$$\{P_f\} = \begin{Bmatrix} -3000 + 12000 \\ -12000 \end{Bmatrix} \begin{matrix} 1 \\ 2 \end{matrix} = \begin{Bmatrix} 9000 \\ -12000 \end{Bmatrix} \begin{matrix} 1 \\ 2 \end{matrix}$$

節點變位向量計算：

將節點載重向量{P}、等值節點載重向量{P_f}與結構勁度矩陣[S]帶入結構勁度方程式（14-6-10）得

$$-\begin{Bmatrix} 9000 \\ -12000 \end{Bmatrix} = \begin{bmatrix} 1171520 & 292880 \\ 292880 & 585760 \end{bmatrix} \begin{Bmatrix} d_1 \\ d_2 \end{Bmatrix}$$

解得{D} = $\begin{Bmatrix} -0.01463 \\ 0.02780 \end{Bmatrix}$ 徑度

桿件 1 桿端移位與桿力計算：

由向量{D}擷取桿件 1 兩端的結構座標系移位向量{$v^{(1)}$}及桿件座標系移位向量{$u^{(1)}$}得

$$\{u^{(1)}\} = \{v^{(1)}\} = \begin{Bmatrix} v_1 \\ v_2 \\ v_3 \\ v_4 \end{Bmatrix} \begin{matrix} 0 \\ 0 \\ 0 \\ 1 \end{matrix} = \begin{Bmatrix} 0 \\ 0 \\ 0 \\ d_1 \end{Bmatrix} = \begin{Bmatrix} 0.0 \\ 0.0 \\ 0.0 \\ -0.01463 \end{Bmatrix}$$

再依據公式（14-3-3）推算因變形而引生的桿端作用力與彎矩向量{$Q^{(1)}$}及桿端結構座標系的桿端作用力與彎矩向量{$F^{(1)}$}得

$$\{F^{(1)}\} = \{Q^{(1)}\} = \begin{bmatrix} 1.757 & 878.640 & -1.757 & 878.640 \\ 878.64 & 585760 & -878.64 & 292880 \\ -1.757 & -878.64 & 1.757 & -878.64 \\ 878.64 & 292880 & -878.64 & 585760 \end{bmatrix} \begin{Bmatrix} 0.0 \\ 0.0 \\ 0.0 \\ -0.01463 \end{Bmatrix}$$

$$\left+\begin{Bmatrix} 18 \\ 3000 \\ 18 \\ -3000 \end{Bmatrix}=\begin{Bmatrix} 5.143t \\ -1285.714t\text{-}cm \\ 30.857t \\ -11571.429t\text{-}cm \end{Bmatrix}=\begin{Bmatrix} 5.143t\ (向上) \\ -12.857t\text{-}m\ (順向) \\ 30.857t\ (向上) \\ -115.71t\text{-}m\ (順向) \end{Bmatrix}$$

桿件 1 自由體圖如圖 14-7-8(a)。

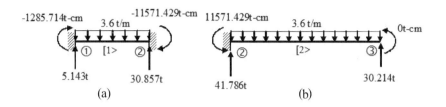

圖 14-7-8

桿件 2 桿端移位與桿力計算：

由向量 $\{D\}$ 擷取桿件 2 兩端的結構座標系移位向量 $\{v^{(2)}\}$ 及桿件座標系移位向量 $\{u^{(2)}\}$ 得

$$\{u^{(2)}\}=\{v^{(2)}\}=\begin{Bmatrix} v_1 \\ v_2 \\ v_3 \\ v_4 \end{Bmatrix}\begin{matrix} 0 \\ 1 \\ 0 \\ 2 \end{matrix}=\begin{Bmatrix} 0 \\ d_1 \\ 0 \\ d_2 \end{Bmatrix}=\begin{Bmatrix} 0.0 \\ -0.01463 \\ 0.0 \\ 0.02780 \end{Bmatrix}$$

再依據公式（14-3-3）推算因變形而引生的桿端作用力與彎矩向量 $\{Q^{(2)}\}$ 及桿端結構座標系的桿端作用力與彎矩向量 $\{F^{(2)}\}$ 得

$$\{F^{(2)}\}=\{Q^{(2)}\}=\begin{bmatrix} 0.439 & 439.32 & -0.439 & 439.32 \\ 439.32 & 585760 & -439.32 & 292880 \\ -0.439 & -439.32 & 0.439 & -439.32 \\ 439.32 & 292880 & -439.32 & 585760 \end{bmatrix}\begin{Bmatrix} 0.0 \\ -0.01463 \\ 0.0 \\ 0.02780 \end{Bmatrix}$$

$$+\begin{Bmatrix} 36 \\ 12000 \\ 36 \\ -12000 \end{Bmatrix}=\begin{Bmatrix} 41.786t \\ 11571.429t\text{-}cm \\ 30.214t \\ 0t\text{-}cm \end{Bmatrix}=\begin{Bmatrix} 41.786t\ (向上) \\ 115.714t\text{-}m\ (逆向) \\ 30.214t\ (向上) \\ 0t\text{-}m \end{Bmatrix}$$

桿件 2 自由體圖如圖 14-7-8(b)。

支承點反力計算：

依據匯集支承點各桿件桿端結構座標系的桿端作用力與彎矩向量 $\{F\}$ 可計得，各支承點反力如圖 14-7-9。

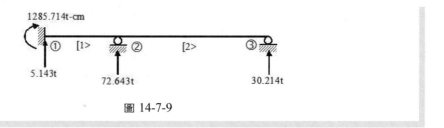

圖 14-7-9

例題 14-7-3

試以勁度分析法分析超靜定平面剛架？各桿件的彈性係數 E、慣性矩 I 及斷面積 A
如圖上註記。

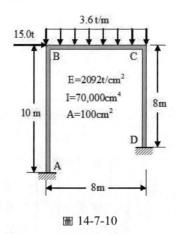

圖 14-7-10

解答：

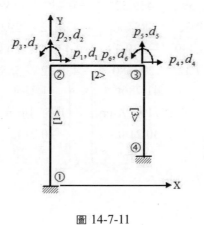

圖 14-7-11

圖 14-7-11 為圖 14-7-10 超靜定平面剛架的分析模式，節點②、③均有 X、Y 方向移位及繞 Z 軸旋轉的可能，故屬總自由度為 6 的超靜定平面剛架。以節點①為結構座標系的原點。

建立桿件 1 的結構勁度矩陣[K_1]：

桿件 1 的 x 軸與 X 軸夾角為 θ，桿件 1 的長度 L 為

$$L = \sqrt{(X_2 - X_1)^2 + (Y_2 - Y_1)^2} = \sqrt{(0-0)^2 + (10-0)^2} = 10\text{m}$$

$$\cos\theta = \frac{X_2 - X_1}{L} = \frac{0-0}{10} = 0 \text{ , } \sin\theta = \frac{Y_2 - Y_1}{L} = \frac{10.0-0}{10} = 1$$

依公式（14-4-4）得桿件 1 的座標轉換矩陣[T_1]為

$$[T_1] = \begin{bmatrix} 0 & 1 & 0 & 0 & 0 & 0 \\ -1 & 0 & 0 & 0 & 0 & 0 \\ 0 & 0 & 1 & 0 & 0 & 0 \\ 0 & 0 & 0 & 0 & 1 & 0 \\ 0 & 0 & 0 & -1 & 0 & 0 \\ 0 & 0 & 0 & 0 & 0 & 1 \end{bmatrix}$$

依公式（14-3-4）得桿件 1 的桿件座標系勁度矩陣[k_1]為

$$[k_1] = \begin{bmatrix} 209.200 & 0 & 0 & -209.200 & 0 & 0 \\ 0 & 1.757 & 878.640 & 0 & -1.757 & 878.640 \\ 0 & 878.640 & 585760 & 0 & -878.640 & 292880 \\ -209.200 & 0 & 0 & 209.200 & 0 & 0 \\ 0 & -1.757 & -878.640 & 0 & 1.757 & -878.640 \\ 0 & 878.640 & 292880 & 0 & -878.640 & 585760 \end{bmatrix}$$

再按公式（14-5-4）將桿件座標系勁度矩陣[k_1]轉換為結構座標系勁度矩陣[K_1]。將桿件 1 起始點與終止點的自由度編號為 0，0，0，1，2，3，附加於結構勁度矩陣的上方與右側得

$$[T_1]^T[K_1] = \begin{bmatrix} 0.0 & -1.757 & -878.640 & 0.0 & 1.757 & -878.640 \\ 209.200 & 0.0 & 0.0 & -209.200 & 0.0 & 0.0 \\ 0.0 & 878.640 & 585760 & 0.0 & -878.640 & 292880 \\ 0.0 & 1.757 & 878.640 & 0.0 & -1.757 & 878.640 \\ -209.200 & 0.0 & 0.0 & 209.200 & 0.0 & 0.0 \\ 0.0 & 878.640 & 292880 & 0.0 & -878.640 & 585760 \end{bmatrix}$$

$$[K_1] = \begin{matrix} 0 & 0 & 0 & 1 & 2 & 3 \\ \begin{bmatrix} 1.757 & 0.0 & -878.640 & -1.757 & 0.0 & -878.640 \\ 0.0 & 209.200 & 0.0 & 0.0 & -209.200 & 0.0 \\ -878.640 & 0.0 & 585760 & 878.640 & 0.0 & 292880 \\ -1.757 & 0.0 & 878.640 & 1.757 & 0.0 & 878.640 \\ 0.0 & -209.200 & 0.0 & 0.0 & 209.200 & 0.0 \\ -878.640 & 0.0 & 292880 & 878.640 & 0.0 & 585760 \end{bmatrix} & \begin{matrix} 0 \\ 0 \\ 0 \\ 1 \\ 2 \\ 3 \end{matrix} \end{matrix}$$

建立桿件 2 的結構勁度矩陣[K_2]等值節點載重向量$\{F_{f2}\}$：

桿件 2 的 x 軸與 X 軸一致，桿件的桿件座標勁度矩陣[k_2]等於桿件的結構座標勁度矩陣[K_2]，故依公式（14-3-4）得桿件 2 的勁度矩陣為

$$[K_2] = [k_2] = \begin{matrix} 1 & 2 & 3 & 4 & 5 & 6 \\ \begin{bmatrix} 261.500 & 0 & 0 & -261.500 & 0 & 0 \\ 0 & 3.432 & 1372.875 & 0 & -3.432 & 1372.875 \\ 0 & 1372.875 & 732200 & 0 & -1372.875 & 366100 \\ -261.500 & 0 & 0 & 261.500 & 0 & 0 \\ 0 & -3.432 & -1372.875 & 0 & 3.432 & -1372.875 \\ 0 & 1372.875 & 366100 & 0 & -1372.875 & 732200 \end{bmatrix} & \begin{matrix} 1 \\ 2 \\ 3 \\ 4 \\ 5 \\ 6 \end{matrix} \end{matrix}$$

將桿件 2 起始點與終止點的自由度編號為 1，2，3，4，5，6，附加於結構勁度矩陣的上方與右側如上。

桿件 2 承受均佈載重，故按附錄 B 第 4 種載重情形，可計得其固定端彎矩為

$$Q_{f3} = -Q_{f6} = \frac{wL^2}{12} = \frac{3.6(8)^2}{12} = 19.2\text{t-m} = 1920\text{t-cm}$$

$$Q_{f1} = Q_{f4} = 0 \text{，} Q_{f2} = Q_{f5} = \frac{wL}{2} = \frac{3.6(8)}{2} = 14.4t \text{，如圖 14-7-12。}$$

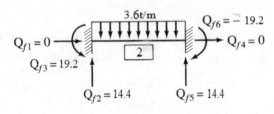

圖 14-7-12

得桿件 2 桿件座標系等值節點載重向量$\{Q_{f2}\}$與結構座標系等值節點載重向量$\{F_{f2}\}$為

$$\{F_{f2}\} = \{Q_{f2}\} = \begin{Bmatrix} 0 \\ 14.4 \\ 1920 \\ 0 \\ 14.4 \\ -1920 \end{Bmatrix} \begin{matrix} 1 \\ 2 \\ 3 \\ 4 \\ 5 \\ 6 \end{matrix}$$

建立桿件 3 的結構勁度矩陣$[K_3]$：

桿件 3 的正 x 軸與 X 軸夾角為 θ，故需要座標軸轉換矩陣$[T_3]$，桿件 3 的長度 L 為

$$L = \sqrt{(X_4 - X_3)^2 + (Y_4 - Y_3)^2} = \sqrt{(8-8)^2 + (2-10)^2} = 8\text{m}$$

$$\cos\theta = \frac{X_4 - X_3}{L} = \frac{8-8}{8} = 0 \ , \ \sin\theta = \frac{Y_4 - Y_3}{L} = \frac{2-10}{8} = -1$$

依公式（14-4-4）得桿件 3 的座標轉換矩陣$[T_3]$為

$$[T_3] = \begin{bmatrix} 0 & -1 & 0 & 0 & 0 & 0 \\ 1 & 0 & 0 & 0 & 0 & 0 \\ 0 & 0 & 1 & 0 & 0 & 0 \\ 0 & 0 & 0 & 0 & -1 & 0 \\ 0 & 0 & 0 & 1 & 0 & 0 \\ 0 & 0 & 0 & 0 & 0 & 1 \end{bmatrix}$$

依公式（14-3-4）得桿件 3 的桿件座標系勁度矩陣$[k_3]$為

$$[k_3] = \begin{bmatrix} 261.500 & 0 & 0 & -261.500 & 0 & 0 \\ 0 & 3.432 & 1372.875 & 0 & -3.432 & 1372.875 \\ 0 & 1372.875 & 732200 & 0 & -1372.875 & 366100 \\ -261.500 & 0 & 0 & 261.500 & 0 & 0 \\ 0 & -3.432 & -1372.875 & 0 & 3.432 & -1372.875 \\ 0 & 1372.875 & 366100 & 0 & -1372.875 & 732200 \end{bmatrix}$$

再按公式（14-5-4）將桿件座標系勁度矩陣$[k_3]$轉換為結構座標系勁度矩陣$[K_3]$。將桿件 3 起始點與終止點的自由度編號為 4，5，6，0，0，0，附加於結構勁度矩陣的上方與右側得

$$[\text{T}_3]^T = [k_3] = \begin{bmatrix} 0.0 & 3.432 & 1372.875 & 0.0 & -3.432 & 1372.875 \\ -261.500 & 0.0 & 0.0 & 261.500 & 0.0 & 0.0 \\ 0.0 & 1372.875 & 732200 & 0.0 & -1372.875 & 366100 \\ 0.0 & -3.432 & -1372.875 & 0.0 & 3.432 & -1372.875 \\ 261.500 & 0.0 & 0.0 & -261.500 & 0.0 & 0.0 \\ 0.0 & 1372.875 & 366100 & 0.0 & -1372.875 & 732200 \end{bmatrix}$$

$$[K_3] = \begin{bmatrix} 4 & 5 & 6 & 0 & 0 & 0 \\ 3.432 & 0.0 & 1372.875 & -3.432 & 0.0 & 1372.875 \\ 0.0 & 261.500 & 0.0 & 0.0 & -261.500 & 0.0 \\ 1372.875 & 0.0 & 732200 & -1372.875 & 0.0 & 366100 \\ -3.432 & 0.0 & -1372.875 & 3.432 & 0.0 & -1372.875 \\ 0.0 & -261.500 & 0.0 & 0.0 & 261.500 & 0.0 \\ 1372.875 & 0.0 & 366100 & -1372.875 & 0.0 & 732200 \end{bmatrix} \begin{matrix} 0 \\ 0 \\ 0 \\ 4 \\ 5 \\ 6 \end{matrix}$$

建立結構勁度矩陣 $[S]$：

由桿件 1、2、3 的結構勁度矩陣 $[K_1]$、$[K_2]$、$[K_3]$ 的非 0 行自由度與列自由度的元素累加於整個平面剛架的結構勁度矩陣 $[S]$ 如下：

$$[S] = \begin{bmatrix} 263.257 & 0.0 & 878.640 & -261.500 & 0.0 & 0.0 \\ 0.0 & 212.632 & 1372.875 & 0.0 & -3.432 & 1372.875 \\ 878.640 & 1372.875 & 1317960 & 0.0 & -1372.875 & 366100 \\ -261.500 & 0.0 & 0.0 & 264.932 & 0.0 & 1372.875 \\ 0.0 & -3.432 & -1372.875 & 0.0 & 264.932 & -1372.875 \\ 0.0 & 1372.875 & 366100 & 1372.875 & -1372.875 & 1464400 \end{bmatrix}$$

建立節點載重向量 $\{P\}$ 及等值節點載重向量 $\{P_f\}$：

整個平面剛架於節點②有 15t 向右的集中載重，得節點載重向量

$$\{P\} = \begin{Bmatrix} 15 \\ 0 \\ 0 \\ 0 \\ 0 \\ 0 \end{Bmatrix} \begin{matrix} 1 \\ 2 \\ 3 \\ 4 \\ 5 \\ 6 \end{matrix}$$

桿件 2 承受均佈載重，由 $\{F_{f2}\}$ 得等值節點載重向量 $\{P_f\}$ 為

$$\{P_f\} = \begin{Bmatrix} 0 \\ 14.4 \\ 1920 \\ 0 \\ 14.4 \\ -1920 \end{Bmatrix} \begin{matrix} 1 \\ 2 \\ 3 \\ 4 \\ 5 \\ 6 \end{matrix}$$

節點變位向量 $\{D\}$ 計算：

將結構勁度矩陣 $[S]$ 與節點載重向量 $\{P\}$，$\{P_f\}$ 帶入結構勁度方程式（14-6-10）得

$$\left\{\begin{array}{c} 15 \\ 0 \\ 0 \\ 0 \\ 0 \\ 0 \end{array}\right\} - \left\{\begin{array}{c} 0 \\ 14.4 \\ 1920 \\ 0 \\ 14.4 \\ -1920 \end{array}\right\} =$$

$$\begin{bmatrix} 263.257 & 0.0 & 878.640 & -261.500 & 0.0 & 0.0 \\ 0.0 & 212.632 & 1372.875 & 0.0 & -3.432 & 1372.875 \\ 878.640 & 1372.875 & 1317960 & 0.0 & -1372.875 & 366100 \\ -261.500 & 0.0 & 0.0 & 264.932 & 0.0 & 1372.875 \\ 0.0 & -3.432 & -1372.875 & 0.0 & 264.932 & -1372.875 \\ 0.0 & 1372.875 & 366100 & 1372.875 & -1372.875 & 1464400 \end{bmatrix} \begin{Bmatrix} d_1 \\ d_2 \\ d_3 \\ d_4 \\ d_5 \\ d_6 \end{Bmatrix}$$

解得變位向量 $\{D\} = \left\{\begin{array}{l} 3.93259\text{cm}（向右） \\ -0.03565\text{cm}（向下） \\ -0.00372\text{ 徑度（順向）} \\ 3.88914\text{cm}（向右） \\ -0.08161\text{cm}（向下） \\ -0.00145\text{ 徑度（順向）} \end{array}\right\}$

桿件 1 桿端移位與桿力計算：

由向量 $\{D\}$ 擷取桿件 1 兩端的結構座標系移位向量 $\{v^{(1)}\}$ 得

$$\{v^{(2)}\} = \begin{Bmatrix} v_1 \\ v_2 \\ v_3 \\ v_4 \\ v_5 \\ v_6 \end{Bmatrix} \begin{array}{c} 0 \\ 0 \\ 0 \\ 1 \\ 2 \\ 3 \end{array} = \begin{Bmatrix} 0 \\ 0 \\ 0 \\ d_1 \\ d_2 \\ d_3 \end{Bmatrix} = \left\{\begin{array}{c} 0 \\ 0 \\ 0 \\ 3.93259 \\ -0.03565 \\ -0.00372 \end{array}\right\}$$

依公式（14-4-6）可以計得桿端桿件座標系的變位向量 $\{u^{(1)}\}$

$$\{u^{(1)}\} = \{T\}\{v^{(2)}\} = \left\{\begin{array}{c} 0 \\ 0 \\ 0 \\ -0.03565 \\ -3.93259 \\ -0.00372 \end{array}\right\}$$

依據公式（14-3-5）可以計得因變形而引生的桿端作用力與彎矩向量 $\{Q^{(1)}\}$

$$\{Q^t\} = [k_1]u^{(1)} + \{Q_f\} = \begin{Bmatrix} 7.458t \\ 3.638t \\ 2364.505t\text{-cm} \\ -7.458t \\ -3.638t \\ 1273.680t\text{-cm} \end{Bmatrix} = \begin{Bmatrix} 7.458t \\ 3.638t \\ 23.645t\text{-cm} \\ -7.458t \\ -3.638t \\ 12.737t\text{-cm} \end{Bmatrix}$$ ，如圖 14-7-13(a)

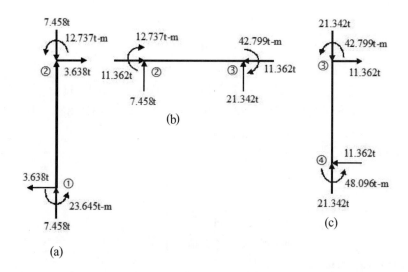

圖 14-7-13

再依據公式（14-4-9）推算桿端結構座標系的桿端作用力與彎矩向量$\{F^{(1)}\}$

$$\{F^{(1)}\} = [T_1]^T\{Q_f\} = \begin{Bmatrix} -3.638t \\ 7.458t \\ 2364.505t\text{-cm} \\ 3.638t \\ -7.458t \\ 1273.680t\text{-cm} \end{Bmatrix} = \begin{Bmatrix} -3.638t（向左）\\ 7.458t（向上）\\ 23.645t\text{-m}（逆向）\\ 3.638t（向右）\\ -7.458t（向下）\\ 12.737t\text{-m}（逆向）\end{Bmatrix}$$

桿件 2 桿端移位與桿力計算：

由向量$\{D\}$擷取桿件 2 兩端的結構座標系移位向量$\{v^{(2)}\}$得

$$\{u^{(2)}\} = \{v^{(2)}\} = \begin{Bmatrix} v_1 \\ v_2 \\ v_3 \\ v_4 \\ v_5 \\ v_6 \end{Bmatrix} \begin{matrix} 1 \\ 2 \\ 3 \\ 4 \\ 5 \\ 6 \end{matrix} = \begin{Bmatrix} d_1 \\ d_2 \\ d_3 \\ d_4 \\ d_5 \\ d_6 \end{Bmatrix} = \begin{Bmatrix} 3.93259 \\ -0.03565 \\ -0.00372 \\ 3.88914 \\ -0.08161 \\ -0.00145 \end{Bmatrix}$$ ，因水平桿件$\{u^{(2)}\} = \{v^{(2)}\}$

依據公式（14-3-3）可以計得因變形而引生的桿端作用力與彎矩向量$\{Q^{(2)}\}$及結構座標系的桿端作用力與彎矩向量$\{F^{(2)}\}$，如圖 14-7-13(b)

$$\{F^{(2)}\} = \{Q^{(2)}\} = [k_1]\{u^{(2)}\} + \{Q_f\} = \begin{Bmatrix} 11.362 \\ -6.942 \\ -3193.680 \\ -11.362 \\ 6.942 \\ -2359.867 \end{Bmatrix} + \begin{Bmatrix} 0 \\ 14.4 \\ 1920 \\ 0 \\ 14.4 \\ -1920 \end{Bmatrix}$$

$$= \begin{Bmatrix} 11.362t \\ 7.458t \\ -1273.680t\text{-cm} \\ -11.362t \\ 21.342t \\ -4279.867t\text{-cm} \end{Bmatrix} = \begin{Bmatrix} 11.362t \\ 7.458t \\ -12.737t\text{-m} \\ -11.362t \\ 21.342t \\ -42.799t\text{-m} \end{Bmatrix}$$

桿件 3 桿端移位與桿力計算：

由向量$\{D\}$擷取桿件 3 兩端的結構座標系移位向量$\{v^{(3)}\}$得

$$\{v^{(3)}\} = \begin{Bmatrix} v_1 \\ v_2 \\ v_3 \\ v_4 \\ v_5 \\ v_6 \end{Bmatrix} \begin{matrix} 4 \\ 5 \\ 6 \\ 0 \\ 0 \\ 0 \end{matrix} = \begin{Bmatrix} d_4 \\ d_5 \\ d_6 \\ 0 \\ 0 \\ 0 \end{Bmatrix} = \begin{Bmatrix} 3.88914 \\ -0.08161 \\ -0.00145 \\ 0 \\ 0 \\ 0 \end{Bmatrix}$$

依公式（14-4-6）可以計得桿端桿件座標系的變位向量$\{u^{(3)}\}$

$$\{u^{(3)}\} = \{T_3\}\{v^{(3)}\} = \begin{Bmatrix} 0.08161 \\ 3.88914 \\ -0.00145 \\ 0.0 \\ 0.0 \\ 0.0 \end{Bmatrix}$$

依據公式（14-3-5）可以計得因變形而引生的桿端作用力與彎矩向量$\{Q^{(3)}\}$

$$\{Q^{(3)}\} = [k_3]\{u^{(3)}\} + \{Q_f\} = \begin{Bmatrix} 21.342t \\ 11.362t \\ 4279.867t\text{-cm} \\ -21.342t \\ -11.362t \\ 4809.585t\text{-cm} \end{Bmatrix} = \begin{Bmatrix} 21.342t \\ 11.362t \\ 42.799t\text{-m} \\ -21.342t \\ -11.362t \\ 48.096t\text{-m} \end{Bmatrix}$$，如圖 14-7-13(c)

再依據公式（14-4-9）推算桿端結構座標系的桿端作用力與彎矩向量$\{F^{(3)}\}$

$$\{F^{(3)}\} = [T_3]^T \{Q_f\} = \begin{Bmatrix} 11.362t\text{（向右）} \\ -21.342t\text{（向下）} \\ 4279.867t\text{-cm（逆向）} \\ -11.362t\text{（向左）} \\ 21.342t\text{（向上）} \\ 4809.585t\text{-cm（逆向）} \end{Bmatrix}$$

$$= \begin{Bmatrix} 11.362t\text{（向右）} \\ -21.342t\text{（向下）} \\ 42.799t\text{-m（逆向）} \\ -11.362t\text{（向左）} \\ 21.342t\text{（向上）} \\ 48.096t\text{-m（逆向）} \end{Bmatrix}$$

支承點反力計算：

依據匯集支承點各桿件桿端結構座標系的桿端作用力與彎矩向量$\{F\}$可計得各支承點反力如下圖。

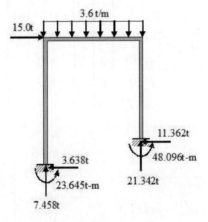

圖 14-7-14

14-8　結構勁度分析程式

　　結構勁度分析程式乃依據前述勁度分析法所設計的連續樑、平面桁架，平面剛架、格樑、立體桁架及立體剛架等六種結構的分析程式。限於篇幅僅能提供並解說前面三種結構。因為連續樑、平面桁架及平面剛架的結構勁度矩陣之維度與內容稍異，為期程式執行效率，各有類似程式。任意結構均有結構描述與載重資料兩種重要資訊，結構描述敘述結構的桿件數、節點數、節點的相對位置、結構支承情形，桿件斷面積及（或）慣性矩及材料彈性係數等重要性質；載重資料包括節點載重與桿件載重兩種。茲分別說明之。

14-8-1　結構描述

　　任意結構均應識別整個結構具有哪些節點與桿件；勁度分析法均假設桿件為等斷面積、等慣性矩的直線桿件，據此原則可得辨識結構節點的原則如下：

1. 桿件交接點
2. 桿件斷面積或慣性矩變化處
3. 桿件自由端
4. 結構支承點
5. 欲計算桿件上某一點的變位量及（或）桿件內力處，雖然整個桿件的斷面積與慣性矩均相同，也可將該點視同節點。

　　結構的節點與桿件辨識後，應設定一個結構座標系以描述各節點的相對位置；結構座標系的原點以使各節點的座標值均正為原則。桿件長度則由程式計算之。

　　材料彈性係數 E、斷面積 A 與慣性矩 I 可分兩種方式描述之。完整地分析結構支承反力、桿件內力及各節點的變位量，則各桿件的 E、A、I 值均需以實際值描述之。如果不需各節點的變位量，則 E、A、I 值可以其相對值描述之。如果所有桿件的彈性係數有 $E=1000t/cm^2$ 與 $E=2000t/cm^2$ 兩種，則其相對值為 1 與 2 之比；亦即所有彈性係數 $E=1000t/cm^2$ 的桿件彈性係數可指定為 1，而所有彈性係數 $E=2000t/cm^2$ 的桿件彈性係數可指定為 2；或指定為 2 與 4 或其他 1 比 2 的關係數。同理，斷面積與慣性矩亦可以相對值描述之。指定 E、A、I 相對值的程式分析結果之節點變位量僅是相對大小的正確，而非絕對值的正確，但反力及桿力則與指定 E、A、I 實際值的結果均相同。

14-8-2　載重資料

結構承受載重可分為節點載重（Joint Load）與桿件載重（Member Load）兩種。因為勁度結構方程式僅以結構勁度矩陣表述節點載重與節點變位的關係，故所有桿件載重均應轉成等值的節點載重。勁度分析程式僅需使用者提供承受桿件載重的桿件兩端固定之固定端彎矩與反力，且無需考量桿件在結構中的傾斜度，一律視同水平桿件承受垂直載重。勁度分析程式即可據此轉成等值節點載重。

假設結構中某一長度 6m 的承受最大均佈載重 4.6t/m 之均勻遞減均佈載重，則可不問該桿件在結構中的傾斜情形與兩端支承情形，均可按圖 14-8-1 兩端固定方式計算其固定端彎矩與反力來描述桿件載重。

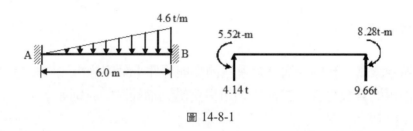

圖 14-8-1

桿件固定端彎矩與反力可依 13-5 節的連續樑彎矩分配法程式使用說明中，所介紹的固定彎矩計算程式選擇不同載重情形計算之。

勁度分析程式可以描述一次結構資料後，分析一種以上（無上限）的多種不同結構載重情形，故程式中有詢問載重系統個數 NLS 的輸入欄位。

14-8-3　連續樑勁度程式使用說明

在結構分析軟體以外任意試算表上選擇☞結構分析／勁度法（Stiffness Method）／連續樑 CB 分析／建立連續樑 CB 試算表☞後出現圖 14-8-2 對話方塊。

輸入畫面上有「結構資料」與「載重資料」兩個大欄框，載重資料大欄框必須等結構資料大欄框資料輸入後才可輸入之。以例題 14-7-2 為例，先在結構資料欄框內輸入結構名稱（例題 140702），桿件數 M(2)，支承節點數 NRJ(3)，彈性係數（2092），載重系統個數 NLS(1)後，單擊「結構資料格式化」鈕，使程式建立描述結構資料的試算表欄位，單擊「取消」鈕可停止本程式的執行。

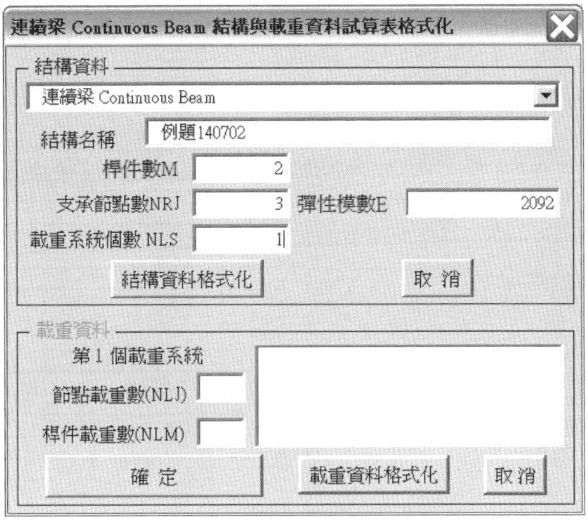

圖 14-8-2

　　描述結構資料的試算表欄位建立後，便可輸入每一個載重系統中的節點載重個數與桿件載重個數。例題 14-7-2 尚無節點載重，而有 2 個桿件載重，故輸入如圖 14-8-3。單擊「確定第 1 個載重系統」鈕後出現圖 14-8-4 的再確認畫面。

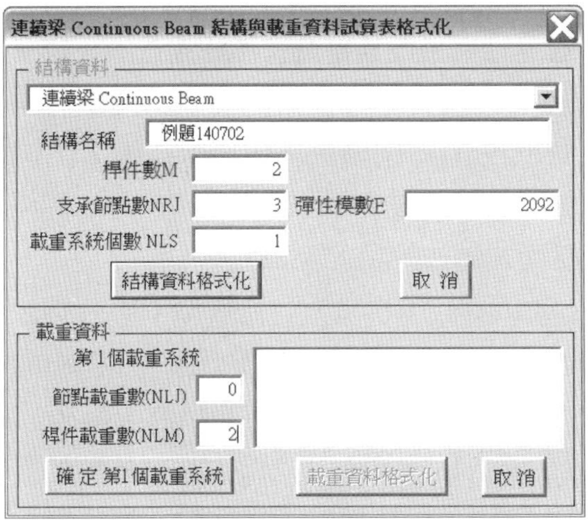

圖 14-8-3

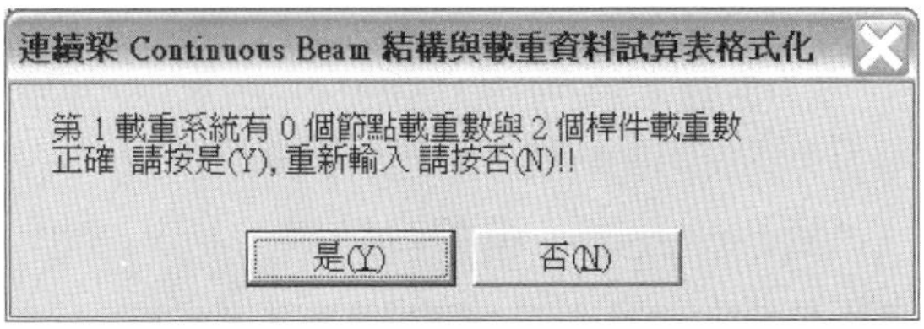

圖 14-8-4

　　單擊圖 14-8-4 的「是」鈕表示節點載重個數與桿件載重個數均正確，如果有 1 個以上的載重系統，則可繼續輸入第 2、3、4 等載重系統的節點載重個數及桿件載重個數；單擊「否」鈕則需要修正本次載重系統的節點載重個數及桿件載重個數。所有載重系統的載重個數輸入後，「載重資料格式化」鈕變成有效如圖 14-8-5。單擊「載重

資料格式化」鈕，則在試算表上結構資料後接續建立載重資料的輸入欄位如圖 14-8-6。

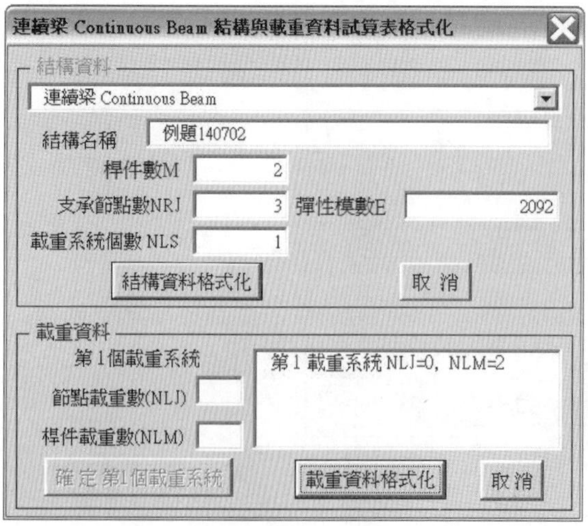

圖 14-8-5

	A	B	C	D	E
3		例題140702			
4	桿件數M	節點數NJ	支承節點數NRJ	彈性模數E	
5	2	3	3	2092	
6	桿件 I	L[I]桿長	E[I]彈模	IZ[I]慣性矩Z	
7	1	1000.00	2092	70000.00	
8	2	2000.00	2092	140000.00	
9	支承點K	RL[YF]抗移Y	RL[ZM]抗彎Z		
10	1	1	1		
11	2	1	0		
12	3	1	0		
13	載重系統總數NLS				
14	1				
15	節點載重數	桿件載重數			
16	0	2			
17	桿件	JYF(上正)	JZM(逆正)	KYF(上正)	KZM(逆正)
18	1	18.000	3000.000	18.000	−3000.000
19	2	36.000	12000.000	36.000	−12000.000
20		The End of Structure Data and Load Data			

圖 14-8-6

　　圖 14-8-6 為例題 14-7-2 的輸入資料，資料輸入時尤應注意單位的一致性。因為彈性係數的單位為 t/cm^2，慣性矩為 cm^4，故桿件長度也應以 cm 為單位輸入之。因為勁度分析程式無法檢視輸入資料的單位是否一致，因此使用者必須自己負責其輸入資料的單位一致性。即使單位並不一致，仍可獲得運算結果，但其實質物理意義並不正確。

　　圖 14-8-6 中第 10 列表示支承點 1 具有抵抗 Y 方向移位，與抵抗繞 Z 方向旋轉的能力，故屬固定端；第 11 列表示支承點 2 具有抵抗 Y 方向移位，但無抵抗繞 Z 方向旋轉的能力，故屬滾支承或鉸支承；同理可推節點 3 為鉸支承。第 18、19 列為桿件 1、2 承受桿件載重的固定端彎矩與反力，以便程式轉成等值節點載重。

　　資料輸入後，選擇☞結構分析／勁度法（Stiffness Method）／連續樑 CB 分析／進行連續樑 CB 分析☜則程式進行勁度分析，而獲得圖 14-8-7 的結果。圖 14-8-7 中的第 40 列表示支承點 1 的變位量，因為節點 1 為固定端，故其 Y 方向的移位與繞 Z 方向的旋轉量均為 0；第 41 列表示支承點 2 的變位量，因為節點 2 為滾支承，故無Y方向的移位，但有 −0.014633 徑度的順鐘向旋轉量。因為所指定的彈性係數及慣性矩均屬實際值，故變位量為符合物理意義的實際量。同理由第 42 列知，支承點 3 並無 Y 方向的移位，但有 0.027803 徑度的逆鐘向旋轉。第 44、45 列為各桿內力，與圖 14-7-8 均相符合。第 47、48、49 列為各支承點的反力，與圖 14-7-9 均相符合。

	A	B	C	D	E	F
22				例題140702		
23			連續梁(Continuous Beam)結構基本資料			
24	M	N	NJ	NRJ	NR	E
25	2	2	3	3	4	2,092
26	桿件I	JJ[I]起節點	JK[I]終節點	IZ[I]慣性矩Z	L[I]桿長	E(I)彈模
27	1	1	2	70,000.00	1,000.00	2,092
28	2	2	3	140,000.00	2,000.00	2,092
29	節點K	RL[YF]位移	RL[ZM]轉動			
30	1	有	有			
31	2	有	無			
32	3	有	無			
33						
34			各載重系統的各節點位移,作用力與支點反力			
35	載重系統	1	節點載重數	0	桿件載重數	2
36	桿件	JYF作用力(上正)	JZM彎矩(逆正)	KYF作用力(上正)	KZM彎矩(逆正)	
37	1	18.000	3000.000	18.000	-3000.000	
38	2	36.000	12000.000	36.000	-12000.000	
39	節點	Y位移(上正)	Z旋轉(逆正)			
40	1	0.000000	0.000000			
41	2	0.000000	-0.014633			
42	3	0.000000	0.027803			
43	桿件	JYF反力(上正)	JZM彎矩(逆正)	KYF反力(上正)	KZM彎矩(逆正)	
44	1	5.1429	-1285.7143	30.8571	-11571.4286	
45	2	41.7857	11571.4286	30.2143	0.0000	
46	節點	YF反力(上正)	ZM彎矩(逆正)			
47	1	5.1429	-1285.7143			
48	2	72.6429	0.0000			
49	3	30.2143	0.0000			

圖 14-8-7

　　選擇☞結構分析／勁度法（Stiffness Method）／連續樑 CB 分析／列印連續樑 CB 分析結果☜則可將結構資料，載重資料及分析結果列印出來。

14-8-4　平面桁架勁度程式使用説明

　　在結構分析軟體以外任意試算表上選擇☞結構分析／勁度法（Stiffness Method）／平面桁架PT分析／建立平面桁架PT試算表☞後出現圖 14-8-8 對話方塊。以例題 14-7-1 為例，先在結構資料欄框內輸入結構名稱（例題 140701），桿件數 M(5)、節點數 NJ(4)、支承節點數 NRJ(2)、彈性係數 (1)，載重系統個數 NLS(1)後，單擊「結構資料格式化」鈕，使程式建立描述結構資料的試算表欄位，單擊「取消」鈕可停止本程式的執行。再輸入第 1 個載重系統的節點載

圖 14-8-8

重個數(2)與桿件載重個數(0)。最後產生圖 14-8-9 的平面桁架試算表。

	A	B	C	D	E
3		例題140701			
4	桿件數M	節點數NJ	支承節點數NRJ	彈性模數E	
5	5	4	2	1	
6	節點J	X 座標	Y 座標		
7	1	0.00	0.00		
8	2	3.60	0.00		
9	3	7.20	0.00		
10	4	3.60	4.80		
11	桿件I	JJ[I]起節點	JK[I]終節點	E[I]彈模	AX[I]斷面積
12	1	1	2	1	1.00
13	2	1	4	1	1.00
14	3	2	3	1	1.00
15	4	2	4	1	1.00
16	5	3	4	1	1.00
17	支承點K	RL[XF]抗移X	RL[YF]抗移Y		
18	1	1	1		
19	3	1	1		
20	載重系統總數NLS				
21	1				
22	節點載重數	桿件載重數			
23	2	0			
24	節點	XF(右正)	YF(上正)		
25	2	0.000	-15.000		
26	4	10.000	0.000		
27		The End of Structure Data and Load Data			

圖 14-8-9

因為所有桿件的 EA 為定值，因此可指定彈性係數與斷面積值均為 1 的相對值，當然也可指定均為 2，只要EA 為定值均可。在此情形下，節點座標值可以 m 或 cm 表示均可，但必須一致。各桿件也必須指定其起始點與終止點的節點編號。由圖 14-7-2 知，節點 1、3 均為鉸支承，故試算表第 18、19 列的節點 1、3 均有抵抗 X 方向與 Y 方向的移位能力。由圖 14-7-1 知，節點 2 有一向下的 15.0t 載重，節點 3 有向右的 10.0t，故輸入如第 25、26 列。

資料輸入後，選擇☞結構分析／勁度法（Stiffness Method）／平面桁架 PT 分析／進行平面桁架 PT 分析☞則程式進行勁度分析，而獲得圖 14-8-10 的部分結果。

	A	B	C	D	E	F
52	節點	X 位移(右正)	Y 位移(上正)			
53	1	0.000000	0.000000			
54	2	0.000000	-142.312500			
55	3	0.000000	0.000000			
56	4	83.333333	-70.312500			
57	桿件	JXF反力(右正)	JYF反力(上正)	KXF反力(右正)	KYF反力(上正)	
58	1	0.0000	0.0000	0.0000	0.0000	
59	2	1.0417	0.0000	-1.0417	0.0000	
60	3	0.0000	0.0000	0.0000	0.0000	
61	4	-15.0000	0.0000	15.0000	0.0000	
62	5	17.7083	0.0000	-17.7083	0.0000	
63	節點	XF 反力(右正)	YF 反力(上正)			
64	1	0.6250	0.8333			
65	3	-10.6250	14.1667			

圖 14-8-10

　　圖 14-8-10 中的第 53、55 列表示支承點 1、3 的變位量，因為節點 1、3 為鉸支承，故其 X、Y 方向的移位量均為 0；第 54 列表示支承點 2 的 X、Y 方向變位量，其在 X 方向的移位量為 0，而在 Y 方向的移位量為 −142.3125。這個移位量除了負值表示向下移位，其移位量則因彈性係數與斷面積值均為相對值，而與實際移位量不符。同理，由第 56 列知節點 4 有向右、向下的移位，但其移位量則與實際值也不相符。圖 14-8-10 中的第 58～62 列表示各桿件的桿端內力如圖 14-7-3；第 64、65 列表示各支承點的反力如圖 14-7-4。

　　選擇☞結構分析／勁度法（Stiffness Method）／平面桁架 PT 分析/列印平面桁架 PT 分析結果☞則可將結構資料，載重資料及分析結果列印出來。

14-8-5　平面剛架勁度程式使用說明

　　在結構分析軟體以外任意試算表上選擇☞結構分析／勁度法（Stiffness Method）／平面剛架 PF 分析／建立平面剛架 PF 試算表☞後出現圖 14-8-11 對話方塊。以例題 14-7-3 為例，先在結構資料欄框內輸入結構名稱（例題 140703），桿件數 M(3)，節點數 NJ(4)，支承節點數 NRJ(2)，彈性係數（2092），載重系統個數 NLS(1)後，單擊「結構資料格式化」鈕使程式建立描述結構資料的試算表欄位，單擊「取消」鈕可停止本程式的執行。再輸入第 1 個載重系統的節點載重個數(1)與桿件載重個數(1)。最後產生圖 14-8-12 的平面剛架試算表。

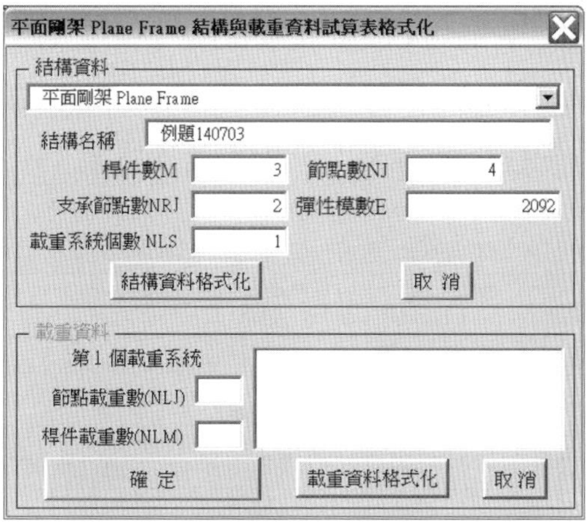

圖 14-8-11

	A	B	C	D	E	F	G
3		例題140703					
4	桿件數M	節點數NJ	支承節點數NRJ	彈性模數E			
5	3	4	2	2092			
6	節點J	X座標	Y座標				
7	1	0.00	0.00				
8	2	0.00	1000.00				
9	3	800.00	1000.00				
10	4	800.00	200.00				
11	桿件I	JJ[I]起節點	JK[I]終節點	E[I]彈模	AX[I]斷面積	IZ[I]慣性矩Z	
12	1	1	2	2092	100.00	70000.00	
13	2	2	3	2092	100.00	70000.00	
14	3	3	4	2092	100.00	70000.00	
15	支承點K	RL[XF]抗移X	RL[YF]抗移Y	RL[ZM]抗彎Z			
16	1	1	1	1			
17	4	1	1	1			
18	載重系統總數NLS						
19	1						
20	節點載重數	桿件載重數					
21	1	1					
22	節點	XF(右正)	YF(上正)	ZM(逆正)			
23	2	15.000	0.000	0.000			
24	桿件	JXF(右正)	JYF(上正)	JZM(逆正)	KXF(右正)	KYF(上正)	KZM(逆正)
25	2	0.000	14.400	1920.000	0.000	14.400	-1920.000
26		The End of Structure Data and Load Data					

圖 14-8-12

因為所有桿件的 E、A、I 均以 t 為載重單位、cm 為長度單位的實際值,因此節點座標值也必須以 cm 為單位指定之;彎矩以 t-cm 為單位。各桿件也必須指定其起始點與終止點的節點編號。由圖 14-7-10 知,節點 1、4 均為固定端,故試算表第 16、17 列的節點 1、4 均有抵抗 X、Y 方向移位與繞 Z 方向旋轉的能力。由圖 14-7-10 知,節點 B 有一向右的 15.0t 載重,桿件 2(BC) 有向下的 3.6t/m 均佈載重;桿件均佈載重計得其固定端彎矩與反力後輸入如第 23、25 列。

資料輸入後,選擇☞結構分析/勁度法(Stiffness Method)/平面剛架 PF 分析/進行平面剛架 PF 分析☞則程式進行勁度分析,而獲得圖 14-8-13 的部分結果。

	A	B	C	D	E	F	G
50	節點	X位移(右正)	Y位移(上正)	Z旋轉(逆正)			
51	1	0.000000	0.000000	0.000000			
52	2	3.932589	-0.035650	-0.003724			
53	3	3.889141	-0.081614	-0.001447			
54	4	0.000000	0.000000	0.000000			
55	桿件	JXF反力X(右正)	JYF反力Y(上正)	JZM彎矩Z(逆正)	KXF反力X(右正)	KYF反力Y(上正)	KZM彎矩Z(逆正)
56	1	7.4581	3.6382	2,364.5050	-7.4581	-3.6382	1,273.6798
57	2	11.3618	7.4581	-1,273.6798	-11.3618	21.3419	-4,279.8668
58	3	21.3419	11.3618	4,279.8668	-21.3419	-11.3618	4,809.5853
59	節點	XF 反力X(右正)	YF反力Y(上正)	ZM彎矩Z(逆正)			
60	1	-3.6382	7.4581	2,364.5050			
61	4	-11.3618	21.3419	4,809.5853			

圖 14-8-13

圖 14-8-13 中的第 51、54 列的 X、Y 方向的移位量與繞 Z 向的旋轉量均為 0，與固定端點的物理條件相符。第 52、53 列 X、Y 方向的移位量與繞 Z 向的旋轉量均為非 0，與節點 2、3 的自由端點物理條件相符。因為彈性係數 E、斷面積 A 與慣性矩均為實際值，故所計得的移位量與旋轉量均為實際值。例如，節點 2 有 3.932589cm 的向右移位，有 0.03565cm 的向下移位與順鐘向的 0.003724 勁度旋轉量。第 56～58 列表示各桿件的桿端內力如圖 14-7-13；第 60、61 列表示各支承點的反力如圖 14-7-14。

選擇☞結構分析／勁度法（Stiffness Method）／平面剛架 PF 分析／列印平面剛架 PF 分析結果☞則可將結構資料，載重資料及分析結果列印出來。

14-8-6 傳統法與勁度法之比較

圖 14-8-15 為例題 8-2-3 超靜定梁（複製如圖 14-8-14）的勁度分析程式輸出結果。其結果與例題 8-2-3 的結果相符。

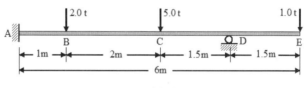

圖 14-8-14

	A	B	C	D	E	F
35	各載重系統的各節點位移,作用力與支點反力					
36	載重系統	1	節點載重數	1	桿件載重數	1
37	節點	YF作用力	ZM作用力			
38	3	-1.000	0.000			
39	桿件	JYF作用力	JZM彎矩	KYF作用力	KZM彎矩	
40	1	3.044	2.877	3.956	-3.679	
41	節點	Y 位移	Z 旋轉			
42	1	0.000000	0.000000			
43	2	0.000000	2.451375			
44	3	2.552063	1.326375			
45	桿件	JYF反力	JZM彎矩	KYF反力	KZM彎矩	
46	1	3.7703	3.9665	3.2297	-1.5000	
47	2	1.0000	1.5000	-1.0000	0.0000	
48	節點	YF反力	ZM彎矩			
49	1	3.7703	3.9665			
50	2	4.2297	0.0000			

圖 14-8-15

圖 14-8-16 為例題 9-4-1 超靜定平面桁架（複製如圖 14-8-17）的勁度分析程式輸出結果。其結果與圖 9-4-4 相符。

	A	B	C	D	E	F
85	桿件	JXF反力(右正)	JYF反力(上正)	KXF反力(右正)	KYF反力(上正)	
86	1	-5.636	0.0000	5.6357	0.0000	桿件AB
87	2	9.393	0.0000	-9.3928	0.0000	桿件AF
88	3	-5.636	0.0000	5.6357	0.0000	桿件BC
89	4	0.000	0.0000	0.0000	0.0000	桿件BF
90	5	-1.907	0.0000	1.9071	0.0000	桿件CD
91	6	-9.393	0.0000	9.3928	0.0000	桿件CF
92	7	0.000	0.0000	0.0000	0.0000	桿件CG
93	8	-15.607	0.0000	15.6072	0.0000	桿件CH
94	9	-1.907	0.0000	1.9071	0.0000	桿件DE
95	10	9.943	0.0000	-9.9430	0.0000	桿件DH
96	11	3.178	0.0000	-3.1784	0.0000	桿件EH
97	12	11.271	0.0000	-11.2714	0.0000	桿件FG
98	13	11.271	0.0000	-11.2714	0.0000	桿件GH
99	節點	XF 反力(右正)	YF 反力(上正)			
100	1	0.0000	7.5142			鉸支承A
101	4	0.0000	9.9430			滾支承D
102	5	0.0000	2.5427			滾支承E

圖 14-8-16

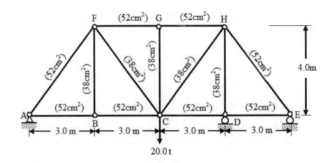

圖 14-8-17

　　圖 14-8-18 為例題 12-6-1 與例題 13-6-1 超靜定平面剛架（複製如圖 14-8-19），假設桿件斷面積為 50cm² 的勁度分析程式輸出結果。其結果與撓角變位法的分析結果（圖 12-6-3）或彎矩分配法分析結果（圖 13-6-3）並不相符。

56	節點	X位移(右正)	Y位移(上正)	Z旋轉(逆正)			
57	1	0.000000	0.000000	0.000000			
58	2	0.000000	0.000000	0.000000			
59	3	0.167395	-0.073532	-0.000758			
60	4	0.085283	-0.184467	-0.000602			
61	5	0.000000	0.000000	0.003992			
62	桿件	JXF反力X(右正)	JYF反力Y(上正)	JZM彎矩Z(逆正)	KXF反力X(右正)	KYF反力Y(上正)	KZM彎矩Z(逆正)	
63	1	12.390	8.776	1367.821	-12.390	9.224	-1502.211	桿件AC
64	2	9.224	12.390	1502.211	-9.224	14.610	-2501.110	桿件CD
65	3	31.083	-0.356	-39.318	-31.083	0.356	-174.340	桿件BD
66	4	9.580	16.473	2675.450	-9.580	10.527	0.000	桿件DE
67	節點	XF 反力X(右正)	YF 反力Y(上正)	ZM彎矩Z(逆正)			
68	1	-8.776	12.390	1367.821			
69	2	0.356	31.083	-39.318			
70	5	-9.580	10.527	0.000			

圖 14-8-18

14

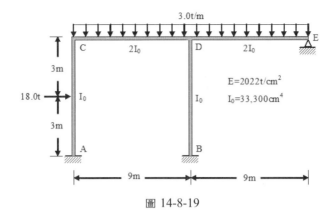

圖 14-8-19

　　撓角變位法與彎矩分配法均基於剛架係由不會伸長或縮短（Inextensible），而僅能撓曲的桿件所組成的基本假設分析方法，而勁度法則考量桿件的伸縮，因此勁度分析法需要輸入桿件的斷面積。觀察圖 14-8-18 第 59、60 列顯示，節點 3、4 不但有繞 Z 方向的旋轉量，更有 X、Y 方向的移位，亦即各桿件均有伸縮。基於這些原因，平面剛架傳統法分析結果與勁度分析結果並不相同。連續樑或平面桁架的傳統分析法與勁度分析法的假設前提相同，故分析結果亦相符，如前面敘述。

　　因為桿張力 S 的桿件伸長量為 SL/AE，如在勁度分析程式中設定桿件斷面積 A 為甚大之值，則可模擬桿件的不會伸長或縮短（Inextensible），而僅能撓曲的桿件所組成的基本假設。圖 14-8-20 為設定桿件斷面積為 99999cm^2 的勁度分析程式的分析結果，與撓角變位法（圖 12-6-5）與彎矩分配法（圖 13-6-3）分析結果相符。

	A	B	C	D	E	F	G
50		各載重系統的各節點位移,作用力與支點反力					
51		載重系統	1	節點載重數	0	桿件載重數	3
52	桿件	JXF作用力X(右正)	JYF作用力Y(上正)	JZM彎矩Z(逆正)	KXF作用力X(右正)	KYF作用力Y(上正)	KZM彎矩Z(逆正)
53	1	0.00	9.00	1,350.00	0.00	9.00	-1,350.00
54	2	0.00	13.50	2,025.00	0.00	13.50	-2,025.00
55	4	0.00	13.50	2,025.00	0.00	13.50	-2,025.00
56	節點	X位移(右正)	Y位移(上正)	Z旋轉(逆正)			
57	1	0.000000	0.000000	0.000000			
58	2	0.000000	0.000000	0.000000			
59	3	0.000088	-0.000037	-0.000479			
60	4	0.000045	-0.000092	-0.000581			
61	5	0.000000	0.000000	0.003674			
62	桿件	JXF反力X(右正)	JYF反力Y(上正)	JZM彎矩Z(逆正)	KXF反力X(右正)	KYF反力Y(上正)	KZM彎矩Z(逆正)
63	1	12.4432	8.4632	1,242.6799	-12.4432	9.5368	-1,564.7387
64	2	9.5368	12.4432	1,564.7387	-9.5368	14.5568	-2,515.9036
65	3	31.1420	-0.6518	-130.3494	-31.1420	0.6518	-260.7497
66	4	10.1886	16.5852	2,776.6533	-10.1886	10.4148	0.0000
67	節點	XF反力X(右正)	YF反力Y(上正)	ZM彎矩Z(逆正)			
68	1	-8.4632	12.4432	1,242.6799			
69	2	0.6518	31.1420	-130.3494			
70	5	-10.1886	10.4148	0.0000			

圖 14-8-20

　　傳統分析法與勁度分析法的些微差異並不否定傳統分析法的價值，因為這些差異在結構設計階段的安全因素所吸收，只不過因勁度分析法適於程式設計，可使結構分析更加快速與容易。

　　至於利用勁度分析程式推求節點以外桿件上某一點的變位量或協助計算感應線等問題，因限於篇幅，只好融入本章習題中，請讀者參閱習題詳解。

習　題

★★★習題詳解請參閱 ST14 習題詳解.doc 與 ST14 習題詳解.xls 電子檔★★★

1.試以勁度分析法分析超靜定平面桁架各桿件桿力與支承反力？各桿件彈性係數 E 與斷面
　積 A 如圖上註記。（圖一）

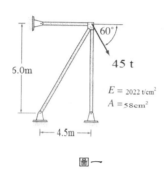

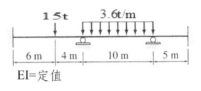

$E = 2022\,t/cm^2$
$A = 58cm^2$

EI=定值

圖一

圖二

2.試以勁度分析法求解超靜定連續樑的桿力與反力？（圖二）

3.試以勁度分析法求解超靜定平面剛架的桿力與反力？假設材料彈性係數 $E=2022t/cm^2$，
　$I_1=33,300cm^4$，$A_1=100cm^2$，$I_2=16,650cm^4$，$A_2=78cm^2$。（圖三）

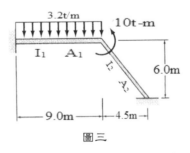

圖三

4.試以勁度分析法分析程式求解習題 1？

5.試以勁度分析法分析程式求解習題 2？

6.試以勁度分析法分析程式求解習題 3？

7.試以勁度分析程式求解超靜定連續樑？彈性係數均相同。（圖四）

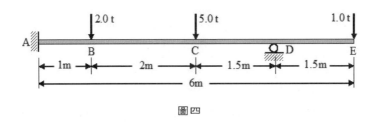

圖四

8. 試以勁度分析程式求解超靜定連續樑？各樑段的彈性係數均為 2092t/cm²，樑段 AB 與樑段 CD 的慣性矩均為 I=70,000cm⁴，樑段 BC 的慣性矩為 I=140,000cm⁴。（圖五）

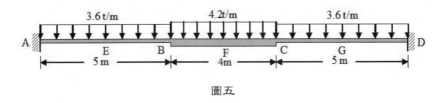

圖五

9. 試以勁度分析程式求解習題 8 超靜定連續樑中樑段 AB、BC、CD 中點 E、F、G 的變位量？

10. 下列超靜定連續樑各樑段的彈性係數均為 2092t/cm²，慣性矩均為 I=95,000cm⁴。試以勁度分析程式一次求解，當 1.0t 集中載重在樑端點 C 的支承點 B 的反力，及 1.0t 集中載重每次向左移動 3.0m 時的支承點 B 的反力？並繪製其感應線圖。（圖六）

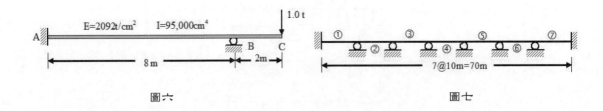

圖六   圖七

11. 請以繪製描述性感應線圖的 Müller-Breslau's 原理及勁度分析程式一次求解習題 10 超靜定樑上每隔 1m 的支承點 B 的反力感應線圖。

12. 試以勁度分析程式分析超靜定連續樑？樑材的彈性係數均同，各樑段相對慣性矩、載重如下表。（圖七）

	樑段①	樑段②	樑段③	樑段④	樑段⑤	樑段⑥	樑段⑦
相對慣性	I	I	2I	2I	2I	I	I
均佈載重	6/t/m	0	4t/m	0	2.5t/m	0	5.4t/m
集中載重	0	12t	0	15t	0	17t	0
距左側長	0	7m	0	3m	0	4.9m	0

13. 試以勁度分析程式求解超靜定桁架的反力及桿力？彈性係數E為定值，各桿件斷面積標示如圖。（圖八）

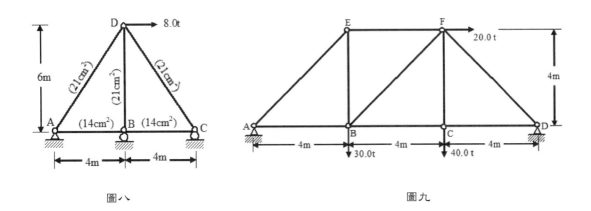

圖八　　　　　　　　　　　　　　　　圖九

14. 試以勁度分析程式求解超靜定桁架的反力及桿力？彈性係數E為定值，各桿件斷面積均等。（圖九）

15. 試以勁度分析程式求解超靜定桁架的反力及桿力？彈性係數 E、桿件斷面積 A 均為定值。（圖十）

16. 試以勁度分析程式求解超靜定桁架的反力及桿力？彈性係數E為定值，桿件斷面積A如圖上標示。（圖十一）

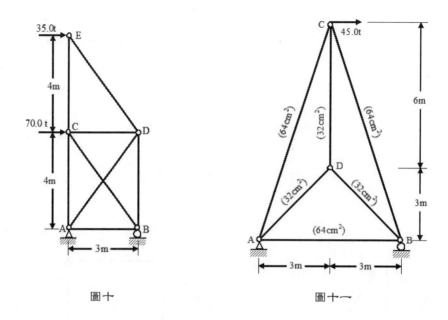

圖十　　　　　　　　圖十一

17.試以勁度分析程式求解超靜定桁架的反力及桿力？彈性係數E為定值，桿件斷面積A如圖上標示。（圖十二）

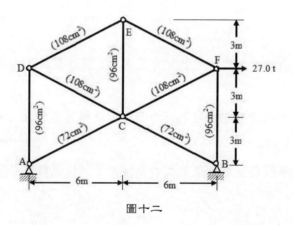

圖十二

18.試以勁度分析程式求解超靜定桁架的反力及桿力？彈性係數E為定值，桿件斷面積A如圖上標示。（圖十三）

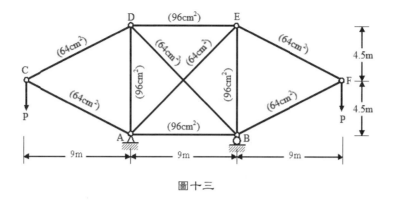

圖十三

19.試以勁度分析程式求解超靜定桁架的反力及桿力？彈性係數 E 與為桿件斷面積 A 均定
　值。（圖十四）

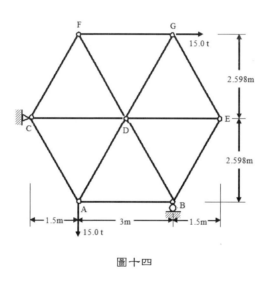

圖十四

20.試以勁度分析程式求解超靜定桁架的反力及桿力？彈性係數 E 均定值，桿件斷面積 A 均
　為 32cm²。（圖十五）

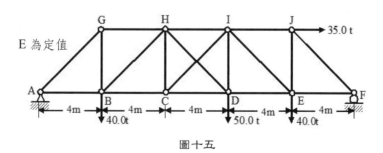

圖十五

21. 試以勁度分析程式求解超靜定桁架的反力及桿力？彈性係數 E 與為桿件斷面積 A 均定值。（圖十六）

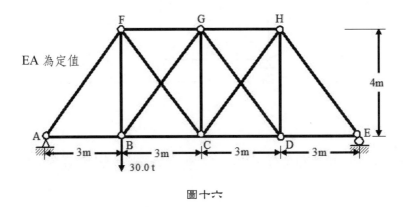

EA 為定值

圖十六

22. 試以勁度分析程式求解超靜定桁架的反力及桿力？彈性係數 E 與為桿件斷面積 A 均定值。（圖十七）

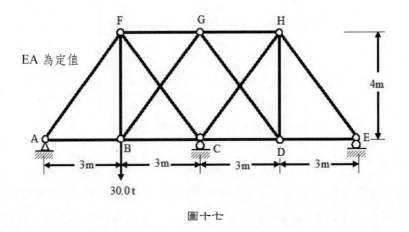

EA 為定值

圖十七

23. 試以勁度分析程式求解超靜定桁架的反力及桿力？彈性係數 E=2022t/cm²，桿件斷面積 A 如圖上標示。（圖十八）

14

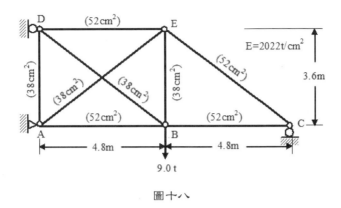

圖十八

24.試以勁度分析程式分析超靜定連續樑因支承 B 沉陷 1.5 公分所引起的應力？各樑段彈性
係數為 2092t/cm²，慣性矩為 68,700cm⁴。（圖十九）

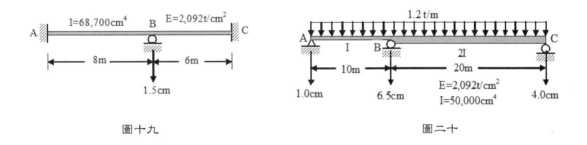

圖十九　　　　　　　　　　圖二十

25.試以勁度分析程式分析超靜定連續樑因載重及支承 A 沉陷 1.0 公分，支承 B 沉陷 6.5 公
分，支承 C 沉陷 4.0 公分所引起的應力？彈性係數 E=2092t/cm²，慣性矩 I=50,000cm⁴。
（圖二十）

26.試以勁度分析程式分析超靜定連續樑因載重及支承 C 沉陷 2.5 公分所引起的應力？彈性
係數 E=2092t/cm²，慣性矩 I=80,000cm⁴。（圖二十一）

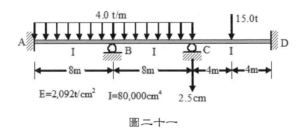

圖二十一

27.試以勁度分析程式析超靜定連續樑因載重及支承A沉陷1.3公分，支承B沉陷10公分，支承C沉陷7.5公分，支承D沉陷6.25公分所引起的應力？彈性係數E=2092t/cm²，慣性矩I=208,000cm⁴。（圖二十二）

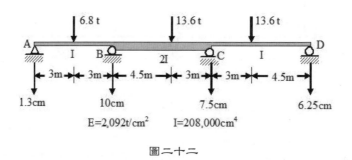

圖二十二

28.試以勁度分析程式分析超靜定剛架桿端彎矩與反力？桿件彈性係數、桿件斷面積與慣性矩均相同。（圖二十三）

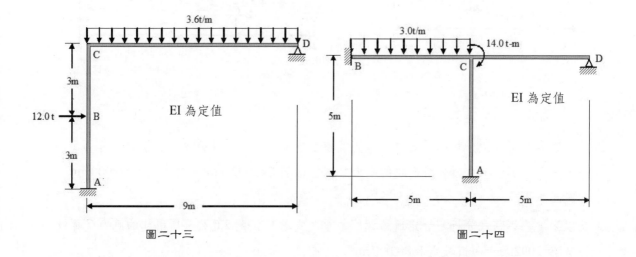

圖二十三　　　　　　　　　　圖二十四

29.試以勁度分析程式分析超靜定剛架桿端彎矩？桿件彈性係數與慣性矩均相同。（圖二十四）

30.試以勁度分析程式分析超靜定剛架因載重及支承A沉陷2.4公分，支承D沉陷3.6公分所引起的桿端彎矩？彈性係數E=700t/cm²，慣性矩I=12,500cm⁴。（圖二十五）

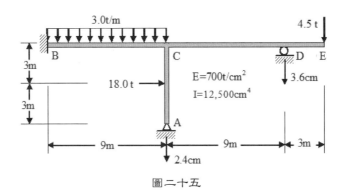

圖二十五

31.試以勁度分析程式分析超靜定剛架的桿端彎矩？彈性係數 $E=700t/cm^2$，慣性矩 $I=12,500cm^4$。（圖二十六）

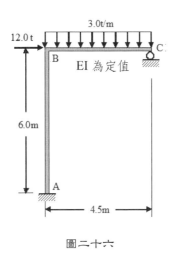

圖二十六

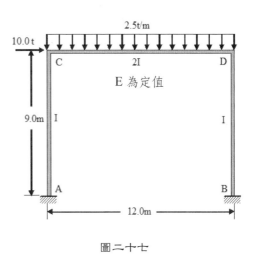

圖二十七

32.試以勁度分析程式分析超靜定剛架的桿端彎矩？彈性係數為定值，相對慣性矩如圖示。（圖二十七）

33.試以勁度分析程式分析超靜定剛架的桿端彎矩？彈性係數及慣性矩均為定值。（圖二十八）

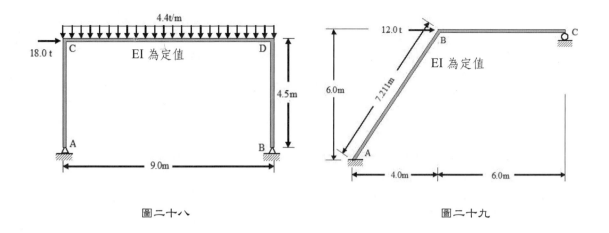

圖二十八　　　　　　　　　　　　圖二十九

34.試以勁度分析程式分析超靜定剛架的桿端彎矩？彈性係數及慣性矩均為定值。（圖二十九）

35.試以勁度分析程式分析超靜定剛架的桿端彎矩？彈性係數及慣性矩均為定值。（圖三十）

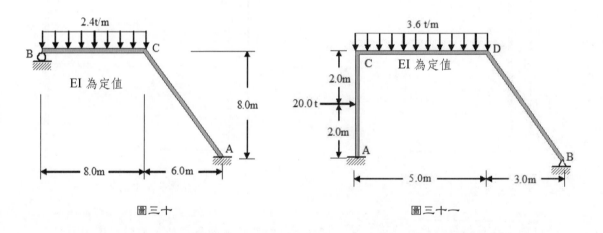

圖三十　　　　　　　　　　　　圖三十一

36.試以勁度分析程式分析超靜定剛架的桿端彎矩？彈性係數及慣性矩均為定值。（圖三十一）

37.試以勁度分析程式程式分析超靜定剛架的桿端彎矩？彈性係數為定值及慣性矩如圖上標示。樑段 AB 的 A 端有 0.01 徑度的順鐘向旋轉。（圖三十二）

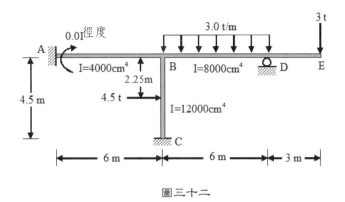

圖三十二

38.試以勁度分析程式分析超靜定剛架的桿端彎矩？彈性係數為2092t/cm²及慣性矩如圖上標示，各樑段斷面積均為2500cm²，則節點B的撓角及移位為何。（圖三十三）

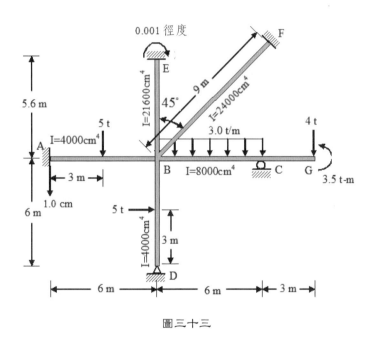

圖三十三

39.試以勁度分析程式分析超靜定剛架的桿端彎矩？彈性係數為2092t/cm²，慣性矩如圖上標示。（圖三十四）

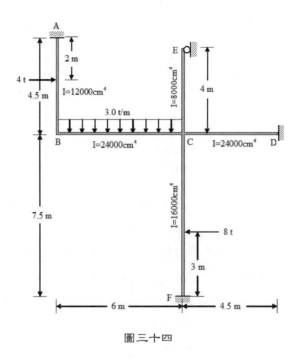

圖三十四

40.試以勁度分析程式分析超靜定剛架的桿端彎矩及各節點變位？彈性係數為2092t/cm²及慣性矩及斷面積如圖上標示。（圖三十五）

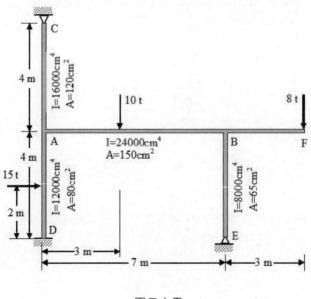

圖三十五

14

41.試以勁度分析程式程式分析節點B、C的變位量。再以勁度分析程式模擬彎矩分配法（假設所有桿件均不伸縮）分析節點B、C的變位量，並比較之。彈性係數為2092t/cm²，桿件斷面積及慣性矩如圖上標示。（圖三十六）

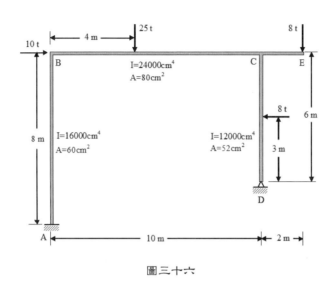

圖三十六

42.試以勁度分析程式程式分析超靜定剛架的桿端彎矩？彈性係數為2092t/cm²，桿件斷面積及慣性矩如圖上標示。（圖三十七）

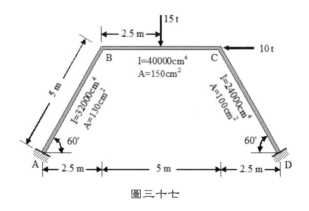

圖三十七

43.試以勁度分析程式程式分析超靜定剛架的桿端彎矩？彈性係數均為2092t/cm²，斷面積及慣性矩如圖上標示。（圖三十八）

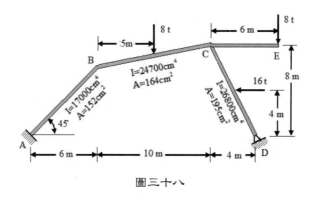

圖三十八

44.試以勁度分析程式程式分析超靜定剛架的桿端彎矩？彈性係數均為 2092t/cm²，斷面積及慣性矩如圖上標示。（圖三十九）

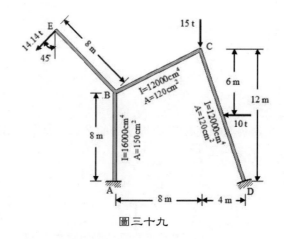

圖三十九

45.試以勁度分析程式程式分析超靜定剛架的桿端彎矩？彈性係數及慣性矩均為定值。（圖四十）

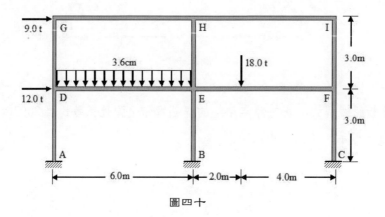

圖四十

附　錄：
各種載重的樑撓角與變位

梁載重與彎矩圖	撓角與變位方程式 $\theta+\ \overset{y+}{\underset{x+}{\nearrow}}$
1	$0 \leq x \leq a:$ $\theta = \dfrac{P}{2EI}(x^2 - 2ax)$ $y = \dfrac{P}{6EI}(x^3 - 3ax^2)$ $a \leq x \leq L:$ $\theta = -\dfrac{Pa^2}{2EI}$ $y = \dfrac{Pa^2}{6EI}(a - 3x)$ $\theta_B = -\dfrac{Pa^2}{2EI}\ ;\ y_B = -\dfrac{Pa^2}{6EI}(3L - a)$
2	$0 \leq x \leq a:$ $\theta = -\dfrac{Mx}{EI}$ $y = -\dfrac{Mx^2}{2EI}$ $a \leq x \leq L:$ $\theta = -\dfrac{Ma}{EI}$ $y = \dfrac{Ma}{2EI}(a - 2x)$ $\theta_B = -\dfrac{Ma}{EI}\ ;\ y_B = -\dfrac{Ma}{2EI}(2L - a)$
3	$0 \leq x \leq a:$ $\theta = \dfrac{w}{6EI}(3ax^2 - 3a^2x - x^3)$ $y = \dfrac{w}{24EI}(4ax^3 - 6a^2x^2 - x^4)$ $a \leq x \leq L:$ $\theta = -\dfrac{wa^3}{6EI}$ $y = \dfrac{wa^3}{24EI}(a - 4x)$ $\theta_B = -\dfrac{wa^3}{6EI}\ ;\ y_B = -\dfrac{wa^3}{24EI}(4L - a)$
4	$0 \leq x \leq a:$ $\theta = \dfrac{w}{24EIa}(x^4 - 4ax^3 + 6a^2x^2 - 4a^3x)$ $y = \dfrac{w}{120EIa}(x^5 - 5ax^4 + 10a^2x^3 - 10a^3x^2)$ $a \leq x \leq L:$ $\theta = -\dfrac{wa^3}{24EI}$ $y = \dfrac{wa^3}{120EI}(-5x + a)$ $\theta_B = -\dfrac{wa^3}{24EI}\ ;\ y_B = -\dfrac{wa^3}{120EI}(5L - a)$

	樑載重與彎矩圖	撓角與變位方程式 $\theta+ \quad y+ \quad x+$
5		$0 \leq x \leq L/2$ $\theta = \dfrac{P}{16EI}(4x^2 - L^2)$ $y = \dfrac{P}{48EI}(4x^3 - 3L^2x)$ $\theta_A = -\dfrac{PL^2}{16EI} \; ; \; \theta_B = \dfrac{PL^2}{16EI}$ $y_{\max} = -\dfrac{PL^3}{48EI}$
6		$0 \leq x \leq a$ $\theta = \dfrac{Pb}{6EIL}(3x^2 + b^2 - L^2)$ $y = \dfrac{Pb}{6EIL}(x^3 + b^2x - L^2x)$ $a \leq x \leq L$ $\theta = \dfrac{Pa}{6EIL}[L^2 - a^2 - 3(L-x)^2]$ $y = \dfrac{Pa(L-x)}{6EIL}(x^2 + a^2 - 2Lx)$ $\theta_A = -\dfrac{Pb}{6EIL}(L^2 - b^2)$ $\theta_B = \dfrac{Pa}{6EIL}(L^2 - a^2)$ $a \geq b$ 時，在 $x = \sqrt{\left(\dfrac{L^2 - b^2}{3}\right)}$ 處 $y_{\max} = -\dfrac{Pb}{9\sqrt{3}EIL}(L^2 - b^2)^{3/2}$
7		$\theta = -\dfrac{M}{6EIL}(3x^2 - 6Lx + 2L^2)$ $y = -\dfrac{M}{6EIL}(x^3 - 3Lx^2 + 2L^2x)$ $\theta_A = -\dfrac{ML}{3EI} \; ; \; \theta_B = \dfrac{ML}{6EI}$ 在 $x = L(1 - 1/\sqrt{3})$ 處，$y_{\max} = -\dfrac{ML^2}{9\sqrt{3}EI}$
8		$0 \leq x \leq a$： $\theta = \dfrac{M}{6EIL}(-3x^2 + 6aL - 3a^2 - 2L^2)$ $y = \dfrac{M}{6EIL}(-x^3 + 6aLx - 3a^2x - 2L^2x)$ $a \leq x \leq L$： $\theta = \dfrac{M}{6EIL}(6Lx - 3x^2 - 3a^2 - 2L^2)$ $y = \dfrac{M}{6EIL}(-2L^2x - 3a^2x + 3Lx^2 - x^3 + 3La^2)$ $\theta_A = \dfrac{M}{6EIL}(6aL - 3a^2 - 2L^2)$ $\theta_B = \dfrac{M}{6EIL}(L^2 - 3a^2)$

	樑載重與彎矩圖	撓角與變位方程式
9		$\theta = -\dfrac{w}{24EI}(4x^3 - 6Lx^2 + L^3)$ $y = \dfrac{-w}{24EI}(x^4 - 2Lx^3 + L^3x)$ $\theta_A = -\dfrac{wL^3}{24EI}$ $\theta_B = \dfrac{wL^3}{24EI}$ 在 $x = L/2$ 處，$y_{max} = -\dfrac{5wL^4}{384EL}$
10		$0 \le x \le a$： $\quad \theta = -\dfrac{w}{24EIL}(4Lx^3 - 6a(2L-a)x^2 + a^2(2L-a)^2)$ $\quad y = -\dfrac{w}{24EIL}(Lx^4 - 2a(2L-a)x^3 + a^2(2L-a)^2x)$ $a \le x \le L$： $\quad \theta = -\dfrac{wa^2}{24EIL}(6x^2 - 12Lx + a^2 + 4L^2)$ $\quad y = -\dfrac{wa^2}{24EIL}(L-x)(-2x^2 + 4Lx - a^2)$ $\quad \theta_A = -\dfrac{wa^2}{24EIL}(2L-a)^2$ $\quad \theta_B = \dfrac{wa^2}{24EIL}(2L^2 - a^2)$
11		$\theta = -\dfrac{w}{360EIL}(15x^4 - 30L^2x^2 + 7L^4)$ $y = -\dfrac{w}{360EIL}(3x^5 - 10L^2x^3 + 7L^4x)$ $\theta_A = -\dfrac{7wL^3}{360EI}$ ；$\theta_B = \dfrac{wL^3}{45EI}$ 在 $x = 0.5193L$ 處 $y_{max} = -0.00652\dfrac{wL^4}{EL}$

附　錄：
各種載重的固定端彎矩

	載重情形	固定端彎矩公式
1		$FEM_{AB} = \dfrac{PL}{8}$ $FEM_{BA} = -\dfrac{PL}{8}$
2		$FEM_{AB} = \dfrac{Pab^2}{L^2}$ $FEM_{BA} = -\dfrac{Pa^2b}{L^2}$
3		$FEM_{AB} = \dfrac{Mb}{L^2}(b - 2a)$ $FEM_{BA} = -\dfrac{Ma}{L^2}(2b - a)$
4		$FEM_{AB} = \dfrac{wL^2}{12}$ $FEM_{BA} = -\dfrac{wL^2}{12}$
5		$FEM_{AB} = \dfrac{wa^2}{12L^2}(6L^2 - 8aL + 3a^2)$ $FEM_{BA} = \dfrac{wa^3}{12L^2}(4L - 3a)$
6		$FEM_{AB} = \dfrac{wL^2}{20}$ $FEM_{BA} = -\dfrac{wL^2}{30}$
7		$FEM_{AB} = \dfrac{5wL^2}{96}$ $FEM_{BA} = -\dfrac{5wL^2}{96}$
8		$FEM_{AB} = \dfrac{6EI\Delta}{L^2}$ $FEM_{BA} = \dfrac{6EI\Delta}{L^2}$
9		$FEM_{AB} = \dfrac{4EI\theta}{L}$ $FEM_{BA} = \dfrac{2EI\theta}{L}$

國家圖書館出版品預行編目資料

結構分析／趙元和、趙英宏編著. 一初版.一臺
北市：五南, 2010.01
  面； 公分.
ISBN 978-957-11-5652-1（平裝附光碟）
1.結構工程 2.結構力學
441.22   98008615

5T10

結構分析

編　　著 － 趙英宏　趙元和(340.3)

發 行 人 － 楊榮川

總 編 輯 － 龐君豪

主　　編 － 黃秋萍

文字編輯 － 陳姿穎

封面設計 － 莫美龍

出 版 者 － 五南圖書出版股份有限公司

地　　址：106 台北市大安區和平東路二段 339 號 4 樓

電　　話：(02)2705-5066　傳　　真：(02)2706-6100

網　　址：http://www.wunan.com.tw

電子郵件：wunan@wunan.com.tw

劃撥帳號：01068953

戶　　名：五南圖書出版股份有限公司

台中市駐區辦公室 ／ 台中市中區中山路 6 號

電　　話：(04)2223-0891　傳　　真：(04)2223-3549

高雄市駐區辦公室 ／ 高雄市新興區中山一路 290 號

電　　話：(07)2358-702　傳　　真：(07)2350-236

法律顧問　元貞聯合法律事務所　張澤平律師

出版日期　2010 年 1 月初版一刷

定　　價　新臺幣 750 元